U0210675

普 通 昆 虫 学

General Entomology

许再福　主编

科 学 出 版 社
北 京

内 容 简 介

普通昆虫学是研究昆虫的基本特征、特性和基础知识的学科。本书系统地介绍了昆虫形态学、昆虫生理学、昆虫生物学、昆虫系统学和昆虫生态学的基础知识和基本理论，并融合了最新研究成果，内容丰富新颖，概念清晰准确，文字流畅简练。书中还附有200余幅精致插图和200多篇重要文献，对于读者阅读理解、拓宽知识面、了解最新研究进展都大有裨益。

本书可作为高等农林院校植物保护专业本科生教材，也可作为其他植物生产类、草业科学类和综合性大学生物科学类相关课程的教材或教学参考书。同时，可供相关专业的教师、研究生和科技工作者参考使用。

图书在版编目(CIP)数据

普通昆虫学/许再福主编. —北京：科学出版社，2009
ISBN 978-7-03-025867-0

Ⅰ.普… Ⅱ.许… Ⅲ.昆虫学-高等学校-教材 Ⅳ.Q96

中国版本图书馆 CIP 数据核字(2009)第194489号

责任编辑：张静秋 / 责任校对：钟 洋
责任印制：赵 博 / 封面设计：蓝正设计

科学出版社 出版
北京东黄城根北街16号
邮政编码：100717
http://www.sciencep.com
天津市新科印刷有限公司印刷
科学出版社发行 各地新华书店经销
*
2009年12月第 一 版 开本：787×1092 1/16
2025年 1 月第十九次印刷 印张：23
字数：520 000

定价：89.00元

(如有印装质量问题，我社负责调换)

《普通昆虫学》编委会

主　　编： 许再福

副 主 编： 李　强　童晓立　王进军
程立生　何运转　刘长仲

编　　委（按姓名汉语拼音排序）：

白素芬　蔡笃程　陈国华　陈　力　程立生
郝　赤　何运转　李　强　李　庆　林华峰
刘长仲　刘　怀　邱宝利　史树森　田明义
童晓立　王方海　王建国　王进军　王进忠
温硕洋　许再福　杨茂发　杨明旭　杨群芳
杨友兰　张古忍

编写单位及人员（按学校汉语拼音排序）

安徽农业大学：林华峰
北京农学院：王进忠
甘肃农业大学：刘长仲
贵州大学：杨茂发
海南大学：蔡笃程　程立生
河北农业大学：何运转
河南农业大学：白素芬
华南农业大学：邱宝利　田明义　童晓立　温硕洋　许再福
江西农业大学：王建国　杨明旭
吉林农业大学：史树森
山西农业大学：郝　赤　杨友兰
四川农业大学：李　庆　杨群芳
西南大学：陈　力　刘　怀　王进军
云南农业大学：陈国华　李　强
中山大学：王方海　张古忍

前　言

1995年，我从浙江农业大学毕业，回到华南农业大学，开始了我的教书生涯。这是一份劳心劳力的工作，但也乐趣多多。从1999年起，为了配合多媒体教学和网络教学的全面开展，我们开始编写普通昆虫学教材，供同学们课后复习或自主学习用。

2004年6月，在科学出版社的积极支持下，由华南农业大学、安徽农业大学、北京农学院、甘肃农业大学、贵州大学、海南大学、河北农业大学、河南农业大学、江西农业大学、吉林农业大学、山西农业大学、四川农业大学、西南大学、云南农业大学和中山大学共15所大学担任本课程教学的教师组成编委会，遵照教育部有关文件精神，借鉴国内外的优秀教材，吸收最新的研究成果，总结多年的教学经验，并根据本专业后续课程要求，联合编写了本书。

我们深知编写教材的责任重大，特别是念念不忘植物保护专业学生对知识的渴求以及那些准备日后从事昆虫学研究者的需要。2006年3月统稿后，6位副主编花费半年时间审稿和修润，然后我又用3年时间夜以继日地反复修改和核对26次，力求做到章节排列合理，内容丰富新颖，概念清晰准确，文字通顺简练，图文配搭恰当，前后风格一致，期望为我国普通昆虫学教学和昆虫知识普及发挥一点作用。

本书内容包括昆虫形态学、昆虫生理学、昆虫生物学、昆虫系统学和昆虫生态学。其中，昆虫生态学部分因当前高校都普遍开设有“昆虫生态学基础”或“昆虫生态与预测预报”等课程，故只做扼要介绍。本书的特点在于，全面兼顾内容的科学性、系统性、基础性、前沿性、交叉性和可读性，以期形成一个完整的、循序渐进的、利于讲授、便于自学的教材体系。

本书得以顺利出版，要感谢全国15所高校27位同行的辛勤劳动和团结合作，感谢科学出版社甄文全博士的耐心等待、热情指导和大力支持。我的导师庞雄飞院士生前曾给予我很多关爱和鼓励，一直关心和支持普通昆虫学课程建设。在编写过程中，我的导师何俊华教授和王国汉教授时常关心和激励我，我的老师陈守坚教授、张维球教授、刘秀琼教授、梁广文教授、曾玲教授、侯任环副教授和张曙光教授等一直给予热切的关心和鼓励，同事们也给予很多支持，李炎才先生拍摄封面和封底照片。同时，编写中参考了许多作者的教材、专著和论文资料及插图。谨此，一并致以衷心感谢！

最后，恳切希望广大读者提出宝贵意见，以利本书能够逐步提高和完善。

许再福

2009年9月9日于广州

目　录

第一篇　昆虫的外部形态

第二篇　昆虫的内部结构和生理学

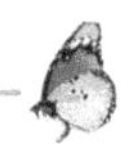

第三篇 昆虫生物学

第四篇 昆虫系统学

第五篇 昆虫生态学

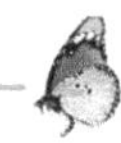

第零章

绪　　论

第一节　普通昆虫学的定义和内容

普通昆虫学（general entomology）也称基础昆虫学（basic entomology），是研究昆虫的基本特征、特性和基础知识的学科，包括5个主要分支。

（1）昆虫形态学（insect morphology），研究昆虫的形态结构及其功能的学科。根据研究内容，又可分为比较形态学、功能形态学、发育形态学、超微形态学和精子形态学等。

（2）昆虫生理学（insect physiology），研究昆虫的生命现象及组织器官功能的学科。根据研究内容，又分为昆虫组织学、昆虫生物化学、昆虫电生理学和昆虫分子生物学等。

（3）昆虫生物学（insect biology），研究昆虫的生活史、习性、行为以及繁殖和适应等方面的学科。根据研究内容，又可分为昆虫胚胎学、社会昆虫生物学和昆虫行为学等。

（4）昆虫系统学（insect systematics），研究昆虫的分类、鉴定和系统发生的学科。根据研究内容，又可分为表征系统学、支序系统学、进化系统学和分子系统学等。

（5）昆虫生态学（insect ecology），研究昆虫与环境相互关系，从个体、种群、群落、生态系统等不同层次探讨昆虫数量动态、群落演替规律等的学科。根据研究内容，又可分为个体生态学、种群生态学、群落生态学和生态系统生态学等。

第二节　昆虫纲的基本特征

昆虫纲 Insecta 隶属于节肢动物门 Arthropoda、六足总纲 Hexapoda。所以，它既具有节肢动物所共有的特征，又具有区别于六足总纲中其他纲的特点。

昆虫纲成虫期（图0-1）的基本特征是：

（1）体躯分为头部、胸部和腹部3个体段。

（2）头部常有1对触角和3对口器附肢，上颚和下颚外露，通常还有复眼和单眼，是感觉、联络和取食中心。

（3）胸部有3对足，足跗节2～5节，一般还有2对翅，是运动中心。

（4）腹部含有大部分的内脏和生殖系统，生殖孔位于第8～9腹节，是代谢和生殖中心。

口器的上颚和下颚外露、触角鞭节的亚节内无肌肉、有单眼和复眼、具翅、足跗节

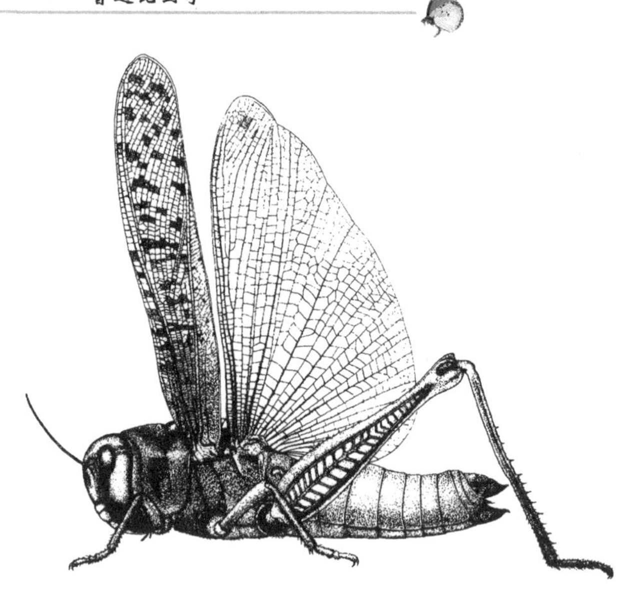

图 0-1 昆虫纲的代表
东亚飞蝗 *Locusta migratoria manilensis*（Meyen）
（仿彩万志，2001）

2～5 节等特征是昆虫区别于其他六足动物的显著特征。

第三节 昆虫与其他六足动物的区别

根据新近的分类系统，六足总纲分为原尾纲、弹尾纲、双尾纲和昆虫纲，它们的共同祖先是甲壳纲 Crustacea。其中，原尾纲与其他 3 个纲是姐妹群，弹尾纲与双尾纲＋昆虫纲是姐妹群，双尾纲与昆虫纲是姐妹群。

一、原尾纲 Protura

体微型，体长 2 mm 以下；体色浅淡，极少深色；上颚和下颚内藏，有下颚须和下唇须；无触角；缺复眼和单眼；无翅；足 5 节，前足很长，向前伸出，相当触角的功能；腹部 12 节，第 1～3 节上各有 1 对附肢；生殖孔位于第 11～12 节间；无尾须（图 0-2A，D）。

全世界已知 650 种。我国自杨集昆教授于 1956 年在陕西华山第 1 次采集到后，目前已发现 200 种。

二、弹尾纲 Collembola

体微型至小型，体长一般 1～3 mm，少数可达 12 mm；体色多样；上颚和下颚内藏，无下颚须或下唇须；触角 4 节，少数 5～6 节；无复眼，或仅由不多于 8 个小眼松散组成；缺单眼；无翅；足 4 节；腹部 6 节，具 3 对附肢，即第 1 节的腹管、第 3 节的握弹器、第 4 节的弹器；生殖孔位于第 5 腹节；无尾须（图 0-2B，C）。

全世界已知 9000 种，中国已知 300 种。

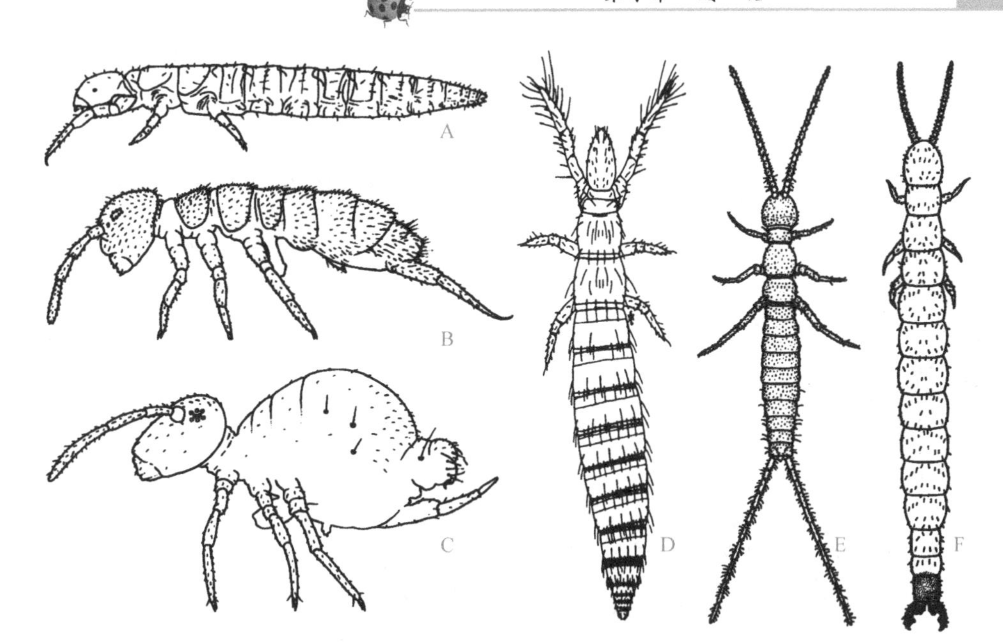

图 0-2　六足总纲其他纲的代表

A，D. 原尾纲；B，C. 弹尾纲；E，F. 双尾纲

（A. 仿 Nosek，1973；B，C. 仿 Fjellberg，1980；D. 仿 Triplehorn & Johnson，2005；E. 仿 Lubbock，1873；F. 仿 Womersley，1939）

三、双尾纲 Diplura

体微型至中型，体长一般 2～5 mm，少数达 60 mm；体色浅灰；上颚和下颚内藏，下颚须和下唇须退化；触角念珠状；缺单眼和复眼；无翅；足 5 节；腹部 10 节，第 1～7 节或第 2～7 节上有成对的刺突和泡囊；生殖孔位于第 8～9 腹节；尾须细长多节，或呈铗状不分节（图 0-2E，F）。

全世界已知 1000 种，中国已知 51 种，其中伟铗虮 *Atlasjapyx atlas* Chou *et* Huang 列为国家Ⅱ级重点保护野生动物。

第四节　昆虫的多样性

一、昆虫繁盛的特点

总体而言，昆虫的繁盛主要表现在以下 4 个方面。

（1）历史长。化石材料显示，人类历史约有 440 万年，而有翅昆虫的出现已有 3.5 亿年，原始无翅昆虫至少有 4 亿年或更长时间。可见，在人类出现以前，昆虫已与周围环境建立了密切的联系。

（2）种类多。最近的研究表明，全世界现存昆虫可能超过 1000 万种，占地球上生物种类的一半以上（图 0-3）。目前已定名的昆虫约 100 万种，占动物界已知种类的 2/3，仅鞘翅目就有近 36 万种，比整个植物界的已知种类还多。估计我国昆虫有 60 万～100 万种，但目前记载的约 9 万种。

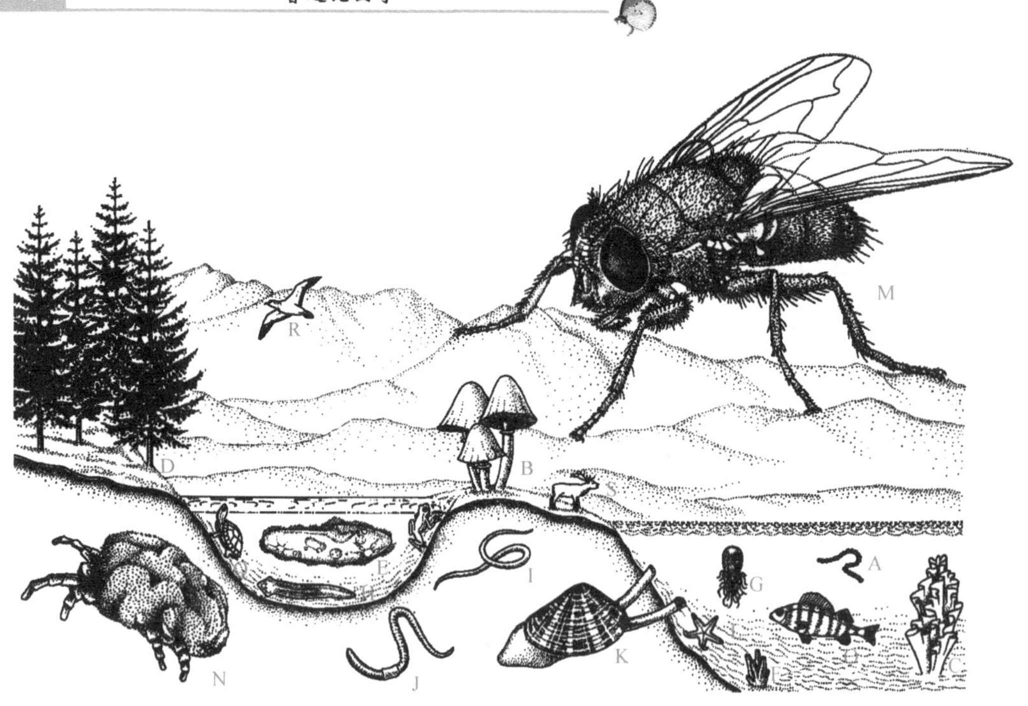

图 0-3 生物界各类群已记录的种类数量与类群代表的个体体积成正比
A. 原核生物；B. 真菌；C. 藻类；D. 植物；E. 原生动物；F. 多孔动物；G. 腔肠动物；H. 扁形动物；I. 线形动物；J. 环节动物；K. 软体动物；L. 棘皮动物；M. 昆虫纲；N. 非昆虫的节肢动物；O. 鱼类；P. 两栖类；Q. 爬行类；R. 鸟类；S. 哺乳类
（仿 Wheeler，1990）

（3）数量大。同种昆虫个体数量有时也很惊人。非洲沙漠蝗 *Schintocera gregaria* (Forskål) 的 1 个蝗群个体数量可达 28 000 000 000 头，重达 70 000 吨，迁飞时遮天蔽日。石狩红蚁 *Formica yessensis* Forel 的 1 个蚁群的个体数量可达 306 000 000 头职蚁和 1 000 000 头蚁后。有人估计，蚂蚁的生物量占地球上动物生物量的 10%。

（4）分布广。由于昆虫悠久的历史和很强的适应性，其分布范围之广，没有其他生物可与之相比。昆虫的分布可以从赤道到两极的生命极限，几乎地球上每个角落都有昆虫的足迹。我国登山运动员曾在 6000 m 高的喜马拉雅山捕到荨麻蛱蝶 *Aglais urticae* (L.)。美国曾在地下喷出的原油中发现有石油蝇 *Helaeomyia petrolei* (Coquillet) 的幼虫。

二、昆虫繁盛的原因

昆虫之所以能够发展成为动物界中种类最多、数量最大、分布最广的类群，是其在漫长的生物进化过程中自然选择的结果。归纳起来，有以下 6 个方面的原因。

（1）有翅能飞翔。昆虫是动物界中最早获得飞行能力的类群，也是无脊椎动物中唯一具翅的类群。飞行给昆虫在觅食、求偶、避敌和迁移等方面带来极大的好处。

（2）体躯小且有外骨骼。昆虫体躯小，少量食物便能够满足其营养需求，加上外被几丁质的外骨骼，能使它们在适应环境、隐藏自己和扩大分布等方面具有很多优势。

(3) 繁殖力强和生殖方式多样。大多数昆虫都具有惊人的繁殖能力，加之生命周期短和生殖方式多样，可以很快适应各种变化。有人估算，1 对果蝇 *Drosophila* 在理想条件下，一年可以繁殖 25 代，每头雌虫能产下 100 粒卵，如果所有后代都能存活并继续繁殖，那么一年内可以有 1.192×10^{41} 只个体。

(4) 口器的分化和食性多元化。不同类群的昆虫具有不同的口器类型，表明它们可以分享不同食物，避免对食物资源的竞争，同时还改善了昆虫与食物源和环境的关系。

(5) 具有变态和发育阶段性。多数昆虫属于完全变态，即幼虫和成虫在形态、食性和栖境等方面差异很大，因而就可以避免同种或同类昆虫在空间和食物等方面的需求矛盾。在昆虫生活史中，常有卵、幼虫、蛹和成虫 4 个阶段，常出现越冬、静止和滞育现象，可以躲过不良环境，以保持种群的延续。

(6) 适应能力强。昆虫对温度、湿度、饥饿和药剂等有较强的适应或抵抗能力，并常有迁飞、拟态、隐态、警戒态和各种有效的防御策略，以适应环境的变化，表现出很强的生存能力。

第五节 昆虫的重要性

昆虫是地球上最繁盛的类群，它对人类社会的生存和发展有重大的影响。人类的生存活动，特别是种植业和养殖业，与昆虫形成了非常复杂又极其密切的关系。根据人类的利益观，可将昆虫的重要性分为有益和有害两个方面。

一、昆虫的有害方面

昆虫的有害方面指直接或间接危及人类健康或对人类的经济利益造成危害的方面。

(一) 危害农林生产

农作物常受多种害虫侵害，如玉米有害虫 200 多种，苹果有害虫 400 多种。据统计，全世界每年约有 20%的粮食在产前和产后被害虫直接所毁。据联合国粮农组织报道，全世界稻、麦、棉、玉米和甘蔗 5 种作物每年因虫害造成的直接经济损失达 2000 亿美元。

除直接为害外，一些重要的半翅目、缨翅目和鞘翅目害虫还是多种植物病毒病、菌原体病、细菌病、真菌病和线虫病的传播媒介。已知有 425 种植物病毒病是通过昆虫传播的，其中半翅目昆虫传播的有 380 种，而蚜虫传播的就有 275 种。这些传毒昆虫传播植物病害造成的经济损失常超过其直接为害。

森林是重要的自然资源，森林和木材也常遭受害虫的侵害。我国常见森林害虫约有 400 种，以松毛虫、天牛和小蠹的危害最严重。其中，松毛虫平均每年发生面积约 26 680 000 000 m^2，仅减少木材生产量就达 3 700 000 m^3，而对生态景观和自然环境的破坏更是无法估量。

(二) 危害人和动物健康

不少昆虫能直接叮咬、刺螫、骚扰和攻击人们。例如，温带臭虫 *Cimex lectularius* L.

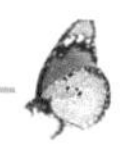

和锥猎蝽 *Triatoma infestans* (Klug) 叮咬人们，苍蝇和蚊子骚扰人们，胡蜂和杀人蜂 *Apis mellifera adansonii* Latreille 攻击人们等。芫青、毒隐翅虫 *Paederus* spp.、火蚁 *Solenopsis* spp.、收获蚁 *Pogonomyrmex* spp. 和一些鳞翅目幼虫体内含有毒素，能引起皮肤过敏，出现红斑、溃疡、刺疹和起泡，疼痛难忍，甚至毙命。据报道，日本 1955 年有 20 万人因接触鳞翅目幼虫的毒毛而出现皮肤过敏。

昆虫也能传播病毒、细菌、立克次氏体、原生动物和线虫等病原体。人类重要的传染病有 2/3 可以通过昆虫传播，包括疟疾、鼠疫、斑疹伤寒、黄热病、盘尾丝虫病、脑炎、利什曼病、锥虫病、象皮病等。14 世纪，鼠疫在欧洲蔓延，共夺去近 2500 万人的生命，占当时欧洲人口的 1/4。在 DDT 广泛使用之前，全世界染上疟疾的有 3 亿人，因此送命的有 300 万人。现在，世界上每年还有 1.2 亿人感染疟疾，2000 万人感染盘尾丝虫病，20 万人感染黄热病。

为了提高我国人民的健康水平，1958 年毛泽东同志曾提出了“除四害、讲卫生”，其中有三害是卫生害虫。

昆虫对动物的危害也相当严重，能使动物失血、体重减轻、产奶减少、烦躁不安，甚至死亡。例如，1 头牛虻每天可吸吃动物 200 ml 血液，大量危害奶牛时，可使奶牛产奶量下降 40%～50%；大量蚋 *Simulium arcticum* Malloch 或克蚋 *Cnephia pecuarum* (Riley) 的侵扰会使牲畜死亡。同样，昆虫也能传播一些动物疾病，包括病毒、细菌和寄生虫。已知超过一半的牲畜传染病是以昆虫为媒介进行传播的。例如，昆虫传播的牲畜锥虫病、委内瑞拉马脑炎、蓝舌病 (bluetongue) 等，给畜产品生产和贸易带来严重影响。

二、昆虫的有益方面

昆虫的有益方面是指直接造福于人类或间接对人类有益的方面。

（一）给植物传粉

化石资料表明，显花植物开始于中生代的白垩纪晚期，当时唯一有效的传粉者就是昆虫。在显花植物中，80%属于虫媒传粉 (entomophily)。没有昆虫，许多植物就会因缺乏传粉者而灭绝。利用昆虫给作物传粉，可以显著提高作物的产量。例如，蜜蜂传粉可使大豆增产 11%以上、棉花增产 12%以上、油菜增产 18%以上、牧草增产 30%以上、向日葵增产 32%、荞麦增产可达 50%、荔枝增产可达 2 倍、苜蓿增产甚至可达 10 倍。据统计，我们的食物有1/3 是直接或间接来源于昆虫授粉的植物。2003 年，全球昆虫传粉的产值超过 1000 亿美元。

（二）为人类提供工业原料

一些昆虫产品是重要的工业原料。例如，蜜蜂为人类奉献蜂蜡、蜂毒、蜂蜜和蜂王浆；家蚕 *Bombyx mori* (L.)、天蚕 *Antheraea yamamai* (Guérin-Méneville) 和柞蚕 *Antheraea pernyi* (Guérin-Méneville) 为人类生产绢丝；紫胶虫 *Kerria lacca* (Kerr) 为人类分泌紫胶；白蜡虫 *Ericerus pela* (Chavannes) 为人类提供虫白蜡；五倍子蚜

Schlechtendalia chinensis（Bell）为人类提供单宁；胭脂虫 *Dactylopius coccus* Costa 为人类提供胭脂红酸（$C_{22}H_{20}O_{13}$）等。我国丝绸和蜂蜜产量在国际上占有重要地位，其中真丝年产量占世界总产量的 80%，蜂蜜产量占世界总产量的 20%以上，均居世界首位。

（三）控制害虫和有害植物

在昆虫中，有 24.7%是捕食性，12.4%是寄生性，它们多以植食性昆虫为食，称为天敌昆虫。天敌昆虫处于食物链的高级阶层，在害虫自然控制中起着重要作用。公元 304 年，黄猄蚁 *Oecophylla smaragdina*（Fabricius）已在广东用于防治柑橘害虫，这是世界上以虫治虫的先例。估计至今全世界已有 600 多种天敌用于防治害虫，其中有 30%～40%种类能在田间取得明显的控制效果。昆虫在杂草生物防治中也起着重要的作用。自 1795 年印度从巴西引进胭脂虫成功控制了仙人掌的为害以来，杂草生物防治的历史至今已有 200 多年，在成功的项目中天敌昆虫占 95%以上，真菌、螨类和线虫等天敌只占不足 5%。

（四）维持生态环境稳定

在昆虫中，腐食性种类占 17.3%，它们以动物和植物尸体、残骸或排泄物为食，同时它们的取食也为其他腐生细菌和真菌的入侵打开了屏障，在生物圈物质流和能量流的循环中起着极其重要的作用。据统计，在森林生态系统中，植物枯枝落叶主要是由昆虫分解利用的，其中白蚁的取食占 25%。腐食性昆虫在降解动物和植物的残骸或排泄物过程中，也形成了土壤的腐殖层，为植被生长提供营养。但是，这类昆虫的作用往往容易被人们忽视。另外，昆虫是多种鱼类、两栖类、爬行类、鸟类和哺乳类的主要食物来源。例如，一只蝙蝠一个晚上能捕食超过 1000 头昆虫，一种翅䴕鸟 *Colaptes* 的肚中有 5000 头蚂蚁。没有昆虫，这些动物将面临饥饿的威胁。

（五）食用、药用及饲用

昆虫由于其营养和药用价值高，在热带和亚热带地区广泛被用作人和动物的食品或饲料，或者作为治疗一些疾病的药品。

（1）食用昆虫，是指人以昆虫为食品或菜肴。昆虫蛋白质含量高、胆固醇低、微量元素丰富，对人体有较高的营养价值。目前在中非、南非、亚洲、大洋洲和拉丁美洲等地区主要食用昆虫有 90 科 370 属 1000 种，仅在墨西哥的集市上就有超过 100 种昆虫被作为食品出售，如龙虱、田鳖、蜻蜓、蚕蛹、蝗虫、蝉、象鼻虫和蜂蛹等。在我国古代，有些昆虫还被列为御膳食品。

（2）药用昆虫。据报道，昆虫作为药用已有 3600 年的历史。很多昆虫或其产品，是名贵的药材或营养补品，如冬虫夏草、斑蝥、桑螵蛸、蝉蜕、蝉花、九香虫、僵蚕、蚂蚁、露蜂房、蜂王浆、蜂毒和虫茶等。目前，我国入药的昆虫有近 300 种。

（3）饲用昆虫，是指供其他动物食用的饲料昆虫。目前已经可以大规模人工饲养的饲用昆虫有家蝇 *Musca domestica* L. 和黄粉虫 *Tenebrio molitor* L. 等。蝇蛆含蛋白质

60%以上，其必需氨基酸总量是鱼粉的2.3倍，还含有铁、锌等多种微量元素，总体营养价值高于进口鱼粉，是良好的家禽饲料。黄粉虫的粗蛋白含量是51%～64%，具有很高的营养价值，被作为甲鱼、蝎子、观赏鸟类和鱼类等一些经济动物的饲料。

（六）在交叉学科研究中的应用

这里简要介绍在仿生学、生物技术和模式动物方面的应用。

（1）仿生学。昆虫在长期进化过程中，随着环境的变迁而进化出独特的生存绝技，可模仿生产出民用或国防工业用装置。例如，根据苍蝇平衡棒的作用原理，研制出新型导航仪；根据苍蝇复眼的成像原理，制成了1次可拍1329张高分辨率照片的蝇眼照相机；根据蜜蜂复眼成像原理，研制出偏振光导航仪；根据跳蚤的垂直起跳原理，制造出垂直起落的鹞式飞机；根据昆虫飞行原理，研制出微型飞行器；利用昆虫形态与功能开发出六足机器人等。

（2）生物技术。从1982年成功地将外源基因转入黑腹果蝇 *Drosophila melanogaster* Meigen开始，转基因昆虫研究引起了科学家们的兴趣。人们期望通过转基因控制害虫或其传播的植物病害或动物疾病，或生产特殊蛋白质。目前，已经成功将外源基因转入双翅目、鳞翅目、鞘翅目共14种重要昆虫中，包括斯氏按蚊 *Anopheles stephensi* Liston、按蚊 *A. albimanus* Weidemann、埃及伊蚊 *Aedes aegypti*（L.）、致倦库蚊 *Culex pipiens quinquefasciatus* Say、家蝇、厩螯蝇 *Stomoxys calcitrans*（L.）、地中海实蝇 *Ceratitis capitata*（Wiedemann）、昆士兰果实蝇 *Bactrocera tryoni*（Froggatt）、橘小实蝇 *B. dorsalis*（Hendel）、加勒比按实蝇 *Anastrepha suspensa*（Loew）、赤拟谷盗 *Tribolium castaneum*（Herbst）、家蚕和棉红铃虫 *Pectinophora gossypiella*（Saunders）。同时，科学家也已成功将抗菌肽基因转入媒介昆虫长红猎蝽 *Rhodnius prolixus* Stål和蚊子等昆虫体内共生菌中，希望控制这些害虫传播的疾病。以昆虫细胞和杆状病毒系统构建昆虫生物反应器，生产疫苗、治疗药剂、诊断试剂等特定的生物制品具有更广泛的前景。北美萤火虫 *Photinus pyralis*（L.）和牙买加叩甲 *Pyrophorus plagiophthalamus* 的虫荧光素酶作为遗传报道酶（genetic report enzyme），已广泛应用于原核和真核细胞培养、转基因植物和转基因动物等研究中。

（3）模式动物。由于昆虫生命周期短、繁殖量大和易于人工饲养等特点，成为科学研究的理想材料。昆虫作为模式动物在研究生命活动规律方面起着重要的作用，有关遗传学、动物行为学、动物生态学、进化生物学、物种形成方面的知识，都是首先从昆虫中获得的。对果蝇的研究成果成为当今遗传学和发育生物学的重要基石，分别于1933年、1946年、1995年3次获得诺贝尔生理学或医学奖；对蜜蜂行为的研究成果也获得了1973年诺贝尔奖；以昆虫为对象的基因组研究发展迅速，相继破解了黑腹果蝇、冈比亚按蚊 *Anopheles gambiae* Giles、家蚕、果蝇 *Drosophila pseudoobscura* Frolova *et* Astaurov、蜜蜂和赤拟谷盗的全基因组。其中，2004年由我国94位科学家共同完成的家蚕基因组工作框架图，无疑对鳞翅目乃至整个昆虫分子生物学研究都是一个重大贡献。以媒介昆虫为对象，开展医学昆虫学研究，为疟疾、锥虫病和鼠疫的控制做出了卓越的贡献，相关研究成果分别于1902年、1907年、1928年获得诺贝尔生理学或医学奖。另外，利用昆虫监测环境也有较广阔的前景。蜉蝣目 Ephemeroptera、𫌀翅目 Plecoptera 和毛翅目 Trichoptera 昆虫对溪流水质变化敏感，可用于监测水质污染程度，称为水质监测的 EPT 指数。

第六节　昆虫对人类文明的影响

昆虫由于它的美丽和神奇一直深深地吸引着人们。昆虫不仅与人们的衣、食、住、行等物质生活有着密切的联系，而且与人们的文化、审美、宗教、民俗等精神生活也息息相关。从文字到语言、从艺术到娱乐、从政治到战争，都和昆虫紧密相连。例如，在古埃及，蜣螂被称为“神圣甲虫”，是权力和地位的象征，Khepri 神的头部就是 1 头蜣螂；在圣经中，蚂蚁被当成智慧和活力的化身；1812 年，拿破仑军队由于斑疹伤寒、冬天严寒和军供短缺，使征俄之战以惨败而告终；巴拿马运河的修建也因为疟疾和黄热病的流行而被迫中断，结果整个工程前后经历了 33 年；在二战期间，日本每年生产近 5 亿感染有鼠疫杆菌的跳蚤作为生物武器；在冷战期间，美国被指控向东德投放马铃薯甲虫 *Leptinotarsa decemlineata*（Say）等。

昆虫对中国文化的影响十分广泛而深刻，如中国以虫为偏旁的字达 300 多个，以虫为偏旁的姓达 40 多个，以虫为地名超过 200 个，昆虫诗歌有 10 000 多篇，与昆虫有关的民间节日达 100 多个。中国昆虫文化的多样性在国际上无与伦比，其中以治蝗文化、养蚕文化、斗蟋文化、蝴蝶文化等最为丰富。

第一篇　昆虫的外部形态

昆虫形态学是研究昆虫形态结构及其功能的学科。昆虫形态学是昆虫学和动物形态学的分支学科，是研究昆虫的形态结构及其功能，追溯其同源关系和系统发生的学科。通过分析，比较不同昆虫类群的形态异同及功能关系，为正确识别昆虫的种类、建立反映进化过程的自然体系和探索昆虫形态功能在仿生学中的应用提供科学依据。

昆虫形态学包括外部形态和内部结构两部分。本篇主要介绍昆虫体躯的一般构造、昆虫的头部、昆虫的胸部和昆虫的腹部等外部形态。内部结构将放在昆虫生理学部分介绍。

第一章

昆虫体躯的一般构造

第一节　昆虫的体型、体形、体向和体色

一、体型

昆虫体躯的大小常用体长和翅展来表示。体长（body length）是指昆虫头部前端到腹部末端的距离，不包括头部的触角和腹部末端的外生殖器的长度。翅展（wing span）是指前翅展开时，两翅顶角之间的距离。

不同昆虫个体间大小差异很大。现存最大的昆虫见于蛸目、鳞翅目和鞘翅目中。其中，体长最长的是婆罗洲刺腿蛸 *Phobaeticus chani* Hennemann *et* Conle，可达 567 mm；翅展最宽的是强喙夜蛾 *Thysania agrippina*（Cramer），可达 320 mm；身体最粗壮的是蜣螂，直径可达 50 mm。在化石昆虫中，体型最大的是巨脉蜻蜓 *Meganeura monyi* Brongniart，翅展达 750 mm。最小昆虫可能是鞘翅目中的缨甲和膜翅目中的赤眼蜂或缨小蜂，如缨翅赤眼蜂属 *Megaphragma* 一些种类的体长不足 0.2 mm。但是，对多数昆虫来说，体长一般为 5～30 mm，翅展为 10～50 mm。

根据体长的大小，可将昆虫分为微型、小型、中型、大型和巨型 5 类。体长在 2 mm 以下者是微型，3～14 mm 者为小型，15～39 mm 者为中型，40～99 mm 者为大型，100 mm 以上者为巨型。当然，在不同昆虫类群中，各型的尺度存在有一定的差异。

二、体形

昆虫为了适应不同的生存环境，外形发生了相应的变化，可谓千姿百态，但可概括为圆筒形、卵圆形、半球形、平扁或立扁 5 大类。因此，在描述昆虫的外形时，常用体粗壮、细长、长形、圆形、圆筒形、椭圆形、半球形、杆状、叶状、扁平、侧扁等术语，或以某一常见物体的形状来比喻。

三、体向

在描述昆虫时，常对其体躯各个结构进行定向（图 1-1）。沿着身体纵轴向着头端为头向（cephalic）或前方（anterior）；趋向腹部末端为尾向（caudal）或后方（posterior）；向着虫体背面为背向（dorsal），背向朝上；向着虫体腹面为腹向（ventral），腹向朝下；向着体躯两侧为侧向（lateral），分为左向（left）和右向（right）。

另外，还常用到基部（proximal 或 basal）与端部（distal 或 apical）两个体向。对胸部和腹部骨板来说，基部是指靠近体前方部分，端部是指靠近体后方部分；对附肢和体表突起而言，基部是指靠近着生处部分，端部是指远离着生处部分。

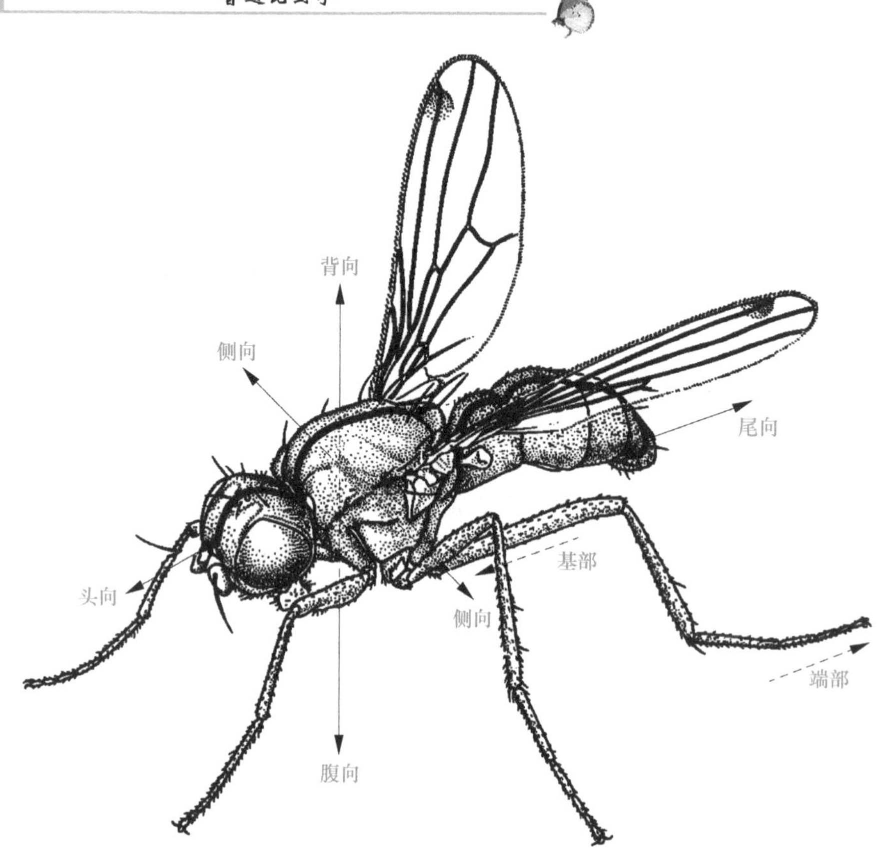

图 1-1 昆虫的体向
(仿 McAlpine，1987)

四、体色

昆虫的体色由表皮及其突起使光波发生折射、散射、衍射或干涉而产生的结构色，以及由表皮、真皮和体内组织所含的色素色共同构成，使昆虫具有多彩的颜色及美丽的虹彩，甚至生物荧光。昆虫的体色可参照有关色谱描述。

第二节 昆虫的体躯

一、体躯的分节与分段

在胚胎中，昆虫的体躯由 20 个环节——体节（segment 或 metamere）所组成。在幼虫中，体节与体节之间是以节间褶（intersegmental fold）相连；在若虫和成虫中，体节之间是以节间膜（intersegmental membrane）相连。这些体节分别集合成昆虫的头部、胸部和腹部 3 个体段（tagma）。一般认为昆虫的头部由 6 个体节愈合而成，胸部由 3 个体节组成，腹部由 11 个体节构成。

二、体躯的分节方式

昆虫体躯的分节方式有初生分节和次生分节两种（图 1-2）。

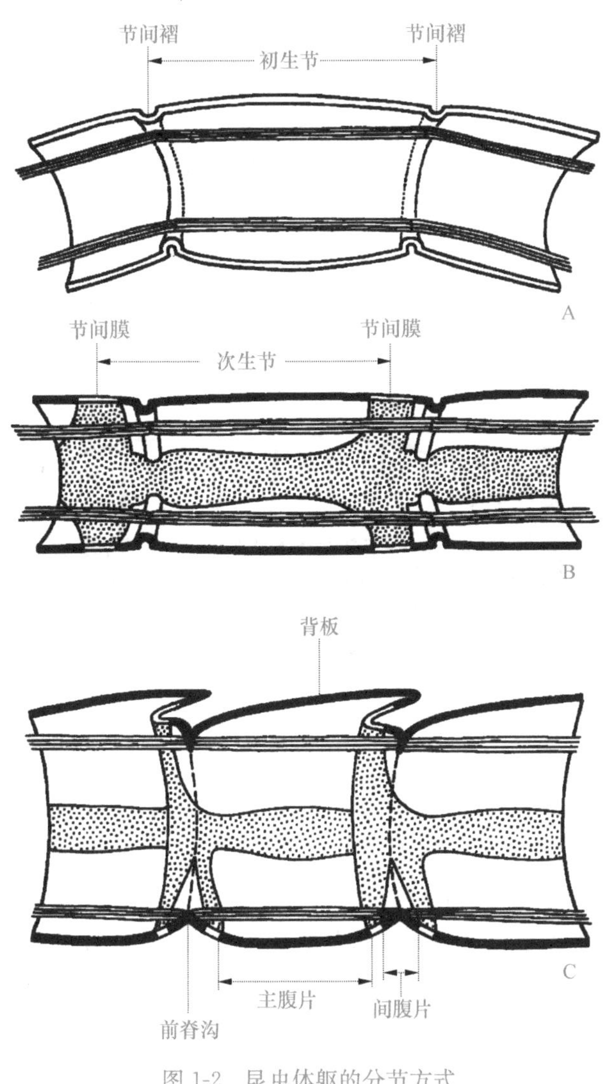

图 1-2 昆虫体躯的分节方式

A. 初生分节；B. 次生分节；C. 次生节的套叠

（仿 Snodgrass，1935）

初生分节（primary segmentation）是指全变态昆虫的幼虫，其相邻体节间以环形凹陷——节间褶相连，纵肌着生在节间褶上，其体节相当于胚胎时期的体节，故称初生分节，其体节称初生节（primary segment）。这类昆虫的身体能上下、左右和前后自如活动。

次生分节（secondary segmentation）是指成虫和不全变态昆虫的若虫或稚虫，其体壁大部分骨化，相当于初生分节的节间褶也骨化（sclerotization）了，里面形成着生肌肉的内脊，内脊前有一窄条未经骨化的膜质区——节间膜成为体节的分界。这种由于体壁骨化而产生的分节方式称次生分节，所形成的体节称次生节（secondary segment）。这类昆虫体躯通常只能借助肌肉的运动，使相邻体节在节间膜处相互套叠或伸长。

三、体躯的分区

昆虫的体躯多呈圆筒形、左右对称，一般用假想的背侧线与腹侧线将它的表面分为背面、腹面和2个侧面（图1-3）共4个体面。背侧线（dorsopleural line）在附肢基部之上，由头部口器基部经胸足的基部与胸气门之间、腹气门之下、生殖肢基部之上，一直到达尾须基部的上方。腹侧线（sternopleural line）在附肢基部之下，起自口器基部，经胸足基部的下方、腹部的侧下方和生殖肢基部的下方，终止于肛侧板和尾须之间。背侧线之上为背面，腹侧线之下为腹面，背侧线与腹侧线之间为侧面。

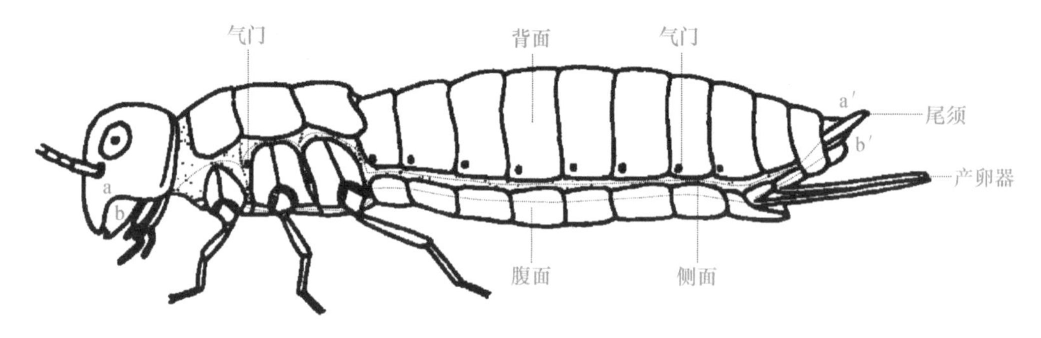

图1-3 昆虫体躯的分区

a-a′. 背侧线；b-b′. 腹侧线

（仿Snodgrass，1935）

在次生分节的昆虫中，各体面大部分骨化为骨板，形成包被体躯的外骨骼（exoskeleton）。这些骨板按其所在的体面分别被称为背板（tergum或notum）、腹板（sternum）和侧板（pleuron）。这些骨板又可被缝和沟分割为若干小片，分别称背片（tergite）、腹片（sternite）和侧片（pleurite）。缝（suture）是两骨片之间狭细的膜质部分，里面无脊突。沟（sulcus）是骨板内陷而在体表留下的凹痕，在体内形成内脊或内脊突，构成昆虫内骨骼（endoskeleton），供肌肉着生（图1-4）。

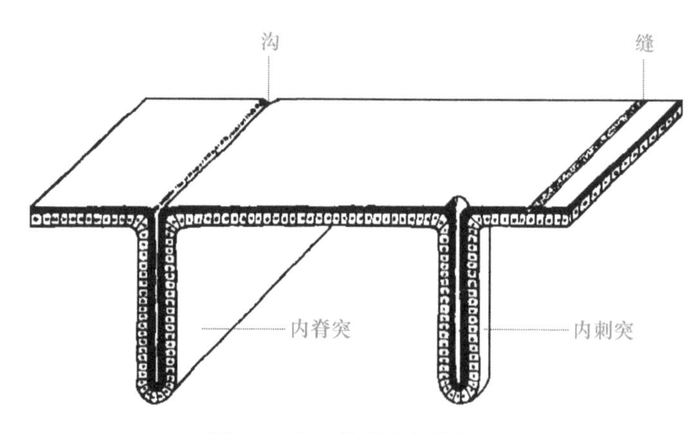

图1-4 昆虫体壁上的缝与沟

（仿Triplehorn & Johnson，2005）

第三节　昆虫的附肢

昆虫的附肢（appendage）是由附肢原基形成，成对且分节的结构，位于身体的两侧，与身体连接处有关节构造。昆虫附肢多为6节，最多也不超过7节。附肢各节基部具有控制该节活动的肌肉，能自由活动；但各节的亚节内没有肌肉，一般不能自由活动。

昆虫成虫头部的附肢有触角、上颚、下颚和下唇，胸部的附肢有前足、中足和后足，腹部的附肢有外生殖器的部分结构和尾须。

第二章

昆虫的头部

昆虫的头部（head）位于体躯的前端，着生有触角、复眼、单眼和口器，是感觉、联络和取食的中心。

第一节　头部的分节

昆虫的头部是一个高度骨化的完整硬壳，没有分节的痕迹，也没有背板、侧板和腹板之分。因此，头部究竟由几个体节组成，只能从胚胎学和比较形态学中去寻找证据。

多数学者认为，作为 1 个体节，在胚胎期应具有 1 对神经节、1 对体腔囊和 1 对附肢。研究者由于所选用的试验材料不同和对一些问题的意见不一，因而提出了不同学说，有 3 节学说、4 节学说、5 节学说、6 节学说、7 节学说、8 节学说和 9 节学说等。目前，为昆虫学家广泛接受的是 Rempel（1975）提出的 6 节学说（图 2-1）。该学说认为，昆虫的头部由原头区（acron)、前触角节、触角节、前上颚节、上颚节、下颚节和下唇节组成，但原头区不是真正体节。

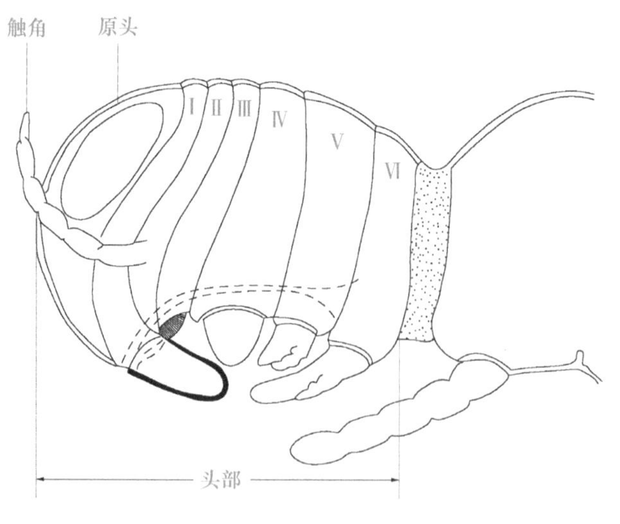

图 2-1　昆虫头部 6 节学说示意图
（仿 Rempel，1975）

第二节　头部的基本构造

在昆虫形态学中，根据线和沟将昆虫头部分成若干区域。

一、头部的线与沟

昆虫头部的线和沟包括蜕裂线、颅中沟、额唇基沟、额颊沟、围眼沟、颊下沟、后头沟、次后头沟等（图 2-2）。

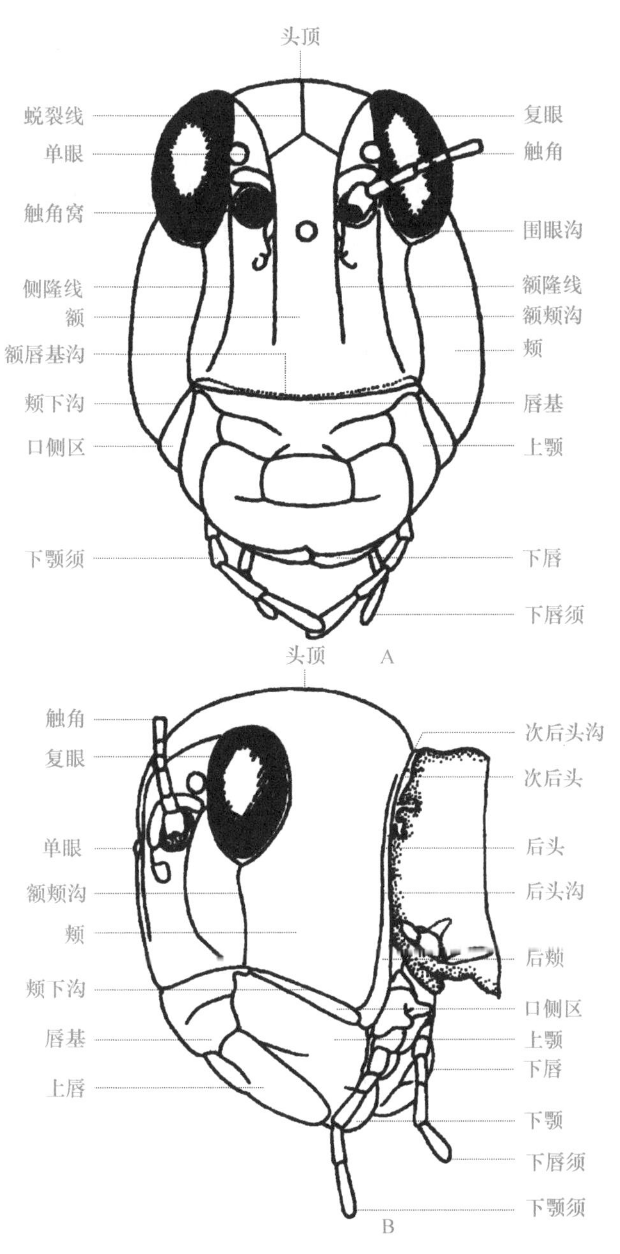

图 2-2　东亚飞蝗的头部

A. 前观；B. 侧观

（仿虞佩玉和陆近仁，1964）

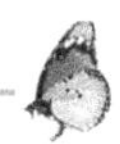

（1）蜕裂线（ecdysial suture），过去称头盖缝（epicranial suture），是位于头部背面常呈倒“Y”字形的一条线；其主干旧称冠缝（coronal suture），常向后延伸至颈部；两条侧臂旧称额缝（frontal suture），常向前伸达两触角之间。蜕裂线的外面无沟，里面无脊，仅外表皮不发达或不含外表皮、颜色较浅，在幼虫、若虫或稚虫脱皮时沿此线裂开，故称蜕裂线。蜕裂线在昆虫的幼期明显，在表变态、原变态和不完全变态类昆虫的成虫期还部分或全部保留，但在全变态类昆虫的成虫期则完全消失。

（2）颅中沟（midcranial sulcus），是一些昆虫头部上沿蜕裂线的主干内陷而成的沟，其颜色较蜕裂线深，且常伸过蜕裂线的分叉点，主要出现于幼虫期。

（3）额唇基沟（frontoclypeal sulcus），又称口上沟（epistomal sulcus），位于口器上方两个上颚基部前关节之间，是额与唇基的分界线。该沟通常呈横形，也有上拱成“∧”形，或中断甚至消失。在沟的两端内陷成臂状内突，称幕骨前臂，外表留下的凹陷称前幕骨陷（anterior tentorial pit）。

（4）额颊沟（frontogenal sulcus），也称眼下沟（subocular sulcus）或角下沟（subantennal sulcus），是一条从复眼或触角下伸至上颚基部的纵沟，是额与颊的分界线。它多见于直翅目、革翅目和膜翅目昆虫中。

（5）围眼沟（ocular sulcus），是环绕复眼的体壁内折形成的沟。

（6）颊下沟（subgenal sulcus），是位于颊的下方，介于额唇基沟与次后头沟之间的一条斜沟。该沟由上颚前、后关节间的口侧沟（pleurostomal sulcus）及其后的口后沟（hypostomal sulcus）两部分组成。

（7）后头沟（occipital sulcus），是环绕头孔的第2条拱形沟，其下端止于上颚的后关节处。直翅目昆虫常具此沟。

（8）次后头沟（postoccipital sulcus），是环绕头孔的第1条拱形沟，其两端处的头壳内陷成臂状内突，称为幕骨后臂，供来自颈部和胸部肌肉的着生，外表留下的凹陷称后幕骨陷（posterior tentorial pit）。

二、头部的分区

根据上述的线和沟，可将昆虫的头部划分为下列区域（图2-2）。

（1）头顶（vertex），也称颅顶，位于头部的背上方，是介于复眼、额与后头之间的顶部区域。

（2）额（frons），位于头部的前面，是介于两条额颊沟之间、额缝之下与额唇基沟之上的区域。在一些昆虫中，将位于额唇基沟与触角窝之间的头部前面部分称为颜面（face）。因此，颜面就是额的部分或相当于额。

（3）唇基（clypeus），位于头部的前面，是介于额与上唇之间的区域。一些昆虫的唇基上有一条横形的唇基沟，将唇基分为与额相接的后唇基（postclypeus）和与上唇相接的前唇基（anteclypeus）两部分。有些昆虫的额唇基沟消失，额和唇基愈合成额唇基（frontoclypeus）。

（4）颊（gena），是头顶之下、颊下沟之上、额颊沟与后头沟之间的区域。头顶与颊之间常无明显的界线。

（5）颊下区（subgenal area），位于头部侧面，是颊下沟下方的狭小骨片，包括上颚前后关节间的口侧区（pleurostomal area）和上颚与后头孔间的口后区（hypostomal area）。

（6）后头（occiput），位于头部后面，是后头沟与次后头沟之间的狭窄拱形骨片。其中，颊后的部分称为后颊（postgena），后颊以上的部分称后头（occiput），但两者之间无分界线。

（7）次后头（postocciput），位于头部后面，是次后头沟与后头孔（occipital foramen）边缘之间的狭窄拱形骨片。

第三节　触　　角

触角（antenna）是昆虫头部的一对伸向前方的感觉附肢，一般着生于额区两侧的膜质触角窝（antennal socket）内。在昆虫纲中，除部分高等双翅目幼虫和部分内寄生的膜翅目幼虫的触角退化外，其他类群均有触角。

一、触角的基本构造

触角由 3 节组成，基部的 1 节称柄节（scape），常粗大，或长或短；第 2 节称梗节（pedicel），常短小并有江氏器（Johnston's organ）；第 3 节称鞭节（flagellum），常分为若干个鞭小节（flagellomere）（图 2-3A）。

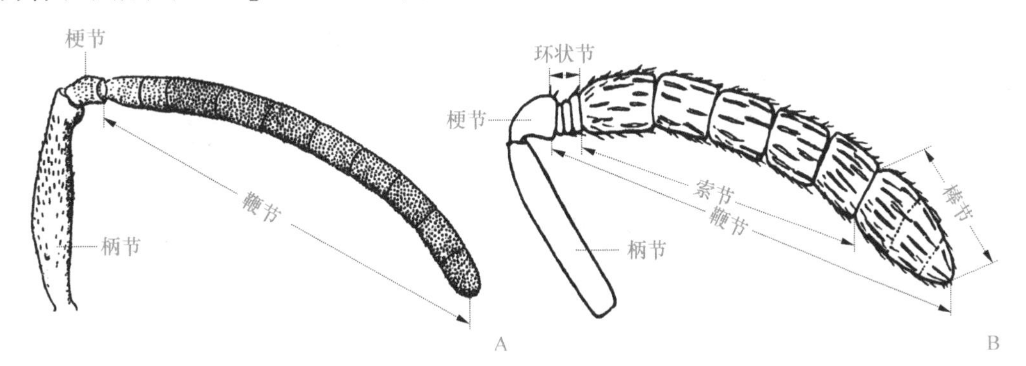

图 2-3　触角的基本构造

A. 蜜蜂；B. 金小蜂 *Delislea* 雌蜂的触角

（A. 仿周尧，1954；B. 仿 Bouček，1988）

鞭小节的数目和形状在各类昆虫中变化很大，在同种昆虫的不同性别中也常有差异。大蠊 *Periplaneta* 的鞭节可分为 150 个鞭小节，而三节叶蜂的鞭节只有 1 个鞭小节。一般来说，雄蚊和雄蛾触角节数分别较雌蚊和雌蛾的多且发达，而雌蜂触角节数则较雄蜂的多且粗短。在膜翅目小蜂总科中，鞭小节又分为环状节（annellus）、索节（funicle）和棒节（club）3 部分（图 2-3B）。环状节是鞭节基部 1～3 个呈环状的鞭小节；索节由 1～7 个鞭小节组成，稍粗，各小节的长短和形状基本相同；棒节由 1～5 个鞭小节组成，明显膨大且位于触角端部。

二、触角的常见类型

昆虫触角形状变化多样，大体上可归纳为如下 12 种常见类型（图 2-4）。

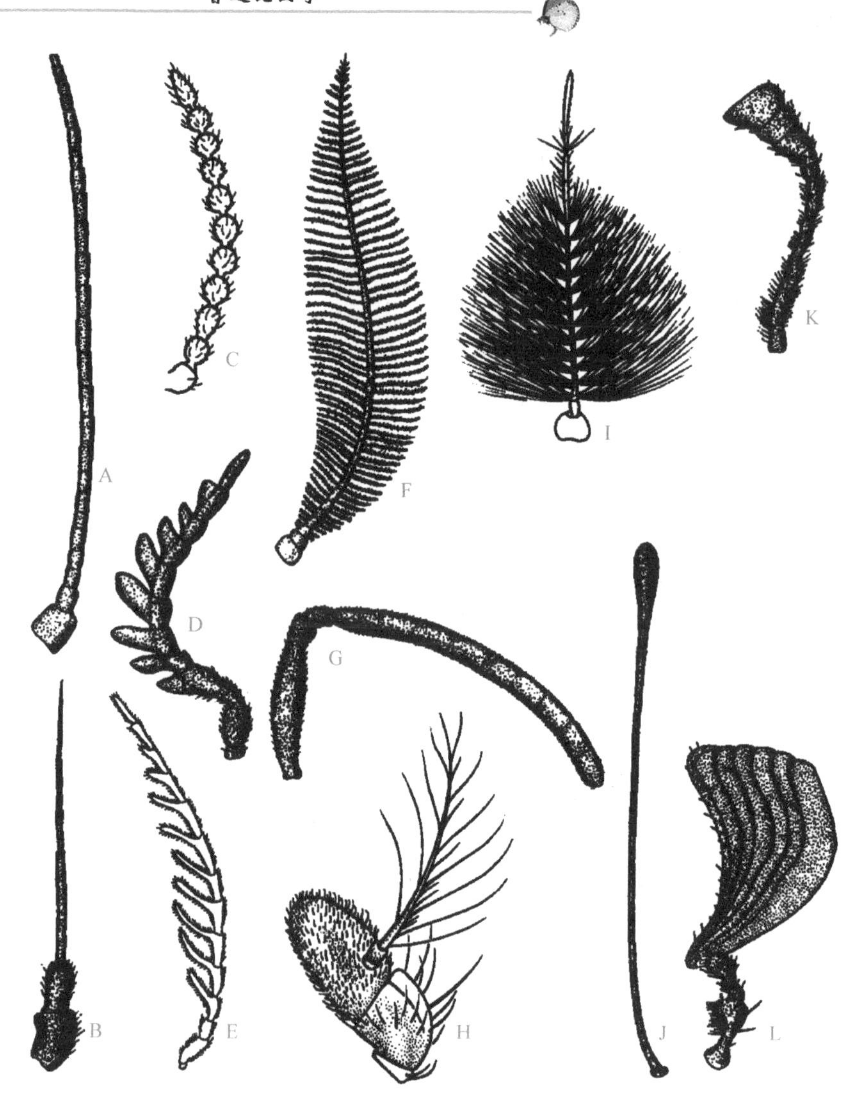

图 2-4 昆虫触角的常见类型

A. 丝状；B. 刚毛状；C. 念珠状；D. 锯齿状；E. 栉齿状；F. 双栉状；G. 膝状；
H. 具芒状；I. 环毛状；J. 棍棒状；K. 锤状；L. 鳃叶状

（仿各作者）

（1）丝状（filiform），也称线状，触角细长，除基部 1～2 节稍粗外，其余各节的大小和形状相似，或向端部渐细。这是昆虫触角中最常见的类型（图 2-4A），如螽斯和蟋蟀的触角。

（2）刚毛状（setaceous），触角短，基节与梗节稍粗大，鞭小节细小并向端部渐细（图 2-4B），如蝉和蜻蜓的触角。

（3）念珠状（moniliform），各鞭小节因连接处明显缢缩而近似球形，像一串念珠（图 2-4C），如白蚁和一些甲虫的触角。

（4）锯齿状（serrate），各鞭小节的端部向侧面突起如锯齿（图 2-4D），如芫青和叩头甲雄虫的触角。

(5) 栉齿状 (pectinate)，各鞭小节向一侧突起很长，形如梳子 (图 2-4E)，如绿豆象雄虫的触角。

(6) 双栉状 (bipectinate)，也称羽状，各鞭小节向两侧突起很长，似篦子或鸟类的羽毛 (图 2-4F)，如赤翅甲和多数蛾类昆虫雄虫的触角。

(7) 膝状 (geniculate)，又称肘状，柄节较长，梗节短小，在柄节与梗节之间成膝状弯曲 (图 2-4G)，如蜜蜂和蚂蚁的触角。

(8) 具芒状 (aristate)，触角短，鞭节不分亚节，明显较柄节和梗节粗大，其上有 1 根毛鬃称触角芒 (arista) (图 2-4H)。这类触角为蝇类昆虫所特有。

(9) 环毛状 (plumose)，触节的各鞭小节上都环生有 1～2 圈细毛，越近基部的毛越长，渐向端部递减 (图 2-4I)，如蚊科昆虫雄虫的触角。

(10) 棍棒状 (clavate)，又称球杆状，触角细长如杆，端部数节逐渐膨大如棒，整体如一棒球杆 (图 2-4J)，如蝶类的触角。

(11) 锤状 (capitate)，类似棍棒状，但端部几个鞭小节突然变大，末端平截似锤 (图 2-4K)，如露尾甲和瓢虫的触角。

(12) 鳃叶状 (lamellate)，触角端部几个鞭小节扩展成片状，可以开合，状如鱼鳃 (图 2-4L)，如鳃金龟的触角。

以上是触角的常见类型，但实际上有许多不同类型，或形状特别，应根据具体情况进行描述。

三、触角的功能

昆虫触角梗节和鞭节上有着非常丰富的感觉器，其功能主要是在觅食、聚集、求偶和寻找产卵场所时起嗅觉、触觉和听觉作用。例如，雄性蛾类的触角司嗅觉作用，蚂蚁的触角司触觉作用，雄性蚊子的触角司听觉作用等。此外，有些昆虫的触角还有其他功能，如仰泳蝽 *Notonecta* 在仰泳时用触角平衡身体、水龟虫 *Hydrous* 用触角帮助呼吸、蚤目昆虫和雄性芫青 *Meloe* 在交配时用触角抱握雌体等。

第四节　复眼与单眼

复眼和单眼是昆虫的主要视觉器官。

一、复眼

昆虫的复眼 (compound eye) 一般位于头部的前侧方或上侧方，呈卵圆形、圆形或肾形，由一个至多个小眼集合而成，用来辨别物体，是最重要的视觉器官。成虫和不全变态类昆虫的若虫和稚虫，一般都有 1 对复眼。但是，网蚊科 Blephariceridae、眼天牛属 *Bacchisa*、细裳蜉 *Atalophlebia*、二翅蜉蝣 *Cloeon*、豉甲属 *Gyrinus* 等昆虫每侧的复眼一分为二；一些雄性双翅目和膜翅目昆虫的复眼背面相接，合二为一，称接眼 (holoptic eye)；虱目、蚤目、雌性介壳虫和一些穴居昆虫的复眼退化或消失；善于飞翔的昆虫，复眼趋向于扩大和向外鼓出以开阔视野 (图 2-5)。

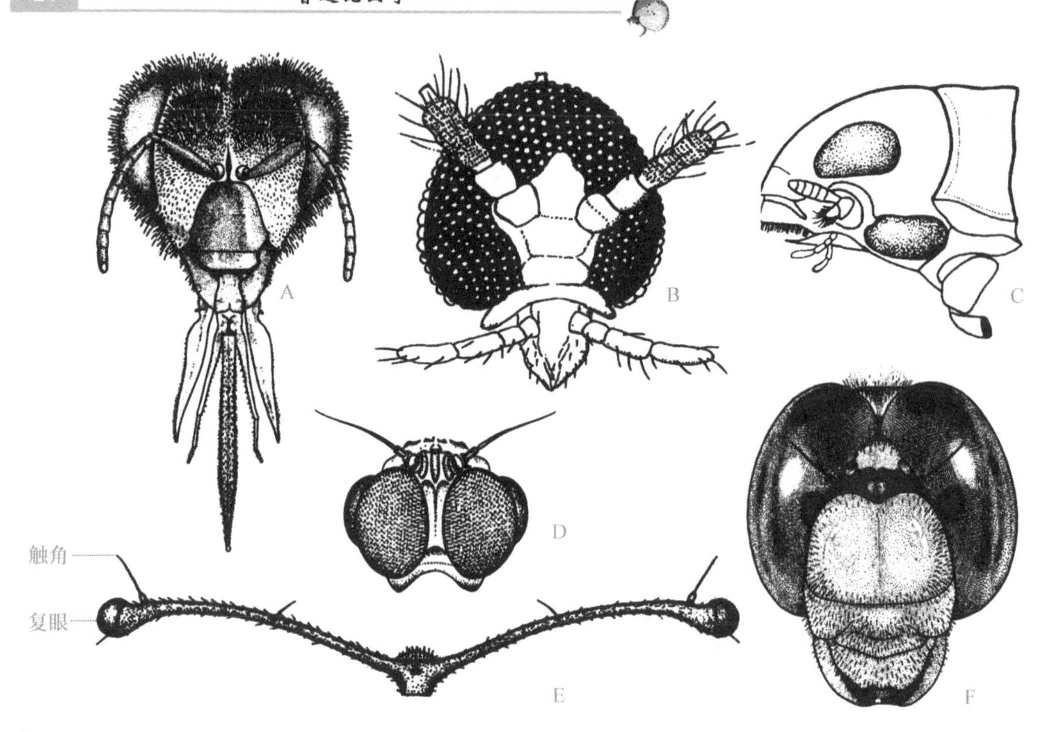

图 2-5 昆虫复眼的变化

A. 蜜蜂；B. 麦红吸浆虫；C. 豉甲；D. 细裳蜉；E. 突眼蝇；F. 蜻蜓

（A. 仿 Wigglesworth，1964；B. 仿周尧，1977；C. 仿管致和，1981；D. 仿 Peters & Campbell，1991；E. 仿杨集昆等，1988；F. 仿 Blaney，1976）

昆虫复眼的小眼数目变化很大。多数昆虫每个复眼大体由几千个小眼构成，但猛蚁 *Ponera punctatissima* Roger 工蚁的每个复眼仅有 1 个小眼，而一些蜻蜓种类复眼的小眼可达 30 000 多个。复眼的每个小眼都能独立成像，且形成镶嵌的物像，这好比我们透过一束饮水用的吸管来观察外界的环境一样（图 2-6）。

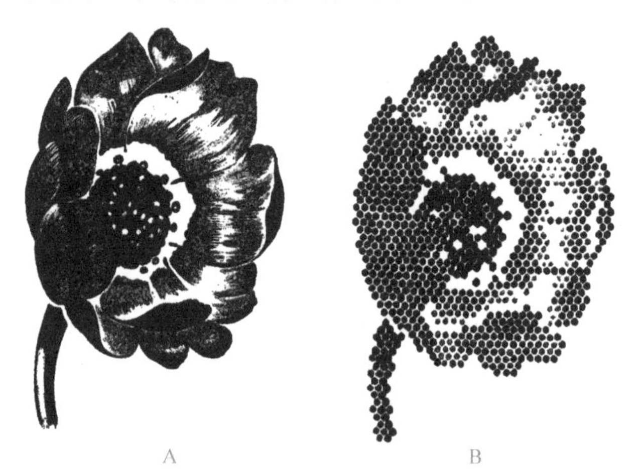

图 2-6 人与昆虫复眼观察到的花

A. 人眼看到的花；B. 昆虫复眼看到的花

（仿 Farb，1977）

二、单眼

昆虫的单眼（ocellus）分为背单眼和侧单眼。但是，背单眼只能感觉光的强弱与方向，不能成像，也不能分辨颜色。

(1) 背单眼（dorsal ocellus）。成虫和不全变态类昆虫的若虫和稚虫的单眼位于头部额区或头顶，称背单眼（图 2-7A～C）。大多数昆虫有 2～3 个背单眼，极少种类仅 1 个。纺足目、捻翅目、半翅目的盲蝽科和红蝽科等无背单眼。如果背单眼为 3 个，则常呈倒三角形排列。

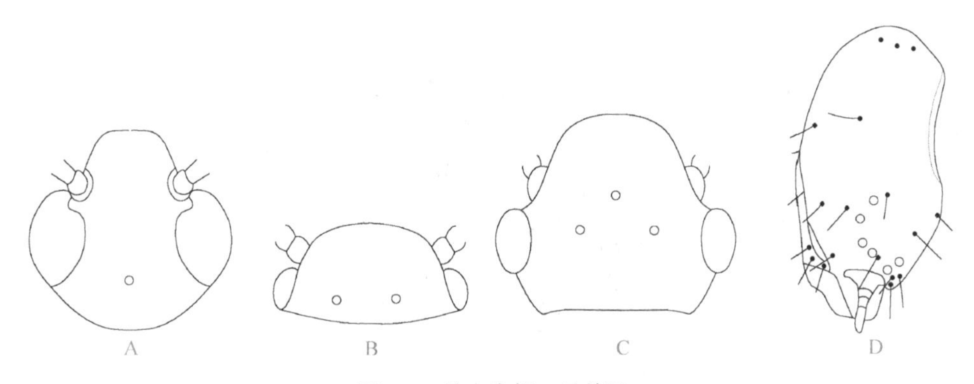

图 2-7 昆虫头部，示单眼

A. 皮蠹的背单眼；B. 扁䗛 *Peltoperla* 的背单眼；C. 同䗛 *Isogenoides* 的背单眼；D. 家蚕幼虫的侧单眼

（A. 仿杨星科，1999；B，C. 仿 Frison，1942；D. 仿吴维均等，1950）

(2) 侧单眼（stemma 或 lateral ocellus）。全变态昆虫幼虫的单眼位于头部两侧的颊区，称侧单眼。侧单眼通常 1～7 对，呈单行或双行、线形或弧形排列。膜翅目叶蜂幼虫的侧单眼仅有 1 对；鳞翅目和鞘翅目幼虫的侧单眼多为 6 对，常排成弧形（图 2-7D）；高等双翅目幼虫无侧单眼。

第五节 口 器

口器（mouthparts）也称取食器（feeding apparatus），由属于头部体壁构造的上唇和舌以及头部的 3 对附肢（即上颚、下颚和下唇）组成。

一、口器的常见类型

昆虫因食性和取食方式的不同，部分口器结构发生特化，形成了不同的口器类型，主要包括咀嚼式口器（chewing mouthparts 或 biting mouthparts）、嚼吸式口器（chewing-lapping mouthparts）、舐吸式口器（sponging mouthparts）、刮吸式口器（scratching mouthparts）、虹吸式口器（siphoning mouthparts）、捕吸式口器（grasping-sucking mouthparts）、锉吸式口器（rasping-sucking mouthparts）、切舐式口器（cutting-sponging mouthparts）和刺吸式口器（piercing-sucking mouthparts）9 种常见类型。

（一）咀嚼式口器

其特点是具发达且坚硬的上颚以咬嚼固体食物。这是最原始的口器类型。石蛃目、

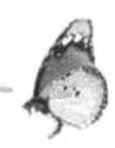

衣鱼目、䗛翅目、直翅目和鞘翅目的成虫与幼虫，蜚蠊目、蜻蜓目、脉翅目和大部分膜翅目的成虫，很多类群的若虫和稚虫都属于这种口器类型，其中以直翅目昆虫的口器最为典型。现以东亚飞蝗为例，叙述如下（图 2-8）。

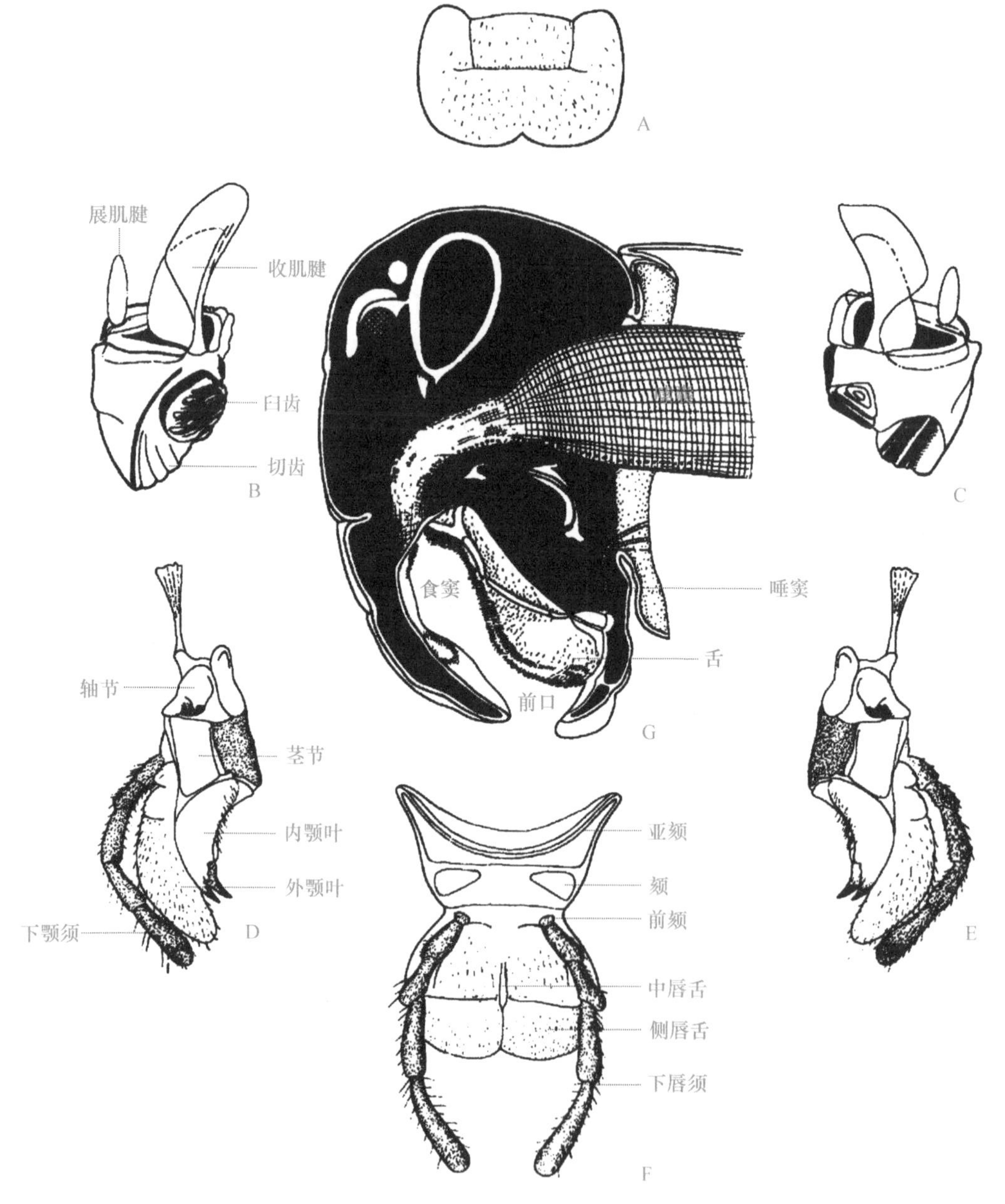

图 2-8 东亚飞蝗的咀嚼式口器的构造

A. 上唇；B，C. 上颚；D，E. 下颚；F. 下唇；G. 头部纵切面，示舌、食窦、唾窦等结构

（仿虞佩玉和陆近仁，1964）

（1）上唇（labrum），是衔接在唇基前缘、盖在上颚的上面或前面的一个宽叶状双层薄片，以唇基上唇沟与唇基分界（图 2-8A）。其外壁骨化，称为外唇（outer lip）；内

壁膜质，着生有感觉器，称内唇（epipharynx）。上唇作为口器的上盖或前盖，具有防止食物外漏的功能。上唇可以前后运动，或稍做左右活动。

（2）上颚（mandible），是在上唇的下方或后方的1对坚硬且不分节的锥状构造（图2-8B，C）。上颚端部具有用以切断和撕裂食物的齿，称切齿（incisor）；基部有用以磨碎食物、有隆脊的粗糙摩擦面，称臼齿（molar）。上颚具有握持、切断、撕碎和咀嚼食物，还有打斗、筑巢和造蜡的功能。上颚仅能左右活动。

（3）下颚（maxillae），是介于上颚的下方或后方与下唇的上方或前方之间的1对分节构造（图2-8D，E），可分为轴节（cardo）、茎节（stipes）、外颚叶（galea）、内颚叶（lacinea）和下颚须（maxillary palpus）共5部分，具有协助上颚握持和刮切食物以及嗅觉和味觉的功能。下颚可以前后和左右活动。

（4）下唇（labium），是在下颚的下方或后方、头孔下方的1对分节构造（图2-8F），可分为后颏［（postmentum），包括亚颏（submentum）和颏（mentum）］、前颏（prementum）、侧唇舌（paraglossa）、中唇舌（glossa）和下唇须（labial palpus）共5部分，有托挡食物、嗅觉和味觉的功能。下唇可以前后和左右活动。

（5）舌（hypopharynx），旧称下咽，是头部颚节区腹面体壁扩展成的一个囊状构造（图2-8G），位于口前腔中央、下唇前方。舌表面有浓密的毛和感觉器，司味觉作用，并帮助吞咽食物。

上唇、上颚、下颚与下唇所包围成的空间称口前腔（preoral cavity）。舌将口前腔分为两部分，上唇与舌之间的部分称食窦（cibarium），舌与下唇之间的部分称唾窦（salivarium），唾腺管（salivary duct）开口于唾窦的基部。

咀嚼式口器的各部分构造会因虫态、食性和习性等而发生改变。在鳞翅目幼虫中，上唇和上颚与一般咀嚼式口器相似，但下颚、下唇和舌愈合构成一个复合体，两侧为下颚，中央为下唇和舌，端部有一个突出的吐丝器（spinneret），末端的开口即为下唇腺特化而成的丝腺开口（图2-9A）。膜翅目叶蜂幼虫的口器与鳞翅目幼虫基本相似，下颚、下唇和舌也形成复合体，但复合体中央端部无吐丝器。蜻蜓稚虫下唇特别发达，形成一个能伸缩的捕食构造，可折叠罩在头部腹面，称"下唇罩"（labial mask）（图2-9B，C）。

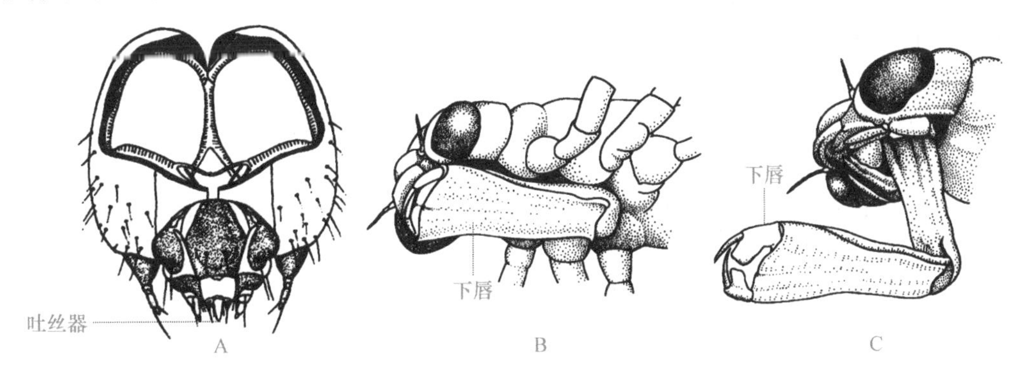

图2-9　昆虫咀嚼式口器的变异

A. 家蚕头部后面观，示吐丝器；B，C. 蜻蜓稚虫头部下侧观，示下唇罩

（A. 仿吴维均等，1950；B，C. 仿 Wigglesworth，1964）

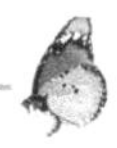

(二) 嚼吸式口器

其特点是上颚发达用以咀嚼花粉、筑巢、搬运猎物和打斗等，下颚和下唇特化成吮吸液体食物的喙，为膜翅目蜜蜂总科 Apoidea 成虫特有（图 2-10）。

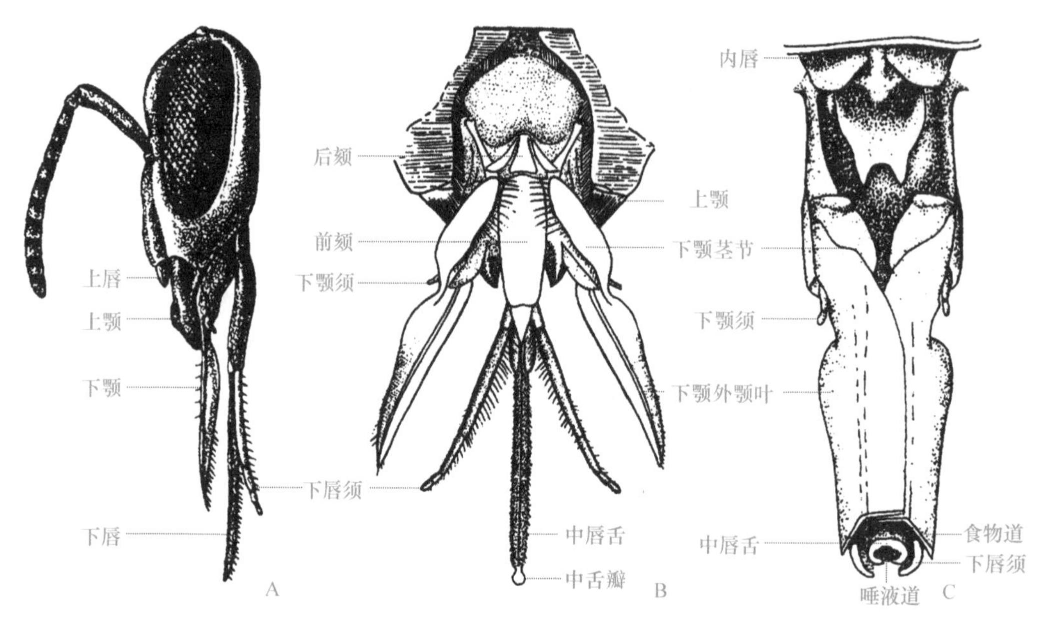

图 2-10 嚼吸式口器及其构造

A. 蜜蜂成虫头部侧观，示口器；B. 口器后观；C. 喙管基部前观

（A. 仿 Elzinga，2004；B，C. 仿 Sondgrass，1935）

这类口器的上唇和上颚与咀嚼式口器相似。下颚的外颚叶延长成匙状，内颚叶退化成小片状；下颚须短小。下唇的前颏发达，近长方形，中唇舌延长，腹面凹陷成一条纵槽，端部膨大成叶状的中舌瓣（flabellum），侧唇舌较短小；下唇须长，分 4 节。舌大部分已并合到前颏，唾液经舌流过，在舌的端部开口流出，再沿侧唇舌流到中唇舌腹面的槽中，直达中舌瓣。

蜜蜂在吸食花蜜或其他液体食物时，下颚的外颚叶覆盖在中唇舌的背侧面形成食物道（food canal），下唇须拼贴在中唇舌腹面的槽沟上形成唾液道（salivary canal），内颚叶和内唇盖在舌基部的侧方和上方，使口前腔闭合，形成临时的喙。中舌瓣有刮吮花蜜的功能，借助抽吸唧筒（sucking pump）的作用将花蜜或其他液体食物吸入消化道。有些种类的唧筒还兼有吐出液体的功能，以帮助酿蜜与哺喂。吸食完毕，下颚与下唇分开，弯折于头下，此时上颚便可发挥其咀嚼功能。

(三) 舐吸式口器

其特点是其口器主要由下唇特化成的喙构成，为双翅目环裂亚目 Cyclorrhapha 昆虫的成虫所特有。现以家蝇为例来说明（图 2-11）。

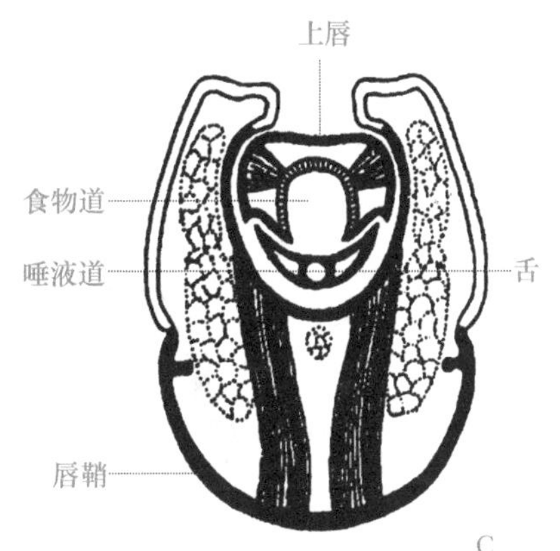

图 2-11　舐吸式口器及其构造

A. 家蝇的头部侧观，示口器；B. 口器侧观；C. 口器的横切面

（A. 仿 Elzinga，2004；B，C. 仿 Matheson，1951）

家蝇的上颚消失，下颚除留有 1 对下颚须外，其余部分也消失，口器由基喙、中喙和端喙构成。基喙（basiproboscis）略呈倒锥状，是头壳的一部分，以膜质为主，其前壁有一个马蹄形的唇基，唇基前有 1 对棒状不分节的下颚须。中喙（mediproboscis 或 haustellum）呈筒形，是真正的喙（proboscis），主要由下唇的前颏形成，其前壁凹陷成唇槽（labial groove），后壁骨化为唇鞘（labial elytron）；长片状上唇的内壁凹陷成食物道盖合在唇槽上；刀片状舌紧贴在上唇后面以封合食物道，内有唾液道。端喙（distiproboscis），即喙前端的 2 个椭圆形唇瓣（labellum）；唇瓣膜质，有多条环沟，这些环沟有点象气管，所以常被称为拟气管（pseudotracheae）；在 2 片唇瓣之间有一个开口，称前口（prestomum），与食物道相通，唾液经此流出。

家蝇取食时，喙伸直，唇瓣展开并平贴在食物表面，在抽吸唧筒的作用下，液体食物经环沟和纵沟汇集到前口，再经食物道流入消化道。不取食时，喙折叠于头下。

（四）刮吸式口器

其特点是口器十分退化，外观仅见 1 对口钩（mouth hook 或 oral hook），为双翅目蝇类幼虫所特有（图 2-12）。曾有人认为口钩是上颚，但它的肌肉不是来自头壁，且幼虫脱皮时口钩也脱掉，所以多数学者认为它是头部高度骨化的次生构造。

这类昆虫的头部全部缩入胸部，取食时，口钩伸出，用以刮破食物，然后吸食汁液及固体碎屑。

（五）虹吸式口器

其特点是上颚退化或消失，由下颚的 1 对外颚叶特化成一条卷曲能伸展的喙，内有食物道，适于吮吸花管底部的花蜜，为绝大多数鳞翅目成虫所特有（图 2-13A，B）。

虹吸式口器的上唇只是一条很窄的横片。下颚轴节和茎节缩入头内，外颚叶十分发达并左右嵌合成喙。下颚须不发达。舌退化。下唇退化成三角形小片，但下唇须发达。

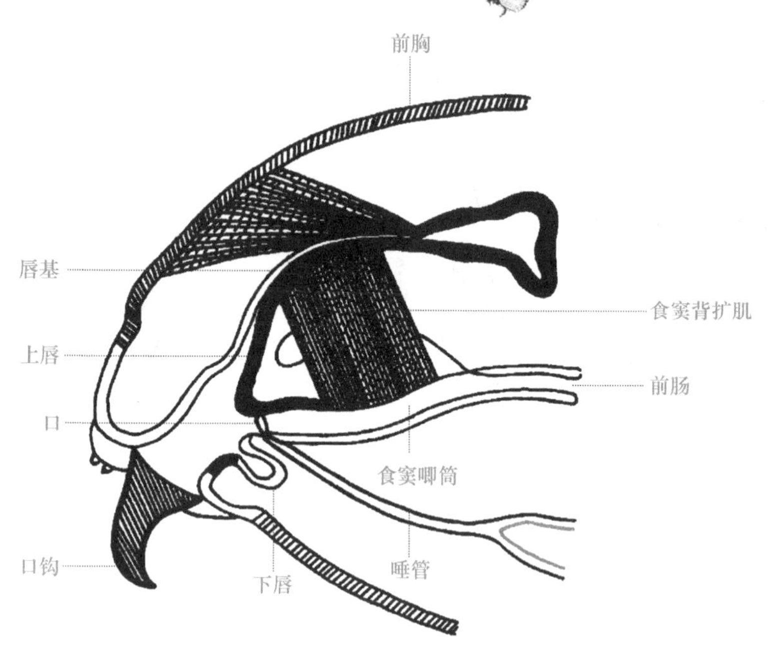

图 2-12 蝇蛆头部的纵切面

（仿 Snodgrass，1935）

这类昆虫取食时，喙通过肌肉收缩和血压作用而伸展，可伸入花管内吸食花蜜或外露的果汁或露水（图 2-13C～F），所以它们一般不会造成危害。但是，吸果夜蛾的喙端尖锐，能刺入果实内吸食果汁，造成危害。不取食时，喙借助喙管的弹性和其中肌肉收缩而盘卷起来，夹在头部下面两下唇须之间。

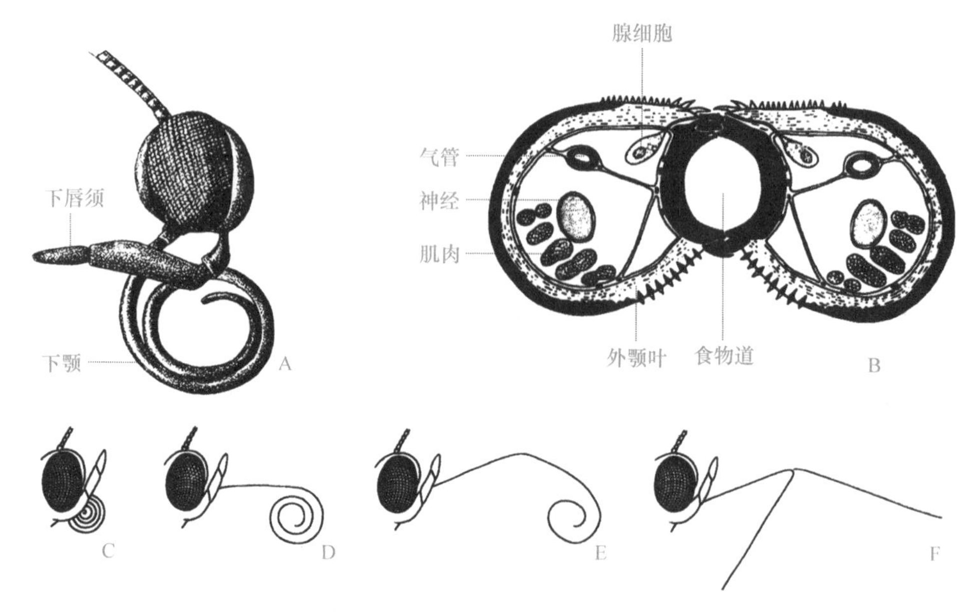

图 2-13 虹吸式口器及其构造

A. 鳞翅目成虫头部侧观，示口器；B. 喙的横切面；C～F. 口器的伸展过程

（A. 仿 Elzinga，2004；B～F. 仿 Eastham & Eassa，1955）

（六）捕吸式口器

其特点是上颚延长成镰刀状，其腹面纵凹成槽，下颚的外颚叶相应延长并紧贴于上颚下面，组成 1 对刺吸构造，故又称双刺吸式口器，为脉翅目幼虫、鞘翅目萤科 Lampyridae 和龙虱科 Dytiscidae 的幼虫所特有（图 2-14）。

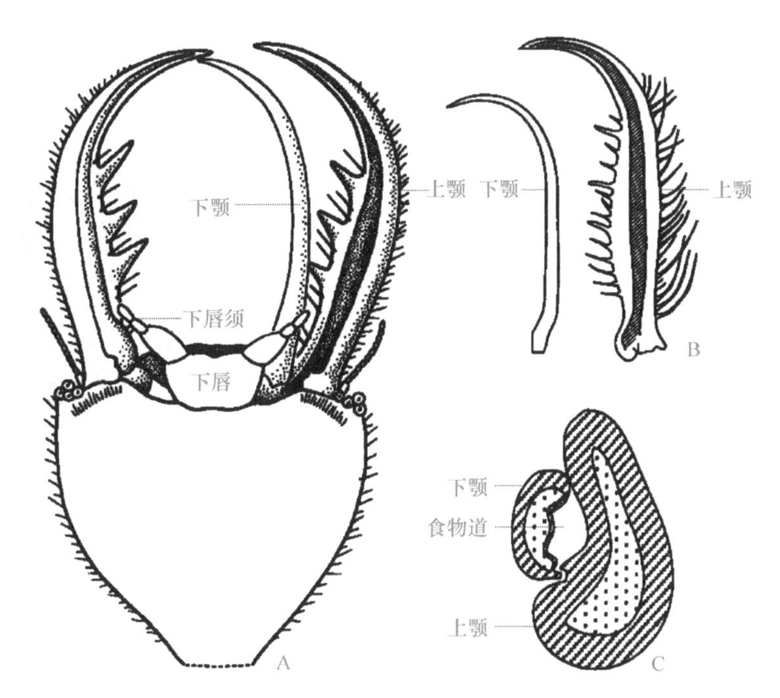

图 2-14 捕吸式口器及其构造

A. 脉翅目幼虫头部腹观，示口器；B. 分开的上颚与下颚；C. 上颚和下颚的横切面

（A. 仿 Wigglesworth，1964；B，C. 仿 Cicero，1994）

捕吸式口器的上唇、下颚的轴节和茎节都不发达，下颚须消失；下唇也不发达，但下唇须较发达。

这类昆虫捕食时，成对的捕吸式口器刺入猎物体内，注入消化液进行肠外消化，然后将猎物举起，借助抽吸唧筒的作用将消化后的液体物质经食物道吸入体内。

（七）锉吸式口器

其特点是左右上颚不对称，2 根下颚口针（stylet）构成食物道，舌和下唇间构成唾液道，为缨翅目昆虫所特有（图 2-15）。

锉吸式口器的上唇、下颚的一部分及下唇组成喙，右上颚退化或消失，左上颚和下颚的内颚叶特化成 3 条口针，下颚须和下唇须短小。

这类昆虫取食时，先以左上颚口针锉破寄主表皮，然后以喙端贴于寄主表面，借抽吸唧筒的作用将汁液吸入消化道内。

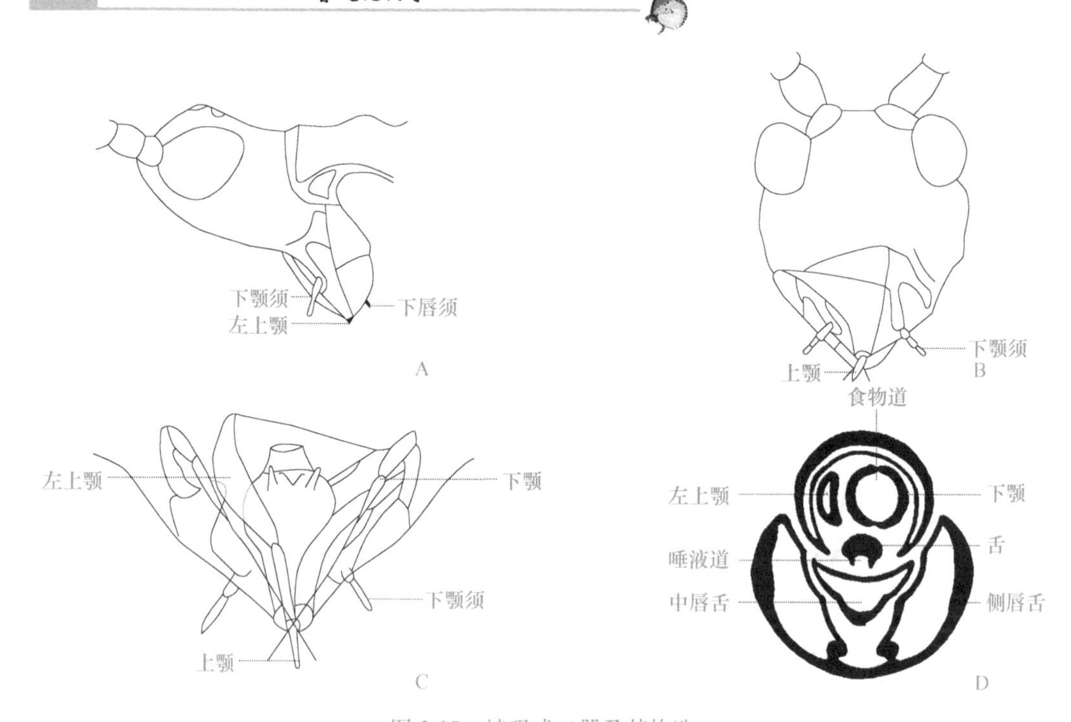

图 2-15 锉吸式口器及其构造

A. 蓟马头部侧观，示口器；B. 蓟马头部腹前观，示口器；C. 蓟马口器后观；D. 口器的横切面

（A～C. 仿 Pterson，1915；D. 仿 Eidmann，1924）

（八）切舐式口器

其特点是上唇较长，端部尖锐，内壁凹陷成槽状，与舌合成食物道。上颚刀片状，端部尖锐。下颚的外颚叶形成较坚硬细长口针。下唇肥大柔软，端部有 1 对肉质的唇瓣。舌是一根较细弱的口针，中央有唾道通过，为双翅目虻类等吸血昆虫所特有（图 2-16）。

这类昆虫进食时，先用上唇和上颚切破动物皮肤，接着下颚口针上下抽动以扩大伤口，然后唇瓣贴于伤口处舐吸流出的血液。

（九）刺吸式口器

其特点是有口针和喙（rostrum），为半翅目、虱目、蚤目和双翅目蚊类昆虫所具有。现以蝉的口器为例来说明（图 2-17A，B）。

蝉的口器特点是上颚和下颚延长，特化成细长的口针，上颚口针在外，下颚口针在内；食窦和前肠的咽喉部分形成强有力的抽吸唧筒。蝉的上唇是唇基下面的一个长三角形骨片。上颚口针端部具倒齿，主要起刺入寄主组织的作用。下颚口针较细弱，内侧有 2 条纵槽，当两下颚口针嵌合时，形成 2 条管道，前面稍粗的称食物道，后面较细的称唾液道。舌位于口针基部的口前腔内，为一个突出的舌叶。下唇形成 1～4 节的喙，将口针包藏于其中。

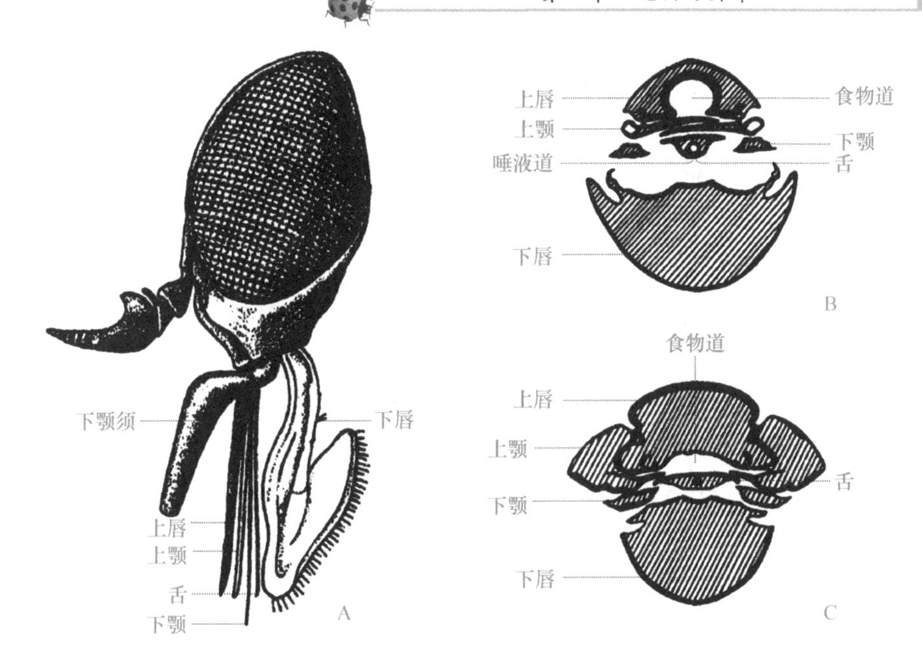

图 2-16 切舐式口器及其构造

A. 牛虻的头部侧观，示口器；B. 口器亚端部的横切面；C. 口器近口处的横切面

（A. 仿 Elzinga，2004；B，C. 仿 Matheson，1951）

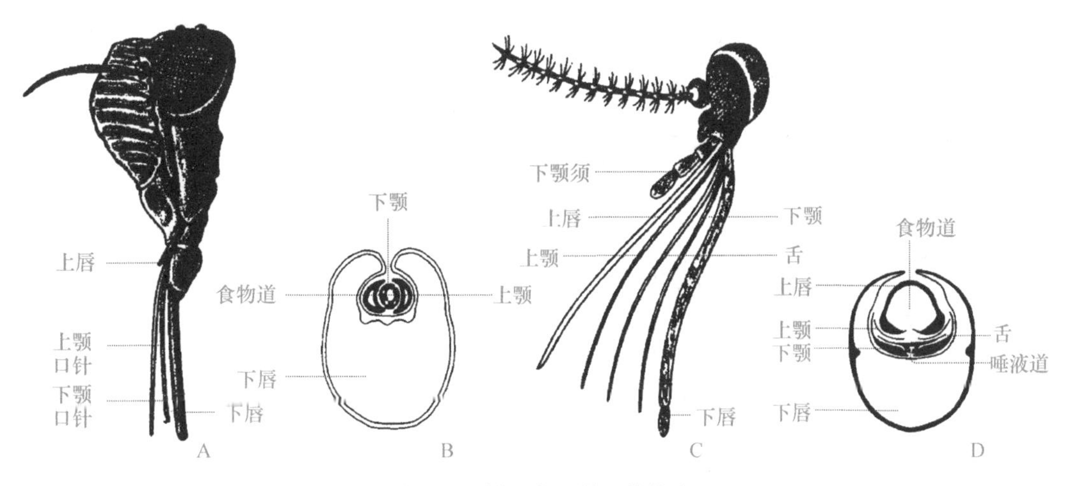

图 2-17 刺吸式口器及其构造

A. 蝉的头部侧观，示口器；B. 蝉口器的横切面；C. 蚊子的头部侧观，示口器；D. 蚊子口器的横切面

（A，C. 仿 Elzinga，2004；B. 仿 Capinera，2004；D. 仿 Snodgrass，1935）

蝉和蝽等半翅目昆虫取食时，喙留在寄主体外（图 2-18），两上颚口针借助肌肉的作用，交替刺入寄主组织，当两上颚口针刺入相同深度时，两条嵌合在一起的下颚口针即跟着插入。如此重复多次，口针即可刺入寄主组织内，接着分泌抗凝血酶或消化液，然后借抽吸唧筒的作用吸食寄主的体液。

不同种类的昆虫，其刺吸式口器的形态构造常有一定的差异。例如，雌性蚊子的口

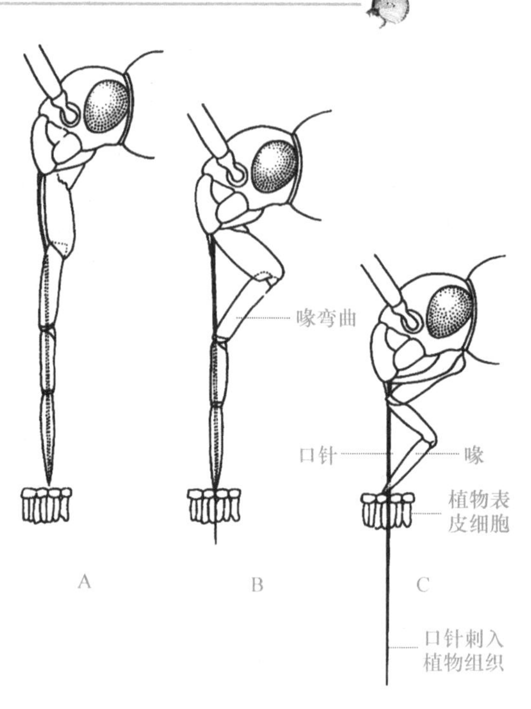

图 2-18 盲蝽取食时喙留在组织外
（仿 Poisson，1951）

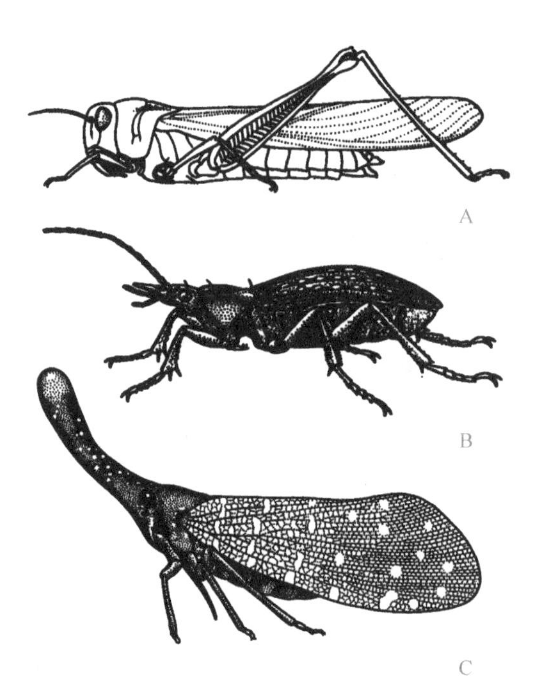

图 2-19 昆虫的口向
A. 蝗虫的下口式；B. 步甲的前口式；C. 蜡蝉的后口式
（A. 仿 Gullan & Cranston，2005；B. 仿 Eisenbeis & Wichard，1987；C. 仿 Edwards，1994）

针有 6 根，分别由上唇、上颚、下颚及舌特化而成。上唇口针是最粗的一根口针，端部尖锐，内壁凹成食物道。上颚口针是最细的 1 对口针，此口针极易弯曲。下颚口针是由内颚叶形成的 1 对口针，其端部尖锐，具有倒齿。舌是一根细长又扁平的口针，位于上颚与下颚之间，中央通过唾液道（图 2-17C，D）。蚤类的口针则是由内唇与下颚的内颚叶特化而成，每支下颚口针内各有一条唾液道。

二、昆虫的口向与适应

由于取食方式的不同，昆虫口器的构造与着生位置发生了相应的变化。根据昆虫口器的着生方向，可将昆虫的口向（mouthpart orientation）分为下口式、前口式和后口式 3 种类型。

（1）下口式（hypognathous），又称直口式（orthognathous）。口器着生于头部下方，口器纵轴与体躯的纵轴近垂直（图 2-19A）。

这是最原始的口向，多见于啃食植物叶片、花和果实的植食性昆虫中。

（2）前口式（prognathous），口器着生于头部前方或前下方，口器纵轴与体躯的纵轴平行或成钝角（图 2-19B），多见于捕食性和钻蛀为害的植食性昆虫中。

（3）后口式（opisthorhynchous），口器着生于头部的后下方，口器纵轴与体躯的纵轴成锐角（图 2-19C），多见于吸食动物血液或植物汁液的昆虫中。

与口器类型一样，昆虫口向的不同，反映了其取食方式的差异，也是昆虫长期进化、适应环境的结果。

第六节 颈　　部

昆虫的颈部（cervix）是头部与胸部之间可伸缩的膜质部分（图 2-20）。颈的外壁大部分膜质，其上着生有小骨片，称颈片（cervical sclerite）。几乎所有的昆虫都有颈片，但原始类群的颈片发达，而高等类群的颈片常有不同程度的退化。颈片上有肌肉着生，所以昆虫的颈部能比较灵活地伸缩与弯曲，使头部能在前后、上下或左右方向运动。

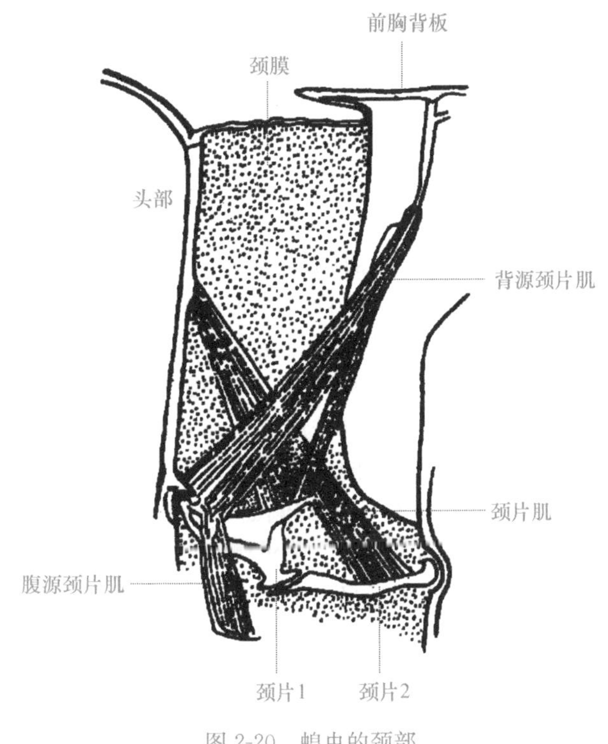

图 2-20　蝗虫的颈部

（仿 Snodgrass，1935）

第三章

昆虫的胸部

昆虫的胸部（thorax）是体躯的第 2 体段，由前胸、中胸和后胸 3 个体节组成。每一胸节各有 1 对胸足，分别称前足、中足和后足。多数昆虫的成虫在中胸和后胸上还各有 1 对翅，分别称前翅和后翅。足和翅都是运动器官，所以胸部是昆虫的运动中心。

第一节　胸　　节

石蛃目和衣鱼目昆虫的成虫无翅，胸部各节构造简单，大小和形状相似。有翅昆虫的成虫，由于胸部要承受足和翅的强大肌肉牵引，各胸节常高度骨化，形成了发达的背板、侧板和腹板。

一、前胸

昆虫的前胸（prothorax）无翅，仅有 1 对前足（fore leg），在构造上比中胸和后胸简单。同时，也正因为它与飞行无关，所以它与中胸连接不紧密，其大小和形状在各类昆虫中变异较大。

（1）前胸背板（pronotum），位于前胸的背面，常为一块完整的骨板，构造简单，有的上面有沟的发生，但一般未予命名。前胸的变异主要发生在前胸背板。多数昆虫的前胸背板为一狭长横骨板，如双翅目和膜翅目昆虫的前胸背板。少数昆虫的前胸背板宽阔，甚至盖住头部，如蜚蠊目昆虫的前胸背板。一些昆虫的前胸背板还会在形态上发生特化，如蝗虫的前胸背板向两侧扩展呈马鞍形，角蝉的前胸背板向前、向后或向上形成奇形怪状的角状突，犀金龟的前胸背板向前突出成长角状等（图 3-1）。

（2）前胸侧板（propleurum），位于前胸侧面，多数不发达，构造简单，只有一条侧沟（pleural sulcus）将侧板分为前侧片（episternum）和后侧片（epimeron），侧沟下端形成一个与前足基节相顶接的侧基突（pleural articulation）。

在石蛃目、衣鱼目和襀翅目稚虫中，前胸侧面只有上基侧片（anapleurite）、基侧片（coxopleurite）和腹侧片（sternopleurite）3 块分散的骨片，没有形成真正的侧板。

（3）前胸腹板（prosternum），位于前胸的腹面，一般不发达，多为一块较小的骨板，但在一些类群中有些特别的构造，是重要的分类特征。例如，一些蝗虫的前胸腹板有一个锥状或柱状的突起，叩甲的前胸腹板有一个向后伸的楔形突等。

二、具翅胸节

具翅胸节（pterothorax）简称翅胸，是指有翅昆虫的中胸（mesothorax）和后胸（metathorax）。

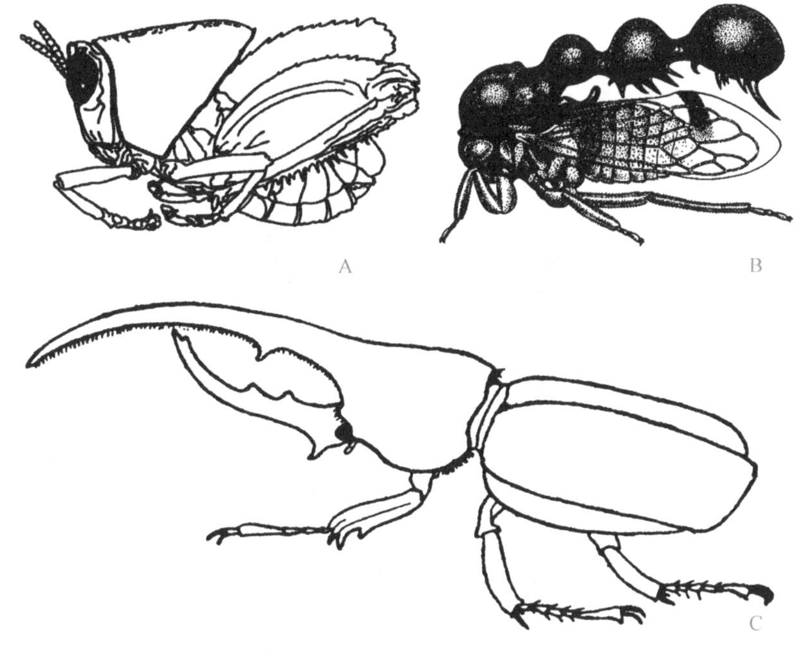

图 3-1　三种前胸背板特化的昆虫

A. 蝗虫；B. 角蝉；C. 犀金龟

（A. 仿 Capinera，2004；B. 仿 Boulard，1968；C. 仿 Mani，1982）

（1）翅胸背板（alinotum），包括中胸背板和后胸背板，其构造基本相似，通常各有 3 条次生沟，由前往后依次称为前脊沟、前盾沟和盾间沟（图 3-2A）。前脊沟（antecostal sulcus）是由初生分节的节间褶发展而来，其内陷形成的前内脊常发展成供背纵肌着生的悬骨。前盾沟（prescutal sulcus）是位于前脊沟后的一条横沟，一般与前脊沟接近。盾间沟（scutoscutellar sulcus）位于背板的后部，一般是一条横形或“∧”形的沟，其内陷形成的盾间脊常较发达。在不同的昆虫中，盾间沟的形状多样，位置也不固定，有的甚至完全消失。

以上 3 条次生沟将背板分成 4 块骨片，由前往后依次称为端背片、前盾片、盾片和小盾片。端背片（acrotergite）是前脊沟前的一条狭横片。在翅发达的胸节上，后一节的端背片常向前扩展与前一节的背板拼接，而在前脊沟的后面形成一条极狭窄的膜质带，而该节的端背片就形成了前一节的后背片（postnotum）。前盾片（prescutum）是前脊沟与前盾沟之间的狭片，但在襀翅目、鳞翅目、鞘翅目和部分直翅目昆虫中，前盾片比较发达。盾片（scutum）是前盾沟与盾间沟之间的骨片，通常是最大的背片。小盾片（scutellum）是盾间沟后的骨片，呈三角形、舌形、心形、盾形或半圆形等。例如，多数半翅目和鞘翅目昆虫的中胸小盾片为小三角形，盾蝽科昆虫的小盾片为大盾形，龟蝽科昆虫的小盾片为半圆形。在双翅目等昆虫的中胸小盾片后下方，常有一个横形肿突，称后小盾片（postscutellum 或 subscutellum）。

翅胸背板的侧缘有与翅相连的前后两个关节，前面的称前背翅突（anterior notal wing process），与翅基部第 1 腋片相顶接；后面的称后背翅突（posterior notal wing

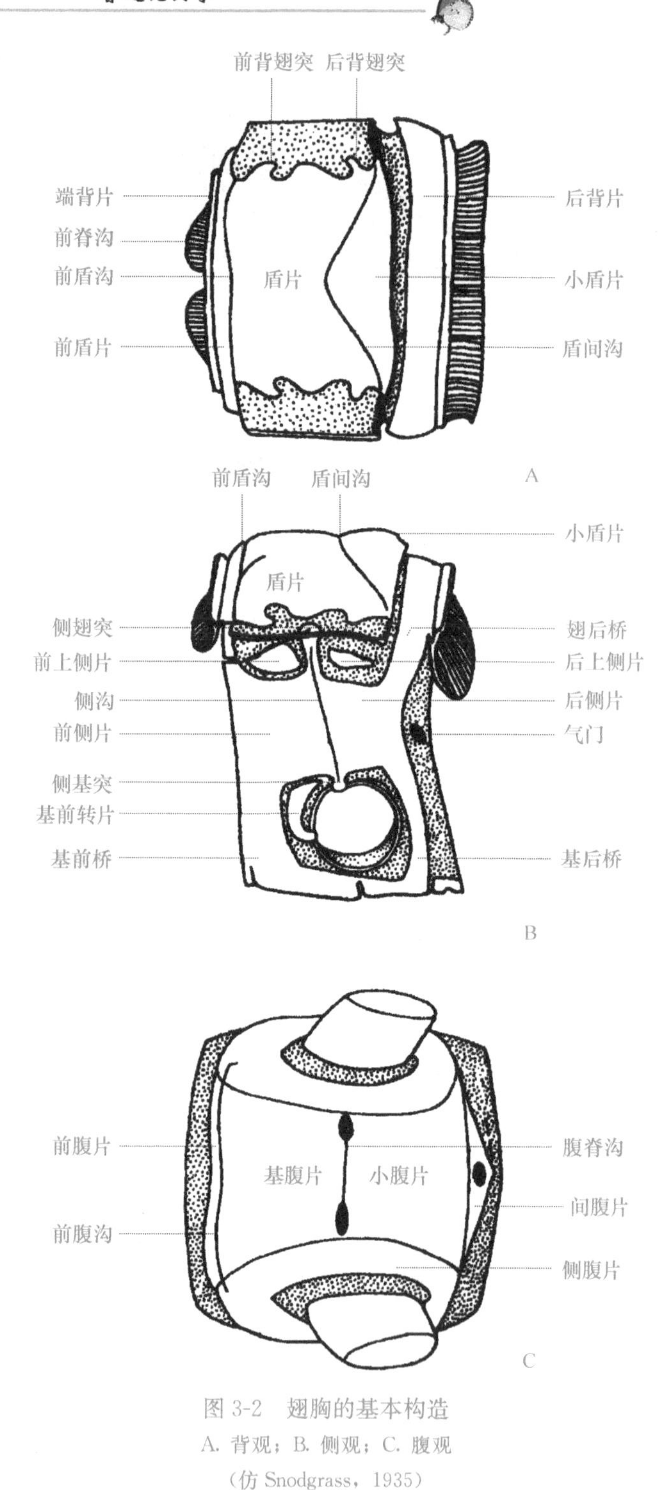

图 3-2 翅胸的基本构造

A. 背观；B. 侧观；C. 腹观

（仿 Snodgrass，1935）

process)，与翅基的第 3 腋片或第 4 腋片相顶接。

（2）翅胸侧板（alipleuron）。具翅胸节的侧板通常很发达，中间有一条深的纵向侧沟，将侧板分为前面较大的前侧片和后面较小的后侧片（图 3-2B）。两侧片中部有时还有一条横向的侧基沟（paracoxal sulcus）把侧板分为4片，分别称上前侧片（anepisternum）、下前侧片（katepisternum）、上后侧片（anepimeron）和下后侧片（katepimeron）。侧沟上方形成侧翅突（pleural wing process），下方形成侧基突（pleural coxal process），分别顶接在翅的第2腋片和足的基节上，构成翅与足的运动关节。在侧翅突前、后的膜质区内，各有1～2个分离的小骨片，统称为上侧片（epipleurite）。在侧翅突前面的小骨片称前上侧片（basalare），在侧翅突后面的小骨片称后上侧片（subalare）。连于上侧片的肌肉控制着翅的转动和倾斜。有些昆虫胸足基节窝的前方有一块游离的小骨片，与基节相顶接，称为基前转片（trochantin）。

（3）翅胸腹板（alisternum）。具翅胸节的腹板被节间膜分为膜前的间腹片（intersternite）和膜后的主腹片（eusternum）（图3-2C）。间腹片包括前脊沟以前的端腹片和沟后至节间膜之间的狭骨片。间腹片通常比较小，且大多前移，成为前一胸节腹板后面的一部分。由于间腹片的前内脊常退化成为刺状的内突起，即内刺突（spina），故间腹片又称具刺腹片（spinasternum）。主腹片通常又被前腹沟（presternal sulcus）和腹脊沟（sternacostal sulcus）分为前腹片（presternum）、基腹片（basisternum）和小腹片（sternellum）。由于主腹片的腹脊沟的两端常内陷形成发达的叉状内突，即叉突（furca），故主腹片又称叉腹片（furcasternum）。

具翅胸节的背板、侧板与腹板可在翅基的前后和胸足基节的前后相连接，分别形成翅前桥、翅后桥、基前桥和基后桥。翅前桥（prealare）是具翅胸节的前盾片在前背翅突前的向下延伸的部分，常下伸与侧板的前侧片连接。翅后桥（postalare）是后背片在后背翅突后向下延伸的部分，通常与上后侧片拼接。基前桥（precoxale）是位于胸足基节窝的前方部分，常与前侧片合并，并与基腹片连接。基后桥（postcoxale）是位于胸足基节窝的后方部分，常与后侧片和小腹片合并。这些构造与加固胸部和加强翅与足的运动功能有关。

第二节 胸　　足

一、胸足的基本构造

昆虫的胸足（thoracic leg）是胸部的运动附肢，着生在胸节侧腹面的基节窝（coxal cavity）内，与侧板间以单关节（monocondyle）或双关节（dicondyle）连接。成虫的胸足从基部向端部依次分为基节、转节、腿节、胫节、跗节和前跗节共6节（图3-3A）。

（1）基节（coxa），常粗短，多呈圆锥形，但捕食性种类的前足基节延长，如螳螂的前足基节。

（2）转节（trochanter），一般较小，大多数昆虫为1节，但蜻蜓等少数昆虫的转节为2节。在捻翅目昆虫中，转节与腿节合并。

（3）腿节（femur），又称股节，通常是最发达的1节。腿节的大小常与胫节活动所需的肌肉有关。在善跳昆虫中，后足腿节非常强大；在捕食性昆虫中，腿节上常有刺突或齿突。

（4）胫节（tibia），一般细长，两侧常有成排的刺（spine）、末端或亚末端有距

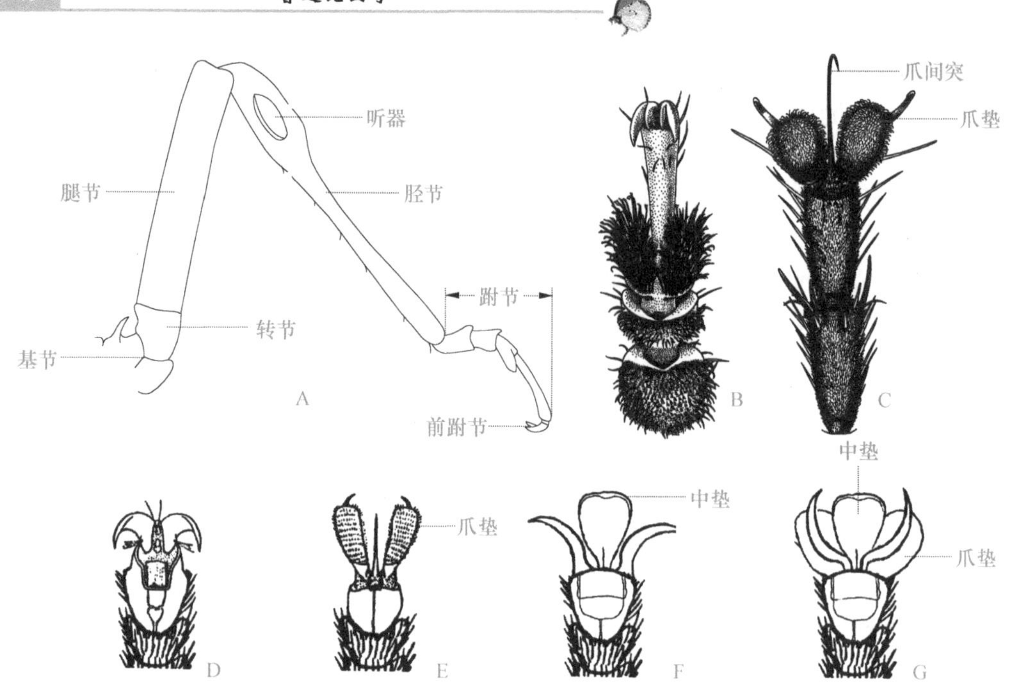

图 3-3 胸足的基本构造与前跗节的变化

A. 胸足的基本构造；B，C. 跗节和前跗节的变化；D～G. 前跗节的变化

（A. 仿 Triplehorn & Johnson，2005；B，C. 仿 Reid & Stewart，2005；D～G. 仿 Capinera，2004）

(spur)。刺和距的大小、数目及排列方式常用于分类。在螽斯和蟋蟀等昆虫中，胫节上还有听器。

（5）跗节（tarsus），通常较短小，可分为 1～5 个跗分节（tarsomere），各跗分节间以膜相连，可以活动。例如，蜉蝣稚虫和多数全变态类昆虫幼虫的跗分节为 1 节，有翅昆虫的成虫和不全变态类的若虫和稚虫的跗分节多为 2～5 节。第 1 跗分节又称基跗节（basitarsus），其余跗分节合称主跗节（eutarsus）。一些直翅目昆虫的跗分节腹面有辅助在光滑表面上行动用的垫状构造，称为跗垫（tarsal pulvillus）。昆虫的跗节上常有丰富的毛形感器和化感器，有的还有分泌功能。

（6）前跗节（pretarsus），是胸足最后 1 节。除大多数全变态类昆虫幼虫的前跗节为单一爪（claw）外，其他昆虫的前跗节常有 2 个侧爪（图 3-3）。前跗节基部腹面常有一骨片陷入其前的跗分节内，为爪的缩肌着生处，称为掣爪片（unguitractor plate）。多数双翅目和蜻蜓目昆虫的成虫，从掣爪片上发生单一针状或叶状突起，伸在 2 个侧爪之间，称为爪间突（empodium）（图 3-3C，E）。大多数昆虫中，在 2 个侧爪中间有一个膜质圆瓣状的中垫（arolium），这在直翅目昆虫中特别明显（图 3-3F，G）。在一些双翅目和鞘翅目昆虫中，2 个侧爪下面有瓣状的爪垫（pulvillus）（图 3-3C，E，G）。在衣鱼等少数昆虫中，2 个侧爪中间还有 1 个较小的中爪。在芫青和粉蝶等昆虫中，各侧爪又可分裂为 2 片或呈齿状（图 3-3B）。

二、胸足的类型

昆虫胸足的原始功能是运动，但为了适应不同的生活环境以及取食、求偶和交配等

图 3-4 胸足的常见类型

A. 行走足；B. 跳跃足；C. 捕捉足；D. 开掘足；E. 游泳足；F. 抱握足；G. 攀握足；H. 携粉足

（A～C，E，F. 仿周尧，1954；D. 仿 Vshivkova，2003；G. 仿彩万志，2001；H. 仿 Winston，1987）

需要，足的形态和功能发生了相应的变化。常见的胸足类型有如下 8 种（图 3-4）。

(1) 行走足（ambulatorial leg 或 cursorial leg），一般较细长，足的各节无显著的特化，适于行走，是昆虫中最常见的胸足类型，但在功能上仍表现出一些差异（图 3-4A）。例如，蜉蝣、蜻蜓和蛾类的足很少用于行走而用于停息时抓握物体，瓢虫和椿象的足适于慢行，蜚蠊和步甲的足适于疾走。

(2) 跳跃足（saltatorial leg），腿节特别发达，胫节细长，用于跳跃（图 3-4B），如蝗虫、蟋蟀和跳蚤的后足。

(3) 捕捉足（raptorial leg），基节常特别延长，腿节粗大，腿节与胫节的相对面上有刺或齿，形成一个捕捉结构，用以捕捉猎物（图 3-4C）。例如，螳螂、螳蛉和负蝽等捕食性昆虫的前足。但是，螯蜂前足的捕足结构是由第 5 跗节和 1 只爪特化而成。

(4) 开掘足（fossorial leg），足短而粗壮，胫节和跗节常宽扁，外缘具齿，适于掘土（图 3-4D），如蝼蛄和金龟子等土栖昆虫的前足。

(5) 游泳足（natatorial leg），足扁平桨状，生有较长的缘毛，适于划水（图 3-4E），如龙虱、仰泳蝽等水生昆虫的后足。

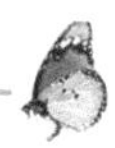

(6) 抱握足 (clasping leg)，足的各节较粗短，第1～3跗节特别膨大且腹面具吸盘状结构，在交配时用以抱持雌体 (图 3-4F)，如雄性龙虱的前足。

(7) 攀握足 (scansorial leg)，足的各节较粗短，胫节端部有1个指状突，跗节1节，前跗节特化为弯爪状，共同构成钳状构造，以牢牢夹住寄主的毛发 (图 3-4G)，如生活于哺乳类动物毛发上的虱目昆虫的足。

(8) 携粉足 (corbiculate leg)，胫节宽扁，两侧有长毛，外侧构成携带花粉的花粉篮 (corbicula)，基跗节扁长，内侧有10～12排硬毛，用以梳集黏附在体毛上的花粉，称花粉刷 (scopa) (图 3-4H)，如蜜蜂科昆虫的后足。

三、成虫的行走

昆虫成虫行走时，通常将3对足分成两组交替活动。身体左侧的前足、后足及右侧的中足为一组，右侧的前足、后足及左侧的中足为另一组。当一组的3条足提起时，另一组的3条足成三脚架状原地不动，支撑虫体，并以中足为支点。因此，虫体的行走呈"之"字形曲线前进。

第三节　翅

昆虫的翅 (wing) 是着生于中胸、后胸的背板与侧板之间的成对膜质结构，最初是以翅芽 (wing pad) 在若虫体外或幼虫体内出现，直到成虫或蜉蝣目的亚成虫 (subimago) 时才能充分发育并具有飞行能力。其中，着生在中胸的翅称前翅 (fore wing)，着生在后胸的翅称后翅 (hind wing)。

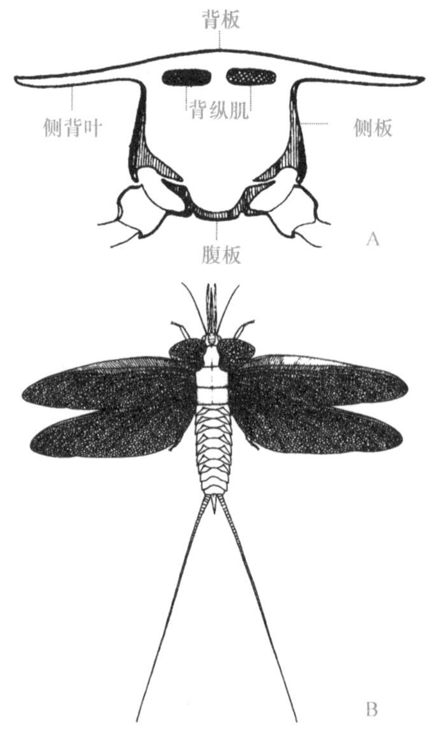

图 3-5　翅的侧背叶起源学说与化石证据
A. 侧背叶翅源学说；B. 石炭纪的化石昆虫 *Stenodictya lobata Brongniart*
(A. 仿 Snodgrass，1935；B. 仿 Kukalová，1970)

一、翅的起源

昆虫翅的起源问题目前尚无定论。生物学家根据化石昆虫和昆虫比较形态学的研究结果，对昆虫翅的起源提出了不同的假说，主要有气管鳃翅源说 (the tracheal gill theory)、侧背叶翅源说 (the paranotal theory) 和侧板翅源说 (the pleuron theory)。其中，被多数昆虫学者接受的是侧背叶翅源说 (图 3-5A)。

侧背叶翅源说是 Packard (1898) 在 Müller (1875) 和 Woodward (1876) 研究结果的基础上提出，后经 Crampton (1916) 完善并加以命名的学说。该学说认为，翅是由胸部侧背叶 (paranotum) 形成的，最初侧背叶不能拍动，仅起滑翔作用。在进化过程中，侧背叶基部膜质化并形成关节，通过背纵肌和背腹肌的交替收缩而形成飞行器官。石炭纪化石昆虫 *Stenodictya lobata* Brongniart（图 3-5B）和二叠纪化石昆虫 *Lemmatophora typica* Tillyard 除中胸和后胸有翅外，在前胸背侧面还有 1 对侧背叶，由于前胸背板上无供肌肉着生的内脊和悬骨，所以不能发育为飞行的翅。侧背叶的背面与背板相连，腹面与侧板相连，所以侧背叶应是一个双层的体壁构造。对现存昆虫翅的组织发生研究结果也证明了这一推论。蛹期翅芽是一个典型的双层体壁构造，其间分布着气管、神经与血液，刚羽化的成虫翅内两层底膜已合并或消失，皮细胞层也消失，只剩下体壁表皮层构造而成为硬化的翅，原来气管分布的地方就成了翅脉，在脉腔里有神经和血液（图 3-6）。

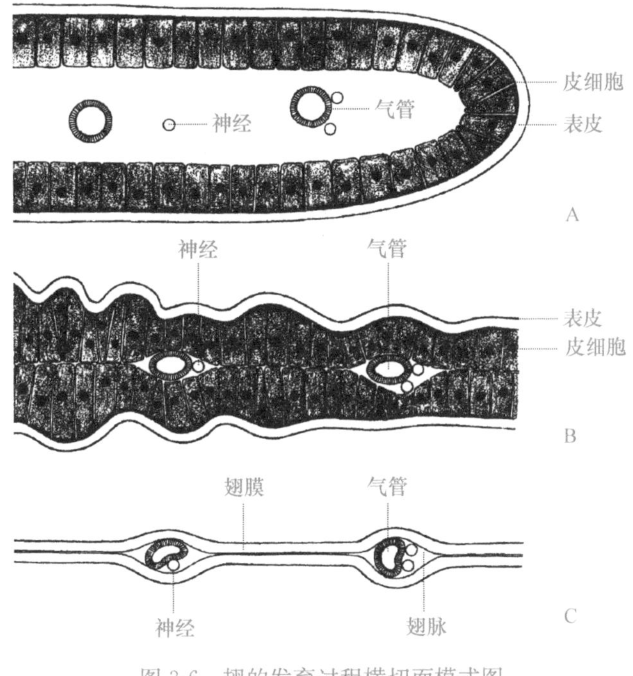

图 3-6 翅的发育过程横切面模式图

A. 早期蛹的翅芽；B. 后期蛹的翅芽；C. 成虫翅

（仿 Elzinga，2004）

二、翅的基本结构

（一）翅的三缘、三角和四区

昆虫的翅一般近三角形，有 3 条缘和 3 个角（图 3-7）。翅展开时，靠近头部的边缘称前缘（costal margin），靠近腹部的边缘称为后缘或内缘（inner margin），在前缘与后缘之间的边缘称外缘（outer margin）。前缘与后缘之间的夹角称肩角（humeral angle），前缘与外缘之间的夹角称顶角（apical angle），外缘与后缘之间的夹角称臀角（anal angle）。新翅类昆虫为了适应翅的折叠，翅上有 3 条褶线（fold line）将翅面划分为 4 个区。基褶（basal fold）位于翅基部，将翅基划出 1 个小三角形的腋区（axillary region）；臀褶（vannal fold）位于翅的中后部，将翅分为臀褶前方的臀前区（remigi-

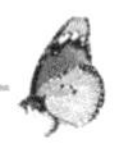

um）和臀褶后的臀区（vannus）。在一些鳞翅目和毛翅目昆虫的前翅臀区后方还有1条轭褶（jugal fold），其后面的区域为轭区（jugum）。在蝇类昆虫中，前翅基部后缘处常有1个叶瓣状的构造，称为翅瓣（alula）。有些蝇类如家蝇和舍蝇等，除翅瓣外，在小盾片旁边还有1～2个质地较厚的小瓣状构造，盖住棒翅，称为鳞瓣（squama）或腋瓣（calypter）。

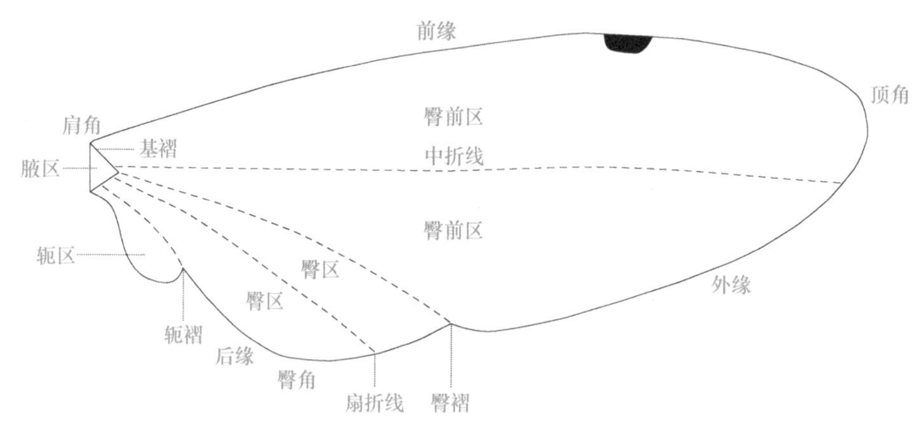

图 3-7 翅的模示图，示三缘三角和四区

（仿 Gullan & Cranston，2005）

（二）翅的关节

翅的关节（articulation）是指位于翅基部的一些小骨片，包括翅基片、肩片、腋片和中片，是翅具有活动能力的先决条件。其中，肩片、腋片和中片统称翅关节片（pteralia）（图3-8）。

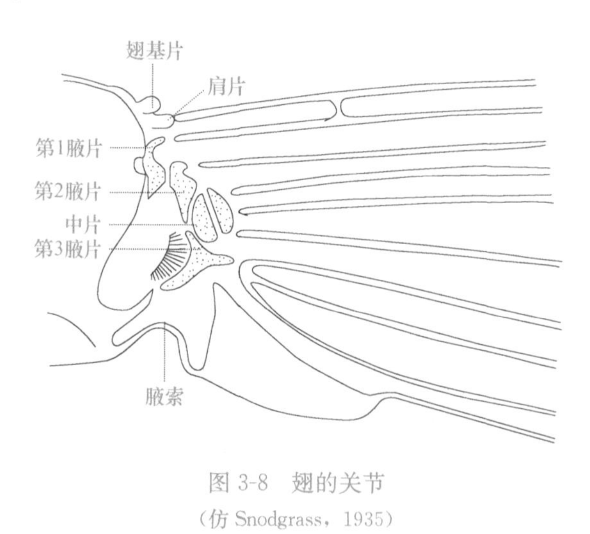

图 3-8 翅的关节

（仿 Snodgrass，1935）

（1）翅基片（tegula），是一个鳞片状的结构，与翅基部的肩片（humeral plate）相接，保护翅基部免受损伤。除鞘翅目昆虫外，其他昆虫前翅基部一般都有翅基片，但绝大多数

昆虫后翅都无翅基片。叶腿青蜂 *Loboscelidia* 的翅基片相当发达，可达翅长的 1/6。

（2）肩片（humeral plate），位于前缘脉基部的一块小骨片，为前缘脉基部的活动关节。在蜻蜓目昆虫中，肩片特别发达。

（3）腋片（axillary sclerite），是位于腋区的 1～4 块小骨片，是翅转动和折叠的重要关节。第 1 腋片（first axillary sclerite）内接前背翅突，外接亚前缘脉和第 2 腋片。第 2 腋片（second axillary sclerite）内接第 1 腋片，外接径脉、侧翅突、基中片（proximal median plate）和第 3 腋片。第 3 腋片（third axillary sclerite）前接第 2 腋片和基中片，内接侧内脊的肌肉和后背翅突，外接臀脉，是翅转动和折叠的最重要的关节片。第 4 腋片（fourth axillary sclerite）只有少数昆虫具有，位于第 3 腋片与后背翅突之间。在蜉蝣目和蜻蜓目昆虫中，其腋片愈合为 1 块，翅不能向后折叠，故在分类学上将它们统称为古翅次类 Palaeoptera，其他翅能折叠的昆虫统称为新翅次类 Neoptera。

（4）中片（meidan plate），位于腋区中部，一般分为基中片和端中片（distal median plate）2 块。基中片内接第 2 腋片和第 3 腋片，外接端中片；端中片内接基中片，外接中脉和肘脉，构成翅折叠的重要关节。

（三）翅脉和翅室

昆虫翅面上有翅脉与翅室。

（1）翅脉（vein）是昆虫翅面上纵横分布的管状加厚的构造，对翅面起支架作用。翅脉主要分为纵脉与横脉。纵脉（longitudinal vein）是指从翅基部伸向翅边缘的长脉，与早期气管分布有关。纵脉凹凸相间，当纵脉凸出翅背表面时，称为凸脉（convex vein），用“＋”表示；相反，当纵脉凹入翅背表面时，称为凹脉（concave vein），用“－”表示。横脉（crossvein）是指连接 2 条纵脉之间的短脉，与早期气管分布无关。

（2）翅室（cell）。翅面被翅脉划分成的小区，称翅室。翅室四周都被翅脉包围或仅基侧与翅基相通时称闭室（closed cell），翅室有一边没有翅脉封闭而向翅缘开放的称开室（open cell）。翅室以其前缘的纵脉名称简写来命名，如 R_2 脉与 R_3 脉之间的翅室称 R_2 室。如果该翅室又被 R_2 脉与 R_3 脉之间的 1 条横脉分割为 2 个小翅室，则按从基部到端部的次序，冠以第 1、第 2 等数字来区别，分别称为第 $1R_2$ 室和第 $2R_2$ 室。当 2 条纵脉合并为一条脉时，翅室即以后一条脉来命名，如 R_{2+3} 脉后的翅室称 R_3 室。当某一纵脉消失而导致该脉前、后翅室的合并，此时的翅室应以“＋”连接前后两个翅室的名称来命名，如 R_3 脉消失，R_2 脉后的翅室应称 R_{2+3} 室。在一些昆虫中，某些翅室可能有特别的名称，如蜻蜓目的三角室（triangle）（图 3-9）和鳞翅目昆虫的中室（discal cell）。

在蜉蝣目、蜻蜓目、直翅目、广翅目和脉翅目等昆虫中，由于翅脉很多并将翅面分成许多小翅室，它们的小翅室一般不予命名。

（四）翅痣

某些昆虫在翅的前缘近顶角处有一个深色加厚的部分，称翅痣（pterostigma），如蜻蜓目昆虫的前翅、后翅以及啮虫目和膜翅目昆虫的前翅。

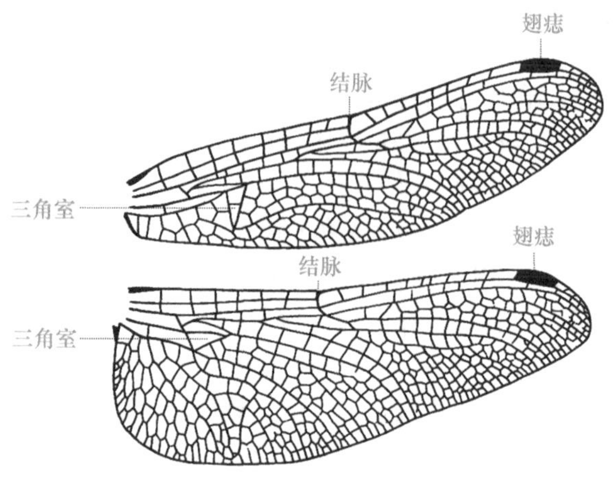

图 3-9 赤蜻 *Sympetrum rubicundulum* L. 的前翅与后翅，示三角室、结脉和翅痣（仿 Westfall，1987）

三、翅的常见类型

翅的主要功能是飞行，一般为膜质。但在长期演化过程中，由于功能发生变化，翅的形状、质地及翅表面的外长物也出现适应性的变化，因而出现了不同类型的翅。常见翅的类型有如下 8 种。

（1）膜翅（membranous wing），翅质地为膜质，薄而透明，翅脉清晰可见，是最常见的翅类型，是飞行翅（图 3-10A），如蜂类前翅和后翅均为膜翅，故称膜翅目。

（2）毛翅（piliferous wing），翅质地为膜质，翅面和翅脉上被有疏毛，是飞行翅（图 3-10B），如石蛾的前翅、后翅均为毛翅，故称毛翅目。

（3）鳞翅（lepidotic wing），翅质地为膜质，翅面上密被鳞片，是飞行翅（图 3-10C），如蛾、蝶类昆虫的前翅、后翅均为鳞翅，故称鳞翅目。

（4）缨翅（fringed wing），翅狭长，质地为膜质，翅脉退化，翅缘有长缨毛，是飞行翅（图 3-10D），如蓟马的前翅、后翅均为缨翅，故称缨翅目。

（5）覆翅（tegmen），翅质地坚韧似革质，翅脉明显可见。这种翅虽然能在飞行过程中随后翅而动，但它主要起保护后翅的作用（图 3-10E），如直翅目昆虫的前翅。

（6）半鞘翅（hemielytron），又称半翅，翅的基半部革质，端半部膜质，是飞行翅（图 3-10F），如蝽类昆虫的前翅为半翅，故称半翅目。

（7）鞘翅（elytron），翅质地坚硬、高度骨化，翅脉一般不可见。这种翅不司飞行功能，起保护后翅和体背的作用（图 3-10G），如甲虫的前翅为鞘翅，故称鞘翅目。

（8）棒翅（halter），又名平衡棒，呈棍棒状，无飞翔能力，但能在飞行时起平衡体躯的作用（图 3-10H），如双翅目昆虫和介壳虫雄虫的后翅以及捻翅目雄虫的前翅。

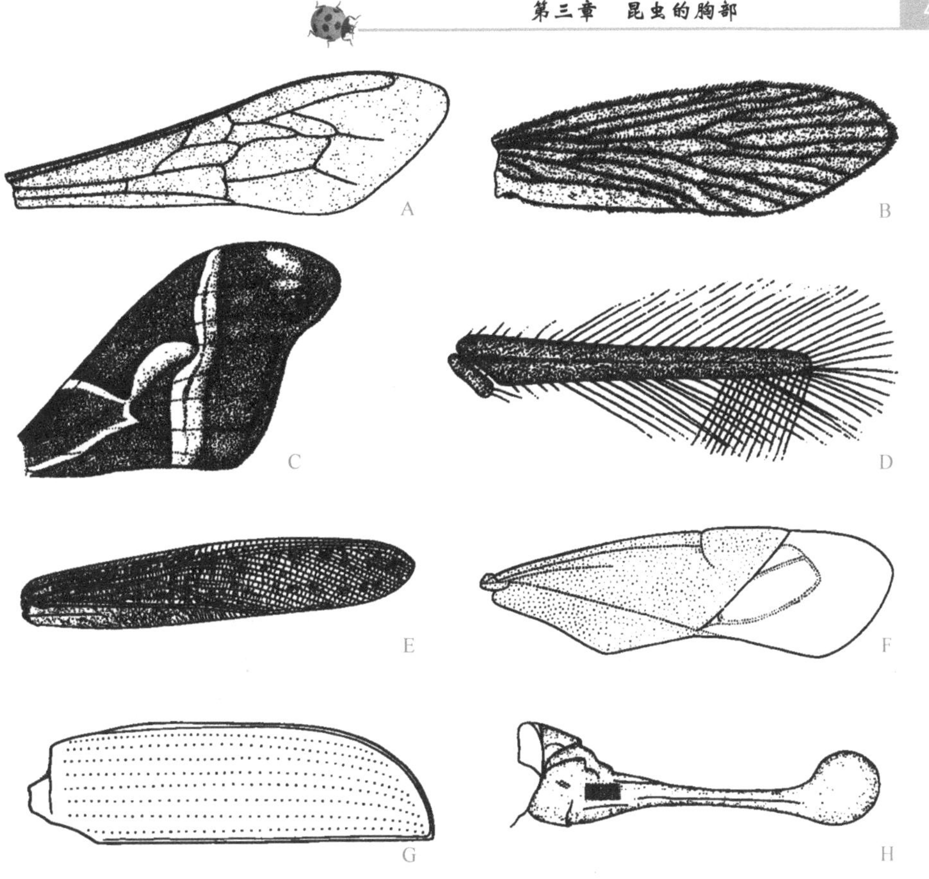

图 3-10　翅的常见类型

A. 膜翅；B. 毛翅；C. 鳞翅；D. 缨翅；E. 覆翅；F. 半鞘翅；G. 鞘翅；H. 棒翅

（A～D，H. 仿彩万志，2001；E. 仿 Kohout，1976；F，G. Youdeowei，1977）

四、翅脉的命名与脉序

（一）脉序

脉序（venation）又名脉相，是指翅脉在翅面上的排布形式。不同类群昆虫的脉序存在着明显差异，而同类昆虫脉序又相对稳定和相似。所以，脉序是研究昆虫分类和系统发育的重要特征。

（二）康-尼假想脉序

多数学者认为，昆虫多样化的脉序是由一个原始型的脉序演变而来的。他们根据现存昆虫与化石昆虫脉序的比较结果，结合不同类群昆虫若虫、稚虫和蛹的翅芽内气管的排布情况，推断出一个原始脉序（primitive venation）或称假想原始脉序（hypothetical primitive venation），并给予命名。目前，在形态学和分类学上较普遍采用的脉序命名系统是康-尼系统（Comstock-Needham system，1898）。该系统虽经后来学者改进，但基本内容没有多大变动。现以较通用的假想脉序介绍如下（图 3-11）。

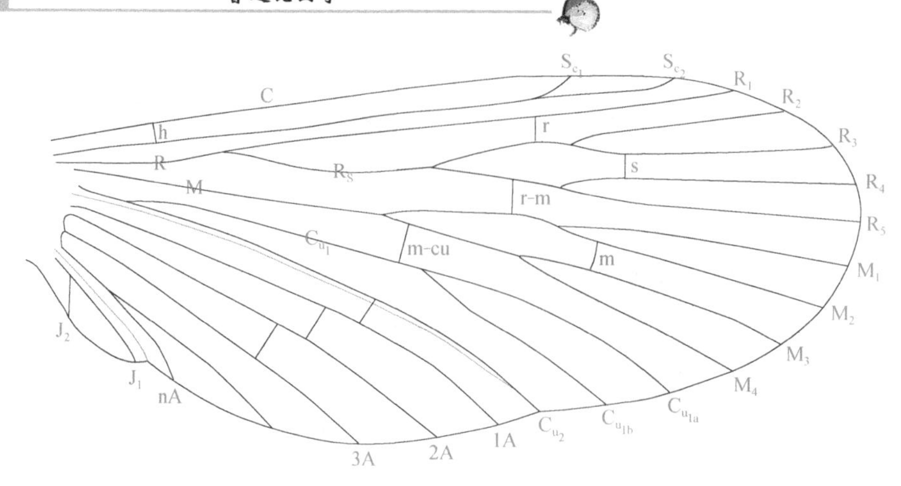

图 3-11 较通用的假想脉序图

（仿 Ross *et al.*，1982）

较通用的假想原始脉序由 7 条主纵脉和 6 条横脉组成。纵脉的命名是用其英文名称的首字母的大写来表示。横脉的命名是用其英文名称的首字母的小写来表示，但如果横脉连接的两条纵脉是不同主纵脉，即把所连的两条纵脉名称首字母的小写用连字符“-”连起来。7 条纵脉由前往后依次为：

（1）前缘脉（costa，C），位于翅前缘的 1 条不分支的凸脉。

（2）亚前缘脉（subcosta，Sc），位于翅前缘脉之后、顶角之前的凹脉，有时端部 2 分支，分别称为第 1 亚前缘脉（Sc_1）和第 2 亚前缘脉（Sc_2）。

（3）径脉（radius，R），通常是最长的翅脉，位于翅的顶角部位，端部常分 5 支。主干是凸脉，先分为 2 支，前一分支称第 1 径脉（R_1），伸达翅缘，是凸脉；后一分支称径分脉（radial sector，Rs），为凹脉。径分脉再经 2 次分支，形成 4 支，分别称为第 2 径脉、第 3 径脉、第 4 径脉、第 5 径脉（R_2、R_3、R_4、R_5）。

（4）中脉（media，M），位于翅的中部，主干为凹脉，经 2 次分支，形成 4 条中脉，分别称第 1 中脉、第 2 中脉、第 3 中脉、第 4 中脉（M_1、M_2、M_3、M_4）。

（5）肘脉（cubitus，Cu），主脉为凹脉，分为 2 支，称第 1 肘脉（Cu_1）和第 2 肘脉（Cu_2）。第 1 肘脉为凸脉，又分 2 支，分别称第 1 前肘脉（Cu_{1a}）和第 1 后肘脉（Cu_{1b}）。第 2 肘脉为凹脉，不分支。

（6）臀脉（anal vein，A），位于臀区，常 3 条，分别称第 1 臀脉（1A）、第 2 臀脉（2A）和第 3 臀脉（3A）。有些昆虫的臀脉可多到 12 条。

（7）轭脉（jugal vein，J），在有轭区的昆虫中，一般有轭脉 2 条，分别称第 1 轭脉（J_1）和第 2 轭脉（J_2）。

在以上纵脉之间出现的 6 条横脉是：肩横脉（humeral crossvein，h）位于肩角处，连接 C 和 Sc；径横脉（radial crossvein，r）连接 R_1 脉与 R_2 脉；分横脉（sectorial crossvein，s）连接 R_3 脉与 R_4 脉或 R_{2+3} 脉与 R_{4+5} 脉；径中横脉（radiomedial crossvein，r-m）连接 R_{4+5} 脉与 M_{1+2} 脉；中横脉（medial crossvein，m）连接 M_2 脉与 M_3 脉；中肘横脉（mediocubital crossvein，m-cu）连接 M_{3+4} 脉与 Cu_1 脉。

（三）翅脉的变化

在现代昆虫中，除毛翅目脉序与通用的假想脉序相似外，绝大多数昆虫脉序都发生了不同程度的变化。这些变化主要包括翅脉增多和减少两个方面。

（1）翅脉的增多，主要存在于较低等昆虫中，有两种情况。一种是原有的纵脉出现分支，这种分支称为副脉（accessory vein）。副脉的命名是在原有纵脉名称后面依次附上小写 a、b、c 等字母，如 R_1 脉分出的副脉称作 R_{1a}脉、R_{1b}脉、R_{1c}脉等。襀翅目、等翅目、直翅目和脉翅目等昆虫常以这种方式增加翅脉。另一种是在相邻的 2 条纵脉间加插较细纵脉，该脉通常是游离的或仅以短横脉与毗邻纵脉相接，所以称为间插脉或闰脉（intercalary vein）。间插脉的命名通常是在其前一纵脉的名称前加“I”表示，如在 M_3 脉与 M_4 脉之间的加插脉写为 IM_3 脉。蜉蝣目和蜻蜓目昆虫常以加插脉来增加翅脉。

（2）翅脉的减少，包括翅脉的合并或消失。翅脉的合并常见于鳞翅目、双翅目和膜翅目等高等昆虫中。合并翅脉的命名有两种情况：当 2 条纵脉来自不同主脉时，用“＋”号把原来的纵脉名称连起来表示，如 Sc 脉和 R_1 脉合并，这条脉就称 $Sc+R_1$ 脉；当 2 条纵脉来自相同主脉时，用“＋”号把支脉的序号连起来放在主脉名称的右下角来表示，如 M_1 脉与 M_2 脉合并后的脉称 M_{1+2}脉。翅脉的消失在昆虫纲的各目中都有出现，但程度有所不同。在缨翅目、半翅目的粉虱和蚧类的雄虫和膜翅目的小蜂总科等昆虫中，翅脉大部分消失，仅剩 1～2 条纵脉。在膜翅目昆虫中，会出现 2 条或多条翅脉段连接成 1 条翅脉，称为系脉（serial vein）。系脉的命名是把各脉段用“&”或“-”连起来表示，如 m 脉与 M_2 脉构成的系脉为 m & M_2 脉或 m-M_2 脉。

五、翅的活动

（一）翅的连锁

昆虫飞行时，前翅与后翅之间的关系有 3 种情况。第 1 种是前翅与后翅不关联，飞行时各自拍动，如蜻蜓目、蜚蠊目、螳螂目、等翅目、直翅目、纺足目、脉翅目和广翅目昆虫。由于这些昆虫飞行时两对翅都在拍动，在分类学上叫双动类。第 2 种是前翅或后翅特化，只有 1 对翅能拍动，飞行时 2 对翅之间不需连接，如革翅目、鞘翅目、捻翅目和双翅目昆虫。第 3 种是两对翅相关联，飞行时前翅带动后翅拍动，如半翅目、毛翅目、鳞翅目和膜翅目昆虫。由于后两种情况昆虫在飞行时只有 1 对翅在拍动，在分类学上叫单动类。在单动类昆虫中，如果 2 对翅都用于飞行，那么就要借助连锁器（coupling apparatus）或连翅器（claustrum）将前翅与后翅连成一体，使 2 对翅能协调拍动以增强飞翔效能。翅的连锁器主要有以下 6 类（图 3-12）。

（1）翅轭型（jugate form）。在毛翅目多数种类、鳞翅目的小翅蛾科和蝙蝠蛾科昆虫中，前翅轭区基部有 1 个指状或叶状突起，称为翅轭（jugum），飞行时伸在后翅前缘下面以夹住后翅，使前翅与后翅保持连接（图 3-12A）。

（2）翅抱型（amplexi from），又称膨肩型或贴接型。蝶类和部分蛾类（枯叶蛾科和天蚕蛾科等）昆虫的后翅肩角膨大并有 h 脉，突伸于前翅后缘之下，使前翅与后翅能协调拍动（图 3-12B）。

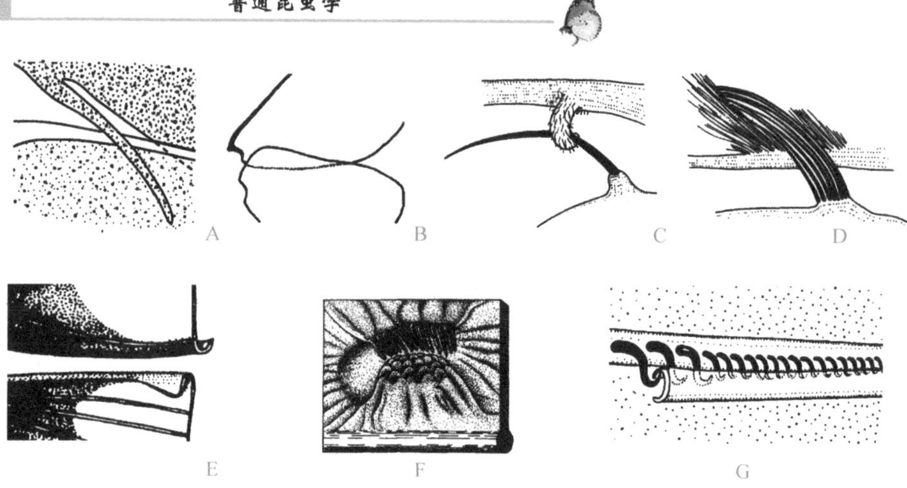

图 3-12 昆虫翅的连锁

A. 翅轭型；B. 翅抱型；C，D. 翅缰型（C. 雄虫，D. 雌虫）；E. 翅褶型；F. 翅嵌型；G. 翅钩型

（A，C，D. 仿 Tillyard，1918；B，F. 仿彩万志等，2001；E，G. 仿雷朝亮等，2003）

（3）翅缰型（frenate form）。大部分蛾类后翅前缘基部有 1～9 根粗鬃毛，称为翅缰（frenulum）。在前翅基部的反面有一簇毛或鳞片，称为翅缰钩（frenulum hook）或称系缰钩（retinaculum），飞行时以翅缰插入翅缰钩内连锁前翅与后翅。一般雄蛾的翅缰只有 1 根，翅缰钩位于前翅的亚前缘脉下面；雌蛾的翅缰 2～9 根，翅缰钩位于前翅肘脉的下面（图 3-12C，D）。

（4）翅褶型（fold form）。在半翅目蝉亚目昆虫中，前翅后缘有一段向下卷起的褶，后翅的前缘有一段短而向上卷起的褶（图 3-12E），飞行时前翅与后翅的卷褶挂连一起协调动作。

（5）翅嵌型（mosaic form）。在半翅目异翅亚目昆虫中，前翅爪片腹面的端部有一个夹状构造（图 3-12F），后翅前缘中部向上弯并加厚似铁轨状，飞行时嵌入前翅的夹状构造中锁定前翅与后翅。

（6）翅钩型（haumlate form）。在膜翅目昆虫和半翅目蚜虫中，后翅前缘中部有一排向上后弯的小钩，称为翅钩（hamulus），在前翅后缘有一条向下卷起的褶（图 3-12G），飞行时翅钩挂在卷褶上连锁前翅与后翅。

（二）翅的折叠和飞行

昆虫翅的运动分为折叠（folding）与飞行两类。

（1）折叠与展开。昆虫停息时，翅的运动就是将翅折叠（图 3-13A～C）。翅的折叠主要有 3 种形式：一是 2 对翅平展于体躯两侧，如蜻蜓目昆虫、大蚊和尺蛾等；二是 2 对翅竖立于体躯背面，如蜉蝣和多数蝴蝶等；三是 2 对翅平放于体背或呈屋脊状斜盖于体背，如多数蛾类。与翅折叠直接有关的翅关节是第 3 腋片和中片。当第 3 腋片上的肌肉收缩时，第 3 腋片的外端上举，牵动两中片间的基褶，使整个腋区沿基褶上拱，轭区和臀区就折放于臀前区之下。同时，第 3 腋片上举时产生的向后拉力使翅以第 2 腋片与侧翅突的顶接处为支点向后转动而将翅覆盖于体背。昆虫飞行前，前上侧片肌收缩，前上侧片下陷，前翅就以侧翅突为支点将翅展开。

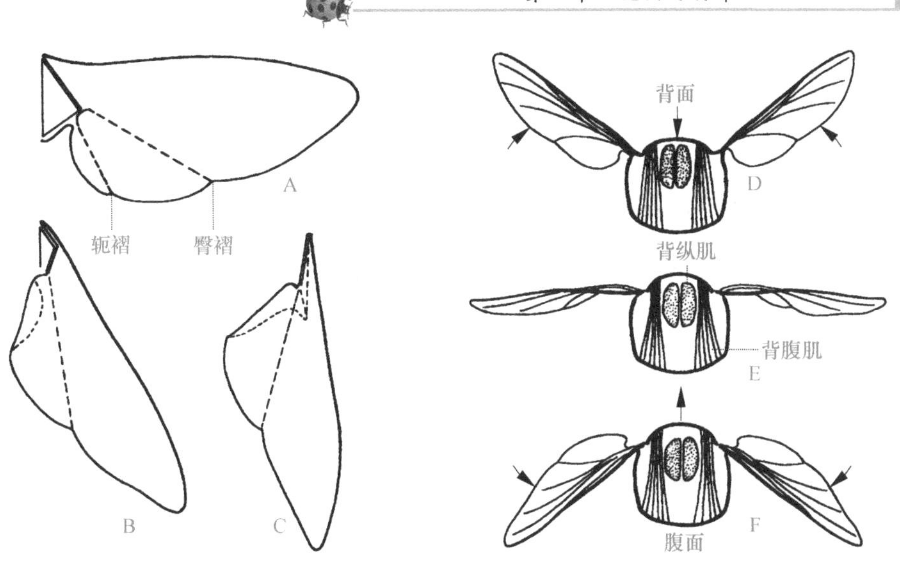

图 3-13　翅的折叠与飞行

A～C. 翅的折叠；D～F. 翅的飞行

（仿 Snodgrass，1935）

（2）飞行。昆虫飞行时，翅的运动包括上下拍动和前后倾斜两种基本动作。翅的上下拍动主要借助背纵肌（dorsal longitudinal muscle）和背腹肌（dorsoventral muscle）的交替收缩。当背腹肌收缩时，翅基随背板下拉而下落，翅上举；当背纵肌收缩时，翅基随背板上拱而上提，翅下拍；当背纵肌和背腹肌松弛时，翅平伸。翅的前后倾斜主要依靠前上侧肌（basalar muscle）和后上侧肌（subalar muscle）的交替收缩。当前上侧肌收缩时，牵动翅的前缘，使翅向前下方倾斜；当后上侧肌收缩时，牵动翅的后缘，使翅向后上方倾斜（图 3-13D～F）。

在昆虫飞行中，翅的下拍与向前下方倾斜同步，翅的上举与向后上方倾斜并行（图 3-14）。这样，翅上下拍动 1 次，翅尖就沿着翅的纵轴扭转 1 次。如果虫体位置不变，翅尖的运动轨迹为“8”字形；如果虫体向前飞行，翅尖的轨迹为一系列的开环。

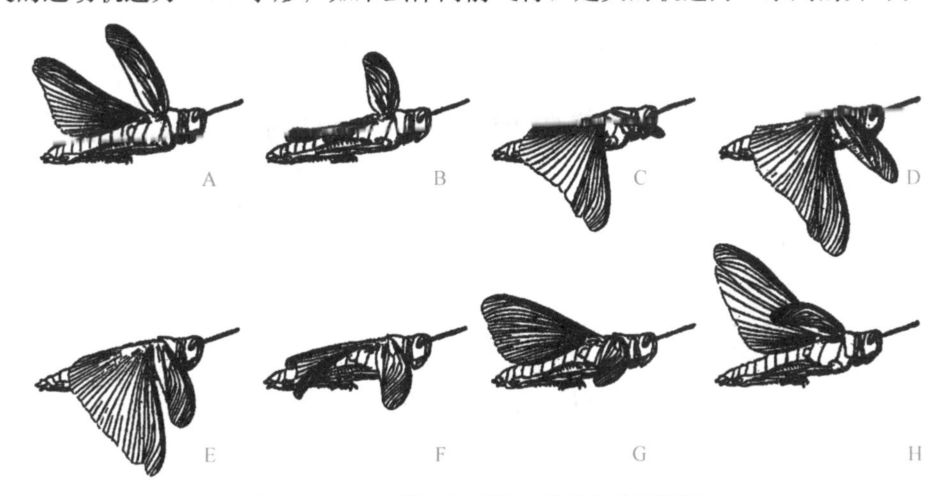

图 3-14　蝗虫的飞行过程中翅的拍动与倾斜

（仿 Eisner & Wilson，1977）

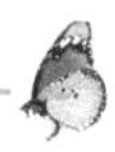

有些昆虫除可以向前飞行外，还能调节翅的倾斜度和左右翅的振动频率，使虫体侧向或倒退飞行，如一些蜻蜓和蜂类等；有的甚至可以在空中停留一定时间，如一些食蚜蝇和天蛾等。

六、翅的变化与适应

昆虫翅的变化主要表现为翅的有无、数目、长短、大小、形状、质地、覆盖物和功能等的差异。

石蛃目和衣鱼目昆虫是原始无翅的类群，螳䗛目、蛩蠊目、虱目和蚤目是后生无翅的类群。这些昆虫都是完全无翅的（apterous）。但是，在有翅昆虫类群中，也有无翅的种类或个体。这在营社会性、寄生性或固定生活的昆虫中较常见，如等翅目、捻翅目和膜翅目昆虫。对于属单性无翅的昆虫种类，则绝大多数为雌性无翅，唯有膜翅目榕小蜂科的很多种类是雄性无翅。

除双翅目、捻翅目和半翅目蚧总科的雄虫以及少数蜉蝣目和部分鞘翅目昆虫具翅 1 对外，其他有翅昆虫都是 2 对翅。根据翅的长短和功能把翅分为长翅型、短翅型和微翅型。长翅（macropterous form）是正常翅，短翅（brachypterous form）比长翅短，长翅和短翅都能飞行。微翅（micropterous form）是翅退化成痕迹状，无飞行功能。

在具有 2 对翅的昆虫中，等翅目、蜻蜓目、纺足目和广翅目昆虫的前翅与后翅的形状和大小相似，蜉蝣目、啮虫目、鳞翅目和膜翅目昆虫的前翅明显比后翅大，蜚蠊目、螳螂目、直翅目、䗛目、革翅目、𫌀翅目、鞘翅目和毛翅目昆虫的后翅明显比前翅大。当前翅与后翅的大小差异较大时，较大的翅成为主要的飞行器官。

昆虫的翅一般近三角形或稍长形，但脉翅目旌蛉科、鳞翅目凤蝶科和大蚕蛾科一些种类的后翅特别延长呈叶状、条状或鞭状（图 3-15A，B），翼蛾的前翅与后翅成羽状

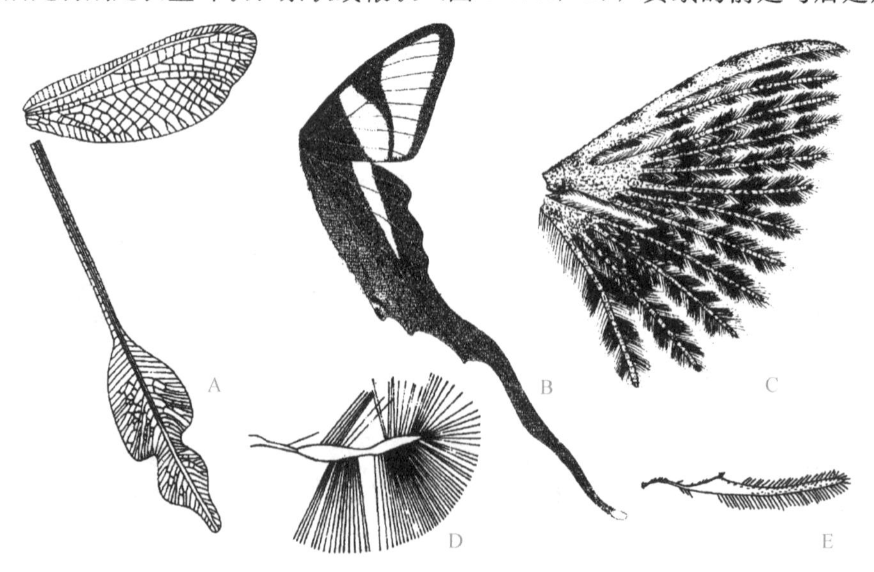

图 3-15 昆虫翅的变化

A. 旌蛉的前翅和后翅；B. 燕凤蝶的前翅和后翅；C. 翼蛾的前翅和后翅；D. 缨甲的后翅；E. 缨小蜂的后翅

（仿各作者）

(图 3-15C)。一些昆虫的翅缘有很长的缨状毛，如缨翅目、鞘翅目缨甲科（图 3-15D)、鳞翅目小蛾类和膜翅目小蜂总科昆虫等（图 3-15E)。

翅的原始功能是飞行，但在演化过程中，翅的功能发生了改变，翅的质地、形状和覆盖物也出现了适应性的变化。有些昆虫的翅由膜翅加厚成覆翅或鞘翅，失去飞行功能，而起着保护后翅和体背的作用。有些昆虫的翅的形状、色彩和斑纹与植物或栖境非常相似，从而可以躲避敌害，如叶䗛前翅形如树叶、翅枯叶蝶的双翅合拢时似枯叶等。

第四章

昆虫的腹部

昆虫的腹部（abdomen）是昆虫体躯的第 3 体段，也是最后一个体段，其内部包藏着主要的内脏器官，其后端着生有外生殖器，是消化、排泄和生殖中心。在昆虫的幼虫中，腹部着生有腹足，也是运动的中心。

第一节　腹部分节与分段

一、腹部的节数

昆虫的腹部大多为长圆筒形或近纺锤形，一般 9～11 节。其中，石蛃目和衣鱼目为 11 节，其他类群一般为 9～10 节。但是，在一些高等种类中，腹部节数常有减少的趋势，如膜翅目青蜂科昆虫的可见腹节仅有 3～4 节。在膜翅目细腰亚目昆虫中，原始第 1 腹节并入胸部，成为胸部的一部分，称并胸腹节（propodeum）。因此，其腹部由原始第 2 腹节及以后各节组成。

图 4-1　蜜弓背蚁的工蚁，示腹部（仿 Hadley，1986）

成虫腹部的腹节为次生分节，各节之间的节间膜和背板与腹板之间的侧膜都较发达。因此，腹部的伸缩和弯曲比较容易，以适应内脏器官的活动及生殖的需要。例如，蜜弓背蚁 *Camponotus inflatus* Lubbock 吸蜜后腹部可膨胀几倍（图 4-1）；白蚁的蚁后卵巢成熟后，腹部可膨胀十多倍或更大。

二、腹部的分段

根据外生殖器的着生位置，腹部分为生殖前节、生殖节和生殖后节 3 段（图 4-2）。

（1）生殖前节（pregenital segments）是指昆虫腹部在生殖节前的体节，因内含大部分的内脏器官，也称脏节（visceral segments）。在雌虫中，生殖前节一般包括第 1～7 腹节；在雄虫中，一般包括第 1～8 腹节。有翅昆虫的成虫生殖前节的附肢完全退化，各节构造简单一致，每节两侧常有 1 对气门。

（2）生殖节（genital segments）是外生殖器所在的腹节，雌虫为第 8～9 腹节，雄性为第 9 腹节。除蜉蝣等少数昆虫有 2 个生殖孔（gonopore）外，多数昆虫只有 1 个生殖孔。雌虫生殖孔多位于第 8 腹板与第 9 腹板间，少数位于第 7 腹板后或第 8 腹板上，甚至有些位于第 9 腹板上或其后。雄虫的生殖孔多位于第 9 腹板与第 10 腹板间的阳具端部。

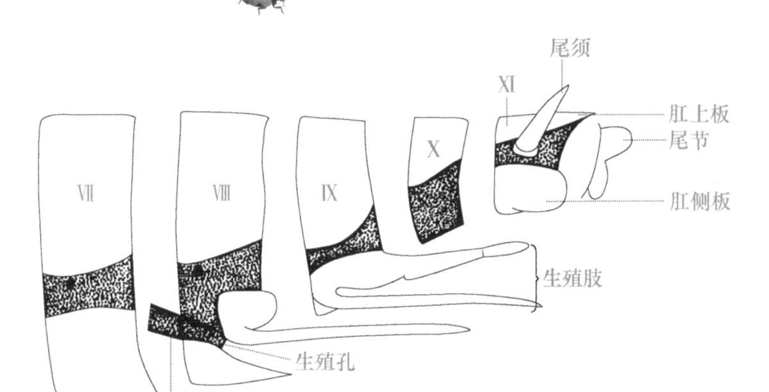

图 4-2 雌虫腹部末端构造模式图

（仿 Snodgrass，1935）

（3）生殖后节（postgenital segments）是指昆虫腹部在生殖节后的体节，包括第 10 节或第 10～11 节。其中，最后一节的末端有肛门开口，故又称肛节（anal segment）。肛节分为 3 块，盖在肛门之上的称肛上板（epiproct），位于肛门两侧的两块称肛侧板（paraproct）。部分昆虫的肛节上生有 1 对附肢，称尾须，有的还有 1 条由背板形成的中尾丝（median caudal filament）。

第二节 外生殖器

昆虫的外生殖器（genitalia）是生殖系统的体外部分，是用以交配、授精和产卵的器官，主要由生殖节上的附肢特化而成。其中，雌虫的外生殖器称为产卵器（ovipositor），雄虫的外生殖器称为交配器（copulatory organ）。

一、产卵器

（一）产卵器的基本构造

产卵器一般呈长瓣状或管状，通常由腹瓣、内瓣和背瓣 3 对产卵瓣组成（图 4-3）。腹瓣（ventrovalvula）位于第 8 腹板上，又称第 1 产卵瓣（first valvula）或第 1 生殖突（first gonapophysis），着生在第 1 负瓣片（first valvifer）或称第 1 生殖基片（first gonocoxite）上。内瓣（intervalvula）位于第 9 腹板上，也称第 2 产卵瓣（second valvula）或第 2 生殖突（second gonapophysis），着生在第 2 负瓣片（second valvifer）或称第 2 生殖基片（second gonocoxite）上。背瓣（dorsovalvula）也位于第 9 腹板上，又称第 3 产卵瓣（third valvula）或第 3 生殖突（third gonapophysis），是第 2 负瓣片向后伸出的 1 对瓣状结构，常形成产卵器鞘。

（二）产卵器的主要类型

蜉蝣目和革翅目昆虫的 2 条侧输卵管直接开口于第 7 腹板的后缘，形成 1 对生殖孔，无特化的产卵器。多数昆虫有 1 个生殖孔并开口于第 8 腹板或第 9 腹板的后缘，有

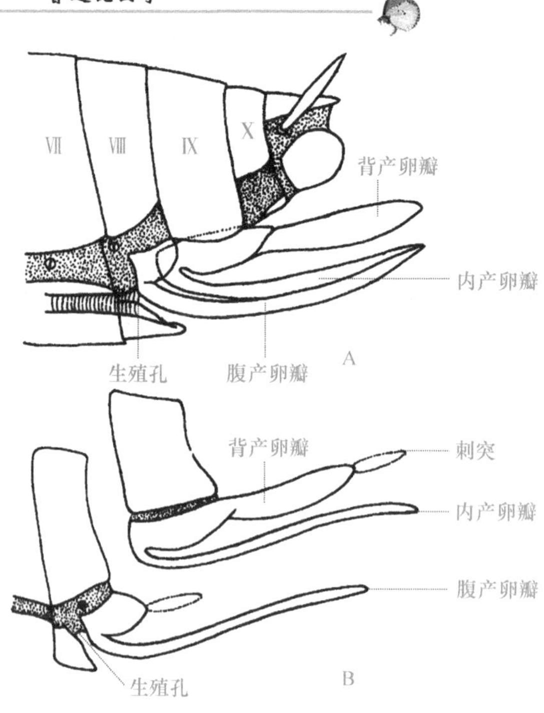

图 4-3 有翅昆虫产卵器的模式构造

A. 腹部末端侧面观；B. 生殖节（已分开）侧面观

（仿 Snodgrass，1935）

发达的产卵器，但产卵器的形状、构造和功能因类群的不同而异。

（1）直翅目昆虫型，主要特点是背瓣和腹瓣发达，内瓣退化。但是，直翅目昆虫的不同类群，产卵器的形状有所不同。蝗虫的产卵器呈凿状，可插入土壤中产卵；螽斯和蟋蟀的产卵器呈刀状、剑状或矛状，可刺入植物组织或土壤中产卵（图 4-4A）。

（2）鳞翅目、双翅目和鞘翅目昆虫型，又称产卵尾型（ovicauda）。产卵器是由腹部末端几节套接形成的管状结构，没有附肢特化形成的构造，故称伪产卵器（pseudovipositor 或 oviscapt）或尾器（terminalia）（图 4-3B，C）。这类昆虫一般只能将卵产在物体表面。但是，实蝇类昆虫的伪产卵器末端尖硬，可刺入植物的果实内产卵。

（3）膜翅目昆虫型，主要特点是背瓣形成产卵器鞘，腹瓣和内瓣组成产卵构造。其中，广腰亚目叶蜂的产卵器锯状，锯开植物组织产卵；广腰亚目树蜂的产卵器鞘管状，刺入植物茎干中产卵；细腰亚目寄生部 Parasitica 昆虫的产卵器鞘管状，具有产卵和刺螯的双重功能，长尾姬蜂和长尾茧蜂的产卵器可长达 100 mm；细腰亚目针尾部 Aculeata 昆虫的产卵器特化成注射毒液的螯针（图 4-4D），成为攻击和防卫的器官，失去了产卵的功能，卵从螯针基部的产卵孔产出，不经过螯针。

二、交配器

（一）交配器的基本构造

昆虫交配器的构造比产卵器复杂，其命名也十分混乱。这里以大多数昆虫所具有的

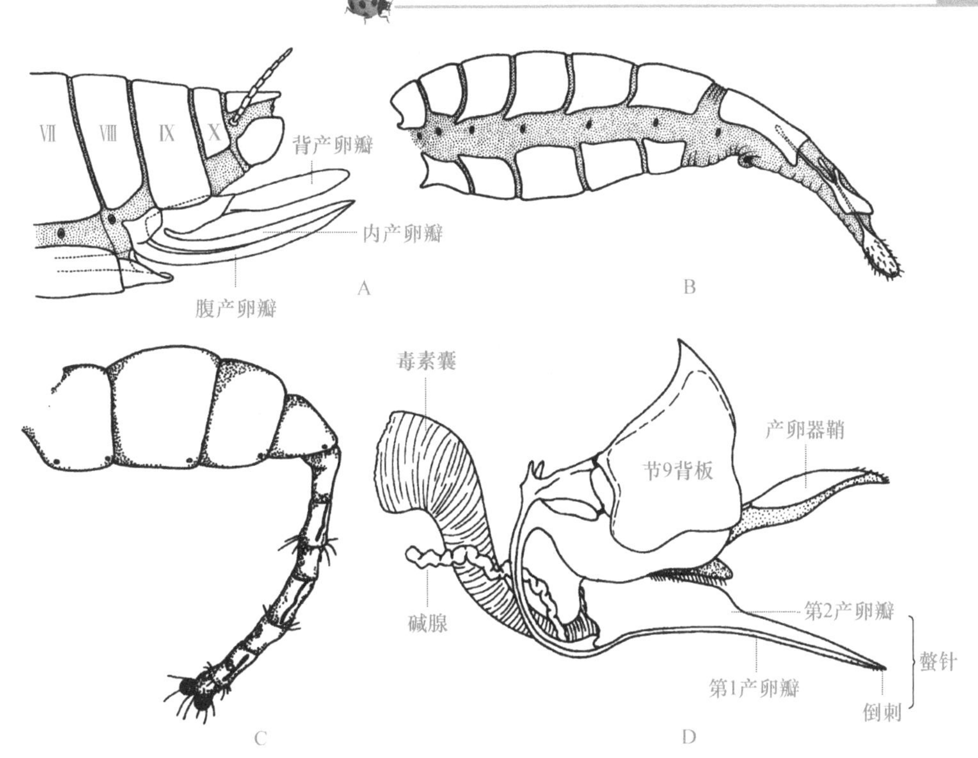

图 4-4　有翅昆虫产卵器的类型

A. 螽斯；B. 毒蛾；C. 家蝇；D. 蜜蜂

（A，C，D. 仿 Snodgrass，1935；B. 仿 Eidmann，1929）

管状阳具式交配器为例介绍其基本构造（图 4-5）。这些昆虫的交配器主要由阳具和抱握器两部分组成。

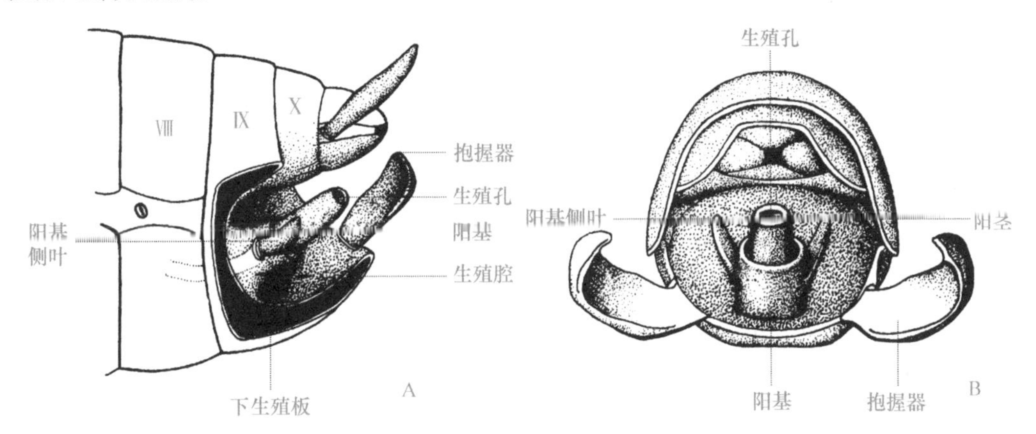

图 4-5　昆虫交配器的模式构造

A. 腹部末端侧面观（剖开生殖节侧面）；B. 腹部末端后面观

（仿 Snodgrass，1935）

（1）阳具（phallus），常为管状，藏于第 9 腹板内凹形成的生殖腔（genital chamber）内，一般认为是第 9 腹板后节间膜的外长物，包括基部膜质的阳基（phallobase）和端部稍骨化的阳茎（aedeagus）两部分。值得指出的是，在蜻蜓目昆虫中，原来位于

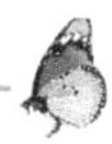

第 9 腹节与第 10 腹节间的阳具退化，由位于第 2 腹节与第 3 腹节间的副生阳具代替。

阳基一般为环形或三角形，两侧常有叶状或片状的阳基侧突（paramere）。阳茎结构复杂，其表面有时有叶状、钩状或刺状突起，顶端开口称阳茎口（phallotreme）。阳具的主要功能是交配时将精子注入雌体。但是，衣鱼目和石蛃目昆虫的阳具不是直接用于交配，而是用于分泌丝线来传递精包（spermatophore）。

（2）抱握器（harpago），通常是 1 对棒状或叶状的突出物，着生于第 9 腹节上。一般认为它是第 9 腹节的附肢。抱握器的主要功能是交配时抱握雌体，以保证正确的交配姿态。抱握器仅见于蜉蝣目、脉翅目、长翅目、半翅目、鳞翅目和双翅目昆虫中。

（二）交配器的主要类型

昆虫交配器的结构复杂，形态多样，是重要的分类特征。根据阳具的数目和形态可分为 3 类。

（1）双管式。蜉蝣目和革翅目昆虫有成对的管式阳具和 2 个生殖孔，无抱握器（图 4-6A）。

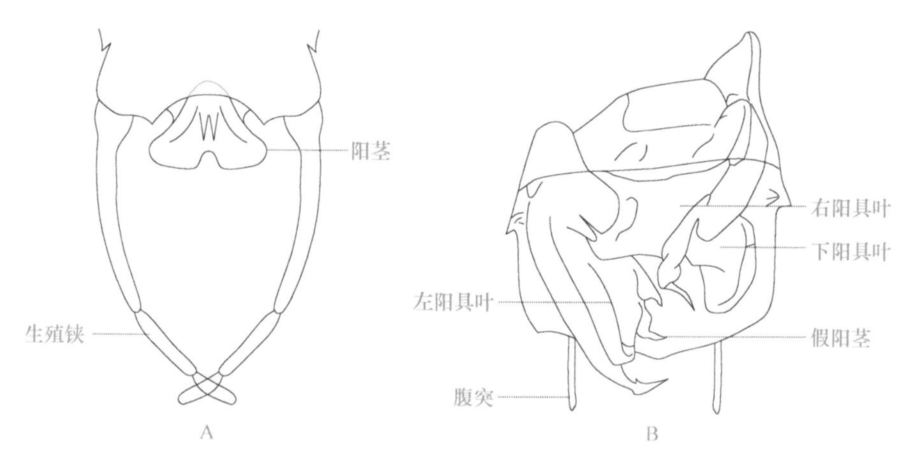

图 4-6　昆虫交配器的类型

A. 蜉蝣；B. 蜚蠊

（A. 仿归鸿和周长发，1999；B. 仿刘宪伟，1999）

（2）叶状。蜚蠊目和螳螂目昆虫的交配器只有阳具及其衍生构造，无抱握器。阳具由生殖孔周围的 3 片阳具叶（phallomere）组成（图 4-6B）。

（3）单管式。具有单一管式的阳具和 1 个生殖孔，有或无抱握器，是大多数有翅类昆虫具有的类型。

第三节　腹部的非生殖性附肢

昆虫腹部具有与生殖活动无关的附肢，称非生殖性附肢，包括一些昆虫生殖后节上的尾须、石蛃目和衣鱼目昆虫生殖前节上的附肢和有翅类昆虫幼期生殖前节上的附肢。

一、尾须

昆虫的尾须（cercus）（图 4-7）是腹部第 11 腹节附肢演化成的 1 对须状外长物，

主要存在于石蛃目、衣鱼目、不全变态类昆虫（啮虫目、虱目和半翅目除外）和全变态类昆虫毛翅目、长翅目和膜翅目中。尾须主要司感觉作用。但是，革翅目昆虫的尾须骨化成尾铗，用于御敌和折叠后翅。另外，直翅目和纺足目昆虫的尾须可能辅助交配。

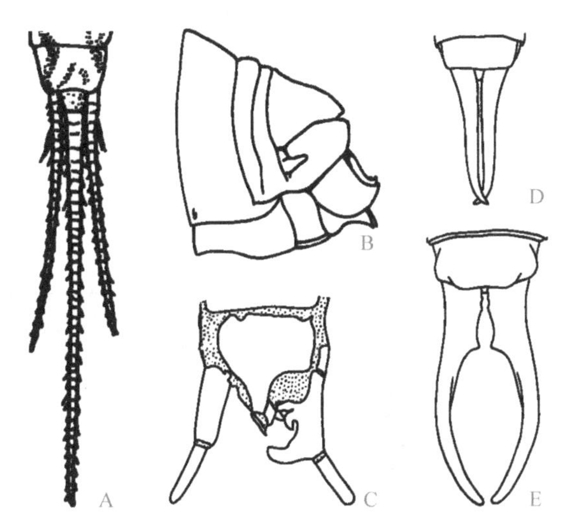

图 4-7　昆虫的尾须

A. 石蛃；B. 蝗虫；C. 足丝蚁 *Idioembia*；D. 球螋 *Forficula auricularia* L. 雌虫；E. 球螋雄虫
（A. 仿 Sturm，2001；B. 仿 Snodgrass，1935；C. 仿 Chapman，1998；
D，E. 仿 Triplehorn & Johnson，2005）

二、石蛃目和衣鱼目昆虫腹部的非生殖性附肢

石蛃目和衣鱼目昆虫生殖前节上着生有一些退化或特化的附肢，这是区别于有翅类昆虫的重要特征之一，同时也反映了这类昆虫的原始性。

（1）石蛃目。腹部第 2～9 腹节上有成对附肢。附肢由位于侧腹面的基肢片（coxopodite）和着生其上的 1 根可活动的刺突（stylus）及刺突内侧的 1～2 个能伸缩的泡囊（vesicle）构成（图 4-8）。

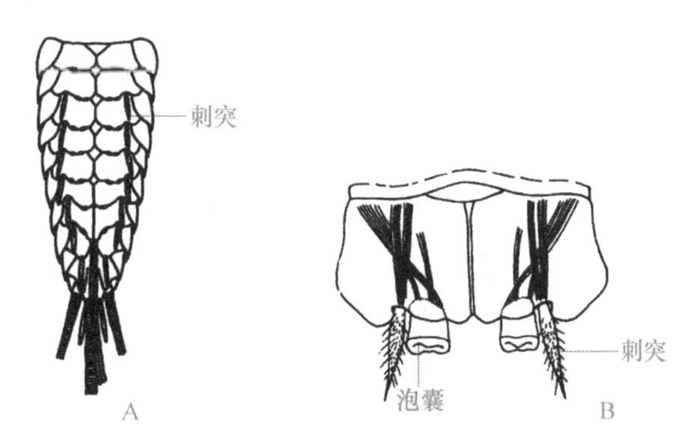

图 4-8　石蛃腹部的非生殖性附肢

A. 石蛃腹部腹面观；B. 石蛃 *Nesomachilis maoricus* Tillyard 第 6 腹节腹面观
（A. 仿 Triplehorn & Johnson，2005；B. 仿 Snodgrass，1935）

（2）衣鱼目。腹部第 7～9 腹节上有成对的刺突和泡囊。

三、有翅类昆虫腹部的非生殖性附肢

一些有翅类昆虫的腹部在幼期具有行动的附肢。

（1）水生昆虫幼期腹部的附肢。蜉蝣目稚虫腹部多数腹节的侧面有成对的板状或丝状的气管鳃（gill），它们是由各节的附肢演化而成的（图 4-9A）。广翅目幼虫腹部第 1～7 腹节或第 1～8 腹节的侧面有成对分节的附肢（图 4-9B）。蜻蜓目、襀翅目、毛翅目和水生鞘翅目昆虫的幼虫腹部也常有非生殖性附肢。

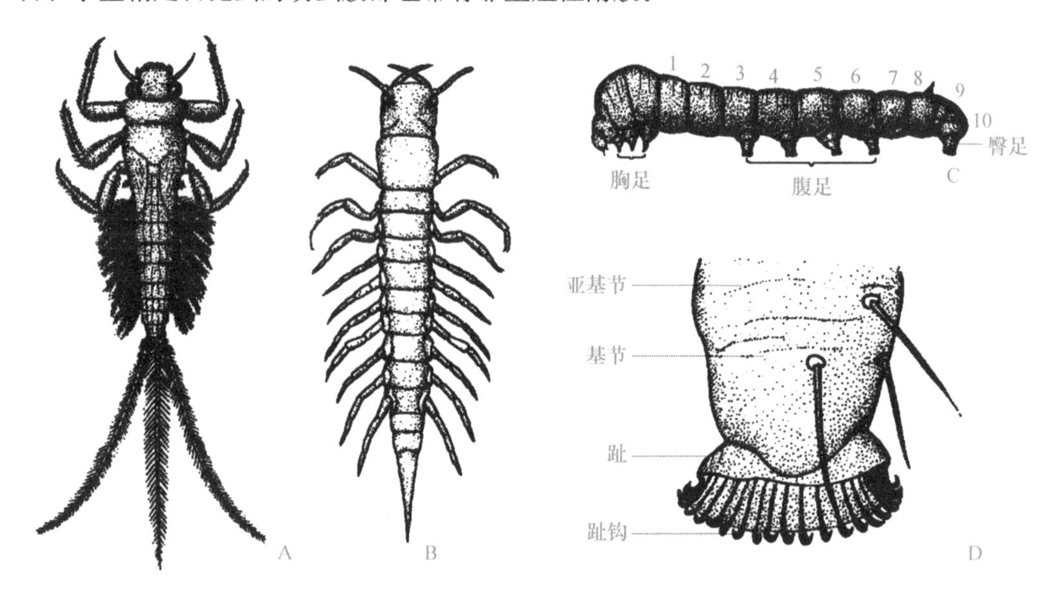

图 4-9　有翅类昆虫幼期腹部的附肢
A. 蜉蝣稚虫；B. 泥蛉幼虫；C. 鳞翅目幼虫；D. 鳞翅目幼虫的腹足
（仿各作者）

（2）陆生全变态昆虫幼虫的腹足。长翅目、鳞翅目和膜翅目广腰亚目昆虫的幼虫腹部有用于行走的附肢，称为腹足（proleg）。腹足呈柱状、肉质，由亚基节、基节和趾（planta）组成。鳞翅目幼虫的腹足常 5 对，分别着生在第 3～6 腹节和第 10 腹节上，第 10 腹节（又称臀节）上的腹足又称臀足（anal leg）（图 4-9C）。因此，鳞翅目幼虫足式为 30040001，“3”表示 3 对胸足，“00”表示第 1 腹节、第 2 腹节无腹足，“4”表示第 3～6 腹节各有 1 对腹足，“000”表示第 7～9 腹节上无腹足，“1”表示第 10 腹节上有 1 对臀足。膜翅目叶蜂类和长节蜂类幼虫的腹足常为 6～9 对，分别着生在第 2～6 腹节、或至第 7 腹节、或至第 8 腹节和第 10 腹节上。鳞翅目幼虫腹足底部有成排的弯钩称趾钩（crochet）（图 4-9D），是幼虫分类最常用的特征。膜翅目广腰亚目幼虫腹足也有趾，但无趾钩。

第二篇　昆虫的内部结构和生理学

昆虫生理学是研究昆虫生命现象及组织器官功能的学科。由于昆虫的内部结构与昆虫生理学内容密切相关，所以将昆虫形态学中的内部结构部分放在昆虫生理学部分介绍。

本篇主要介绍昆虫内部器官的位置、昆虫的体壁和内骨骼、昆虫的感觉器官、昆虫的肌肉系统、昆虫的消化系统、昆虫的循环系统、昆虫的排泄系统、昆虫的气管系统、昆虫的神经系统、昆虫的生殖系统、昆虫的内分泌器官与激素和昆虫的外分泌腺体和信息素，为学好昆虫毒理学、植物化学保护、昆虫生理生化、农业昆虫学和昆虫生态学等课程打好基础。

第五章

昆虫内部器官的位置

第一节　血腔和血窦

昆虫体躯的外面是一层含有几丁质的躯壳，即体壁。体壁包围着体内的各种组织和器官，因而形成一个纵贯的腔，称血腔（haemocoel）。

昆虫的血腔常被肌纤维和结缔组织构成的膈（diaphragm）沿纵向分隔成2～3个小血腔，称血窦（blood sinus）（图5-1）。位于血腔背面、背血管下面的膈，称背膈（dorsal diaphragm）或围心膈（pericardial diaphragm）。背膈上方围绕背血管的小血腔称背窦（dorsal sinus）或围心窦（pericardial sinus）；背膈下方围绕消化道的小血腔为围脏窦（perivisceral sinus）。在蜉蝣目、蜻蜓目、直翅目、鳞翅目、双翅目和膜翅目等昆虫血腔的腹面，还有腹膈（ventral diaphragm）纵隔其间，腹膈下方围绕腹神经索的小血腔称腹窦（ventral sinus）或围神经窦（perineural sinus）。绝大多数昆虫的背膈和腹膈侧缘有孔隙，是背窦和腹窦与围脏窦之间血液循环的通道。

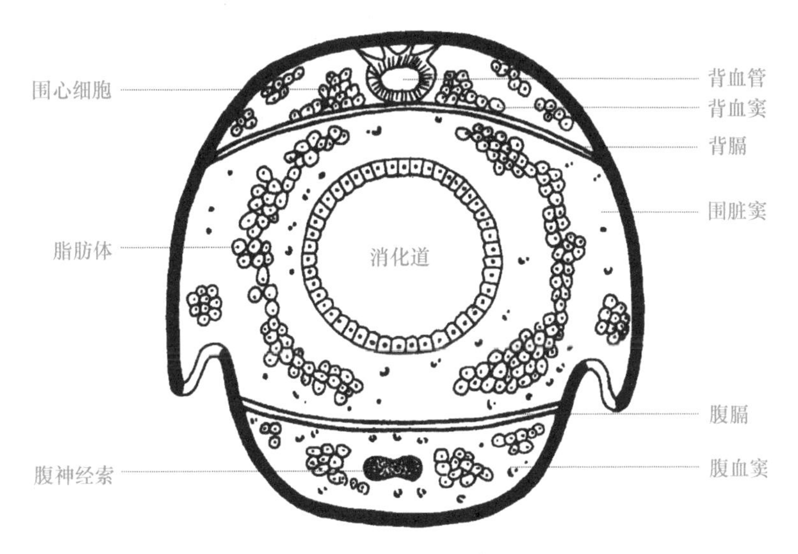

图5-1　昆虫腹部的横切面
（仿Snodgrass，1935）

第二节　昆虫内部器官的位置

昆虫内部器官在血腔内的位置见图5-2。在昆虫血腔中央的围脏窦内，有一条纵贯的管道是消化道，它的前端开口于头部的口前腔，后端出口于肛门。在消化道的中肠与

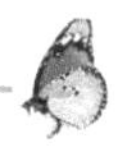

后肠交界处的一至多条细长盲管是马氏管，它是昆虫的主要排泄器官。在消化道的中肠和后肠的背侧面，有 1 对雌性卵巢与侧输卵管，或雄性睾丸与 1 对输精管，经后肠腹面的中输卵管或射精管后以外生殖器上的生殖孔开口于体外，它们构成昆虫的生殖系统。在消化道周围的内脏器官之间，分布着担负呼吸作用的主气管和支气管，主气管以气门开口于体躯两侧与外界进行气体交换，支气管以微气管伸入各组织和器官中进行呼吸代谢，它们构成昆虫的气管系统。在血腔背面的背窦内，有 1 根前端开口的细长管，称背血管，它是血液循环的主要器官。在血腔腹面的腹窦内，有 1 条由胸部和腹部神经节连接形成的腹神经索，它与脑组成昆虫的中枢神经系统。在血腔内，特别是在背血窦和围脏窦中，包围在内脏器官周围的组织是起贮存和转化作用的脂肪体。在昆虫体壁的内表面、内脊突上、内脏器官表面、附肢和翅的关节处，着生有牵引作用的肌肉系统。另外，在昆虫的头部还有心侧体、咽侧体和唾腺，在昆虫的胸部的前胸气门附近还有前胸腺，在昆虫的腹部还有生殖附腺等，它们构成了昆虫的分泌系统。

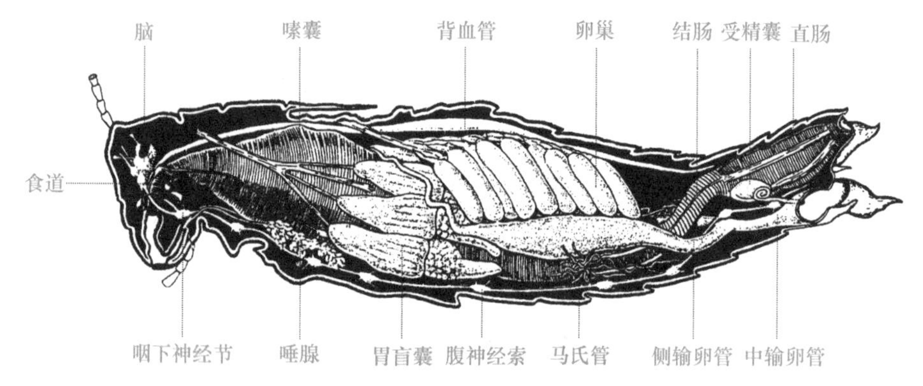

图 5-2 雌性蝗虫体躯的纵剖面，示内部器官的位置
（仿 Matheson，1951）

第六章

昆虫的体壁和内骨骼

昆虫的体壁（integument）是体躯外表的组织构造，由胚胎外胚层一部分未分化细胞形成的真皮细胞及其向外分泌形成的表皮组成。昆虫体壁形成昆虫的外骨骼和内骨骼，以保持昆虫的体形和着生体壁肌，从而保护内脏器官和形成昆虫的运动机能。昆虫体壁也是体躯的保护性屏障，既能防止体内水分的蒸发，又能阻止病原菌、寄生物和环境化学物质等外物的侵入。昆虫体壁也是营养物质的贮存体，在新表皮形成过程中或在饥饿的情况下，内表皮可被消化和吸收。另外，体壁一些表皮细胞特化成感器或腺体，接受外界刺激，分泌种间和种内的信息化合物，调节和控制着昆虫的生理和行为反应。

第一节　体壁的结构与功能

昆虫的体壁由里到外分为底膜、真皮和表皮 3 层。

一、底膜

底膜（basement membrane）是紧贴在昆虫体壁真皮细胞层下的一层非细胞性薄膜，厚约 0.15～0.50 μm，由含糖蛋白的胶朊纤维构成，是真皮细胞与血腔之间的隔离层。底膜由浆血细胞分泌形成，有选择通透性，血液中的部分化学物质和激素能进入真皮细胞。

二、真皮

真皮（epidermis）是位于底膜外侧、排列整齐的单细胞层，相邻细胞间靠桥粒（desmosome）进行联结，由它分泌几丁质、蛋白质和脂类形成表皮。真皮细胞的形态结构随脱皮而发生周期性变化。在脱皮间期，真皮细胞呈多角形，在表皮下排成一个薄层；但在脱皮过程中，真皮细胞呈柱形，并进行有丝分裂。

真皮的主要功能是在脱皮过程中分泌脱皮液，消化旧的内表皮并吸收其降解产物合成新表皮，组成昆虫的外骨骼及外长物。另外，部分真皮细胞在发育过程中可特化成腺体、绛色细胞、毛原细胞和感觉细胞等；一些昆虫的真皮细胞能修复伤口；一些昆虫的真皮细胞内含有橙色或红色的色素颗粒，使体壁呈现色彩，并通过氧化还原作用控制昆虫色彩的变化。

三、表皮

表皮（cuticle）是昆虫体壁最外面的几层性质很不相同的非细胞性组织，由真皮细胞向外分泌形成，厚约 100～300 μm。表皮由内往外可分为内表皮（endocuticle）、外

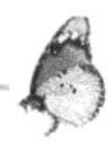

表皮（exocuticle）和上表皮（epicuticle）3 层。其中，内表皮和外表皮来源于原表皮（procuticle）。原表皮是真皮细胞在脱皮开始时分泌的含有几丁质的表皮层的最初形式，当其外层被鞣化而形成外表皮时，未鞣化部分则形成内表皮。真皮细胞在分泌原表皮后，细胞质微绒毛常遗留下贯穿于原表皮而连接真皮细胞与上表皮的细微孔道（pore canal）和蜡道（wax channel），前者的直径是 0.10～0.15 μm，后者是 0.006～0.013 μm（图 6-1）。

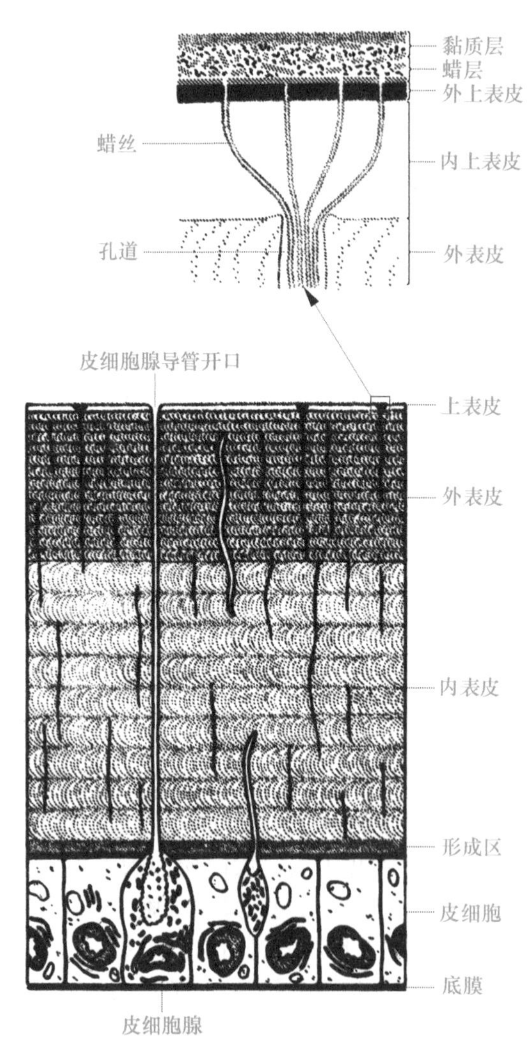

图 6-1　昆虫体壁表皮分层示意图
（仿 Gullan & Cranston，2005）

（一） 内表皮

内表皮是表皮中靠近真皮细胞的一层，也是表皮中最厚、最软的一层，为 10～200 μm。内表皮一般透明，由几丁质和蛋白质组成，呈多层平行薄片状，每一薄片层由很多弯成“C”字形定向规则排列的微纤丝（microfibril）构成，使得内表皮具有弯曲和伸展性能。因此，当昆虫的外表皮尚未形成时，虫体可以生长和自由扭动。

（二）外表皮

外表皮位于内表皮的外方，厚3～10 μm。外表皮一般呈琥珀色，由鞣化蛋白与几丁质组成，呈丝状排列，是表皮中最坚硬的一层。当昆虫的外表皮形成后，体壁就有较强的硬度，虫体的生长和活动就会受到限制。

（三）上表皮

上表皮是表皮最外和最薄一层，厚1～4 μm，常薄于2 μm，不含几丁质，含有脂和蛋白质。上表皮虽薄，但结构复杂，由内往外一般还可分为表皮质层、蜡层和黏质层。在吸血蝽的若虫和黄粉甲的幼虫中，表皮质层与蜡层间还有多元酚层（polyphenol layer）。

（1）表皮质层（cuticulin layer），又称角质精层，由绛色细胞分泌形成，是上表皮中最先形成的一层，也是最厚一层，厚约0.6～2.2 μm。表皮质层可分为内外两层。外层薄而细密，为鞣化的表皮质层（tanned cuticulin layer），含脂蛋白和鞣化蛋白，常呈琥珀色，不溶于无机酸和有机溶剂，对消化酶有较强的抗性；内层厚而疏松，含脂蛋白与多元酚的复合体，对表皮的鞣化和脂化起着重要作用。

（2）蜡层（wax layer），由皮细胞在脱皮过程中分泌，通过孔道输送到表皮质层表面而形成的长链烃和脂肪酸酯层，厚0.2～0.3 μm。由于蜡层中长链烃的极性端与表皮质层结合，形成紧密排列的定向分子单层（monolayer），长链烃的非极性端整齐朝外，同时长链烃分子间靠范德华力交联在一起。因此，亲脂单分子层不仅可阻止外界水分和非脂溶性杀虫剂进入虫体，而且能防止体内水分的散失。

（3）黏质层（cement layer），又称护蜡层。由真皮细胞腺在脱皮后分泌，经蜡道输送到蜡层表面而形成的一层不均匀的黏质结构，厚约0.1 μm。护蜡层主要含有脂类和鞣化蛋白，具有保护蜡层和防止水分散失的功能。

第二节 表皮的化学成分

昆虫表皮的主要化学成分是几丁质、蛋白质和脂类，还含有多元酚、无机盐、色素和酶类等。

一、几丁质

昆虫表皮的几丁质（chitin）是由真皮细胞分泌形成的一种含氮结构多糖，由*N*-乙酰-*D*-葡萄糖胺以β-1,4-糖苷键聚合而成，分子式为$(C_8H_{13}O_5N)_n$（图6-2），占表皮干重的25%～40%。几丁质有α、β和γ共3种晶体结构类型，昆虫表皮的主要为α-型，以几丁质-蛋白质复合体的形式存在，在内表皮中含量高达60%左右，而在外表皮中仅有约22%。

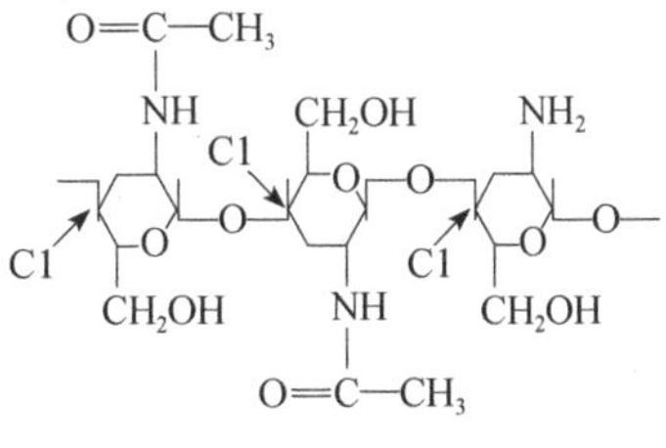

图6-2 几丁质的分子结构式

几丁质是一种无色、无定形的固体，不溶于水、稀

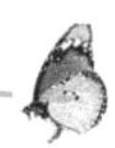

酸、稀碱以及乙醇、乙醚等有机溶剂，但可溶于浓无机酸和浓碱中。在160℃高温下，以浓碱处理，几丁质分子就会脱去乙酰基而形成几丁糖（chitosan）和乙酸，此时几丁糖遇碘产生紫红色，此法可用于几丁质的定性检测。

昆虫体内存在着很活跃的几丁质合成和降解体系。在脱皮期，昆虫内表皮的几丁质在真皮细胞分泌的几丁酶（chitinase）和外几丁酶（exochitinase）的作用下发生降解，降解产物又被真皮细胞吸收，在沉积新表皮时在几丁合成酶（chitin synthase）的作用下合成新的几丁质。酰脲类昆虫生长调节剂能抑制几丁质的合成，从而干扰和破坏新表皮的形成，使昆虫在脱皮时不能形成新表皮，造成畸形或死亡。

二、蛋白质

昆虫表皮蛋白质是由真皮细胞分泌形成的，占表皮干重的50%以上。在上表皮和外表皮中，蛋白质主要以鞣化蛋白的形式存在；在内表皮和原表皮中，蛋白质主要以糖蛋白的形式存在。表皮蛋白质的种类多，且随昆虫的发育而变化，如一些昆虫表皮中的蛋白质种类可因发育阶段的不同而相差达十倍。通常，内翅部昆虫的不同虫态的表皮蛋白质的成分和数量的变化较外翅部昆虫的大且明显。

在昆虫表皮中，几丁质微纤丝借共价键的作用而包埋在蛋白质基质内，形成一个较紧密的结构，特别是当酚类化合物插入到几丁质-蛋白质复合体中时，结构更加紧密，甚至不为蛋白酶或几丁酶所水解。一般来说，未硬化表皮中，蛋白质的含量约与几丁质的含量相等；但在硬化的表皮中，蛋白质的含量较几丁质高3～4倍。

在飞行昆虫翅关节的内表皮或善跳昆虫的肌腱中，含有无色透明的节肢弹性蛋白（resilin）。它不含酚类化合物，且其长链上的酪氨酸残基通过氧化作用而形成二聚体残基和三聚体残基，所以其物理性状类似橡皮，遇水膨胀，经酸水解形成酪氨酸的二聚体和三聚体。节肢弹性蛋白具有极强的弹性，如当蜻蜓的肌腱被拉长两倍持续保持紧张状态几个月后，一旦放松，又能立即回复原状。善飞昆虫的翅基部，由于有了节肢蛋白，就像门上装置了弹簧，有利于机械能的贮存和释放。

三、脂类

昆虫表皮的脂类包括碳氢化合物、脂肪酸、醇类、酯类、固醇和醛类等。碳氢化合物常常是表皮脂类的主要成分，包括长链饱和烃、不饱和烃及其支链烃，能使体壁保持强的疏水性。在许多昆虫中，表皮碳氢化合物具有种的特异性，可用于昆虫近缘种的分类和鉴定。

四、多元酚及其氧化酶

昆虫表皮中的多元酚主要是3,4-二羟基酚类及其氧化产物醌。多元酚来源于血液中的酪氨酸代谢产物*N*-乙酰多巴胺（*N*-acetyldopamine）和*N*-丙氨酰多巴胺（*N*-β-alanyldopamine）。*N*-乙酰多巴胺和*N*-丙氨酰多巴胺经表皮细胞吸收后分泌，并由孔道运输到上表皮，再经多元酚氧化酶（polyphenol oxidase）氧化成醌，醌分子与蛋白质长链上的组氨酸和赖氨酸残基链接，产生表皮的鞣化作用（tanning），使表皮硬化和暗化。多元酚氧化酶为含铜的蛋白质，在新表皮鞣化时由血细胞产生，经孔道输送到上表皮内层参与氧化作用。多元酚及其氧化酶除参与表皮的鞣化作用外，还与伤口的愈合和色素的形成有关。

五、色素

昆虫体壁的色素大多存在于表皮和真皮中，包括黑色素、类胡萝卜素、蝶呤、眼色素和凤蝶色素（papiliochrome）等，其主要功能是展现体色、御敌和调节体温。黑色素（melanin）大量存在于外表皮的鞣化蛋白质中或鳞翅目昆虫的鳞片内，表现出黑色、褐色或红褐色。类胡萝卜素（carotenoid）通常与蛋白质结合而使表皮呈现黄色、橙色或红色，当与后胆色素（bilin）结合就产生虫绿素（insectoverdin）。蝶呤（pterin）常存在于蝴蝶的体表和鳞片中，呈现白色、黄色或红色。眼色素（ommochrome）存在于昆虫复眼中，表现出黄色、褐色或红色。

第三节 昆虫的脱皮过程

昆虫的体壁由于外表皮的硬化，阻碍了虫体的生长和发育，幼期昆虫只有周期性地脱去旧表皮，产生更大面积的新表皮，才能继续生长发育，这个过程就称为脱皮（molting）。昆虫的脱皮受激素调控。

一、脱皮过程

昆虫的脱皮过程包括皮层的溶离、旧表皮的消化和吸收、新表皮的沉积和鞣化等一系列复杂的生理过程（图 6-3）。

在脱皮开始时，真皮细胞首先进行有丝分裂，细胞数量成倍增加，细胞形状由原来的扁平五角形变为排列紧密的圆柱形，上层胞膜皱褶成许多短的微绒毛，从而导致真皮细胞层与旧内表皮之间出现间隙，即皮层溶离（apolysis）。接着，真皮细胞上表面开始向这个间隙分泌含有蛋白酶、几丁酶、肽酶和葡萄糖苷酶的脱皮液（ecdysial fluid）。这些水解酶起初并无活性，直到绛色细胞在真皮细胞表面分泌一层表皮质层后，才被活化并将旧的内表皮降解为氨基酸和 *N*-乙酰-*D*-葡萄糖胺，在消化过程中会形成一层极薄的脱皮膜（ecdysial membrane）。与此同时，真皮细胞开始合成和分泌几丁质和蛋白质到表皮质层下面，形成新的原表皮；真皮细胞伸出的原生质丝构成的孔道穿过新的原表皮和表皮质层，不断吸收被消化的旧内表皮，作为合成新的原表皮的部分物质。在消化后的旧内表皮中，有 90%以上的物质被重新吸收利用，参与新表皮的合成。

就在脱皮前，真皮细胞分泌蜡质经孔道输送到表皮质层上面形成蜡层，随后昆虫开始脱皮。脱皮时，昆虫常大量吞吸空气或水，并借助肌肉的收缩活动，使蜕裂线处的血压增大，最终导致蜕裂线破开，于是昆虫从旧表皮中钻出，留下旧的上表皮、外表皮和脱皮膜组成的蜕（exuvium）。刚脱皮的虫体，由于外表皮尚未形成，体壁柔软多皱，呈乳白色或无色，需要大量吞吸空气或水，使新表皮扩展、翅与附肢展开、虫体迅速长大，此时真皮细胞腺开始在蜡层上面分泌黏质层。接着，真皮细胞分泌酚类衍生物及相

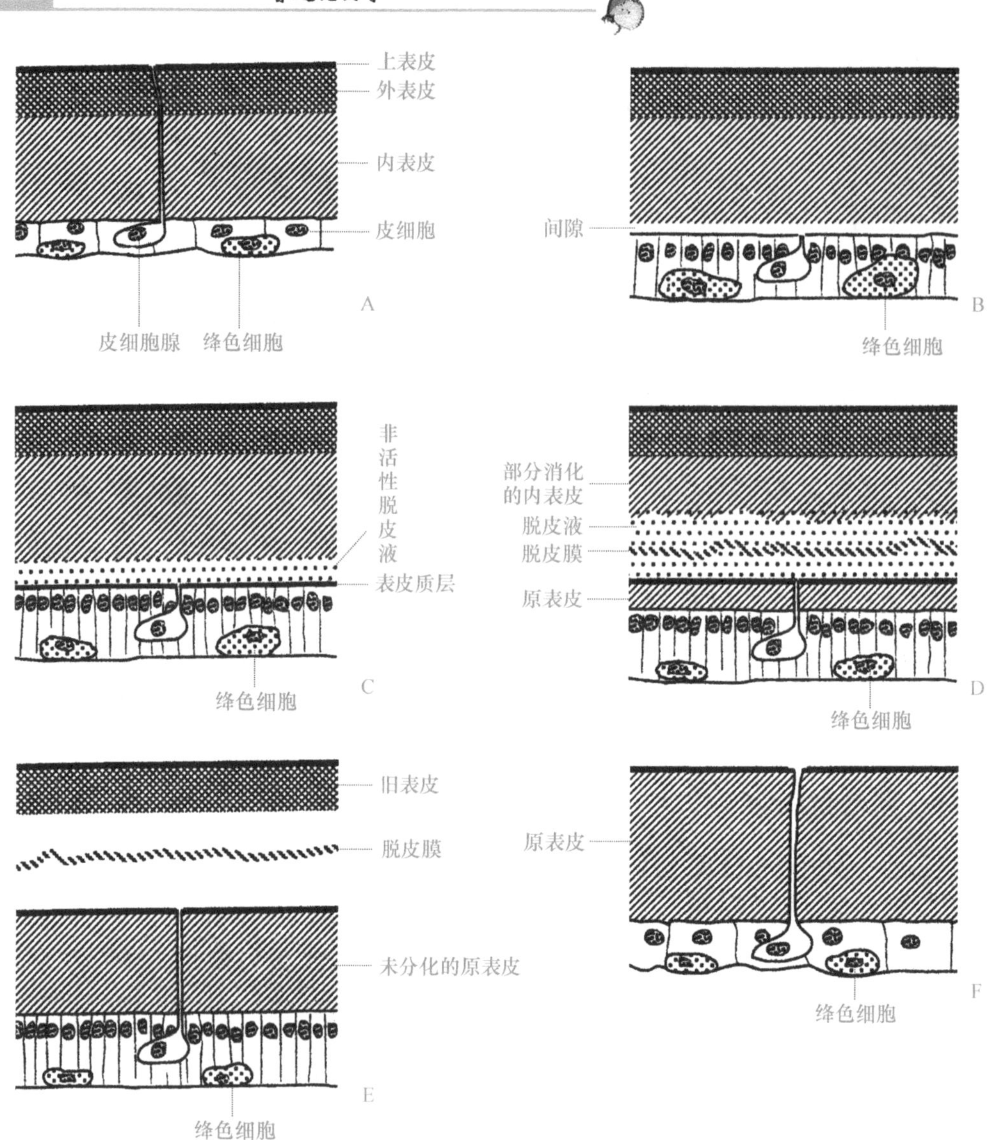

图 6-3 昆虫的脱皮过程

A. 成熟表皮；B. 皮层溶离；C. 产生新表皮质层；D. 消化旧的内表皮；

E. 吸收脱皮液；F. 旧表皮刚脱去时的新表皮

（仿 Chapman，1998）

关的酶类，经孔道向上输送到表皮质层上面，组成多元酚层；部分醌类经表皮质层向下扩散到新的原表皮的上层，产生表皮的鞣化作用，使原表皮上层逐渐变暗变硬，形成外表皮；未经鞣化的原表皮下层，即为内表皮。当外表皮形成后，昆虫即开始活动和取食。在鞣化结束后，昆虫的内表皮还有一个继续沉积过程。

二、脱皮的激素调控

在昆虫体内，目前已知有蜕皮激素和保幼激素直接参与脱皮过程的调控。蜕皮激素是前胸腺被脑激素激活后分泌的，直接作用于真皮细胞核中的染色体，启动真皮细胞的表皮形成过程，以促进蛹或成虫器官的分化和发育。保幼激素是咽侧体被脑激素激活后分泌的，直接作用于真皮细胞的核物质，促使合成幼期的表皮和结构，抑制成虫器官的分化和发育。两种激素共同作用，决定着脱皮过程的表现形式。在高浓度保幼激素的情况下，发生从幼期到幼期的生长脱皮；当保幼激素的浓度降低时，发生从幼虫变蛹或若虫变成虫的脱皮过程，即变态脱皮。

蜕皮激素还直接参与表皮的鞣化过程。它调控细胞核合成活化酶并将酪氨酸酶原激活，然后酪氨酸酶通过孔道输送到多元酚层中，将 3,4-二羟基苯酚胺转化为相应的邻位醌，使表皮质层和原表皮上层中的蛋白质发生鞣化作用。另外，大多数昆虫还有由神经分泌细胞产生的鞣化激素。鞣化激素（bursicon）是一种多肽激素，启动脱皮后外表皮的硬化和暗化作用。

第四节　昆虫体壁的通透性

体壁是昆虫与环境之间的一个通透性屏障，外源物质在一定条件下可以穿透体壁。体壁的结构特性决定着物质的穿透能力和速率，同时受环境因素和昆虫防御的影响。

一、水分

昆虫的上表皮含有丰富的蜡质和定向排列的亲脂分子单层，具有抵御虫体水分蒸腾和防止外界水分渗入的作用。但是，当外界温度升高到一定时，可破坏蜡质分子的定向排列，导致蜡质分子间出现间隙，从而使上表皮的通透性发生改变。另外，用氯仿、乙醚等有机溶剂或矿质惰性粉处理虫体，能溶解或擦除蜡质，提高体壁对水分的通透性，引起昆虫死亡。

二、气体

在多数昆虫中，除气管和味觉器等器官外，气体很难通过体壁进入虫体内。生产上正是通过气管系统将熏蒸剂引入昆虫体内来杀死昆虫的。但是，生活在水中、寄生在其他昆虫体内或生活在潮湿环境下的昆虫，由于体表常无蜡层或多元酚层，甚至也没有外表皮，它们可以通过柔软的体壁直接与外界进行气体交换。

三、杀虫剂

大多数触杀性杀虫剂是脂溶性的，比水分易于穿透蜡层。很多农药加工剂型中含有二甲苯等有机溶剂，能够溶解蜡质或破坏蜡质分子的排列，更容易透过上表皮。当药剂进入原表皮时，由于有大量的几丁质、蛋白质和水分，极性物质才容易穿过该层。因此，兼具有脂溶性和水溶性的杀虫剂容易透过体壁，是比较理想的触杀剂。当原表皮上层被鞣化后，亲水性降低和分子结合紧密，不利于触杀剂的穿透，同时大龄幼虫的表皮厚、鞣化程度高，也不利于触杀剂的穿透，所以防治害虫应掌握在低龄阶段刚脱皮时，特别是初孵幼虫期，以提高药效。

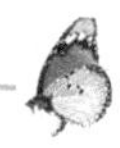

第五节 昆虫体壁的色彩

昆虫体壁有不同色彩，根据其形成方式不同，分为色素色、结构色和结合色3类。

一、色素色

色素色又称化学色（chemical colour），是由于昆虫体内一定部位含有某些色素化合物，能吸收部分波长的光波而反射其他光波，从而使昆虫相应部位显示特定的颜色，是昆虫体壁色彩的基本形式。这些色素化合物主要是新陈代谢的产物或贮藏排泄物，存在于昆虫的表皮、真皮或真皮下。例如，许多昆虫躯体是黑色或褐色，是由于外表皮含有黑色素，黑色素是由酪氨酸和多巴（dopa）经血液中的酪氨酸酶和多巴氧化酶（dopase）结合催化形成的一类化学性质稳定的化合物，昆虫死亡后也不褪色。一些植食性昆虫幼虫躯体是黄色、绿色或橘红色等，是由于其体壁透明，而真皮、血液或内部器官含有类胡萝卜素、胆色素、花青素、花黄素等来自昆虫食物的表皮或表皮下色素。当昆虫死亡后，真皮色素或真皮下色素就随着组织细胞的解体而消失。

二、结构色

结构色又称物理色（physical colour），是由于昆虫体壁上表皮有极薄的蜡层、精细的刻点、沟、脊、鳞片和外表皮的丝状结构，使光波发生折射、散射、衍射或干涉而产生鲜艳的色彩。例如，青蜂、金小蜂和一些甲虫体壁的美丽金属闪光就是典型的结构色。结构色稳定，不会被化学药品或热水处理而消失。

三、结合色

结合色（combination colour）也称混合色，由色素色和结构色组成。大多数昆虫的体色是混合色，这在鞘翅目、鳞翅目和膜翅目昆虫中最为突出。如紫闪蛱蝶 *Apatura iris*（L.）的翅面黄褐色而有紫色闪光，其中的黄褐色属色素色，紫色闪光属结构色。昆虫的色素色以红色、橙色和黄色等暖色为主，而结构色以绿色、蓝色和紫色等冷色为主，两类色彩的结合，使昆虫的色彩更加鲜艳夺目。

昆虫的体色能适应环境而变化。例如，山顶上昆虫的体色常比山脚下的体色深，因为深色可使昆虫接受更多的阳光以提高虫体的温度；冬天枯草中的螽斯为灰色，夏天青草上的螽斯为草绿色，因为昆虫与栖境的颜色相似能获得保护自己。另外，昆虫体壁的色彩还受昆虫体内咽侧体分泌激素的影响。

第六节 昆虫的内骨骼

昆虫的内骨骼是体壁向内伸入血腔、供肌肉着生的骨化突起，包括幕骨、悬骨、侧内突、腹内突和内刺突。这些构成昆虫头部和胸部的内骨骼。

一、头部的内骨骼

昆虫头部的内骨骼统称幕骨（tentorium）（图6-4），分别由1对前幕骨陷和1对后幕骨陷内陷成的两对内臂愈合而成。前幕骨陷内陷成的1对内臂称幕骨前臂（anterior arm of tentorium），后幕骨陷内陷成的1对内臂称幕骨后臂（posterior arm of tentorium）。两幕骨后臂常又左右连接成幕骨桥（tentorial bridge）。有些昆虫的幕骨前臂上又各具一个突起，斜向上伸至触角附近的头壁上，这对突起称幕骨背臂（dorsal tentorial arm）。这些幕骨构成昆虫头部的支架，支持脑和前肠并供头部和胸部肌肉的着生。

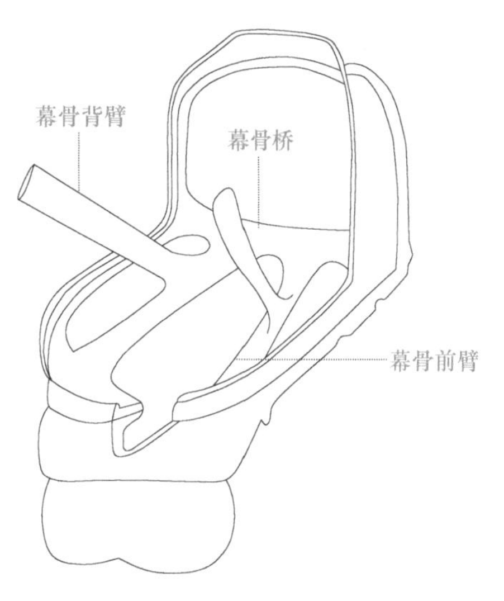

图6-4　昆虫头部的幕骨
（仿 Snodgrass，1935）

二、胸部的内骨骼

昆虫胸部的内骨骼，包括悬骨、侧内突、腹内突和内刺突（图6-5）。

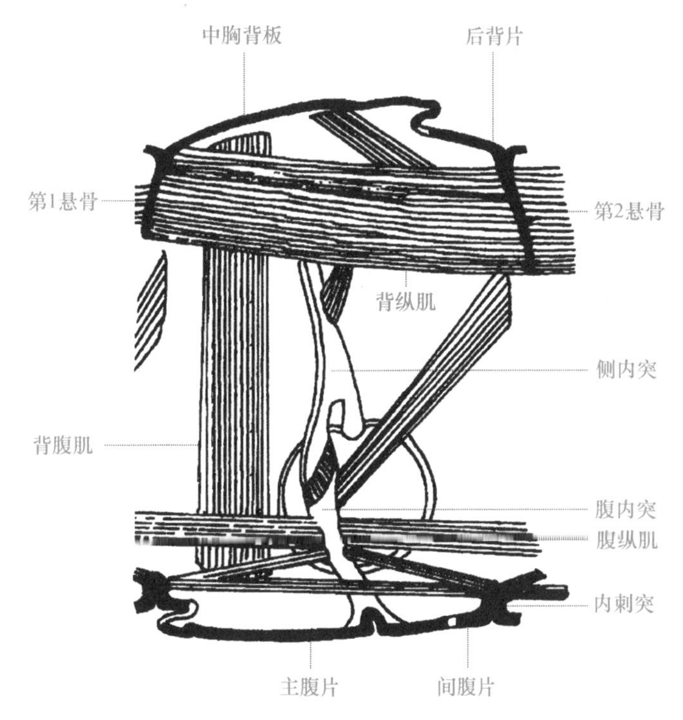

图6-5　昆虫中胸的纵切面，示内骨骼和肌肉着生
（仿 Snodgrass，1935）

悬骨（phragma）是昆虫胸部背板前内脊两端向下扩展形成的1对板状内脊，有时合并为一整块，供背纵肌着生。有翅成虫一般有3对悬骨，少数只有2对。

侧内突（pleural apophysis）是具翅胸节侧板的侧内脊向内下方延伸形成的臂状内突，常与腹内突相顶接。

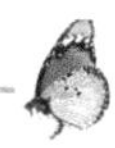

腹内突（sternal apophysis）是胸部腹板腹脊沟两端向内扩展形成的 1 对内突，供腹纵肌着生。在较高等的昆虫中，两个腹内突基部以腹内脊相连，端部斜向上侧方与侧内突相接。腹内突一般较发达，有的成叉状，因而又称叉内突（furca）。

内刺突（spina）是胸部腹板间腹片上的前内脊退化成的一个刺状内突，供少部分腹纵肌着生。

第七章

昆虫的感觉器官

昆虫的感觉器官（sensory organ）是感受环境和体内信息的结构，由体壁特化形成的感器为基本单元组合而成。它们分布于体躯各个部位，接受来自体内、体外的物理或化学刺激，通过神经系统和分泌系统的协调作用，调节和控制着昆虫的生理和行为反应。

第一节　昆虫的感器

昆虫的感器（sensillum）是感觉器官的结构和功能单位，主要分布在触角、口器、足、尾须和产卵器等部位。它既能单独构成简单的感觉器官，又能组成复杂的感觉器官，对昆虫的觅食、寻偶、交配、产卵、静止、滞育、迁飞和避敌等行为有协调作用。

一、感器的基本结构

昆虫的感器由体壁的真皮细胞及表皮特化而成的接受部分和由神经细胞构成的感觉部分组成。最简单的形式仅包括一个感觉神经细胞，其树突连接着表皮突起，而轴突则伸入神经节内。由于体壁具有不同形状的表皮突起或内陷，所以感器也有多种类型。

二、感器的类型

根据表皮突起或内陷形状的不同，可将感器分为下面 10 种常见类型（图 7-1）。

（1）毛形感器（trichoid sensillum），是最常见的感器，其表皮的外突部分呈毛状、刚毛状或鬃毛状，毛基部通常为膜状结构。毛形感器由突出表皮的表皮毛、位于其下的感觉神经元和包围感觉神经元的 3 个辅助细胞构成。感器内感觉神经元为一个或几个。包围感觉神经元的辅助细胞由内往外依次为鞘原细胞（thecogen cell）、毛原细胞（trichogen cell）和膜原细胞（tormogen cell）（图 7-1A）。毛形感器的数量多、分布广，是重要的化感器、触感器和温感器。

（2）刺形感器（chaetic sensillum），表皮外突部分呈刺状的感器，感器内感觉神经元为一个至多个，是重要的触感器和味感器。

（3）锥形感器（basiconic sensillum），表皮外突部分为具小孔的薄壁小圆锥体或乳状突，锥体的顶端为圆形，锥体的基部着生处的表皮略凹，感器内的感觉神经元为一个至多个，具化学感觉功能（图 7-1B）。

（4）鳞形感器（squamiform sensillum），表皮外突部分呈鳞片状的感器，感器内的感觉神经元为一个至多个，具机械和化学感觉功能，常见于鳞翅目昆虫的触角上（图 7-1C）。

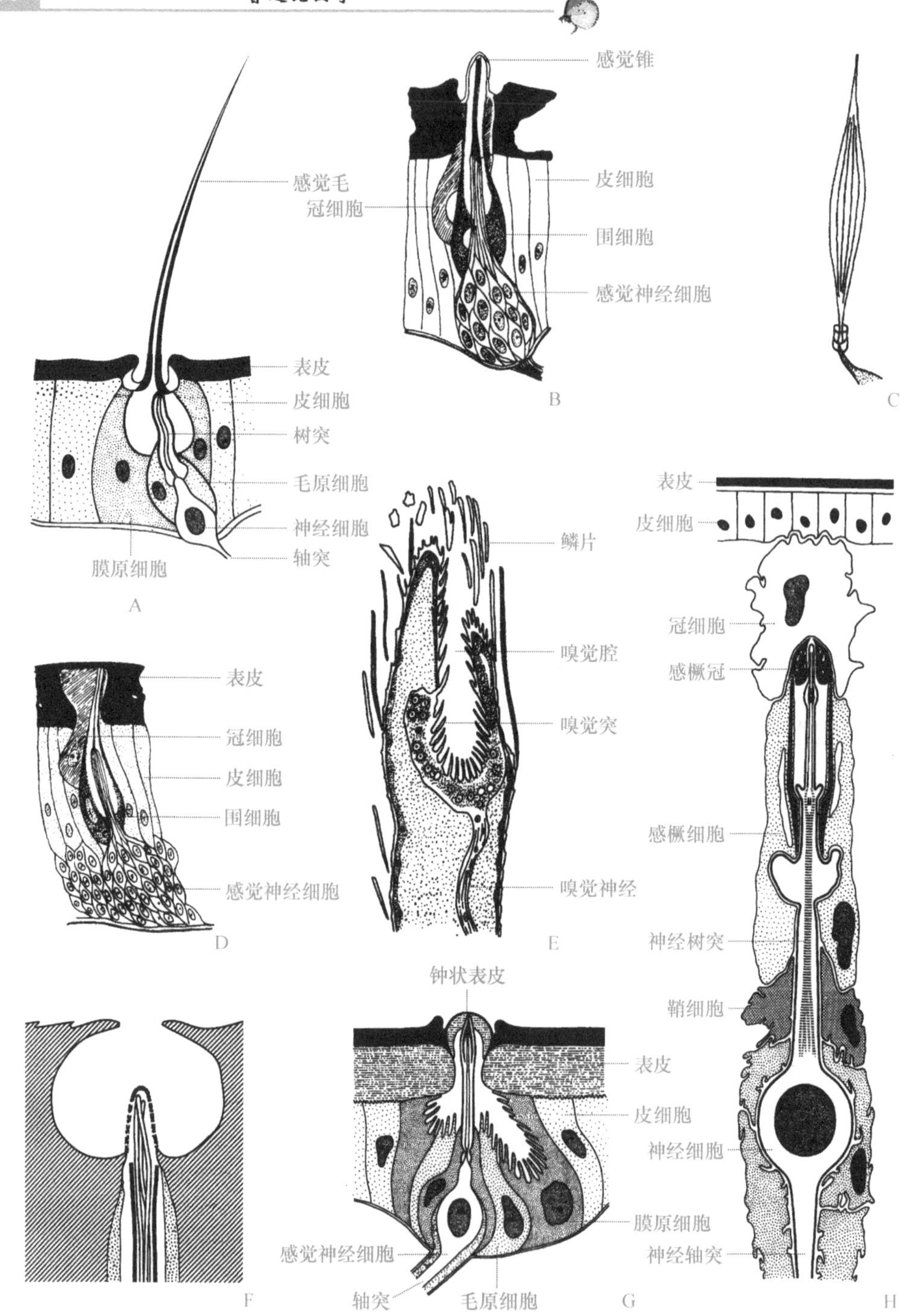

图 7-1 昆虫感器的基本结构与常见类型

A. 毛状感器的基本结构；B. 锥形感器；C. 鳞形感器；D. 板形感器；E. 坛形感器；F. 腔锥感器；G. 钟形感器；H. 具橛感器

（A，F. 仿 Chapman，1998；B～E，G. 仿 Snodgrass，1935；H. 仿 Gray，1960）

（5）板形感器（placoid sensillum），感觉表皮呈平板膜状与体壁连接，感器内的感觉神经元为几个至多个（图 7-1D），具嗅觉或味觉功能，常分布在触角或产卵器上。

(6) 坛形感器 (ampullaceous sensillum)，锥形表皮外突陷入坛形体壁腔内，形成坛状感器，感器内的感觉神经元为两个至几个 (图 7-1E)，具有化学和温湿感觉功能。

(7) 栓锥感器 (styloconic sensillum)，齿形表皮突起具有锥状基的感器，感器内的感觉神经元为一个至几个，具有触觉和嗅觉功能。鳞翅目幼虫的下颚外颚叶上有 2 对栓锥感器，它们对食物的选择和取食起感觉作用。

(8) 腔锥感器 (coeloconic sensillum)，锥形表皮外突内陷在浅凹窝内的感器，感器内的感觉神经元为两个至几个，具嗅觉和温湿感觉功能 (图 7-1F)，在昆虫的触角和产卵器上较常见。

(9) 钟形感器 (campaniform sensillum)，薄壁的感觉表皮呈钟形体陷至表皮下，感器内的感觉神经元为一个，具机械感觉功能 (图 7-1G)。多见于飞行昆虫的翅基部和平衡棒，用于感受空气压力，调节翅振频率。

(10) 具橛感器 (scolophorous sensillum)，又称剑梢感器或弦音感器 (chordotonal sensillum)，由感觉细胞、围细胞和冠细胞依次套接而成，感觉细胞直接或间接连接在柔软的表皮下，感器内感觉神经元为 1～3 个 (图 7-1H)。具橛感器有两类：一类是双线型具橛感器 (amphinematic scolopidia)，其感觉细胞通过端线 (distal thread) 间接连接于表皮下，主要分布于触角、足、翅基部和内脏器官表面，能感受与其相连表皮的振动、张力和压力；另一类是单线型具橛感器 (mononematic scolopidia)，其感觉细胞直接连接到表皮，存在于螽斯和蟋蟀前足胫节的听器内，感受音波的刺激。

三、感器的感受机制

当昆虫感器感受到刺激后，首先是感觉细胞树状突表面膜产生激应性，引起膜电位的改变，产生动作电位。感器产生的动作电位沿树状突传到神经细胞体附近的电激应区，引起轴突产生神经冲动。感器膜上可能含有大量独立的感觉点，每一点都能产生动作电位。因此，感器产生动作电位的大小，就取决于被激发的感觉点数量。

各种感器对刺激的反应不同，只有受到一定强度的适宜刺激时，才能产生反应。如果刺激不合适，感器就不会兴奋。例如，视觉器不会对声音产生反应，只会对一定波长和强度的光波产生兴奋。当然，相同感觉器官的不同感觉细胞对同一刺激的反应程度也不一样。例如，当植物混合气味到达昆虫嗅觉感觉毛时，不止一个神经细胞可被诱发产生神经冲动，但各个神经细胞的反应程度不一样，昆虫之所以能识别各种植物的气味，就是因为昆虫的中枢神经系统能对由各个神经细胞传来的系列脉冲加以整合和解译。

第二节 昆虫的感觉器官

昆虫的感觉器官是由感器构成的，根据感器接受刺激的性质，可以将昆虫的感觉器官分为听觉器、视觉器、触感器、化感器、温感器和湿感器，它们分别感受来自声音、光波、机械力、化学物质、温度和湿度等信息的刺激。

一、听觉器

昆虫的听觉器 (phonoreceptor) 是感受声波刺激的结构，包括听觉毛、江氏器和

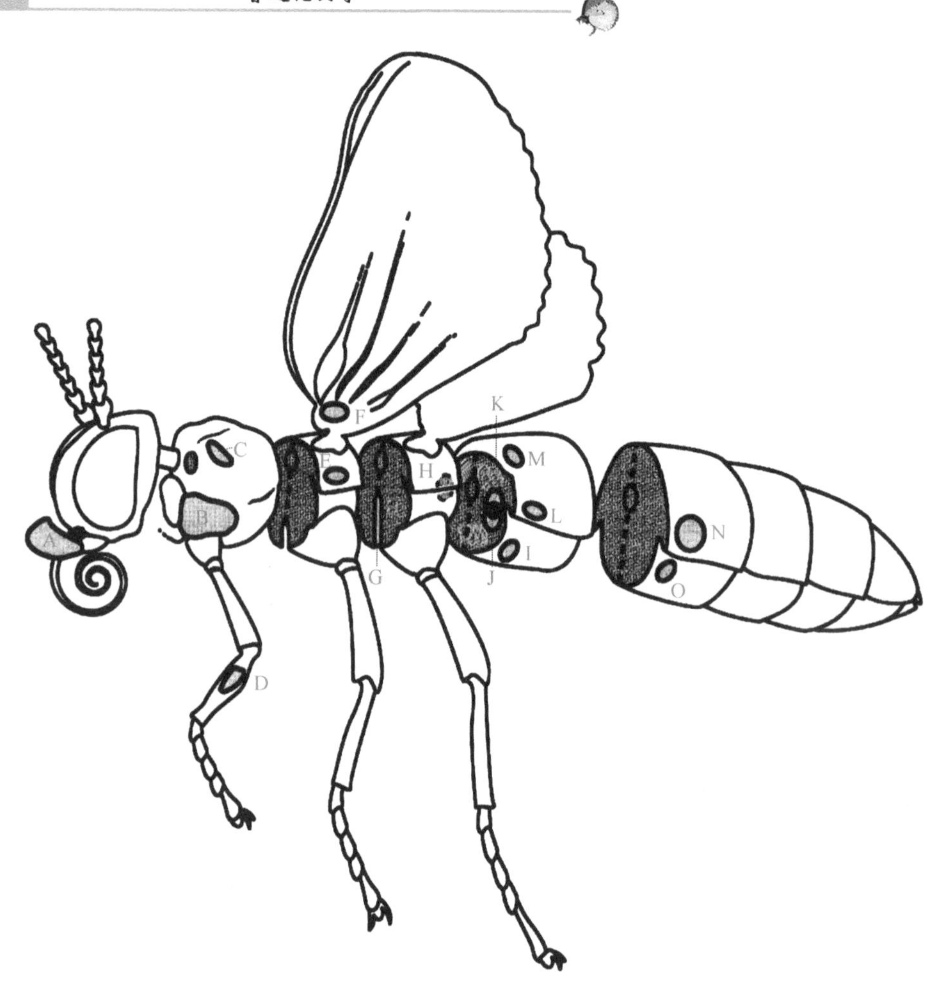

图 7-2 昆虫的鼓膜听器在体上的分布

A. 天蛾；B. 麻蝇和寄蝇；C. 犀金龟；D. 蟋蟀和螽斯；E. 划蝽；F. 凤蝶和草蛉；G. 螳螂；H. 夜蛾；I. 螟蛾；J. 尺蛾；K. 钩蛾；L. 蝗虫；M. 虎甲；N. 蝉；O. 燕蛾

（仿 Nelson，2005）

鼓膜听器。这些结构多位于昆虫的触角、胸部、腹部、足和尾须上（图 7-2）。

（1）听觉毛（auditory hair），是司听觉作用的毛形感器，最适感受 400～1500 Hz 的音波频率。听觉毛只有 1 个神经细胞与毛窝膜相连接，对声波反应的灵敏度较低，如蜚蠊和蟋蟀的尾须上分布有大量的听觉毛。

（2）江氏器（Johnston's organ），是昆虫触角梗节中较常见的一种弦音感器，最早由 Johnston 于 1855 年在埃及伊蚊 *Aedes aegypti*（L.）雄性触角梗节上发现（图 7-3A）。大多数昆虫用它来感觉、控制触角与翅的活动，用于昆虫的定向。但是，蚊科和摇蚊科雄虫江氏器能感受 350～650 Hz 的音波频率，有听觉功能，用于寻找雌蚊，进行交配。

（3）鼓膜听器（tympanic organ），常见于发音昆虫中，由柔软表皮形成的鼓膜（tympanum）、内气囊及含有具橛神经细胞的弦音感器等组成，成对存在于昆虫的前足、胸部或腹部上，最适感受 20 000～80 000 Hz 的声波。例如，螽斯（图 7-3B）和蟋蟀的

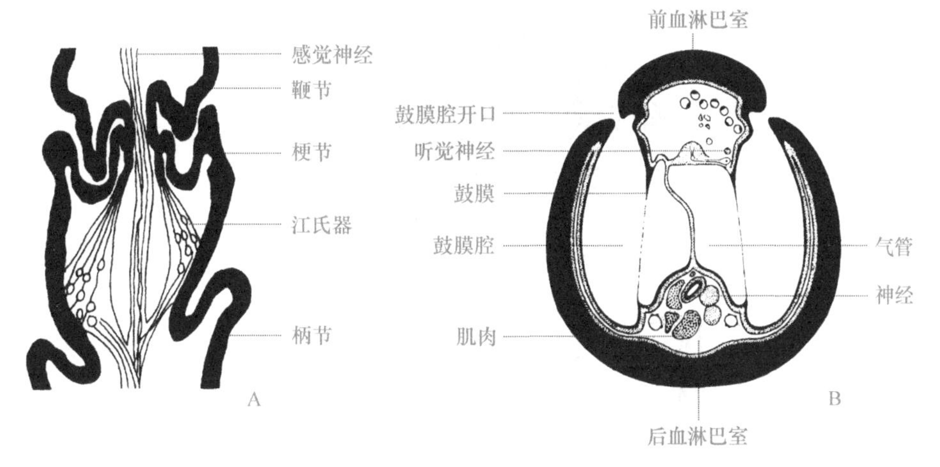

图 7-3 昆虫的听觉器

A. 大头金蝇 *Chrysomya megacephala*（Fabr.）触角基部纵切面，示江氏器；B. 螽斯前足胫节横切面，示鼓膜听器（A. 仿刘维德，1981；B. 仿 Schwabe，1906）

鼓膜听器在前足，水生蝽类的在中胸，夜蛾的在后胸，蝗虫、蝉、螟蛾、尺蛾和虎甲的在腹部（图 7-2）。这些昆虫鼓膜听器的大小和具橛感器的多少成正相关。例如，半翅目仰泳蝽 *Plea* 的听器很小，具橛感器仅为 1 个；蝗虫的听器中等大小，具橛感器为 80～100 个，蝉的听器发达，具橛感器达 1500 个。

二、视觉器

昆虫的视觉器（photoreceptor）是感受光波刺激的器官，包括复眼和单眼。感觉光波的波长范围是 250～725 nm。

（一）复眼

复眼是昆虫的主要视觉器，由数目不等的小眼集合而成，小眼四周包围着一层含有暗色素的细胞，使相邻小眼彼此隔离，不致受到折射光的干扰。小眼的表面称小眼面（facet），大小 5～40 μm。小眼面多为六角形，含小眼数目较少者为圆形（图 7-4）。

1. 小眼的结构

复眼的基本单位是小眼。小眼（ommatidium）由角膜、角膜细胞、晶锥、视杆、色素细胞和底膜组成（图 7-4，图 7-5A～D）。

（1）角膜（cornea）是特化的透明表皮，呈双凸透镜或单凸透镜，光波可以穿透并发生折射，具聚光和保护功能。

（2）角膜细胞（corneagenous cell）位于角膜之后，是分泌角膜的真皮细胞。每个小眼一般有两个角膜细胞。当小眼发育完成时，角膜细胞常退化或特化为色素细胞，移至晶体的两侧。

（3）晶锥（crystalline cone）由 4 个透明的晶体细胞（crystalline cell）组成的倒圆锥体，尖端连到视杆。晶锥可能是角膜细胞特化形成的，光波可以穿透并发生折射，具聚光功能。

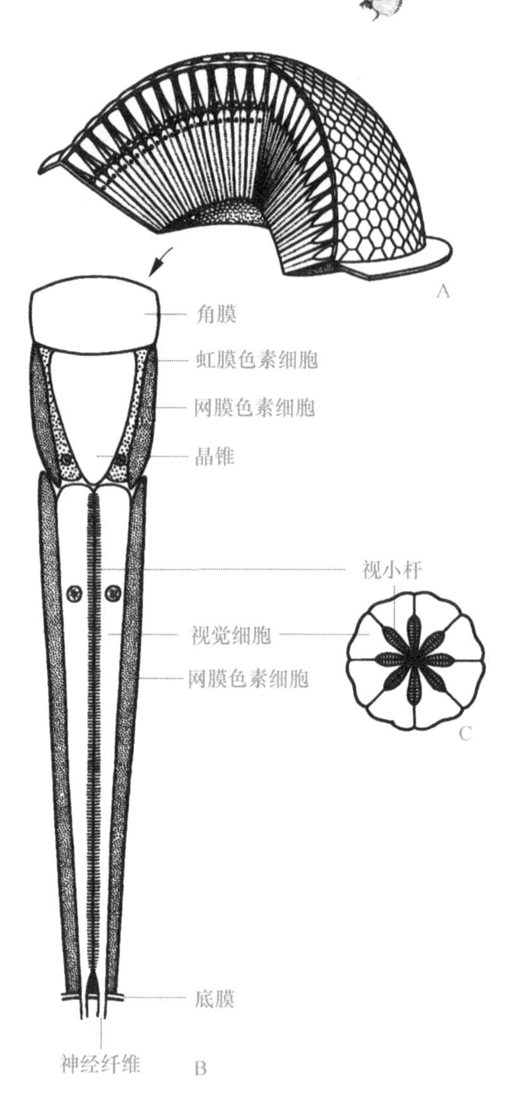

图 7-4　昆虫复眼的基本结构

A. 复眼的切面，示小眼；B. 小眼的基本结构；C. 小眼横切面，示视觉细胞和视小杆

（仿 Rossel，1989）

(4) 视杆（retinula）又称视小网膜，位于晶锥与底膜之间，由 8 个长形视觉细胞及其内缘伸出的密集微绒毛组成的视小杆（rhabdom）聚合而成。视小杆又称感杆束，感光的视蛋白和视色素即汇集在微绒毛内，是感觉光波的重要部分。视觉细胞下端的轴突穿过底膜集合成视神经，进入前脑的视叶内。

(5) 色素细胞（pigment cell）包括位于晶锥外周的虹膜色素细胞（iris pigment cell）和包在视杆外围的网膜色素细胞（retinal pigment cell）。在日出性昆虫中，这些色素细胞能屏蔽小眼，使相邻小眼彼此隔离，不致受折射光的干扰。在夜出性昆虫中，网膜色素细胞中的色素能在细胞内前后移动，调节到达视杆的光量，以适应环境中光线的变化。同时，夜出性昆虫的网膜色素细胞间有微气管分布，构成网状微气管膜的反光

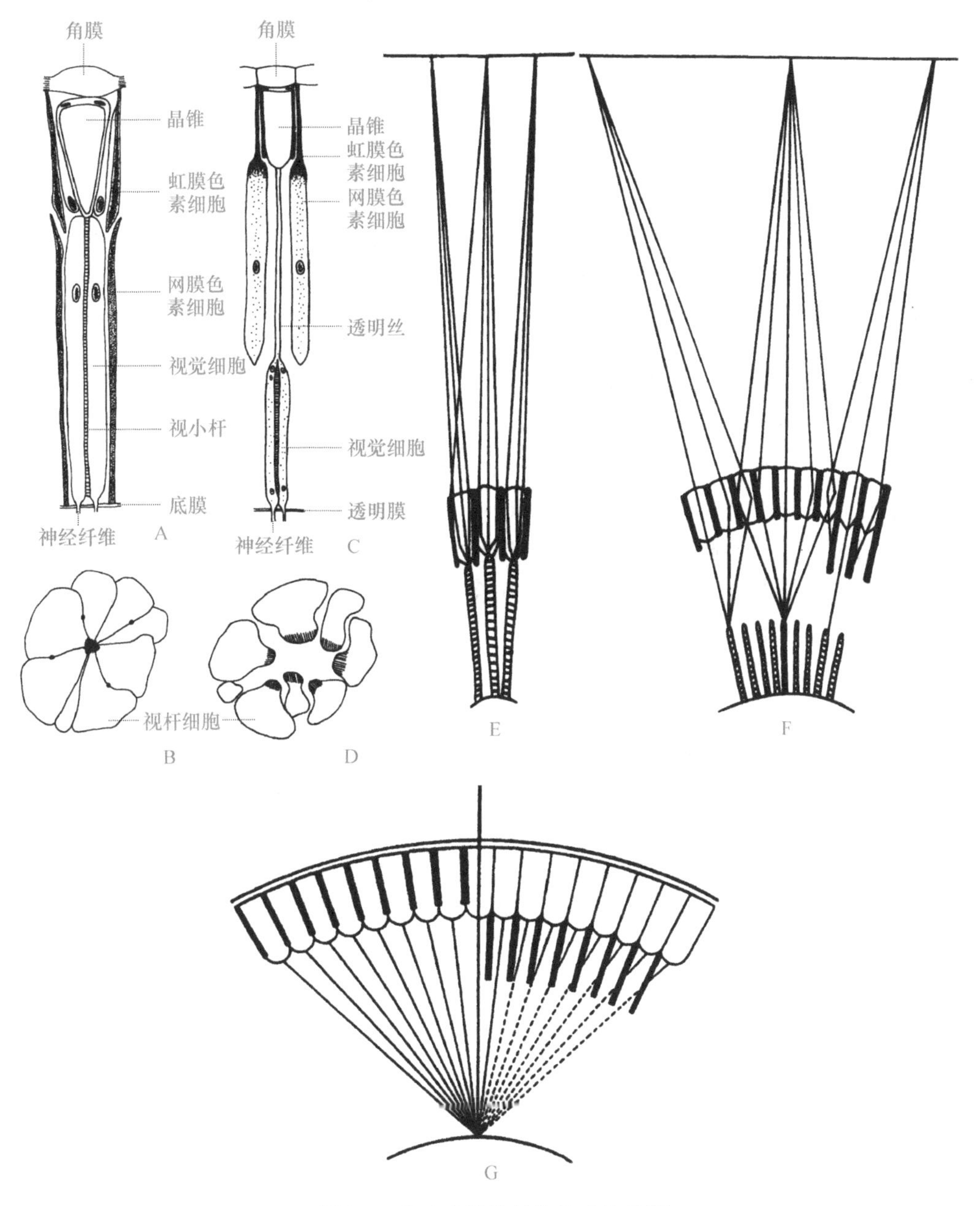

图 7-5 昆虫小眼的结构及成像机理

A. 并列像眼的结构；B. 合拢的视小杆；C. 重叠像眼的结构；D. 张开的视小杆；
E. 并列像眼的成像机理；F. 重叠像眼的成像机理；G. 昼夜活动昆虫在白天和夜间的成像调节图解
（A，C. 仿 Wigglesworth，1965；B，D. 仿 Goldsmith & Bernard，1974；
E，F. 仿 Dethier，1963；G. 仿 Land & Nilsson，2002）

层，反射小眼壁上的折射光，使之回到视小杆上，提高视觉敏感度。

（6）底膜（basement membrane）位于复眼的底部，由微气管构成，能将透入的光波再次反射到视杆上，增强视神经的感觉。

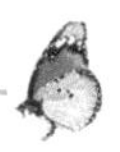

2. 复眼的成像机理与视觉

昆虫的复眼有两种基本成像方式。

日出性昆虫的复眼，又称明视眼（photopic eye）或并列像眼（apposition eye），小眼较短，视杆直接与晶锥相接，四周包围着色素细胞，所以每个小眼都是一个独立的视觉单位，只有通过角膜和晶锥轴线到达视小杆的光线时才能使视觉细胞产生反应，其他斜射光均被色素细胞吸收，这样每个小眼所见物体的像仅为一个光点，所有小眼感觉到的色泽和强度不同的光点拼接起来，才成为所见物体的像，即 Müller 在 1826 年提出的“镶嵌学说（mosaic theory）”中的并列像（apposition image）（图 7-5E）。在日出性昆虫中，复眼的小眼越多，成像就越清晰。

夜出性昆虫的复眼，又称暗视眼（scotopic eye）或重叠像眼（superposition eye），小眼较长，视杆与晶锥之间通过一段纤维状透明的晶体杆（crystalline tract）间接相连，色素细胞中的色素颗粒可随光的强弱而移动。在夜间，当色素颗粒汇集到网膜色素细胞的前端时，每个小眼的视小杆不仅可以感觉通过该小眼角膜和晶锥轴线的光线，还能感觉到邻近小眼折射过来的光线，形成由多个重叠光点构成的物像，即“镶嵌学说”中的重叠像（superposition image）（图 7-5F）。在夜出性昆虫中，通过形成重叠像，大大提高了夜间观察物体的清晰度。

昼夜均能活动的昆虫，色素细胞内的色素颗粒可随光线的强弱而前后移动。当夜间光线减弱时，色素颗粒向前移，使各小眼的晶锥下端无色素相隔，形成重叠像；当白天光线增强时，部分色素后移至视小杆后端，各小眼的视小杆只能感觉一个直射光点，形成并列像（图 7-5G）。

大多数昆虫同人类一样，具有三色视觉，但一些蝴蝶和蜻蜓具有四色视觉，能看到比我们人类更为丰富的色彩，如紫外光。多数昆虫复眼视野比人眼（180°）开阔，如螳螂复眼的视觉范围超过 240°（图 7-6）；突眼蝇复眼的视野达 360°。多数昆虫复眼能感觉的光波波谱范围也比人眼宽广，如昆虫复眼能感觉的光谱范围为 250～725 nm，对紫外线和蓝绿色光最为敏感；而人眼可感受的光谱范围在 400～760 nm。另外，蜜蜂等昆

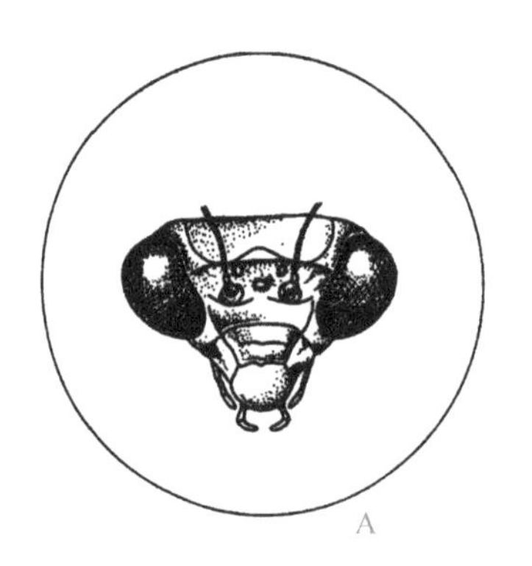

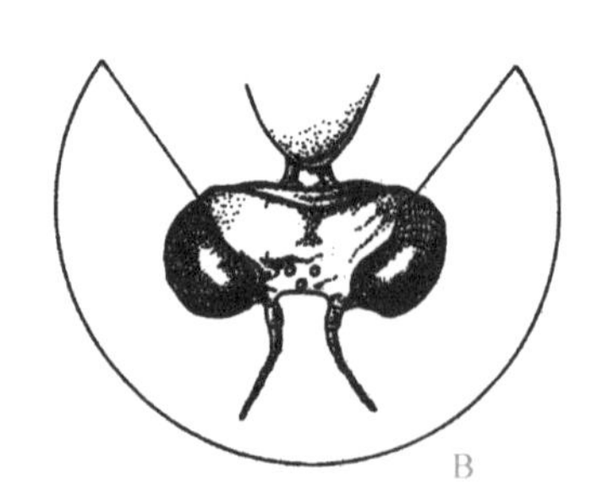

A B

图 7-6 螳螂的视觉范围

A. 前观；B. 背观

（仿 Atkins，1978）

虫能利用偏振光，一些甲虫能感觉红外线。大多数昆虫对于运动物体的反应也比人眼敏捷，如蜜蜂仅需 0.01 s 就能做出反应，而人眼需要 0.05 s 才能看清轮廓。但是，由于昆虫复眼无调焦能力，其视力约为人眼的 1/80～1/60。例如，蜻蜓只能看清 1～2 m 远的物体，家蝇只能看到 40～70 mm。另外，绝大多数昆虫是色盲，如蜜蜂不能分辨出青色和绿色，也不能区别红色和黑色。

（二）单眼

昆虫的单眼包括成虫和不全变态昆虫的若虫和稚虫的背单眼以及全变态昆虫幼虫的侧单眼。

1. 单眼的结构

背单眼是昆虫的辅助视觉器。一般情况下，每个背单眼有一个双凸或单凸的角膜，角膜后无晶锥，而是紧接一层透明的角膜细胞，角膜细胞层后是多组视杆和视觉细胞，视杆间以及角膜和视觉细胞的周缘包有色素细胞（图 7-7A）。侧单眼是全变态类昆虫幼虫的唯一视觉器，多数昆虫侧单眼的结构与复眼的小眼类同，有角膜、角膜细胞、晶锥、视杆和色素细胞（图 7-7B），但少数昆虫的侧单眼无晶锥，结构与背单眼相似（图 7-7C）。

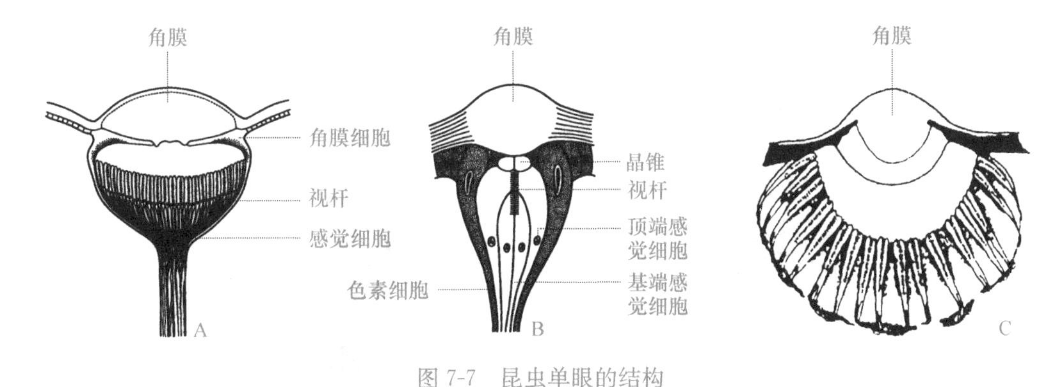

图 7-7　昆虫单眼的结构

A. 蝗虫的背单眼；B. 鳞翅目幼虫的侧单眼；C. 叶蜂的侧单眼

（A. 仿 Wilson，1978；B. 仿 Snodgrass，1935；C. 仿 Land & Nilsson，2002）

2. 单眼的视觉

背单眼由于无晶锥，视杆与角膜非常靠近，无法在视网膜上成像。因此，背单眼只能感觉光线的强弱和方向，提高复眼的视觉能力，但不能成像。一般认为背单眼主要在昆虫飞行中起定向和平衡作用。多数昆虫的侧单眼能识别物体的颜色并形成低像素的影像，如鳞翅目幼虫的侧单眼。但是，一些捕食性昆虫的幼虫侧单眼能形成非常清晰的影像，如虎甲幼虫侧单眼形成影像的清晰度超过多数昆虫的复眼。

三、化感器

昆虫的化感器（chemoreceptor）是感受化学物质刺激的器官，与昆虫的觅食、求偶、寻找寄主、产卵、躲避敌害及社会性昆虫各型间协调等行为密切相关。化感器在功

能上分为嗅觉器（olfactory receptor）和味觉器（gustatory receptor）两类。

（一）嗅觉器

它是感受气态物质的化感器（图 7-8A），包括能感觉气味的毛形嗅感器、锥形嗅感器、腔锥嗅感器和板形嗅感器等，主要位于触角上，其次是下颚须和下唇须上，它们使昆虫对栖境中与其生存活动密切相关的其他物种或同种异性释放的气味物质具有高度灵敏的辨别能力，在昆虫的化学通讯中起着重要作用。

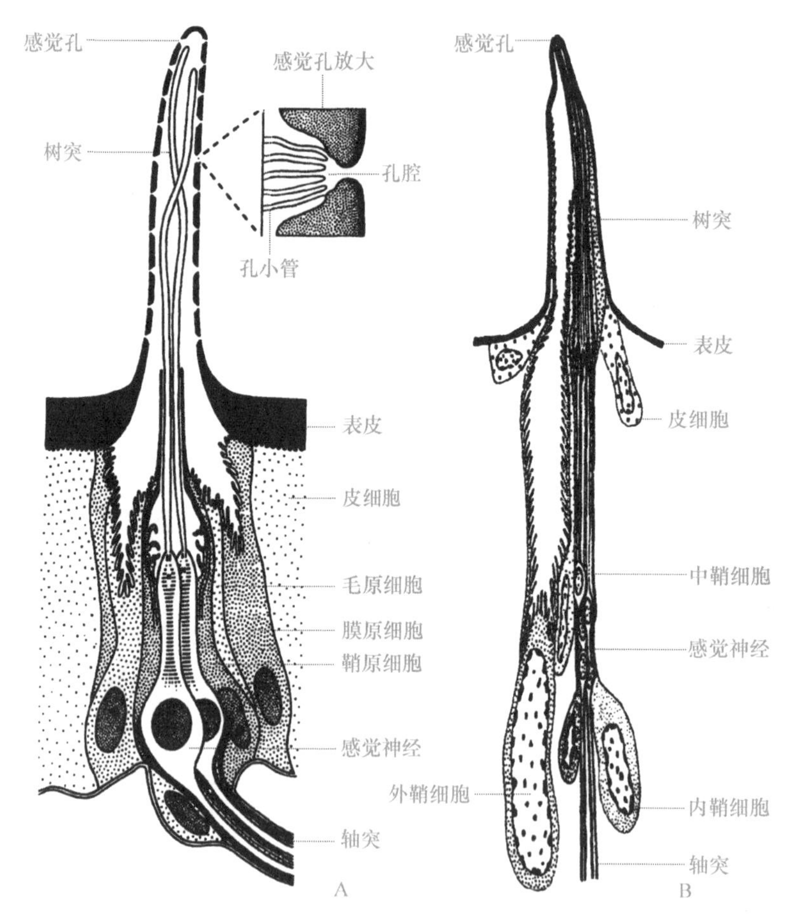

图 7-8 鳞翅目昆虫化感器的结构

A. 成虫触角嗅觉器模式图；B. 幼虫口器味觉器模式图

（A. 仿 Zacharuk，1985；B. 仿 Mitchell *et al.*，1999）

嗅觉器能感觉浓度极低的气味物质，对昆虫求偶极为重要，也是寻找食物或产卵场所必需。例如，家蚕和天蚕蛾雄性用触角嗅觉器搜索雌性，美洲蜚蠊利用下颚须和下唇须上的嗅觉器来寻找食物等。

（二）味觉器

它又称接触化感器（contact chemoreceptor），是直接接触液态或固态物质才能产生感觉的化感器（图 7-8B），包括毛形味感器、栓锥形味感器和板形味感器等，主要位于口器、跗节和产卵器上，也有的在触角上，与昆虫的取食、产卵和寻偶行为有关。例如，寄生蜂可以利用产卵器末端的味觉器来辨别寄主是否已被寄生，从而避免重寄生或过寄生；德国小蠊雄虫用触角上的味觉器来识别雌虫体上的性信息化合物。

毛形味感器与毛形嗅感器的主要区别在于前者表皮毛形突上仅有一个小孔开口，作为化学物质进入的通道，而后者毛形突上有多个小孔。

四、触感器

昆虫的触感器（mechanoreceptor）是指感受环境和体内机械刺激的器官，包括能感觉实体接触、身体张力、空气压力和水波振动等机械刺激的毛形触感器、钟形触感器和具橛触感器，主要分布于触角、口器、翅基、尾须、外生殖器和内脏器官上。

（一）毛形触感器

它多为可弯曲、中空、顶端无孔的毛形感器（图 7-9A）。夜出性昆虫触角上的毛形触感器对气流的变化很敏感，可为昆虫在黑夜中飞行导航。

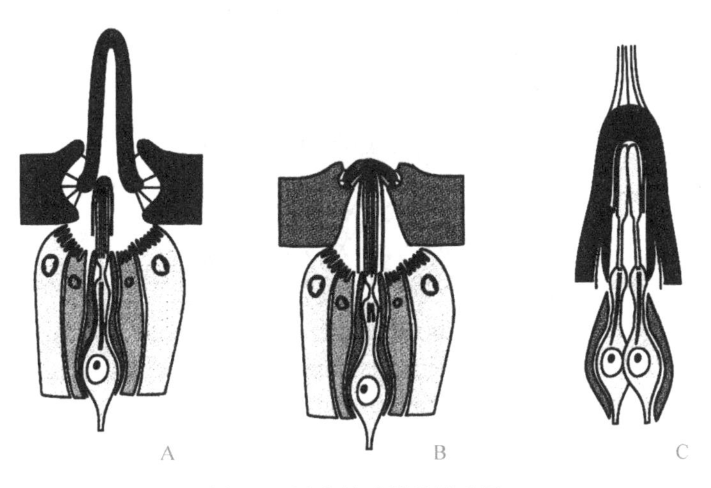

图 7-9 昆虫触感器的模式图

A. 毛形触感器；B. 钟形触感器；C. 具橛触感器

（仿 Resh & Cardé，2003）

（二）钟形触感器

它又称振动感觉器，多分布于附肢、棒翅和翅基部翅脉上（图 7-9B）。例如，丽蝇 *Calliphora* 成虫有近 1200 个钟形触感器，其中每条足约有 36 个，每扇翅约有 140 个，每条棒翅有 340 个。水生昆虫的钟形触感器可感受水的压力，陆生昆虫可感受气流的变化。

（三）具橛触感器

它又称牵引感觉器（stretch receptor）或内感器（interceptor），分布于昆虫体内，与表皮、肌肉、气管等组织器官相连，感受肌肉、血压和气管内的空气压力等，协调附

肢和翅的运动，控制心脏的搏动和气管的呼吸等（图 7-9C）。

五、温感器

昆虫的温感器（thermoreceptor）是感觉温度变化的感觉器（图 7-10）。昆虫是变温动物，能对环境温度的变化及时做出反应，就可以避免温度过高或过低对生命的威胁。昆虫常常能觉察环境温度的微小变化。例如，黑腹果蝇触角的温感器能感觉到 1℃的温度变化，蜜蜂触角的温感器能感觉到 0.25℃的温度变化。

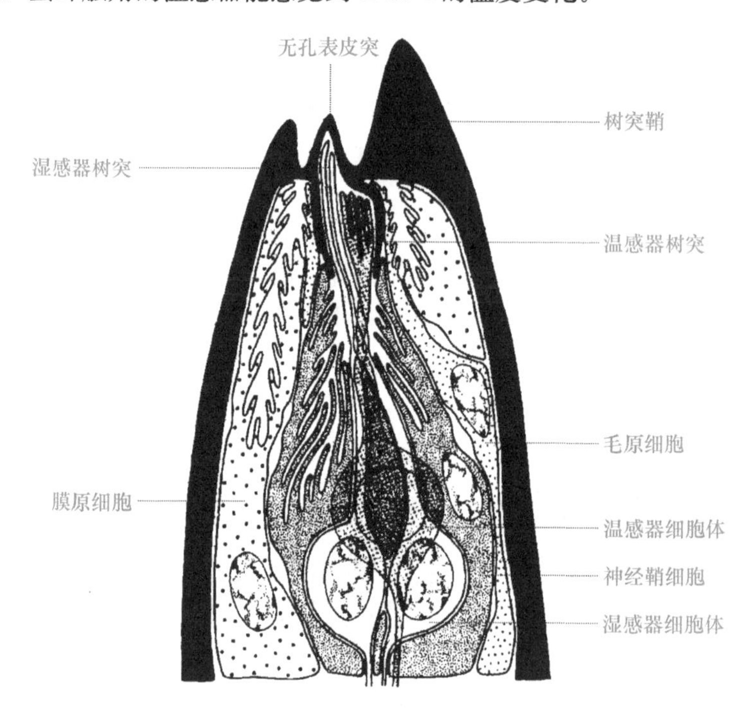

图 7-10　家蚕触角上温感器和湿感器纵切面
（仿 Steinbrecht，1989）

六、湿感器

昆虫的湿感器（hygroreceptor）是感觉湿度变化的感觉器（图 7-10）。有些昆虫对环境中湿度或水分的变化相当敏感。例如，喜欢高湿的金针虫，即使在 99.5%以上的高湿下，湿度稍微升高，也能做出选择；害怕高湿的库蚊 *Culex fatigans* Wiedemann，在 95%以上的高湿时，即使只有 1%的湿度变化，也能觉察出来。

第八章

昆虫的肌肉系统

昆虫的肌肉系统（muscular system）由来源于中胚层的几十块到几千块肌肉组成，是昆虫的动力系统。肌肉在神经系统的支配下，通过肌纤维的收缩，使昆虫做出各种形式的行为和运动。

第一节　昆虫肌肉的结构

一、肌纤维

昆虫肌肉的基本组成单位是纤维状的肌细胞，或称肌纤维（图 8-1A）。

肌纤维（muscle fiber）是细长的单核或多核细胞，由肌膜、肌质、肌原纤维和肌核 4 部分组成。肌膜（sarcolemma）就是肌纤维的细胞膜，肌膜上分布有大量微气管，为肌纤维的收缩活动提供氧气；肌膜上还有与肌纤维纵轴垂直的横管（transverse tubule，T 管），一般每个肌小节有 2 根，少数 1 根。肌质（sarcoplasm）就是肌纤维的细胞质，肌质内含有多条平行的肌原纤维（图 8-1B）；肌原纤维间有纵向的肌质网（sarcoplasm reticulum），还有纵向整齐排列的大型肌细胞线粒体，即肌粒（sarcosome）。肌粒是肌原纤维收缩时 ATP 的直接供应者。在善飞昆虫中，肌粒可占肌纤维体积的 40%。肌核是肌纤维的细胞核，每个肌纤维内有一个至多个细胞核，由它控制着肌纤维早期的分裂和分化。

二、肌原纤维

肌原纤维（myofibril）是肌纤维中特有的功能性细胞器，由粗肌丝和细肌丝纵向和横向交替聚合而成（图 8-1C～F）。

粗肌丝（thick filament）由单一的纤维状肌球蛋白（myosin）分子聚合而成。肌球蛋白分子直径 20 nm，呈杆状，由头端、颈部和尾部组成。肌球蛋白分子的头端有 4 根短的肽链组成两个膨突，是两个活性结合中心：一是肌动蛋白结合中心，它与肌动蛋白结合形成以横桥（cross-bridge）连接的肌动蛋白和肌球蛋白；另一是 ATP 酶活性中心，它激活 ATP 酶的活性从而降解 ATP，为横桥处分子变构提供能量。分子尾部是一对 α-螺旋肽链，多条肽链再聚合成粗肌丝的主干。

细肌丝（thin filament）是由两条纤维状的肌动蛋白（actin）缠绕形成的肽链上镶嵌有纤丝状的原肌球蛋白（tropomyosin）和异三聚体肌钙蛋白（troponin）组成。肌动蛋白分子直径约 5 nm，1 个原肌球蛋白分子可以与 7 个肌动蛋白结合，每隔 7 个肌动蛋白就有 1 个肌钙蛋白。原肌球蛋白是一种调节蛋白，能阻止肌动蛋白和肌球蛋白横桥的形成。肌钙蛋白也是一种调节蛋白，由肌动蛋白结合亚基、原肌球蛋白结合亚基和钙结

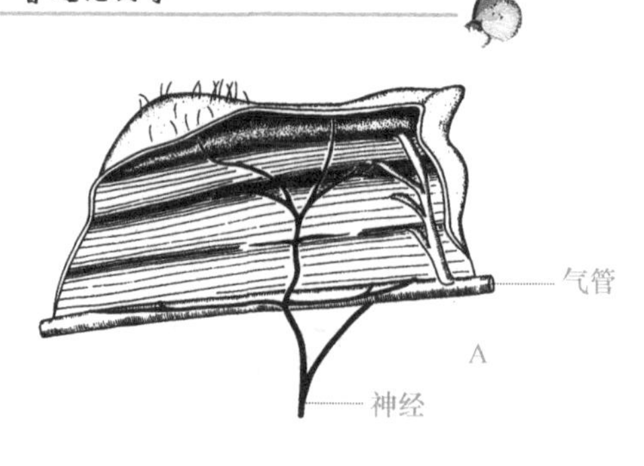

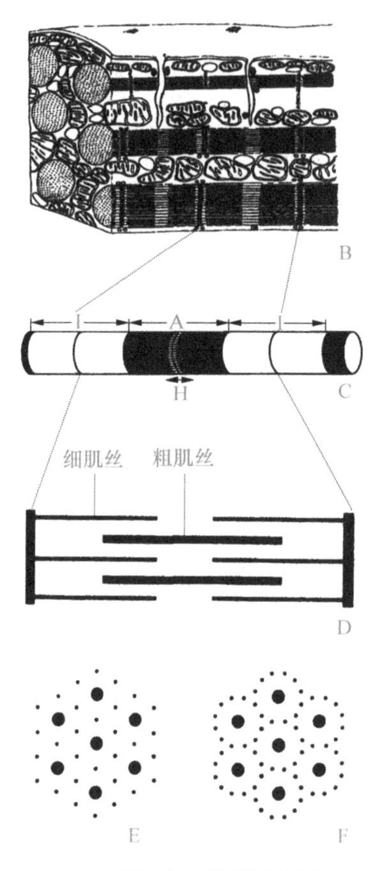

图 8-1　肌纤维的结构

A. 飞行肌肉内的肌纤维；B. 肌纤维内的肌原纤维；C. 肌原纤维构造模式图；D. 肌小节内粗肌丝与细肌丝的纵向排列；E. 飞行肌中粗肌丝与细肌丝的横向排列；F. 内脏肌中粗肌丝与细肌丝的横向排列

（A. 仿 Stokes *et al*.，1975；B，C. 仿 Klowden，2007；D. 仿 Capinera，2004；E，F. 仿 Resh & Cardé，2003）

合亚基 3 个亚基组成，能促使肌动蛋白和肌球蛋白横桥的形成。

在肌原纤维中，两种肌丝纵向和横向整齐准确地排列。粗肌丝的肌球蛋白头端向着细肌丝，细肌丝一端向着粗肌丝的肌球蛋白分子头端，另一端固定在肌原纤维中称 Z 盘的横形结构上。两条 Z 盘之间的部分就是 1 个肌小节（sarcomere），它是肌原纤维收缩的基本单位，长 2～10 μm。

由于 Z 盘、粗肌丝和细肌丝在肌原纤维中的规则排列，形成一系列纵向排列、明暗相间的带状构造，所以昆虫肌肉又称横纹肌（striated muscle）。对应于肌小节内的粗肌丝排列部位，颜色较暗，称暗带（anisotropic，A 带）；对应于肌小节两端没有粗肌丝排列的 Z 盘附近，只有细肌丝，颜色较浅，称明带（isotropic，I 带）；在 A 带中央，只有粗肌丝，没有细肌丝，称 H 区。

第二节 昆虫肌肉的主要类型

根据昆虫肌肉的附着位置，将其分为体壁肌和内脏肌。

一、体壁肌

昆虫的体壁肌（skeletal muscle）是附着在体壁下或体壁内突上的肌肉，由多核的长条形肌纤维组成，担负着体节、附肢和翅的运动。

依据肌纤维中肌原纤维的形状和排列方式，体壁肌又可分为管状肌、束状肌和纤维状肌 3 类。

（1）管状肌（tubular muscle）。肌原纤维和线粒体呈放射状相间排列于肌纤维的四周，肌纤维中央是肌核和没有肌原纤维的肌质中心，如蜜蜂成虫的体壁肌。

（2）束状肌（close-packed muscle）。肌原纤维和线粒体位于肌纤维的中央，肌核和没有肌原纤维的肌质位于肌纤维的外周。根据外周没有肌原纤维的肌质厚薄，可将束状肌再分为厚肌质束状肌和薄肌质束状肌，如蜜蜂幼虫的体壁肌。

（3）纤维状肌（fibrillar muscle）。肌原纤维的直径大，细胞核和大型不规则的线粒体散布于肌原纤维之间，肌膜不明显，如蜜蜂成虫的间接飞行肌。

另外，一些学者根据肌纤维的附着部位和功能，将体壁肌分为节间肌（segmental muscle）、附肢肌（appendicular muscle）和飞行肌（flight muscle）3 类。

二、内脏肌

昆虫的内脏肌（visceral muscle）是包围在内脏器官外表面或分布在内脏器官外周的肌肉，由小纺锤形的单核肌纤维组成，负责消化道、马氏管、背血管和卵巢等内脏器官的伸缩和蠕动，如消化道中的纵肌和环肌。

第三节 昆虫肌肉的收缩机制及调控

一、肌肉收缩的滑动学说

为了解释昆虫肌肉的收缩机制，Huxley 等（1954）提出了昆虫肌肉收缩的滑动学说。该学说认为：在昆虫肌肉收缩过程中，肌小节内的粗肌丝和细肌丝长度保持不变，只是肌小节内两端的细肌丝向粗肌丝中间滑动。由于粗肌丝的长度不变，A 带的宽度也不变。但由于细肌丝向粗肌丝中间滑动，导致 H 带的宽度变小，甚至出现细肌丝重叠的新带区。随着细肌丝的滑动，粗肌丝两端接近 Z 盘，有时还可穿过 Z 盘，进入相邻的肌小节内，成为超收缩（supercontraction）。

引起肌丝滑动的动力是粗肌丝和细肌丝中蛋白质的变构作用，导致粗肌丝与细肌丝结合形成横桥摆动（图 8-2A～D）。当肌膜的兴奋通过横管传入肌质网时，肌质网便释

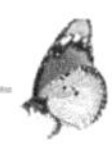

放出大量 Ca^{2+}，Ca^{2+} 与细肌丝上的肌钙蛋白钙亚基结合后，便解除原肌球蛋白对肌球蛋白结合点的抑制，从而与粗肌丝形成肌动蛋白和肌球蛋白横桥。与此同时，Ca^{2+} 激活了粗肌丝肌球蛋白分子头端 ATP 酶的活性，水解 ATP 产生能量引起肌球蛋白头端构型发生变化，使细肌丝向粗肌丝中部滑动，导致横桥断裂，游离的肌球蛋白头端与下一个肌动蛋白单体结合，如此反复，不断牵引细肌丝滑入粗肌丝中，明带 I 与 H 区变窄，肌小节长度缩短，引起肌肉收缩（图 8-2E，F）。当兴奋消失，肌膜恢复极化状态，肌质网将 Ca^{2+} 重新吸收，细肌丝的肌钙蛋白钙亚基失去 Ca^{2+}，恢复构像，原肌球蛋白重新与肌动蛋白结合，从而抑制肌动蛋白和肌球蛋白横桥的形成，使肌肉依靠弹性恢复松弛状态。

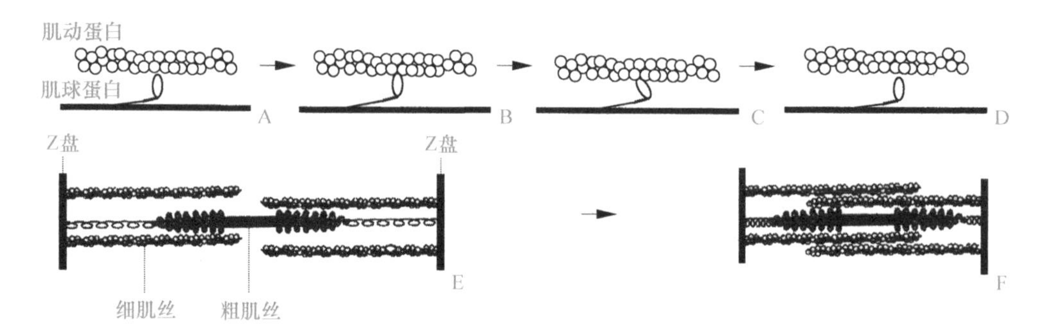

图 8-2 昆虫肌肉收缩过程中肌动蛋白和肌球蛋白横桥的摆动和肌小节内细肌丝的滑动

A～D. 肌动蛋白和肌球蛋白横桥的摆动；E，F. 粗肌丝与细肌丝的相对滑动

（仿 Klowden，2007）

二、肌肉收缩的调控

昆虫肌肉的收缩多数都是受神经系统控制的，少数受其他因子调节。

（一）神经的调控作用

昆虫肌纤维与脊椎动物肌纤维不同，不具有兴奋传导性。昆虫神经在肌纤维上的分布和传导有其特点。

1. 肌纤维上的神经分布

昆虫的运动神经轴突沿着肌纤维表面形成多个支突，这些支突又进行再分支，它们的末梢与肌纤维表面形成很多个突触连接，从而保证神经兴奋在整个肌纤维上的快速传导，称多点神经支配（mutiterminal innervation）（图 8-3A）。

控制昆虫肌肉活动的神经有兴奋神经和抑制神经，兴奋神经又分为快神经和慢神经（图 8-3B，C）。在昆虫的一条肌肉中，有的只受一条兴奋神经控制，有的可受几条甚至十多条神经控制，包括快神经、慢神经和抑制神经，称多神经支配（polyneuronal innervation）。例如，在蝉的鼓膜听器中，鼓膜肌只受单一运动神经的多点调控；蝗虫后足的屈肌受 16 条运动神经支配；多数昆虫是受 2～4 条运动神经支配。在多神经支配的情况下，中枢神经系统通过调整参与神经的种类和数量来控制昆虫活动的类型和强度。

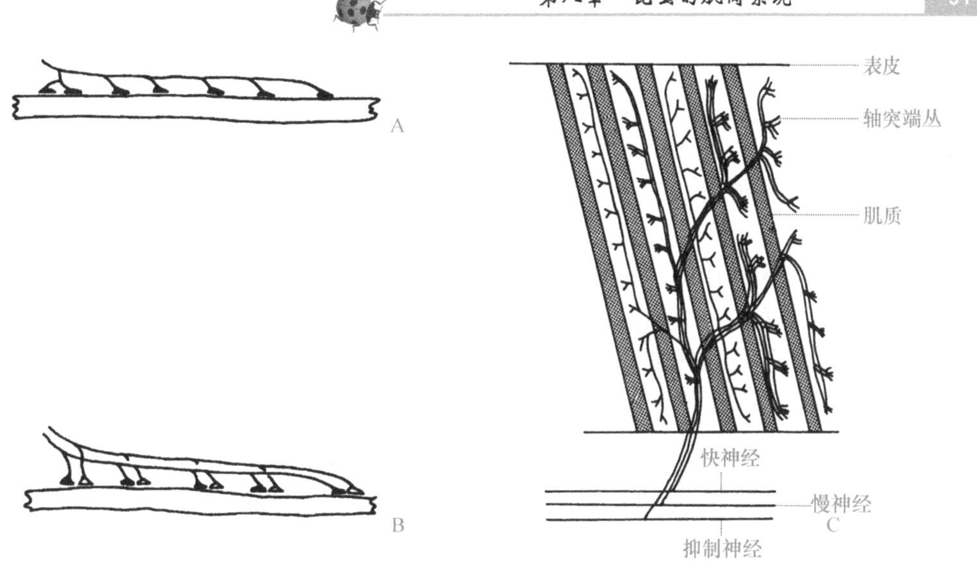

图 8-3　昆虫肌肉的神经分布

A. 单神经多点式；B. 多神经多点式；C. 快神经、慢神经和抑制神经在肌肉上的分布模式

（A，B. 仿 Aidley，1985；C. 仿 Hoyle，1974）

2. 神经-肌膜的突触调控

昆虫的神经末梢伸入肌膜表面凹槽内，与肌膜的突起形成间隙连接，即突触。神经刺激通过递质进行突触传导。兴奋神经释放的递质是 L-谷氨酸，抑制神经释放的递质是 γ-氨基丁酸。神经冲动由中枢神经系统经兴奋神经末梢的突触前膜，将化学递质释放到突触间隙，引起突触附近肌膜的跨膜电位去极化，产生肌肉的收缩。当神经冲动经抑制神经末梢的突触前膜将化学递质释放到突触间隙时，却让肌膜的跨膜电位保持稳定或增高，促使肌肉保持松弛或降低兴奋性。一般来说，快神经 1 次神经冲动所释放的递质足以引起肌膜的去极化，但慢神经 1 次神经冲动仅释放少量递质，不足以使肌膜去极化，必须有连续的神经冲动作用，才能释放足够的递质，使肌膜产生兴奋。

（二）其他因子对肌肉收缩的调节作用

除了神经冲动外，其他能导致肌膜去极化的因子都可能引起肌肉收缩，如激素、血液成分和机械张力等。它们不仅影响自发活动的肌肉，也影响受神经支配的肌肉。有些昆虫的心肌没有神经分布，但附近却有大量的神经分泌轴突，这些轴突可以释放神经激素、乙酰胆碱或 5-羟色胺等，调节心肌的活动。血液中离子组成的变化，能直接影响肌纤维肌膜外侧离子组成的变化，从而改变肌纤维的电兴奋性。

第四节　昆虫肌肉的力量

昆虫肌肉很发达，而且都是横纹肌，如蜻蜓的肌肉达体重的 60%。有些昆虫比人类有更多的肌肉，如一些蝗虫体内有 900 块肌肉，一些蝴蝶幼虫体内有 4000 块肌肉。有些昆虫有超常的能力，如一些跳蚤跳高可超出它身高的 100 倍，一些蠼螋拉重能拉动

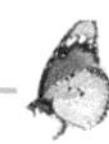

相当于自身体重的500倍，一些摇蚊翅拍可达1000次/s。根据以上这些，大多数人都认为昆虫肌肉的力量比人类的强大无比。但事实上，昆虫肌肉单位横切面上产生的力量与人类的相差无几。

昆虫肌肉的超常能力有两个方面原因。一方面是因其体型小所表现出的相对力量大。因为肌肉的力量是与其横切面的大小成正比。当动物体积增大时，肌肉横切面增加的比率不及体积增大的比率，所以相对的肌肉力量是随着体躯的增大而变小。另一方面是与昆虫肌肉的排列、生理和杠杆系统有关。例如，蝗虫后足腿节的主肌是由许多短的肌纤维组成，这些短的肌纤维具有反应快和比相同重量的长肌纤维产生更大的力量。当肌纤维快速收缩时，瞬时强大的肌肉拉力沿着腿节的纵轴将蝗虫推向空中。另外，长的后足腿节和胫节伸直时，使蝗虫具有“撑竿跳高”的优势，跳得更高（图8-4）。

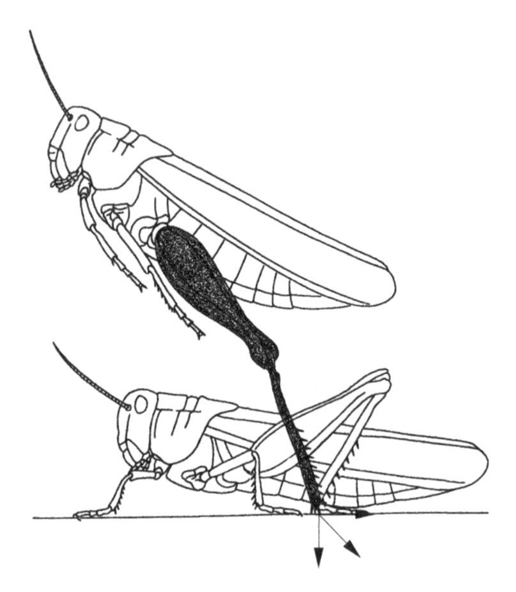

图8-4 蝗虫跳跃图，示“撑竿跳高”原理
（仿Chapman，1969）

在飞行昆虫中，飞行肌分为同步肌和不同步肌。同步肌（synchronous muscle）是指每次神经冲动仅产生1次收缩的肌肉。不同步肌（asynchronous muscle），有时也称管状肌，是指1次神经冲动能引起一系列的收缩运动，这类肌肉主要存在于一些甲虫、蜂类和蚊类昆虫中。在只有同步肌的昆虫，其翅的拍动一般是5～15次/s，最多不能超过40次/s。但在具有不同步飞行肌的昆虫中，加上与拮抗肌的完美排列、翅的水平不稳定性和翅关节的弹性构造，再得益于肌纤维表面的微气管和肌粒所组成的能量供给系统，其翅拍就能达到1000次/s。

第九章

昆虫的消化系统

昆虫的消化系统（digestive system）包括一条自口到肛门的消化道及与消化有关的唾腺，主要功能是消化食物、吸收营养物质、调节体内水分和离子平衡以及排出代谢废物。

第一节　消化道的构造和功能

昆虫的消化道（alimentary canal）纵贯于血腔中央，根据其来源、构造和功能的不同，分为前肠、中肠和后肠 3 部分（图 9-1）。在前肠与中肠之间有贲门瓣，用以调节食物进入中肠的量；在中肠与后肠之间有幽门瓣，可控制食物残渣排入后肠。前肠和后肠是由胚胎时期的外胚层内陷而成，中肠则由内胚层的中肠韧细胞发育而成。

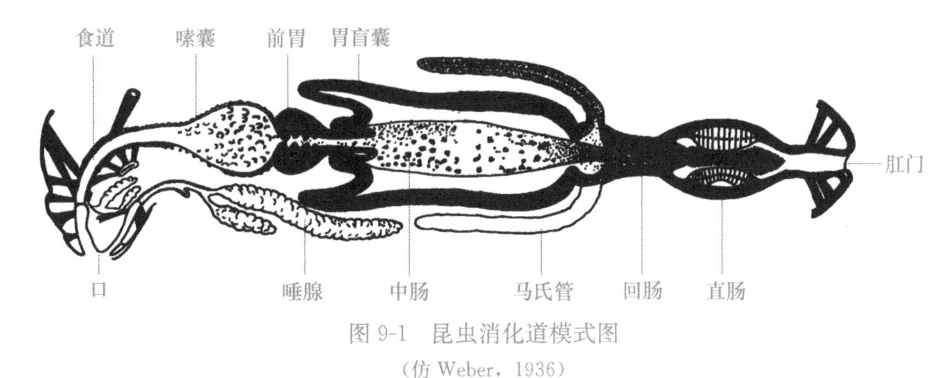

图 9-1　昆虫消化道模式图

（仿 Weber，1936）

一、前肠

昆虫的前肠（foregut）是消化道的前段。前肠的组织结构与体壁相似，只是各层排列顺序相反，由内向外分为内膜（intima）、肠壁细胞（epithelium）、底膜（basement membrane，也称基膜）、纵肌（longitudinal muscle）、环肌（circular muscle）和围膜（peritoneal membrane）6 层（图 9-2）。其中，内膜较厚，其表面常有突起，对水、消化产物及消化酶等都表现不渗透性，所以前肠没有吸收功能。前肠的主要功能是磨碎食物和临时贮存食物。在一些昆虫中，前肠还具有对食物进行初步消化的功能。

前肠常又分为咽、食道、嗉囊、前胃和贲门瓣。

（1）咽（pharynx）是前肠的前端部分，位于额神经节的后方，背面有咽背扩肌控制其扩张与收缩。在咀嚼式口器昆虫中，咽仅是食物的简单通道；在吸收式口器昆虫中，咽特化为咽喞筒。

（2）食道（esophagus）是连接在咽后的食物通道，终止于嗉囊或前胃。但在幼虫中，它直接通向中肠。

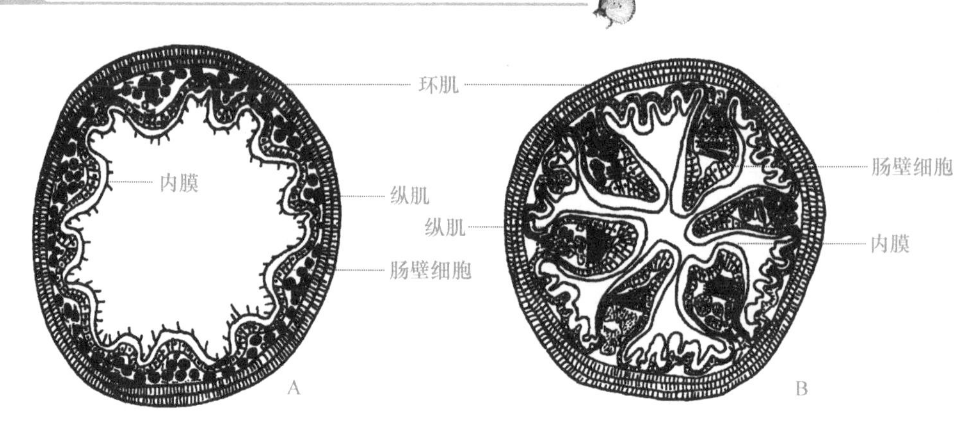

图 9-2 蝗虫前肠横切面
A. 嗉囊；B. 前胃
（仿 Snodgrass，1935）

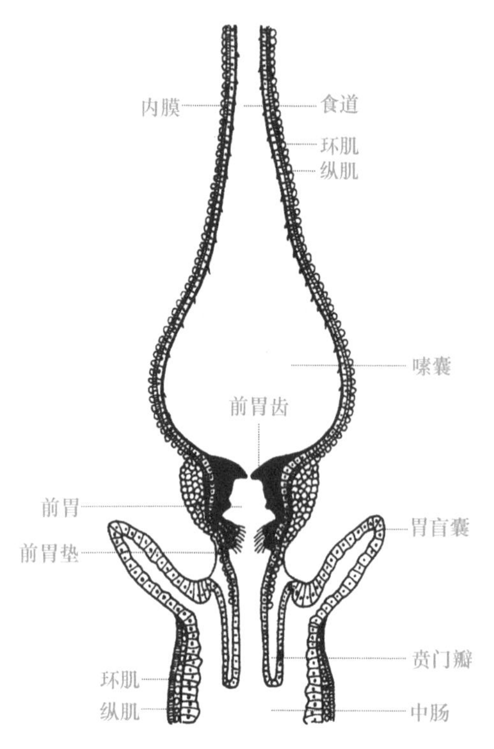

图 9-3 东方蜚蠊 *Blatta orientalis* L. 前肠及中肠前端纵切面
（仿 Snodgrass，1935）

（3）嗉囊（crop）是连接在食道后的前肠膨大部分，为临时贮藏食物的场所。在直翅目、蜚蠊目和一些鞘翅目昆虫中，中肠分泌的消化液能反吐到前肠的嗉囊内，这样嗉囊就具有初步消化食物的功能。在蜜蜂中，工蜂采吃的花蜜与咽下腺分泌的蔗糖酶在嗉囊中混合，将花蜜中的蔗糖降解为葡萄糖和果糖，酿成蜂蜜，因而蜜蜂的嗉囊又称为“蜜囊”（honey sac）或“蜜胃”（honey stomach）。

（4）前胃（proventriculus）是前肠的最后一段，结构上也最多样化。在蟑螂和白蚁等取食固体食物的昆虫中，前胃较发达，肌肉层加厚，内膜上有齿状或板状的前胃齿，前胃齿的后方有两圈具毛垫状的前胃垫（图 9-3）。前胃齿用于磨碎食物，前胃垫能控制食物进入中肠的量，兼有过滤的作用。在取食液体食物的昆虫中，前胃主要功能是调节食物流入中肠。

（5）贲门瓣（cardiac valve）是前肠末端的肠壁向中肠的前端陷入形成的圆筒状或漏斗状的内褶。贲门瓣的主要功能是使食物直接从前肠导入中肠腔，而不与胃盲囊接触，同时阻止中肠内食物倒流回前肠。

二、中肠

昆虫的中肠（midgut）是消化道的中段，一般呈管状，前端连接前胃，后端以马氏管着生处与后肠分界。很多昆虫中肠前端的肠壁，向外突出形成2～8个囊状或指状胃盲囊（gastric caecum），以增大中肠的消化和吸收面积，或是作为肠道共生物的繁殖场所。中肠主要功能是分泌消化液、消化食物和吸收营养物质，所以中肠也称“胃”（ventriculus）。

（一）中肠的组织结构

中肠组织自内向外分为围食膜、肠壁细胞、底膜、环肌、纵肌和围膜6层（图9-4）。其中，围食膜（peritrophic membrane）是中肠肠壁细胞分泌形成的厚0.13～4 μm的薄膜，由几丁质和蛋白质组成，为纤丝网状结构，不贴附在肠壁细胞表面。它包围食物颗粒，保护肠壁细胞顶膜微绒毛免受食物颗粒的损伤和微生物的侵害，有选择渗透性，对消化酶和已消化的食物成分具有渗透作用，形成围食膜外空隙（ectoperitrophic space），提高消化和吸收效率。但是，在半翅目、缨翅目、广翅目等昆虫中，中肠没有围食膜；在一些双翅目昆虫中，围食膜仅出现在中肠前端。

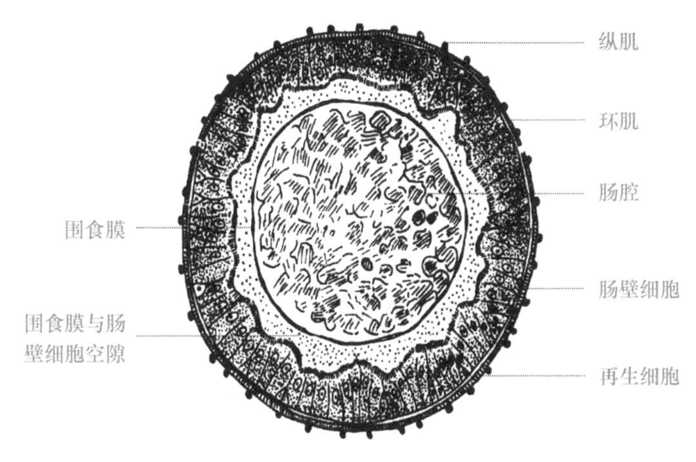

图9-4　昆虫中肠的横切面

（仿Snodgrass，1935）

中肠组织与前肠组织的主要区别在于：有围食膜，消化酶和营养物质能穿透；肠壁细胞层厚，肠壁细胞大且活跃；肌肉层薄，纵肌排列在环肌的外面。

（二）肠壁细胞的超微结构

在电子显微镜下观察，昆虫中肠的肠壁细胞常见有柱状细胞、杯状细胞、再生细胞和内分泌细胞4类（图9-5）。

柱状细胞（columnar cell）是最常见的一类肠壁细胞。它外形柱状，细胞核位于细胞中央，顶膜形成大量微绒毛（microvilli），底膜形成深的内褶，其间分布很多线粒体和高尔基体，具有分泌消化液和吸收消化产物的功能。在柱状细胞的基部，有一类小型细胞，其细胞核大并位于细胞中央，常成群在一起，即再生细胞（regenerative cell）。

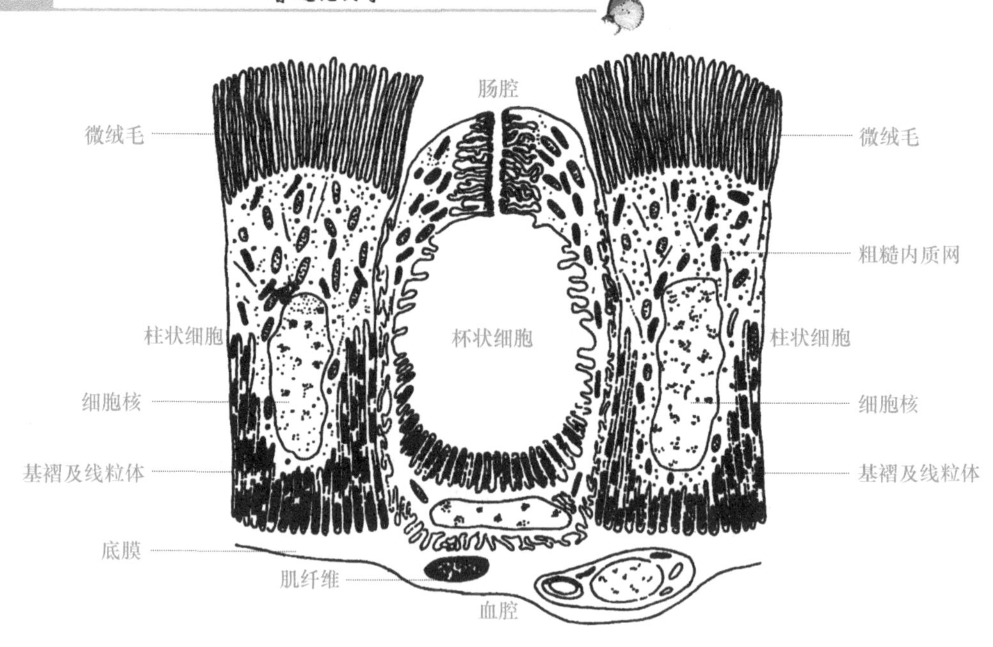

图 9-5 天蚕蛾 *Platysamia cecropia*（L.）幼虫中肠的杯状细胞和柱状细胞
（仿 Anderson & Harvey，1976）

它的主要功能是进行分裂增殖，以补充因分泌活动而消耗或在脱皮过程中脱落的肠壁细胞。

在鳞翅目和毛翅目幼虫以及蜉蝣目和捻翅目成虫中，还有一类外形如杯状、细胞核位于底部的细胞，称杯状细胞（goblet cell）。杯状细胞的顶部内陷，形成杯颈和杯腔，杯颈和杯腔内侧有大量微绒毛，其中底部的微绒毛最长且富含线粒体，具有分泌作用，与调节血液中 K^+ 的浓度和 pH 有关。

内分泌细胞（endocrine cell）在许多昆虫的中肠中都有发现，细胞核位于底部，细胞质内有分泌颗粒，但功能尚不十分清楚。

三、后肠

后肠（hindgut）是消化道的后段，前端以马氏管着生处与中肠分界，后端终止于肛门。后肠的组织结构与前肠相似，不同在于：内膜较薄且有较大的孔道，易被水分、无机盐、氨基酸和一些糖类渗透；肌肉较少且排列不规则，在一些昆虫中，纵肌在外、环肌在内而与中肠肌肉排列相似。后肠的主要功能是排除食物残渣和代谢废物，并从排泄物中吸收水分和无机盐，供昆虫再利用。

后肠从前往后一般分为前小肠（anterior intestine）和直肠（rectum）。在一些昆虫中，前小肠又分为回肠（ileum）和结肠（colon）。在后肠前端马氏管开口的前方，常有伸入肠腔内的幽门瓣（pyloric valve）。当幽门瓣开启时，中肠内的食物残渣排入回肠；关闭时，只有马氏管的排泄物能进入后肠。回肠是后肠的前部。结肠是回肠后的狭窄肠道，一般与回肠无明显的区别。在结肠与直肠的交界处，常有一圈由瓣状突构成的直肠瓣（rectal valve），以调节食物残渣排入直肠。直肠是后肠的最后一段。在直翅目和鳞翅目昆虫中，直肠的前半部常膨大成囊状，肠壁较薄，有大型肠壁细胞形成的垫状或环状突起，称为直肠垫（rectal pad）；在双翅目昆虫中，直肠的前半部有乳头状突起，称直肠乳突（rectal papilla）（图 9-6）。直肠垫和直肠乳突的内膜较薄，能从食物残渣中吸收水分和氨基酸，从食物残渣及尿液中回收无机盐和糖类，以保持血液中离子的平衡。直肠的后半部一般为直管状通向肛门。

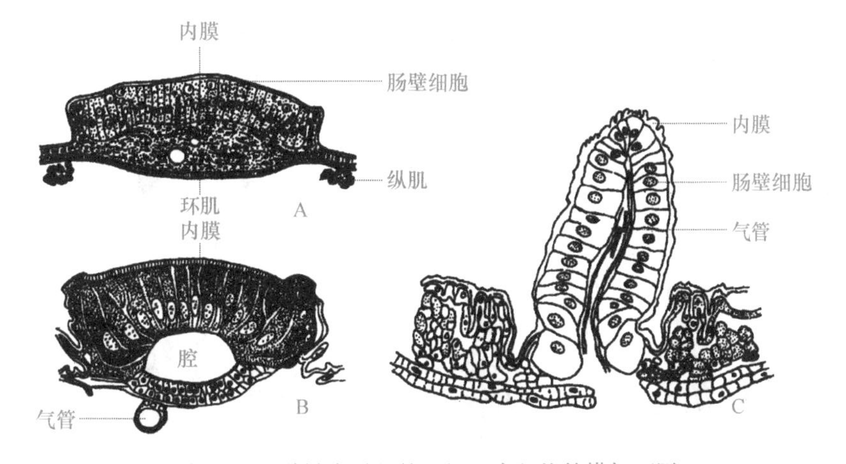

图 9-6　三种昆虫后肠的组织和直肠垫的横切面图

A. 襀翅目昆虫的简单直肠垫；B. 蜜蜂的具腔直肠垫；C. 拟食虫虻的圆锥形直肠垫

（仿 Snodgrass，1935）

第二节　唾　　腺

昆虫的唾腺（salivary gland）是以唾管开口于口前腔内、分泌唾液的多细胞腺体的总称。在胚胎发育过程中，唾腺由外胚层细胞内陷而成。

根据唾腺开口的位置，分为上颚腺（mandibular gland）、下颚腺（maxillary gland）、咽下腺（hypopharyngeal gland）和下唇腺（labial gland）4 类。其中，下唇腺最为常见，除鞘翅目昆虫外，在其他目昆虫中普遍存在。但是，鳞翅目、毛翅目和一些膜翅目的幼虫的下唇腺特化为丝腺，上颚腺起唾腺作用；啮虫目昆虫有 2 对下唇腺，其中 1 对用于产丝、1 对用于分泌唾液。

唾腺成对位于昆虫的胸部，也有的延伸到腹部，形状多样，有简单管状、分支管状、囊状和葡萄串状等，以一根主唾管开口于口前腔内（图 9-7）。唾腺的主要功能是分泌唾液。昆虫的唾液（saliva）通常是无色透明的液体，中性、酸性或强碱性，主要功能是湿润口前腔和溶解固体食物。植食性半翅目昆虫在取食时分泌的唾液有两种，鞘唾液（sheath saliva）和水唾液（watery saliva）。鞘唾液是在口针向前推进时分泌的凝胶状的脂蛋白，很快凝固形成包围口针的口针鞘，仅露出口针的尖端，防止植物汁液外流。一些直翅目昆虫的唾液中含有淀粉酶和麦芽糖酶，少数捕食性半翅目昆虫的唾液中含有蛋白酶，能对食物进行初步消化。另外，在吸食动植物汁液的昆虫唾液中，还常含有其他酶类和毒素，如果胶酶、透明质酸酶和抗凝血酶等，以确保取食过程的顺利进行。

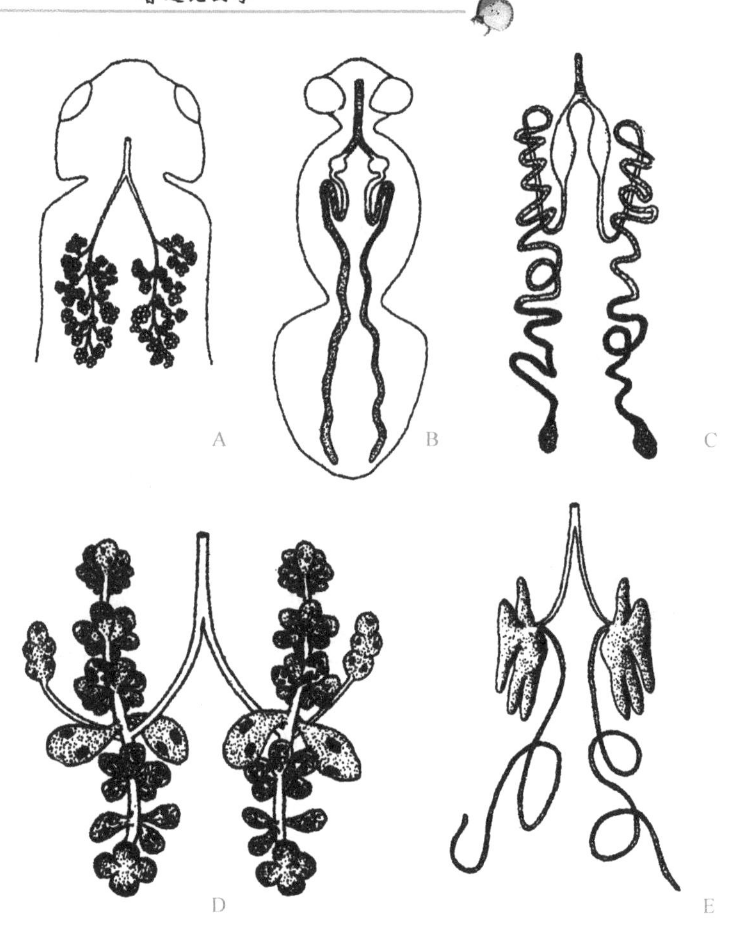

图 9-7　昆虫的唾腺

A. 蝗虫 *Locusta*；B. 丽蝇 *Calliphora*；C. 烟草天蛾 *Manduca sexta* L.；
D. 甜菜叶蝉 *Circulifer tenellus*（Baker）；E. 突角长蝽 *Oncopeltus fasciatus*（Dallas）
（A. 仿 Chapman，1998；B. 仿 Berridge & Prince，1971；C. 仿 Leslie & Robertson，1973；
D. 仿 Wayadande *et al.*，1997；E. 仿 Miles，1967）

第三节　消化道的变异

消化道因昆虫的种类、食性和取食行为的不同，常有较大的变异（图 9-8），大致可分为摄食固体食物和吸食液体食物的两大类。前者的消化道一般比较粗短，前胃发达，外周包有强壮的肌肉，内面常有前胃齿（图 9-8A）。后者的消化道一般比较细长，常无前胃，但常有临时贮存液体食物的支嗉囊（diverticulum）或排除食物中过多水分的滤室，咽和食窦特化为咽唧筒和食窦唧筒（图 9-8D）。

嗉囊的形状和位置有很多变异。蝗虫的嗉囊为食道后长圆筒形的膨大部分；天幕毛虫 *Malacosoma neustria testacea* Motschulsky 成虫的嗉囊是突出在细长食道后端的圆球形侧囊；苹果实蝇 *Rhagoletis pomonella*（Walsh）的嗉囊是长在食道后端的一个带有细管的侧囊；中华大刀螳 *Tenodera aridifolia sinensis* Saussure 的嗉囊是长在前肠侧的一个支囊，又长又粗，占消化道的一大半，可以贮存大量食物。

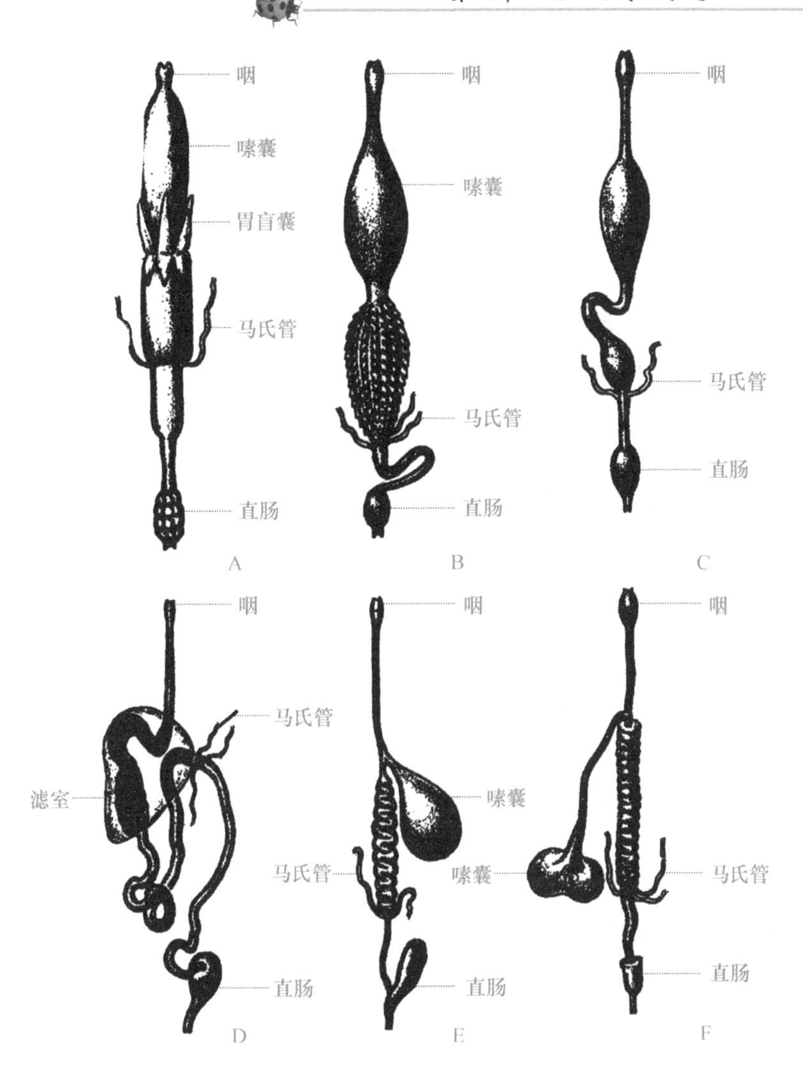

图 9-8　几种昆虫消化道的变异

A. 蝗虫；B. 步甲；C. 水黾；D. 蝉；E. 蛾；F. 家蝇

(仿 Elzinga，2005)

中肠和胃盲囊的结构也多有变异。蝗虫和鳞翅目幼虫的中肠是粗圆筒形；半翅目和鞘翅目的中肠可有 3～4 个分段，分别称第 1 胃、第 2 胃、第 3 胃和第 4 胃，第 1 胃主要负责糖类和脂类的消化，其他胃负责蛋白质的消化。在蝉、叶蝉、沫蝉、蚜虫和蚧类等昆虫中，其中肠的前后两端与后肠的前端被一层肌肉膜鞘包围形成滤室（filter chamber)。滤室是大量吸食汁液昆虫的一种适应性构造，它可使过多水分和其他物质直接从消化道的前端进入中肠后端或排入后肠，从而使所需的营养浓缩 2.5～10 倍，提高消化吸收的效率。因此，这些昆虫的粪便为液状，含有大量未经消化的糖类、氨基酸和一些代谢物，常有甜味，称为蜜露（manna)。在蚜虫中，吸食的植物汁液中只有 55%的氨基酸和 5%的糖类被吸收。蝗虫的胃盲囊长在前肠与中肠之间；长蝽的长在中肠后端；金龟子幼虫的有 3 圈胃盲囊，分别着生于中肠的前段、中段和后段。

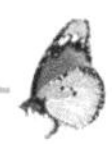

后肠的变异主要出现在以纤维素为食的昆虫中。象甲幼虫的后肠是一根细直管，金龟子幼虫的后肠有一个大的发酵囊，白蚁的后肠分为几个育菌囊，供共生物生活，以便它们分泌纤维素的各种酶，将纤维素分解为可利用的短链脂肪酸，其中主要是醋酸，作为能量供应物质。

第四节　消化与吸收

昆虫的食物种类丰富多样，有很多是大分子的聚合物，需要在消化酶的作用下，水解为小分子的二聚体或单体后才能被吸收与利用。

一、昆虫的营养物质

昆虫的营养物质是指昆虫必须从食物中摄取、用以维持生命活动的物质，主要包括蛋白质、糖类和脂类，还有少量维生素、水和无机盐等。

（一）蛋白质

蛋白质是昆虫机体的基本组分，也是体内各种生理代谢酶的组成成分。昆虫不能直接利用食物中的蛋白质，须将它们消化分解成氨基酸后，才能吸收和利用，合成自身的蛋白质。昆虫对氨基酸的需求可分为必需和非必需两大类。必需氨基酸是指昆虫自身不能合成，但生长发育必不可少，须由食物供给的氨基酸。昆虫的必需氨基酸包括精氨酸、组氨酸、异亮氨酸、亮氨酸、赖氨酸、蛋氨酸、苯丙氨酸、苏氨酸、色氨酸和缬氨酸 10 种。这些必需氨基酸不仅是蛋白质合成所需，也有其他生理功能。例如，精氨酸是昆虫肌肉磷酸精氨酸的前体，苯丙氨酸是体壁暗化和硬化作用中的酚和醌的来源。非必需氨基酸是指昆虫自身能合成的氨基酸，通常不需要由食物提供。当然，如果昆虫自身合成不能满足其需时，就须由食物来补充，才能维持其正常的生命活动。

（二）糖类

糖类是昆虫的重要能源物质，也是体壁和细胞膜的组成成分。另外，有些双糖是昆虫的激食剂（phagostimulants）。在植食性昆虫中，糖类主要来源于食物中的淀粉、蔗糖和纤维素。在肉食性昆虫中，糖类主要来源于食物中的糖原和一些双糖。昆虫对糖类物质无特殊要求，大多数昆虫都能通过葡萄糖异生作用（gluconeogenesis）将脂肪和氨基酸转化为糖类。昆虫对糖类的利用主要取决于食物中糖的种类和体内的酶。一般而言，多数昆虫都能利用葡萄糖、果糖、麦芽糖、蔗糖、乳糖、甘露糖、海藻糖、淀粉和糖原，少数昆虫也能利用纤维素，但所有昆虫都不能利用阿拉伯糖和山梨糖。蔗糖是昆虫喜食的糖类，而且是多种昆虫的激食剂，所以饲养昆虫时经常往饲料中添加蔗糖。

（三）脂类

脂类是昆虫主要的贮藏能量化合物，也是表皮和膜的结构成分以及一些昆虫激素的前体物质。昆虫需要的脂类营养主要是不饱和脂肪酸和甾醇类物质。昆虫体内贮藏有大量的三酰甘油酯，它可以降解为脂肪酸，以满足幼虫的发育、成虫的羽化和卵子成熟等。例如，一些鳞翅目成虫需要有长链不饱和脂肪酸，否则就会出现“皱翅症”。另外，脂肪酸还有利于昆虫对其他营养成分的吸收和利用。但是，一些昆虫缺乏合成不饱和脂肪酸的能力，必须从食物中获取。绝大多数昆虫都不能合成甾醇类物质，必须从食物中摄取，但蚜虫和飞虱体内有共生菌提供它们所需的甾醇类物质。

（四）维生素

维生素是昆虫维持体内正常生理代谢所需的酶类和辅酶的成分，必须由食物中提供，但需要量很少。昆虫缺乏某些维生素时，体内生理代谢就会失调，生长发育受阻，甚至细胞和组织发生病变。维生素 A 对维持昆虫的正常视觉和生殖活动有重要作用，其前体 β-胡萝卜素与体色形成有关。维生素 B 族包括生物素、叶酸、烟酸、泛酸、吡哆醇、核黄素和硫胺素，是体内多种辅酶的成分，是所有昆虫所必需的。维生素 C 是昆虫正常生长发育所需，也是一种取食刺激剂。维生素 E 对细胞膜有保护作用，同时能以不同方式影响卵子的发育和精子的形成。

（五）水和无机盐

水是昆虫体内物质代谢活动的基质。昆虫体内的水主要来源于食物，部分昆虫能直接饮水，还有的昆虫能从空气中吸收水分。昆虫需水量的大小，与虫体水分的散失速率和昆虫的栖息环境密切相关。

无机盐中的离子直接参与体内的各种生理生化反应，调节血液和细胞的渗透压，保持体内离子平衡和适宜的酸碱度，以适应酶系的活动和生理代谢的需要。很多昆虫的代谢活动都需要有一定浓度的 K^+、Mg^{2+}、Na^+、Ca^{2+} 和 Cl^-。

二、消化酶

昆虫食物中的营养物质，必须经过体内消化酶的消化作用，才能被吸收和利用。

（一）消化酶的种类和作用

昆虫的消化酶存在于唾液和消化液中，主要包括蛋白酶、脂肪酶和糖酶。

(1) 蛋白酶（proteinase），包括肽链内切酶和肽链端解酶。肽链内切酶将蛋白质长链切断，使蛋白质分解为多肽。肽链端解酶，包括氨肽酶和羧肽酶，它们分别作用于多肽的氨基端和羧基端，使肽链端部的氨基酸水解，最后完成蛋白质的消化。

(2) 脂肪酶（lipase），在昆虫体内，含有裂解中性脂肪、长链甘油酯和高级脂肪酸的脂肪酶和分解短链甘油酯和低级脂肪酸的脂肪酶两类。前者主要存在于消化道内，后者主要存在于细胞内。另外，昆虫体内还含有消化磷酸酯的磷酸酯酶。

(3) 糖酶（carbohydrase），包括 α-淀粉酶、葡萄糖苷酶、异麦芽糖酶、半乳糖酶和海藻糖酶等，它们主要作用于淀粉、糖原和一些双糖。在一些昆虫中，还有纤维素酶和半纤维素酶，主要用于分解利用纤维素。

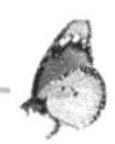

昆虫分泌的消化酶是与其取食的食物种类相适应的。一些取食某些特殊物质的昆虫，它们的体内就含有相应的消化酶。例如，绿蝇体内有分解胶朊的蛋白酶，虱目、皮蠹和谷蛾幼虫体内有分解角蛋白的蛋白酶，大蜡螟幼虫体内含有消化蜂蜡的脂酶等。

（二）消化酶的分泌

在昆虫中肠肠壁细胞内，消化酶在粗面内质网中合成后，经高尔基体加工，然后形成含有消化酶的分泌囊泡或酶原粒。分泌囊泡的分泌过程有胞吐分泌、顶隘分泌和微顶隘分泌 3 种基本模式（图 9-9）。胞吐分泌（exocytic secretion）是分泌囊泡与肠壁细胞顶膜微绒毛之间的胞膜融合，然后吐空其中的消化酶，但不损失肠壁细胞的细胞质。顶隘分泌（apocrine secretion）是酶原粒汇集在柱状细胞顶部，由细胞膜包围成大囊泡而隘出，当大囊泡破裂后即释出消化酶。在顶隘分泌中，至少要丢失肠壁细胞 1/10 的细胞质。微顶隘分泌（microapocrine secretion）是指单膜的分泌囊泡在顶膜微绒毛侧面形成双膜分泌囊泡后隘出，然后双膜分泌囊泡在肠腔内破裂释放出消化酶的过程。在这个过程中，肠壁细胞质损失极少，故称微顶隘分泌。

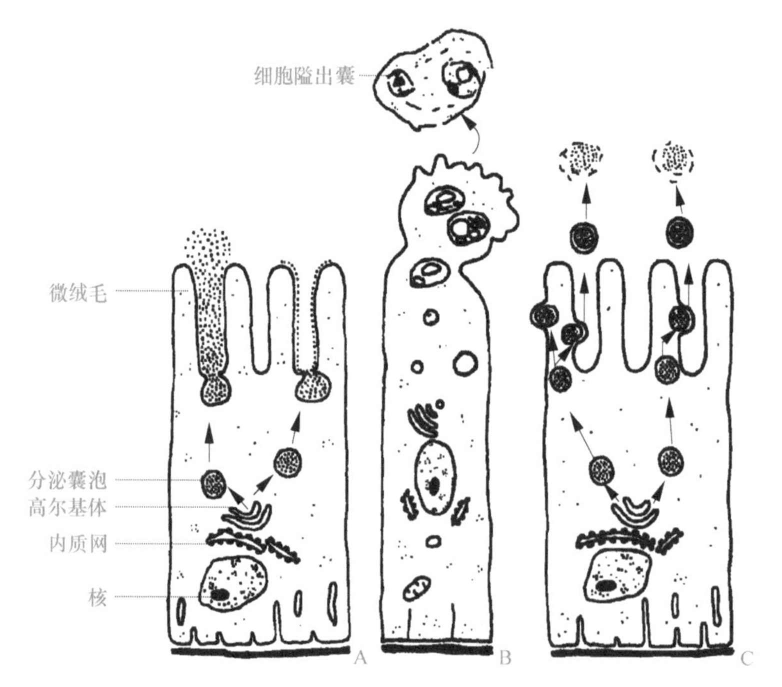

图 9-9 昆虫消化酶的分泌模式图

A. 胞吐分泌；B. 顶隘分泌；C. 微顶隘分泌

（仿 Resh & Cardé，2003）

（三）肠道 pH 对消化酶活性的影响

不同昆虫消化道的 pH 大小不同，同种昆虫消化道的不同部位，其 pH 也不一样。前肠的内含物没有缓冲能力，其肠液 pH 基本由食物决定，一般呈酸性，pH 4～6。中肠有较强的缓冲能力，pH 常稳定在 6～8，植食性昆虫比肉食性昆虫的偏碱性。例如，鳞翅目和毛翅目幼虫、鞘翅目金龟甲总科和双翅目长角亚目昆虫的中肠为碱性，甚至有的种类 pH 达 12。后肠由于马氏管的排泄作用，pH 常呈弱酸性。

昆虫中肠消化酶只有在一定的 pH 范围内才能表现出最大的活性。在蛋白质肽链内切酶中，丝氨酸蛋白酶是昆虫肠道内最普遍存在的肽链内切酶，喜碱性环境；半胱氨酸蛋白酶和天冬氨酸蛋白酶喜酸性环境，最适 pH 分别是 5.5～6.0 和 3.2～3.5。氨肽酶的最适 pH 是 7.2～9.0，羧肽酶偏碱性且需要有双价金属离子才能表现活性。淀粉酶需要 Cl^- 来激活，它的活性和稳定性需要 Ca^{2+} 来维持，但它的最适 pH 因昆虫种类的不同而异，变动范围在 4.8～9.0。磷酸酯酶对 pH 要求不高，酸性或碱性都能表现出高活性。

肠道内 pH 不仅影响消化酶的活性，也决定着肠道内的离子浓度和氧化还原电位，从而制约着肠壁细胞的吸收作用。昆虫中肠的氧化还原电位通常是正值，约为＋200 mV。

三、消化作用

绝大多数昆虫食物中都含有大量的大分子聚合物，需要降解为小分子后才能被昆虫所吸收和利用。

昆虫的消化作用是指将食物中大分子降解为可利用小分子的过程，通常包括将大分子多聚物裂解为寡聚物、寡聚物降解为二聚体和二聚体水解为单体 3 个步骤。消化作用分为肠外消化（extra-intestinal digestion）和肠内消化（intra-intestinal digestion）两种。

（一）肠外消化

它也称口外消化（extraoral digestion），是指昆虫在取食时，先将唾液和中肠消化液注入寄主或猎物体内，酶解其组织，然后再将液体状的消化产物吸收回肠内的过程。或者说，在肠外进行的消化作用就是肠外消化。肠外消化常见于刺吸式口器和捕吸式口器的昆虫中。例如，脉翅目蚁狮和蚜狮取食时，成对的捕吸式口器刺入猎物体内，注入唾液和消化液进行肠外消化，然后将消化过的液体物质吸入消化道。

（二）肠内消化

它是指在昆虫消化道内进行的消化作用，这是大多数昆虫的消化方式。在一些昆虫中，肠内消化需要有肠道共生物的参与。

（1）蛋白质的消化。昆虫食物中的蛋白质经蛋白酶降解为分子质量较小的多肽后，进入中肠肠壁细胞，然后在细胞内肽酶的作用下降解为氨基酸。

（2）糖类的消化。昆虫体内的淀粉和糖原在唾液中的 α-淀粉酶的作用下分解为寡糖，然后在中肠内被 α-葡萄糖苷酶降解为葡萄糖。昆虫血液中的海藻糖被海藻糖酶降解为葡萄糖，其他双糖即被葡萄糖苷酶降解为葡萄糖。

白蚁、天牛、窃蠹和树蜂等昆虫体内有纤维素酶和半纤维素酶，能将纤维素完全裂解为葡萄糖，这些酶是昆虫自身产生或由肠内的共生物供给。

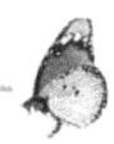

（3）脂类的消化。昆虫对脂类的消化吸收因脂类组分而异。三酰甘油酯在中肠分泌的脂酶作用下降解为甘油单脂或游离的脂肪酸后才能被吸收利用，半乳糖二脂酰甘油等膜脂在脂酶水解为半乳糖、甘油单脂和游离的脂肪酸后才能被吸收利用，而甾醇类能被直接吸收利用。

四、营养物质的吸收与肠液流动循环

（一）营养物质的吸收

它是指经过消化的营养物质经中肠腔进入肠壁细胞内的过程，主要发生在中肠前段和胃盲囊中，包括依靠浓度梯度的被动扩散吸收和消耗 ATP 的主动转运吸收。

蛋白质在肠腔内被降解为氨基酸或分子质量较小的短肽后，就可被中肠肠壁细胞吸收。在多数情况下，这是一个被动扩散过程，但在鳞翅目幼虫和蜚蠊目昆虫中，常常需要借助 Na^{+} 或 K^{+} 的协同转运；在一些昆虫中，后肠对马氏管排泄物中氨基酸的吸收也是借助 Na^{+} 依赖的同向转运载体。

葡萄糖的吸收是依浓度梯度经肠腔到肠壁细胞内扩散的简单扩散吸收过程。当食物中的多糖或双糖水解为葡萄糖后，葡萄糖依浓度梯度由肠腔向肠壁细胞内扩散，然后再经肠壁细胞扩散到血腔中。

脂类的吸收通常也是一个被动扩散的过程。在中肠前端的肠壁细胞膜上，分布有大量的脂肪酸结合蛋白，帮助肠壁细胞吸收脂肪酸。但在蜚蠊和一些利用纤维素昆虫的后肠内，其肠壁细胞能吸收大量的脂肪酸乙酸酯和丁酸酯。

（二）肠液流动循环

根据美洲蜚蠊的研究结果，Berridge（1969）提出了营养物质和排泄物的液流循环理论。该理论认为，中肠后段肠壁细胞吸入血液中的无机离子和水等，经中肠后段的柱状细胞或杯状细胞向肠腔内分泌消化液，排回肠腔内，并沿围食膜外空隙逆食物流而向前行，不断消化食物，经消化后的营养物质可被中肠前段的柱状细胞和胃盲囊细胞吸收，由中肠前段流入血腔，从而形成吸收循环液流，其主要功能是提高营养物质的消化和吸收。马氏管吸收血液中的无机离子、水和代谢废物向后肠内分泌尿液，与中肠排入的食物残渣相混合，由直肠垫或直肠乳突将水和无机离子吸收回血腔中，构成排泄循环液流，主要作用是排泄血液中的代谢废物，同时调节血液的渗透压和离子平衡（图 9-10）。

（三）营养物质的利用

随着吸收作用的进行，营养物质不断通过肠壁细胞进入血腔内，随血液流动进入体内相应组织与细胞中，进行合成与利用。

葡萄糖经肠壁细胞扩散到血腔后，迅速进入中肠周围的脂肪体内，并转化为海藻糖、蔗糖或糖原。多肽或氨基酸经肠壁细胞进入血腔后，随血液流动转移到相关组织，由其细胞内的核糖核蛋白体合成自身的蛋白质。甘油单酯、游离脂肪酸或甾醇类经肠壁细胞进入血腔后，为脂肪体吸收，然后合成甘油三酯，进行贮藏。

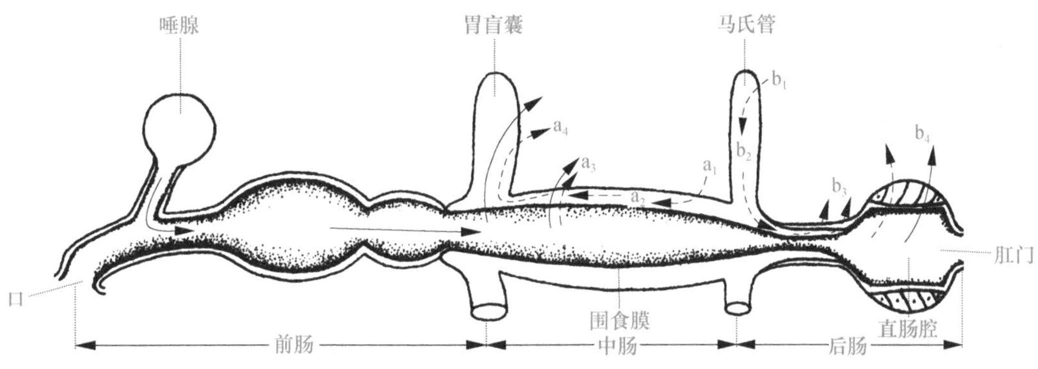

图 9-10　昆虫消化道和马氏管内液流循环

$a_1 \to a_2 < ^{a_3}_{a_4}$ 吸收循环；$b_1 \to b_2 < ^{b_3}_{b_4}$ 排泄循环

（仿 Berridge，1982）

食物经过消化和吸收后，一部分经同化后成为昆虫身体的组成成分，另一部分用于能量代谢以维持正常的生命活动，而不能消化的部分就成为废物被排出体外。昆虫对食物中营养物质的利用率是指昆虫利用食物中营养来合成身体构造的能力，用公式表示为：

$$食物利用率 = \frac{增加的体重(干重)}{取食量(干重)} \times 100\%$$

五、共生物与消化和营养的关系

昆虫体内有多种共生物，它们依赖昆虫而生存，同时为昆虫提供某些必需的营养物质或消化某些特殊食物，与昆虫建立起互惠共生的关系。

昆虫体内的共生物有两类：一类是寄生于细胞内的，称胞内共生物（endosymbiont）；另一类是寄生于细胞外的，主要存在于肠道内，称胞外寄生物（ectosymbiont）。

（1）胞内共生物，与营养有关的主要是位于中肠肠壁细胞层的含菌细胞（mycetocyte 或 bacteriocyte），其内含有大量的共生真菌或细菌，多存在于鞘翅目、半翅目和一些吸血昆虫中。米象 *Sitophilus oryzae*（L.）的含菌细胞内有约 2000 个肠杆菌，它们为米象提供核黄素、生物素和泛酸等非常重要的维生素。蚜虫体内含菌细胞内共生菌能将非必需氨基酸转化为必需氨基酸，离开共生菌，蚜虫很快死亡。

（2）胞外共生物，不如胞内共生物常见。白蚁肠内的鞭毛虫、细菌和真菌能协助分解食物中的木质纤维素，以获得可利用的糖类物质。某些白蚁肠道共生菌能固定大气中的氮，并转化为自身的氮素营养。一些取食植物碎屑的蜚蠊和白蚁能将树胶和果胶等植物多糖以及棉子糖等植物寡糖消化利用。

第十章

昆虫的循环系统

昆虫的循环系统（circulatory system）包括推动血液循环的背血管、背膈、腹膈和辅搏器以及与血液形成有关的造血器官和围心细胞等。

昆虫的循环系统属开放式，血液循环于血腔内，浸浴着所有的内部组织和器官。循环系统的主要功能是运送营养物质和激素到所需的组织或器官，转运代谢产物到其他组织或排泄器官，维持正常代谢活动所需的渗透压、离子平衡和 pH，移除解离的组织碎片和死细胞，修补伤口，调节体温，对外物侵入产生防御反应等。

第一节　循环系统的构造

一、背血管

昆虫的背血管（dorsal vessel）是位于体壁背中线下方，纵贯于围心窦内的一根前端开口、后端封闭的管状结构，一般从腹部后端向前伸入头部，由心脏和动脉两部分组成，是推动血液循环的最主要器官（图 10-1）。

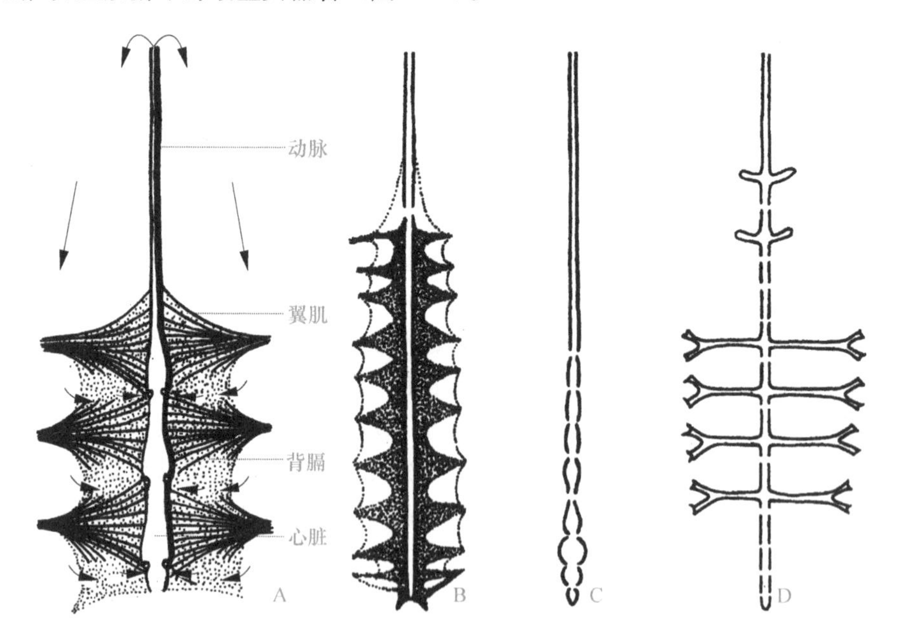

图 10-1　昆虫背血管的基本结构和类型

A. 基本结构；B. 直管型；C. 球茎型；D. 分支型

（A. 仿 Snodgrass，1935；B～D. 仿 Romoser，1981）

（1）心脏（heart）起源于中胚层，是背血管后段具有流入式心门和翼肌的连续膨大部分，常限于腹部，其主要功能是抽吸围心窦内的血液，向前压入动脉，是血液循环的动力结构。昆虫的心脏由单细胞层的心肌组成，里面为一层很薄的基膜，外周是结缔组织构成的围膜。心脏的每个膨大部分称心室（chamber），每个心室两侧壁上有 1 对心门。昆虫有心门 2～12 对。心门（ostium）是血液进出心脏的开口，分为流入式和流出式。流入式心门（incurrent ostium）是一条垂直或倾斜的缝，其边缘向内折入形成心门瓣（ostial valve）。当心室舒张时，心门瓣打开，血液从围心窦流入心室；当心室收缩时，心门瓣关闭，迫使血液在心室内向前流动。流出式心门（excurrent ostium）没有心门瓣，直接与分支血管相通。当心室收缩时，血液从心门流出，并经分支血管进入围脏窦；当心室舒张时，背膈将分支血管开口阻塞，防止血液倒流。

翼肌（alary muscle）是成对着生在心脏腹面两侧壁上、呈翼状连接到体壁上的一层很薄的肌肉，其数目一般与心门数相等，主要功能是协助心脏搏动。

（2）动脉（aorta）起源于外胚层，是背血管前段没有流入式心门和翼肌的细直管状部分，一般始于腹部第 1 节，向前延伸入头部，其主要功能是引导血液向前流动。动脉前端开口于脑与食道形成的血窦内，使脑、心侧体、咽侧体和脑下神经节都浸浴在血液中，并使其分泌的激素能在血液中循环。

二、背膈和腹膈

背膈（dorsal diaphragm）和腹膈（ventral diaphragm）分别紧贴于心脏的下方和腹神经索的上方，将背血窦和腹血窦与血腔其他部分隔开。背膈和腹膈是非肌原性的，受神经支配，进行较慢的搏动，使血液向后方和背方流动，促进血液在血腔内的循环和灌注腹神经索。

三、辅搏器和心外搏动

（1）辅搏器（accessory pulsatile organ）是指昆虫体内位于触角、胸足、翅和尾须等器官基部的一种肌纤维薄膜状构造，具有搏动能力，可以辅助心脏推动血液在这些器官内循环，以维持体内各部位血压的稳定。

（2）心外搏动（extracardiac pulsation）是指腹部节间肌的有节律的收缩和舒张，引起体内压力的变化。心外搏动受中胸神经节控制，能产生 100～500 Pa 的血压，引起的腹部运动达 30～90 μm；而心脏搏动只能产生 1～2 Pa 的血压，引起 100～500 nm 的运动。由此可见，心外搏动具有促进血液的循环、翅的展开和通风换气的作用。

四、造血器官

昆虫的造血器官（hemopoietic organ）是指产生血细胞的囊状构造，由一些干细胞（stem cell）和网状细胞聚集形成，网状细胞包围在造血干细胞周围，有保护干细胞和诱导其分化的作用。不同昆虫造血器官的位置常有不同。直翅目昆虫的造血器官位于动脉两侧，鳞翅目幼虫的在中胸或后胸背壁两侧的翅芽基部，双翅目幼虫的在动脉上，膜翅目幼虫的在胸部或腹部脂肪体附近。绝大多数昆虫的造血器官只存在于幼期，成虫期退化消失。只有直翅目昆虫的造血器官在成虫期还存在。造血器官除具有补充血细胞的

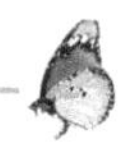

功能外，还有吞噬功能。

第二节 血液的组成及其功能

昆虫的血液由血浆和血细胞组成，由于兼具有脊椎动物的血液和淋巴液的特点，又称血淋巴（hemolymph）。除个别水生双翅目幼虫和水生半翅目若虫等少数昆虫因含有血红蛋白而呈红色外，大多数昆虫的血液为无色、黄色、绿色、蓝色或淡琥珀色，比重为 1.01～1.06，pH 多为 6.4～6.8。昆虫体内的血液量因昆虫的种类、发育阶段及生理状况的不同而有很大差异。在全变态类昆虫的幼虫中，血液常占体重的 20%～40%；在成虫和不全变态类昆虫的若虫中，通常不足 20%。

一、血浆

昆虫的血浆（plasma）是指血腔内浸浴着内部组织和器官的稍带黏滞性的循环液体，是胚胎时期就充满血腔内的一种组织液，约占血液总量 97.5%。其中，水的含量最高，约占 85%。另外，还含有无机离子、血糖、血脂、含氮化合物、色素和少许的气体、有机酸和激素等。

(1) 水。昆虫血浆中的水占虫体总含水量的 20%～25%，在一些鳞翅目幼虫中甚至可达 50%。昆虫血淋巴中的水是体内代谢的基质。

(2) 无机离子。昆虫血浆中的无机离子种类很多，主要包括 Na^+、K^+、Ca^{2+}、Mg^{2+}、Cl^-、$H_2PO_4^-$ 和 HCO_3^- 等。但是，在不同昆虫类群中，血浆中无机离子的组成差异很大。在无翅的石蛃目和衣鱼目昆虫中，血浆中 Na^+ 和 Cl^- 的含量很高。在有翅类 Pterygota 外翅部昆虫中，血浆中 Na^+ 和 Cl^- 的含量也高，但常常 Mg^{2+} 占更大比例。在有翅类内翅部昆虫中，特别是在鳞翅目、鞘翅目和膜翅目昆虫中，血浆中 Na^+ 和 Cl^- 的浓度变得很低，取而代之的是高浓度的 K^+、Mg^{2+} 和有机阴离子。另外，血浆中的无机离子的组成也与昆虫的食性有关。通常植食性昆虫 K^+ 和 Mg^{2+} 浓度较高，K^+/Na^+ 比大于 1；肉食性昆虫则相反，Na^+ 浓度高，K^+/Na^+ 比小于 1；杂食性昆虫的 Na^+/K^+ 比介于两者之间。无机离子的主要作用是参与物质运输和膜电位形成，调节神经兴奋性、酶活性、pH 和渗透压。

(3) 血糖。昆虫血浆中的血糖主要是海藻糖（trehalose），含量为 8～60 mg/ml，约占血糖总量的 90%，这是昆虫血液的一个重要生化特征。海藻糖是非还原性双糖，在脂肪体内由两个分子的葡萄糖以 α-1,1-糖苷键结合形成，随血浆的流动而循环于体内各组织间。各组织内的细胞可通过细胞膜上的海藻糖酶对其进行水解和利用。此外，昆虫的血浆中也含有少量的甘油（glycerol）和山梨醇（sorbitol）。这两种血糖可通过溶质效应降低过冷却点，保护细胞和酶蛋白免受冻害。

昆虫的血糖主要是作为生命活动的能源物质，或用于合成表皮中的几丁质、黏多糖和糖蛋白。在昆虫临近越冬时，血糖可被转化为甘油和山梨醇等，以提高耐寒能力。

(4) 血脂与有机酸。昆虫血浆中的血脂主要包括甘油二酯、甘油一酯、三酰甘油酯、磷脂和胆固醇等，含量为 0.5%～2.5%。其中，甘油二酯是血浆中的主要脂类化合物。这些血脂由脂肪体释入血液后，与载脂蛋白进行专一性结合，形成脂蛋白，随血浆流动到达作用部位，经脂肪酶水解作用，释放出甘油和脂肪酸，作为能源物质参与代谢。

有机酸类主要是三羧酸循环中酶类的基质，如柠檬酸、α-酮戊二酸、琥珀酸、延胡索酸、苹果酸、草酰乙酸等。研究证明，内翅部的幼虫比成虫和外翅部若虫血浆中有机酸的含量高。这些有机酸对血液中的阳离子平衡起着重要作用。

（5）含氮化合物，包括蛋白质、氨基酸、多肽及其代谢产物等。

昆虫血浆中蛋白质的含量普遍比脊椎动物血浆中的含量低，但一般比其他无脊椎动物血浆中蛋白质的含量高。例如，膜翅目昆虫血浆中蛋白质的平均含量为 5 g/100 ml，鞘翅目为 3～4 g/100 ml，而人血浆中蛋白质含量为 7.2 g/100 ml，甲壳动物为 2～3 g/100 ml。昆虫血浆中的蛋白质包括贮存蛋白、转运蛋白、卵黄蛋白和酶类等。贮存蛋白（storage protein）是一种六聚体蛋白，主要存在于昆虫的幼体中，由脂肪体合成，然后释放到血浆中，在老熟幼虫或若虫期含量最高；化蛹前，血浆中的贮存蛋白由脂肪体摄取，形成贮存蛋白颗粒；这些蛋白颗粒在变态脱皮过程中发生降解，为成虫器官发育和新组织的形成提供氨基酸。昆虫贮存蛋白的功能主要是作为蛋白质和氨基酸的贮存库，以满足成虫生长发育和生殖的需要。转运蛋白（transport protein）是能与某类物质结合并进行循环运输的蛋白质。例如，载脂蛋白（lipophorin）是血脂运输的载体、保幼激素结合蛋白（JH-binding protein）可以结合运输保幼激素等。卵黄蛋白（egg yolk protein）是在昆虫卵母细胞的卵黄发生期，由脂肪体合成后分泌到血浆中，然后被卵母细胞摄取形成卵黄的蛋白质，它是昆虫卵内的营养储备。酶类是在昆虫血浆中有催化活性的蛋白质，其种类和活性随昆虫发育时期的不同而变化。昆虫血浆中的蛋白质主要是以酶的形式存在，如蛋白酶、淀粉酶、转化酶、酪氨酸酶和酯酶等，参与物质的新陈代谢。

昆虫血浆中氨基酸的含量比蛋白质的含量高，主要以 L-型游离氨基酸存在，这是昆虫血液的另一个重要生化特征。不同昆虫血浆中氨基酸的含量和组成有一定差异。有翅类内翅部昆虫血浆中游离氨基酸的含量普遍比外翅部昆虫的高，且前者血浆中含有较多的谷氨酸、谷氨酰胺和脯氨酸，而后者则含有较多的谷氨酸、谷氨酰胺和甘氨酸。氨基酸的主要功能是为各组织中细胞合成蛋白质提供原料和调节渗透压。此外，某些氨基酸还有特殊的生理功能。例如，酪氨酸是表皮鞣化作用的前体物、脯氨酸是某些昆虫的能源物质、谷氨酸是神经肌肉连接点的化学递质等。

除蛋白质和氨基酸外，昆虫血浆中含有多种肽类激素，同时也含有大量与昆虫代谢、生长发育和抗菌有关的多肽。

血浆中氮素代谢物主要包括尿酸、尿囊素、尿囊酸、尿素和氨。它们由不同的组织代谢释放进入血液，随后由代谢组织或器官吸收、排泄，也可以被不同组织吸收重新利用。其中，尿酸的含量一般近于饱和状态，为 6.5 mg/100 ml，若过量则于马氏管内形成结晶，排出体外。一些昆虫在某一发育期，血浆中的尿酸酶将尿酸分解为尿囊素。家蚕等一些鳞翅目昆虫，血浆中的尿囊素酶将尿囊素分解产生尿囊酸。昆虫血浆中尚含有少量尿素，可能是精氨酸酶作用的产物。此外，一些水生昆虫的血浆中尚含有少量的氨。

（6）色素（pigments）。昆虫血浆中含有一些有色化合物，使血液呈现不同颜色。例如，植食性昆虫血液一般呈绿色、黄色或橙色，这是由于其食物中含有这类色素。

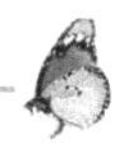

二、血细胞

昆虫的血细胞（hemocyte）是指在血液中流动着的游离细胞，来源于胚胎时期的中胚层，约占血液的2.5%。一般情况下，昆虫血液中血细胞的数量是1000～100 000个/mm^3，平均50 000个/mm^3。但是，当昆虫被外物寄生、受伤或变态脱皮时，血细胞即大量裂殖，数量激增。昆虫血细胞的形状常因观察时间和处理方法的不同而有较大差异，命名也颇不统一。常见的血细胞主要有以下7种类型（图10-2）。

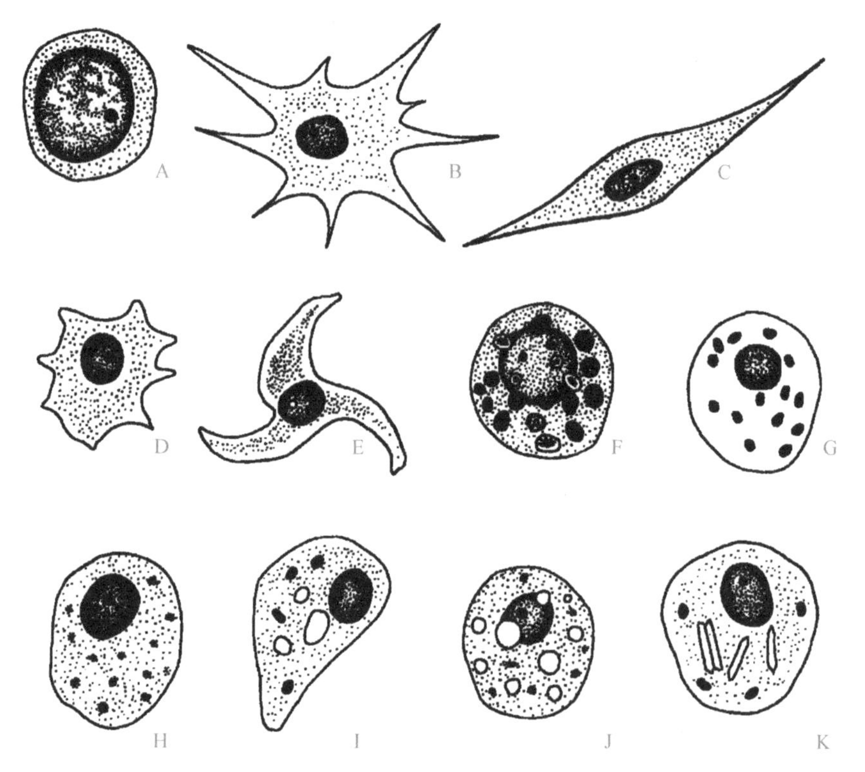

图10-2 昆虫血细胞的基本类型

A. 原血细胞；B～E. 浆血细胞；F～H. 粒血细胞；I. 凝血细胞；J. 珠血细胞；K. 类绛色血细胞

（仿各作者）

（1）原血细胞（prohemocyte），是最小的血细胞，也是最常见的血细胞。细胞球形或卵球形，核大，单核，位于细胞中央，几乎充满整个细胞，胞质嗜强碱性（图10-2A）。原血细胞能进行有丝分裂，转化为浆血细胞、粒血细胞或珠血细胞等，主要功能是补充血细胞。

（2）浆血细胞（plasmatocyte），是一类多型的血细胞，占血细胞总数的28%以上。细胞有球形、卵球形、纺锤形、星形和不规则形等，核大，单核，偶见双核，位于细胞中央，约占细胞体积的一半，胞质嗜碱性，内含粗面内质网和高尔基体（图10-2B～E）。浆血细胞具有吞噬作用，并参与包囊和成瘤作用，是昆虫免疫中重要的防御血细胞。

（3）粒血细胞（granulocyte），是一类普遍存在于血液中的优势血细胞，占血细胞总量的30%～65%，通常认为它由浆血细胞转化而来。细胞球形或梭形，胞质中含有很多嗜酸性颗粒、粗面内质网和高尔基体，核较小，位于细胞中央（图 10-2F～H）。粒血细胞的主要功能是贮存代谢，并与浆血细胞共同参与昆虫的免疫反应。

(4) 凝血细胞（coagulocyte），又称囊血细胞（cystocyte）。细胞圆形或纺锤形，核较大，常偏离细胞中央，细胞质透明，内含嗜酸性颗粒，主要参与凝血作用（图 10-2I）。不少学者认为它是小型的粒血细胞。凝血细胞目前尚未在鳞翅目、双翅目和膜翅目昆虫中发现。

(5) 珠血细胞（spherulocyte），是一类细胞质内含有较多球形膜泡和嗜酸性或嗜碱性颗粒的球形或卵球形血细胞，约占血细胞总量的 4%，核较小，常偏离细胞中央（图 10-2J）。珠血细胞由粒血细胞发育而来，在脂肪形成和中间代谢中起作用，主要功能是贮存和分泌。

(6) 类绛色血细胞（oenocytoid），是最大型的血细胞，直径 18～38 μm，主要存在于鳞翅目幼虫中，核较小，单核，少数双核，常偏离细胞中央，细胞质嗜酸性，内含大量微管和有合成作用的细胞器，有丰富的酚氧化酶、糖蛋白和中性黏多糖（图 10-2K）。类绛色血细胞的主要功能是参与表皮的黑化作用、伤口愈合和包囊作用。

(7) 脂血细胞（adipohemocyte），一般为卵球形，大小差别较大，核较小，细胞质内含有较大的脂滴、发达的粗面内质网和高尔基体，有较强的合成和分泌功能。

以上血细胞类型并不同时存在于所有的昆虫中。例如，双翅目幼虫只有原血细胞、浆血细胞和类绛色血细胞，但无粒血细胞、凝血细胞和珠血细胞，却具有独特的拟血小板细胞（thrombocytoid cell）和晶体细胞（crystal cell）来代替其功能。

昆虫血腔内除了血细胞外，还常见另外两种细胞，即聚集细胞（nephrocyte）和绛色细胞，它们以细胞群的形式散布于血腔内，将外来物质从血液中排解或参与表皮的形成。

三、血液的功能

昆虫的血液兼有脊椎动物的血液、淋巴液和组织液的特性，它是物质运输和昆虫免疫的介质，也是物质代谢和贮存的场所，主要功能是物质运输、代谢、贮存和防御。

（一）运输作用

昆虫体内营养物质、代谢产物和激素的转运都是通过血液循环来完成的。营养物质被中肠细胞吸收后，在血液中稍加修饰或直接运送到代谢组织，或运往贮存组织，需要时再转运至代谢组织。营养物质经代谢后，主要用于物质合成和提供能量；产生的代谢废物和有毒物质由马氏管吸收后，经后肠排出体外。内分泌腺体分泌的各种激素释放入血液后，常与其中载体结合，随血液流动到靶组织或器官。

（二）代谢作用

昆虫血液中含有大量的水、多种离子和酶类，直接参与昆虫体内蛋白质、糖类和脂类的中间代谢以及外来有害物质的分解代谢，在昆虫体内物质代谢中起着重要作用。

（三）贮存作用

血液含水量高，它是昆虫体内水分的重要贮存部位。血液内有丰富的氨基酸、碳水

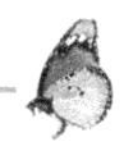

化合物等，是营养物质的贮存体。血液也可以暂时贮存一定量的代谢废物或有害物质。

（四）防御作用

血液的防御作用主要表现在反射出血（reflex bleeding）、止血作用（coacervation）、免疫反应（immune response）和解毒作用（detoxification）4个方面。

1. 反射出血

它也称自出血（autohemorrhage），是指在遭遇天敌攻击时，瓢虫、芫青、叶甲和萤火虫等昆虫会从腿节与胫节的连接处自动注出含有刺激性或有毒化合物的血液，使天敌厌恶或惧怕，从而避免被害。这些化合物有的来自食物，有的则是自身合成，如芫青血液中含有斑蝥素（cantharidin）、瓢虫的血液中含有瓢虫素（coccinellin）等。

2. 止血作用

当昆虫受伤后，血细胞会聚集在伤口处形成凝血块，阻止血液的流出和病菌的侵入。这种防御机制主要出现在直翅目、半翅目、脉翅目、长翅目、毛翅目和部分膜翅目昆虫中，其他昆虫的止血作用不明显或根本不存在。

3. 免疫反应

尽管昆虫体内不能产生高度专一性的抗体，但是它却具有效的免疫反应以应对寄生物或病原物的寄生或侵染。昆虫的免疫反应包括血细胞免疫和血浆免疫两种。

（1）血细胞免疫（hemocyte-mediated immune）是昆虫的主要免疫机制。根据入侵外物的大小和数量，血细胞的免疫反应可表现为吞噬作用、成瘤作用或包囊作用。

当体内出现少量小颗粒（直径小于1 μm）或入侵的原核细胞病原体时，浆血细胞或粒血细胞通过识别将异物或病原体摄入细胞质内，然后在溶酶体水解酶的作用下进行消解的过程，称为吞噬作用（phagocytosis）。当大量小颗粒或单细胞病原体入侵时，吞噬作用不能彻底清除外物，充满病原体的血细胞就集结在一起而发生成瘤作用（nodulation）。首先是血细胞破裂，通过凝血作用将病原体固定在血块内；接着血细胞释放血细胞凝集素，诱导浆血细胞粘附在凝血块表面；然后浆血细胞变扁平，以桥粒联结形成多细胞的鞘，将病原体包围结瘤并黑化；最后结瘤被脂肪体或马氏管移除。当血细胞遭遇较大的真核细胞病原体或寄生物时，由于病原体太大而无法进行单细胞吞噬作用，大量血细胞就集结在病原体周围，形成包囊，达到杀灭和清除病原体而免受其害的目的，这个过程称包囊作用（encapsulation）（图10-3）。包囊作用与成瘤作用相似，但过程较复

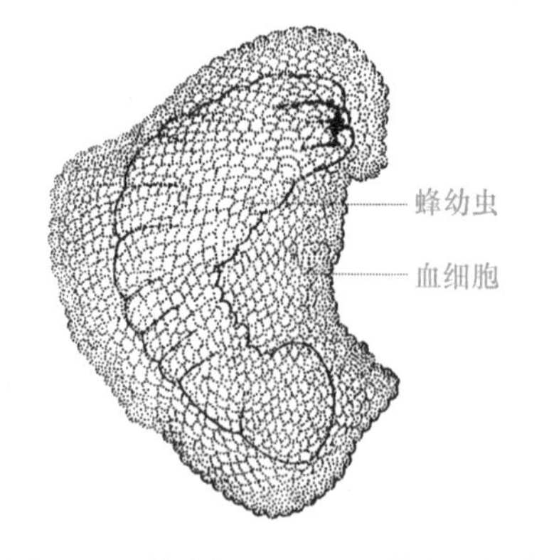

图10-3　粉斑螟 *Ephestia* 幼虫血细胞对绒茧蜂 *Apanteles* 幼虫的包囊作用（仿 Salt，1968）

杂。通常首先是粒血细胞聚集到病原体表面；接着粒血细胞脱颗粒，释出含有浆血细胞展布肽（plasmatocyte spreading peptide，PSP）的胞质，展布在病原体表面，激发浆血细胞的吸附，形成多层包被病原体的细胞鞘，从而将病原体完全隔离；随后，最内层的血细胞向病原体表面沉积黑色素或其他有毒化合物，最终将病原体杀死。整个包囊过程约需 1～3 天的时间。但是，在寄主昆虫与寄生蜂的协同进化过程中，寄生蜂产卵寄生时，注入寄主体内的毒腺分泌液、多 DNA 病毒（polydnaviruses，PDVs）、蜂卵表面的病毒状颗粒（virus-like particles，VLPs）以及一些寄生蜂在胚胎发育过程中产生的畸形细胞等，都能有效地抑制寄主昆虫的免疫反应，所以能在寄主体内寄生。

（2）血浆免疫（plasma-mediated immune）。昆虫血浆中含有一些能杀灭或清除寄生物或病原体的免疫物质，这些物质主要由脂肪体或血细胞产生，包括溶菌酶、抗菌肽、酚氧化酶和血细胞凝集素等。

溶菌酶（lysozyme）是在昆虫中发现最早的抗菌蛋白。它主要通过水解细菌胞壁物质中的 *N*-乙酰葡萄糖胺与 *N*-乙酰胞壁酸之间的 β-1,4 糖苷键而使细菌裂解。

抗菌肽（antimicrobial peptide）是昆虫在病原微生物的诱导下产生的一类小分子多肽，通常由不足 100 个氨基酸残基组成，具有理化性质稳定、水溶性好、杀菌谱广等特点。它主要作用于细胞膜，能杀死革兰氏阳性或阴性细菌，有的还具有抗真菌、病毒和原生动物的活性。目前，已发现的昆虫抗菌肽有 200 多种，包括天蚕素（cecropins）、防卫素（defensins）、果蝇抗菌肽（drosocin）、天蚕抗菌肽（attacins）、蝇抗菌肽（diptericins）、蜜蜂抗菌肽（apidaecin）、麻蝇毒素Ⅱ（sarcotoxinⅡ）和甲虫抗菌肽（coleoptericins）等。昆虫抗菌肽对一些植物病原菌也表现出极强的拮抗活性。

酚氧化酶（phenoloxidase）是以酶原形式存在于昆虫血液、表皮和中肠中。当昆虫受到病原微生物侵害时，酚氧化酶原裂解成有活性的酚氧化酶，然后酚氧化酶氧化酪氨酸、多巴和多巴胺等物质形成黑色素，参与机体免疫反应。

血细胞凝集素（lectin）是一种糖蛋白，能凝集侵入的病原微生物，提高血细胞的吞噬能力或包囊作用。

4. 解毒作用

昆虫血浆和血细胞内含有丰富的氧化酶或水解酶，这些酶能降解进入血液中的外源化学物质，从而减轻或消除这些物质对昆虫的毒害作用。例如，磷酸酯酶和羧酸酯酶可以水解进入血液中的有机磷杀虫剂等酯类农药，从而降低体内农药的有效浓度。昆虫的解毒作用是害虫对农药产生抗性的重要机制。

（五）机械作用和体温调节

昆虫血液可传送由肌肉收缩而产生的机械压力，有助于昆虫孵化、脱皮、羽化、展翅、展喙和气管的通风作用。此外，还有助于体温的调节，如通过控制飞行肌的运动将体内多余的热量排出来降温；也可以收集和循环从太阳中获取的热量而使身体升温。

第三节　心脏搏动与血液循环

昆虫的血液循环主要依靠心脏、辅搏器和膈膜的搏动以及肌肉的收缩来完成。

一、心脏搏动

(1) 心脏搏动是指心室相随地收缩和舒张而产生的节律性搏动。昆虫的心脏是肌原性的，多数昆虫能自发收缩和舒张而不受神经的支配，具有高度的规律性。但是，家蝇等少数昆虫是受神经支配的，心搏可以在 0～300 次/min 之间上下波动。

昆虫心脏的搏动周期分为收缩期（phase of systole）、舒张期（phase of diastole）和休止期（phase of diastasis）3 个阶段。

(2) 影响心脏搏动的因素。心搏的速率因昆虫种类、发育阶段、环境因子和化学毒物等的影响而变化。

在室温静息的条件下，不同种类的昆虫其心脏搏动次数不同，可在 14～160 次/min 范围内变动。同种昆虫的不同虫态或虫龄的心搏速率也不一样。一般来说，高龄幼虫的搏动次数少于低龄幼虫，变态脱皮时更低。如天蛾幼虫从 1 龄长大到 5 龄时，心搏速率由 80 次/min 降到不足 50 次/min，每次脱皮时下降到 30 次/min，蛹期只有 22 次/min。

环境因子中的温度对心搏的影响最大。当环境温度降低到 1～5℃或上升到 40～45℃时，多数昆虫的心脏搏动就停止。当温度从 4℃上升至 40℃时，美洲大蠊心搏次数从 20 次增至 138 次，几乎成直线上升。

不同杀虫剂或毒物种类，对心搏的影响程度和规律也不同，可造成心搏加速、减缓或紊乱等。例如，除虫菊和烟碱能使心脏搏动减慢，乙酰胆碱和肾上腺素可使心脏搏动加快，尼古丁和 1605 可使心脏搏动节律紊乱。

此外，昆虫血浆中 Na^+、K^+ 浓度也影响着心脏搏动的速率。当血浆中 Na^+ 较高时，能提高心脏的搏动率，减小搏动的幅度；但若在无 K^+ 的情况下，1 h 以后，昆虫心脏即停止搏动。

二、血液循环

（一）血液循环的途径

昆虫的循环系统虽是开放式，但血液流动仍有一定的方向（图 10-4）。

心室舒张时，血液经虫体中后部的背膈开口进入背血窦，再从心门进入心室；心室收缩时，由于心门瓣的阻隔作用，阻止血液倒流回血腔，促使血液向前一个心室流动。在神经和神经激素的调控下，心脏各心室自后向前依次舒张和收缩，促使血液向前流动并由动脉流入头部，浸浴头部的组织和器官。进入头部的血液在血流压力梯度作用下，同时在背膈和腹膈搏动协助下和腹部的扩张影响下，不断向后端和背侧面流动，流入胸部和腹部，浸浴内部的组织和器官。与此同时，部分血液在触角、足和翅基部辅搏器的协助下，促使血液分别从触角的腹面、足的腹面和翅的前缘吸入，再分别从触角的背

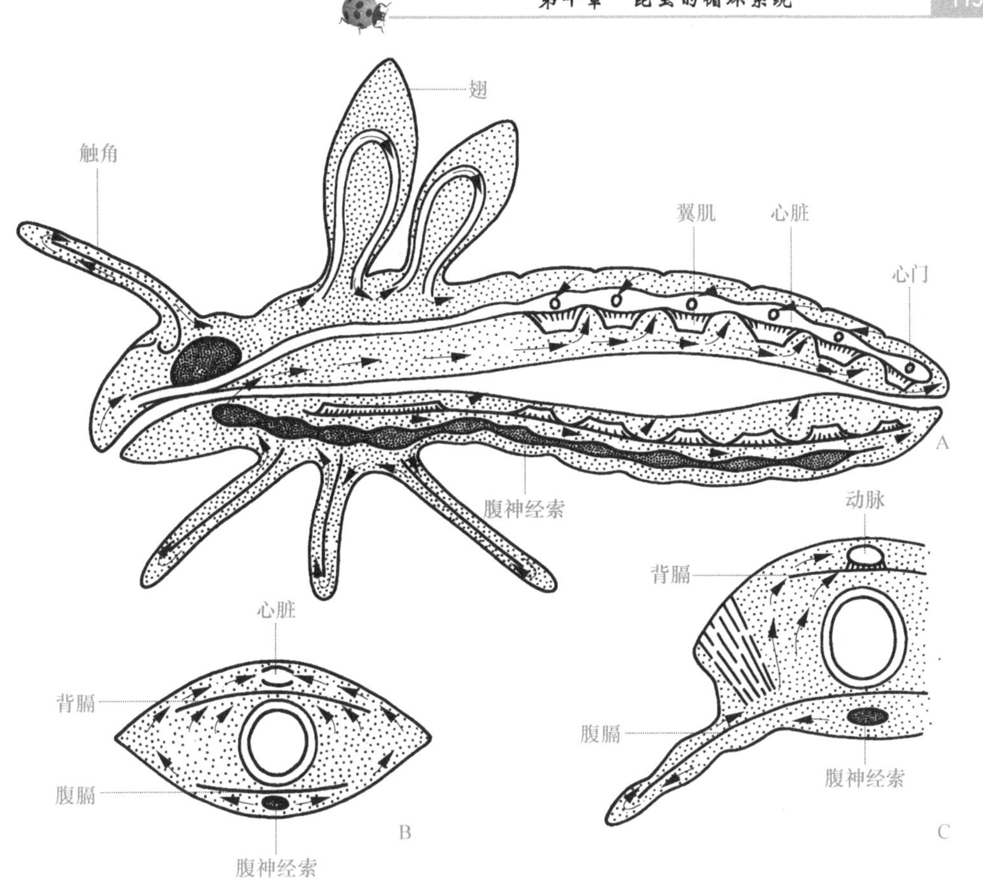

图 10-4 昆虫血液的循环途径

A. 模式图；B. 胸部的横切面；C. 腹部的横切面

（仿 Wigglesworth，1972）

面、足的背面和翅的后缘抽出，最后汇入胸部血流，经腹部回到背血管内，形成昆虫体内的血液循环。

在多数昆虫中，心脏搏动和血液在背血管内的流动都是上述所说的单向前行。但是，在一些全变态昆虫的老熟幼虫、蛹或成虫中，心脏的搏动和血液在背血管内的流动常常伴随着周期性的快前行期（anterograde）和慢逆行期（retrograde）。在逆行期，血液经动脉前端进入而从心脏的流出式心门流出。

（二）血液循环的速度

昆虫血液循环速度，因种类、虫态和生理状况的不同而异。一般来说，个体小、活动能力强种类的循环速度快，通常几分钟即可完成 1 次循环，如蜜蜂约 2 min、美洲大蠊 3～6 min。昆虫静止时，血液循环减慢；活动时则可通过增加心搏，加快循环速度。此外，昆虫血液在不同部位的流动速度也存在较大差异。一般在背血管中流动最快，在腹血窦内比较缓慢，且可能时流时停，在一些附肢内甚至有时完全停止。

第十一章

昆虫的排泄系统

昆虫的排泄系统（excretory system）是指排除体内代谢废物或有害物质的器官总称。马氏管和消化道是主要排泄器官，脂肪体、体壁和围心细胞等也参与昆虫的排泄作用。

脂肪体、体壁和围心细胞通常是将代谢产物临时性或永久性地贮存起来，称为贮存排泄（storage excretion）。蚜虫没有马氏管，消化道是主要的排泄器官。

排泄系统的主要功能是排弃体内含氮代谢废物、多余的水分和无机盐类，调节水分和离子的平衡，维持体内环境的稳定。

第一节　马氏管及其排泄作用

马氏管（Malpighian tubule）是昆虫体内的细长盲管，其基部生于中肠与后肠分界处，端部游离于血液中或与肠壁粘连形成隐肾结构，来源于外胚层，因意大利解剖学家Malpighi于1669年在家蚕体内首先发现而得名。

一、马氏管的数量和表面积

除蚜虫外，其他昆虫都有马氏管。马氏管的数量在各类昆虫中差异很大。少的如多数介壳虫只有2根，缨翅目、虱目、蚤目和双翅目昆虫有4根，广翅目、毛翅目和鳞翅目昆虫有6根，多的如一些蝗虫和蜻蜓可达200根以上。另外，沙漠蝗 *Schistocerca gregaria*（Forskål）等一些昆虫的马氏管的数量会随着昆虫的发育而不断增多。

昆虫马氏管长度约2～100 mm，直径30～100 μm。一般来说，马氏管数量与其长度和直径成反比，数量多的则长度短、直径小，数量少的则相对长且直径大，它们的总表面积与虫体体积的比例在各类昆虫中差异不显著，因而不致影响其排泄效能。

二、马氏管的基本结构

马氏管由单层管壁细胞组成，外面包有一层几丁质的底膜，底膜外表面常分布有肌纤维和微气管，从而使马氏管能够在血腔中自由扭动，最大限度地吸收和排泄代谢废物。

在一些昆虫中，马氏管分化为端段和基段，两者在细胞的亚显微结构上有明显区别（图11-1）。在端段，靠底膜侧的细胞质膜高度内褶，伸入细胞体1/3左右，向着管腔侧的微绒毛细长而紧密，排列整齐，细胞内充满线粒体和内质网，称为蜂窝缘（honeycomb border），主要功能是吸收代谢物并分泌入管腔；在基段，紧靠底膜的细胞质膜内褶较浅，向着管腔侧的细胞质膜形成的微绒毛较疏且长短不一，称为刷状缘（brush border），主要功能是从管腔内排泄物中再吸收水分、无机盐和有机营养物质。

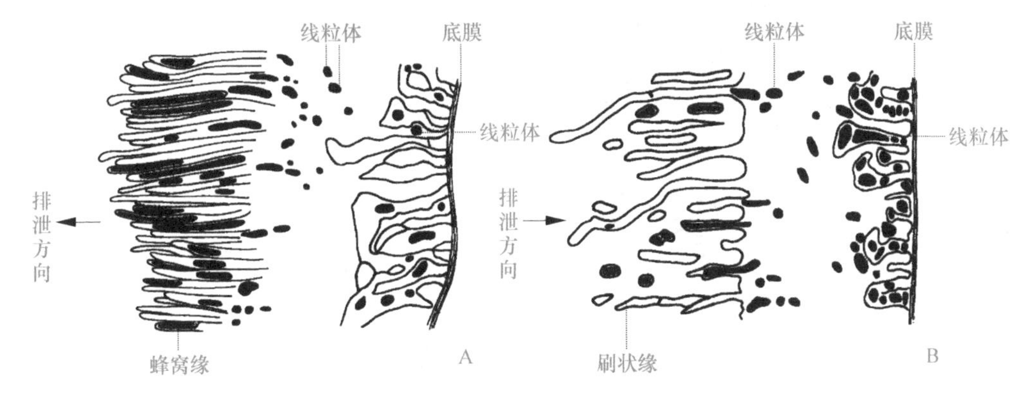

图 11-1　昆虫马氏管的亚显微结构

A. 端段；B. 基段

（仿 Wigglesworth & Saltpeter，1962）

三、马氏管的基本类型

根据马氏管的结构特点及功能分化，可将其分为 4 种基本类型：①直翅目型：马氏管未出现结构和功能上的分化，血液中的水分和离子进入马氏管内后，在直肠才被再吸收，马氏管内排泄物为液质，直翅目、革翅目、脉翅目及部分鞘翅目昆虫的马氏管属于此类（图 11-2A）；②鞘翅目型：与直翅目型相似，但顶端与直肠粘连形成隐肾（cryptonephridia）构造，管内排泄物为液质，大多数鞘翅目昆虫及部分鳞翅目的幼虫属于此类（图 11-2B）；③半翅目型：马氏管在结构和功能上分为基段和端段，水分和溶质进入马氏管端段后，部分水分和离子在基段被再吸收，浓缩成固态而排入直肠，半翅目昆虫的马氏管属于此类（图 11-2C）；④鳞翅目型：与半翅目型的相似，但端段与直肠形成隐肾构造，多数鳞翅目昆虫属于此类（图 11-2D）。

在鞘翅目型和鳞翅目型马氏管中，马氏管与直肠构成一个隐肾构造，增强了昆虫对水分和其他有用物质的再吸收能力，以适应极度干燥的环境。

四、马氏管—后肠的排泄作用

昆虫的排泄作用主要是由马氏管和后肠的直肠部分共同完成。在一些昆虫中，回肠和结肠也会分担部分功能。整个过程首先是马氏管将废物转运到管腔内形成原尿（primary urine），原尿在经过马氏管基段或后肠时，其中的水分、无机离子甚至有机营养被再吸收，剩余的就形成尿，随食物残渣排出体外。

马氏管的类型不同，原尿的分泌和水分、无机离子及有机营养被再吸收的部位也不同。下面以沙漠蝗为例来说明直翅目型马氏管与后肠的排泄机理。

沙漠蝗血液中的脯氨酸和含氨代谢废物如尿酸盐等在线粒体和 ATP 酶提供能量下，通过离子泵形成的主动运输，转运到马氏管的管壁细胞内，K^+、Cl^-、水、糖和

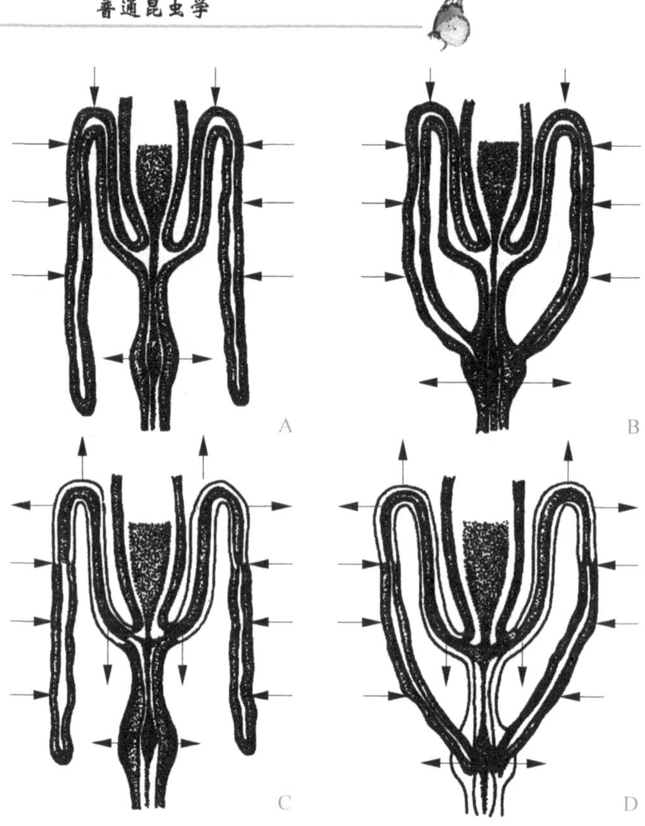

图 11-2　昆虫马氏管的基本类型

（仿 Wigglesworth，1970）

氨基酸在渗透压梯度作用下，通过被动运输进入管壁细胞内（糖和氨基酸也可能通过细胞间隙而不需通过细胞质膜进行被动运输）；然后，K^+、含氨代谢废物和脯氨酸等通过主动运输进入马氏管的管腔内，Cl^-、水、糖和氨基酸等通过被动运输进入管腔内，形成原尿，马氏管内 pH 偏碱性；随后，蔗糖和海藻糖被再吸收回血液中；由于马氏管内原尿的不断分泌和蔗糖、海藻糖的不断被再吸收，推动原尿流向后肠（图 11-3B）；在后肠的回肠和直肠内，在激素的控制下，原尿中的部分水、K^+、Cl^-、Na^+、部分氨基酸和乙酸盐等有用物质被直肠垫细胞再吸收，并分泌到细胞间隙，再汇集流回血腔，导致马氏管内 pH 偏酸性，尿酸析出并与食物残渣混合成粪便排出体外，构成排泄循环（图 11-3C）。

含氮排泄物的组成在昆虫的不同类群间差异较大，并与栖境、习性等有关。在陆栖昆虫中，尿酸占昆虫尿中含氮废物的 80%～90%，其分子中所含的氢原子最少，不溶于水，有利于水分的保持，特别是对无法补充水分的卵期或蛹期显得尤为重要。在水生昆虫和一些陆生的肉食性昆虫中，保持水分并不重要，氨是尿的主要成分。另外，一些昆虫因虫态的不同，其含氮排泄物也不一样。龙虱 *Dytiscus* 的幼虫、蛹和成虫都水栖，但幼虫的排泄物以氨为主，而蛹和成虫的排泄物以尿酸为主。

昆虫的含氮排泄物除了尿酸和氨外，有时还有少量尿素、尿囊素、尿囊酸、蝶啶、氨基酸和蛋白质等。

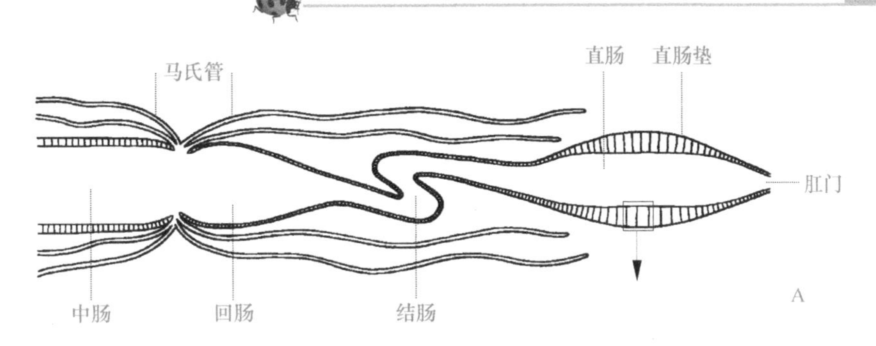

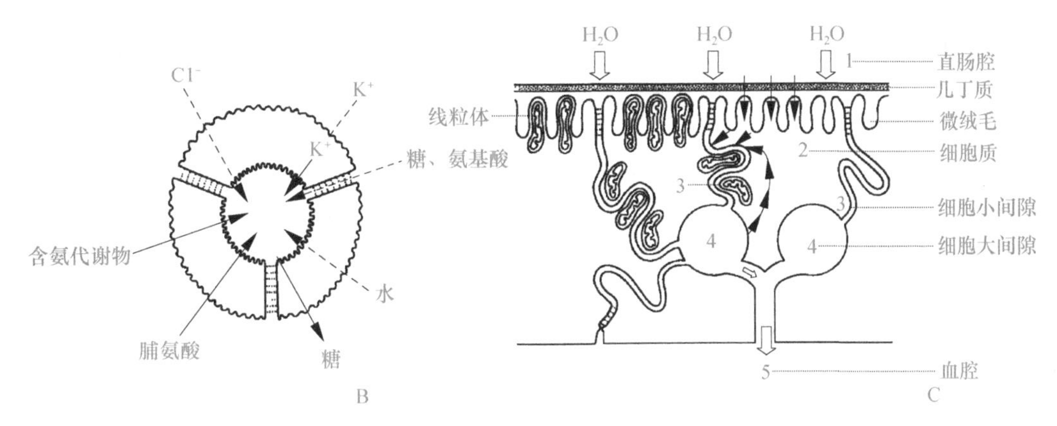

图 11-3 沙漠蝗马氏管和直肠内水分和无机盐类的运输过程

A. 消化道的纵切面（部分）；B. 马氏管横切面，示离子、水和其他物质运输过程，虚线表示被动运输，实线表示主动运输；C. 直肠细胞纵切面（部分），示排泄过程，白箭头表示水的被动运输过程，黑箭头表示溶质的主动运输过程

（仿 Bradley，1985）

第二节 脂肪体及其排泄作用

脂肪体（fat body）来源于中胚层，主要是由圆形或多角形的脂肪细胞（adipocyte）和滋养细胞（trophocyte）组成，也常含有含菌细胞（mycetocyte）和尿盐细胞（urocyte），一般粘附于体壁内表面和内部器官表面，或分散于血腔内，松散排列成片状、网状、叶状、块状或条带状等，为浅黄色、白色、褐色、蓝色或绿色。脂肪体的主要功能是贮存营养物质和代谢废物，进行中间代谢以及解毒作用和物质合成等。

脂肪体是昆虫体内重要的贮存排泄器官。在昆虫的胚胎时期或寄生蜂的幼期，贮存排泄是主要的排泄方式，尿酸盐结晶贮存于脂肪细胞内形成尿盐细胞。但是，在多数昆虫的胚后发育中，贮存排泄是辅助的排泄方式。此外，脂肪体还可吸收并贮存脂溶性杀虫剂，并对其进行解毒。

第三节 体壁的排泄作用

体壁也是一种贮存排泄器官，其排泄作用主要体现在如下几个方面：①很多昆虫的体壁能贮存嘌呤和尿酸等氮素代谢物；②表皮层中的几丁质、蜡质、部分氮素化合物及

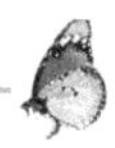

无机钙盐等随蜕脱去；③皮细胞腺分泌的胶质、丝、蜡质、化学防御物质或信息素的排出体外等。例如，一些凤蝶幼虫取食芸香科植物时，将植物中有害的芸香素贮存起来，当受到天敌惊扰时，就释放出来。

第四节　围心细胞及其排泄作用

围心细胞（pericardial cell）是指排布在背血管、背膈或翼肌表面的一群大型细胞，来源于中胚层，不随血液流动，其细胞质呈嗜酸性或嗜中性，内含1～6个细胞核。围心细胞能从血液中选择性地吸收那些马氏管难以排泄的大分子物质，包括很多染料和色素颗粒，特别是胶体颗粒。当它吸入的颗粒饱和后，细胞即行破裂，然后被血细胞吞噬移除。如果围心细胞吸收的是蛋白质大分子，则被降解为氨基酸，然后释放回血液中。

第五节　中肠的排泄作用

昆虫中肠细胞对K^+、Ca^{2+}、Cu^{2+}、Fe^{2+}、Zn^{2+}、Se^{2+}等离子和一些有机分子具有很强的贮存排泄作用，既能保证离子的正常生理功能，又能避免离子过量对昆虫的毒害作用。例如，吸血昆虫能通过中肠细胞排除食物中的血红蛋白；有些昆虫的中肠细胞含有某些矿物质，在脱皮时将这些物质排出体外。

第十二章

昆虫的气管系统

昆虫的气管系统（tracheal system），也称呼吸系统（respiratory system），是由外胚层内陷形成的气门、气管和微气管组成。在一些行动活跃的昆虫中，气管部分膨大形成气囊，以加强气管系统的通风作用。

昆虫的呼吸作用是由气管系统来完成的，所以气管系统的主要功能是将氧气输送到需氧的细胞、组织或器官，由微气管进行直接交换，同时排出新陈代谢产生的二氧化碳和水分。

第一节　气管系统的构造

昆虫的气管系统开口于气门，气门连着有规则排列的气管，包括气管主支和气管分支，最后止于微气管。气管系统占昆虫体积的5%～50%。

一、气门

昆虫的气门（spiracle）是气管在体壁上的开口，一般位于胸部和腹部的侧面。

（一）气门的数目与位置

昆虫的气门最多有10对，分别位于中胸和后胸侧板的前缘以及第1～8腹节的背板两侧或侧膜上。但是，多数昆虫的中胸气门常向前移到前胸上，且气门总数少于10对，这在全变态类昆虫和水生昆虫中表现尤其突出。根据气门数量和着生位置，可以把昆虫气门的排布方式分为3种类型。

（1）多气门型（polypneustic），有8～10对有效气门。其中，蝗虫、蜻蜓和蟑螂等昆虫有10对有效气门，称全气门式（holopneustic）；鳞翅目幼虫和双翅目瘿蚊科幼虫有9对气门，前胸1对，腹部8对，称周气门式（peripneustic）；双翅目菌蚊科幼虫有8对气门，前胸1对，腹部7对，称半气门式（hemipneustic）。

（2）寡气门型（oligopneustic），只有1～2对有效气门。其中，双翅目环裂亚目的幼虫有2对气门，分别位于前胸和腹部后端腹节，称端气门式（amphipneustic）；蚊科的蛹的前胸有1对气门，称前气门式（propneustic）；蚊科和一些水生甲虫的幼虫腹部末端有1对气门，称后气门式（metapneustic）。

（3）无气门型（apneustic），没有有效气门。许多水生昆虫的幼虫和部分内寄生膜翅目昆虫的幼虫都属于这种类型。无气门型并不是表示昆虫没有气管系统，而是气管系统没有气门与外界贯通。

（二）气门的结构及开闭机制

最简单的气门是体壁内陷形成气管后留下的一个原始开口，没有开闭构造，称气管口（tracheal orifice）（图 12-1A），如石蛃目和衣鱼目昆虫的胸部气门属于这种类型。但是，绝大多数昆虫的气管口位于体壁凹陷形成的气门腔（atrium）内，此腔向外的开口称为气门腔口（atrial orifice）（图 12-1B）。气门腔口常围以一块硬化的骨片，称围气门片（peritreme）。有气门腔的气门，常具有控制气体和水分进出的开闭构造（图 12-1C，D）。根据开闭构造在气门腔内位置的不同，可将昆虫的气门腔气门分为两类。

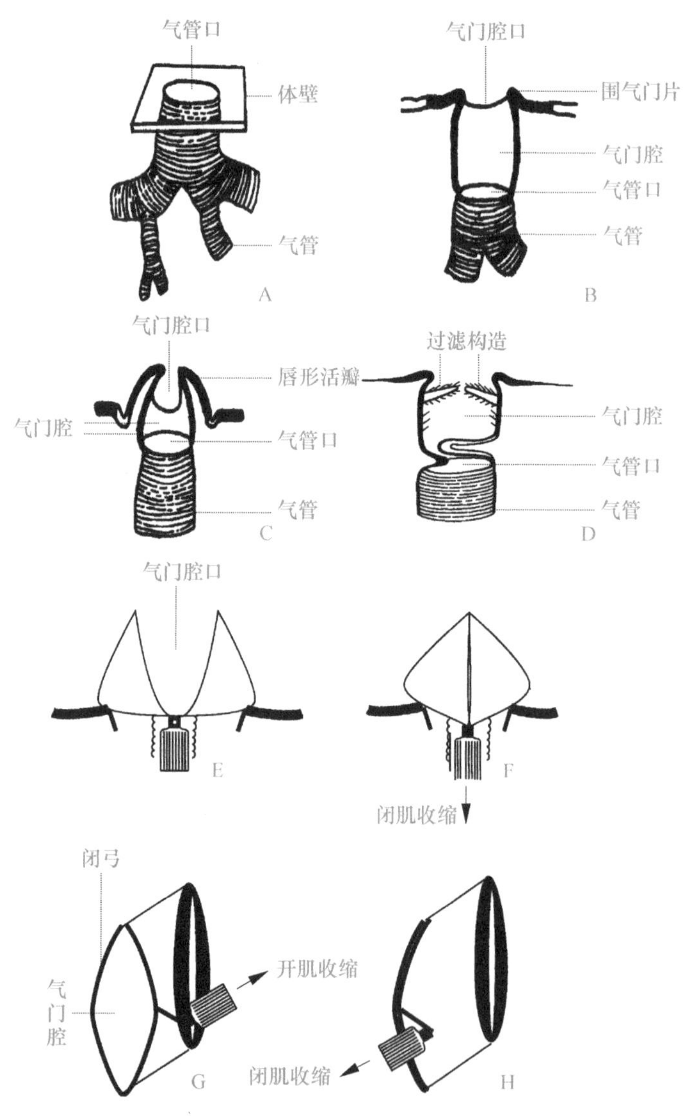

图 12-1　昆虫气门的结构

A. 无气门腔气门；B. 具气门腔气门；C. 外闭式气门；D. 内闭式气门；
E，F. 蝗虫外闭式气门的开闭机制；G，H. 凤蝶内闭式气门的开闭机制
（A~D. 仿 Snodgrass，1935；E，F. 仿 Chapman，1998；G，H. 仿 Schmitz & Wasserthal，1999）

(1) 外闭式气门。开闭构造位于气门腔口的气门（图 12-1C）。其开闭构造包括 1 对基部相连的唇形活瓣（valve）和垂叶（sclerotized pad）。垂叶上着生有闭肌（closer muscle），当闭肌收缩时，将垂叶往下拉，两活瓣就闭合；当闭肌松弛时，活瓣由于垂叶本身的弹性而张开（图 12-1E，F）。很多昆虫的胸部气门属于这种类型，如蝗虫、蜚蠊、蝽类、龙虱和蜜蜂等。

(2) 内闭式气门。开闭构造位于气门腔内气管口的气门（图 12-1D）。其关闭构造包括闭弓（closing bow）和闭带（closing band），位于气门腔内的气管口。当闭肌收缩时，牵动闭带推向闭弓而将气管口关闭；当闭肌松弛、开肌（opener muscle）收缩时，将闭带拉回，气管口开启（图 12-1G，H）。大多数昆虫的腹部气门属于这种类型。这类气门的气门腔口没有活瓣，但常在气门腔口内侧有密毛或筛板等过滤构造，以防止粉尘、细菌和水的侵入。

一些水生昆虫的气门还有由真皮细胞特化形成的单细胞腺体，称气门腺（spiracular gland）。气门腺在气门表面分泌一层疏水性物质，使气门腔不致被水浸入。

二、气管和气囊

（一）气管

气管（trachea）是外胚层沿体壁内陷形成的具螺旋丝内壁的管道，直径在 2 μm 以上，包括气管主支和气管分支，多呈银白色，分布于体内各部分。

1. 气管的组织结构

气管的组织结构与体壁相似，只是层次内外相反，由内向外分为内膜、管壁细胞层和底膜。内膜以内褶加厚形成螺旋状的内脊，称螺旋丝（taenidium）（图 12-2）。螺旋丝可增强气管的强度和弹性，使气管始终保持扩张状态，便于气体交换。在昆虫脱皮时，旧气管的螺旋丝沿气门随蜕一起脱去。

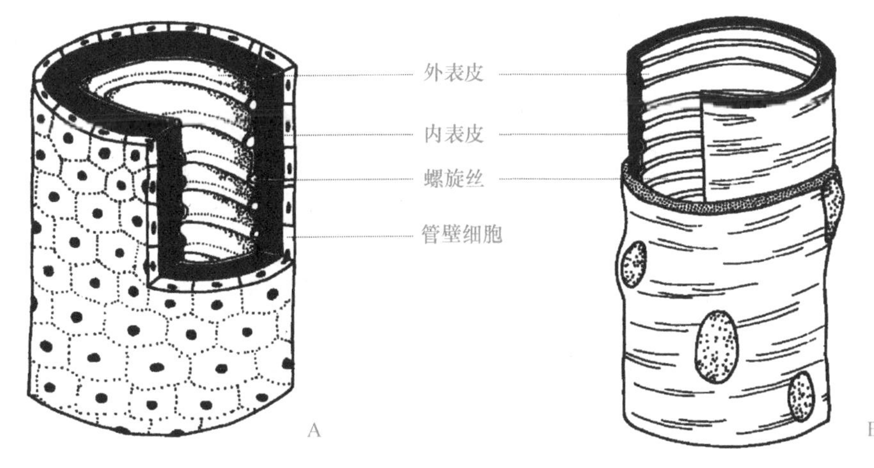

图 12-2 昆虫气管的组织结构

A. 气门气管；B. 气管分支

（仿 Wigglesworth，1965）

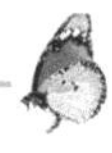

2. 气管的排布

昆虫气管的模式分布是在每个体节都有独立气管系，并被次生的纵向气管前后连接起来（图 12-3）。从气门延伸入体内的小段气管称气门气管（spiracular trachea）。从气门气管分出 3 条主要分支，分别称为背气管、内脏气管和腹气管。背气管（dorsal trachea）的分支分布于背面的体壁肌和背血管。内脏气管（visceral trachea）的分支分布于消化道、生殖器官和脂肪体等。腹气管（ventral trachea）的分支分布于腹面体壁肌和腹神经索。这些气管的主支被次生的纵向气管连接起来，形成 4 条纵行的气管主干（tracheal trunk），分别称为侧气管主干（侧纵干）、背气管主干（背纵干）、内脏气管主干（内脏纵干）和腹气管主干（腹纵干）。侧气管主干通常是最粗的气管，连接各体节气门，是气体进入体内的主要通道。背气管主干连接各体节的背气管。内脏气管主干连接所有的内脏气管。腹气管主干连接所有的腹气管。另外，在鳞翅目昆虫的幼虫中，每一体节的两条侧纵干还有横的连锁相互连接，形成横在背血管背面的背气管连锁

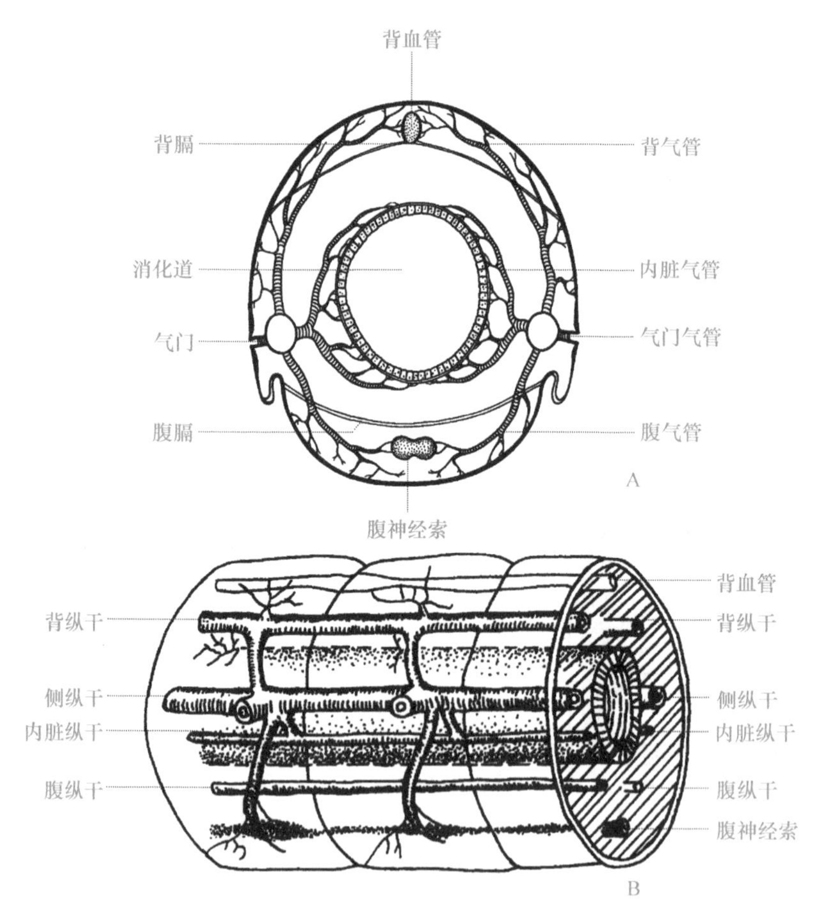

图 12-3　昆虫气管系统分布模式图

A. 体躯横切面，示体节内气管分布；B. 体躯前侧面透射，示气管纵干

（仿 Snodgrass，1935）

(dorsal tracheal commissure)和横在腹神经索腹面的腹气管连锁(ventral tracheal commissure)。

昆虫气管系统的发达程度和分布情况常因种类或体节不同而有很大差异。例如，翅和足都发达的昆虫，其胸部气管也常发达且分布复杂；多数昆虫侧气管主干发达，而背气管主干、腹气管主干、内脏气管主干则很少同时存在。

(二) 气囊

在直翅目、蜻蜓目、鳞翅目、双翅目和膜翅目等昆虫的成虫中，气管主干常局部膨大成壁薄而柔软的囊状结构，称气囊(air sac)(图12-4)。气囊可以储备气体，加上气囊内膜螺旋丝缺如或不发达，易随血压的变化或体躯的扭动而被压缩或扩张，大大加强气管的通风作用。对飞行昆虫或水生昆虫，气囊还有增加浮力的作用。但是，无翅的石蛃目和衣鱼目昆虫以及全变态昆虫的幼虫一般都无气囊。

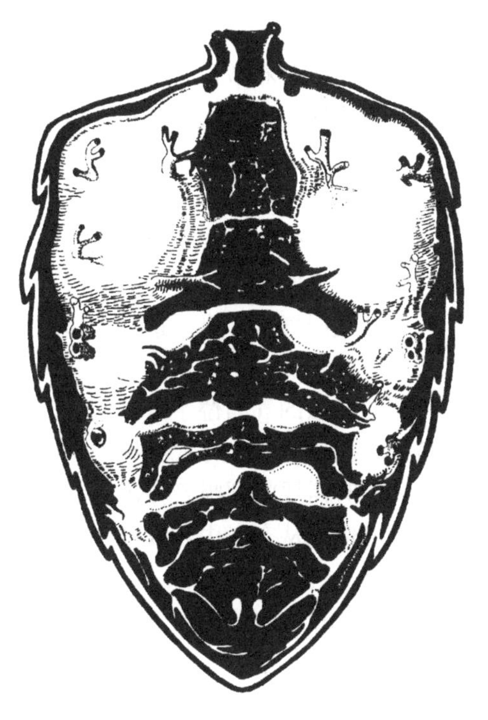

图12-4 蜜蜂工蜂腹部的气管系统，示气囊
(仿 Snodgrass, 1935)

三、微气管

昆虫的气管逐渐变细，当直径细到2～5 μm时，伸入掌状的成气管细胞(tracheoblast)内，然后由成气管细胞形成几条直径在0.1～1 μm、末端封闭的微管，称为微气管(tracheole)(图12-5)。

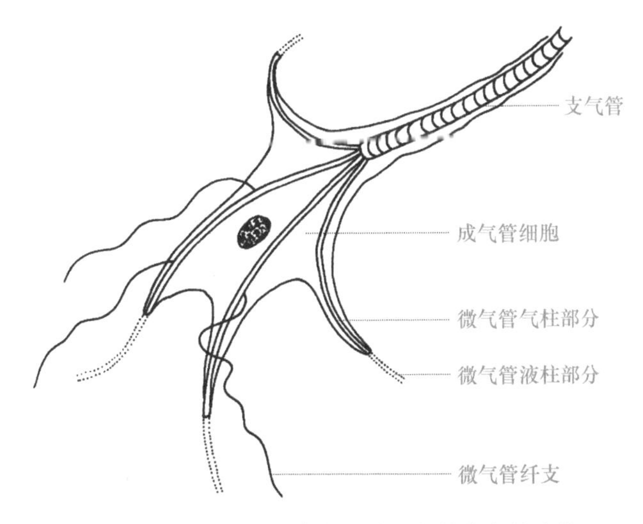

图12-5 微气管与成气管细胞及气管分支的连接
(仿 Wigglesworth, 1965)

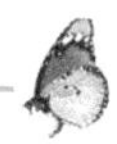

微气管伸入组织内或细胞间，进行直接的气体交换。在代谢旺盛的飞行肌等组织中，微气管的分布数量常最多。微气管的组织结构与气管无明显差别，也有螺旋丝，但内膜无几丁质，因而气体容易透过，同时在昆虫脱皮时不脱落。

第二节　昆虫的呼吸方式

昆虫因习性和发育阶段等的不同，其呼吸方式出现很大的变化，大致可归纳为气门气管呼吸、体壁呼吸、气管鳃呼吸、物理鳃呼吸等几种类型。

（1）气门气管呼吸。这是大多数具有开放式气门气管系统的陆生昆虫具有的主要气体交换方式。氧气的吸入和二氧化碳的呼出都是通过气门和气管系统来完成的。

多数昆虫的气门位于身体两侧，但在一些水生昆虫和内寄生昆虫中，气门的开口比较特殊，获取氧气的方式特别。例如，蚊科幼虫和蝎蝽的气门开口在腹部末端的呼吸管上，换气时需要将呼吸管伸出水面；多数寄生蝇的幼虫通过后气门连接寄主的气管或穿透寄主的体壁从空气中获取氧气。

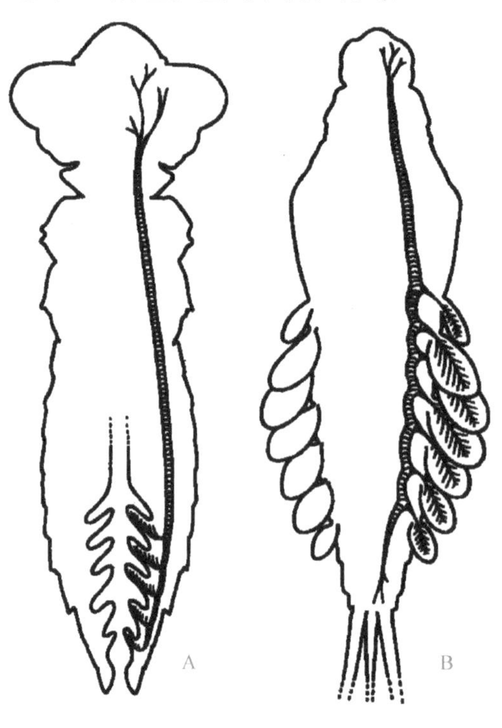

图 12-6　昆虫的气管鳃

A. 蜻蜓的直肠鳃；B. 蜉蝣的腹鳃

（仿 Wigglesworth，1972）

（2）体壁呼吸（cutaneous respiration）是指通过体壁直接进行气体交换的呼吸方式。对于以气门气管呼吸的昆虫，体壁呼吸只是一种辅助的呼吸方式。但是，对于没有气管系统、或具有气管系统但没有气门或气门关闭的昆虫，这是主要的呼吸方式。例如，很多内寄生的膜翅目昆虫和部分水生昆虫的低龄幼虫，它们虽有气管但没有气门，只能通过柔软的体壁来吸收溶解于寄主血液或水中的氧气。

（3）气管鳃呼吸。一些水生昆虫的幼虫体壁突出形成叶状或毛状的构造，内含丰富的气管分支和微气管，通过微气管从水中摄取氧气并排出二氧化碳，以增强体壁在水中的呼吸效能，称为气管鳃（tracheal gill）（图 12-6）。以气管鳃进行的气体交换称为气管鳃呼吸，它是体壁呼吸的特化类型。

气管鳃常以所在的位置给予命名。蜻蜓稚虫的气管鳃位于直肠内，称直肠鳃（rectal gill）；豆娘稚虫的气管鳃位于腹部末端，称尾鳃（caudal gill）；蜉蝣稚虫和毛翅目幼虫的气管鳃位于腹部两侧，称腹鳃（abdominal gill）。

（4）物理鳃呼吸。一些水生昆虫的成虫体表或翅下有细密的疏水毛，当它们换气后潜入水中时，在体表或翅下形成一个与气门相通的气盾（plastron）或气泡（air bubble）等贮气构造。由于昆虫的呼吸作用，导致贮气构造中氧气分压的降低和氮气分压的升高，水中的氧气扩散进入贮气构造而氮气扩散到水中，使贮气构造具有气体交换的功能，所以这种气盾呼吸或气膜呼吸也被称为物理鳃呼吸（physical gill respiration）。一些水生的鞘翅目和半翅目昆虫的成虫就是采用这种方式进行呼吸。例如，仰泳蝽 *Notonecta* 身体腹面有气盾，进行气盾呼吸；龙虱 *Hydrous* 鞘翅下面有气盾、腹部末端有气泡，能进行气盾和气泡呼吸，冬天可在水下生活几个月，才到水面换气。物理鳃呼吸是气门气管呼吸的特化类型。

第三节 气管系统的呼吸机制

昆虫的呼吸作用是在气管系统中进行的，包括气体在气管中的传送以及在微气管与细胞间的交换两个步骤。气体在气管中的传送可以通过通风作用或扩散作用来完成，气体在微气管与细胞间的交换是通过扩散作用来实现。

一、气管的扩散作用和气囊的通风作用

在体型小或活动迟缓的昆虫中，气体在气管中的传送几乎仅依赖浓度梯度的被动扩散作用（diffusion）就能完成。然而，在体型大或飞翔的昆虫中，单靠扩散作用所获得的氧气满足不了正常的生理代谢，需要气囊在呼吸肌的协助下进行主动的通风作用（ventilation），才能保证氧气的充足供应，并排除体内产生的 CO_2 和过多的水分（图 12-7）。但是，在气管分支和微气管中，依然仅靠扩散作用进行气体交换。

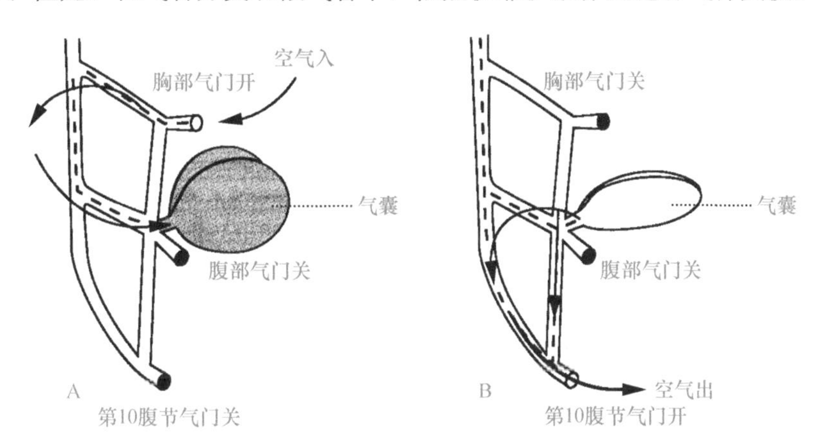

图 12-7 蝗虫气管通风作用中的气体流动

A. 吸气时；B. 呼气时

（仿 Resh & Cardé，2003）

当昆虫进行通风作用时，通过气门的开闭来调节气体的进出，通过气囊体积的变化实现气体交换。当体躯伸展时，气囊扩大而充满新鲜空气；当体躯收缩时，气管缩短而血压升高，气囊被挤压，将气体排出。昆虫腹部伸缩活动是多数昆虫产生通风作用的主要动力，其动作有 4 种类型：①仅背板伸缩，如鞘翅目和半翅目的异翅亚目昆虫；②背板和腹板同时伸缩，如直翅目、蜻蜓目、膜翅目和双翅目；③背板、腹板和侧板（膜）同时伸缩，如鳞翅目、脉翅目和毛翅目昆虫；④沿腹部长轴伸缩，如蜜蜂

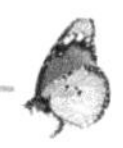

和胡蜂等。

在多数昆虫中，气管的通风作用与前后气门的开闭是协调进行的，以确保气体在纵行的气管主干内自前向后的单向流动。在吸气时，胸部气门打开，腹部气门关闭，气体自胸部气门流入；在排气时，胸部气门关闭，腹部气门打开，气体自腹部气门或最后1对气门流出（图12-7）。

二、微气管与组织间的气体交换

微气管的末端充满液体，空气不能进入微气管的末端与组织细胞进行气体交换。当组织活动时，代谢产物使血液的渗透压升高，微气管末端的液体便渗入组织细胞中，其液体上面空气也随之扩散到微气管末端，其中的氧气扩散到管外，直接与需氧细胞接触，同时组织产生的二氧化碳扩散到管内，完成气体交换；当组织细胞内的代谢物被氧化后，血液的渗透压又下降，微气管末端又重新充满液体，将二氧化碳推出；如此不断反复，完成气体交换（图12-8）。

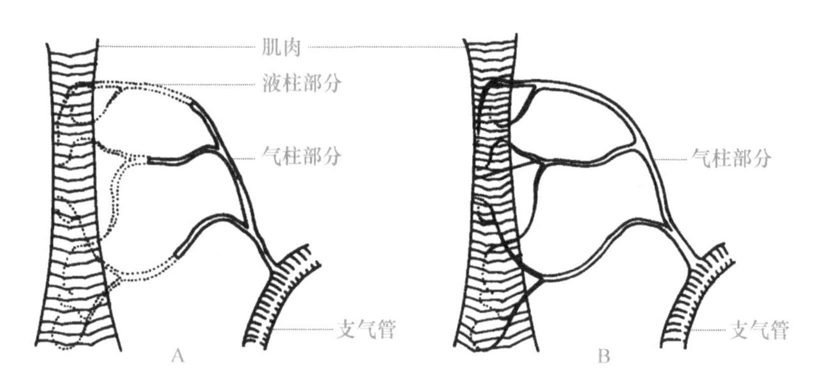

图12-8 微气管与组织间的气体交换

A. 液体充满微气管末端；B. 气体充满微气管末端

（仿Wigglesworth，1965）

第十三章

昆虫的神经系统

昆虫的神经系统（nervous system）来源于外胚层，属腹神经索型，包括中枢神经系统、周缘神经系统和交感神经系统 3 部分。它是昆虫信息处理和传导的中心，协调昆虫的生命活动，调控昆虫对复杂环境的反应，还能通过神经内分泌调节昆虫的生长和发育。

第一节　神经系统的基本构造

一、神经元

神经元（neuron）即是神经细胞（nerve cell），是神经系统的基本组成单位。

（1）神经元的基本结构。神经元包括细胞体（soma）、轴突和树突 3 部分。轴突（axon）是细胞体发出的神经纤维的主干，其末端传出神经冲动的细小纤维称端丛（terminal arborization）。轴突的外面包有一层含有细胞质和线粒体的薄膜，称神经围膜（neural lamella）。细胞体或轴突的侧支（collateral）上发出的细小纤维主要用于传入神经冲动，称树突（dendrite）。

（2）神经元的基本类型和功能。从形态上，神经元可分为单极神经元、双极神经元和多极神经元。单极神经元（monopolar neuron）的细胞体仅有 1 条突起，称为神经突（neurite），随后神经突分支成轴突和侧支，昆虫多数神经属于这类（图 13-1A）。双极神经元（bipolar neuron）的细胞体有 2 条突起，1 条长、1 条短（图 13-1B）。多极神经元（multipolar neuron）的细胞体有 3 条或 3 条以上的突起（图 13-1C）。

从功能上，神经元可分为感觉神经元、运动神经元、联络神经元和神经分泌细胞。感觉神经元（sensory neuron）是将体表或体内感觉器接收的神经冲动传导到中枢神经系统的神经元，其细胞体位于所联系的感觉器附近或消化道的表面，不在神经节内，多为双极或多极神经元。运动神经元（motor neuron）是将中枢神经系统内的神经冲动传导到效应器的神经元，其细胞体位于神经节内，多为单极神经元。联络神经元（association neuron）又称间神经元（interneuron），是联系感觉神经元与运动神经元或两个间神经元之间的神经冲动传导的神经元，其细胞体位于脑或神经节的周缘，多为单极神经元。神经分泌细胞（neurosecretory cell）是中枢神经系统中具有内分泌功能的特化的神经元，其细胞体位于神经节的周缘，一般为单极神经元。

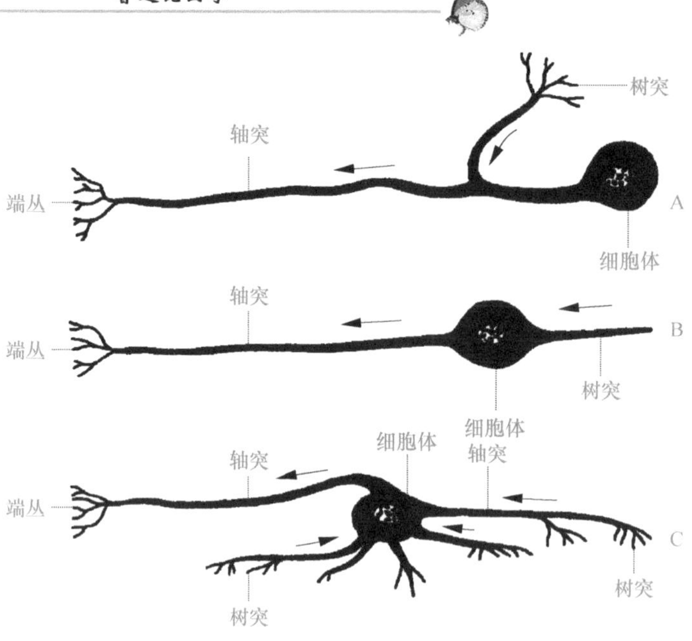

图 13-1 昆虫神经元的类型

A. 单极神经元；B. 双极神经元；C. 多极神经元

（仿 Chapman，1998）

二、神经与神经节

(1) 神经 (nerve)。昆虫的神经是由成束的神经纤维（轴突）集结而成，是神经冲动传导的通道。在同一神经内，往往既有感觉神经纤维，又有运动神经纤维，少数仅含有其中一种神经纤维。

(2) 神经节 (ganglion)。神经节是由许多间神经元和运动神经元的细胞体、神经纤维以及感觉神经元的神经纤维集合而成的结状构造，呈卵圆形或多角形。每个神经节约由 500～3000 个神经元组成，但脑可以含有 300 000 个以上的神经元。神经节的外面包有由鞘细胞层（perineurium）和神经膜（neurilemma）组成的神经鞘（nerve sheath）；神经鞘外侧有气管分布，内侧是神经细胞体；神经节的中央是神经纤维形成的紧密复杂的神经纤维网络，称神经髓（neuropile）（图 13-2A）。在神经髓内，各种神经元的神经纤维通过复杂的突触联系，进行信息整合，是信息联系和协调的中心。

昆虫的每个体神经节均由左右两侧的两个神经节合并而成，有时还残留有横连的神经称为神经连锁（commissure）；前端、后端各以两根神经连索（connective）与前、后的神经节相连，构成腹神经索。每个体神经节的两侧各伸出 2～6 支侧神经（lateral nerve），连接感觉器和效应器。在每一支侧神经内，感觉神经纤维主要位于腹面，向神经节传递信息，称为腹根（ventral root）；运动神经纤维主要位于背面，传递神经节接到的信息，称为背根（dorsal root）（图 13-2B）。

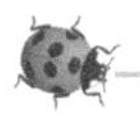

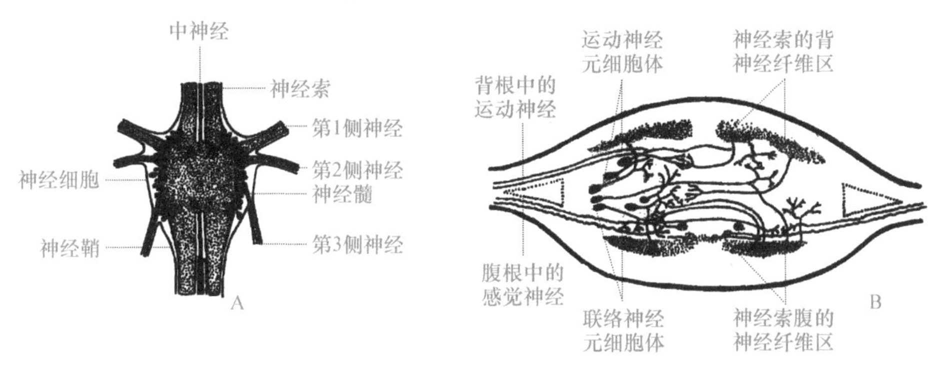

图 13-2 昆虫的神经节

A. 神经节模式图；B. 蜻蜓稚虫腹神经节的横切面

（仿 Zawarzin，1924）

第二节 中枢神经系统

昆虫的中枢神经系统（central nervous system）包括一个位于头腔内食道背面的脑和一条位于腹腔内消化道腹面的腹神经索，是神经冲动和内分泌的控制中心。脑与腹神经索之间，以围食道神经连索（circumoesophageal connective）相连（图 13-3）。

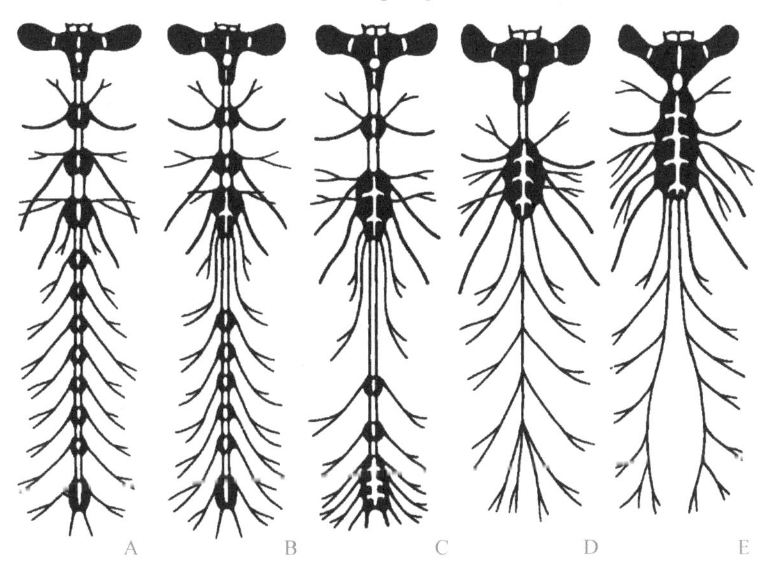

图 13-3 昆虫的中枢神经系统，示神经节的合并现象

A. 红萤 *Dictyopterus*；B. 蜚蠊 *Blatta*；C. 方头泥蜂 *Crabro*；D. 绿蝇 *Calliphora*；E. 尺蝽 *Hydrometra*

（仿 Horridge，1965）

一、脑

昆虫的脑（brain）又称食道上神经节（supraesophageal ganglion）。它联系着头部所有的感觉神经元以及口器、胸部和腹部的所有运动神经元，是昆虫主要的联络和协调中心，其相对体积的大小与昆虫行为的复杂性密切相关，如蜜蜂的脑体积与体躯体积比是 1∶174，而龙虱的才 1∶4200。昆虫的脑可分为前脑、中脑和后脑 3 部分（图 13-4A，B）。

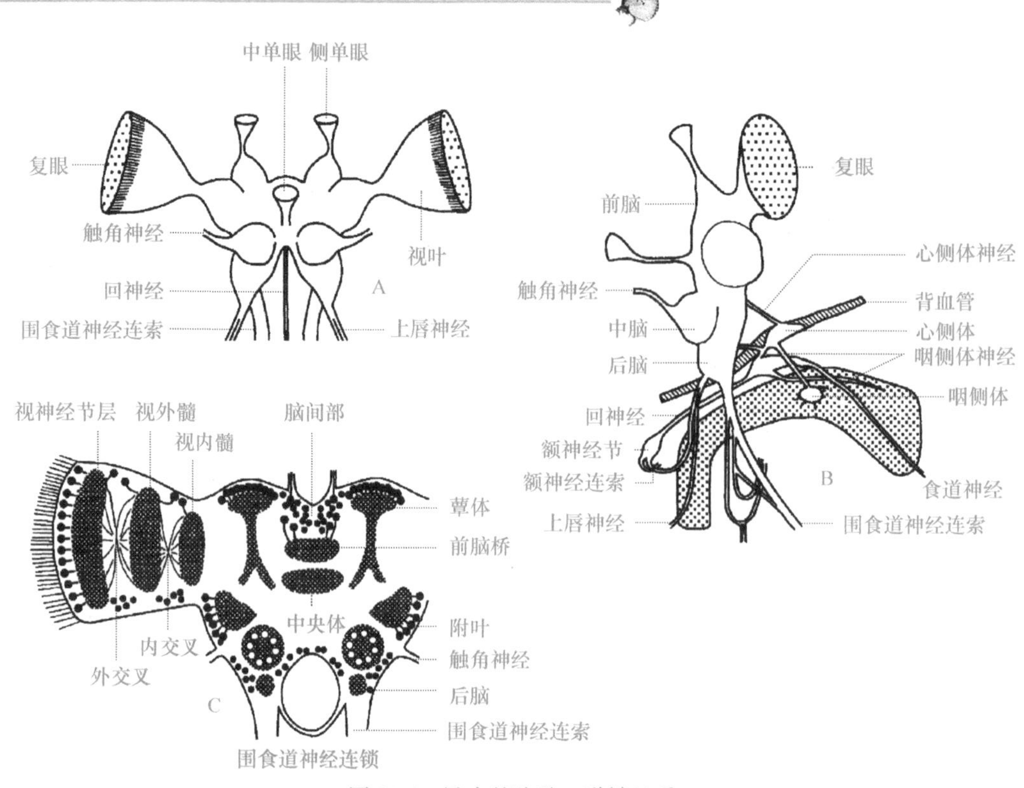

图 13-4 昆虫的脑及口道神经系

A. 蝗虫 *Locusta*，背面观；B. 蝗虫，侧面观；C. 模式图

（A，B. 仿 Albrecht，1953；C. 仿 Chapman，1998）

（1）前脑（protocerebrum），位于脑的前部，最发达。前脑左右两侧有突出的视叶（optic lobe）与复眼或侧单眼相连，背面突出 1～3 根细长的单眼梗（ocellar pedicel）与背单眼相接，是昆虫视觉的神经中心和主要的联络中心。

视叶包括 3 个神经髓区，从外向内分别为神经节层（lamina ganglionaris）、视外髓（medulla externa）和视内髓（medulla interna）。其中，视外髓和视内髓外面形成神经的外交叉（external chiasma）和内交叉（internal chiasma）（图 13-4C）。

在前脑的中部有 4 个神经髓区形成的脑体：1 对蕈体（corpus pedunculatum）、1 个前脑桥（protocerebral bridge）、1 个中央体（central body）和 1 对附叶（accessory lobe），它们构成了昆虫头部的联系中心。在前脑桥的前面有脑间部（pars intercerebralis），分布有大量的神经分泌细胞。

（2）中脑（deutocerebrum），位于前脑后方，包括两个膨大的中脑叶（antennal lobe）及由此发出的触角神经（antennal nerve）分布到触角上，是昆虫触角的神经中心。

（3）后脑（tritocerebrum），由中脑下方的两个脑叶组成，是源于第 2 触角节的神经节。后脑以神经连索与食道上方的额神经节和食道下方的食道下神经节相连接，并发出神经通到上唇和背壁。

二、腹神经索

昆虫的腹神经索（ventral nerve cord）位于消化道的腹面，包括头部的食道下神经节、胸部和腹部的一系列体神经节以及连接前后神经节的成对神经连索组成。

食道下神经节（suboesophageal ganglion）位于食道的下方，由上颚节、下颚节和下唇节的神经愈合而成。食道下神经节通过围食道神经连索与后脑相连，其发出的神经主要伸到上颚、下颚、下唇、舌、唾腺及颈部肌肉等，是昆虫取食的神经中心。

胸神经节（thoracic ganglion）和腹神经节（abdominal ganglion）合称体神经节（segmental ganglion）。在衣鱼目、石蛃目、蜻蜓目、直翅目和全变态昆虫的幼虫中，体神经节有11对，胸部3对和腹部8对，其中腹部第8对神经节常由第8～11腹节的神经节合并而成。但是，在其他昆虫中，体神经节有不同程度的合并，甚至有些昆虫的体神经节合并为1个，如尺蝽 *Hydrometra*、猎蝽 *Rhodnius* 和双翅目环裂亚目的部分种类（图13-3）。胸神经节发出神经通到足和翅，是运动的控制中心。腹神经节的神经分布到有关体节，是生殖器官、后肠和尾须等的控制中心。

第三节 交感神经系统

昆虫的交感神经系统（sympathetic nervous system）又称口道神经系统（stomodeal nervous system）或内脏神经系统（visceral nervous system），由口道神经系、中神经系和尾神经系组成。

一、口道神经系

昆虫的口道神经系（stomodeal nervous subsystem）主要包括1个额神经节、1个或1对后头神经节和1个或1对嗉囊神经节及其发出的神经纤维（图13-4A，B）。

额神经节（frontal ganglion）位于食道的上方、脑的前方，由2根额神经节神经连索（frontal ganglion connective）与后脑的两叶连接，由1根回神经（recurrent nerve）向后与后头神经节（occipital ganglion）相接。在一些昆虫中，额神经节前端常发出1～2根神经通到唇基区。后头神经节的后端常伸出1～2根食道神经（oesophageal nerve）通到嗉囊神经节（ingluvial ganglion）。嗉囊神经节的两侧连接着心侧体和咽侧体。每个心侧体有3根神经分别与前脑、后头神经节和咽侧体连接。口道神经系是前肠、中肠和背血管活动的控制中心，在昆虫生长发育的激素调控中也起作用。

二、中神经系

昆虫的中神经系（median nerve subsystem）是由位于腹神经索前后两个神经节的两条神经连索之间的一系列中神经组成。中神经常见于昆虫幼虫体内，来源于前一神经节，其中含有两根很细的感觉神经纤维和两根较粗的运动神经纤维。中神经向后延伸至中途，常分出1对侧支分布到附近的气管、气门及气门肌上，是气管系统的控制中心（图13-5）。没有

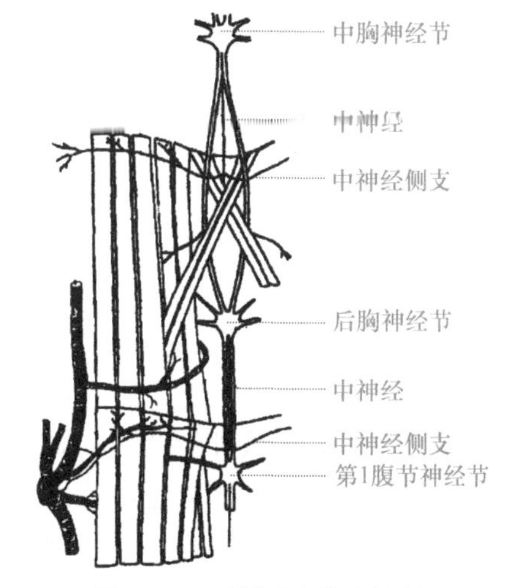

图13-5 天幕毛虫的中神经
（仿 Snodgrass，1935）

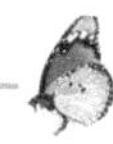

中神经的幼虫或成虫，即由所在体节的神经节发出的侧神经来控制气管系统。

三、尾神经系

尾神经系（caudal nervous subsystem）是指腹末复合神经节发出的所有神经，在结构上也属中枢神经系统，其侧神经分布于后肠、生殖器官和尾须等，是排泄和生殖的控制中心。另外，它发出神经通向胸部，联系着尾须的感觉神经元和胸部的运动神经元，可产生快速反应。

第四节　周缘神经系统

昆虫的周缘神经系统（peripheral nervous system），也称体壁神经系统（integumental nervous system），是指分布于昆虫体壁下面或消化道表面的所有运动神经和感觉神经所形成的神经传导网络，连接着中枢神经系统与交感神经系统。多数周缘神经都同时含有感觉神经和运动神经，但触角和尾须只含有感觉神经。

第五节　神经传导机制

昆虫神经的传导包括轴突传导和突触传递。

一、轴突传导

轴突传导（axonal transduction）是指一个神经元内的信息由轴突传到细胞体或由细胞体传给轴突的过程。轴突传导是以膜电位的变化来传递信息，所以也称电传导（electrical transduction）。

（1）膜电位（membrane potential），包括静息电位和动作电位。

在昆虫神经的外周血液中，含有高浓度的 Na^+ 和低浓度的 K^+，并有 Cl^- 为主的有机阴离子；与此相反，神经质膜内含有高浓度的 K^+ 和低浓度的 Na^+，并有 Cl^- 等有机阴离子。当神经处在没有刺激的静息状态时，由于质膜的选择通透性，质膜内的 K^+ 沿浓度梯度扩散到外周血液中，但 Na^+ 不能进入神经质膜内，导致膜外带正电荷、膜内带负电荷的极化状态（polarization），并按董南平衡（Donnan equilibrium）原理处于动态平衡，此时膜内外的电位差即为静息电位（resting potential）。当神经受到刺激后，膜的通透性发生改变，外周血液中的 Na^+ 进入膜内，膜内电位上升，膜两边的电位差缩小，直至膜内电位为正、膜外电位为负的去极化（depolarization），形成脉冲形动作电位（action potential）。

（2）神经的轴突传导。神经的某一部位接受刺激后，就产生兴奋，膜的通透性改变（图 13-6）。由于膜内、膜外的电解质都是可导的，当 Na^+ 进入膜内时，即可形成回路，产生动作电流；质膜外的动作电流从兴奋区流向未兴奋区，导致兴奋区的去极化，进而产生一定间隔的脉冲形神经冲动；当神经冲动向神经的邻近未兴奋区传导后，兴奋区的质膜恢复对 Na^+ 的不透性，而质膜内 Na^+ 则依靠离子泵（ion pump）的作用向外渗透，直至建立膜内、膜外的极化状态，恢复静息电位。这个过程反复地进行，兴奋就随脉冲动作电位在整个神经上传导。

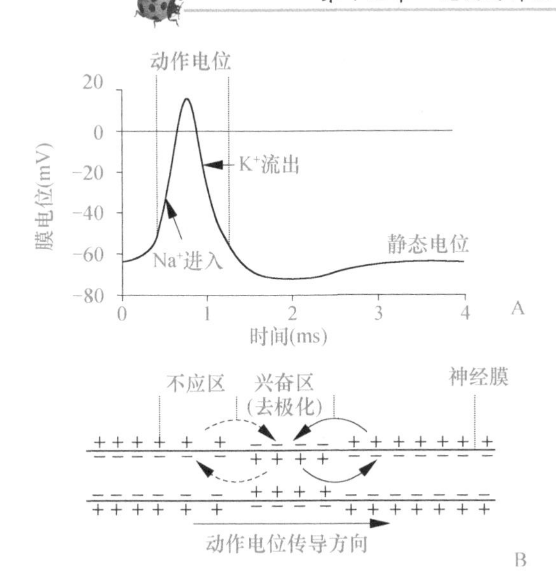

图 13-6 昆虫神经膜电位的产生及轴突传导的模式图

A. 动作电位；B. 轴突传导

（仿 Chapman，1998）

二、突触传递

突触传递（synaptic transmission）是指信息在不同神经元的突触之间或神经元与肌肉或腺体的突触之间进行传递。突触传递是以神经递质来传递信息，所以也称化学传递（chemical transmission）

（1）突触（synapse），是指神经元之间的神经末梢的相接触部位或者神经与肌肉或腺体的连接点，包括突触前膜（presynaptic membrane）、突触间隙（synaptic cleft）和突触后膜（postsynaptic membrane）3 部分。突触间隙一般是 10～25 nm。

一个神经元的轴突、侧支、端丛和树突的任何部位都能形成突触，但主要位于端丛或树突上。在绝大多数突触中，神经末梢端部略为膨大，形成直径 0.5～2 μm 的突触小结（synaptic knob），小结内含有许多突触小囊泡（synaptic vesicle），内含神经递质。

（2）神经递质（neurotransmitter）。动作电位不能直接通过突触间隙进行传导，须借助神经递质传递。

神经递质就是神经末梢分泌的化学物质，起着将神经冲动从突触前膜通过突触间隙传递到突触后膜的作用。

在兴奋性神经中，乙酰胆碱（acetylcholine，Ach）是神经元之间的主要神经递质，谷氨酸盐（glutamate）是神经与肌肉连接点的主要神经递质。但是，一些弦音神经（chordotonal nerve）和多极感觉神经的神经递质是血清素（serotonin），复眼和单眼视觉神经的神经递质是组胺。

在抑制性神经中，γ-氨基丁酸是主要神经递质，少数会是单胺或章鱼胺。

(3) 突触传递。在兴奋性神经传递中，当动作电位传导到突触前膜时，引起前膜去极化，开放前膜的Ca^{2+}通道，使Ca^{2+}向膜内扩散，促使带有Ach突触小囊泡与前膜释放位点结合，并进一步融合形成"Ω"形小囊泡；Ach从缺口处释出，进入突触间隙；Ach随机扩散到突触后膜上，与后膜上的Ach受体结合，使Ach受体的构象发生变化，引起后膜对Na^+、K^+的通透性，导致后膜的去极化，产生兴奋性突触后电位（excitatory postsynaptic potential，EPSP），电位的强度与受体被激活的程度成正相关，这样就把神经冲动传到了下一个神经元（图13-7）。Ach与受体（AchR）的结合是可逆的，当它激发受体发生变构以后，就被释放出来，随即被突触后膜上的乙酰胆碱酯酶（cholinesterase，AchE）水解成胆碱和乙酸，所以兴奋在1～2 ms内迅速消失。胆碱和乙酸再被突触前膜吸收，重新合成Ach，供下一次传递用。

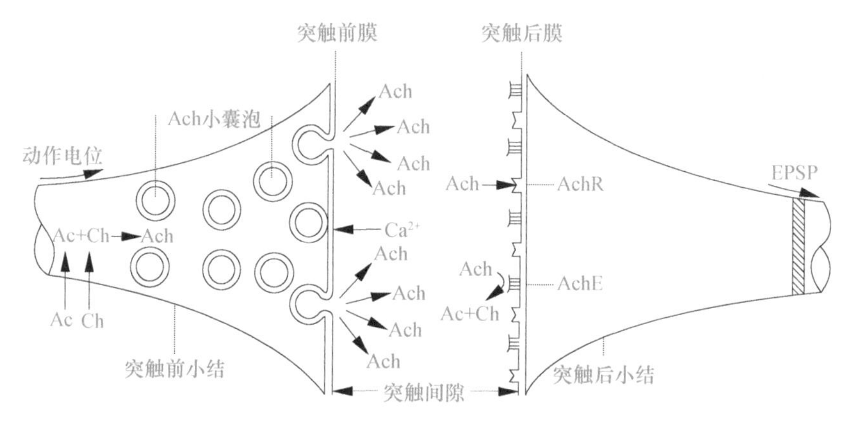

图13-7 昆虫神经的突触传导模式图

（仿 Shankland *et al.*，1978）

在抑制性神经传递中，Ach与后膜上的Ach受体结合后，引起后膜对Cl^-的通透性，导致膜的超极化，产生抑制性突触后电位（inhabitory postsynapic potential，IPSP），阻碍了神经传递。

第六节 杀虫剂对神经系统的作用

许多高效杀虫剂都是针对昆虫神经系统研制出来的。但是，不同类型的杀虫剂，对神经系统的作用靶标不同。

(1) 对轴突传导的影响。滴滴涕和拟除虫菊酯主要作用于轴突传导。滴滴涕分子能嵌入轴突膜上Na^+通道，从而延缓轴突的去极化和Na^+通道的关闭时间，出现重复的动作电位，产生中毒症状。拟除虫菊酯也是抑制轴突膜的Na^+通道，使膜的渗透性改变，造成传导阻断，但也可能影响突触传递，产生神经毒害及其他作用，如对ATP酶的抑制等。

(2) 对乙酰胆碱受体的影响。烟碱、箭毒（curare）、沙蚕毒素等能与突触后膜上Ach受体结合，阻断了Ach与受体的结合，冲动不能传导，致使昆虫死亡。

（3）对乙酰胆碱酯酶的影响。有机磷和氨基甲酸酯类杀虫剂都是 AchE 的抑制剂。它们与 AchE 结合后，阻止了 AchE 与 Ach 的结合，造成突触部位 Ach 的大量积聚。因此，昆虫中毒以后，表现出过度兴奋，随之行动失调，麻痹死亡。

另外，环戊二烯和六六六还能增加突触前膜中突触小泡的释放，使昆虫产生过度兴奋而死亡。

第十四章

昆虫的生殖系统

昆虫的生殖系统（reproductive system）包括外生殖器和内生殖器两部分。外生殖器在第四章已作介绍，这里仅介绍内生殖器。

昆虫的内生殖器（internal reproductive organ）主要包括由中胚层形成的卵巢、睾丸、侧输卵管和输精管以及外胚层形成的中输卵管、生殖腔、射精管及生殖附腺等。它的主要功能是繁殖后代。

第一节　雌性内生殖器

昆虫雌性内生殖器包括1对卵巢、1对侧输卵管、1根中输卵管及生殖腔，多数昆虫还有1～3个接受和贮藏精子的受精囊以及1～2对雌性附腺（图14-1A）。

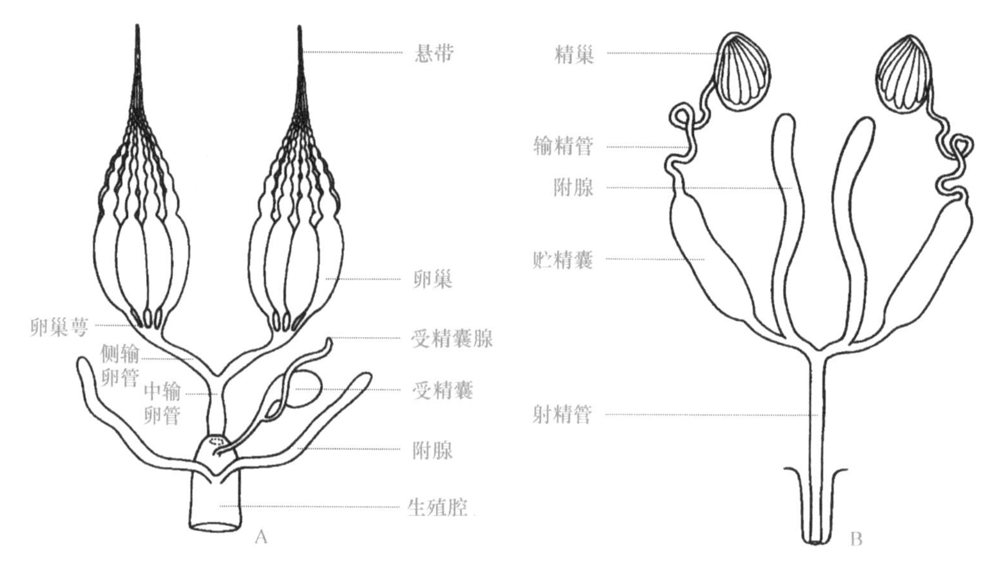

图14-1　昆虫内生殖器的模式图

A. 雌虫；B. 雄虫

（仿Snodgrass，1935）

一、卵巢

昆虫的卵巢（ovary）通常成对，位于消化道的背面，各由一组数量不等的卵巢管（ovariole）组成，是卵子发生和发育的场所。

(一) 卵巢管的数目

每头雌虫卵巢管的数目，因昆虫种类、个体大小、生活习性等而有较大差异。例如，舌蝇 *Glossina* 和一些蚜虫的卵巢管只有 1 根，鳞翅目的有 8 根，膜翅目和双翅目多为 100～200 根；个体小的蝗虫的卵巢管有 8 根，但个体大的蝗虫可达 100 余根；蚂蚁和白蚁等社会性昆虫的卵巢管可达 2000 多根，甚至 8000 根。

(二) 卵巢管的结构

卵巢管可分为端丝、卵巢管本部和卵巢管柄 3 部分（图 14-2A）。端丝（terminal filament）是卵巢管本部前端的围鞘延伸成的细丝，常集结成悬带（suspensory ligament）而将卵巢悬附于脂肪体、体壁或背膈上。卵巢管本部（egg-tube）是卵子发生和发育的部位，可分为生殖区（germarium）和生长区（vitellarium）。在生殖区进行有丝分裂，生殖细胞产生卵原细胞（oögonium），卵原细胞再发育成原始卵母细胞（oöcyte）。在有些种类中，卵原细胞部分分化为滋养细胞（trophocyte）。在生长区进行卵黄沉积，卵母细胞周围包围着一层卵泡细胞（follicle cell），随着卵黄的沉积，形成一系列由小到大的卵，每粒卵处于 1 个卵室（egg chamber）内。卵巢管柄（pedicel）即是卵巢管基部通入侧输卵管的 1 条薄壁短管。整个卵巢管外包一层非细胞的管壁膜（tunica propria）。

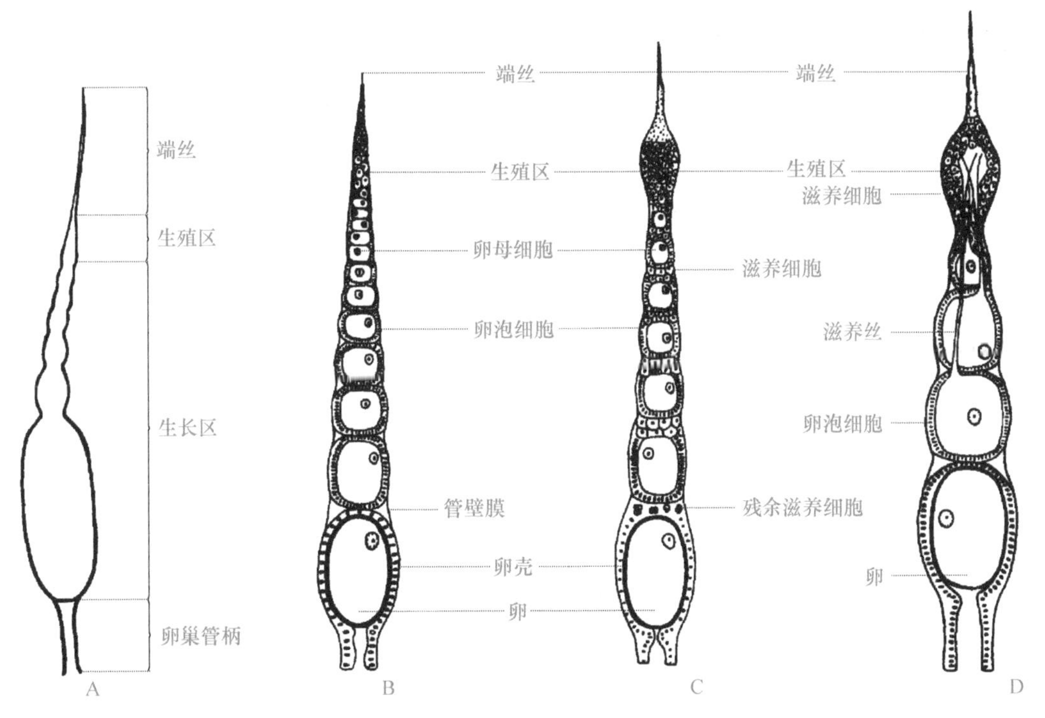

图 14-2 昆虫卵巢管的结构与类型

A. 结构模式图；B. 无滋式；C. 多滋式；D. 端滋式

（A. 仿 Snodgrass，1935；B～D. 仿 Weber，1936）

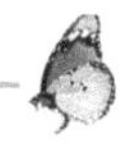

（三）卵巢管的类型

根据滋养细胞的有无和排列方式，可将卵巢管分为下面 3 种类型。

（1）无滋式卵巢管（panoistic ovariole）。卵巢管内无滋养细胞，卵母细胞主要是依靠卵泡细胞吸收血液中的营养来沉积卵黄。常见于表变态、原变态和不全变态昆虫中，如衣鱼目、石蛃目、蜉蝣目、蜻蜓目、蜚蠊目、纺足目、襀翅目和多数直翅目；在全变态昆虫中，只有蚤目和捻翅目的卵巢管属于这种类型（图 14-2B）。

（2）多滋式卵巢管（polytrophic ovariole）。卵巢管内的滋养细胞与卵母细胞交替排列，以供给卵子发育所需的营养。当卵母细胞成熟后，滋养细胞内的营养物质消耗殆尽。多见于革翅目、啮虫目、虱目、脉翅目、长翅目、鳞翅目、毛翅目、双翅目、膜翅目（图 14-2C）。

（3）端滋式卵巢管（telotrophic ovariole）。卵巢管内的滋养细胞都集中在生殖区内，以滋养丝（nutritive cord）与卵母细胞连接，供给所需营养。多见于半翅目的异翅亚目、鞘翅目的多食亚目、蛇蛉目和广翅目（图 14-2D）。

多滋式卵巢管和端滋式卵巢管合称具滋式卵巢管（meroistic ovariole）。

二、侧输卵管

侧输卵管（lateral oviduct）是连接卵巢和中输卵管的一对管道，其前端与卵巢管连接处常膨大呈囊状，称卵巢萼（calyx），可暂时贮存卵子。侧输卵管外常包围着一层由环肌和纵肌组成的肌肉鞘，通过肌肉的伸缩来完成排卵动作。

三、中输卵管

中输卵管（median oviduct）的前端与两根侧输卵管连接，后端开口于生殖腔内。中输卵管的后端开口称为生殖孔，是排卵的开口；而生殖腔后端的开口称为阴门（vulua），是交配和产卵的开口。但是，蜉蝣没有中输卵管，两条侧输卵管直接开口于体壁表面。

四、生殖腔

中输卵管延伸到腹部第 8 节后，一般不直接开口于体壁表面，而开口于隐藏在第 8 腹板内陷形成的生殖腔（gential chamber）内，并以阴门与外界相通。大多数昆虫的阴门位于第 8 腹节的后端或第 9 腹节上，同时具有交配和产卵的功能，称为单孔类；但多数鳞翅目昆虫第 8 腹节后端和第 9 腹节上各有 1 个开口，各自担负着交配和产卵的功能，分别称为交配孔和产卵孔（ovipore），称为双孔类。

生殖腔在多数昆虫中为管状，称阴道（vagina），但在鳞翅目等昆虫中为囊状，称交配囊（bursa copulatrix）。

五、受精囊

受精囊（spermatheca）由第 8 腹板后缘的体壁内陷而成，是雌虫在交配时用以接受精子的1～3个囊状构造，其导管开口于中输卵管或生殖腔。受精囊上常有受精囊腺(spermathecal gland)，其分泌液用以保藏接受的精子。受精囊内的精子可以存活几个月、几年，甚至更长时间。据报道，蜜蜂蜂后受精囊内的精子能存活9年，白蚁蚁后受精囊内的精子能存活15年。

六、雌性附腺

雌性附腺(accessory gland)中除了受精囊腺外，多数雌虫的生殖腔上还有1～2对附腺，称黏腺(collterial gland)。但是，在蝗科昆虫中，黏腺着生于卵巢萼的顶端。黏腺分泌胶质使虫卵粘附于物体上或形成卵块，还可形成覆盖卵块的卵鞘等。

第二节　雄性内生殖器

昆虫雄性内生殖器包括1对精巢、1对输精管、1根射精管和雄性附腺，有些昆虫的输精管基部膨大成贮精囊(图14-1B)。

一、精巢

昆虫的精巢(testis)由一组精巢管(testicular tube)组成，呈椭圆形、叶状或相互分散，借气管或脂肪体固定在消化道背面或侧面，是精子发生和发育的场所。

精巢管的数量一般少于同种昆虫卵巢管的数量，且形状变化大。鞘翅目肉食亚目昆虫的精巢管仅有1根，虱目有2根，多数鳞翅目昆虫有4根，而一些直翅目昆虫的可达100多根。一些鳞翅目的4根精巢管结合成一个囊状的精巢，共用一个开口；而一些直翅目的精巢管成叶状，相互分开，独自开口于侧输精管(图14-3)。

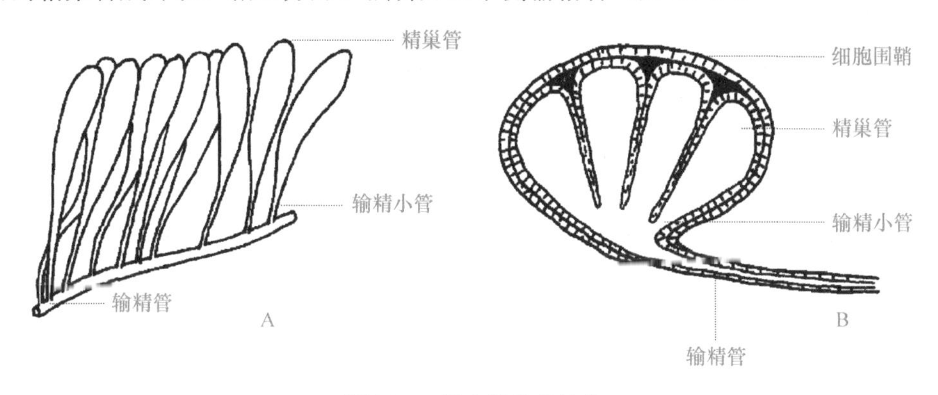

图14-3　昆虫精巢的结构

A. 直翅目；B. 鳞翅目

(仿Snodgrass，1935)

精巢管外面由细胞围鞘(peritoneal sheath)包裹着，这些细胞吸收血液中的营养物质，供给精巢管内生殖细胞生长发育需要。根据生殖细胞的发育程度，可将精巢管分为4个区域：生殖区(zone of germarium)、生长区(zone of growth)、成熟区(zone of maturation)和转化区(zone of transformation)(图14-4)。在生殖区，生殖细胞进行有丝分裂形成精原细胞(spermatogonium)，一些鳞翅目昆虫的生殖区顶端有1个大

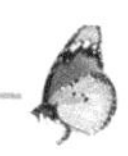

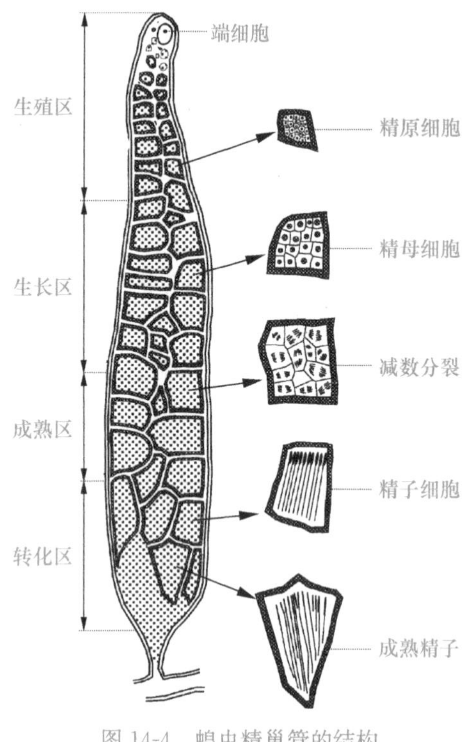

图 14-4 蝗虫精巢管的结构
(仿 Wigglesworth, 1965)

型的端细胞 (apical cell), 为精原细胞提供营养; 在生长区, 精原细胞被一群细胞包围形成一个育精囊 (spermatocyst), 并在其中进行有丝分裂成精母细胞 (spermatocyte); 在成熟区, 精母细胞进行减数分裂成为精细胞 (spermatoblast); 在转化区, 精细胞转化为有尾部的精子 (spermatozoon), 包围精子的囊壁崩解, 使精子成束聚集在一起。

二、输精管和贮精囊

输精管 (vas deferens) 是连接精巢和射精管之间的一对侧管, 其下段常膨大成贮精囊 (seminal vesicle), 以贮藏成熟的精子团。精子从精巢管进入贮精囊后还能继续发育。

三、射精管

射精管 (ejaculatory duct) 是由两条输精管汇合而成的单导管, 与阳茎相接, 开口于第 9 腹板与第 10 腹板之间的节间膜上, 精液经此射入阴道。在射精管外有肌肉鞘, 利于射精时射精管的伸缩。

四、雄性附腺

昆虫的雄性附腺 (paragonia gland) 是指雄性生殖系统的附腺, 包括输精管上的中胚层附腺 (mesodene) 和射精管上的外胚层附腺 (ectadene), 呈长形囊状或卷曲管状。在不少种类的昆虫中, 输精管、贮精囊和射精管都有腺体分泌能力。

雄性附腺能分泌含有蛋白质、氨基酸、糖类和脂肪等物质的黏液, 为精子提供营养和能量、浸浴和保存精子或在交配时在雌虫交配囊内形成包裹精子的精包。

第十五章

昆虫的内分泌器官与激素

昆虫的激素（hormone）是指由内分泌器官分泌的、具有高度活性的微量化学物质，经血液运送到靶组织，调节昆虫的生长、发育、变态、生殖和滞育等生理活动。

第一节　昆虫的内分泌器官

昆虫的内分泌器官（endocrine organ）包括神经分泌细胞和内分泌腺体两类。内分泌腺体（endocrine gland）是产生激素的特殊腺体，激素直接或经贮存组织间接地释入血液。内分泌腺体主要有心侧体、咽侧体和前胸腺（图 15-1）。

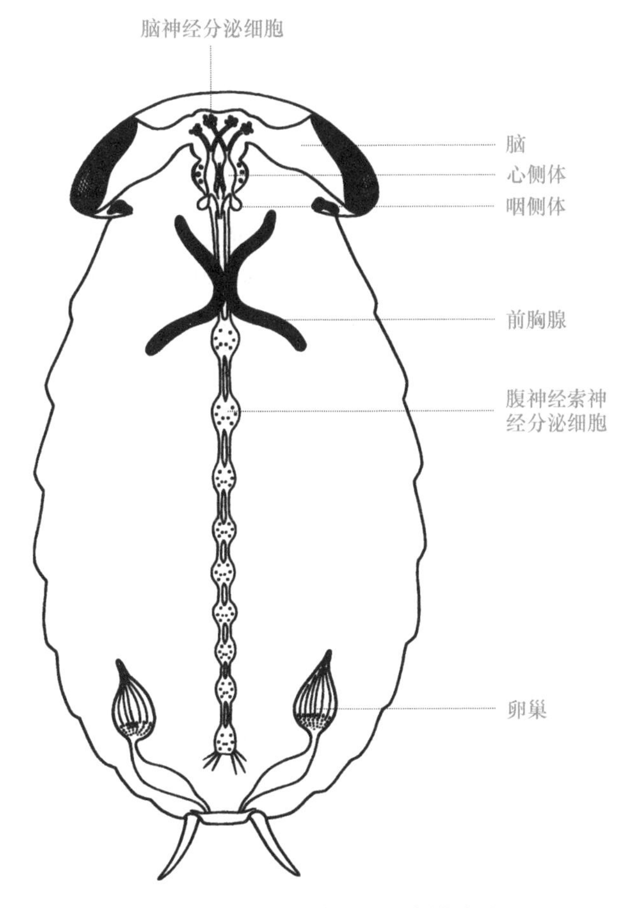

图 15-1　昆虫的内分泌器官模式图
（仿 Novak，1975）

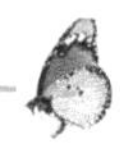

一、神经分泌细胞

神经分泌细胞也称神经内分泌细胞（neuroendocrine cell），是昆虫神经系统中具有内分泌功能的一群神经细胞，主要是单极神经细胞，具有神经细胞和腺体细胞的双重特征。神经分泌细胞分布于脑和神经节内，但以脑内的神经分泌细胞为主。

脑神经分泌细胞一般位于前脑的脑间部，分泌的神经激素通过神经经心侧体传到咽侧体，然后释入血液中，调节咽侧体和前胸腺的分泌活动。

二、心侧体

昆虫的心侧体（corpus cardiacum）来源于外胚层，是位于脑后方、食道和背血管背面或两侧的 1 个或 1 对神经腺体，内含大量神经分泌细胞和贮存细胞。它有神经与脑、咽侧体和后头神经节相连。

心侧体除了贮存脑神经分泌细胞分泌的促前胸腺激素外，也能分泌激脂激素（adipokinetic hormone）、促心搏激素（cardiac acceleratory hormone）、利尿激素（diuretic hormone）、抗利尿激素（antidiuretic hormone）和高海藻糖激素（hypertrehalosemic hormone）等。心侧体可以将这些激素直接排入血液中，也可以通过咽侧体释放。

三、咽侧体

昆虫的咽侧体（corpus allatum）来源于外胚层，是位于食道背面两侧的 1 对小椭圆形的内分泌腺体，有神经与心侧体和食道下神经节联系。在半翅目昆虫中，咽侧体常愈合成一个中央腺（median gland）；在双翅目环裂亚目昆虫的幼虫中，心侧体、咽侧体和前胸腺合并成一个环绕心脏的环状内分泌腺体称环腺（ring gland）。

咽侧体的主要功能是产生对昆虫变态和卵黄沉积起调节作用的保幼激素。咽侧体的周期性分泌活动与昆虫生长发育过程密切相关。在分泌活动旺盛期，咽侧体体积增大，腺细胞数量增多，腺细胞内的内质网和核糖体大量积聚，特别是合成保幼激素的光面内质网显著增加。

四、前胸腺

昆虫的前胸腺（prothoracic gland）来源于外胚层，一般位于昆虫前胸或头部后端两侧，是成对透明的、带状或串状的腺体，主要存在于昆虫的幼体和蛹以及衣鱼目和石蛃目的成虫，有翅类 Pterygota 成虫无前胸腺。前胸腺上有丰富的微气管和来自食道下神经节和胸神经节的神经纤维分布。

前胸腺的主要功能是产生对昆虫变态起调节作用的蜕皮激素。前胸腺在衣鱼目和石蛃目昆虫中终生存在，所以这两目昆虫的成虫能继续脱皮；在有翅类 Pterygota 昆虫中，成虫的前胸腺退化，因而就失去脱皮的能力。

第二节　昆虫的激素

昆虫激素已知有 30 多类，除蜕皮激素和保幼激素外，其他多数是神经肽类激素。

一、蜕皮激素

昆虫的蜕皮激素（molting hormone）又称蜕皮甾类（ecdysteroid），为多羟基化的类固醇，是由幼体和蛹的前胸腺或成虫的生殖腺分泌的具有蜕皮活性的物质，调节和控制着昆虫的变态和卵子发育。

昆虫体内普遍存在的蜕皮激素主要有α-蜕皮激素（α-ecdysone）和β-蜕皮激素（β-ecdysone 或 20-hydroxyecdysone）。它们分别于 1965 年和 1966 年被 Karlson 等和 Hüber 等分离鉴定为 27 个碳的五羟胆甾烯酮和六羟胆甾烯酮（图 15-2A，B）。在一些昆虫中，α-蜕皮激素或 3-脱氢-α-蜕皮激素（3-dehydroecdysone）是“原激素”，没有活性或活性很低，需转化为β-蜕皮激素才有高活性。β-蜕皮激素与甲壳纲动物的蜕皮激素完全相同，所以也称甲壳蜕皮素（crustecdysone）。昆虫自身不能合成蜕皮激素前体物三萜烯化合物，需从食物中获取胆甾醇或植物甾醇，在前胸腺中将其转化为α-蜕皮激素，尔后在脂肪体或中肠细胞内的细胞色素 P-450 酶催化下转化为β-蜕皮激素。

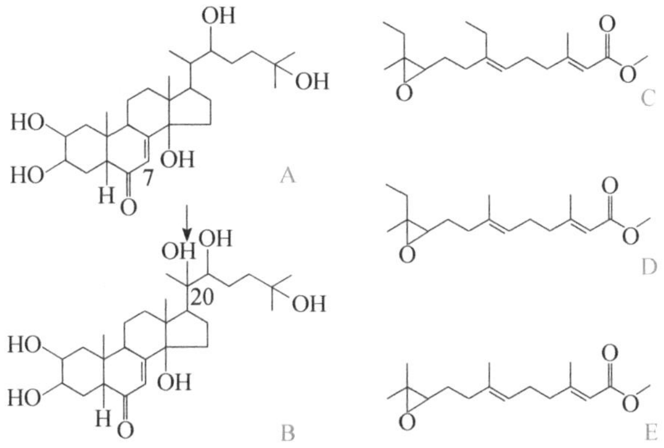

图 15-2 昆虫蜕皮激素和保幼激素的化学结构
A. α-蜕皮激素；B. β-蜕皮激素；C. JHⅠ；D. JHⅡ；E. JHⅢ

幼体和蛹分泌蜕皮激素的主要作用是促进昆虫的脱皮。但是，成虫卵巢分泌的蜕皮激素对卵子发生和胚胎发育起到一定的调节作用。

蜕皮激素的分泌受脑激素控制，主要作用于表皮、前肠和后肠、气管壁、成虫器官芽的表皮部分及神经系统等外胚层组织，在保幼激素的协调作用下促使昆虫脱皮。

二、保幼激素

昆虫的保幼激素（juvenile hormone）是指由咽侧体分泌的倍半萜烯甲基酯类激素，能抑制变态脱皮和阻止潜在成虫器官的发育以及影响卵子发生、滞育和多态现象等。

（1）保幼激素的理化特性。目前，已经分离鉴定的保幼激素包括 JH0、JHⅠ、JHⅡ、JHⅢ（图 15-2C～E）、4-methyl-JHⅠ、甲基 7,10-环氧-3,7,11-三甲基-2(E)-十二羧酸酯（JHⅢ-bisepoxide）和甲基法尼酯（Methyl farnesoate）共 7 种结构。其中，JHⅢ是最常见的保幼激素，存在于大多数昆虫体内；JH0 和4-methyl-JHⅠ仅存在于鳞翅目蛾类昆虫的卵内；JHⅠ、JHⅡ只在鳞翅目昆虫体内发现；甲基 7,10-环氧-3,7,11-

三甲基-2(E)-十二羧酸酯仅在果蝇 *Drosophila* 和麻蝇 *Sarcophaga bullata* (Parker) 体内发现；甲基法尼酯却在一些昆虫和甲壳动物中发现。

咽侧体产生的保幼激素是亲脂性的，在血液中有较高的溶解度，它与载体蛋白质形成的复合体可防止非特异性脂酶的水解。

(2) 保幼激素的生物活性。保幼激素的分泌受脑激素控制，主要功能是抑制成虫器官芽的分化和生长，使虫体保持幼期状态。

保幼激素具有维持幼虫特征、阻止变态发生的作用。当缺乏保幼激素时，幼虫和蛹就会提前发生变态脱皮。保幼激素在雌虫体内可以刺激卵巢发育和卵黄形成，同时也对雌虫附腺发生作用。但是，保幼激素对雄虫精子发生不起作用，对其附腺影响也不明显。在蜚蠊、黄粉甲和小蠹等昆虫中，保幼激素还可调节雌虫性信息素的合成和分泌。昆虫的多型现象常常与保幼激素密切相关。在社会性昆虫中，已证明多态现象的机制与保幼激素有关。飞蝗的群居型与散居型转变也与保幼激素相关。此外，昆虫的幼虫滞育和成虫滞育也与保幼激素有关，保幼激素具有维持幼虫和蛹滞育的作用。

三、神经激素

昆虫的神经激素（neurohormone）是指由中枢神经系统中的神经分泌细胞分泌的具有激素活性的肽类物质，也称肽类激素（peptide hormone）或神经肽（neuropeptide）。这些激素在调节和控制昆虫的生长、发育、生殖、体内平衡等方面发挥着重要作用。

神经激素已报道有近 150 种，其中重要的有促前胸腺激素、鞣化激素、蜕壳激素、激脂激素、性信息素合成激活肽和滞育激素等。

(1) 促前胸腺激素（prothoracicotropic hormone，PTTH）又称脑激素（brain hormone）或促蜕皮激素（ecdysiotropin），是第 1 个被发现的昆虫激素，也是最常见的神经肽类激素。它是脑内神经分泌细胞产生的肽类激素，主要由前脑的神经分泌细胞分泌，激活前胸腺合成和分泌 α-蜕皮激素或 3-脱氢-α-蜕皮激素（3-dehydroecdysone）。目前，已分离纯化了家蚕、烟草天蛾、黑腹果蝇和美洲蜚蠊等几种昆虫的促前胸腺激素，并弄清了家蚕促前胸腺激素的基因和氨基酸序列，发现促前胸腺激素是由两种以上的不同氨基酸序列组成的多肽，不同序列可能存在某些种间专化性。

(2) 鞣化激素（bursicon）是由脑及腹神经索的神经分泌细胞在每次脱皮后分泌的一类分子质量为 30～40 kDa 的多肽，能启动鞣化作用，促使脱皮后表皮的黑化和硬化。它的作用机制是：一方面活化酪氨酸酶，并使酪氨酸进入真皮细胞，在酶作用下转化为 N-乙酰多巴胺；另一方面直接作用于皮细胞，增加多巴胺的穿透性，多巴胺在外表皮中进一步氧化为邻位苯醌，导致蛋白质与几丁质的网状聚合，使表皮变得坚硬。已在蜚蠊、沙漠蝗、吸血蝽、黄粉虫、烟草天蛾、麻蝇、丽蝇等昆虫中发现了鞣化激素。

(3) 蜕壳激素（eclosion hormone）是由脑神经分泌细胞产生的一种含有 62 个氨基酸的多肽激素，引发幼虫或预蛹的脱皮或成虫的羽化。

蜕壳激素是调节昆虫的幼虫、蛹以及成虫脱去旧表皮的激素。其中，将调节成虫从蛹或末龄若虫旧表皮中羽化出来的蜕壳激素特称为羽化激素。蜕壳激素在脑的神经分泌细胞中合成，输送并储存在心侧体中，在生物钟的调节下释放进入血液，随后作用于腹神经索，引发特异性的脱皮行为。蜕壳激素已在蜚蠊、红蝽、柞蚕、烟草天蛾、天蚕蛾等昆虫中发现。

（4）激脂激素（adipokinetic hormone）是由昆虫心侧体分泌的一类肽类激素，主要调节昆虫体内脂肪的转运和利用，同时对碳水化合物的代谢起调节作用。在飞蝗中，这种激素能促进脂肪体中甘油三酯转化成甘油二酯，并进入血液，为飞翔肌提供能源。

激脂激素已在飞蝗、美洲蜚蠊、竹节虫、棉红蝽、黄粉虫、马铃薯甲虫、蛱蝶、烟草天蛾等昆虫中都有发现，主要是由 8～10 个氨基酸组成的多肽。现在已有合成的激脂激素及其类似物。

（5）性信息素合成激活肽（pheromone biosynthesis activating neuropeptide）是由脑和食道下神经节分泌的神经肽，它具有促进性信息素分泌腺体合成和释放信息素的功能。

1989 年，首次从谷实夜蛾 *Helicoverpa zea*（Boddie）中分离纯化了性信息素合成激活肽，随后又从不同种类的昆虫中发现和纯化了多种性信息素合成激活肽。此类神经肽均由 33 个氨基酸组成，彼此有 65%～80%的同源性，在 C 端有 1 个相同的五肽序列（Phe-Ser-Pro-Arg-Leu-NH_2），该序列是维持性信息素合成激活肽活性所必须具备的最小片段，改变或缺少 1 个氨基酸，将明显降低其生物学活性。

（6）滞育激素（diapause hormone）是诱导昆虫进入滞育的肽类激素。其中，家蚕卵的滞育激素研究较为清楚，它由食道下神经节里的神经分泌细胞释放，由 24 个氨基酸组成，其末端氨基酸序列与性信息素合成激活肽的非常相似。在家蚕中，滞育激素除了调节卵的滞育外，也能通过改变酶的活性来提高滞育卵的存活率。家蚕卵滞育激素的代谢反应仅限于卵巢，且只作用于重量约 500 μg 的卵母细胞。在其他昆虫中，滞育受到脑激素、保幼激素或蜕皮激素调节。

第三节　激素的作用过程

昆虫的许多生理过程和行为反应，如生长、发育、变态、生殖、滞育和迁飞等都受激素的调节，其过程可归纳为下面 3 个步骤。

（1）内分泌器官的激活。当昆虫中枢神经系统接受到光周期、温度和食物等体内外信息的综合刺激时，脑或神经节中的神经分泌细胞开始分泌活动，产生一类促激素，活化体内其他内分泌腺体。

（2）激素的分泌、与载体的结合和转运。当昆虫的内分泌器官被促激素激活后，便开始产生特有的激素并释放到血液中；这些激素与血液中的特定载体蛋白结合，被转运到靶细胞（target cell）。

（3）激素对靶细胞的作用。当激素被转运到靶细胞时，便与细胞膜上的受体蛋白结合，经受体进入细胞内后作用于染色体上某些特定位点，使染色体产生膨突现象，并转录 mRNA，最后经核糖体翻译成蛋白质，从而对昆虫的生长发育起调节作用。

第四节　激素对昆虫生长、发育和变态的调节

昆虫的生长、发育和变态由遗传因子控制，而这些特征的表现则由激素调节。参与

调节的激素有神经激素、蜕皮激素和保幼激素。其中，神经激素包括促前胸腺激素、蜕皮引发激素（ecdysis triggering hormone）、蜕壳激素和鞣化激素。促前胸腺激素在保幼激素与蜕皮激素的调节过程中起主导作用，蜕皮激素是引起脱皮和变态的动力，保幼激素决定生长发育的特征（图 15-3）。

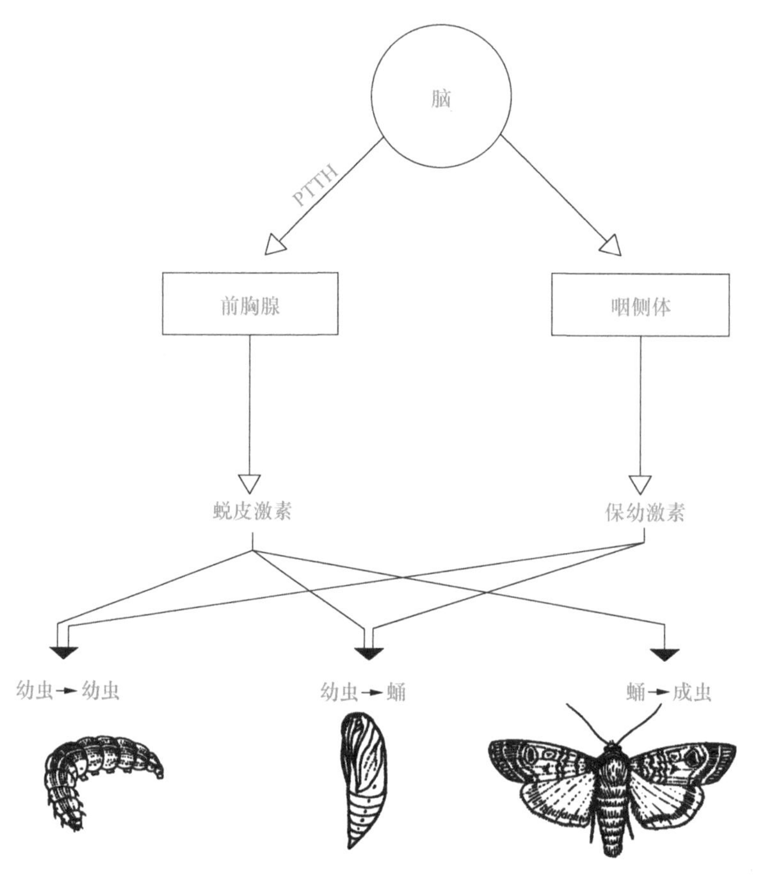

图 15-3 全变态昆虫的生长、发育和变态的激素调节
（仿 Richards，1981）

脑神经分泌细胞分泌的促前胸腺激素经心侧体到达咽侧体，从咽侧体分泌到血液中，然后激发前胸腺合成和分泌蜕皮激素；蜕皮激素引起真皮细胞的变化，启动脱皮过程，形成新表皮。在脑神经激素的作用下，咽侧体分泌保幼激素；保幼激素抑制着成虫器官的发育，决定每次脱皮后昆虫生长发育方向。在血液中的保幼激素滴度高时，幼虫脱皮后还是幼虫；当滴度低时，幼虫脱皮后变成蛹；当滴度为零时，蛹脱皮变为成虫。在每次脱皮时，需要有蜕皮引发激素或蜕壳激素的介导；每次脱皮后，需要鞣化激素参加外表皮的硬化和暗化以及内表皮沉积。

第十六章

昆虫的外分泌腺体与信息素

昆虫信息素（pheromone）这个名词最早于1959年由德国生物化学家Karlson和瑞士昆虫学家Lüscher提出，它是指由昆虫的外分泌腺体分泌、能引起同种其他个体产生特定行为或生理反应的信息化学物质。

昆虫信息素绝大多数是挥发性物质，经空气传递到同种的其他个体后，能调节和控制昆虫的生殖和防御行为，或者社会性和亚社会性昆虫的发育生理和行为反应。信息素多数是小分子的气态，由触角上的嗅觉器感受；少数是大分子、非挥发性物质，需经过产卵器、触角、跗节或口器上的味觉器才能发挥作用。

第一节　昆虫的外分泌腺体

昆虫的外分泌腺（exocrine gland）来源于外胚层，是由真皮细胞特化形成的分泌细胞组成的腺体，其分泌物释放到体外。

昆虫的外分泌腺主要有两类：一类是腺体没有导管通向体外，也没有临时性的贮存结构，信息素分泌时直接排到体外，如分泌性信息素的腺体；另一类是腺体有临时性贮存结构，信息素释放到体外时要经过导管，如分泌防御类信息素的腺体。

昆虫信息素分泌腺体的部位因昆虫种类不同而异。鳞翅目雌虫分泌性信息素腺体一般位于腹末生殖孔附近，但一些蝶类的在后翅上；鞘翅目昆虫的性信息素，有的在粪便中，有的在后肠，有的在腹部末端；半翅目二叉蚜*Schizaphis*分泌性信息素的腺体则在后足胫节上；双翅目家蝇的性信息素由体壁表皮分泌。小蠹虫分泌聚集信息素的腺体在后肠。分泌踪迹信息素的腺体主要在腹部。蜜蜂工蜂分泌踪迹信息素的奈氏腺（Nasonov's gland）在第7腹节背面节间膜上；白蚁分泌踪迹信息素的腺体在腹部第4背板或第5背板下；蚂蚁分泌踪迹信息素的杜氏腺（Dufour's gland）和毒腺也都在腹部。标记信息素的分泌包括内分泌腺和外分泌腺，分泌腺体主要位于卵巢、中肠和后肠上。分泌警戒信息素的腺体包括膜翅目昆虫的上颚腺（mandibular gland）、杜氏腺和毒腺（poison gland），半翅目异翅亚目的后胸腺（metathoracic gland），蚜虫腹部背面的腹管（cornicule）等。

第二节　昆虫信息素的种类及特点

根据其功能，昆虫信息素分为很多类。这里主要介绍性信息素、聚集信息素、踪迹信息素、标记信息素和警戒信息素。

（1）性信息素（sex pheromone）。昆虫的性信息素也称性外激素，是成虫在特定时

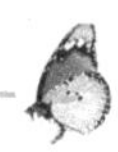

间里分泌和释放的、对同种异性个体有强烈引诱作用的信息化学物质，一般分为长距离吸引的性引诱信息素（sex attraction pheromone）和近距离吸引的交配信息素（courtship pheromone）两种（图 16-1）。

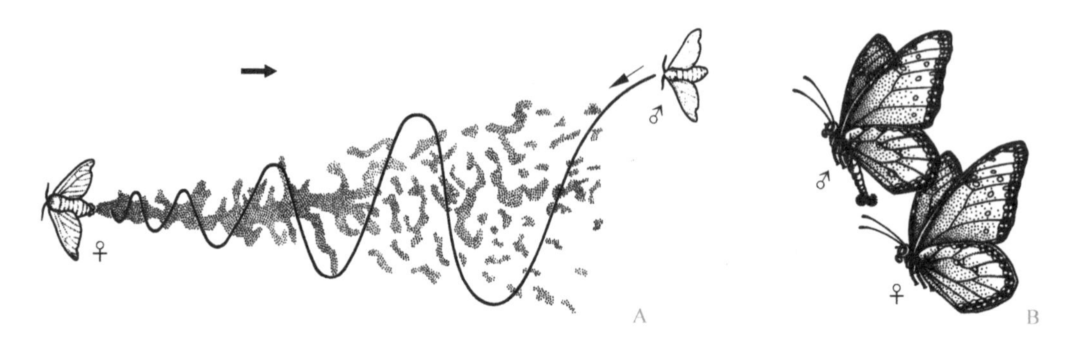

图 16-1 昆虫的性信息素联系

A. 蛾用性引诱信息素联系；B. 吉斑蝶 *Danaus gilippus*（Cramer）用交配信息素联系

（A. 仿 Haynes & Birch，1985；B. 仿 Brower *et al.*，1965）

昆虫的性信息素分泌是在性成熟期进行，通常由雌性分泌引诱雄性。但是，在果蝇和一些蝶类昆虫中，是雄性分泌来吸引雌性；在一些小蠹科昆虫中，雌雄两性都能分泌进行互相吸引。

绝大多数已知的昆虫性信息素都是两种或两种以上化合物以一定比例组成的脂溶性混合物。1959 年，德国生物化学家 Butenandt 鉴定了第 1 个昆虫性信息素，即家蚕的性信息素，并将其命名为“Bombykol”。到目前为止，已分离鉴定了 9 目 90 多科 2000 多种昆虫的性激素。其中，以鳞翅目蛾类昆虫和蜚蠊目昆虫的性信息素研究最深入。这些性信息素多数是 8～18 个碳原子的直链、有 1～3 个双键的乙酸酯、醇或醛，有很高的种的特异性。

（2）聚集信息素（aggregation pheromone）是引起同种两性的其他个体定向至释放源聚集的挥发性信息化学物质。

目前，已对 6 个目昆虫的聚集信息素进行了研究。其中，对鞘翅目小蠹科及其他贮藏物害虫的聚集信息素研究最多，特别是对西松大小蠹 *Dendroctonus brevicomis* LeConte 的研究最透彻。最先到达松树 *Pinus ponderosa* 的西松大小蠹雌性释放信息素 7-乙基-5-甲基-6,8-二氧杂二环［3,2,1］辛烷（exo-brevicomin），加上被害寄主释放的香叶烯（myrcene），增强了对两性其他个体的诱集效果；当被诱来的雄性个体进入雌虫蛀道后，雄虫释放信息素 1,5-二甲基-6,8-二氧杂二环［3,2,1］辛烷（frontalin）；这 3 种化合物共同作用，吸引更多两性个体前来取食和交配。

（3）踪迹信息素（trail pheromone）是社会性昆虫分泌的、能标示其行踪的信息化学物质，使种内其他个体能追随其行踪，以找到食物或返回巢穴。这类信息素的持续时间短、有效范围窄。

蜜蜂的踪迹信息素又称奈氏信息素（Nasonov pheromone），是为纪念首次发现者 Nassnoff（1883）而命名的。奈氏信息素是由蜜蜂工蜂腹部的奈氏腺释放的，含有反-法尼醇（E，E-farnesol）和 6 个单萜化合物，如牻牛儿醇（geraniol）、牻牛儿酸（geranic acid）和橙花醇等及其异构体。当蜜蜂找到水源或蜜源时，用奈氏信息素做气味标记，以引导其他寻找者。白蚁和蚂蚁工蚁的踪迹信息素也常是萜类化合物。

（4）标记信息素（marking pheromone）是指昆虫在其产卵场所、食物源或巢穴附近所留下的、有提示作用的信息化学物质。

标记信息素用来标记寄主上已有同种或异种昆虫个体的存在，以调节昆虫的产卵行为，避免后代之间对寄主有限资源的竞争。标记信息素也用来告诉后来的其他个体，它所访花上蜜源的情况，以免后来者浪费时间和能量。标记信息素主要是萜类化合物或14～18个碳原子的长链脂肪酸等非挥性物质，一般在成虫产卵时由产卵器、口器或随排泄物排放到寄主体内或体表。雌虫可以通过触角、口器附肢、足的附节或产卵器上的化感器进行检测。

（5）警戒信息素（alarm pheromone）是昆虫释放的、向同种其他个体通报有敌害来临的挥发性信息化学物质。

警戒信息素主要是社会性或群栖性昆虫对抗外来侵扰时释放的一种诱导产生疏散、聚集或防御行为的挥发性物质。不同昆虫对报警信息素的反应不同，大体可分为惊慌警戒（panic alarm）和聚集警戒（aggressive alarm）两类。前者的行为反应是慌乱地散开或紧急地跌落，如蚜虫、角蝉、蝽；后者是兴奋地向警戒信息素源聚集，进入戒备状态，并能产生群体攻击行为，如蜜蜂、胡蜂和一些蚂蚁。

警戒信息素多数是单萜（monoterpene）、倍半萜（sesquiterpene）、5～9个碳原子的短链乙酸酯、醇、酮或醛，普遍没有种的特异性。

第三篇 昆虫生物学

昆虫生物学是研究昆虫的生活史、习性、行为以及繁殖和适应等方面的学科。根据研究内容，可分为昆虫胚胎学、社会昆虫生物学和昆虫行为学等。学习昆虫的生物学，了解昆虫生命活动的规律和奥秘，更好地将昆虫生物学知识应用于人类改造自然的活动中。

本篇主要介绍昆虫的生殖方法、昆虫的胚前发育、昆虫的胚胎发育、昆虫的胚后发育、昆虫的生活史和昆虫的习性与行为。这些内容对于害虫的防控、益虫的利用和昆虫作为模式动物的研究有着重要的指导意义。

第十七章

昆虫的生殖方法

第一节 性别决定

昆虫的性别决定（sex determination）是指雌雄异体（dioecism）在生长发育过程中，决定性别分化的机制，包括染色体决定、基因决定和其他因子影响。

昆虫的性别有雌性（female，或♀）、雄性（male，或♂）和雌雄同体（hermaphrodite）3种。绝大多数昆虫是雌雄异体，极少数昆虫的雌性和雄性生殖器官并存于同一个体内，为雌雄同体。雌雄同体仅见于半翅目、鞘翅目、双翅目和膜翅目昆虫中的极少数种类。雌雄同体不同于雌雄间体或雌雄嵌体（gynandromorphy）。

一、性别与染色体和基因

昆虫的性别决定因种类的不同而异，主要由性染色体和基因决定。

（1）性染色体决定。昆虫的染色体包括性染色体和常染色体。性染色体用X表示，常染色体用O、W、Y、或Z表示。在多数昆虫中，雄性只有1条性染色体（XO或XY），雌性有成对的性染色体（XX）。在鳞翅目、毛翅目和部分双翅目昆虫中，雄性为成对的常染色体（ZZ），雌性为两条不同的常染色体或只有1条常染色体（ZW或ZO）。

（2）染色体倍数和等位基因决定。在膜翅目、缨翅目和少数半翅目和鞘翅目昆虫中，性别由染色体组的倍数决定。雄性的染色体是单倍体，雌性的是二倍体。但是，在一些膜翅目昆虫中，性别由染色体组的倍数和多位点的等位基因共同决定，雄性的染色体是单倍体或纯合的二倍体，雌性的是杂合的二倍体。

二、性别与胞质共生物

昆虫的性别受体内遗传物质控制，同时也受一些细胞质内共生物等因子调节。

目前，已知有细菌、立克次氏体和病毒等5类昆虫体内共生物能引起昆虫子代性比的变化，导致子代出现雌性。其中，对*Wolbachia*研究最深入，它是一类以昆虫、螨类和线虫等为寄主的细胞质共生菌，这类共生菌通过宿主卵细胞质的垂直传递并参与宿主多种生殖过程的调节。

*Wolbachia*通过诱导精子与卵子的胞质不亲和、产雌孤雌生殖、雌性化和杀雄等方式，使昆虫的子代表现雌性。目前发现这种性别调节机制在缨翅目、直翅目、半翅目、鞘翅目、鳞翅目、双翅目和膜翅目等昆虫中存在。

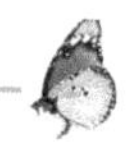

第二节 昆虫的生殖方法

昆虫的生殖方法多样，从不同角度可以分为不同的类型。根据受精的机制，可分为两性生殖和孤雌生殖；如依产出的子代的虫态，则分为卵生和胎生；若按每粒卵产生的子代个体数，可分为单胚生殖和多胚生殖。下面从上述三个角度来分别讲述昆虫的生殖方法。

一、两性生殖和孤雌生殖

昆虫的绝大多数种类是雌雄异体，它们主要进行两性生殖（sexual reproduction），少数孤雌生殖（parthenogenesis）。

（一）两性生殖

它又称有性生殖（gamogenesis），是最常见的生殖方法，其特点是要经过两性交配，雌虫的卵子与雄虫的精子结合之后才能发育成新个体。

（二）孤雌生殖

它又称单性生殖，是少数昆虫具有的生殖方法，其特点是卵不经受精也能发育成新个体。目前除蜻蜓目、革翅目、脉翅目和蚤目外，其他类群的昆虫都有孤雌生殖现象。

根据出现的频率，可将孤雌生殖分为兼性孤雌生殖（facultative parthenogenesis）和专性孤雌生殖（obligate parthenogenesis）两大类。

1. 兼性孤雌生殖

它又称偶发性孤雌生殖（sporadic parthenogenesis），即一些昆虫在正常情况下营两性生殖，但偶尔出现不受精卵也能发育成新个体的现象，如家蚕、舞毒蛾 *Lymantria dispar*（L.）和枯叶蛾等昆虫。

2. 专性孤雌生殖

一些昆虫在整个生活史中或某些世代，由于没有雄虫或只有少数无生殖能力雄虫，所有的卵均不经受精而能发育成新个体的现象。专性孤雌生殖又可再分为以下 4 种类型：

（1）经常性孤雌生殖（constant parthenogenesis），也称永久性孤雌生殖，是指一些昆虫的繁殖完全或几乎完全是通过孤雌生殖来进行，在整个生活史中没有雄虫或雄虫极少。这种生殖方法为一些膜翅目、半翅目、缨翅目、鳞翅目和鞘翅目的昆虫所具有。

（2）周期性孤雌生殖（cyclical parthenogenesis），也称异态交替（heterogeny）或世代交替（alternation of generations），是指一些昆虫的两性生殖与孤雌生殖随季节的变迁而交替进行。这种生殖方法在蚜虫和瘿蜂中最为常见。

（3）幼体生殖（paedogenesis），是指一些昆虫在性未成熟的幼期或蛹期就能进行生殖。营幼体生殖的昆虫，其幼体在母体血腔内发育，没有卵期和成虫期，甚至没有蛹期，所以世代历期很短。幼体生殖仅见于双翅目瘿蚊科的 *Miastor* 属（图 17-1）、*Tekomyia* 属和 *Henria* 属以及鞘翅目复变甲科的 *Macromalthus* 属。

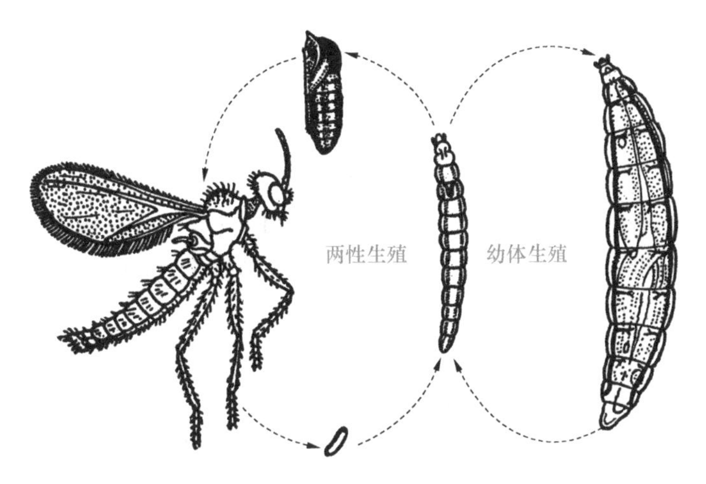

图 17-1　瘿蚊 *Miastor* 的两性生殖和幼体生殖
（仿 David & Ananthakrishnan，2004）

（4）地理性孤雌生殖（geographical parthenogenesis），是指一些昆虫在靠近南北两极附近或高海拔地区营孤雌生殖，而在其他地区营两性生殖。目前已经在耳象 *Otiorhynchus scaber*（L.）、多露象 *Polydrosus mollis*（Stroem）和蓑蛾 *Cochliotheca crenulella* Braund 等昆虫中发现。

当然，也有人根据子代性比情况，将孤雌生殖分为产雌孤雌生殖、产雄孤雌生殖和产雌雄孤雌生殖。产雄孤雌生殖（arrhenotoky）的子代全部是雄虫；产雌孤雌生殖（thelytoky）的子代全部是雌虫；产雌雄孤雌生殖（amphitoky）的子代既有雌虫，又有雄虫。

两性生殖的优点是能保持子代有更高的多样性。孤雌生殖的优点即是能将雌虫的优良基因型传给所有子代，并在没有雄虫的情况下保持种的延续。

二、卵生和胎生

两性生殖的昆虫主要是卵生（oviparity），少数胎生（viviparity）。胎生在高等的双翅目昆虫中较常见。

（一）卵生

它是指母体产出体外的子代虫态是受精卵，受精卵需经过一定时间才能发育成新个体。这是绝大多数昆虫的生殖方法，其卵内的营养物质充足，能满足胚胎发育的需要。

（二）胎生

它是指受精卵在母体内孵化出幼体，然后产出体外。少数昆虫卵内营养物质不能满足胚胎发育的需要，须从母体补充。根据幼体产出母体前获取营养方式的不同，胎生分为下面 4 种类型：

（1）卵胎生（ovoviviparity）。胚胎发育所需营养全部由卵供给，卵在母体内孵化，孵化不久的幼体就离开母体。蜚蠊、蚜虫、介壳虫、蓟马、家蝇、麻蝇、寄蝇等均有进行卵胎生的种类。

（2）腺养胎生（adenotrophic viviparity）。胚胎发育的营养也由卵供给，但幼体在母体内孵化后继续滞留在母体内，从母体的附腺获取营养，直至接近化蛹才离开母体，刚产出的幼体即在母体外化蛹，所以腺养胎生又常称蛹生（pupiparity）。舌蝇、虱蝇、蛛蝇和蝠蝇均有进行腺养胎生的种类。

（3）血腔胎生（haemocoelous viviparity）。在捻翅目和一些营幼体生殖的瘿蚊中，当卵发育成熟后，卵巢破裂，将卵释放到母体血腔内，胚胎发育在血腔中进行。

（4）伪胎盘胎生（pseudoplacental viviparity）。一些昆虫的卵无卵黄和卵壳，胚胎发育所需的营养完全依靠伪胎盘（pseudoplacenta）组织从母体中吸收。蚜虫、啮虫、革翅虫和寄蝽的一些种类属于这种类型。

胎生的优点是保护卵，同时保证胚胎发育在卵营养不足的情况下能在母体内得到补偿，以完成发育。

三、单胚生殖和多胚生殖

两性生殖的昆虫主要是卵生、单胚生殖，少数多胚生殖。

（1）单胚生殖（monoembryony）是指一粒卵产生一个体，这是绝大多数昆虫的生殖方法。

（2）多胚生殖（polyembryony）是指一粒卵产生两个或两个以上的胚胎，每个胚胎发育成一个新个体的生殖方法。多胚生殖仅见于膜翅目的茧蜂科、跳小蜂科、缘腹细蜂科和螯蜂科以及捻翅目等寄生性昆虫的少数种类中。

营多胚生殖的昆虫，每粒卵产生的子代个体数与寄生性昆虫的种类和寄主个体的大小有关，从几个到几千个。例如，一些缘腹细蜂的一粒卵可产出 18 头幼虫，一些螯蜂的一粒卵可孵出 60 头幼虫，而点缘跳小蜂 *Copidosoma* 的 1 粒卵可产出 3000 个子代个体。这类昆虫的卵在成熟分裂时极体并不消失，而是集中于卵的一端并继续分裂，逐渐形成包围胚胎的滋养羊膜（trophamnion）。胚胎通过滋养羊膜从寄主血液中获取营养，至寄主幼虫老熟时，卵孵化出幼虫，取食寄主组织，直至将寄主组织耗尽才化蛹（图 17-2）。

多胚生殖是对活体寄生的一种适应。寄生性昆虫常难以找到适宜的寄主，多胚生殖可使其一旦有适宜的寄主就能繁殖较多的子代。

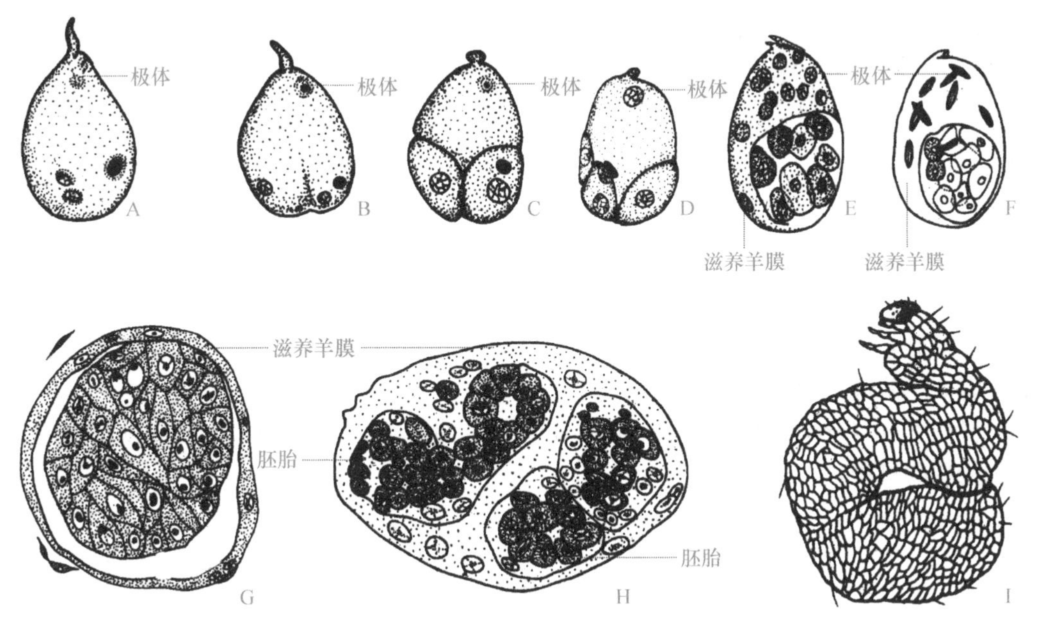

图 17-2　多胚生殖

A～H. 多胚跳小蜂 *Litomastix* 早期胚胎发育过程；I. 多胚跳小蜂在寄主体内形成多个茧

（A～H. 仿 Ivanova-Kasas，1972；I. 仿 Askew，1971）

第十八章

昆虫的胚前发育

除孤雌生殖的种类外，昆虫的个体发育（ontogeny）包括胚前发育、胚胎发育和胚后发育3个阶段。

胚前发育（preembryonic development）是指卵子和精子在亲体内形成以及完成授精和受精的过程。

第一节　配子的形成

昆虫配子的形成（gametogenesis）包括雌虫体内的卵子形成和雄虫体内的精子形成。

一、卵子形成

卵子形成（oögenesis）是指原始生殖细胞在雌虫卵巢内发育成卵子的过程。

（1）两性生殖的卵子形成。在卵巢管生殖区内，原始生殖细胞经过若干次有丝分裂形成一定数量的卵原细胞，卵原细胞经过几次有丝分裂，产生卵母细胞，移入生长区。在生长区，每个卵母细胞被多个中胚层来源的卵泡细胞包围，卵母细胞进行1次减数分裂和若干次有丝分裂，形成单倍体的卵母细胞；卵母细胞通过卵泡细胞或滋养细胞从血液中吸收由脂肪体合成分泌的卵黄蛋白，进行卵黄发生（vitellogenesis）。在不同的卵巢管类型中，卵母细胞的卵黄发生的方式不同。在无滋式卵巢管中，卵原细胞只分裂形成卵母细胞，没有滋养细胞，卵母细胞依靠卵泡细胞吸收血液中的营养来进行卵黄发生。在具滋式卵巢管中，卵原细胞在分裂形成1个卵母细胞的同时，产生一群滋养细胞，卵母细胞的卵黄发生依靠滋养细胞和卵泡细胞共同来完成。在卵子发育的最后阶段，卵泡细胞在卵母细胞的表面分泌卵黄膜和卵壳，卵子发育成熟（图18-1）。

（2）孤雌生殖的卵子形成。在单倍体孤雌生殖（haploid parthenogenesis）中，其卵子的形成过程同两性生殖，没有受精的单倍体卵子发育成雄性个体。在二倍体孤雌生殖（diploid parthenogenesis）中，其卵子的形成不经过减数分裂，或减数分裂后又通过卵核的融合，形成二倍体的卵，二倍体的卵不经受精直接发育成新个体。

二、精子形成

精子形成（spermatogenesis）是指原始生殖细胞在雄虫精巢内发育成精子的过程。

在精巢管的生殖区，通常有多个原始生殖细胞包围着1个较大的端细胞，从中吸收营养。原始生殖细胞经1次有丝分裂后产生1个新的原始生殖细胞和1个精原细胞。每个精原细胞被来源于中胚层的多个细胞所包围，形成1个育精囊，移入生长区。在生长区，育精囊内的精原细胞经6～8次有丝分裂产生64～256个二倍体的精母细胞，移入

成熟区。在成熟区，每个精母细胞经 1 次减数分裂和 1 次有丝分裂，形成 4 个单倍体的精子细胞。在转化区，椭圆形的精子细胞转化成各种有游动能力的精子，核物质位于精子头部（图 18-2）。精子形成后，就破开育精囊，转移到贮精囊。

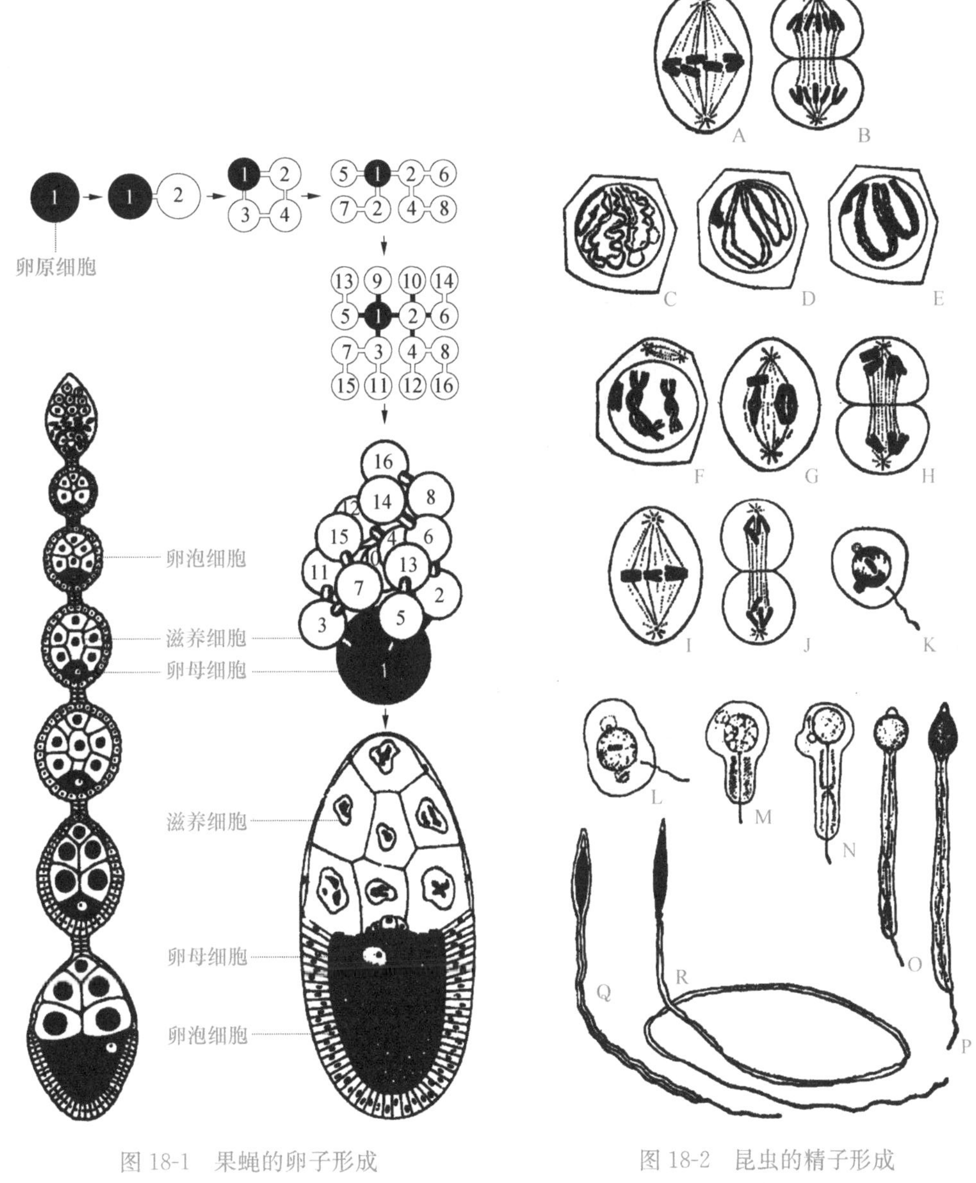

图 18-1　果蝇的卵子形成
（仿 Müller，1957）

图 18-2　昆虫的精子形成
（仿 Weber & Schröders）

第二节　卵的基本结构和外部形态

一、卵的基本结构

昆虫的卵（egg，或 ovum）是其个体发育的第 1 阶段（图 18-3）。卵的最外面是

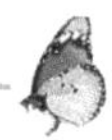

具有保护作用的卵壳（chorion），卵壳内侧的薄层称卵黄膜（vitelline membrane），卵黄膜围着原生质、卵黄（yolk）和核。卵黄充塞在原生质内，但紧贴卵黄膜的原生质中无卵黄，这部分原生质称为周质（periplasm），这种卵叫中黄式卵（centrolecithal egg）。卵的前端有1～70个沟通卵壳的小孔，称卵孔（micropyle）。卵子受精时，精子经卵孔进入卵内，所以卵孔也称精孔或受精孔。卵孔附近区域的卵壳表面常有放射状、菊花状等饰纹。蛴目、纺足目、部分半翅目和蚤目昆虫卵的端部有卵盖（egg-cap）。昆虫卵壳上有多个呼吸孔（aeropyle）或水孔（hydropyle）与外界进行气体和水分的交换。

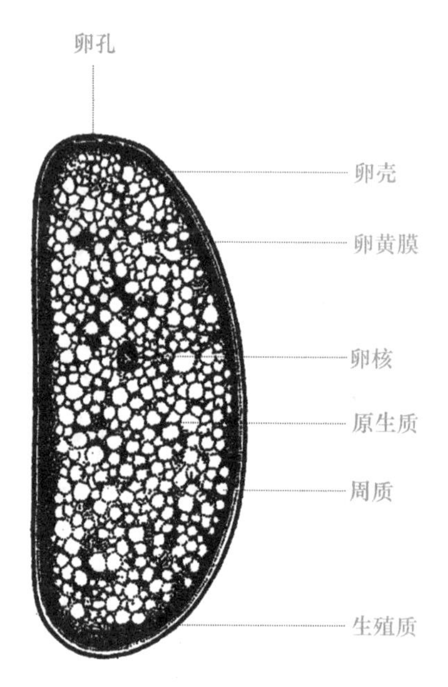

图18-3　昆虫卵的结构模式图
（仿Johannsen & Butt，1941）

二、卵的外部形态

昆虫卵的外部形态包括卵的大小、颜色和形状(图18-4)。

（1）卵的大小。昆虫的卵较小，但与高等动物的卵比较则相对很大。昆虫卵的大小与虫体大小、产卵量及营养状况有关。大多数昆虫卵的大小为1～2 mm，个别昆虫的卵长达20 mm，而一些寄生蜂的卵仅有0.02 mm。

（2）卵的颜色。昆虫的卵初产时一般色浅，呈灰白色或浅黄色，以后颜色逐渐变深，呈灰黄色、灰褐色、褐色、暗褐色、绿色或红色等，孵化前颜色进一步加深。当被寄生蜂寄生后，昆虫的卵多呈暗褐色或黑色。

（3）卵的形状。昆虫卵的形状多样，常见的是卵圆形或肾形，如多数直翅目、双翅目和膜翅目昆虫的卵，还有球形、半球形、桶形、瓶形、纺锤形或马蹄形等。

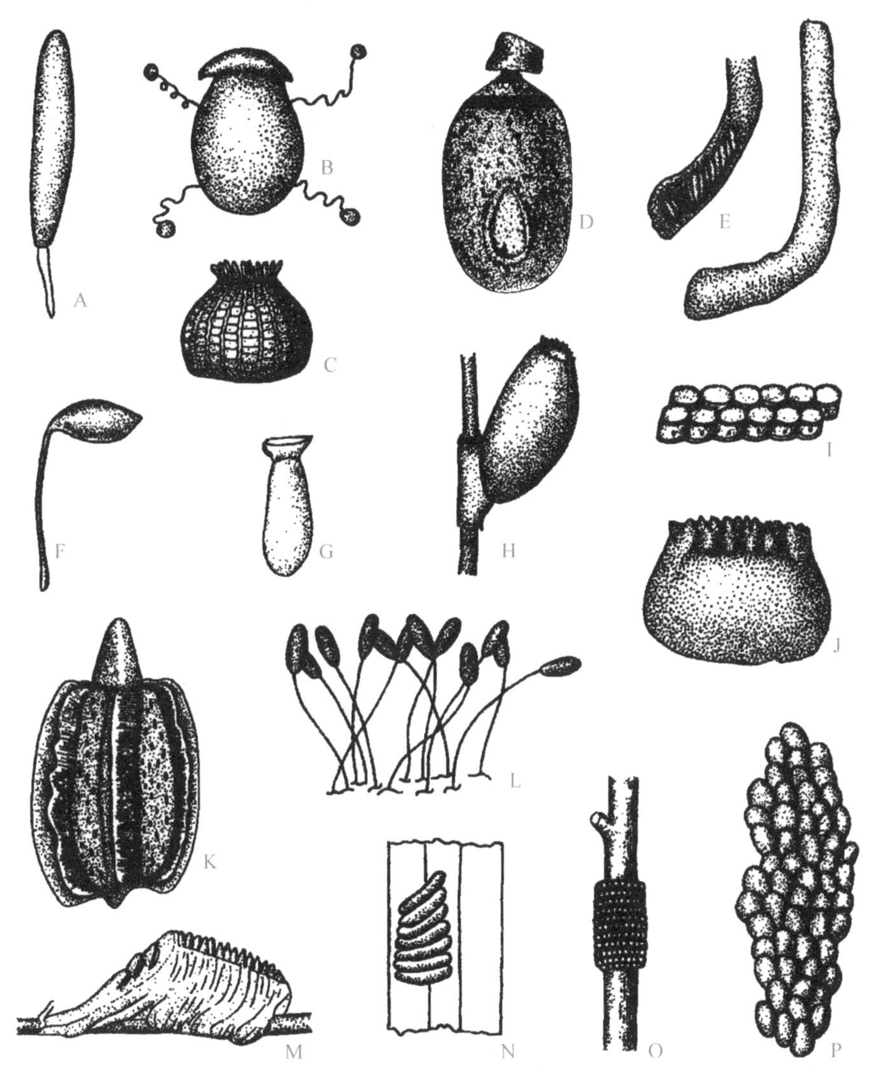

图 18-4　昆虫卵的形状

A. 高粱瘿蚊 *Contarinia sorghicola*（Coquillett）；B. 蜉蝣；C. 鼎点金刚钻 *Earias cupreoviridis*（Walker）；D. 蝽；E. 东亚飞蝗；F. 广肩小蜂 *Bruchophagus funebris*（Howard）；G. 米象；H. 头虱；I. 菜蝽 *Eurydema*；J. 美洲蜚蠊；K. 东方叶䗛 *Phyllium siccifolium*（L.）；L. 草蛉；M. 中华大刀螳；N. 灰飞虱；O. 天幕毛虫；P. 亚洲玉米螟

（仿各作者）

第三节　精子的基本结构和类型

一、精子的基本结构

昆虫精子结构复杂精细，一般由头部和尾部组成（图 18-5）。头部包括顶体（acrosome）和核（nucleus）。顶体位于顶端，锥状或球状，含有顶体蛋白酶，以穿透卵子质膜；核较长，占了头部的绝大部分。尾部包括中心粒联体（centriole）和鞭毛。

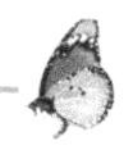

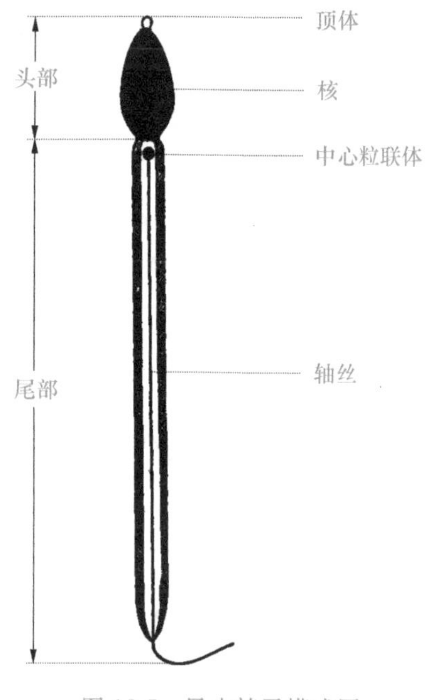

图 18-5 昆虫精子模式图
(仿 Berland *et al.*, 1968)

中心粒联体是连接头部与鞭毛之间的部分，又称为颈。鞭毛主要由轴丝（axial filament）构成，轴丝由一组微管组成，包括最外围的副微管（accessory tubule）、里层的双微管（doublet）和中央的中心微管（central tubule），其组成模式有多种类型，一般为 9+9+2。

昆虫精子的大小差别很大，长度介于 300～15 000 μm，但大部分昆虫精子长度约为 300 μm，直径不足 1 μm。昆虫的精子多以精子束的形式存在。

二、精子的类型

昆虫精子形态变化多样。根据鞭毛的有无分为鞭毛精子（flagellate sperm）和无鞭毛精子（aflagellate sperm）两类。再根据鞭毛的多少将鞭毛精子分为单鞭毛精子（monoflagellate sperm）、双鞭毛精子（biflagellate sperm）及多鞭毛精子（multiflagellate sperm）。大多数昆虫的精子为单鞭毛型。

昆虫精子的大小和结构在同种的不同个体间较为稳定。但有些昆虫的雄性精液含有两种或多种类型的精子，这种现象称为精子异型（sperm heteromorphism），如很多鳞翅目昆虫有无核和有核两种精子，果蝇 *Drosophila obscura* Fallen 有头尾长度不同的两种精子。

第四节 昆虫的授精、受精与产卵

一、授精方式

两性交配时，雄虫通过外生殖器将精液或精包注入雌虫生殖腔，并贮存于受精囊内的过程称为授精（insemination）。不同昆虫生殖器官结构不同，所以授精方式也不一样。单孔类的昆虫直接在生殖腔内交配并把精液送入受精囊中；双孔类的昆虫则在交配囊中交配，然后精液通过导精管转移到受精囊中。精液从生殖腔或交配囊向受精囊转移是受交配囊壁肌肉的机械压力和受精囊的抽吸作用以及受精囊腺的化学作用引起的。少数昆虫还有特殊的授精方式。在石蛃目和衣鱼目昆虫中，雄虫将精包产于丝线下，雌虫找到精包后将其放入生殖孔内；在蜻蜓目昆虫中，雄性在交配前先将腹末弯转，与第 2 腹节的交配器对接，将精包转移到交配器，然后通过交配器将精包注入雌虫阴道内；床虱即由雄虫将精液直接注入雌性充满血液的体腔内，而完成授精过程。

二、昆虫的排卵与受精

昆虫的排卵和受精作用一般在交配授精后的一段时期内进行。昆虫卵巢管下端的卵子成熟后经卵巢管柄排入侧输卵管，并沿中输卵管进入阴道或生殖腔的过程称为排卵

(ovulation)。当卵子通过受精囊口时，精子从受精囊排出，经卵孔进入卵内，精子细胞核与卵子细胞核接合成为合子（zygote），这个过程称为受精（fertilization）。

雄虫的授精与雌虫卵的受精是两个不同的过程，有时相隔几个月甚至几年。当受精形成的合子开始第1次分裂时，胚胎发育就开始。

三、昆虫的产卵方式与适应

昆虫在完成受精作用后，雌虫便开始为产卵做准备。在神经系统的控制下，雌虫通过产卵器将卵子产出体外的过程称产卵（oviposition）。在卵生的昆虫中，产卵紧接着排卵，但在胎生昆虫中，这是两个独立的过程。

昆虫的产卵方式有多种类型，有的单产，有的窝产；有的产在寄主、猎物或其他物体的表面，有的产在隐蔽的场所或寄主组织内；有的卵粒裸露，有的有卵鞘（ootheca）或覆盖物等。

昆虫产卵方式的多样性与卵的保护和后代的发育是高度适应的。首先，昆虫的卵基本上都是直接产在幼体的食物上或栖境内，方便幼体觅食。例如，蝴蝶将卵产于植物叶片或嫩梢上，天牛将卵产于植物组织内，多数寄生蜂将卵产在寄主体内或体外，蝼蛄将卵产于泥土中，蜻蜓将卵产于水中；但钩腹蜂将卵产在植物叶子背面，产下的卵暂不孵化，待寄主叶蜂或鳞翅目幼虫取食叶片时将这些蜂卵吞吃进体内后才孵化为幼虫。其次，卵的表面有附腺的分泌物，固定并保护它不受天敌或同类的侵害。例如，草蛉将卵产在一根细丝顶上，可以防止先孵化出的幼虫将其他的卵吃掉；蜚蠊目和螳螂目昆虫将卵裹在卵鞘内，鳞翅目蛾类将卵堆成几层并盖有体毛等，都是为了避免天敌捕食和寄生；最后，不少昆虫种类还有护卵习性。例如，社会性昆虫的雌虫都有护卵习性；负子蝽 *Belostoma* 将卵产在雄虫体背，由雄虫保护卵。

第十九章

昆虫的胚胎发育

昆虫的胚胎发育（embryonic development）是指从单细胞的合子卵裂开始至发育成为内外器官俱全的胚胎的过程。

第一节　卵裂的方式

合子分裂并形成多个子核的过程称为卵裂（cleavage）。昆虫的卵裂分为表面卵裂和完全卵裂两种类型。

在大多数昆虫中，卵黄丰富，卵在早期分裂时，只发生核分裂，细胞并不分裂，分裂形成的子核移向卵的四周，这种卵裂方式称表面卵裂（superficial cleavage）。在卵黄少、营胎生的膜翅目昆虫中，每次卵裂时卵内细胞质随核一分为二，形成两个子细胞，这种卵裂方式称为完全卵裂（total cleavage）。

第二节　胚胎发育的过程

两性生殖的昆虫，当合子开始第 1 次卵裂时，胚胎发育就开始。现以表面卵裂为例，说明胚胎发育的过程。

一、卵裂与胚盘形成

合子的细胞核分裂形成多个子核，子核与周围的细胞质形成活质体（energid）；大多数活质体移入卵的周质内，再经若干次有丝分裂，周质内的活质体间出现质膜并形成围绕卵黄的单细胞层，称胚盘（blastoderm）；少数活质体留在卵黄间，成为供给胚胎营养的消黄细胞（vitellophage）。在胚盘形成后，胚盘细胞分裂时还可以分化出消黄细胞，并由周缘向卵黄移动。

在胚盘形成过程中，部分子核移向卵的基部，形成原始生殖细胞，并随后转移到卵巢或精巢中，发育成卵子和精子（图 19-1）。

二、胚带、胚膜及胚层的形成

胚盘形成后，位于卵腹面的胚盘细胞分裂增厚形成胚带（germ band）；胚盘的其余部分细胞则变薄，形成胚膜（embryonic envelope）；接着，胚带自前往后沿中线内陷，其内陷部分称为胚带中板（median plate），两侧的称为胚带侧板（lateral plate）；随着胚带中板的不断内陷，胚带侧板则相向延伸而愈合为胚胎的外层（outer layer）；同时中板两端也在腹面相遇并接合，使中板成为双层细胞的里层（inner layer）（图 19-2）。

里层的形成还有两种方式：其一是在胚带中板内陷时，侧板相向延伸，最后愈合并

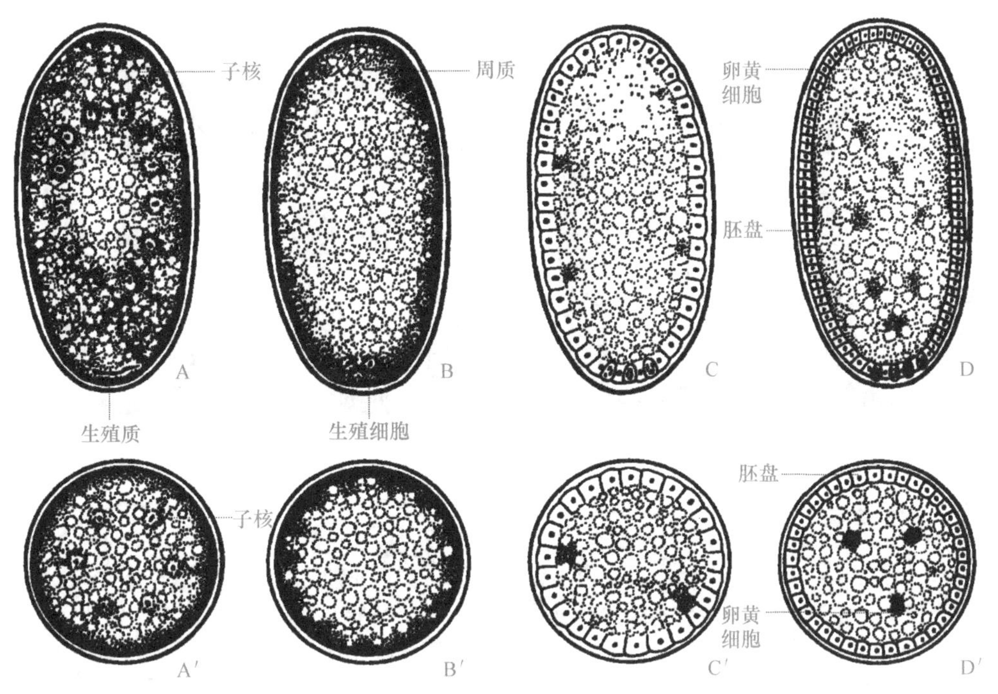

图 19-1　表面卵裂昆虫胚盘的形成

A，A′. 合子分裂成若干子核；B，B′. 子核向周缘移动至周质；C，C′. 子核间出现细胞膜；D，D′. 胚盘形成

A～D. 纵切面；A′～D′. 横切面

（仿管致和，1981）

覆盖在中板之外，称为长覆式胚层分化；另一方式是胚带中板向里分裂出一群细胞而形成里层，原来的胚带就是外层，称为内裂式胚层分化（图 19-3）。

外层就是以后的外胚层（ectoderm），里层进一步分化为中带和侧带，分别发育成为内胚层（endoderm）和中胚层（mesoderm）。

在胚层形成时，多数昆虫的整个胚胎向内陷入，胚膜两端逐渐伸向胚胎的腹面而愈合，这时在胚胎的腹面就有两层胚膜，外面的称浆膜（serosa），里面的称羊膜（amnion），胚带与羊膜间的腔称为羊膜腔（amniotic cavity），腔内充满着羊水（amniotic fluid）。

三、胚胎的分节与附肢的形成

在胚层形成的同时，胚胎开始分节。在多数昆虫中，中胚层最先分节，然后外胚层上出现横沟。

在胚胎的早期，胚带前端的较宽部分称原头（protocephalon），由此分化出上唇、口、眼和触角等；其余部分称原躯（protocorm），由此分化出颚节、胸部和腹部。多数昆虫原躯的分节是自前往后进行的，但在一些甲虫中则由胸部向前、后两端进行。在胚胎的中期，颚节与原头合并成为昆虫的头部。胚胎分节后，每个体节上各发生 1 对囊状的附肢原基；到胚胎发育的后期，一些附肢原基发育成附肢，另一些就退化了。

根据分节和附肢发生的情况，胚胎发育从外观上可分为原足期、多足期和寡足期 3 个时期（图 19-4）。

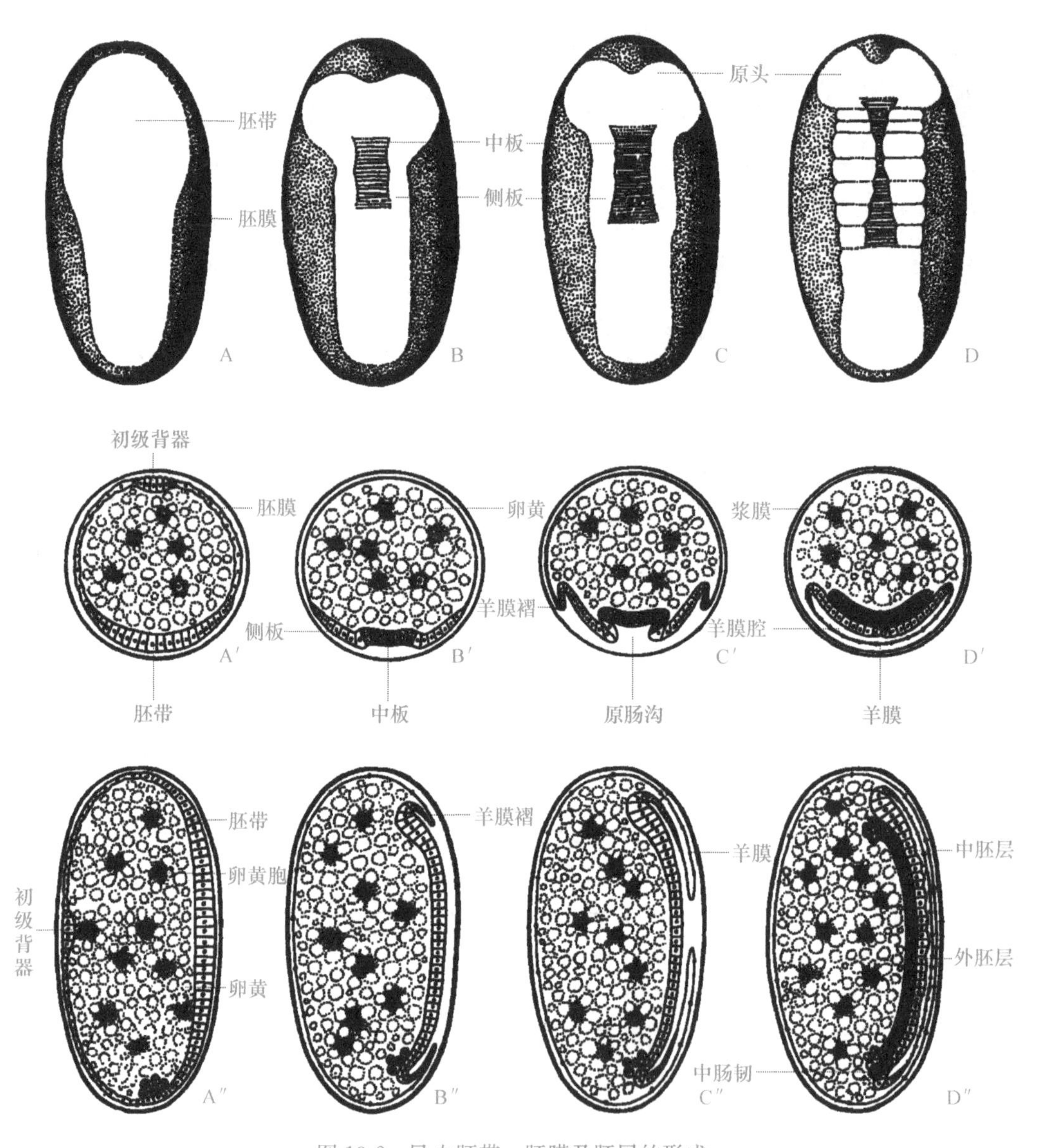

图 19-2 昆虫胚带、胚膜及胚层的形成

A，A″. 胚带形成；B，B″. 胚膜（浆膜）和中板形成；C，C″. 中板两侧相向伸长，浆膜下包；D，D″. 羊膜形成和胚层发生；A～D. 腹面观；A′～D′. 横切面；A″～D″. 纵切面

（仿管致和，1981）

（1）原足期（protopod phase）。胚胎没有分节或分节不明显，或仅头部与胸部出现分节并有附肢原基。

（2）多足期（polypod phase）。腹部也明显分节，且每个腹节上有 1 对附肢。

（3）寡足期（oligopod phase）。胚胎有明显的分节，头部和胸部上的附肢发达，腹部除生殖附肢之外，其他的都退化或消失了。

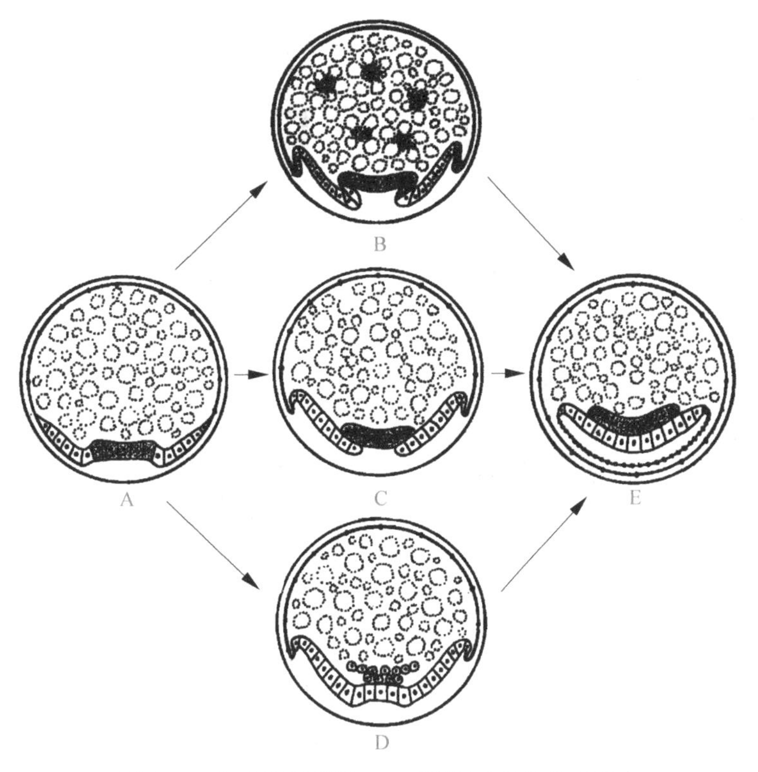

图 19-3 昆虫胚胎横切面，示胚层分化的 3 种形式

A→B→E. 内陷式；A→C→E. 长覆式；A→D→E. 内裂式

（仿管致和，1981）

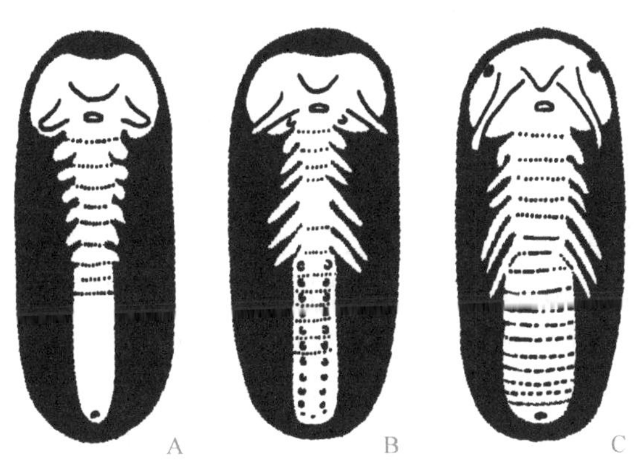

图 19-4 胚胎发育的 3 个时期

A. 原足期；B. 多足期；C. 寡足期

（仿 Richards & Davies，1978）

四、器官和系统的形成

当胚胎分节后，胚层就分化出昆虫的内部器官和系统。外胚层形成昆虫的体壁、神经系统、气管系统、前肠与后肠、唾腺、丝腺、前胸腺、心侧体、咽侧体、绛色细胞、马氏管、中输卵管、射精管、受精囊、生殖腔、生殖附腺等，中胚层形成昆虫的肌肉、

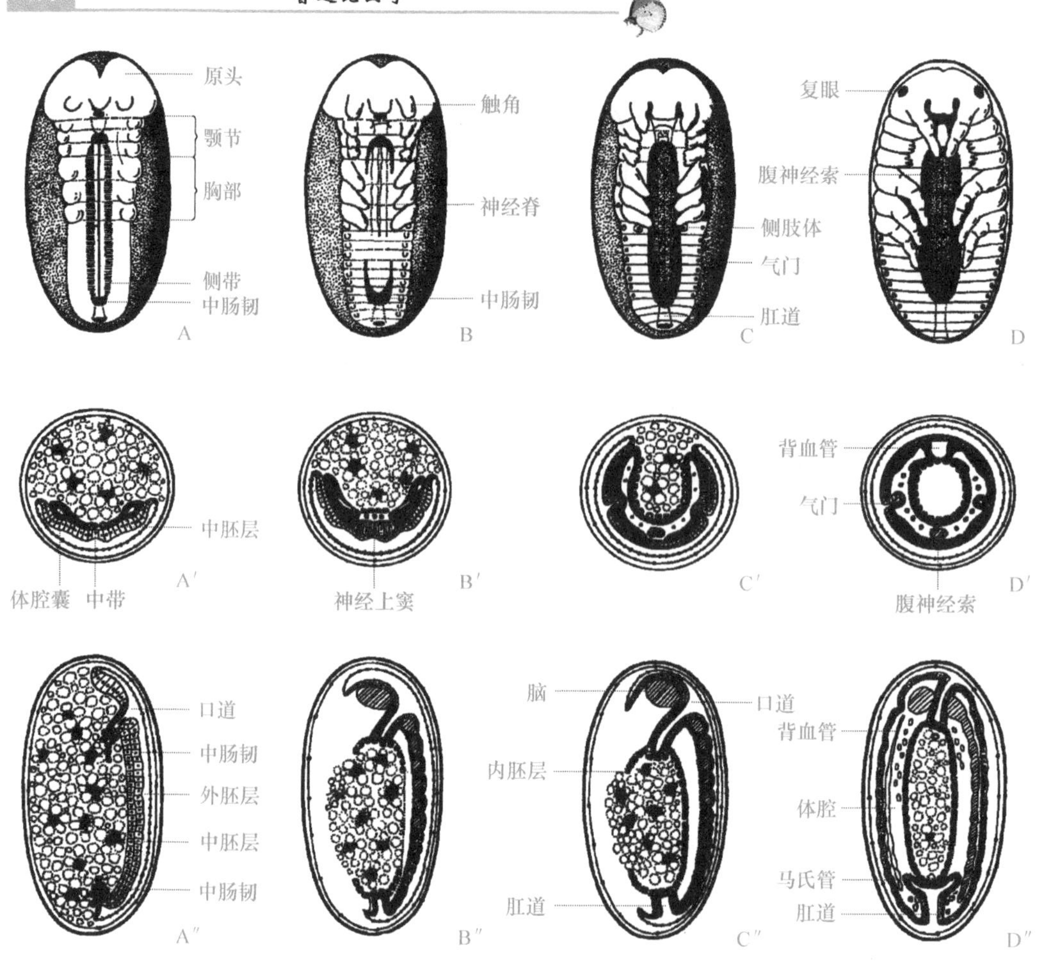

图 19-5 胚胎附肢形成和器官系统发生

A～D. 腹面观；A′～D′. 横切面；A″～D″. 纵切面

（仿管致和，1981）

脂肪体、循环系统、卵巢、睾丸、侧输卵管和输精管，内胚层形成昆虫的中肠（图 19-5）。

（1）神经系统。在消化道形成之前，外胚层在胚带腹中线内陷成一条纵沟，称神经沟（neural groove）。在神经沟两侧的外胚层分化出大的成神经细胞（neuroblast）和小的体壁细胞；成神经细胞经几次分裂增殖，在神经沟的两侧形成神经脊（neural ridge）；随着体壁的发育，神经脊被挤到体壁下，并按体节形成一系列神经节，神经节间的部分则形成神经连索；最后，中枢神经系统与体壁分离而置于血腔内。

感觉器官也是由外胚层细胞特化而成。感觉神经由这些细胞产生，向内延伸入神经节内。运动神经由腹神经索里的神经元发生，向外延伸并分布入肌肉组织内。

（2）消化系统和马氏管。在胚胎分节的同时，前后两端的外胚层分别内陷成管状构造，前端的称口道（stomodeum），后端的称肛道（proctodeum）；口道发育成为消化道的前肠，肛道发育成为后肠和马氏管。中肠形成稍晚，由来源于内胚层的前中肠韧（anterior mesenteron rudiment）和后中肠韧（posterior mesenteron rudiment）的细胞分裂增殖，沿着卵黄的侧腹面相向延长，同时两侧又向背面增长，最后愈合成管状肠道即中肠。在卵孵化前，中肠与前肠和后肠间的隔壁消失而接通，形成消化道。在一些幼虫不自由取食的寄生蜂中，中肠与后肠到化蛹时才贯通。唾腺由下颚节的外胚层内陷形成。

(3) 气管系统。各体节的外胚层从侧面内陷形成气管，内陷口即为气门。随着内陷的深入，气管不断向身体的背面和腹面分支，最后形成微气管；前后体节之间的气门气管前后相接，形成纵行气管主干。

(4) 循环系统。当昆虫胚胎背合开始时，大部分体节的左右侧带各发生一个体腔囊 (coelomic sac)；随着体腔囊向背面扩展，位于其外侧的背腹壁相接处的成心肌细胞 (cardioblast) 发育成新月形，凹面相对；当胚胎背合时，成对的新月形细胞在背中线处愈合成一条纵管，即心脏；心脏前方的大动脉则由头部的体腔囊向后增长而成，最后与心脏接通成为背血管。血细胞为体腔囊内侧壁的分散细胞特化形成，也来源于中胚层。

(5) 生殖系统。在胚盘形成的过程中，卵的基部分化出原始生殖细胞；在羊膜形成时，生殖细胞介于胚带与卵黄之间，以后逐渐前移，并分成两群，进入体腔囊形成的生殖脊内，成为生殖腺；生殖脊的后端形成侧输卵管或输精管，分别同外胚层内陷而成的中输卵管或射精管接通。生殖附腺来源于中输卵管或射精管，所以也属于外胚层构造。

(6) 体腔。在体节分化时，每个体节左右侧带内各发生一个体腔囊；同时，在里层中带下面出现一个空腔，称神经上窦 (epineural sinus)；随着体腔囊和神经上窦的不断扩大，以至相遇并接通，同时前后体节体腔囊之间的横壁消失终至贯通，形成体腔。

五、胚动

在胚胎发育过程中，胚胎在卵内改变其位置的运动称胚动 (blastokinesis) (图 19-6)。

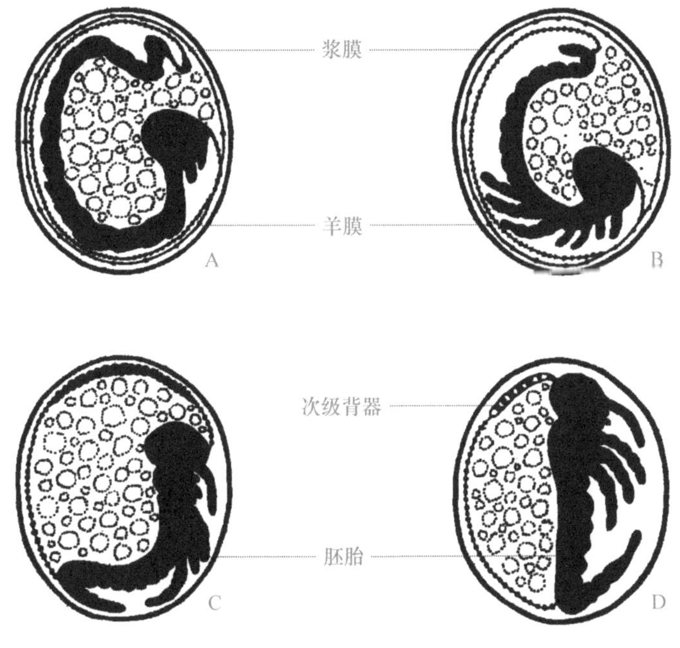

图 19-6 昆虫的胚动过程

(仿 Johannsen & Butt, 1941)

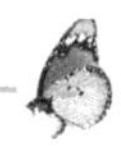

胚动有从卵的腹面向背面进行的反向移动（anatrepsis）和从卵的背面向腹面进行的顺向移动（katatrepsis）两种。一般来说，长胚带昆虫的胚动幅度小，而短胚带昆虫的胚动幅度大。胚动主要与充分利用卵内的营养物质有关，并使胚胎处于孵化前的合适位置。

六、背面封合和胚膜消失

随着胚胎发育的进展，胚带两侧围绕着卵黄不断向背面扩展，最后在背中线愈合，形成一个完整的胚胎，这个过程称为背面封合（dorsal enclosure）。

在胚胎发育进入后期时，浆膜和羊膜从各自的愈合处破裂，背合时逐渐被拉到胚胎的背面，陷入卵黄中成为背器（dorsal organ）；背合末期，背器逐渐被解体并被卵黄吸收，这时胚膜完全消失，胚胎发育即告完成。但是，鳞翅目等少数昆虫的胚膜不消失，并有少量卵黄夹存于两膜之间，初孵幼虫常取食卵壳作为最早的营养。

在昆虫胚胎发育的后期，由于卵壳变薄、胚膜消失和胚体增大，透过卵壳常能看到胚胎的外形。

第二十章

昆虫的胚后发育

昆虫的胚后发育（postembryonic development）是从卵孵化出幼体开始到成虫性成熟的整个发育过程。

第一节　胚后发育的过程

一、孵化

昆虫完成胚胎发育后，幼体破卵壳而出的过程，称孵化（hatching）。昆虫的孵化有多种方法。多数昆虫用上颚咬破卵壳，部分昆虫用刺状、刀状或锯状的破卵器（egg burster）破开卵壳，少数昆虫通过扭动身体或吸入空气来脱离卵壳（图 20-1）。

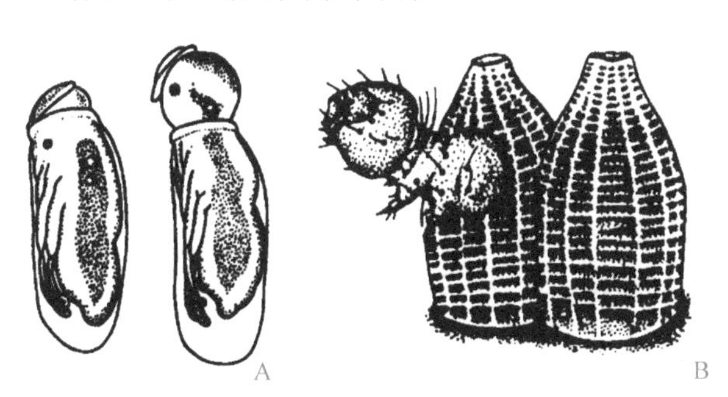

图 20-1　卵的孵化

A. 温带臭虫 *Cimex lectularius* L.；B. 欧洲粉蝶 *Pieris brassicae*（L.）

（仿 Sikes & Wigglesworth，1931）

从卵内孵出到取食之前的幼虫称初孵幼虫。初孵幼虫的外表皮尚未形成，身体柔软、色浅；随后靠吞吸空气或水使体壁伸展；随着外表皮的形成，体壁变硬且颜色加深。

二、生长与脱皮

昆虫幼体自卵内孵出后，经过一定时间，虫体的生长随着外表皮的形成而停止，就需要脱去旧表皮并形成更大的新表皮，这个过程称为脱皮（moulting），脱下的旧表皮称为蜕（exuvium）。

在正常情况下，幼体的生长与脱皮交替进行，幼体生长到一定时期就要脱 1 次皮，虫体的大小与生长的进程可用虫龄（instar）来表示。从孵出至第 1 次脱皮之前的幼虫或若虫分别称为第 1 龄幼虫或第 1 龄若虫；从第 1 次脱皮后至第 2 次脱皮之前的幼体称第 2 龄幼虫或第 2 龄若虫；余类推。相邻两次脱皮间隔的时间或相邻两龄之间的历期，

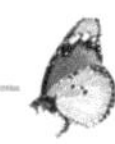

称为龄期（stadium），如第 1 次脱皮后至第 2 次脱皮前的历期是 6 天，即第 2 龄期是 6 天。

昆虫脱皮的次数在种间各异，而种内相对稳定。多数昆虫一生脱皮 4～8 次，如螳螂目、革翅目、纺足目、啮虫目、虱目、缨翅目、半翅目、广翅目、蛇蛉目、脉翅目、鞘翅目、双翅目、蚤目、毛翅目、鳞翅目和膜翅目等；部分昆虫如石蛃目、衣鱼目和蜻目 8～15 次；少数昆虫如蜉蝣目和襀翅目 20～40 次。绝大多数昆虫仅在幼期脱皮，但石蛃目和衣鱼目昆虫在成虫期也脱皮。另外，性别、温度和食物等也影响脱皮的次数，如有些昆虫的雌虫比雄虫多脱皮 1～2 次。

昆虫幼体在每次脱皮后、体壁硬化前，虫体有一个急速生长时期，随后生长又趋缓慢，至下一次脱皮前几乎停止生长，所以昆虫幼体的体躯生长速率是不均衡的。但是，Dyar（1890）发现鳞翅目幼虫各龄之间的头壳宽度是按几何级数增长的，即前后两龄幼虫头壳宽度比为一个常数，据此作为判断幼虫虫龄的重要依据，这就是戴氏定律（Dyar's law）。戴氏定律虽不能适用于所有昆虫种类，但在实践中仍有一定的参考价值。例如，已知大菜粉蝶第 1 龄幼虫头壳宽度是 0.4 mm，最后两龄头壳宽度分别是 1.8 mm 和 3.0 mm，从最后两龄头壳宽度比 1.8∶3.0＝0.6 可以推知，第 3 龄幼虫头壳宽度 1.8×0.6＝1.08 mm，实测为 1.1 mm；第 2 龄幼虫头壳宽度 1.08×0.6＝0.65 mm，实测为 0.72 mm；第 1 龄幼虫头壳宽度 0.65×0.6＝0.39 mm，实测为 0.4 mm；由此推知大菜粉蝶幼虫有 5 龄。

在昆虫胚后发育的过程中，虫体的增长主要在幼体期，其生长速率很高，如家蚕老熟幼虫（也称末龄幼虫）的体长是初孵幼虫的 24 倍，而体重可增加到 10 000 倍；木蠹蛾 *Cossus cossus*（L.）老熟幼虫体重为初孵幼虫的 7.2 万倍。在虫体不断生长的过程中，需要伴随着幼体的脱皮，称生长脱皮。当幼体脱皮后变为蛹或成虫，或蛹脱皮变成虫，这类脱皮是与变态相联系的，称为变态脱皮。还有一些昆虫，由于环境温度的变化或食物的短缺而引起脱皮，称为生态脱皮。

三、蛹化

全变态昆虫从自由生活的幼虫脱皮变为不食不动的蛹的过程称蛹化或化蛹（pupation）。在化蛹前，多数昆虫的老熟幼虫常先停止取食，寻找适宜的化蛹场所，有的还吐丝作茧或建造土室等（图 20-2），随后幼虫身体缩短，体色变淡，不再活动，此时称前蛹（propupa）或预蛹（prepupa）。前蛹实际上是老熟幼虫化蛹前的静止期，此时幼虫表皮已部分脱离，成虫的翅和附肢等已翻出体外，体形已改变，只是被老熟幼虫的表皮所掩盖。当前蛹脱去表皮后，就变成蛹。

四、羽化

昆虫的成虫从它的前一虫态脱皮而出的过程称羽化（emergence）。

不全变态类昆虫在羽化前，其若虫或稚虫通常先寻找适宜场所，用胸足攀附在物体上，头部与胸部的表皮从背面中部裂开，成虫的头部或胸部先拱出，然后全身脱出，同时翅翻到正常位置（图 20-3）。

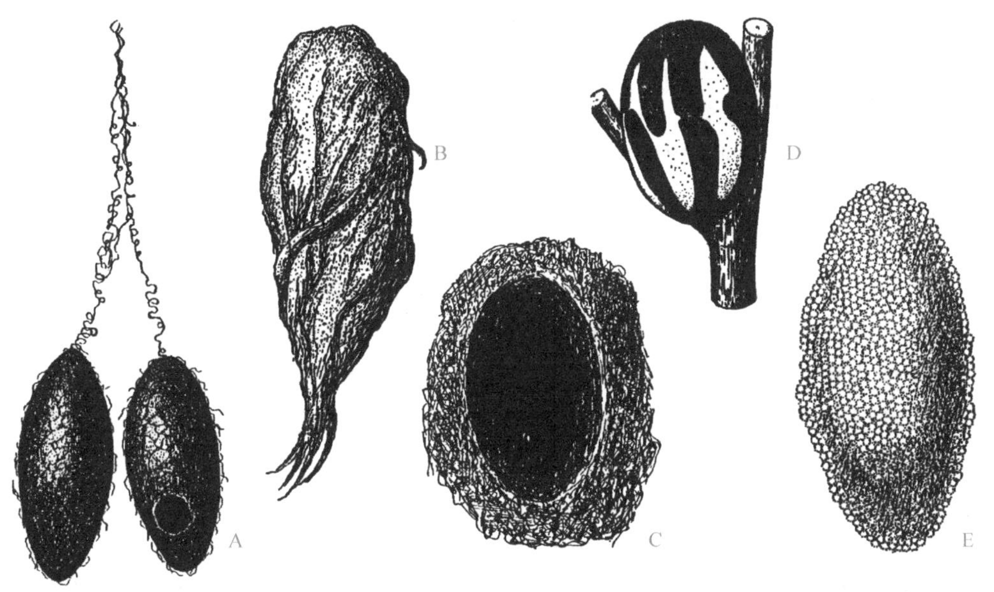

图 20-2　昆虫的蛹及其包被物

A. 金小蜂 *Eupteromalus* 的茧；B. 天蚕蛾 *Samia cynthia*（Drury）的茧；C. 小地老虎 *Agrotis ipsilon*（Hufnagel）的土室；D. 黄刺蛾 *Cnidocampa flavescens*（Walker）的茧；E. 灯蛾 *Erigma* 的茧

（仿周尧，1954）

全变态昆虫在羽化前，蛹的颜色变深；羽化时，成虫以身体扭动来增加血液的压力，致使蛹壳沿胸部背中线裂开。一些蝇类羽化时，成虫身体收缩将血液压向头部的额胞（ptilinum），使额胞膨大将蛹壳顶破。在隐蔽场所化蛹或蛹体外有茧或其他包被物的昆虫，羽化前、后还有一个离开化蛹场所的对策和过程。在茎干或卷叶内化蛹的昆虫，在化蛹前幼虫会预先咬开一个羽化孔，在羽化孔附近化蛹，或羽化前借助蛹体的扭动及其刺突的帮助，“爬”到羽化孔，如稻瘿蚊；在土里化蛹的昆虫，一般是刚羽化的成虫直接钻出土面，如粪金龟；作茧化蛹的昆虫，成虫或用上颚咬破茧，或用身体上坚

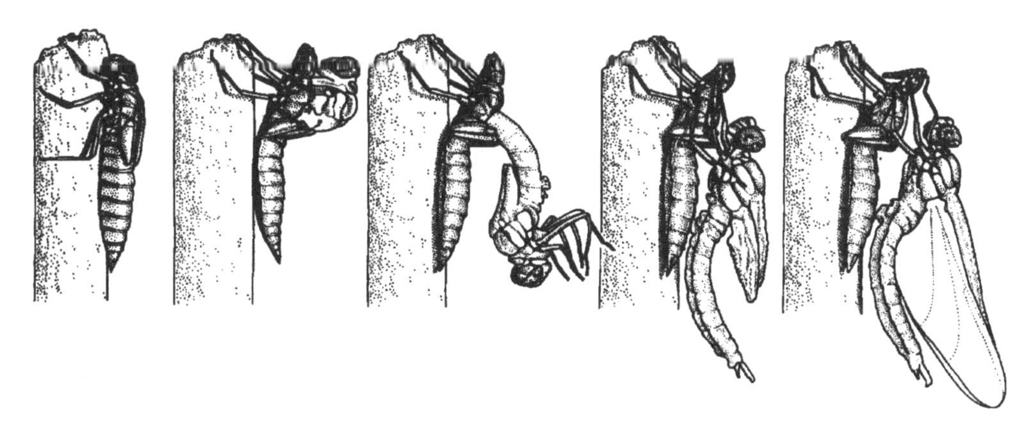

图 20-3　蜻蜓的羽化过程

（仿 Blaney，1976）

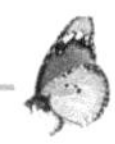

硬的突起将茧割破，或自口内分泌液体把茧溶破等。全变态昆虫从蛹中羽化后常会排出一些排泄物，这些最初排泄物称为蛹便（meconium）。

刚羽化的成虫身体柔软、色浅、翅皱缩，部分附肢尚未展开，常停留在羽化孔附近或爬至高处，静息一段时间以完成体壁的硬化以及翅和附肢的伸展。

五、性成熟

昆虫的性成熟（sex maturation）是指成虫体内的生殖细胞——精子和卵子的发育成熟。不同种类或同种的不同性别，其性成熟的时间常有差异。在不同种类的昆虫中，成虫性成熟的早晚主要取决于幼期的营养，如蜉蝣、家蚕、舞毒蛾和稻瘿蚊等成虫羽化时性已成熟，羽化不久就能交配产卵。但是，大多数昆虫，尤其是直翅目、半翅目、鞘翅目、鳞翅目夜蛾科等昆虫，其成虫羽化后需要继续取食一段时间，才能性成熟，这种对生殖细胞发育不可缺少的成虫期营养，称为补充营养（complementary nutrition）。一些雌蚊、跳蚤、吸血蝽等吸血昆虫必须经过吸血后才能达到性成熟。有些迁飞性昆虫需要经过长距离迁飞后才能达到性成熟。在同种昆虫中，一般雄虫性成熟较雌虫早。

第二节　昆虫的变态及其类型

一、变态

昆虫在个体发育过程中，特别是在胚后发育过程中所经历的一系列内部结构和外部形态的阶段性变化称变态（metamorphosis）。

二、变态的类型

根据虫态的分化、翅的发生过程和幼期对栖境的适应，可将昆虫的变态分为 4 大类。

（一）表变态

表变态（epimorphosis）又称无变态（ametabolous），是最原始的昆虫变态类型。特点是初孵幼体已具成虫特征；在胚后发育过程中，仅是个体增大、性器官成熟、触角和尾须节数增多、鳞片及刚毛增长等；成虫继续脱皮。石蛃目和衣鱼目昆虫均属于该类型。

（二）原变态

原变态（prometamorphosis）是有翅类昆虫中最原始的变态类型，仅见于蜉蝣目。特点是从幼体到成虫要经历一个亚成虫（subimago 或 subadult）期。亚成虫的外形与成虫相似，性已成熟，但不能生殖；翅能飞翔，但体色暗淡；足、尾须和中尾丝较短，翅缘和尾须上具毛。亚成虫脱皮后就变为成虫。这类昆虫的幼体生活于水中，特称稚虫（naiad）。

（三）不全变态

不全变态（incomplete metamorphosis）又称直接变态（direct metamorphosis），其特点是个体发育经历卵、幼体和成虫 3 个阶段；翅在幼体的体外发育，成虫特征随着幼体的生长发育而逐渐显现。由于原变态和不全变态昆虫幼体的翅芽（wing pad）和复眼在体外发育，在分类上称外翅部 Exopterygota。不全变态又可分以下 3 个亚类。

（1）半变态（hemimetamorphosis），其特点是幼体水生，成虫陆生，两者在体形、取食器官和呼吸器官等方面有明显的分化（图 20-4）。这类变态见于蜻蜓目和𫌀翅目，其幼体称稚虫。

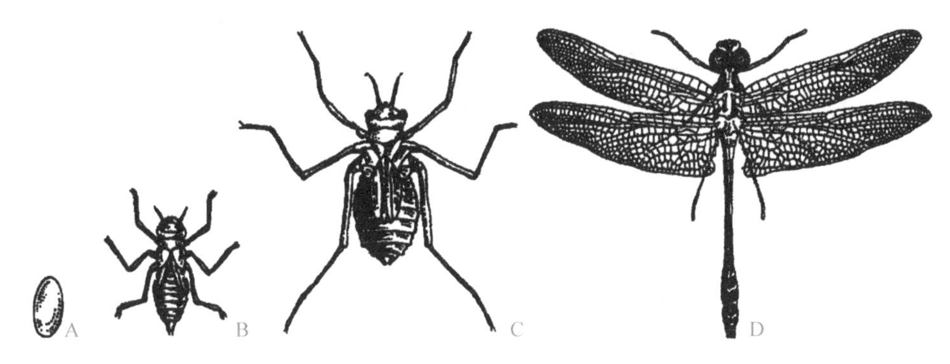

图 20-4 蜻蜓的半变态

A. 卵；B. 低龄稚虫；C. 老熟稚虫；D. 成虫

（仿 Atkins，1978）

（2）渐变态（paurometamorphosis），其特点是幼体与成虫在体形、习性及栖境等方面非常相似（图 20-5）。属于渐变态的昆虫有蜚蠊目、螳螂目、等翅目、直翅目、䗛目、革翅目、纺足目、啮虫目、虱目和半翅目等。这类昆虫的幼体除翅和生殖器官发育未完善外，其他特征与成虫非常相似，故称若虫（nymph）。

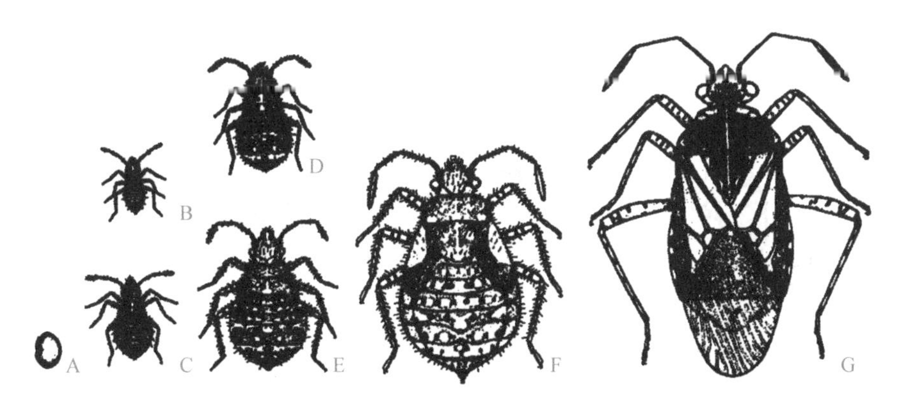

图 20-5 缘蝽 *Arhyssus sidae*（Fabr.）的渐变态

A. 卵；B. 1 龄若虫；C. 2 龄若虫；D. 3 龄若虫；E. 4 龄若虫；F. 5 龄若虫；G. 成虫

（仿 Readio，1928）

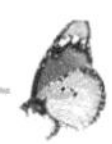

(3) 过渐变态 (hyperpaurometamorphosis),其特点是幼体与成虫均陆生,形态相似,但末龄幼体不吃也不太活动,类似全变态的蛹,特称为“伪蛹”(图 20-6)。一般认为该变态是昆虫从不全变态向全变态演化的一个过渡类型。缨翅目、半翅目粉虱科和雄性蚧类等属于这种类型。

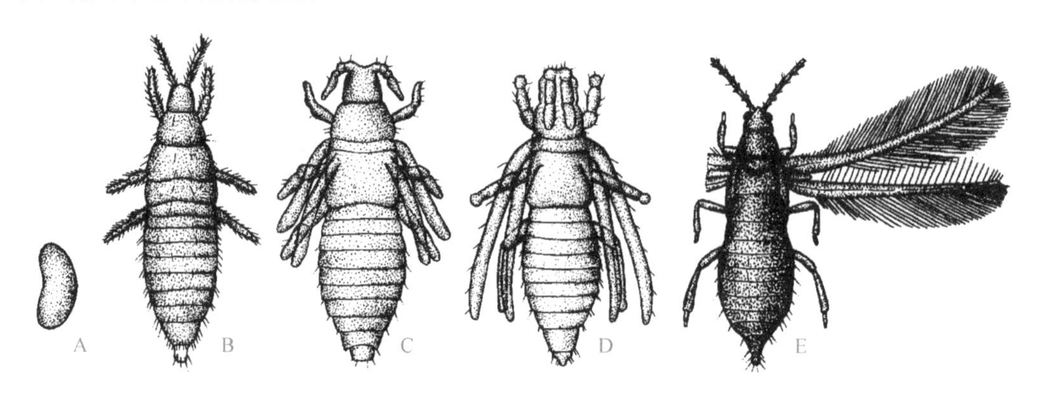

图 20-6 梨蓟马 *Taeniothrips inconsequens* (Uzel) 的过渐变态
A. 卵; B. 1龄若虫; C. 伪蛹; D. 蛹; E. 成虫
(仿 Foster & Jones)

(四) 全变态

全变态 (complete metamorphosis) 又称为间接变态 (indirect metamorphosis),其特点是个体发育经历卵、幼体、蛹和成虫 4 个阶段,翅在幼体的体内发育 (图 20-7)。属于这种变态类型的有广翅目、蛇蛉目、脉翅目、鞘翅目、捻翅目、长翅目、蚤目、毛翅目、鳞翅目、双翅目和膜翅目。由于全变态类昆虫幼体的翅芽、复眼和背单眼隐藏在体壁下发育,在分类上称内翅部 Endopterygota。这类昆虫幼体的生殖器官没有分化,外部形态、内部器官以及生活习性等与成虫也有明显差异,特称幼虫 (larva)。幼虫必需经过蛹期,才能完成幼虫组织器官的分解和成虫器官的重建。

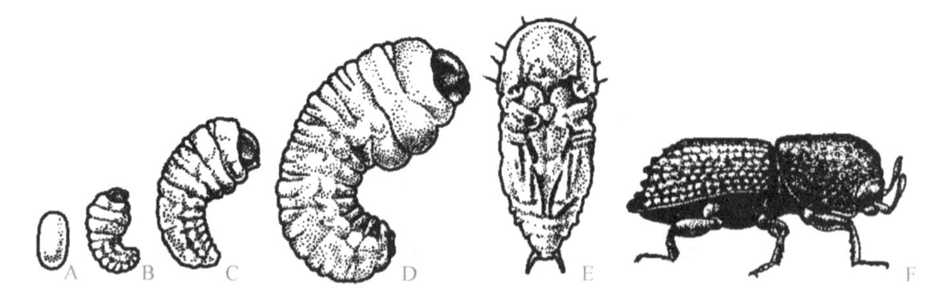

图 20-7 南部松齿小蠹 *Ips grandicollis* (Eichhoff) 的全变态
A. 卵; B. 1龄幼虫; C. 2龄幼虫; D. 3龄幼虫; E. 蛹; F. 成虫
(仿 Johnson & Lyon, 1991)

在幼虫营寄生生活的捻翅目、脉翅目螳蛉科、鳞翅目寄蛾科、鞘翅目芫青科和大花蚤科、双翅目小头虻科和网翅虻科等昆虫中,各龄幼虫因生活方式的不同而出现外部形态的分化，其发育过程中的变化比一般全变态更加复杂，特称为复变态（hypermetamorphosis）。其中，芫青的复变态最为典型（图 20-8）。

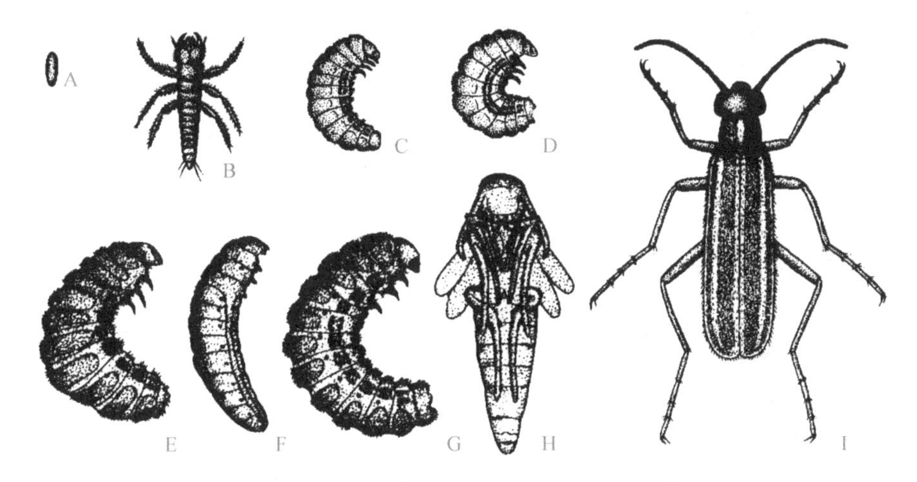

图 20-8　锯角豆芫青 *Epicauta gorhami* Marseue 的复变态
A. 卵；B. 1 龄幼虫；C. 2 龄幼虫；D. 3 龄幼虫；E. 4 龄幼虫；F. 5 龄幼虫；G. 6 龄幼虫；H. 蛹；I. 成虫
（仿周尧，1980）

芫青的幼虫分 6 龄，1 龄幼虫的足发达，四处爬行，寻找蝗卵或蜂巢，称三爪蚴（triungulin），是步甲型幼虫；当它进入蝗卵或蜂巢内取食后，就脱皮变为体壁柔软、胸足退化、行动迟缓的蛴螬型幼虫，该型幼虫经历第 2～4 龄；然后幼虫离开寄主，深入土中，脱皮进入第 5 龄，成为体壁较坚韧、足更退化、不能活动的伪蛹型幼虫；第 6 龄幼虫又恢复蛴螬式，翌年脱皮化蛹，再羽化为成虫。

第三节　昆虫幼虫的类型

全变态类昆虫幼虫的类型与胚胎发育的程度密切相关。不同种类其卵内卵黄的含量差异很大，一些种类卵黄含量很少，胚胎发育只到原足期，幼虫是原足型；部分种类卵黄含量较多，能发育到多足期，幼虫是多足型；另一些种类卵黄含量丰富，胚胎能发育到寡足期。另外，全变态类昆虫约占昆虫种类的 80%，其栖境、习性和行为等十分复杂，幼虫在形态上的变异很大。通常根据幼虫胚胎发育的程度以及其在胚后发育中的适应与变化，大致分为下面 4 个类型。

一、原足型幼虫

原足型幼虫（protopod larva）在胚胎发育的原足期就孵化，体胚胎形，胸足只是芽状突起，腹部分节不明显，神经系统和呼吸系统简单，其他器官发育不全。这类幼虫孵化后，浸浴在寄主血液中，通过体壁吸收寄主营养来完成发育。

根据幼虫腹部的分节情况，原足型幼虫又分为寡节原足型幼虫（oligosegmented protopod larva）和多节原足型幼虫（polysegmented protopod larva）（图 20-9A，B）。前者腹部不分节，胸足和其他附肢只是芽状突起，内部器官也未完全分化，如一些广腹细蜂的低龄幼虫；后者腹部已分节，但附肢未发育，如一些小蜂和细蜂的低龄幼虫。

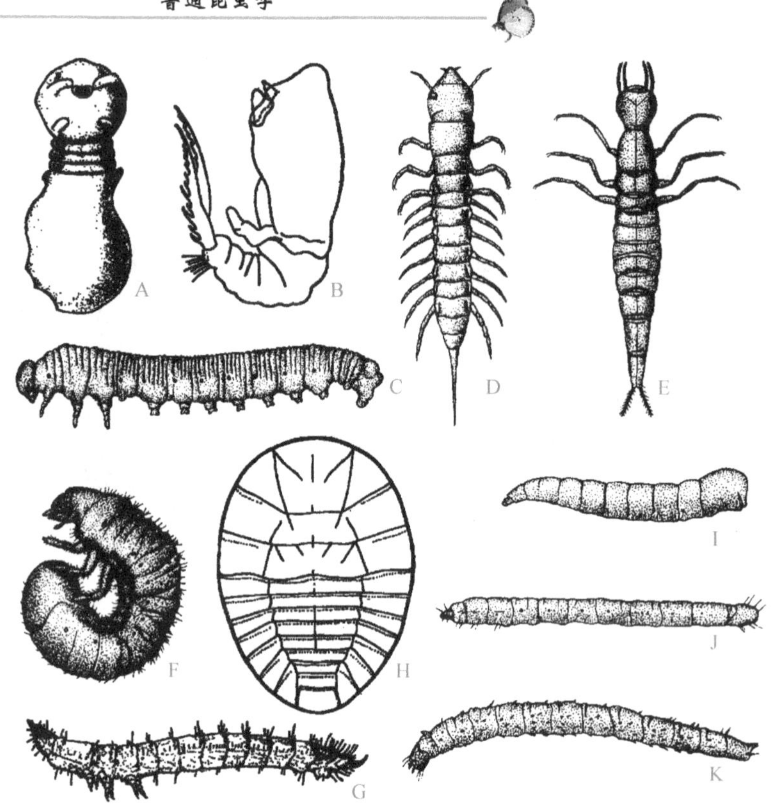

图 20-9 全变态类幼虫的类型

A. 寡节原足型；B. 多节原足型；C. 蠋型；D. 蛃型；E. 步甲型；F. 蛴螬型；G. 叩甲型；H. 扁型；
I. 无头无足型；J. 半头无足型；K. 显头无足型
（仿各作者）

二、多足型幼虫

多足型幼虫（polypod larva）它在胚胎发育的多足期孵化，胸足发达，腹部有多对附肢。根据腹部附肢的构造，可将多足型幼虫分为两个亚类。

（1）蠋型幼虫（eruciform larva），体近圆柱形，口器向下，触角无或很短，胸足和腹足粗短（图 20-9C）。鳞翅目、长翅目和膜翅目叶蜂类的幼虫属于这种类型。

（2）蛃型幼虫（campodeiform larva），体形似石蛃，长形略扁，口器向下或向前，触角和胸足细长，腹部有多对细长的腹足或其他附肢（图 20-9D）。广翅目、毛翅目和部分水生鞘翅目的幼虫属于这种类型。

三、寡足型幼虫

寡足型幼虫（oligopod larva）在胚胎发育的寡足期孵化，胸足发达，但无腹足。蛇蛉目、脉翅目和部分鞘翅目属于这种类型。根据体形和胸足的发达程度又可分为 4 个亚类。

（1）步甲型幼虫（carabiform larva），体长形略扁，口器向前，触角和胸足发达，无腹足，行动活跃（图 20-9E）。蛇蛉目、脉翅目和部分肉食性鞘翅目幼虫属于该类。

（2）蛴螬型幼虫（scarabaeiform larva），体肥胖、白色，常呈“C”型或“J”型弯

曲，胸足较短，行动迟缓（图 20-9F）。鞘翅目金龟甲总科的幼虫属于这种类型。

(3) 叩甲型幼虫（elateriform larva），体壁较硬，体细长，胸部和腹部粗细相仿，胸足较短（图 20-9G）。鞘翅目叩甲科的幼虫属于这种类型。

(4) 扁型幼虫（platyform larva），体扁平，胸足有或退化（图 20-9H）。鞘翅目扁泥甲科和花甲科的幼虫属于这种类型。

四、无足型幼虫

无足型幼虫（apodous larva）又称蠕虫型幼虫（vermiform larva）。特点是无胸足，也无腹足。双翅目、蚤目、大部分膜翅目、部分鞘翅目和鳞翅目昆虫属于这种类型。根据头壳的发达程度，又可分为 3 个亚类。

(1) 无头无足型幼虫（acephalous larva），俗称蛆（maggot）。头部缩入胸部，无头壳（图 20-9I），如双翅目环裂亚目的幼虫。

(2) 半头无足型幼虫（hemicephalous larva），头壳部分退化，仅前半部可见，后半部缩入胸内（图 20-9J），如双翅目短角亚目和长角亚目大蚊科的幼虫。

(3) 显头无足型幼虫（eucephalous larva），头壳全部外露（图 20-9K），如蚤目、双翅目长角亚目、膜翅目针尾部、吉丁虫和少数潜叶鳞翅目的幼虫。

第四节 昆虫蛹的类型

蛹（pupa）是全变态类昆虫在生长发育过程中一个相对静止的虫态，介于老熟幼虫与成虫之间。在脉翅目、蚤目、毛翅目、膜翅目和鳞翅目蛾类昆虫中，蛹的外面常包有茧（cocoon），蛹被裹在茧内形成裹蛹（incased pupa），但双翅目、鞘翅目、鳞翅目蝶类和部分膜翅目昆虫的蛹裸露，没有包被物。

根据昆虫附肢、翅与蛹体的连接情况，常将蛹分为 3 种主要类型。

一、离蛹

离蛹（exarate pupa）又称裸蛹，特点是附肢和翅都可以活动，腹部各节也能扭动（图 20-10A～D）。广翅目、蛇蛉目、脉翅目、鞘翅目、长翅目、毛翅目、膜翅目以及鳞翅目小翅蛾科和毛顶蛾科的蛹属于此类。其中，广翅目、脉翅目和毛翅日昆虫的蛹还能自卫、爬行或游泳。

部分离蛹具有可活动的上颚，羽化时咬破茧，这类蛹称为具颚蛹（decticous pupa）。

二、被蛹

被蛹（obtect pupa）的特点是附肢和翅都紧贴蛹体，不能活动，多数腹节或全部腹节不能扭动（图 20-10E，F）。大多数鳞翅目、双翅目长角亚目、鞘翅目隐翅虫科和瓢虫科的蛹属于此类。

另外，鳞翅目蝶类的蛹又称蝶蛹（chrysalis），其中一些蛱蝶和斑蝶的蛹有美丽的金属光泽称金蛹；凤蝶和粉蝶的蛹以腹末臀棘附着于物体上，胸腹部间缠以 1 根细丝，蛹体斜立状称缢蛹（succincti）；眼蝶、斑蝶、灰蝶和蛱蝶的蛹以腹末臀棘附着于物体上，把身体倒挂起来，称悬蛹（suspensi）。

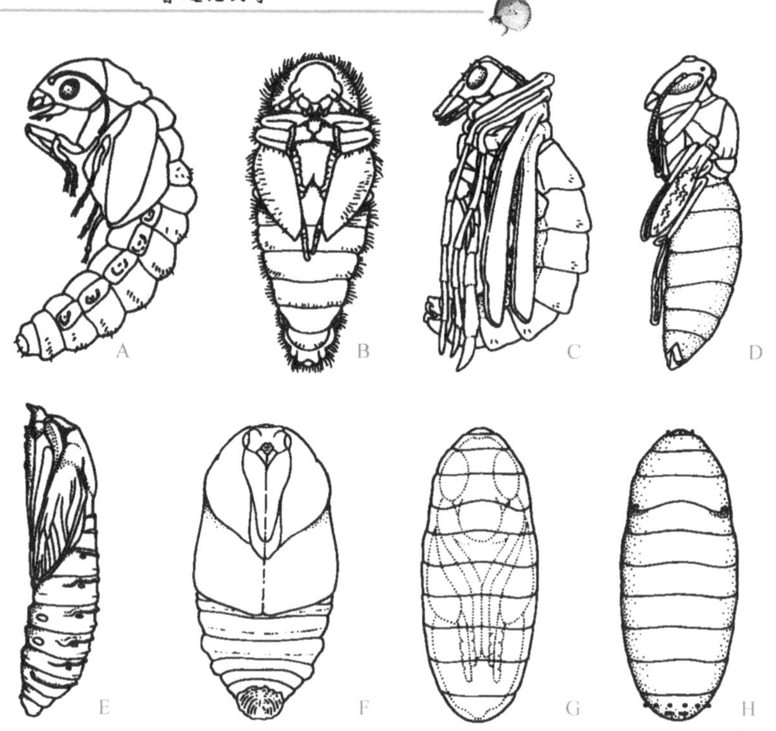

图 20-10 蛹的类型

A～D. 离蛹；E，F. 被蛹；G，H. 围蛹

（A. 仿 Evans，1978；B，C，E，G. 仿 CSIRO，1991；D. 仿 Chu，1949；F. 仿 Common，1990）

三、围蛹

围蛹（coarctate pupa）的蛹体是离蛹，但被第 3～4 龄幼虫的蜕形成的蛹壳（puparium）包围（图 20-10G，H）。双翅目环裂亚目、介壳虫和捻翅目蜂捻翅虫科 Stylopidae 的雄蛹属于此类。

第五节 雌雄二型和多型现象

一、雌雄二型

雌雄二型（sexual dimorphism）是指同种昆虫的雌雄两性个体间，除生殖器官不同外，在大小、体形和体色等外部形态方面存在明显差异的现象。

昆虫的雌雄二型现象相当普通，其中在蜻蜓目、纺足目、半翅目、鞘翅目、捻翅目、鳞翅目和膜翅目昆虫中最明显。蜻蜓目的许多种类的雌雄在体色上差异显著；鞘翅目犀金龟科雄性个体明显大于雌性，且雄虫头部和前胸背板上有角状突起，但雌虫无相应突起；鞘翅目锹甲科雄性个体也明显大于雌性个体，且雄虫上颚特别发达，有的甚至与身体等长或分支如鹿角，但雌虫上颚较小（图 20-11）；捻翅目、半翅目蚧总科、鳞翅目蓑蛾科与尺蛾科的雄虫有翅，而雌虫无翅；鳞翅目蝶类中有许多种类雌雄个体翅的底色与饰纹差异显著等等。这些都是雌雄二型现象。

二、多型现象

多型现象（polymorphism）是指一种昆虫的同一虫态的个体在大小、体形和体色等外部形态方面存在明显差异的现象。多型现象不仅出现在成虫期，也可出现在幼期或蛹期，但以成虫期居多，且以雌性普遍。

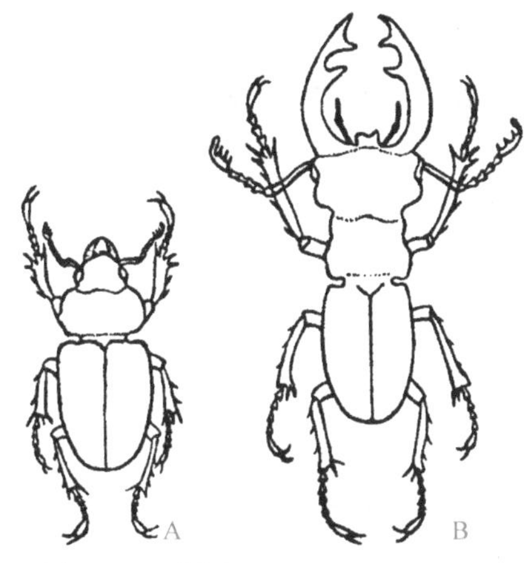

图 20-11　锹甲 *Lucanus cervus*（L.）的雌雄二型
A. 雌虫；B. 雄虫
（仿 Jeannel，1960）

多型现象在蜜蜂、蚂蚁和白蚁等社会性昆虫以及蚜虫等群聚性昆虫中表现最为突出（图 20-12）。在蜜蜂的雌性中，有负责生殖的蜂后（queen）和失去生殖能力而担负采蜜、筑巢等工作的工蜂（worker）；在白蚁的雌性中，生殖型个体常分为长翅型、短翅型和无翅型；在蚜虫中，受光周期、寄主植物和种群密度等因素的影响会出现干母（fundatrix）、干雌（fundatrigenia）、有翅孤雌胎生蚜（winged virginopara）、无翅孤雌胎生蚜（wingless virginopara）、雌蚜（gynopara）、卵生雌蚜（ovipara）等不同型。

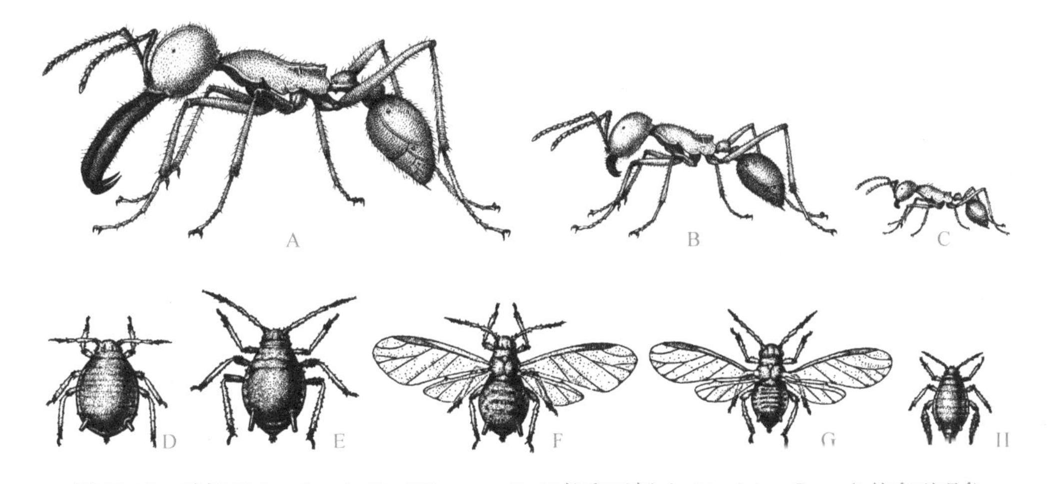

图 20-12　游蚁 *Eciton burchelli*（Westwood）工蚁和豆蚜 *Aphis fabae* Scopoli 的多型现象
A. 大工蚁；B. 中工蚁；C. 小工蚁；D. 干母；E. 干雌；F. 性母；G. 有翅性蚜；H. 无翅性蚜
（仿 Eisner & Wilson，1977）

在直翅目、半翅目和鳞翅目等非社会性昆虫中，受季节、种群密度、食物和环境等的影响，也会出现多型现象。在春夏季节，螽斯体色多为绿色，入秋后为褐色；当种群密度过于拥挤时，一些鳞翅目幼虫和蝗蝻的体色明显加深；当食物丰富和种群密度低时，飞虱会出现短翅型（brachyptery），当食物不足时出现长翅型；工业黑化（industrial melanism）使桦尺蛾 *Briston betularia*（L.）出现黑色类型等。

第二十一章

昆虫的生活史

第一节　昆虫的生命周期

一、生命周期

昆虫的新个体（卵或幼体）自离开母体到性成熟产生后代为止的生长发育过程称为生命周期（life cycle），或称生活周期。一个生命周期通常称为1个世代（generation）。完成一个世代所需的时间称为世代历期（generation time）。

二、寿命

在正常情况下，昆虫的新个体从离开母体到死亡所经历的时间称为该种昆虫的寿命（life-span）。显然，昆虫的寿命比生命周期长，但两者的差距在不同昆虫中差别很大。蜉蝣的成虫羽化不久即交配产卵，多数只能存活1～2天，其生命周期与寿命基本相同；但有些鞘翅目昆虫的产卵历期长，产卵后又经较长的时间才死亡，其寿命明显长于生命周期。寿命与生命周期差异最大的当属社会昆虫，特别是白蚁的蚁后，其产卵历期有的可长达70年，其寿命就比生命周期多几十年了。在同种昆虫的不同性别中，雌性寿命常比雄性长，一般雄虫完成交配后不久就死去，而雌虫产卵有一个历期且部分种类有护育后代的习性。

第二节　昆虫的生活史

一、生活史

昆虫的生活史（life history）是指在一定阶段的生长发育史。生活史常以1年或1个世代为单位，昆虫在一年中的发育史称年生活史或生活年史（annual life history），昆虫在一个世代中的发育史称代生活史或生活代史（generational life history）。

生活史属于昆虫生物学的基本内容。研究昆虫的年生活史，对于掌握种群发生规律、科学地进行害虫控制和益虫利用有重要的意义。昆虫的生活史可用图、表格或两者混合的形式来表达，其中表格法较常用。

昆虫生活史表格主要有两种：一种是以月份为列，以各代次及其虫态为行，将各代的不同虫态发生的时间范围在表中标出；另一种是以月份为列，以虫态为行，将各代的不同虫态按其发生的时间范围在表中标出。后一种方法更常用，下面就介绍这种常用的表格形式（表21-1）。

表 21-1 小地老虎 *Agrotis ipsilon*（Hufnagel）在北京的生活史（仿北京市农科所等，1976）

世 代	月 份/上旬 中旬 下旬									
	1～2	3	4	5	6	7	8	9	10	11～12
越冬代	(+)(+)(+)	(+)(+)+	+ + +	+ +						
			• • •	•						
			— —	— — —	—					
第 1 代				△△△	△△					
				+	+ + +	+				
					• • •					
					— —	— —				
第 2 代						△△				
						+ +	+ +			
						•	•			
						—	— — —			
第 3 代							△△	△		
							+	+ +		
								• • •		
								— — —	— —	
第 4 代									△△△	
									+ + (+)	(+)(+)(+)

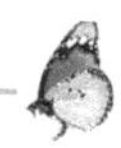

为了简便，在表内常用符号或字母来表示不同虫态。符号“·”或字母 E 表示卵，符号“—”或字母 L 或 N 表示幼虫或若虫，符号“△”、“⊙”、“○”或字母 P 表示蛹，符号“+”或字母 A 表示成虫；用括号“()”将表示的符号或字母括起来表示越冬虫态。

二、昆虫生活史的多样性

昆虫生活史的多样性包括化性、世代重叠、局部世代、世代交替、静止与滞育。

(1) 昆虫的化性（voltinism）是指昆虫在一年内发生的世代数。一年发生 1 代的昆虫称一化性（univoltine）昆虫，如大地老虎 *Agrotis tokionis* Butler 和大豆食心虫 *Leguminivora glycinivorella*（Mats.）；一年发生两代的昆虫称二化性（bivoltine）昆虫，如东亚飞蝗 *Locusta migratoria manilensis*（Meyen）和二化螟 *Chilo suppressalis* Walker；一年发生 3 代或以上的昆虫称多化性（multivoltine）昆虫，如棉蚜 *Aphis gossypii*（Glover）；两年才完成 1 代的昆虫称半化性（semivoltine）昆虫，如大黑鳃金龟 *Holotrichia oblita*（Faldermann）；两年以上才完成 1 代的昆虫称部化性（partial voltine）昆虫，如华北蝼蛄 *Gryllotalpa unispina* Saussure 和十七年蝉 *Megicicada septendecim*（L.）。

一化性昆虫的年生活史与世代的含义相同，多化性昆虫的年生活史就包含多个世代，部化性昆虫的年生活史只有部分虫态的生长发育过程。

昆虫的化性由种的遗传性和环境条件共同决定。多化性昆虫一年发生的世代数与环境条件特别是温度有很大关系，如亚洲玉米螟在黑龙江省 1 年发生 1 代，在山东省 1 年发生 2～3 代，在江西省 1 年发生 4 代，在广东和广西 1 年发生 5～6 代。

(2) 世代重叠（generation overlap）。二化性和多化性昆虫常由于发生期和产卵期长，或越冬虫态出蛰分散，造成不同世代在同一时间段内出现的现象称世代重叠。例如，小菜蛾 *Plutella xyllostella*（L.）在杭州 9 月份可有 8 个世代混合出现。一化性昆虫的世代重叠现象较少，但有些种类由于越冬虫态出蛰期不集中，也会出现世代重叠，如桃小食心虫 *Carposina niponensis*（Walsingham）在辽宁省南部苹果产区，越冬幼虫的出土期长达 2 个多月，导致越冬代成虫和第 1 代卵和幼虫等出现重叠。

(3) 局部世代（partial generation）。同种昆虫在同一地区出现不同化性的现象称局部世代。例如，棉铃虫 *Helicoverpa armigera*（Hübner）在河北和河南等地 1 年发生 4 代，以蛹越冬；但第 4 代有部分蛹羽化出成虫并产卵发育为第 5 代幼虫，由于气温降低造成死亡，形成不完整的第 5 代。

(4) 世代交替（alternation of generations）是指一些多化性昆虫在年生活史中出现两性生殖世代与孤雌生殖世代有规律地交替进行的现象，也称异态交替或周期性孤雌生殖。许多蚜虫在冬季来临前以两性生殖产卵越冬，而从春季至秋季均以孤雌生殖繁殖后代。

三、静止与滞育

昆虫在其生活史中的某一阶段，当环境因子变得不利于生长发育时，生命活动会出现停滞现象，藉以度过不良环境，维持个体生存和种的延续，同时可使群体中个体的发育阶段一致，雌雄个体生殖同步，以利产生更多的后代，保证种的繁衍。

昆虫生命活动的停滞现象又称蛰伏，常与高温、低温和干旱相关。昆虫在夏季高温、干旱季节发生的生命活动停滞状态称夏眠或夏蛰（aestivation）。昆虫在低温季节进入的生命活动停滞状态称越冬或冬眠（hibernation）。根据引起和解除停滞的条件，可分为静止（quiescence）和滞育（diapause）两类。

（一）静止

它是指昆虫个体对环境条件的即时应答反应，即当不利环境因子低于生理阈值时，昆虫个体就马上进入停滞状态，使发育停止在某一阶段；而一旦条件恢复到常态时，又立即继续生长发育。

（二）滞育

它是由昆虫个体内在的、中央的调节指令控制，使原来直接的发育变态改变为选择性的发育停滞的生理学过程。

与静止不同，滞育是种的特性，具有预见性。昆虫能通过光周期预测不利环境因子的到来，提前进入滞育状态。昆虫一旦进入滞育，即使给予适宜的环境条件，个体也不会恢复发育，需要经历一个滞育解除时期才能继续发育。因此，滞育的开始通常早于不利环境因子的到来，而滞育的结束和不利环境因子的结束往往也不一致。

昆虫的滞育都有固定的虫态。一般来说，多数昆虫都是以卵或蛹为滞育虫态，因为卵和蛹是一个相对封闭的体系，只与外界进行气体交换，更易度过不利的环境。部分昆虫以幼虫或成虫滞育。昆虫滞育期的长短可以从几天到几个月，甚至更长。例如，一种丝兰蛾科 Prodoxidae 昆虫的滞育期可长达 19 年。

滞育一般分为专性滞育和兼性滞育两种类型。专性滞育（obligatory diapause）又称绝对滞育，是指不论环境条件是否适宜，只要昆虫发育到滞育虫态，所有个体都要进入滞育。一化性昆虫一般属于这种类型，如舞毒蛾在 6 月下旬至 7 月上旬产卵，此时尽管环境条件适宜，但卵不再继续发育而进入滞育。兼性滞育（facultative diapause）又称随意性滞育，是指昆虫只在某一世代的特定虫态遭遇不利环境条件才进入滞育，否则继续生长发育。二化性、多化性和局部世代昆虫的滞育都属于这种类型，如亚洲玉米螟 *Ostrinia furnacalis* Guenée 在不同的发生地均以末代老熟幼虫越冬。

昆虫的滞育通常一个世代只有 1 次，但生活在高海拔地区的少数种类由于生命周期长，可以出现两次或多次滞育的现象。

昆虫临近滞育时，体内脂肪和糖原等物质的含量逐渐增加，总含水量逐渐降低，但结合水的比例则逐步增高。处于滞育状态的昆虫，代谢强度低，发育极其缓慢，抗逆能力强，易于在恶劣的环境下生存下来。

（三）引起和解除滞育的条件

影响昆虫滞育的条件有环境因子和激素。

（1）环境因子。环境因子主要包括光周期、温度、水分和食物。其中，专性滞育昆

虫滞育的诱导和解除主要与光周期直接有关，而兼性滞育昆虫滞育的诱导和解除还与温度、水分和食物相关。

光周期（photoperiod）是指一昼夜中光照时数与黑暗时数变化的节律，一般用光照时数表示。引起昆虫种群中50%的个体进入滞育的光周期定为临界光周期（critical photoperiod）。不同种或同种不同地理种群的昆虫，其临界光周期不同，通常纬度每增加5°，其临界光周期增多30 min。例如，亚洲玉米螟南京种群的临界光周期是13 h 30 min，三化螟南京种群为13 h 45 min，广州种群为12 h。对光周期敏感的虫态称临界光照虫态，该虫态往往是滞育虫态的前一虫态，如家蚕以卵滞育，其临界光照虫态是前一代成虫。处于临界光照虫态的昆虫对光的反应极为敏感，一般只需1～2 lux或更弱的照度就能起作用。根据滞育对光周期的反应，可将昆虫分为：①长日照发育型，或称短日照滞育型，特点是在长日照（每日光照长度超过12 h称长日照）下发育、短日照（每日光照不足12 h称短日照）下滞育的昆虫，一般冬季滞育昆虫如三化螟、亚洲玉米螟等属于此类；②短日照发育型，或称长日照滞育型，在短日照下发育、长日照下滞育的昆虫，一些夏季滞育昆虫如大地老虎、小麦吸浆虫 *Sitodiplosis mosellana*（Gehin）等属于此类；③中间发育型，特点是只有在较窄的日照时数范围内才发育的昆虫，日照过长或过短均引起滞育，如马铃薯甲虫或桃小食心虫属于这种类型。桃小食心虫在25℃、日照短于13 h老熟幼虫全部滞育，日照长于17 h也有半数以上幼虫滞育，而日照为15 h即大部分正常发育。

由于光周期的变化规律最稳定，且其变化会伴随着温度和食物等其他外界因子的改变，能为昆虫提供有关环境变化的可靠信息，所以是引起昆虫滞育的主导因子。但在赤道，由于光周期的季节变化不明显，温度、降雨和食物等对昆虫滞育的影响显得更为重要。

在自然界中，温度可以影响昆虫对光周期的反应，大致温度每升高或降低5℃，临界光周期将缩短或延长1～1.5 h。所以，同种昆虫的低纬度种群比高纬度种群滞育偏晚。一般来说，降低温度可以提高短日照滞育型昆虫的滞育率，延长其滞育时间；升高温度可以提高长日照滞育型昆虫的滞育率，延长其滞育时间。但是，由于温度每日波动大，所以它不像光周期那么稳定、可靠。同样，在自然状况下，昆虫食物的有无和质量也受光周期及温度变化的影响，进而影响昆虫的滞育。例如，在夏季，蚜虫等猎物的数量明显不足，七星瓢虫 *Coccinella septempuctata* L. 和锚斑长足瓢虫 *Hippodamia convergens* Guèrin-Méneville 的雌虫卵巢就停止发育，进入滞育；当秋季到来时，寄主植物逐渐枯竭老化、含水量下降，马铃薯甲虫和史氏新松叶蜂 *Neodiprion swainei* Middleton 取食老叶后就进入滞育。另外，种群密度是影响一些仓库昆虫和群聚型昆虫滞育的重要因子。例如，取食贮藏期柠檬果肉的干果粉斑螟 *Ephestia cautella*（Walker）幼虫，当密度较高时进入滞育；而花斑皮蠹 *Trogoderma variabile* Ballion 幼虫单头饲养时就以蛹滞育。

（2）激素。以上环境条件对昆虫滞育的影响，必须通过体内激素的调节来实现。影响昆虫滞育的激素包括脑激素、卵滞育激素、蜕皮激素和保幼激素。

卵滞育又称胚胎滞育。在家蚕中，卵的滞育是由于雌虫的感觉器官接受环境因子的刺激后，脑内神经分泌细胞产生脑激素，通过围食道神经连索传递到食道下神经节，活化其中的神经分泌细胞，促使其产生卵滞育激素，通过血液输送到卵巢，导致卵滞育。但在其他昆虫中，卵的滞育与卵滞育激素无关，而与蜕皮激素或其他激素有关。在舞毒蛾中，卵的滞育受蜕皮激素的浓度调节，高浓度时进入滞育，低浓度时解除滞育。

幼虫滞育一般出现在末龄幼虫，且主要是受脑激素和蜕皮激素调节。低龄幼虫接受环境因子的刺激后，脑内神经分泌细胞停止分泌脑激素，前胸腺不分泌蜕皮激素，使幼虫进入滞育。但是，也有不少幼虫的滞育是受保幼激素调节的，如欧洲玉米螟 *Ostrinia nubilalis*（Hübner）等。

蛹滞育完全受脑激素和蜕皮激素调节，与保幼激素无关。当环境因子诱导脑内神经分泌细胞停止活动，蛹体内缺乏蜕皮激素，蛹进入滞育；当出现蜕皮激素时，就可以结束滞育，启动成虫发育。

成虫滞育又称生殖滞育，基本上受保幼激素调节。在昆虫的正常发育中，保幼激素在末龄幼虫和蛹期很少分泌，但到了成虫期又恢复分泌，促进生殖细胞的发育和成熟。当不利环境因子出现时，脑分泌细胞停止分泌脑激素，咽侧体处于非激活状态，不分泌保幼激素，生殖细胞的发育受到抑制，进入滞育状态。但是，少数昆虫的成虫滞育受蜕皮激素调节，如马铃薯甲虫和黑腹果蝇等。

进入滞育的昆虫需经过一段时期的滞育代谢后，在适宜的温度、湿度或光周期的影响下，通过体内激素的调节，才能解除滞育。多数昆虫在滞育过程中对光周期的感受能力逐渐减弱乃至最后不起反应，所以解除滞育的主要因子是温度和湿度。多数冬季滞育的昆虫，特别是以幼虫或蛹滞育的昆虫，需经过一定时间的低温冷冻，活化了脑分泌细胞，才能解除滞育；亚洲玉米螟、三化螟、麦黄吸浆虫 *Contarinia tritici*（Kirby）等的滞育幼虫需补充一定的水分，消除组织的脱水状态后才能解除滞育。但是，一些蟋蟀和一些脉翅目昆虫在滞育过程中始终对光周期的反应敏感，当春季光照时数超过临界光周期时就能结束滞育。

第二十二章

昆虫的习性与行为

昆虫的习性（habits）是指昆虫的种或种群具有的生物学特性。

昆虫的行为（behavior）是昆虫适应其生活环境的一切活动方式。

了解并掌握昆虫的习性与行为，对于昆虫的研究、害虫的防控和益虫的利用有着重要的指导意义。

昆虫的种类繁多，习性和行为非常复杂，这里主要对昼夜节律、食性与觅食行为、趋性、群聚与迁移、防御行为、通讯、生殖行为和社会行为等方面进行简要介绍。

第一节　昆虫活动的昼夜节律

在长期进化过程中，昆虫的活动形成了与自然界中昼夜变化相吻合的节律，即昆虫的生理代谢和行为反应在白天和黑夜有规律地周期性变化，称为昼夜节律（circadian rhythm）。昆虫活动的这种固有的时间节律也称昆虫生物钟（biological clock）或昆虫钟（insect clock）。例如，昆虫的孵化、蛹化、羽化、取食、交配和产卵等都有昼夜节律。

根据昼夜活动的节律，可将昆虫分为3种主要类型：

（1）日出性昆虫（diurnal insect），白天活动的昆虫，如蝶类和蜻蜓等。

（2）夜出性昆虫（nocturnal insect），夜间活动的昆虫，如多数蛾类。

（3）弱光性昆虫（crepuscular insect），黄昏或黎明时活动的昆虫，如蚊子等。

另外，还有些昼夜均可活动的昆虫，如一些天蛾和蚂蚁等。

昆虫的昼夜节律是种的特征，由时钟基因（clock gene）控制，受光和温度影响。由于自然界中昼夜长短是随季节和纬度变化的，所以许多昆虫的昼夜节律也有季节性和地域性。多化性昆虫的各个世代对昼夜变化的反应也不会相同，明显地反映在滞育、迁移和繁殖等方面。

昆虫的生物钟可以使同种昆虫两性有更多相遇的机会，同时使不同种昆虫共同享有相同的生境，但不会出现种间竞争并保证种间基因的隔离，有利于昆虫的生存和繁衍。

第二节　昆虫的食性与觅食行为

一、昆虫的食性

食性（food habit）就是昆虫在自然条件下的取食习性，包括食物的性质、种类、取食方式。不同种类的昆虫，其食性不同，同种昆虫的不同性或不同虫态也不完全一样，有的甚至差异很大。昆虫种类繁多，与昆虫食性的分化是分不开的。

根据食物的性质，昆虫的食性可分为植食性、肉食性、腐食性和杂食性4类。植食性（phytophagous或herbivorous）是以植物活体为食的食性，约占已知昆虫种类的45.6%。粘虫 *Pseudaletia separata*（Walker）、小菜蛾 *Plutella xylostella*（L.）和舞毒蛾 *Lymantria dispar*（L.）等昆虫都属于植食性昆虫，这些昆虫少数是作物的害虫。肉食性（sarcophagous或carnivorous）是以其他昆虫或动物的活体为食的食性，约占已知昆虫种类的37.1%。根据其取食方式又可分为捕食性（predacious）和寄生性（parasitic）两类，分别占已知昆虫种类的24.7%和12.4%。捕食性昆虫是捕食其他昆虫或动物作为食物的昆虫，如七星瓢虫和澳洲瓢虫等；寄生性昆虫是指寄生于其他昆虫或动物的体表或体内的昆虫，如平腹小蜂 *Anastatus japonicus* Ashmead和松毛虫黑卵蜂 *Telenomus dendrolimusi*（Matsumura）等。这些昆虫部分是农林害虫的天敌。腐食性（saprophagous）是以动物的尸体、粪便或腐败植物为食的食性。埋葬甲、果蝇和舍蝇等就是腐食性昆虫，它们在生态循环中起着重要作用。杂食性（omnivorous）是兼食动物性和植物性食物的食性。蜚蠊和蠼螋等属于杂食性昆虫。腐食性和杂食性昆虫的种类约占已知昆虫种类的17.3%。

根据食物的种类范围，昆虫的食性可分为单食性、寡食性和多食性。单食性（monophagous）是以一种植物或动物为食的食性，如豌豆象 *Bruchus pisorum* L. 只取食豌豆。寡食性（oligophagous）是以一个科内的若干植物或动物为食的食性，如普斑蝶 *Danaus plexippus*（L.）主要取食萝藦科中的马利筋属 *Asclepias* 植物；多食性（polyphagous）是以多个科的植物或动物为食的食性，如中华龟蜡蚧 *Ceroplastes sinensis* Del Guercio取食50科200多种植物。

昆虫的食性是长期进化的结果，所以有其遗传稳定性。但是，在食物改变或缺乏正常食物时，其食性可被迫改变而发生变化，具有一定的可塑性。1908年，Bogdanow发表了黑颊丽蝇 *Vomitoria calliphora*（L.）的人工饲料配方。100年来，随着昆虫营养生理、模式昆虫、昆虫毒理、生物防治等研究的不断深入，国内外已成功研制出等翅目、直翅目、半翅目、脉翅目、鞘翅目、鳞翅目、双翅目和膜翅目等多种昆虫的人工饲料，为模式昆虫和天敌昆虫的大量繁殖提供了基础。

二、昆虫的觅食行为

昆虫的觅食是一个非常复杂的行为过程，但觅食步骤基本相似。植食性昆虫的觅食一般经过兴奋、试探、选择、进食、清洁等步骤；捕食性昆虫的觅食一般经过兴奋、接近、试探、猛扑、麻醉、进食、清洁等步骤，部分猎蝽的若虫和部分草蛉的幼虫还具有将被食猎物空壳背在自己体背上的习性；寄生性昆虫的觅食则主要经过寄主定位、接近、刺探、适合性评价、进食、标记、清洁等步骤。

昆虫对食物有一定的选择性，用以识别和选择食物的方法多种多样，或用视觉，或用嗅觉，有的还要用味觉，但多以化学刺激作为最主要诱导因素。植食性昆虫通常以植物的次生物质作为信息化合物或取食刺激剂，捕食性昆虫则多以猎物的气味作为刺激取

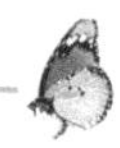

食的因子，寄生性昆虫主要以虫害诱导植物产生的挥发性次生物质或寄主排泄物来寻找寄主。为了获取食物，不同昆虫具有不同的觅食策略。

第三节 昆虫的趋性

昆虫的趋性（taxis）是指对外界刺激所产生的面向或背向的定向行为活动。其中，面向刺激源的运动称正趋性，背向刺激源的运动称负趋性。昆虫的趋性主要有趋光性、趋化性、趋温性和趋湿性等。

一、趋光性

趋光性（phototaxis）是指昆虫对光的刺激所产生的定向行为活动。面向光源的运动，称为正趋光性，背向光源的运动称为负趋光性。

昆虫的趋光性与光的波长密切相关。许多昆虫都具有不同程度的趋光性，并对光的波长有选择性。多数夜间活动的昆虫对灯光表现出正趋光性，特别是对 330～400 nm 的紫外光最敏感，所以农业生产中常用黑光灯来诱杀害虫。蚜虫对 550～600 nm 的黄色光反应最强烈，常用黄盘诱蚜；对银白色、黑色有负趋性，故可利用银灰色塑料薄膜来驱避蚜虫。冠蜂对蓝色反应强烈，可以用蓝盘来诱集。

二、趋化性

趋化性（chemotaxis）是昆虫对化学刺激所表现出的定向行为活动，通常与觅食、求偶、避敌和寻找产卵场所等有关。

植食性昆虫能够寻找和取食某些植物甚至是植物的特定部位，捕食性或寄生性昆虫能够准确地定位猎物或寄主，都是昆虫趋化性的具体表现。植物产生的挥发性化学物质、猎物或寄主虫体或排泄物所散发的气味，都是一种化学刺激，可以使觅食昆虫有效地搜索到食物或寄主。例如，一些夜蛾对糖醋液有正趋性，菜粉蝶喜飞向含有芥子油的十字花科植物上产卵，蚂蚁喜欢糖蜜等。在生产实践中，人们常利用趋化性来防治害虫。

三、趋温性

趋温性（thermotaxis）是昆虫对温度刺激所表现出的定向运动。昆虫是变温动物，需要一定的环境温度以维持正常的生命活动。当环境温度发生改变时，昆虫总是向着最适宜的温度移动。例如，臭虫、跳蚤和虱子等外寄生性昆虫，就是利用正趋温性找到寄主的；当人或动物因病发烧，超过了正常的体温时，它们就会爬离寄主，表现为负趋温性。

四、趋湿性

趋湿性（hygrotaxis）是昆虫对高湿度或水汽区所表现出的定向移动。水是昆虫生命活动的重要基质，离开了水就无法生存。例如，黑翅土白蚁在傍晚湿度较大或出现降雨时离巢婚飞（nuptial flight），一些叶蜂喜欢飞向荫湿环境产卵等，都是昆虫的趋湿性。

第四节 昆虫的群集与迁移

一、群集

群集（aggregation）是指同种昆虫的大量个体高密度地聚集在一起的习性。许多昆虫都有群聚的习性，且由昆虫的激素或信息素调控。根据群集时间的长短，可将群集分为临时性群集和永久性群集两种类型。

（1）临时性群集（provisional aggregation）是指昆虫仅在某一虫态或某一段时间内群集生活，过后就分散的现象。例如，天幕毛虫 *Malacosoma neustria testacea* Motschulsky、叶蜂、荔蝽 *Tessaratoma papillosa* Drury 等的低龄幼虫行临时群集生活，大龄以后即分散生活；马铃薯瓢虫 *Henosepilachna vigintioctomaculata* Motschulsky、榆蓝叶甲 *Pyrrhalta aenescens*（Fairmaire）、澳地夜蛾 *Agrotis infusa* Boisduval 等在越冬时群集在一起，越冬过后即分散生活；雄性蚊子为吸引雌性蚊子而临时群集飞舞，找到雌蚊后则散开等。

（2）永久性群集（permanent aggregation）是指昆虫终生生活在一起的群集现象。蜜蜂和白蚁等社会性昆虫为典型的永久性群集。

但是，在一些昆虫中，两者的界限有时并不十分明显。例如，东亚飞蝗有群居型（gregaria）和散居型（solitaria）之别，两者之间可以互相转化。当虫口密度较低和发生面积较小时，只是少量蝗虫的群集，属于临时性群集；当虫口密度很高且发生面积很广时，是大量蝗虫的群集，而且越聚越多，到了成虫期还集体迁飞，是永久性群集。对于永久性群集，只有大量消灭蝗蝻，使虫口密度降低到一定数量，就能使其转化为散居型。

二、迁移

迁移（displacement）是指昆虫受一定环境条件的影响，发生空间位置变动的行为活动。迁移包括昆虫的正常生命活动和适应环境的行为反应。昆虫的迁移是其觅食、求偶以及选择适宜的产卵场所的必要行为，属于正常的生命活动。同时，迁移可使昆虫从生存条件恶劣的生境迁出，找到适宜生存和繁殖的栖息地，属于昆虫适应环境的行为反应。昆虫的迁移主要包括扩散（dispersion）和迁飞（migration）两种方式。

（一）扩散

它是指昆虫群体由原发地向周边地区转移、分散的过程。根据扩散的原因可将扩散分为主动扩散和被动扩散两类。

（1）主动扩散（active dispersion）是指昆虫群体因密度效应或因觅食、求偶、寻找产卵场所等原因而“主动”地由发生地向周边地区转移、分散的过程。昆虫的主动扩

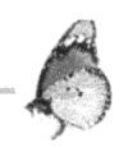

散是种的遗传特性，使昆虫分布有一定的区域，并在特定区域或寄主上表现出一定的分布型，对于昆虫种群数量调节、寻觅适宜生境和增加后代存活率等有重要意义。

（2）被动扩散（passive dispersion）是指由于水力、风力、寄主或人类活动而导致昆虫“被动”地由原发地向其他地区转移、分散的过程。其中，当一种昆虫附着于其他昆虫或动物体上，并随之转移，但并不以后者为食时，称为携播（phoresy）。例如，当寄主鸟死亡后，鸟虱通过鸟虱蝇 *Ornithomyia* 的有翅成虫进行携播，转移到新的寄主；人肤蝇 *Dermatobia hominis*（L.）自己不寻找寄主，而是将卵产在蚊子等吸血昆虫的体上，当蚊子在脊椎动物体上吸血时，脊椎动物的体温促使卵孵化，初孵幼虫随即爬到寄主体上并钻入皮内。

被动扩散是外界干预而引发的过程，可使昆虫突破特定的地理阻隔或生物抑制，不仅扩大其分布区域，同时常常造成害虫在新分布区的猖獗，加大其为害。因此，在动植物及其产品出入境时，需要对某些害虫实行检疫措施，以控制其传播和蔓延。

（二）迁飞

它是指昆虫通过飞行而大量、持续地远距离迁移。迁飞是种的遗传特性，是一个有相对固定路线的持续迁移行为，该行为不受原发地种群密度、觅食、求偶、寻找产卵场所等因子的影响，通常受光周期诱导和激素调节，可以帮助昆虫在空间上度过不良环境。昆虫迁飞前，需要贮存能量、停止卵巢发育和出现长翅型，迁飞后才进行产卵繁殖。

根据迁飞路线，迁飞分单迁（one-way trip）和回迁（round trip）两类，绝大多数昆虫为单迁，只有普斑蝶等少数昆虫有回迁。

目前，已发现不少重要农业害虫具有迁飞习性，如东亚飞蝗、沙漠蝗、粘虫、小地老虎 *Agrotis ipsilon*（Hufnagel）、甜菜夜蛾 *Spodoptera exigua*（Hübner）、稻纵卷叶螟 *Cnaphalocrocis medinalis*（Guenée）、稻褐飞虱 *Nilaparvata lugens* Stål、白背飞虱 *Sogatella furcifera*（Horváth）和黑尾叶蝉 *Nephotettix cincticeps*（Uhler）等。对于迁飞性害虫，需要有全国性乃至国际性的测报和防控对策。

第五节 昆虫的防御行为

在漫长的自然进化过程中，为了种群的生存与繁衍，昆虫必须使用不同策略，以抵御微生物、寄生性和捕食性天敌的侵扰。

昆虫应对微生物侵染主要依靠血液的免疫反应，而对于捕食者和寄生者的侵扰基本借助物理防御、化学防御和行为防御。实际上，昆虫在进行防御时，每种防御机制的使用均与昆虫的行为密切相关。

昆虫的防御行为（defensive behavior）是昆虫对外界侵扰的反应方式。它可以是激烈和显著的反应，也可以是诡谲和难以觉察的反应，都是昆虫长期适应环境的结果。

一、物理防御

昆虫的物理防御（physical defense）是指昆虫利用各种物理物质进行的防御行为。

这些物理物质可以是昆虫本身所具有的外形、姿态、颜色、斑纹、声音等，也包括昆虫生活的环境，如巢穴、树枝、落叶、沙石等。

（一）托庇

托庇（shelter）是昆虫利用自己建造的巢穴或天然庇护物等结构来抵御敌害、保护自己的现象。这种现象在昆虫中较常见。短尾蟋 *Anurogryllus muticus*（De Geer）将“育婴室”挖在地下，并用泥土封口；剪叶象 *Deporaus betulae*（L.）将叶卷成管状，将卵产于其中；足丝蚁在树皮缝下筑丝巢，窝居其中；毛翅目和袋蛾的幼虫生活于巢袋内（图 22-1A）；沫蝉的若虫利用泡沫来隐藏自己（图 22-1C）；天牛幼虫钻蛀到树干内取食；全变态昆虫的蛹有茧或蛹室包被；白蚁和蚂蚁筑巢而居等。托庇对于防御能力较弱的幼期昆虫来说，显得尤其重要。

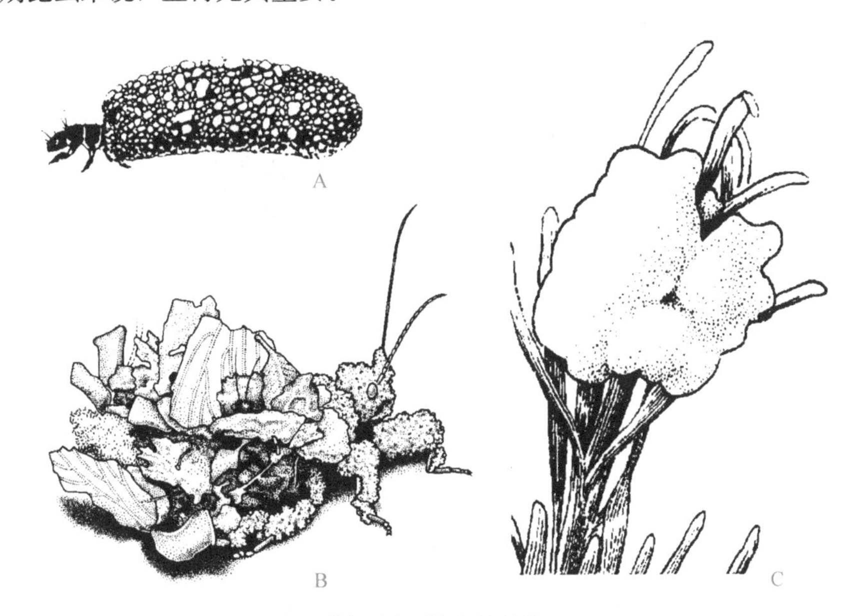

图 22-1　昆虫的托庇

A. 毛翅目幼虫；B. 西非猎蝽；C. 沫蝉的若虫隐藏在泡沫里

（A. 仿 Triplehorn & Johnson，2005；B. 仿 Gullan & Cranston，2005；C. 仿 Atkins，1978）

（二）隐态

隐态（crypsis）是昆虫以环境为背景进行伪装，将自己隐藏起来的现象。隐态包括掩饰（camouflage）、混隐色（disruptive coloration）和伪装（mimesis），是一种常见和有效的物理防御，经典例子包括竹节虫和兰花花螳 *Hymenopus coronatus*（Olivier）。前者是为了躲避捕食者的视线，从而保护自己；后者既是为了躲避敌害，也是为了迷惑猎物。

隐态多见于半翅目、脉翅目、鞘翅目、鳞翅目等昆虫，其类型有多种。枯叶蝶 *Kalima*、天蛾 *Eumorpha typhoon*（Klug）幼虫、尺蠖 *Polygonella*、工业黑化的桦尺

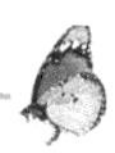

蛾等鳞翅目昆虫的体态和色斑与其栖息的寄主植物的叶片、枝条、茎干或其他背景惟妙惟肖，凤蝶 *Papilio aegeus* Donovan 的幼虫与鸟的粪粒难分真伪，蝗虫 *Eremocharis insignis* Lucas 和蟾蜍与栖境中的沙石完全混隐在一起等。为了隐蔽得更加微妙，隐态昆虫白天一般很少活动或移动缓慢，以免被察觉。

（三）警戒态

警戒态（aposematism）是昆虫利用警戒色（aposematic coloration）、警戒声（aposematic sound）或警戒气味（aposematic odor）等警戒信号来警告天敌，展示自己是有毒不可食、能刺螯或者是能造成伤害的，使天敌不敢贸然攻击或厌恶离开的现象（图 22-2）。

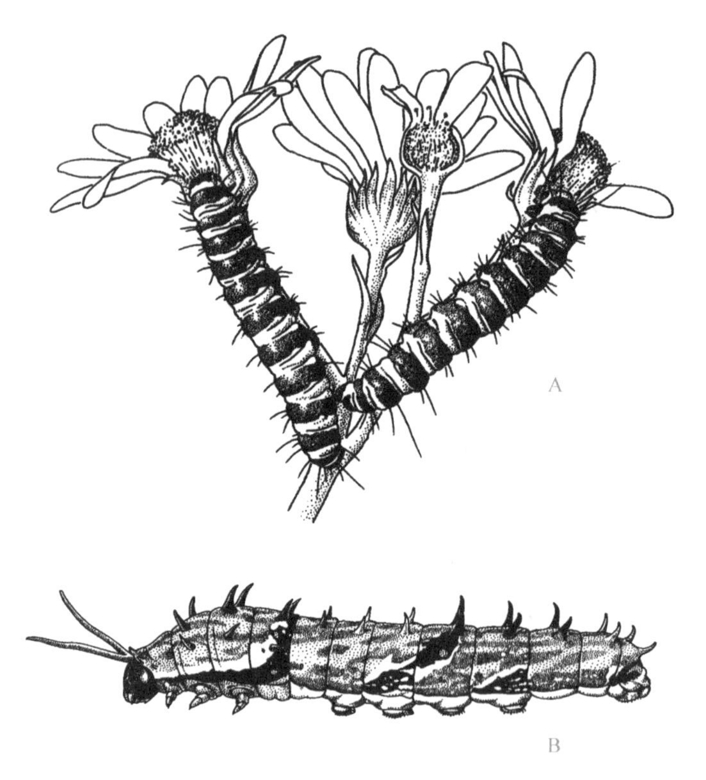

图 22-2 警戒态

A. 灯蛾 *Tyria jacobaeae*（L.）幼虫体具鲜艳的黄黑条纹和难闻气味；B. 凤蝶 *Papilio aegeus* Donovan 幼虫受惊扰时伸出臭丫腺并分泌难闻气味

（A. 仿 Blaney，1976；B. 仿 Gullan & Cranston，2005）

以警戒色来告诫天敌的昆虫，其色彩通常是鲜艳的红色、黄色、橙色、白色或黑色，使昆虫与背景形成鲜明对比，凸现其存在。例如，以白色、黑色、红色相间的拟红节天蛾 *Pseudosphinx tetrio*（L.）幼虫有毒，黑黄相间的蜜蜂和胡蜂能刺螯，有红黑色斑的瓢虫味苦难咽，鸟类、蜥蜴、蟾蜍等天敌都会回避他们，不敢捕食。

以警戒声来告诫天敌的昆虫，其发出声音的频率范围广，易于被各种天敌察觉。蜚蠊、蝗虫、猎蝽、蚁蜂、蜜蜂、胡蜂、蝇类和蛾类等都能发出警戒声，威胁侵扰者。虎

蛾 *Bertholdia trigona*（Grote）的警戒声甚至可以干扰食虫蝙蝠的回声定位，使蝙蝠无法找到自己。

以警戒气味来告诫天敌的昆虫，其发出气味浓裂、难闻，让天敌厌恶。例如，当受到惊扰时，一些蝴蝶会释放胡椒嗪，蚁蜂会分泌甲酮，使天敌恶心而躲开；虎蛾被蜘蛛捕获后会释放吡咯里西啶（pyrrolizidine），迫使蜘蛛切开蛛网，将它释放。

（四）拟态

拟态（mimicry）是指昆虫在形状、颜色、斑纹、姿态或行为等方面模仿环境中的他种生物、同种的其他个体或非生命物体，以躲避天敌的现象。拟态是昆虫朝着自然选择上有利特性进化的结果。拟态可分为贝氏拟态和缪氏拟态两种主要类型。

（1）贝氏拟态（Batesian mimicry）是指捕食者的可食种模仿有警戒色的不可食种的拟态。该现象最早由英国博物学家 H. W. Bates 于 1862 年发现，后人即以其名字命名。贝氏拟态的特点是“模型”是不可食的，而拟态者是捕食者的食物。经典例子是副王蛱蝶 *Limenitis archippus*（Cramer）在外形和斑纹上模仿普斑蝶。Bates 认为，副王蛱蝶是无毒的，普斑蝶的幼虫因取食萝藦草而使得成虫血液中含有一种毒糖苷，鸟吃了后会呕吐。因此，吃过普斑蝶的鸟以后就不敢伤害这两种蝴蝶；相反，如果鸟先吃过副王蛱蝶，那么以后普斑蝶也会遭受袭击。但是，1991 年 Ritland 和 Brower 的研究结果证实，副王蛱蝶是有毒的，也即这个经典例子实际上是属于米勒拟态，而不是贝氏拟态。

在贝氏拟态中，只有当拟态者的数量明显少于“模型”时，才能更好地保护拟态者。一些鳞翅目昆虫，特别是雌性蝴蝶通过模拟多态（mimetic polymorphism）来取得最佳的防御效果。例如，达凤蝶 *Papilio dardanus* Brown 的雌蝶在乌干达有 5 个型，每个型模仿不同的“模型”，从而保证各型的数量明显少于“模型”。

（2）米勒拟态（Müllerian mimicry）是指两种或几种不可食的有毒昆虫彼此之间互相模仿的拟态。该现象最早由博物学家 F. Müller 于 1878 年记述，后人即以其名字命名。米勒拟态的特点是“模型”和拟态者都是不可食的。例如，普斑蝶和吉斑蝶 *Danaus gilippus*（Cramer）都是不可食的，捕食者只要误食其一，以后拟态者和“模型”都不会再受侵害。因此，这类拟态对“模型”和拟态者都有利，是一种更有效的防御拟态。在红萤科 Lycidae、蜂类、蚁类和蝽类等昆虫中均可见到这类拟态，有时甚至形成一个复杂的拟态链环（图 22-3）。

除了上述两种主要的拟态类型外，还有瓦斯曼拟态、自拟态、变形拟态和攻击拟态等。瓦斯曼拟态（Wasmannian mimicry）多出现于蚁巢中，是指客虫模拟巢主的行为，有利于两者的共生。例如，在美国南加利弗尼亚地区的小黑蚁巢内就共生着外形酷似小黑蚁的半翅目昆虫。自拟态（automimicry）是指同种群体中的某些个体因食物原因不合天敌口味，而使后者不加害其他个体的现象。例如，金斑蝶 *Danaus chrysippus*（L.）取食马利筋属植物后，部分个体含有强心甾烯类（cardenolides），该物质对捕食者是有毒的。捕食者捕食了这些有毒个体之后，就不再加害其他无毒的个体。变形拟态（transformational mimicry）是指昆虫模拟截然不同物体的现象。例如，凤蝶的低龄幼

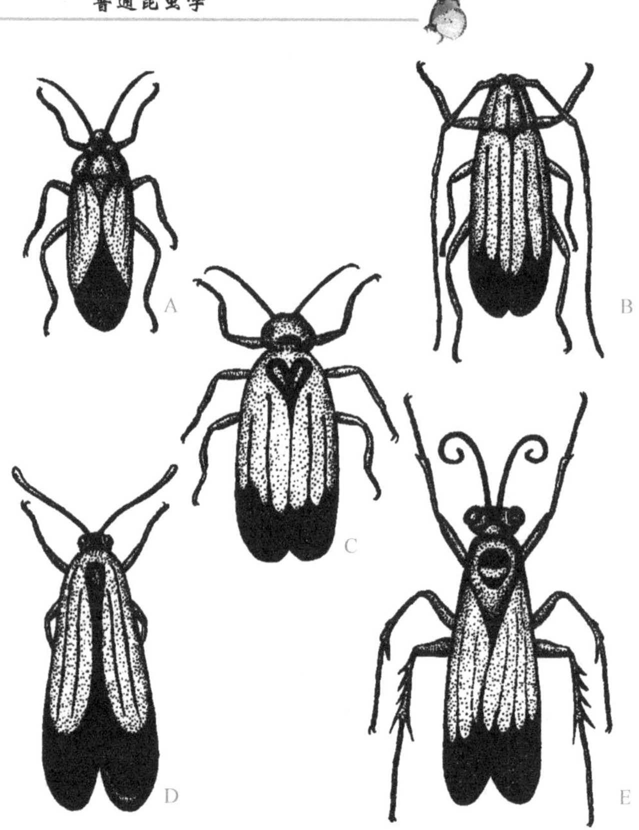

图 22-3 米勒拟态链环
A. 长蝽；B. 天牛；C. 红萤；D. 蝴蝶；E. 蛛蜂
（仿 Wickler，1968）

虫体色黑褐色，不动，模拟鸟粪；长大后体上常有眼斑，模拟捕食者的眼睛；当受到惊扰时会伸出臭丫腺，模拟附肢。攻击拟态（aggressive mimicry）是指一些捕食性或寄生性昆虫先用伪装瞒骗猎物或寄主，而后攻击对方的现象。例如，花螳螂模拟花朵，引诱一些昆虫前来采蜜，乘后者不备时攻击对方；一种寄生蝇，其成虫长得像蜜蜂而得以安全进出蜂巢产卵，孵化出的幼虫就以蜜蜂的幼虫为食。

二、化学防御

化学防御（chemical defense）是昆虫利用化学物质进行的防御行为。这些化学物质来源于昆虫的外分泌腺体、体内共生物和食物 3 个方面。通常来源于食物的外源化学物质主要存在于昆虫的组织或血淋巴中，但在一些凤蝶幼虫中，它们却贮存于前胸的腺体组织内，称为丫腺（osmeterium）。当凤蝶幼虫受到惊扰时，丫腺从前胸背板前缘伸出，分泌凤蝶醇（selinenol）等物质，对蚂蚁等昆虫有驱避作用。化学防御在许多昆虫的防御中发挥着重要作用，尤其在半翅目异翅亚目和鞘翅目昆虫中表现最突出。

根据化学物质的性质，可分为毒性物质和非毒性物质。非毒性物质又可分为警戒气味和拒食剂。昆虫的化学防御主要包括下面 4 个方面。

(1) 释放警戒信息素。群栖的蚜虫和社会性昆虫在遇到危险时，可以释放警戒信息素，告诫周围的同种其他个体及时逃走，或奋起还击。例如，一个人被 1 只蜜蜂螫后，往往很快会遭到一群蜜蜂的围攻，因为蜜蜂在刺螫人的同时，也留下了警戒信息素，以激怒蜂群，群起而攻之。蚁巢面临外扰时，蚂蚁产生的警戒信息素可以征召兵蚁参战，让工蚁赶快修复巢穴或携带卵和幼虫逃跑等。除社会性昆虫和蚜虫外，目前也在蜚蠊、蓟马、草蛉、蝽和豉甲等昆虫中发现了警戒信息素。

(2) 释放益己素。益己素 (allomone) 又称利己素，是指一种昆虫分泌释放的、能引起他种接受生物产生对释放者有益的行为反应的信息化学物质。例如，荔蝽遭遇天敌时，可释放这类物质以驱赶天敌，保护自己。

(3) 释放刺激性物质。一些昆虫在遇到敌害时可以喷射出恶臭的物质，让对方厌恶、惧怕、或中毒，从而避免被害。肯尼亚屁步甲 *Stenaptinus insignis* (Chaud) 遇到危险时，腹部末端就会弯向目标，将体内的苯醌等恶臭物质喷向敌人，并伴随着噼啪噼啪的爆响，吓跑敌人（图 22-4）。一些蚂蚁可以分泌蚁酸来防御敌害，有的蚂蚁甚至可以将蚁酸射出 30 cm。瓢虫、芫青、叶甲和萤火虫等昆虫在遭受天敌袭击时，会反射出血。许多刺激性物质在低浓度下是警戒气味和拒食剂，在高浓度下即具有毒性，如芫青分泌的斑蝥素可引起皮肤溃烂甚至中毒。

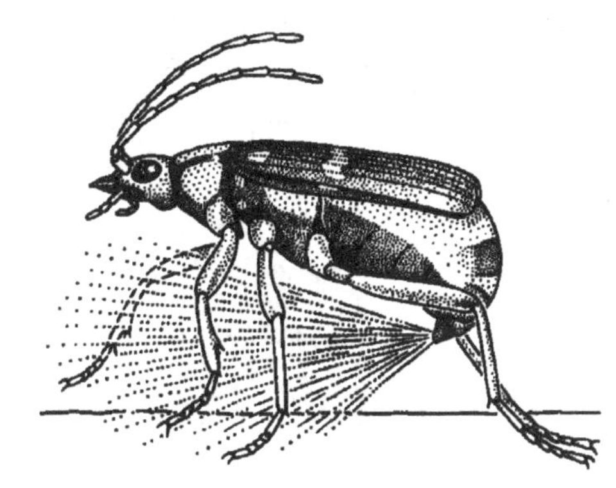

图 22-4 屁步甲在喷射恶臭物质
（仿 Dean *et al.*, 1990）

(4) 注射毒性物质。当遇到侵扰时，胡蜂、蜜蜂等昆虫可以用螫刺向侵略者注射蜂毒，鳞翅目幼虫通过毒毛或毒刺向攻击者注射毒液，猎蝽、负子蝽和蝎蝽等昆虫即通过口针向敌人注射含有毒素的唾液，这些毒性物质可以麻痹对方、降解对方的组织、使对方疼痛难忍或者死亡，从而保护自己。

三、行为防御

行为防御 (behavioral defense) 是指昆虫通过各种具体的行为方式进行防御，包括逃跑、假死、恫吓、瞬彩、自残、聚群防御和领域防御等。

(1) 逃跑 (escape)。当被捕食者发现后，行动活跃昆虫的第一反应通常就是逃跑。由于多数昆虫反应快、体积小、足和翅发达，因而可以逃脱天敌的追捕。夜蛾往往能在蝙蝠发现之前就能觉察到蝙蝠发出的超声，采取直线飞行，尽快逃出蝙蝠的有效搜寻区；当蝙蝠离它较近时，直线飞行就很难逃脱，此时它便采取飘忽不定的变向飞行，使蝙蝠难以得手。一些群集的昆虫在受到袭击时，各自变化莫测地飞离，称为窜飞 (protean display)，这是群集昆虫的一种有效逃跑方式。

(2) 假死 (thanatosis) 是指昆虫受到惊扰时，身体卷缩、停止活动，或突然跌落

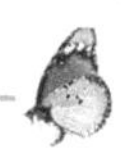

下地、佯装死亡的现象。例如，象甲、叶甲、瓢虫和蝽的成虫以及粘虫的幼虫等都有假死性。由于天敌对“死亡”不动的猎物或寄主缺乏兴趣，或者无法定位，所以假死是许多鞘翅目成虫和鳞翅目幼虫的有效防御方式。假死昆虫经过一段时间后，恢复活动。

（3）恫吓（fright）和瞬彩（startle display）。一些昆虫在觉察到天敌靠近时，能摆出威胁的姿势或发出恐吓的声音，或模拟其他动物的防御行为，得以有效地吓退捕食者的进攻。例如，胡蜂 *Polistes* 在受到威胁时，会摆动前足、扇动前翅、弯曲腹部并发出嗡嗡声来恫吓入侵者；象白腰天蛾 *Deilephila elpenor*（L.）的幼虫受到惊扰时，头部举起犹如蛇头，并扭动身躯，令袭击者望而却步；一些甲虫在受到攻击时可以发出鸣声或张开上颚来恐吓捕食者。

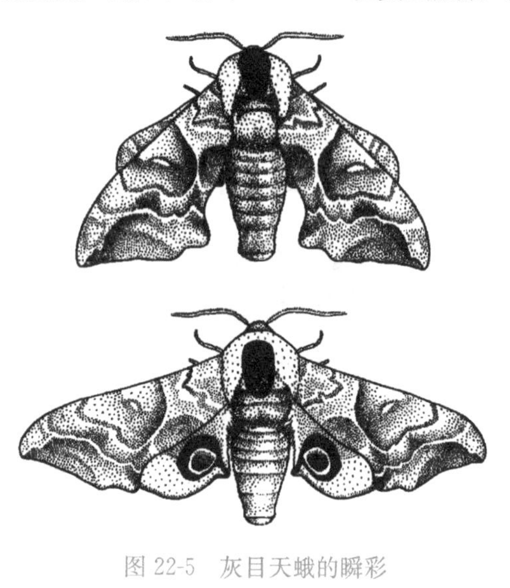

图 22-5　灰目天蛾的瞬彩

（仿 Stanek，1977）

有些昆虫感觉到威胁出现时，会突然从隐态进入警戒态，将平时隐而不露的鲜艳色彩和惊吓的眼状斑纹展露出来，这一过程称为瞬彩。例如，灰目天蛾 *Smerinthus ocellatus*（L.）的前翅颜色和斑纹与树皮相似，后翅有醒目的黑色和蓝色的眼斑。当它停息在树干上时，后翅隐藏在前翅下面，前翅使用混隐色来伪装；一旦遇到袭击，便会突然张开前翅，亮出眼斑，将袭击者吓跑（图 22-5）。

沙漠蝗虫 *Arphia pseudonietana*（Thomas）可综合运用逃跑、恫吓和瞬彩来防御敌害。当捕食者接近时，它会突然弹跳到空中，展开鲜艳的后翅，并发出恐唬的声音。

（4）自残（autotomy）是指蝗虫、蟋蟀、竹节虫和大蚊等昆虫被捕时自行将足等身体某部分脱落以求逃逸的生存策略。例如，蝗虫和竹节虫遇到危险时将自己的附肢断掉，吸引捕食者的注意，从而使个体生命受到的威胁降到最低程度。自残若发生在若虫期，脱落部分在下次脱皮时能再生；如果出现在成虫期，自残会影响昆虫的生存能力。

（5）聚群防御（group defence）是昆虫以群集方式进行防御的行为。这在社会性昆虫中较常见。例如，蜜蜂和胡蜂等社会性昆虫的职虫在天敌临近时，群聚起飞，威胁甚至袭击入侵者，这种护巢行为称为聚扰（mobbing）（图 22-6A），也是一种领域防御行为。在一些警戒态或化学防御的昆虫中，也有这种行为。例如，普斑蝶和瓢虫成虫的群集越冬、筒腹叶蜂 *Perga* 幼虫和一些叶甲幼虫的群体取食等都是聚群防御，有趣的是一些幼虫甚至将头和腹部末端同时举起，以增强对捕食者的威慑力（图 22-6B）。聚群防御可降低群体中各个体与捕食者接触的机会，同时又能从其他个体中获得保护。

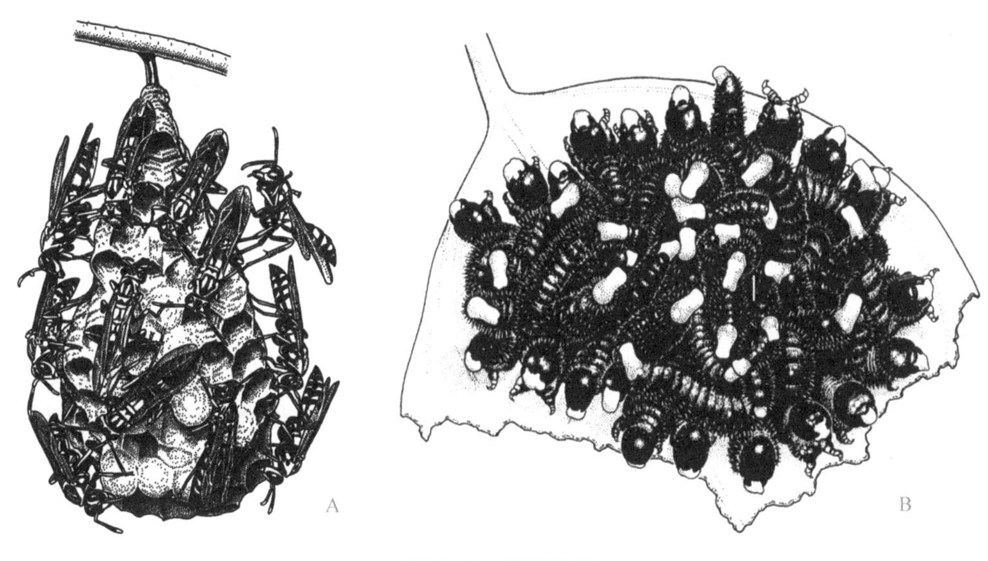

图 22-6　聚群防御

A. 胡蜂；B. 筒腹叶蜂

（A. 仿 Blaney，1976；B. 仿 Gullan & Cranston，2005）

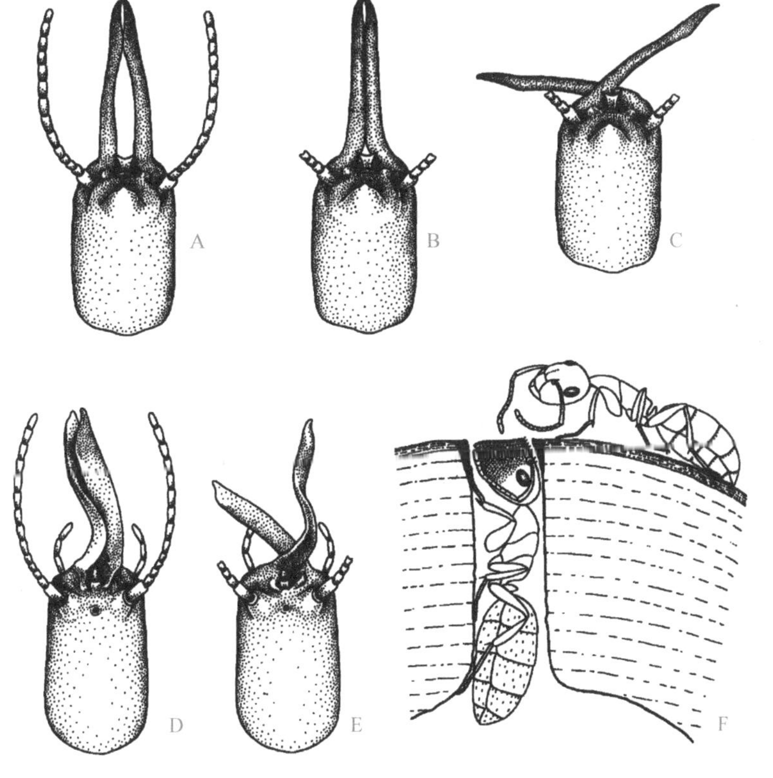

图 22-7　白蚁和蚂蚁的领域防御

A～C. 白蚁 *Termes* 兵蚁上颚的绞杀过程；D，E. 全白蚁 *Homallotermes* 兵蚁上颚的绞杀过程；

F. 截头弓背蚁 *Camponotus truncatus*（Spinola）用头堵截巢穴的入口

（A～E. 仿 Deligne *et al*.，1981；F. 仿 Hölldobler & Wilson，1990）

(6) 领域防御（territory defence）是指昆虫保卫其巢穴或领域免遭同种或他种个体侵犯的行为。领域防御在巢居昆虫中普遍存在。昆虫的巢穴通常筑于地下、树洞、树缝或石头、木头底下，隐蔽的巢穴就是昆虫领域防御的第一道防线。在白蚁和蚂蚁等真社会性昆虫中，在巢穴内还有专门司防御作用的兵蚁，这些兵蚁的上颚发达或头部发达，可以绞杀（图 22-7A～E）或咬死入侵者，或者堵截巢穴的入口（图 22-7F）。

第六节　昆虫的通讯

每种昆虫都有自己独特的通讯系统与同种的其他个体、异种或周围环境发生联系，以满足其生存需要。根据信号不同可将昆虫的通讯分为化学通讯、听觉通讯、视觉通讯和触觉通讯等。其中，后 3 种通讯方式的信号发送者在发送信号时都必须暴露自己。

一、化学通讯

化学通讯（chemical communication）是以挥发性信息化学物质作为媒介的通讯方式，是昆虫中最常见和最有效的通讯方式。

信息化学物质（semiochemicals）是指在同种或异种昆虫之间的相互关系中，起传递信息作用的化学物质的总称，包括种内信息素和种间异种化感物。其中，异种化感物（allelochemicals），又称他感化合物，是一种昆虫或生物释放的、能引起他种昆虫特定行为或生理反应的一类信息化学物质。

根据种间信息化学物质对释放者或接收者的益害关系，可分为益己素、益它素和互益素 3 种。益己素（allomone）是对释放者有利、对接收者无害也无利的种间信息化学物质，这在具有警戒气味的昆虫中较常见。例如，红萤 *Lycus* 释放的烷基吡嗪（alkylpyrazine）主要是使捕食者厌恶而躲开。益它素（kairomone）是指对接受者有利、对释放者有害的种间信息化学物质。例如，松树 *Pinus ponderosa* 被西松大小蠹危害后，会释放出香叶烯和 α-蒎烯等虫害诱导产生的挥发性次生物质（herbivore-induced volatile，HIV），吸引更多两性个体前来取食和交配。互益素（synomone）是指对释放者和接收者双方都有利的种间信息化学物质。例如，松树被西松大小蠹危害后，释放出香叶烯和 α-蒎烯等虫害诱导产生的挥发性次生物质可以招引金小蜂来寄生小蠹。由此可见，一些昆虫种间信息化学物质可同时兼具不同的作用。在一些蝽、蝗虫和隐翅虫等少数昆虫中，种间信息化学物质甚至可以兼具有性信息素和异种化感物的双重功能。但是，一些寄生蜂可以破译和利用寄主的性信息素，进行寄主定位。

化学通讯的优点是传播距离远、特异性高和隐蔽性好。该通讯方式在昆虫的生殖、觅食、聚集、警戒和种群调节等方面起着重要作用。在社会性昆虫中，化学通讯控制着巢群内个体的分级、协调着它们的活动，使整个群体能有条不紊地生存和繁衍。

二、听觉通讯

昆虫的听觉通讯（audio communication）或称声通讯（acoustic communication），是以音频信号作为媒介的、近距离或较远距离的一种有效的通讯方式。

已知能发音的昆虫有16目之多，发音的虫态可以是成虫、幼虫或蛹，发音的机制分为发音器发音和昆虫活动发音两大类。

直翅目、半翅目、鞘翅目和鳞翅目昆虫有发达的发音器，通过摩擦或振动来发音，发音效率高。典型代表有蟋蟀和蝉。雄蟋蟀的前翅肘脉腹面凸起成声锉（file），另一前翅与之相对的后缘形成刮器（scraper），两者组成发音器。发音时，前翅翘起，与虫体呈一定的角度，通过两翅交替张合，使声锉与刮器不断摩擦，发出频率1500～10 000 Hz的悦耳鸣声（图22-8A，B）。雄蝉腹部第1节腹面两侧有鼓膜形成的发音器，在每一鼓膜的内侧有一个内突，内突上着生有肌肉与内部结构相连。当肌肉收缩时，牵动鼓膜向内凹陷；当肌肉松弛时，鼓膜又复原。肌肉的交替收缩与松弛引起鼓膜4～7 kHz的高频率振动，发出连续又缠绵的鸣声可传至1 km外（图22-8C）。

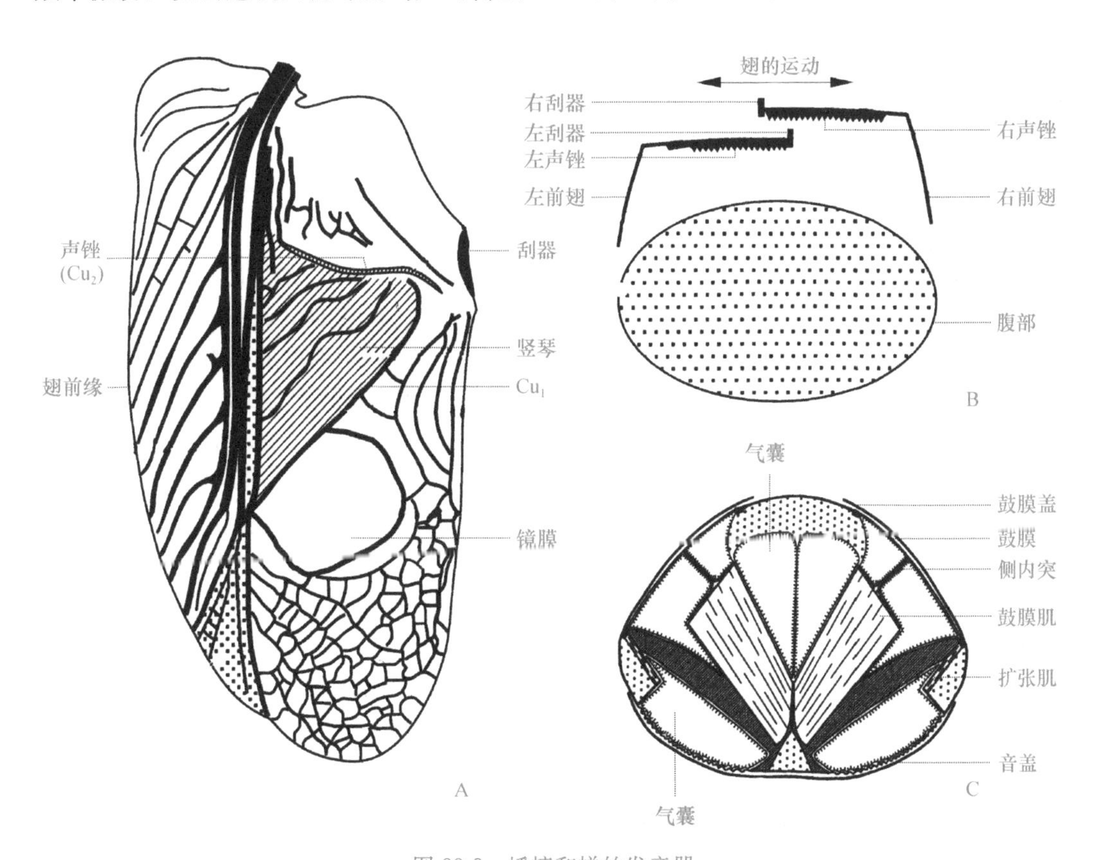

图22-8　蟋蟀和蝉的发音器

A. 蟋蟀左前翅腹面，示发音器；B. 蟋蟀发音模式图；C. 蝉腹部第1节横切面，示鼓膜听器

（A. 仿Bennet-Clark，1989；B. 仿Chapman，1998；C. 仿Pringle，1954）

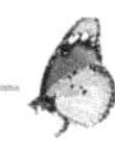

多数昆虫没有特化的发音器，其声音是在飞翔、爬行、取食或求偶过程中发生翅振、摩擦、碰撞而形成的。多数昆虫在飞翔时可以发出特定频率的声音。例如，蠓飞翔时翅振频率高达2000 Hz、摇蚊1000 Hz、蚊子约600 Hz、家蝇147～220 Hz、蝶类5～14 Hz。人耳能听见的频率在20～20 000 Hz之间。因此，我们可以看到蝴蝶的飞舞，却听不见其飞翔声。一些昆虫用身体的特定部位撞击生活场所而发出声信号。例如，白蚁用头部敲击隧道壁发音，蝗虫用后足胫节敲击地面发音，石蝇用腹部轻扣或摩擦物体表面发音等。隐蔽性昆虫在取食、爬行时会与周围的物体摩擦发音。其中，取食声具有振幅大、频率高和持续时间短等特点，相对于爬行声更容易与环境噪声相区别。例如，天牛在木材内蛀食时会发出叽叽声。隐蔽性昆虫及其寄主种类不同，声信号的特性也不一样。

昆虫在不同行为机制的控制下，可发出不同频率和强度的音频信号，这些信号具有种的特异性和精确的时间性，借助空气、水、土壤或寄主植物传播，传递特定的信息，引起种内其他个体的生理或行为反应。昆虫听觉通讯的声信号可以是次声（低于20 Hz）、鸣声（20～20 000 Hz）或超声（高于20 000 Hz），但人耳只能听到鸣声。

在大多数昆虫中，听觉通讯的原始功能是求偶或反击，但现已进化出多种功能。白蚁和角蝉的声信号有报警作用，蜜蜂蜂后的鸣声能调节处女蜂后的羽化时间，沙漠蝗的翅振声有利于维持飞行群体的凝聚力，叶蜂幼虫的鸣声能征召其他个体等。

三、视觉通讯

昆虫的视觉通讯（visual communication）是以视觉信号作为媒介的通讯方式。除少数地下生活和内寄生种类外，绝大多数昆虫都有视觉。视觉通讯是昆虫近距离的一种最常用的通讯方式，但在萤火虫等发光昆虫中，它可以是远距离的通讯方式。

视觉通讯主要是通过昆虫的视觉器官来感受光、色彩和行为等的变化，从而传递信息，是昆虫维持正常生命活动所不可缺少的通讯方式。但是，萤、稚萤、光萤和蕈蚊等昆虫可以发出白色、黄色、红色或绿色的生物光，在求偶、防御和觅食中有特殊的作用。有的萤火虫雌雄两性都能发光，有的仅雌虫发光，其闪光主要是一种性信号，具有种的特异性（图22-9），所以它们能准确定位异性并飞去交配。但是，北美萤火虫 *Photuris* 一些种类的雌虫可模仿近缘种的闪光，吸引异种的雄性，然后吃掉对方，补充营养后再与同种雄虫交配。发光蕈柄蚊 *Bolitophila luminosa*（Skuse）和洞穴蕈蚊 *Arachnocampa* 的幼虫发光能诱捕猎物，作为食物；其雌蛹发光能诱来雄蚊，等其羽化后交配。蜉蝣目、毛翅目和一些双翅目的雌虫，可以通过视觉通讯被吸引到群舞的雄虫群体中去寻找配偶。甲虫和蝴蝶等部分昆虫，其雄性个体常较雌性个体更强壮或体色更鲜艳，可能在示爱时有取悦对方的作用，也与昆虫的视觉兴奋有关。

蜜蜂借助舞蹈，告诉其他个体关于蜜源和水源的位置和数量。当蜜源距蜂巢不足60～100 m时，觅食回来的蜜蜂跳圆舞（round dance）；当蜜源距蜂巢远于100 m时，

图 22-9　九种萤火虫雄虫的闪光类型
（仿 Lloyd，1966）

觅食回来的蜜蜂跳摇摆舞（waggle dance）（图 22-10）。另外，蜜蜂的舞蹈角度、频率、圈数及姿态等则可以进一步告诉对方关于蜜源的准确位置和具体数量。德国著名昆虫学家和动物行为学家弗里希（Karl Ritter von Frisch）因这一重大发现而荣获 1973 年度诺贝尔生理学或医学奖。

四、触觉通讯

昆虫的触觉通讯（tactile communication）是以接触感觉作为媒介的通讯方式，也就是昆虫借助肢体的接触来传递信息的通讯方式，是种内或种间近距离的重要通讯方式。

触觉通讯在寄生蜂的寄主识别、昆虫的觅食和求偶过程中起着非常重要的作用。例如，寄生蜂通过触角敲击植物表面以寻找寄主，或通过触角拍打寄主表面以识别寄主；蚂蚁通过触角触碰告诉对方食物的性质、数量和位置；蚂蚁通过触角拍打蚜虫的腹部使对方分泌出更多的蜜露（图 22-11）；昆虫的求爱可以通过多种通讯进行，但最后种的辨认还需通过触角的触觉通讯等。

图 22-10 蜜蜂的圆舞和摇摆舞
（仿 Frisch，1967）

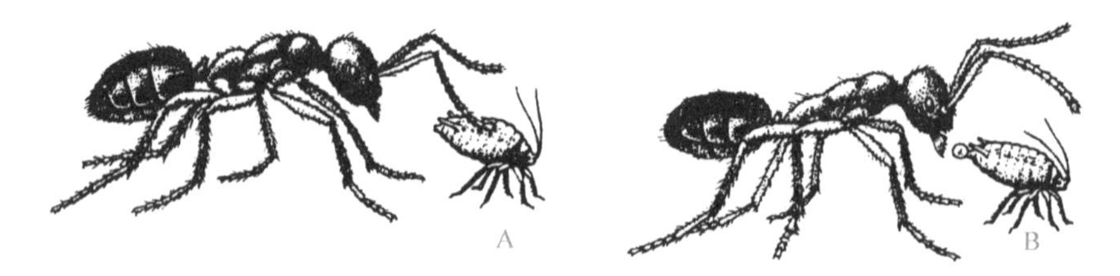

图 22-11 蚂蚁用触角轻拍蚜虫腹部（A）和蚜虫排出蜜露（B）
（仿 Farbricius，1977）

当然，在昆虫的复杂生活中，它们往往不是孤立地使用单一的通讯方式，而是综合地运用两种或多种通讯方式来协调完成种内或种间的联系，以维持生命的正常活动。

第七节 昆虫的生殖行为

绝大多数昆虫的两性生殖行为都要经过求偶、交配和产卵 3 个过程。

一、求偶行为

求偶行为（courtship behavior）是指性成熟的昆虫在近距离范围内借助视觉、嗅觉和触觉向异性示爱并促使异性接受交配的行为活动。通过婚飞，或借助性信息素、闪光或鸣声等招引过来的同种异性之间，是否能顺利进行交配，完全依赖于求偶行为来识别。昆虫的求偶方式多种多样，包括姿态、触摸、鸣叫、舞蹈、性色，甚至送“彩礼”（图 22-12）。大多数昆虫都是通过摆动触角、扇动双翅、扭动腹部、露出外生殖器，或通过口器、触角、须节、足或外生殖器的相互触摸等来向异性示爱，蟋蟀通过求偶声（courtship song）向雌性表露心怀，蝴蝶通过展示性色（epigamic color）来向雌蝶表达爱慕，实蝇通过“华尔兹”将雌蝇搂入怀中，而舞虻、蝎蛉和一些膜翅目昆虫的雄虫发现心仪的雌虫时，会给对方送去猎物、食物或由植物叶片包裹的“礼包”，以博取对方的芳心。

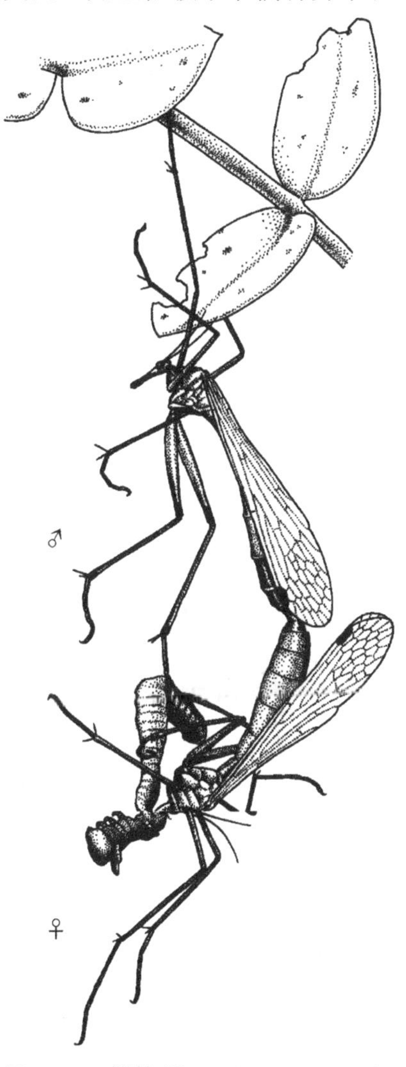

图 22-12 蚊蝎蛉 *Harpobittacus australis* (Klug) 的求偶和交配行为
(仿 Gulllan & Cranston，2005)

二、交配行为

当昆虫求偶成功后，接着就要进行交配，雄虫通过外生殖器将精液或精包注入雌虫生殖腔内。

昆虫的交配行为（mating behavior）也称交尾行为（copulation behavior），是指从两性结合到分开的全部交配动作和过程。不同昆虫的交配动作复杂多样，但其交配过程一般经过跨骑、拥抱、交尾和清洁等步骤，其中以交尾最为复杂。同种昆虫的交尾体位一般较稳定，不同种间则有所差异。例如，膜翅目多数种类以雄在上、雌在下的上下体位交尾，但广腰亚目部分种类以尾尾相接的体位交尾；而直翅目昆虫有 11 种交尾体位（图 22-13）。此外，少数昆虫在交配过程中还有一些特殊的行为。例如，螳螂和螳螨等捕食性昆虫在交尾中有同类相残（cannibalism）现象，雌螳螂把雄螳螂的头及身体的其他部分吃掉；摩门螽 *Anabrus simplex*

(Haldeman) 等螽斯的雄虫将精包粘附于雌性生殖孔外，该精包基部含有精子部分称精荚 (ampulla)，端部明显膨大部分不含精子称精护 (spermatophylax)，精护主要作为雌虫的婚食 (nuptial feeding) (图 22-14)；许多刚羽化的雄性鳞翅目昆虫会频频吮吸动物尿液、粪便或汗水，以补充 Na^+ 等矿物质，然后作为婚彩 (nuptial gift) 通过精包转送给雌虫。

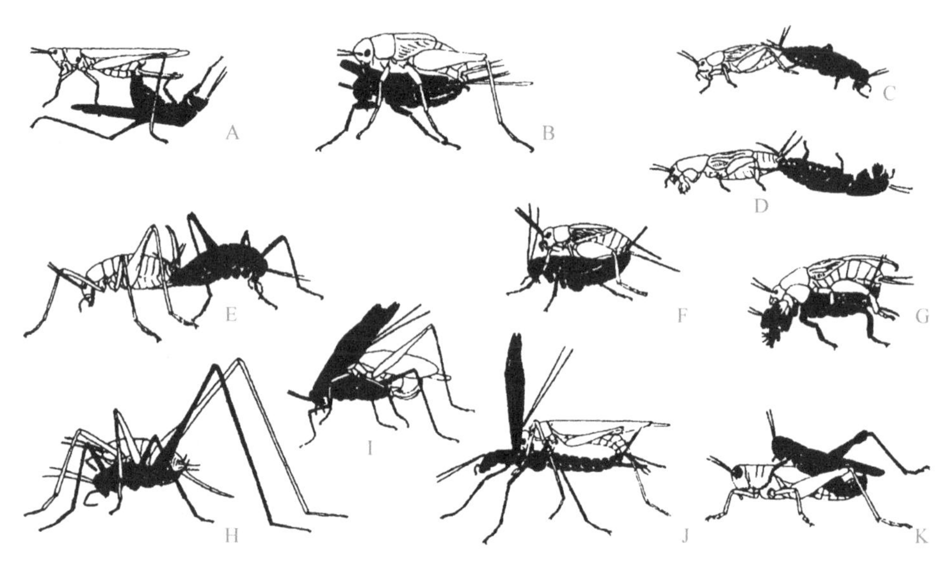

图 22-13 直翅目昆虫的交尾体位（黑色表示雄性，白色表示雌性）
（仿 Alexander，1963）

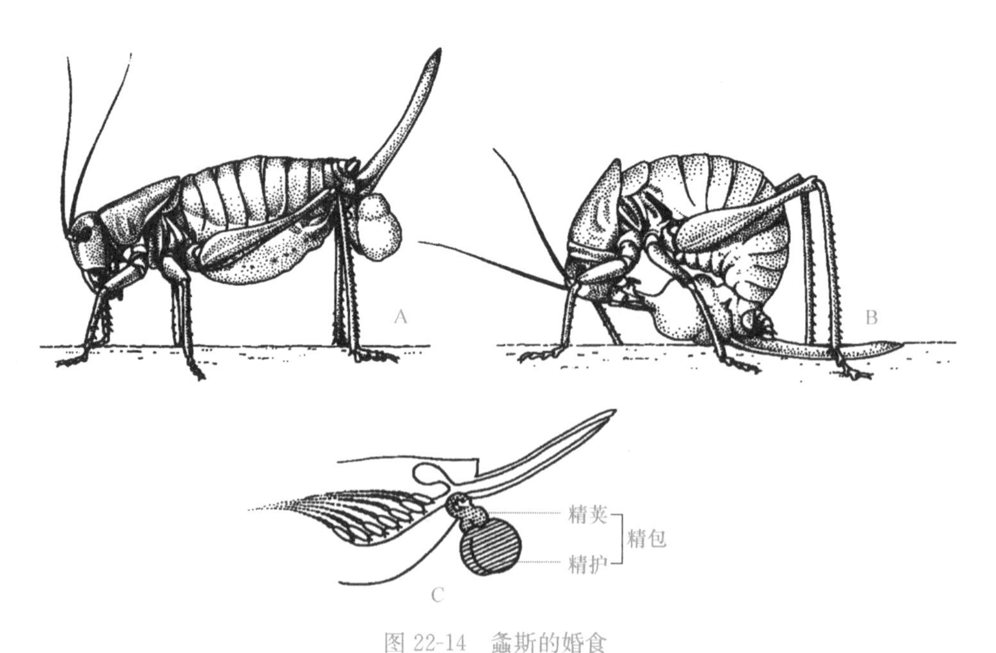

图 22-14 螽斯的婚食
A. 雌虫腹末粘有精包；B. 雌虫在舔食精护；C. 腹末纵切面，示精包的结构
（A，B. 仿 Gwynne，1981；C. 仿 Gwynne，1990）

三、产卵行为

多数昆虫在交配不久后就开始排卵、受精和产卵。排卵和受精通常都是在体内进行的，产卵即是雌虫将受精卵产于寄主表面或体内或幼体的栖境中的过程。

产卵是一个复杂的行为过程，一般包括搜索寄主、定位寄主、评估寄主和接受产卵等步骤，下面以寄生蜂为例来说明。刚羽化的寄生蜂可能远离寄主。因此，它们必须借助各种通讯方式对周围环境进行综合判断，寻找寄主的栖境，如黑头折脉茧蜂 *Cardiochiles nigriceps* Viereck 喜欢在阳光普照的烟叶上找寻烟芽夜蛾 *Heliothis virescens* (Fabr.)。当寄生蜂发现寄主栖境后，就借助寄主发出的物理或化学信号来定位寄主，如黄杉小蠹茧蜂 *Coeloides brunneri* Viereck 以触角探测蠹虫发出的红外线，从而定位并找到蠹虫。寄生蜂一旦找到寄主后，就利用触角敲拍和产卵器刺探来评估寄主（图 22-15）；寄主的大小、形状及表面结构等都会影响产卵行为反应，如赤眼蜂属 *Trichogramma* 的种类常以卵的大小及表面结构来决定是否产卵及产多少粒卵。寄生蜂通常能辨别未被寄生的寄主与已被寄生的寄主，这样可以避免过寄生（superparasitism）。寄生蜂的这种识别能力主要是根据寄主表面上或寄主周围物体表面上的标记信息素以及寄主体内的生理变化等，如番茄潜蝇茧蜂 *Opius pallipes* Wesmael 寄生番茄斑潜蝇 *Liriomyza bryoniae*（Kaltenbach）幼虫后，它会在寄主及寄主为害的叶片上留下标记，以提醒其他接近的雌蜂。

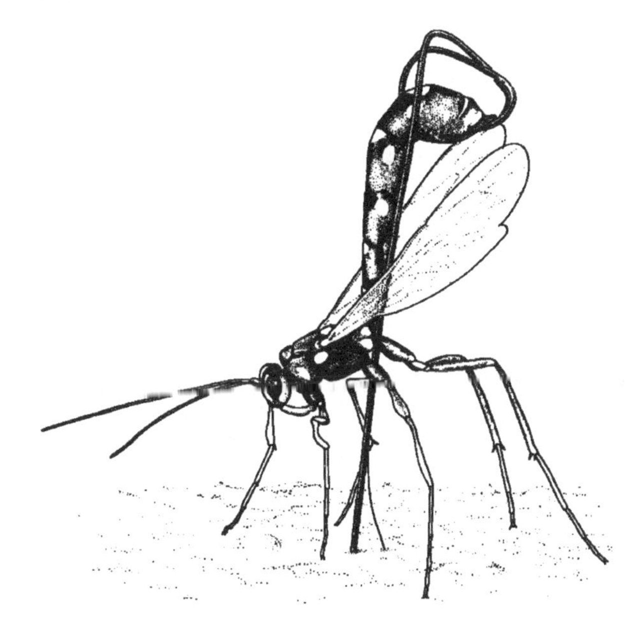

图 22-15 诺氏马尾姬蜂 *Megarhyssa nortoni*（Cresson）用产卵器刺探寄主
（仿 Gullan & Cranston，2005）

第八节 昆虫的社会行为

昆虫的社会行为（social behavior）是指同一种群的昆虫个体之间相互协作所表现

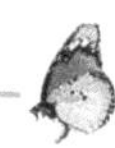

出的各种行为活动，主要包括亲代照护、筑巢、护巢、分级、分工、利它（altruism）、合作等。独居性昆虫（solitary insects）没有社会行为，只有亚社会性、类社会性和真社会性昆虫才有社会行为，其中类社会性（parasocial）昆虫又可分为群居性、准社会性和半社会性昆虫。

亚社会性（subsocial）昆虫没有巢室，其社会行为主要表现为亲代照护（parental care），即成虫对卵或低龄幼虫或若虫的照料和保护，常见于蜚蠊目、直翅目、革翅目、纺足目、啮虫目、缨翅目、半翅目、鞘翅目和部分膜翅目。例如，埋葬甲 *Nicrophorus orbicollis* Say 将小动物的尸体做成一个腐肉丸后，埋入土内，然后雌虫用上颚咬开一个浅口，将卵产于其中；卵孵化后，雌虫守护身旁，用“反刍”出的食物喂食幼虫。群居性（communal）昆虫的同世代多个雌虫共居一巢，每只雌虫照料自己的巢室，没有集体照护后代的行为，主要出现于地蜂、切叶蜂和小蠹等昆虫中，这种社会行为有利于进行巢内温度调节和保护后代。准社会性（quasisocial）昆虫是指同世代雌虫合作筑巢、护巢和共同饲育后代的昆虫。同一巢内的每只雌虫都能产卵，没有分工，如长舌花蜂 *Euglossa*。半社会性（semisocial）昆虫除同世代个体相互协作建巢和共同饲育后代外，已有初步社会分工，部分雌虫专门产卵，而另一些雌虫发育为职虫，不产卵。一些胡蜂 *Polistes* 和隧蜂 *Halictus* 在某些季节属于这类昆虫。真社会性（eusocial）昆虫是指由不同世代个体组成、营高级群体生活、成员间分工协作、共同完成群体各项工作的社会性昆虫。

通常所说的社会性昆虫（social insect）就是指真社会性昆虫，典型的代表有白蚁、蜜蜂、蚂蚁和胡蜂。这些昆虫巢群由不同世代的个体组成，成员间有明显的级（caste）分化和分工，甚至同级的个体在不同时期分工也不一样。在蜜蜂群中，有蜂后、雄蜂和工蜂（图 22-16）。蜂后和雄蜂担负着繁衍后代的重任。工蜂负责蜂群的日常生活，但它们在不同时期有不同的分工：羽化 2～3 周的工蜂负责巢房内温控和保洁；羽化 3～5 周的工蜂，唾腺开始发育，用花粉和蜜的混合物喂养较大的幼虫；羽化 6～10 周的工蜂，唾腺发达，用蜂乳喂养较小的幼虫，并开始出巢试飞；羽化 10～12 周的工蜂，唾

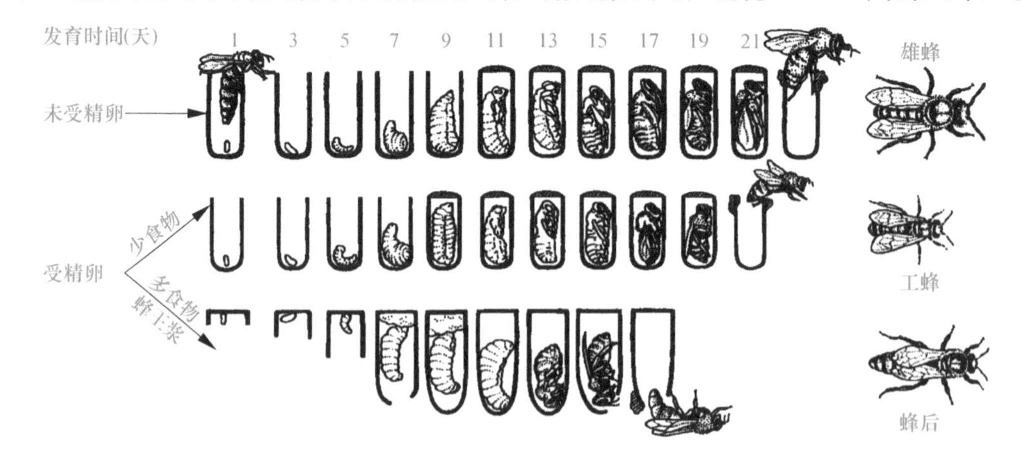

图 22-16 意大利蜜蜂的发育与分化过程

（仿 Winston，1987）

腺逐渐退化，而蜡腺开始发育，它们逐步停止照顾幼虫的工作；羽化 12～18 周的工蜂，蜡腺发达，它们营建和扩大蜂房，把其他工蜂采回的花蜜和花粉贮藏起来，并负责清除垃圾和尸体；羽化 18～20 周的工蜂，蜡腺逐渐退化，它们成了蜂巢的卫兵，守候在蜂箱口，督查进出的蜂群，防御外敌的入侵；羽化 20 周后的工蜂主要在户外采集花粉和花蜜。在蚂蚁群中，有蚁后、雄蚁、工蚁和兵蚁之分。蚁后在群体中体型最大，生殖器官发达，主要职责是繁育后代和统管巢群；雄蚁的主要职能是与蚁后交配；工蚁又称职蚁，是没有生殖能力的雌性，一般个体最小，主要职责是建造和扩大巢穴、采集食物、伺喂幼蚁及蚁后等；兵蚁是蚁群的卫士，为保护整个蚁群而冲锋陷阵。

在真社会性昆虫中，母虫（queen）、兵虫（solider）与职虫（worker）等之间，能巧妙运用巢群气味（colony odor）、社会信息素（social pheromone）、母虫信息素（queen pheromone）、征召信息素（recruitment pheromone）、踪迹信息素、警戒信息素或声通讯等，调节巢群内各成员的生理和行为反应，共同保卫巢穴的安全、维护群体的稳定。

第九节　昆虫的学习与记忆

已知大多数昆虫都具有学习与记忆的能力。昆虫的学习（learning）是指由于经验或实践而发生持久或相对持久的内在行为模式的适应性变化，是一个渐变过程。昆虫的学习分为联系学习和非联系学习。联系学习（associative learning）是指昆虫通过学习将两种刺激或一种刺激与一种反应联系起来的能力。这种学习行为在植食性昆虫对食物寻找和寄生蜂对寄主的搜索过程中最为常见，它们会将食物或寄主与某些刺激联系起来。非联系学习（unassociative learning）包括习惯化和敏感化。习惯化（habituation）是昆虫对刺激的反应强度随着该刺激的重复出现而逐渐减弱、以至消失的现象。例如，一些鳞翅目幼虫第 1 次被触碰时，常扭卷身体，但经多次触碰后，就不再反应。反之，敏感化（sensitization）是指昆虫对刺激的反应随着该刺激的重复出现而不断增强的现象。例如，枝灯蛾 *Estigmene congrua* Walker 取食矮牵牛后会呕吐，当连续用矮牵牛饲养几天后，灯蛾幼虫则出现拒食反应。

昆虫通过学习或经验积累逐渐形成的行为称为学习行为（learned behavior），也就是昆虫后天获得的行为。除观察学习（observational learning）行为在昆虫中没有发现外，其他脊椎动物的学习行为在昆虫中都有报道。

昆虫的学习能力在不同类群中有差异，这与记忆直接有关。昆虫的记忆（memory）是指其贮存信息的能力。一般来说，社会性昆虫的记忆能力比独栖性昆虫强，因而前者学习也就比后者快。蜜蜂具有较强的学习能力，通过学习能准确辨别花的颜色和形状，并且这种记忆具有高度的稳定性和持久性。

第四篇　昆虫系统学

昆虫系统学是研究昆虫的分类、鉴定和系统发生的学科。昆虫系统学是昆虫学和动物分类学的分支学科，也是昆虫学其他分支学科的基础。因此，学习昆虫系统学具有重要的理论和实践意义。

本篇主要介绍昆虫系统学的基本原理、昆虫纲的分类系统、昆虫纲 30 个目的分类特征和生物学以及与农业生产关系密切的等翅目 Isoptera、直翅目 Orthoptera、缨翅目 Thysanoptera、半翅目 Hemiptera、脉翅目 Neuroptera、鞘翅目 Coleoptera、双翅目 Diptera、鳞翅目 Lepidoptera 和膜翅目 Hymenoptera 常见科的分类特征和生物学，为学习昆虫形态学、昆虫生理学、昆虫生物学和昆虫生态学奠定基础。

第二十三章

昆虫系统学的基本原理

第一节 昆虫系统学概述

一、种的概念

种（species）是系统学的核心问题，也是昆虫学的研究基础。关于种的概念，在历史上曾经有过激烈的争论。人们普遍接受的种概念是：种是生物中具有统一的构造和一定的地理分布，能够交配、产出可育后代，与其他种存在生殖隔离的群体。例如，家蚕 *Bombyx mori* L. 就是一个种。

二、分类阶元与分类单元

在昆虫系统学中，根据形态相似性和亲缘关系对种进行归类。一些形态相似、亲缘相近的种集合在一起组成属（genus），特征相近的属组成科（family），近缘的科组成目（order），目上又归为纲（class），纲上并为界（kingdom）。这些界、门、纲、目、科、属和种等排列等级就是分类阶元（category），而位于分类阶元上的具体生物类群即为分类单元（taxon）。分类单元是分类工作中的具体研究对象，有特定的名称和分类特征，如膜翅目 Hymenoptera。

通过分类阶元或分类单元，可以了解某种或某类昆虫的分类地位和进化程度，例如，黄猄蚁 *Oecophylla smaragdina*（Fabricius）的分类地位是：

分类阶元	分类单元
界（kingdom）	动物界 Animalia
门（phylum）	节肢动物门 Arthropoda
纲（class）	昆虫纲 Insecta
目（order）	膜翅目 Hymenoptera
科（family）	蚁科 Formicidae
属（genus）	织叶蚁属 *Oecophylla*
种（species）	黄猄蚁 *Oecophylla smaragdina*（Fabricius）

由于昆虫种类繁多，分化程度高，以上 7 个基本分类阶元在实践中常常不够用，因此需要在这 7 个分类阶元下加亚（sub-）、次（infra-）等中间阶元，如亚目（suborder）、亚科（subfamily）等；在其上加总（super-），如总科（superfamily）等；在科与属之间加族（tribe）中间阶元，如姬蜂族 Ichneumonini。

三、亚种

亚种（subspecies）是指昆虫种内地理分布不同或寄主不同，并具有一定的形态差异的亚群。亚种通常是由于地理隔离形成的，所以又称地理亚种（geographic subspecies）。亚种间不存在生殖隔离或生殖隔离不完整，可以看作一个“未成熟”种。

第二节　分类特征

分类特征（taxonomic character）又称分类性状，是指分类学上所依据的形态学、生物学、生态学、地理学、生理学、细胞学和分子生物学等指标。其中，对于所有分类单元的描述都必须依据形态学特征，有时还会选用生物学、生态学或地理学特征；对于一些外部形态非常相似、生物学和生态学特征也难区分的隐存种（cryptic species），就需要采用生理学、细胞学或分子生物学特征。

（1）形态学特征，是分类学中最基本和最常用的特征，主要是外部形态特征，有时还用到内部形态特征。不同的种或类群，其形态上有明显的差异；同种或相同的类群，个体间的形态相同或相似。

（2）生物学和生态学特征，有栖境、寄主、食性、行为、活动规律等。同种或相同类群的昆虫生活于相同或相似的环境，具有相同的习性和行为方式。

（3）地理学特征，包括生物地理分布格局、种群的同域和异域关系等。同种或相同类群的昆虫都有一定的地理分布范围。

（4）生理学特征，包括代谢因子、血清、蛋白质、脂肪、糖和其他生理生化指标。同种雌雄个体间能通过性激素相互吸引而自由交配，并能产出正常后代。

（5）细胞学特征，包括精子、细胞核、染色体等特征。

（6）分子生物学特征，包括氨基酸序列和核苷酸序列等特征。

根据分类实践中所采用的主要特征和方法，有人把分类学分为形态分类学（morphological taxonomy）、化学分类学（chemical taxonomy）、细胞分类学（cytotaxonomy）和分子分类学（molecular taxonomy）等。显然，随着现代科技的进步，昆虫分类所依据的特征将不断拓展，分类手段也不断发展。

第三节　命名法

由于语言、文化和历史的不同，一种动物在不同地区或国家常有不同的名称，这些普通名称都是俗名（common name）。因为没有统一的规则，一种昆虫可能有多个俗名，同时一个俗名也可能用于不同的动物，非常容易引起混乱，不便于交流，所以必须采用并遵循相同的规则来给生物命名。关于生物分类单元命名的法则就称命名法（nomenclature）。生物命名法规分植物命名法规、动物命名法规、细菌命名法规和病毒命名法规。昆虫系统学现在采用的是 1999 年修订的《国际动物命名法规》(International Code of Zoological Nomenclature)（第 4 版），从 2000 年 1 月 1 日起执行。

一、学名

昆虫的学名（scientific name）是指按照国际动物命名法规给昆虫命名的拉丁文或拉丁化的科学名词。学名大多来源于拉丁语或希腊语，通常表示昆虫的特征、采集地或寄主，或者以人名来命名等。

（1）种的学名。昆虫种的学名由属名和种名两个拉丁单词或拉丁化的单词组成，属名在前，种名在后，且属名的第 1 个字母必须大写，称为双名法（binominal nomenclature）。

种的学名中若有亚属名，可放在圆括号内置于属名与种名之间。例如，苏氏果实蝇 *Bactrocera*（*Bactrocera*）*hsui*（Tseng，Chen *et* Chu）。

如果一个种只鉴定到属而尚不知道种名时，属名后加 sp. 表示，如 *Locusta* sp. 表示飞蝗属一个种；多于一个种时用 spp. 表示，如 *Locusta* spp. 表示飞蝗属的两个或多个种，注意 sp. 和 spp. 不能用斜体。

（2）亚种的学名。昆虫亚种的学名由 3 个拉丁单词或拉丁化的单词组成，即属名、种名和亚种名，亚种名直接放于种名之后，称为三名法（trinominal nomenclature）。例如，西双杂毛虫 *Cyclophragma ampla xishuangensis* Tsai *et* Hou。

（3）种上单元的学名，都是由一个拉丁单词或拉丁化的单词组成，第 1 个字母要大写。属级以上分类单元的学名都有固定的词尾，总科学名的词尾是-oidea，科的学名词尾是-idae，亚科的学名词尾是-inae，族的学名词尾是-ini，亚族的学名词尾是-ina。例如，姬蜂属的学名是 *Ichneumon*，姬蜂族的学名是 Ichneumonini，姬蜂亚科是 Ichneumoninae，姬蜂科是 Ichneumonidae，姬蜂总科是 Ichneumonoidea。

（4）命名者的引用。命名者的姓不属于学名的组成部分，属级以上分类单元的学名后一般不用附上命名者的姓，但在属的学名、种的学名和亚种的学名之后，通常会附上命名者的姓，姓的第 1 个字母要大写。命名人除非非常著名外，其姓不能用一个字母缩写，但可略写至第 2 音节的首字母。如 Matsumura，可略写为 Mats.，但不能写成 M.。

当种名或亚种名中的属名被修订或种名被更改时，原定名人的姓要加圆括号，以便查考。例如，三化螟最初学名是 *Schoenobius incertulas* Walker，20 世纪 70 年代将该种移入 *Tryporyza* 属，学名就成为 *Tryporyza incertulas*（Walker），20 世纪 80 年代又将该种移入 *Scirpophaga* 属，学名又成为 *Scirpophaga incertulas*（Walker）。

（5）新分类单元。一个新分类单元被命名时，一定要在其后面附上相应的说明，表明其隶属关系。例如，新种后面附上“new species”、“n. sp.”或“sp. nov.”，新属后面用“new genus”、“n. gen.”或“gen. nov.”，新科后面用“new family”、“n. fam.”或“fam. nov.”等。但是，这个说明仅在第 1 次发表时使用，今后引用时就不能再写了。

印刷时，属名、种名和亚种名均用斜体，属级以上单元和命名者的姓用正体，以供识别；手写时，属名、种名和亚种名下均加一下划线。

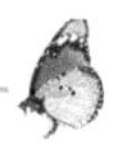

二、载名模式

昆虫的学名只是具体分类单元的一个代称，为了后人研究方便，每个学名通常有指定的载名模式（name-bearing type）。

当一个分类单元作为新种而描述发表时，描述者指定的新种载名模式是模式标本（type specimen）。其中，新种发表时，由作者指定作为载名模式的一个标本称为正模（holotype），除正模标本以外的模式标本称为副模（paratype）。正模标本应附上写有“正模”字样的红色鉴定标签，每个副模标本都应附上写有“副模”字样的黄色鉴定标签。同时，模式标本也都应带有注明采集时间、地点、寄主、海拔高度和采集人等信息的采集标签。模式标本是全人类的财富，必须妥善保存，以供后人长期参考使用。

亚属或属的载名模式是一个种，称为模式种（type species）。族、亚科、科和总科的载名模式是一个属，称为模式属（type genus）。目和纲都没有载名模式，它们不受命名法规的严格约束。

三、优先律

优先律（priority）是动物命名法规的一项重要规定，是指属级和种级分类单元的有效名（valid name）是最早给予它的可用名（available name），并以林奈《自然系统》（Sytema Naturae）第 10 版出版时间（1758 年 1 月 1 日）作为学名有效的起始日期。

一种昆虫只能有一个学名，凡后人将该种昆虫定为别的学名，按照动物命名法规定应作为异名或同物异名（synonym）而不被采用；同样，一个学名只能用于一种昆虫，如果用作另一种昆虫或其他动物的名称，就成为同名或异物同名（homonym），也不为命名法规所认可。无论是同名或异名，后人都有权修改。一个学名一经发表，若无特殊原因，不得随意更改。这样就保证了昆虫学名的稳定。

第四节　分类检索表

检索表（key）是鉴定昆虫种类的工具，是为了便于分类鉴定而编制的引导式特征区别表。它广泛用于各分类单元的鉴定。

检索表的编制是采用对比分析和归纳的方法，从不同分类单元中选出重要、明显又稳定的特征，根据它们之间的相互绝对性状，按一定的格式排列而成。检索表常用格式有双项式、单项式和包孕式 3 种，其中以前两种最常见。但是，无论是哪一种检索表，在使用时都必须从第 1 项开始查起，绝不能从中间插入，以免误入歧途。另外，由于检索表文字受篇幅限制，只列几个主要特征，还有很多特征不能包括，所以在进行分类鉴定时，不能完全依赖检索表，须查阅有关分类专著的详细特征描述。

双项式检索表格式如下：

1 有发达的翅 1 对 …………………………………………………………………… 2

-有发达的翅 2 对 …………………………………………………………………… 3

2 前翅退化成棒状，后翅发达 ………………………………………………………… 捻翅目 Strepsiptera
-前翅发达，后翅退化成棒状 ……………………………………………………………… 双翅目 Diptera
3 前翅和后翅均为膜翅 ………………………………………………………………… 膜翅目 Hymenoptera
-前翅为鞘翅，后翅为膜翅 ………………………………………………………………… 鞘翅目 Coleoptera

单项式检索表形式如下：

1（4）有发达的翅 1 对
2（3）前翅退化成棒状，后翅发达 …………………………………………………… 捻翅目 Strepsiptera
3（2）前翅发达，后翅退化成棒状 ………………………………………………………… 双翅目 Diptera
4（1）有发达的翅 2 对
5（6）前翅和后翅均为膜翅 …………………………………………………………… 膜翅目 Hymenoptera
6（5）前翅为鞘翅，后翅为膜翅 ……………………………………………………………… 鞘翅目 Coleoptera

第二十四章

昆虫纲的分类系统

昆虫纲是生物界中最大的类群，广泛分布于地球的各种空间。由于昆虫纲的多样性，不仅分类和鉴定有较大的难度，而且系统发育问题也相当复杂。随着分子生物学和生物信息学的蓬勃发展，有关昆虫纲的起源和系统渊源等研究取得了不少令人瞩目的成果。但是，到目前为止，昆虫纲高级阶元的分类及各类群之间的亲缘关系尚无完全一致的观点。Gullan 和 Cranston 根据形态学、分子生物学和生物信息学数据，综合国际上多数学者的观点，绘制了现存昆虫纲的系统发育关系图（图 24-1）。作者认为，这是一个比较合理的昆虫纲分类系统。该系统将昆虫纲分为石蛃目、衣鱼目和有翅类。

第一节　石蛃目和衣鱼目

石蛃目 Archaeognatha 和衣鱼目 Zygentoma 昆虫是原生无翅，两者过去合称为缨尾目 Thysanura，归属于传统的无翅亚纲 Apterygota。在现存昆虫中，石蛃目的上颚与头壳之间只有 1 个后关节，而衣鱼目和有翅类昆虫的上颚与头壳之间有前关节和后关节 2 个关节。因此，曾有学者提出将昆虫纲分为单髁子亚纲 Monocondylia 和双髁子亚纲 Dicondylia，前者仅包括石蛃目，后者包括衣鱼目和有翅类昆虫。

石蛃目的最早化石出现在泥盆纪，衣鱼目和一些有翅类昆虫的最早化石出现在石炭纪；石蛃目昆虫属于单髁类，腹部第 2～9 腹节上有附肢。因此，石蛃目比腹部第 2～6 腹节上无附肢的衣鱼目更原始。衣鱼目上颚有 2 个关节，与有翅类昆虫相同，与有翅类昆虫的亲缘关系更近。

第二节　有　翅　类

有翅类 Pterygota 昆虫分为 28 个目，过去也称有翅亚纲。它们的共同衍征是中胸和后胸具翅、侧板发达具侧沟。但是，一些类群在进化过程中出现后生无翅，只能通过它们与有翅类群之间密切的亲缘关系，才能确定它们的祖先是有翅的。此外，后生无翅的类群，仍保留着有翅昆虫的共同特征——胸部侧板具侧沟，可资鉴别。

有翅类分为 3 个类群，即蜉蝣目、蜻蜓目和新翅次类。

一、蜉蝣目和蜻蜓目

蜉蝣目 Ephemeroptera 和蜻蜓目 Odonata 昆虫的翅基部的腋片愈合为 1 块、与翅脉连为一体，其翅不能向后折叠于体背上，翅脉网状，具三岔脉（triadic veins）；成虫触角刚毛状；幼体水生。根据这些特征，曾经有些学者将它们归为古翅次类 Palaeoptera。

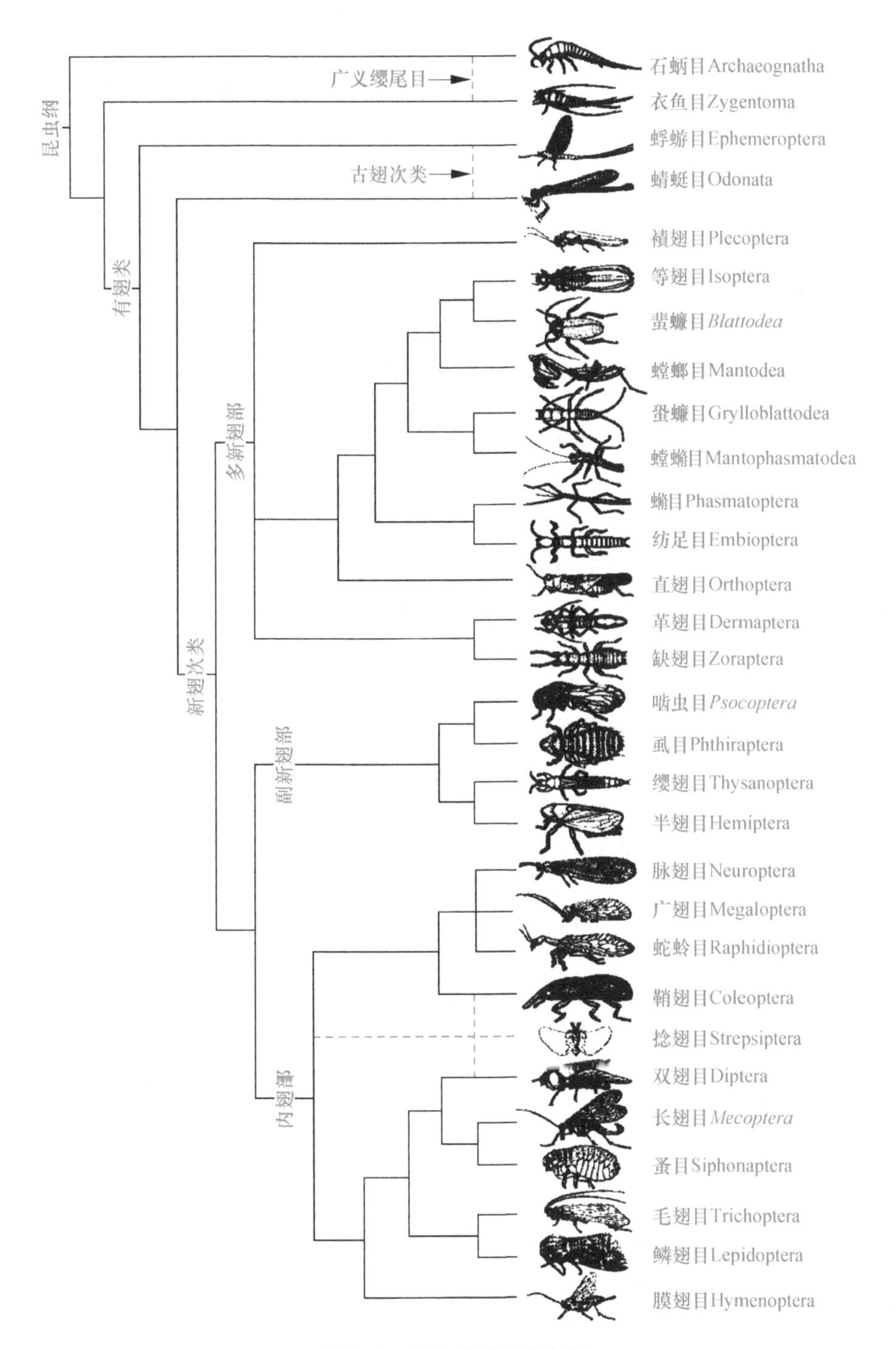

图 24-1　昆虫纲系统发育图

斜体目名表示并系类群，虚线表示关系不确定

（仿 Gullan & Cranston，2005）

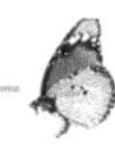

石蛃目和衣鱼目的成虫继续脱皮。但是，在有翅类昆虫中，成虫特征出现后就不再脱皮。唯一例外的是蜉蝣目，有亚成虫期，此时翅已完成伸展、性也成熟，但不能交配，须再脱1次皮变为成虫后才能交配和产卵。蜉蝣目昆虫的径脉与径分脉不愈合，蜻蜓目和新翅次类昆虫的径脉和径分脉基部愈合。

二、新翅次类

新翅次类 Neoptera 昆虫包括26个目。它们翅基部的腋片分为1～4块可动的小骨片，不与翅脉连为一体，出现了翅的折叠机制，翅能向后折叠于体背上。这类昆虫常无三岔脉，少横脉，脉序不呈网状。新翅次类分为多新翅部、副新翅部和内翅部。多新翅部和副新翅部昆虫的发育属于不全变态，传统上称为外翅部；内翅部昆虫属于全变态。

（1）多新翅部 Polyneoptera，包括𫛛翅目 Plecoptera、等翅目 Isoptera、蜚蠊目 Blattodea、螳螂目 Mantodea、蛩蠊目 Grylloblattodea、螳䗛目 Mantophasmatodea、䗛目 Phasmatoptera、纺足目 Embioptera、直翅目 Orthoptera、革翅目 Dermaptera 和缺翅目 Zoraptera 共11个目。除缺翅目外，它们的足都有爪垫叶（tarsal plantulae）。𫛛翅目有许多原始特征，可能是最原始的分支，但与其他目的关系尚不完全明确。等翅目、蜚蠊目和螳螂目在幕骨、侧唇舌肌肉、前胃和发达的下生殖板上有退化的产卵器等方面非常相似，曾有些学者主张将它们合并为一个目，即网翅总目 Dictyoptera。蛩蠊目的化石具翅，大量分子数据表明，它与螳䗛目是姊妹群。䗛目、纺足目和直翅目之间关系密切，曾有人将它们归入直翅总目 Orthopteroidea，但近来有证据表明直翅目可能是一个较早的分支。革翅目在形态上与等翅目、蜚蠊目和螳螂目相似，但从分子特征上与缺翅目亲缘关系最密切；缺翅目在形态上与等翅目、蜚蠊目和直翅总目相似，但从分子特征上与革翅目亲缘关系最近。

（2）副新翅部 Paraneoptera，包括啮虫目 Psocoptera、虱目 Phthiraptera、缨翅目 Thysanoptera 和半翅目 Hemiptera。它们的共同点是具有细长的下颚内颚叶、膨大的后唇基、跗节数1～3节和无尾须。其中，啮虫目和虱目组成一个单系群，称啮虫总目 Psocodea；缨翅目和半翅目组成另一个单系群，称髁颚总目 Condylognatha。

（3）内翅部 Endopterygota，包括脉翅目 Neuroptera、广翅目 Megaloptera、蛇蛉目 Raphidioptera、鞘翅目 Coleoptera、捻翅目 Strepsiptera、双翅目 Diptera、长翅目 Mecoptera、蚤目 Siphonaptera、毛翅目 Trichoptera、鳞翅目 Lepidoptera 和膜翅目 Hymenoptera 共11个目。该部已知约80万种。其中，鞘翅目、鳞翅目、双翅目和膜翅目是最大的4个目。

脉翅目、广翅目和蛇蛉目组成脉翅群 Neuropterida，与鞘翅目是姊妹群关系。这个姊妹群与其他内翅类又形成姊妹群关系。捻翅目的位置还不太确定，可能介于鞘翅目与双翅目之间。双翅目、长翅目和蚤目组成吸吻群 Antliophora。毛翅目与鳞翅目是一对最明显的姊妹群关系，有多个共同衍征，有人主张将它们合并为被翅目 Amphiesmenoptera。膜翅目与吸吻群和被翅目形成单系群。

第二十五章

昆虫纲的分类

第一节　石蛃目 Archaeognatha

石蛃目（archaios＝原始的，gnathos＝颚）昆虫通称为石蛃，简称蛃，英文为 archaeognathans、bristletails 或 jumping bristletails。

体小型至中型，体长 6～26 mm，被鳞片。口器咀嚼式，下口式；上颚与头壳以单关节连接；触角长丝状；复眼发达，常背面相接；单眼 3 个；胸部背面拱起，中胸和后胸侧面有时有成对刺突；无翅；跗节 2～3 节；腹部 11 节，第 1～7 节常有 1～2 对泡囊，第 2～9 节各具 1 对刺突；有尾须 1 对和中尾丝 1 条，中尾丝明显长于尾须（图 25-1）。

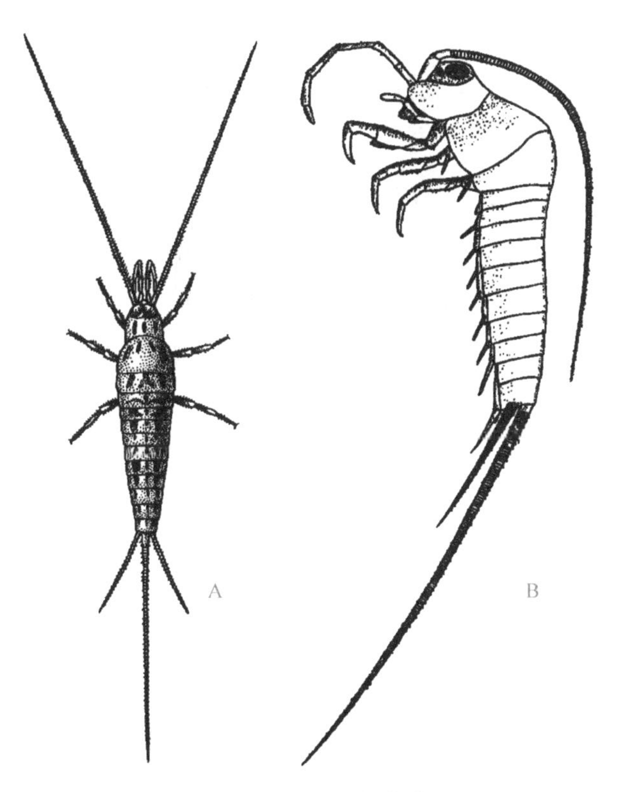

图 25-1　石蛃目的代表

A. 岩蛃 *Petrobius maritime*（Leach）；B. 石蛃 *Machilis*

（A. 仿 Lubbock，1873；B. 仿周尧，1950）

表变态。生活于草地或林区的枯枝落叶下、树皮底、枯木中、石头下或峭壁的岩石上，主要取食藻类、地衣、苔藓和腐败的果实等。多夜出性。活泼善跳，当受惊扰时，可跳出 25～30 cm 远。

全世界已知 2 科约 500 种，中国已知 1 科 21 种。

第二节　衣鱼目 Zygentoma

衣鱼目（zygos＝轭的，entoma＝虫）又称缨尾目 Thysanura。该目昆虫通称为衣鱼，英文为 silverfish、zygentomans 或 thysanurans。

体小型至中型，体长 5～30 mm，被鳞片。口器咀嚼式，下口式，稍向前；上颚与头壳以双关节连接；触角长丝状；复眼退化或消失，背面不相接；单眼 1～3 个或缺；胸部背面扁平；无翅；跗节 2～5 节；腹部 11 节，第 7～9 节有成对的刺突和泡囊，少数第 2～9 节都有成对的刺突和泡囊；有尾须 1 对和中尾丝 1 条，两者几乎等长（图 25-2）。

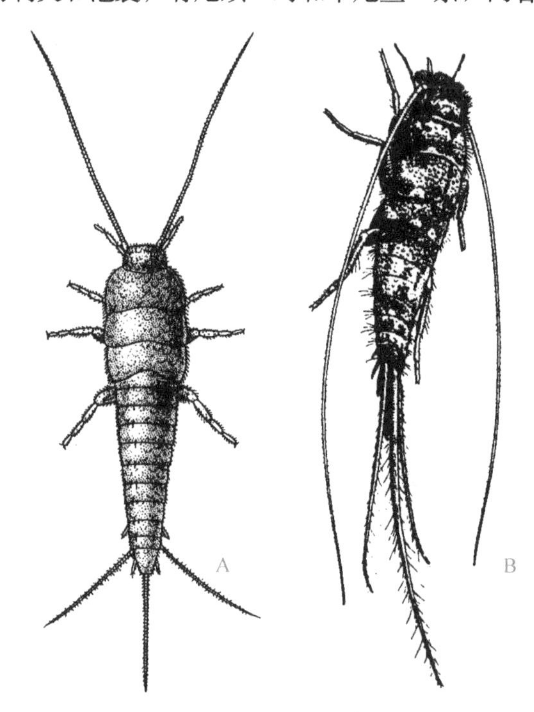

图 25-2　衣鱼目的代表

A. 台湾衣鱼 *Lepisma saccharina* L.；B. 家衣鱼 *Thermobia domestica*（Packard）

（A. 仿 Lubbock，1873；B. 仿 Triplehorn & Johnson，2005）

表变态。衣鱼喜欢温暖的环境，多数夜间活动。野外种类生活在阴湿的土壤、苔藓、朽木、落叶、树皮、砖石的缝隙或蚁巢内；室内种类生活于衣服、书画、谷物、糨糊以及厨柜内的物品间。爬行迅速，但不会跳。

全世界已知 5 科 400 种，中国已知 20 多种。

第三节　蜉蝣目 Ephemeroptera

蜉蝣目（ephemeros＝只活 1 天的、短命的，ptera＝翅）昆虫通称为蜉蝣，简称蜉，英文为 mayflies。

体小型至中型，体长 2～50 mm，纤细柔弱。口器咀嚼式，但高度退化，不具咀嚼能力；下口式；触角刚毛状；复眼发达；单眼 3 个；膜翅，翅面有许多加插脉；前翅大，三角形；后翅小，近圆形，甚至退化消失；停息时，两对翅竖立于体背；雄虫前足延长，停息时常向前伸，婚飞时用于抱握雌虫；跗节 4 节；腹部 10 节；有 1 对细长多节的尾须，一般还有 1 条中尾丝（图 25-3A）。

稚虫体平扁；口器咀嚼式；复眼和单眼发达；触角丝状；足的前跗节仅有 1 爪；腹部侧面有 4～7 对叶状气管鳃；有分节的尾须及中尾丝（图 25-3B）。

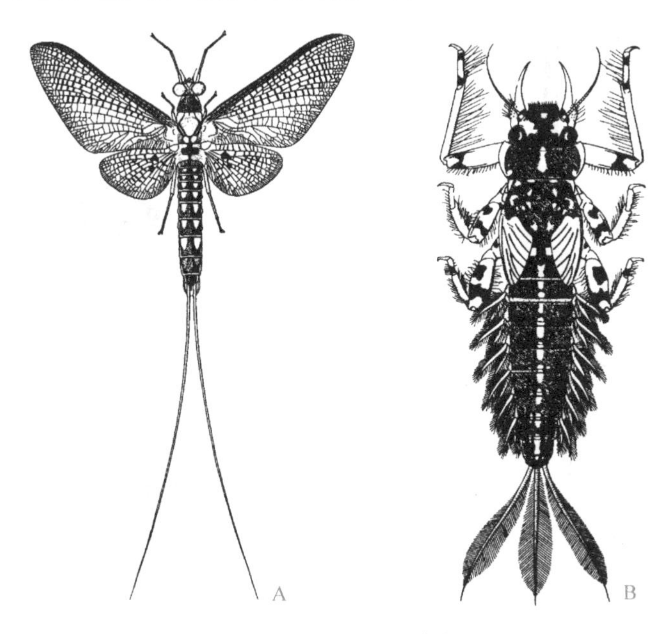

图 25-3 蜉蝣目的代表

A. 蜉蝣 *Hexagenia bilineata*（Say）成虫；B. 河花蜉 *Anthopotamus* 稚虫

（A. 仿 Needham，1935；B. 仿 Burks，1953）

原变态。多数种类 1 年发生 1～3 代，少数种类 1 年可发生 4～6 代。稚虫 10～55 龄，水生，晚上活动活跃，取食小型水生动物、藻类和腐殖质。成虫陆生，常在水域附近活动，寿命很短，一般不超过 1 天，不取食，有强趋光性和婚飞习性。婚飞时，成群雄虫在水域附近的空中飞舞，当有雌虫飞入时，雄虫即用前足抓住雌虫，在飞行中交配。

全世界已记载 37 科约 3000 种，中国已知约 260 种。

第四节 蜻蜓目 Odonata

蜻蜓目（odon＝具齿的）昆虫通称为蜻蜓或豆娘，英文为 odonates、dragonflies 或 damselflies。

体中型至巨型，体长 20～135 mm，翅展 25～190 mm。口器咀嚼式，上颚特别发达，末端有尖齿；下口式；触角刚毛状；复眼发达；单眼 3 个；中胸与后胸紧密结合并向前倾斜，称合胸（synthorax）；膜翅，有翅痣和结脉（nodus）；跗节 3 节；腹部 10 节，细长；

雄虫的副生交配器在第2～3腹节的腹面；尾须短小，不分节（图25-4A，B）。

蜻蜓稚虫又称水虿。口器咀嚼式；下唇很长，能伸缩，适于捕食，不用时可折叠罩在头部腹面，故称“下唇罩”或“面罩”；以直肠鳃或尾鳃呼吸（图25-4C，D）。

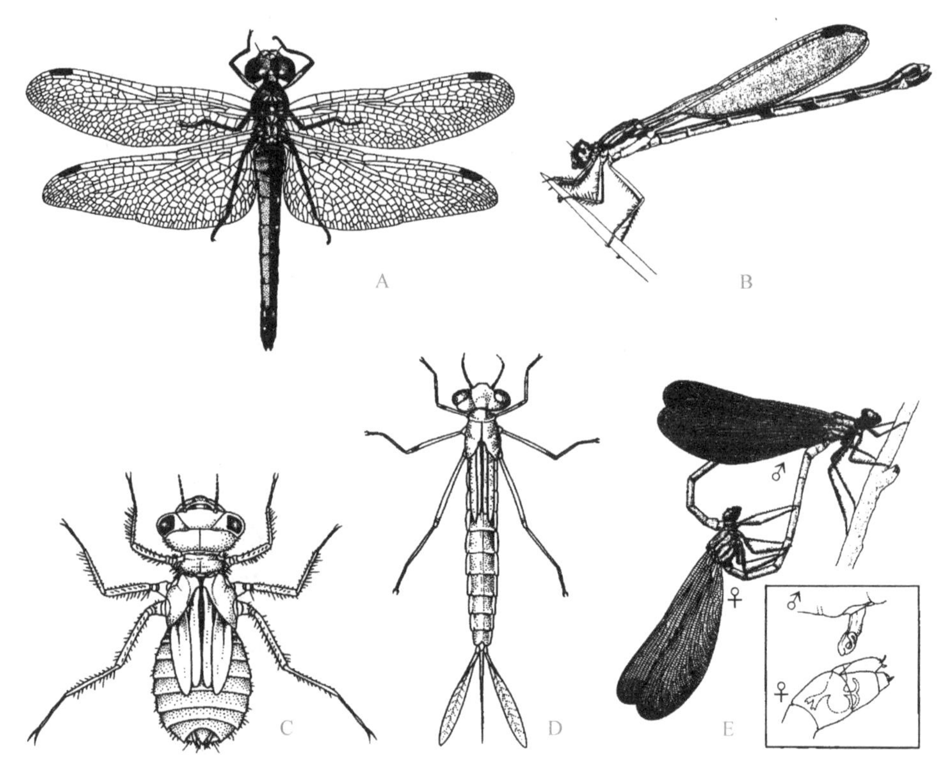

图25-4 蜻蜓目的代表

A. 蜻蜓 *Sympetrum* 成虫；B. 豆娘 *Austroleste* 成虫；C. 蜻蜓稚虫；D. 豆娘稚虫；E. 豆娘在交配
（A. 仿 Gibbons，1986；B. 仿 Bandsma & Brandt，1963；C，D. 仿 CSIRO，1991；E. 仿 Waage，1986）

蜻蜓目曾被分为差翅亚目 Anisoptera、均翅亚目 Zygoptera 和间翅亚目 Anisozygoptera，但多数学者只认同差翅亚目和均翅亚目，即通常所说的蜻蜓和豆娘，两者的主要区别是：蜻蜓成虫的前翅与后翅形状及脉序不同，后翅宽于前翅，静息时翅向两侧平展或稍下垂；复眼相接或间距明显小于复眼宽。稚虫体粗短，头部的宽度通常比胸部和腹部窄，腹末有3个短硬的尖形构造。豆娘成虫的前翅与后翅形状及脉序相似，翅基窄，静息时翅向背面竖叠；复眼间距大于复眼宽。稚虫体细长，头部的宽度比胸部和腹部宽，腹末有2～3个长叶状尾鳃。

半变态。多数种类1年发生1～3代，少数种类需要2～3年甚至4～6年才能完成1代。肉食性。稚虫10～18龄，水生，捕食蜉蝣稚虫、蚊子幼虫、小虾和小鱼等水生生物。成虫陆生，捕食飞行或静息的昆虫，有迁飞习性和在飞翔中点水产卵的习性。

蜻蜓的交配行为很特别。交配前，雄虫先弯曲腹部，将精子通过第9腹节上的原生交配器注入到副生交配器内。交配时，雄虫腹末夹住雌虫颈部或前胸，雌虫即弯曲腹部，将腹末连接到雄虫的副生交配器上受精（图25-4E）。在一些蜻蜓和多数豆娘中，雄虫在往雌虫受精囊中注入精子前，先将其中的其他雄虫的精子掏出，然后再注入自己的精子。很多蜻蜓和豆娘的授精与受精是同步进行的，并且在交配的过程中就能产卵。

全世界已记录31科约5600种，以东洋区和新热带区种类最为丰富。中国已知约660种，其中棘角蛇纹春蜓 *Ophiogomphus spinicorne* Selys 和扭尾曦春蜓 *Heliogomphus retroflexus*（Ris.）列为国家Ⅱ级重点保护的野生动物。

第五节 襀翅目 Plecoptera

襀翅目（plecos=襀、褶，ptera=翅）昆虫通称襀翅虫，简称襀，俗称石蝇，英文为 stoneflies。

体小型至大型，体长5～65 mm，柔软而略扁。头部宽阔；口器咀嚼式，前口式；触角丝状，多节；复眼发达；单眼2～3个；前胸近方形，与中胸和后胸大小和形状相似；膜翅，前翅中脉与肘脉间有多横脉，后翅臀区发达；两对翅停息时折叠平放于体背；少数种类无翅或短翅；跗节2～3节；腹部10节；尾须线状，多节（图25-5A，B）。

稚虫体平扁；口器咀嚼式，上颚发达；复眼和单眼发达；触角丝状；一些种类的头部、胸部或腹部腹面有指状气管鳃；足的前跗节有2爪；有分节的尾须（图25-5C）。

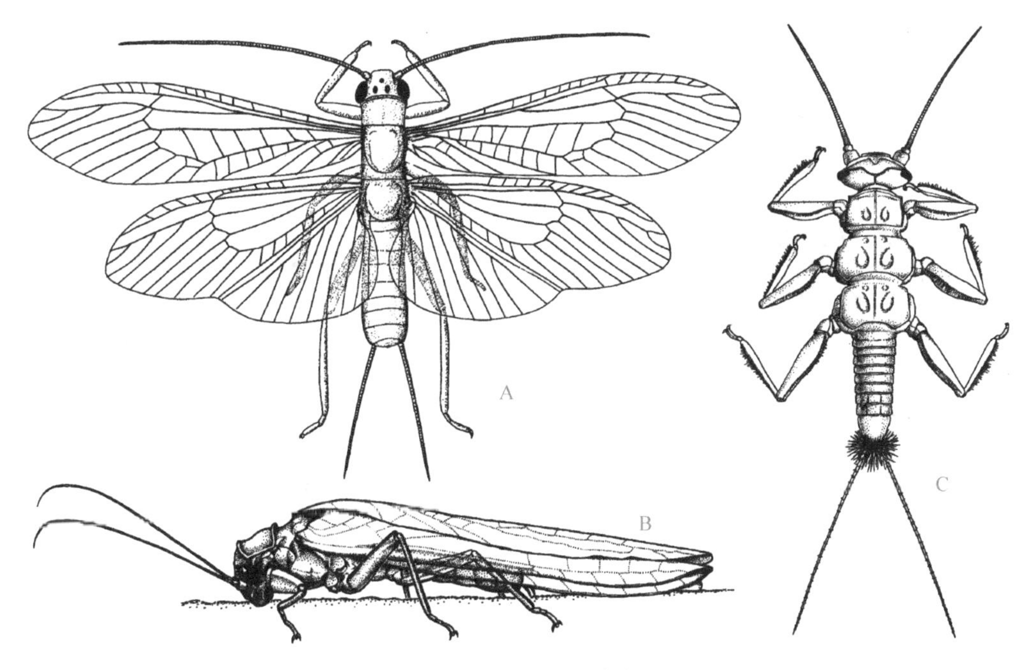

图25-5 襀翅目的代表

A. 脉襀 *Acroneuia* 的成虫；B. 纬襀的成虫；C. 纬襀的稚虫

（A. 仿周尧，1951；B，C. 仿 Gullan & Cranston，2005）

半变态。多数种类1～4年发生1代。稚虫有10～33龄，生活在通气良好的流动水域的石头上或石头底下，为植食性或杂食性，但低龄幼虫有些为肉食性，以水体中的植物碎片、藻类、蚊子幼虫等为食。成虫植食性，取食藻类、苔藓、高等植物，或不取食，常停息于水边的岩石、灌木和草丛上。

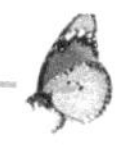

全世界已记载16科2500多种，中国已知约390种。

第六节 等翅目 Isoptera

等翅目（iso=相等的，ptera=翅）昆虫通称为白蚁，俗称白蚂蚁，简称螱；英文为 termites 或 white ants。

一、形态特征

体小型至中型，体长2～25 mm，柔软，白色、黄褐色或黑色，多型。生殖蚁与工蚁的头为卵圆形或球形，兵蚁的头呈长方形、方形、椭圆形或梨形；口器咀嚼式，前口式或下口式；触角多为念珠状，9～30节；有翅型（alate）个体具复眼和单眼2个，无翅个体复眼和单眼退化或缺；鼻白蚁科和白蚁科头部额区有额腺的开口，称囟（fontanelle）；无翅型工蚁、兵蚁和补充生殖蚁的胸部小，长翅型和短翅型生殖蚁的胸部大；长翅型的翅膜质，两对翅的大小、形状和脉相都很相似，故称等翅目；停息时，两对翅平叠于体背，并伸出腹末；长翅型的翅基部有1条横肩缝，又称基缝，有翅成虫婚飞后，沿此脱落，其残存的翅基部三角形部分称翅鳞（wing scale）；跗节多为4节，少数5节或3节；腹部10节，第1腹节腹板退化或消失；尾须1对，1～5节（图25-6）。

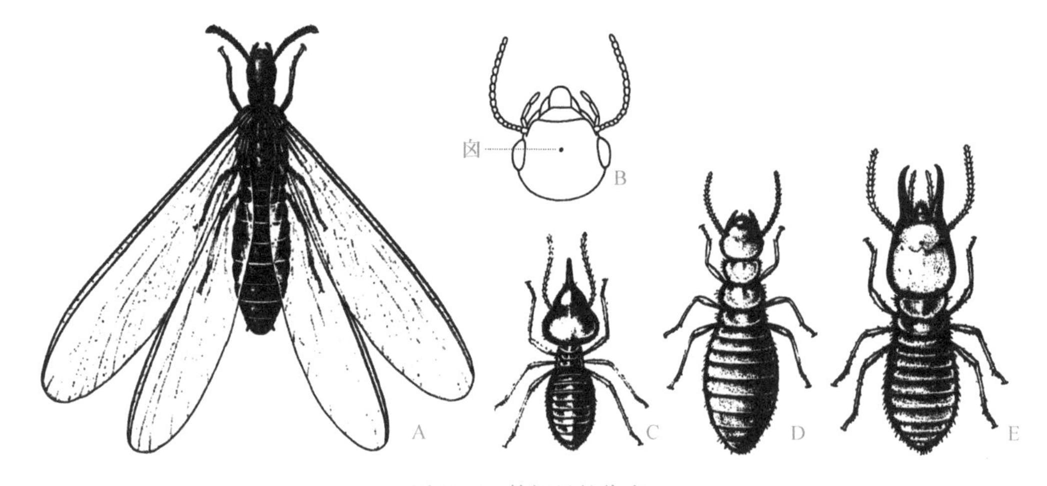

图25-6 等翅目的代表

A. 有翅成虫；B. 原鼻白蚁头部，示囟；C. 细白蚁 *Tenuirostritermes tenuirostris*（Desneux）兵蚁；D. 简单原鼻白蚁 *Prorhinotermes simplex*（Hagen）工蚁；E. 简单原鼻白蚁兵蚁

（A. 仿 Elzinga，2004；B. 仿 Triplehorn & Johnson，2005；C～E. 仿 Banks & Snyder，1920）

二、生物学

白蚁是真社会性昆虫，营巢群隐蔽生活。渐变态。有的木栖，有的土栖或土木栖，有婚飞习性。有的种类还能培育菌圃（ambrosia）。

（一）成虫的品级

白蚁巢群有严密的组织和明确的分工，形成不同的品级。一个品级齐全的白蚁巢群

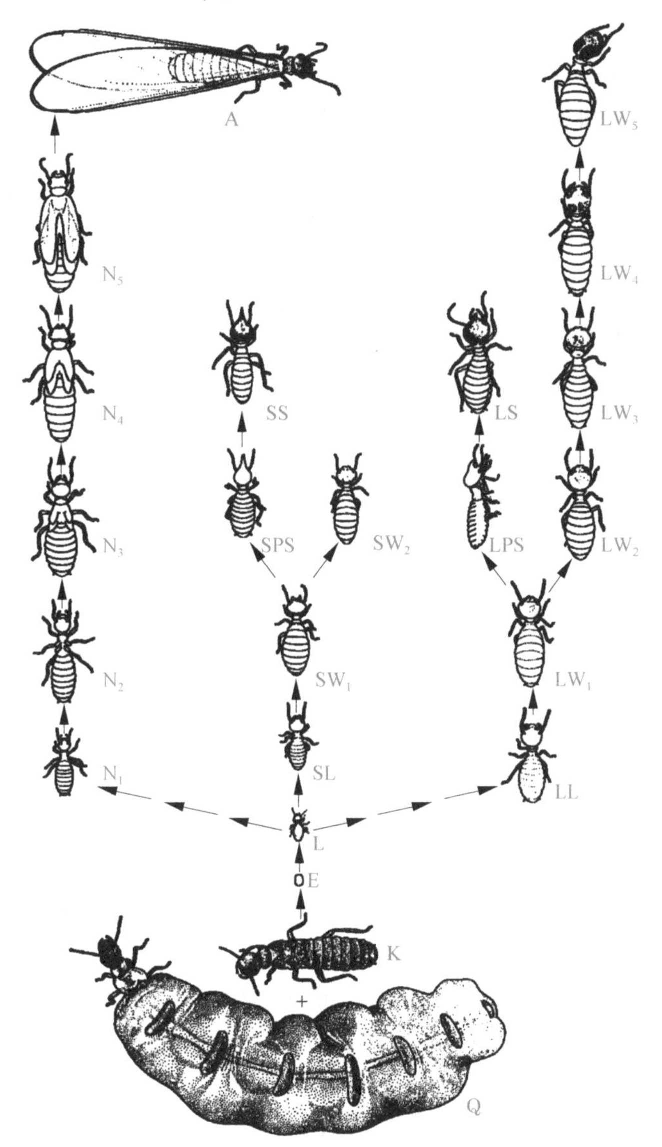

图 25-7　象白蚁 *Nasutitermes exitiosus*（Hill）的级及其发育过程

A. 有翅成虫；E. 卵；K. 蚁王；L. 幼虫；$N_{1\sim5}$. 若虫；LL. 大幼虫；LS. 大兵蚁；$LW_{1\sim5}$. 大工蚁；Q. 蚁后；SL. 小幼虫；SS. 小兵蚁；$SW_{1,2}$. 小工蚁；LPS. 大前兵蚁；SPS. 小前兵蚁

（仿 Watson & Abbey，1985）

包括蚁王、蚁后、工蚁和兵蚁（图 25-7）。

蚁王、蚁后为生殖型品级，体型大，有翅或无翅，有发育完全的生殖器官，主要功能是繁殖后代。在通常情况下，一个巢群内只有 1 对原始蚁王与蚁后；但在一些种类中，也有两对以上的；有时还会出现一王多后的现象。原始生殖蚁（primary reproductives）的寿命最长、繁殖能力最强，可生活 6～70 年，一生可产卵数百万粒，甚至几亿粒。原始生殖蚁死亡后，一些巢群会出现短翅型或无翅型生殖蚁作为补充生殖蚁（complementary reproductives 或 neotenics）。补充生殖蚁的繁殖能力较原始生殖蚁低，但其数量较后者多。

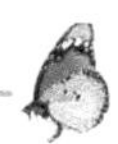

工蚁和兵蚁是非生殖型品级，体型小，无翅，生殖器官发育不全，没有生殖功能。工蚁约占巢群个体数量的80%～90%，从事筑巢、修路、清洁、供食、取水、搬运卵、照料幼蚁、饲育蚁后和兵蚁、培养菌圃等维持群体生活的事务。在高等群体中，工蚁有大型、小型之分。在原始的木白蚁科中，无工蚁，上述职能由幼蚁承担。兵蚁在群体中的数量远少于工蚁，但要比生殖型的个体多，是群体的护卫者。一些白蚁科种类的巢群内分大兵蚁和小兵蚁，大兵蚁在王室附近守卫，而小兵蚁则在蚁路上跟随工蚁活动。一般白蚁都有兵蚁，极少数种类无兵蚁。

白蚁巢群内除了上述品级外，还经常有大量的卵、幼蚁和若蚁。幼蚁（larva）是指无翅芽，将来发育为工蚁或兵蚁的幼体。若蚁（nymph）是指2龄出现翅芽，将来发育为生殖蚁的幼体。此外，在成熟的巢群内，每年在一定季节里还可出现大量的长翅型成虫。这些成虫婚飞后，经过交配和产卵，成为新巢群的原始生殖蚁。以上的品级和虫态都是由工蚁饲喂，白蚁体内的胞外共生物也是通过交哺（trophallaxis）进行传播的。

（二）婚飞

在每年适宜的季节，成熟巢群中的有翅成虫飞离原群的现象，称为婚飞。有翅成虫婚飞后落地，两对翅由横肩缝脱落，一雌一雄互相配对，然后筑巢建立新群体。在此期间，白蚁受多种因素的影响，死亡率相当高，能建立巢群的只占极少数。

（三）筑巢

蚁巢是白蚁的大本营。原始种类的巢体结构简单，个体数量小，品级少；高等种类的巢体结构复杂，个体数量大，品级也多。但是，在同一巢群中，群体的数量和品级也会随着群体的发展过程与盛衰状况、季节变化、营养条件及其他情况的变动有很大的变化。

木栖性白蚁一般筑巢于土表的木材内，巢体结构简单，由木质部钻蛀的孔道相连而成，与土壤没有任何联系。家具和木材建筑物受这类白蚁侵害后，中间的木质部已被蛀空，但表面却保持完好，因此常突然倒塌，发生意外。土栖性白蚁的巢穴是依土而筑。有的整个巢埋于地下，可深入地下5 m，在地表不露痕迹；有的巢体部分位于地下，部分露出地面，成塔状或垅状，称蚁冢（termitaria），有的蚁冢可高出地面9 m以上。土木栖性白蚁可以在干木、活树干、埋在土中的木材内或土中筑巢。在木材中筑巢时，常有蚁路与土壤相连。

（四）菌圃

大白蚁亚科 Macrotermitinae 的巢内常有大量菌圃。菌圃为海绵状的疏松组织，是白蚁的重要营养物，同时也可以调节巢内的温度和湿度。菌圃上常长有真菌的菌丝，不同种白蚁菌圃上的真菌种类常有不同。

三、经济意义

由于白蚁的植食性、腐食性和土食性，白蚁的活动会严重危害建筑物、交通设施、电讯设备、江河堤围、水库土坝、农作物、家具、书籍、动植物制品、化纤织品和人造革等，加上其为害的广泛性和隐蔽性，常造成巨大的损失。但是，白蚁是热带森林和草原中生物量最丰富的无脊椎动物之一，在纤维素的分解中起着重要的作用，有利于地球表面物质和能量的循环。另外，白蚁在土中的活动，能有效改良土壤结构和肥力，有利于植物的生长。

四、分类及常见科简介

多数分类学家主张将等翅目分 7 个科，即澳白蚁科 Mastotermitidae、草白蚁科 Hodotermitidae、木白蚁科 Kalotermitidae、鼻白蚁科 Rhinotermitidae、齿白蚁科 Serritermitidae、原白蚁科 Termopsidae 和白蚁科 Termitidae。全世界已知约 3000 种，80%的种类属于白蚁科，主要分布于热带。中国已知 4 科约 540 种。其中，常见的是木白蚁科、鼻白蚁科和白蚁科。

1. 木白蚁科 Kalotermitidae 英文为 drywood termites。头部无囟；前胸背板扁平，与头部等宽或宽于头部；有翅成虫前翅基部前缘至少有 3 条深色翅脉，前翅鳞比前胸背板长（图 25-8）；兵蚁头方形或长方形。木栖性。常见种类：铲头堆砂白蚁 *Cryptotermes declivis* Tsai *et* Chen。

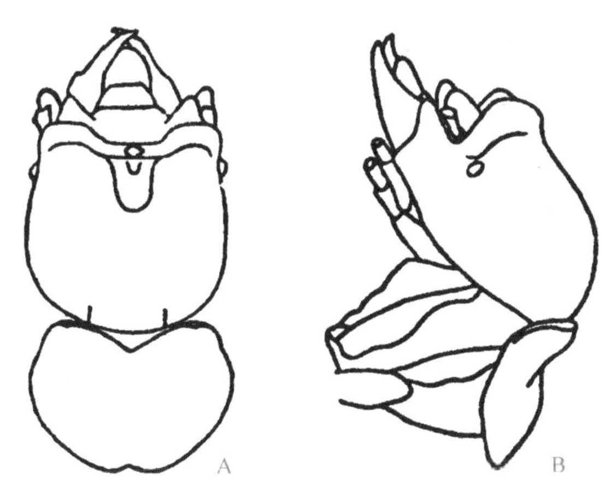

图 25-8 铲头堆砂白蚁

A. 头和前胸背板背观；B. 头和前胸背板侧观

（仿蔡邦华和陈宁生，1964）

2. 鼻白蚁科 Rhinotermitidae 英文为 subterranean termites。头部有囟（图 25-6B）；前胸背板平坦，其宽窄于头部；有翅成虫前翅基部前缘只有 2 条深色翅脉，前翅鳞比前胸背板短；兵蚁上唇发达，鼻状（图 25-6E）。土木栖性。重要种类：台湾乳白蚁 *Coptotermes formosanus* Shiraki。

3. 白蚁科 Termitidae 头部有囟；前胸背板马鞍形，其宽窄于头部；有翅成虫前翅基部前缘只有 2 条深色翅脉，前翅鳞比前胸背板短；兵蚁头长方形、椭圆形或梨形（图 25-6A，C）。土栖性。重要种类：黑翅土白蚁 *Odontotermes formosanus* (Shiraki)。

第七节　蜚蠊目 Blattodea

蜚蠊目（blatta=平板、蜚蠊、怕光）昆虫通称蜚蠊，简称蠊，俗称蟑螂，英文为cockroaches或roaches。

体小型至大型，体长3～90 mm。体长卵圆形，平扁。口器咀嚼式，下口式；触角长丝状；复眼有或无；单眼2个；前胸背板盾形，盖住头部；有长翅、短翅和无翅种类；有翅者，前翅覆翅，后翅膜翅，臀区发达；停息时两对翅平放于体背；足长，多刺，跗节5节；腹部10节，第6～7节背面有臭腺开口；雄虫第9腹板有1对刺突；尾须1对，1～5节（图25-9）。

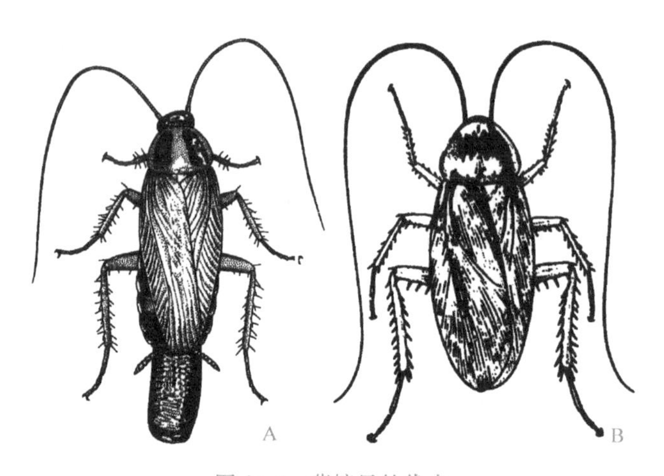

图25-9　蜚蠊目的代表

A. 德国小蠊；B. 美洲大蠊

（A. 仿Cornwell，1968；B. 仿Triplehorn & Johnson，2005）

渐变态。世代历期60～1000天，依种类和地区而异。卵产于卵鞘内，排成两行；每个卵鞘含卵16～46粒，依种类而异。有些种类的卵鞘附于雌虫腹末直至孵化。有卵生、卵胎生和胎生。若虫有6～12龄。成虫寿命一般1～4年，一生可产20～80个卵鞘。杂食性。野外种类多白天活动，一般生活在石块、树皮、枯枝落叶或垃圾堆底下，朽木、巢穴或洞穴内，树干、花或叶上。室内种类喜夜间活动，以各种食品、杂物、粪便和浓痰为食。一些种类气味难闻并可传播痢疾、伤寒、霍乱、结核、阿米巴原虫和蛔虫等。但地鳖 *Eupolyphaga sinensis* Walker是常用中药，有破血散瘀之功效，用于跌打损伤、妇女闭经等症。

全世界已知5科4000种，主要分布于热带。中国已知385种。重要种类有德国小蠊 *Blattella germanica* L.、东方蜚蠊 *Blatta orientalis* L. 和美洲大蠊 *Periplaneta americana*（L.）。

第八节　螳螂目 Mantodea

螳螂目（mantos=先知、预言者、祈祷者）昆虫通称螳螂，简称螳，英文为mantises、mantids 或 praying mantids。

体小型至巨型，体长 10～160 mm。不少种类有雌雄二型，雌虫通常比雄虫大，但雄虫翅发达。头三角形，可作 300°转动；口器咀嚼式，上颚发达；下口式；触角通常长丝状；复眼发达，向两侧突出；单眼 3 个；前胸明显延长，中胸和后胸短；前翅覆翅；后翅膜质，臀区发达；一些种类的翅退化或消失；前足捕捉足，中足和后足是行走足；跗节 5 节；停息时前足弯曲、举起，如教徒在做祷告，故名；腹部 10 节；尾须线状，多节（图 25-10）。

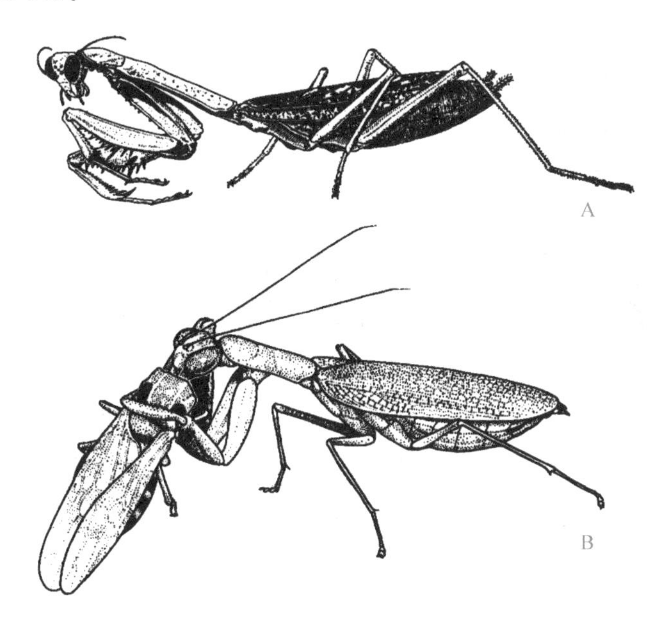

图 25-10 螳螂目的代表

A. 卡罗来纳螳螂 *Stagomantis carolina*（Johnson）；B. 螳螂 *Tithrone* 在捕食

（A. 仿 Hebard，1934；B. 仿 Preston-Mafham，1990）

渐变态。卵产于卵鞘中。卵鞘常附于植物的枝叶上，内含卵 10～400 粒。若虫 3～12 龄。肉食性，主要采取伏击方式捕食各类昆虫，包括害虫和益虫，同时也常出现同类相残的现象。不少种类有非常出色的拟态和隐态，如兰花花螳和叶螳 *Phyllocrania illudens*。螳螂的卵鞘在中药中称螵蛸，可治小儿夜尿，以桑螵蛸最好。

全世界已知 8 科 2200 余种，其中螳科 Mantidae 占 80%，主要分布于热带地区。中国已知 165 种，其中中华大刀螳 *Tenodera sinensis* Saussure 早在 1896 年就被输引到美国，现在欧亚和北美相当常见。

第九节 蛩蠊目 Grylloblattodea

蛩蠊目（gryllus＝蛩、蟋蟀，blatta＝蜚蠊）昆虫通称蛩蠊，英文为 grylloblattids、rock crawlers、ice crawlers。该目昆虫最先由 Walker 于 1914 年发现，当时作为一个新科放在直翅目中，因其既像蟋蟀又像蜚蠊而得名。直到 1932 年才建立蛩蠊目。

体小型至中型，体长 10～35 mm，柔软。口器咀嚼式，前口式；触角丝状，23～

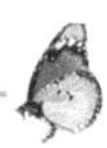

45节；复眼退化或缺；无单眼；前胸近方形，大于中胸或后胸；无翅；足的基节大，跗节5节，第1～4节腹面端部两侧具1对膜质垫，第5跗节腹部具1垫；腹部10节；尾须长，5～9节；雌虫产卵器发达，刀剑状（图25-11）。

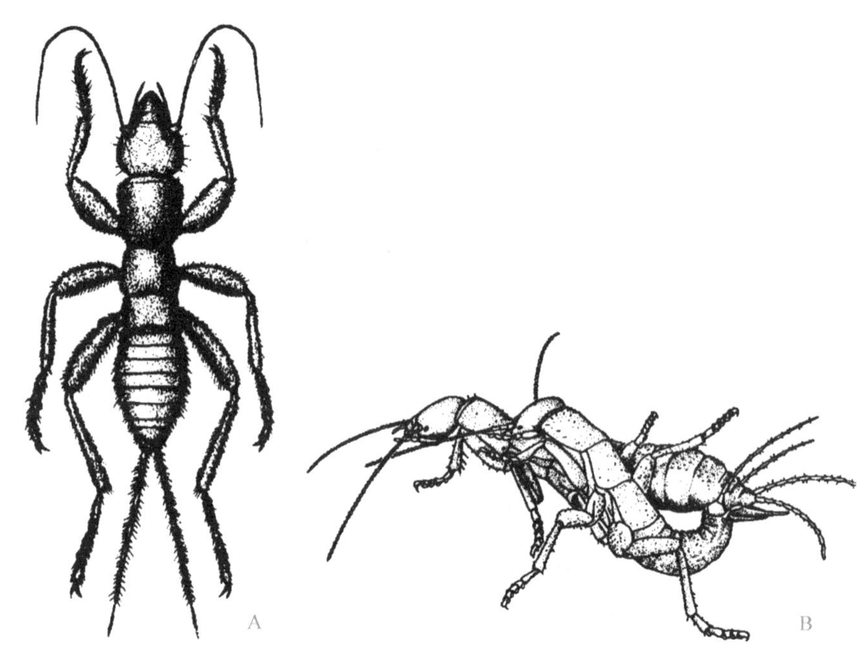

图25-11 蛩蠊目的代表

A. 中华蛩蠊；B. 日本蛩蠊 *Galloisiana nipponensis*（Caudell *et* King）在交配

（A. 仿王书永，1986；B. 仿Ando，1982）

渐变态。生活于高山高寒地带的潮湿土壤中、石块下、枯枝落叶下、苔藓中或洞穴内。喜隐蔽生活，多夜出。杂食性，取食昆虫尸体或植物碎片。若虫8龄。有的种类完成1个世代需5～8年。全世界已知1科4属28种，仅分布于北半球，极其珍罕。中国仅知2种，其中1种最早由王书永先生1986首次发现于长白山，称中华蛩蠊 *Galloisiana sinensis* Wang，为我国Ⅰ级重点保护野生动物。

第十节 螳䗛目 Mantophasmatodea

螳䗛目（mantos＝螳螂，phasmatodea＝䗛）昆虫通称螳䗛，英文为gladiators或heel walkers。这是2002年发现的目，因其外形既像螳螂又像䗛而得名。

体小型至中型，体长11～25 mm。雌雄二型，雄虫一般比雌虫小。头近三角形；口器咀嚼式，下口式；触角长丝状，26～32节；两只复眼大小不一；无单眼；前胸侧板发达；无翅；跗节5节；尾丝1节，雌虫尾须短小，雄虫尾须大且突出（图25-12）。

渐变态。体色有多型现象。多数种类夜间活动，少数种类白天活动。肉食性，用前足捕捉蜘蛛和昆虫，有同类相残的现象。成虫寿命短，一般只有几周。卵产于卵囊中，通常一个卵囊中有12粒卵。每只雌虫可以产几个卵囊。

全世界已知2科10属13种，现存种类仅分布于非洲，极其珍稀。中国尚未发现。

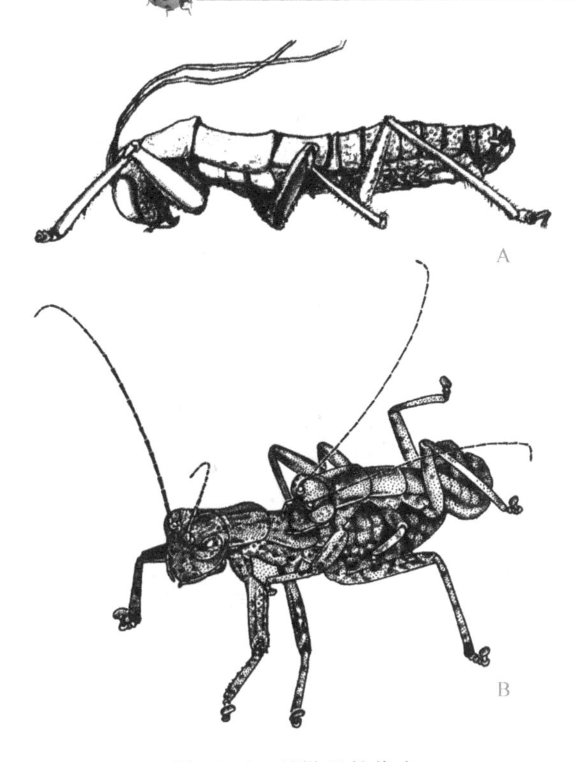

图 25-12　螳䗛目的代表

A. 螳䗛 *Praedatophasma maraisi* Zompro *et* Adis；B. 螳䗛在交配

（A. 仿 Triplehorn & Johnson，2005；B. 仿 Gullan & Cranston，2005）

第十一节　䗛目 Phasmatoptera

䗛目（phasma＝鬼怪，ptera＝翅）又称竹节虫目，通称竹节虫、杆䗛或叶䗛，简称䗛；英文为 phasmatids、walking sticks、walking leaves、stick insects 或 leaf insects。

体中型至巨型，体长 30～550 mm；杆状或叶状。部分种类雌雄二型明显，雌虫明显比雄虫大。口器咀嚼式，下口式，少数前口式；触角丝状或念珠状，8～100 节；复眼小，位于头部前侧；单眼仅见于有翅种类；长翅、短翅或无翅；无翅种类的前胸短小，中胸和后胸细长；有翅种类的前胸比中胸或后胸大；足细长，易脱落；跗节多为 5 节，少数 3 节；尾须短小，1 节（图 25-13）。若虫与成虫相似，但无翅，无尾须，触角节数较少，生殖器官发育不全。

渐变态。有两性生殖和孤雌生殖。卵有卵盖（operculum），表面有美丽的图纹，单粒散产或多粒块产于地面或植物上。世代历期由几个月到几年。以卵越冬。越冬卵通常次年不能发育，要隔年才能发育。若虫 6～7 龄。大多数种类发现在热带潮湿地区，多为树栖或生活于灌木上，少数生活于地面或杂草丛中，具拟态和隐态，不易被发现。有自残和假死性，采集时要特别小心。喜夜间活动。全部植食性。有翅种类常分布于热带潮湿丛林中，温带种类一般无翅。

全世界已记载 6 科 3000 种，主要分布于热带和亚热带地区。中国已知 228 种。

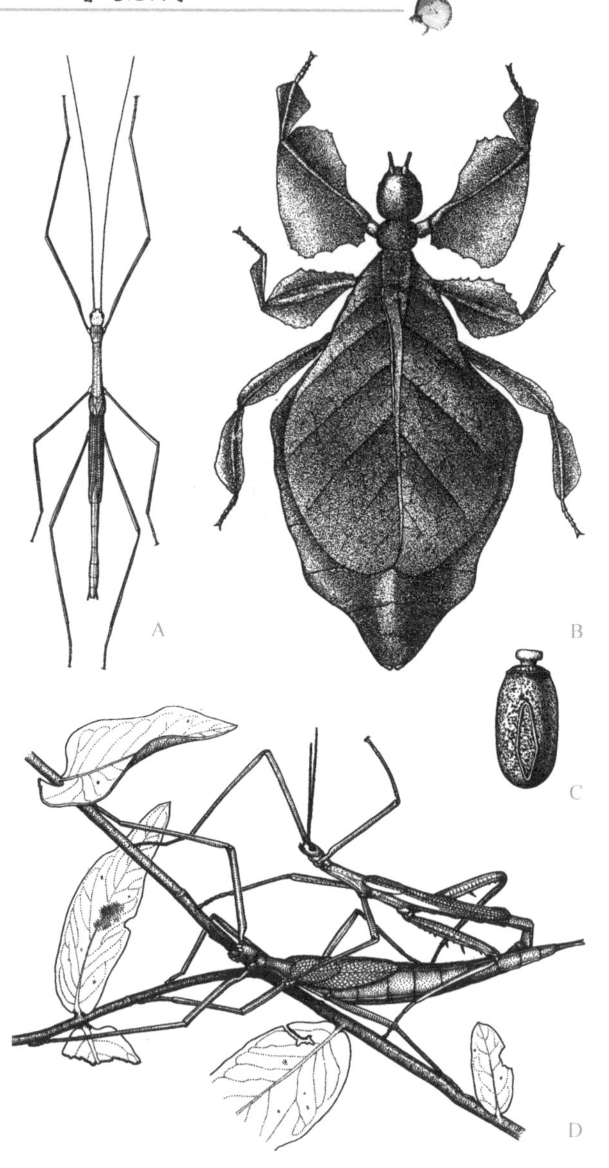

图 25-13 䗛目的代表

A. 杆䗛；B. 叶䗛；C. 双球䗛 *Didymuria violescens*（Leach）的卵；D. 双球䗛在交配

（A，B. 仿周尧，1954；C. 仿 Gullan & Cranston，2005；D. 仿 CSIRO，1991）

第十二节 纺足目 Embioptera

纺足目（embios＝活泼的，ptera＝翅），通称足丝蚁，简称𫌀；英文为 embiids、web spinners 或 foot spinners。该目昆虫生性活泼、行动迅速，前足能纺丝筑巢，故名。

体小型至中型，体长 6～15 mm；柔软，色暗。雌雄二型。口器咀嚼式，前口式；触角丝状或近念珠状，12～32 节；复眼肾形；无单眼；胸部约与腹部等长；雌虫通常无翅；雄虫有翅，少数无翅；前后翅相似，狭长，多毛，翅脉简单；足粗短；前足基跗节膨大，有丝腺，能纺丝筑巢；后足腿节特别膨大；跗节 3 节；腹部 10 节；尾须 1 对，2 节；部分雄虫的腹部末节和尾须左右不对称（图 25-14）。

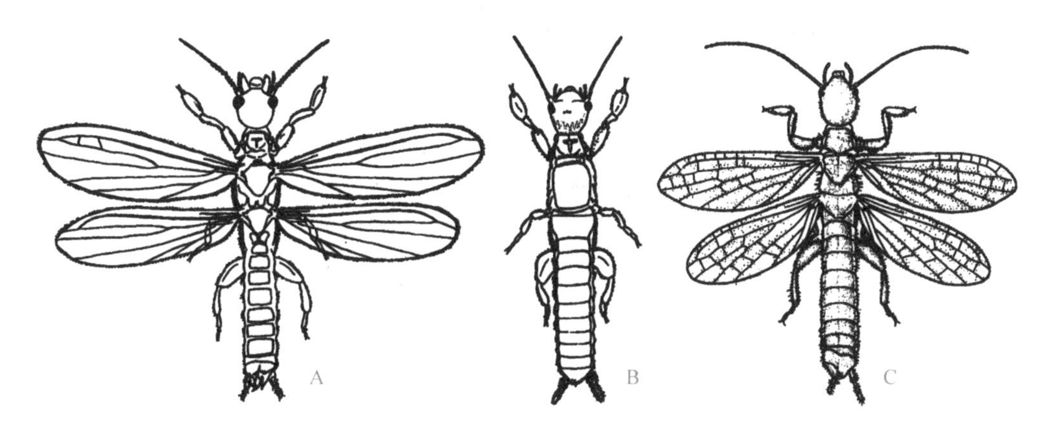

图 25-14　纺足目的代表

A. 等尾足丝蚁 *Oligotoma saundersii*（Westwood）雄虫；B. 等尾足丝蚁雌虫；C. 大足丝蚁 *Embia major*（Imms）雄虫

（A，B. 仿 Triplehorn & Johnson，2005；C. 仿 Imms，1935）

渐变态。群集生活于树皮缝隙、蚁巢、石头下或岩石上的丝巢内。昼伏夜出，有趋光性。受惊扰时会假死，或迅速向后倒退。卵窝产于隧道内，常覆盖有粪粒或植物碎屑。雌虫有护卵和护幼的习性。若虫 4～5 龄。植食性，取食树的枯外皮、枯落叶、活的苔藓和地衣等。全部虫态和龄期均能纺丝。

全世界已记载 8 科 300 多种，主要分布于热带和亚热带地区。中国已记载 7 种，主要分布于云南、广东、福建和台湾等地区。

第十三节　直翅目 Orthoptera

直翅目（orthos＝直的，ptera＝翅）昆虫俗称蝗虫、蚱蜢、螽斯、蟋蟀、蝼蛄、蚤蝼等，分别简称蝗、蚱、蜢、螽、蟋、蝼等，英文为 grasshoppers、locusts、katydids 或 crickets 等。该目昆虫因前翅、后翅的纵脉直而得名。

一、形态特征

体小型至巨型，体长 4～115 mm，翅展 10～200 mm。口器咀嚼式，下口式，少数前口式；触角多为长丝状，少数剑状或槌状；复眼发达；单眼 2～3 个，少数无单眼；前胸背板发达，明显大于中胸和后胸；前胸腹板在前足基节之间平坦或隆起，或呈圆柱形突起，称前胸腹板突（prosternal tubercle）；前翅覆翅；后翅膜翅，臀区宽大，停息时折扇状叠放于前翅下；部分种类短翅或无翅；前足为开掘足或后足跳跃足；跗节 1～4 节；腹部 10 节；雌虫第 8 腹板或雄虫第 9 腹板发达，形成下生殖板；一般有发达的发音器（stridulating organ）或听器（auditory organ）；蝗虫、螽斯和蟋蟀的产卵器发达，呈凿状、剑状、刀状或矛状；蝼蛄和蚤蝼无特化的产卵器；尾须 1 对，不分节

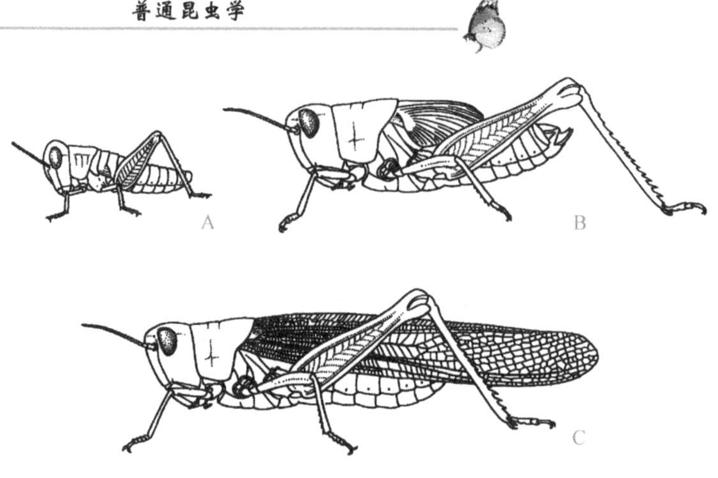

图 25-15　直翅目（蝗虫）的特征
A. 1 龄若虫；B. 5 龄若虫；C. 成虫
（仿 Gullan & Cranston，2005）

(图 25-15)。

在蝗亚目中，有些种类的翅退化成鳞片状，形似大龄若虫。但是，它们的前翅覆盖后翅，且翅上有纵脉与横脉；而大龄若虫的后翅翻转盖住前翅，且翅芽上仅有纵脉（图 25-15B)，可以区别。

二、生物学

（一）栖境和食性

陆栖。螽斯和蝗虫生活在植物上或地面，蟋蟀生活在石头或土块下，蝼蛄生活在土壤中，也有一些种类为洞栖。绝大多数种类为植食性，尤其喜食植物的叶子。但是，螽亚目的部分种类为肉食性，取食其他昆虫和小动物。还有少数为腐食性或杂食性。

（二）习性和行为

螽斯、蟋蟀和蝼蛄多在夜间活动，有较强的趋光性。蝗虫多在昼间活动。一般在晚上或早晨进行脱皮，雄虫脱皮次数通常比雌虫少，且螽斯和蟋蟀常将蜕吃掉。有隐态、拟态、警戒态和自残等防御行为。许多种类的体色与栖境相似，用以隐匿自己、躲避敌害。当直翅目昆虫被捕捉时，常会在跳跃足的腿节与转节间自行断开，以逃一劫。在成虫期，许多种类的雄虫能发音，用以吸引雌虫，完成生殖的使命。东亚飞蝗和沙漠蝗等种类如在若虫期高密度群集，可形成群居型并进行远距离迁飞。

（三）生活史

渐变态。多为一化性或二化性，少数多化性。雌虫产卵于土中或植物组织内。螽斯和蟋蟀的卵单粒或少数几粒散产；蝗虫则多粒包于卵囊内，每只卵囊含卵 3～200

粒。卵为圆形、圆柱形、肾形或长卵形。若虫俗称蝻或跳蝻，一般 5～7 龄，第 3 龄开始出现翅芽，其形态与成虫相似，生活习性相同。多数种类在夏秋产卵，以卵在缝隙、枯枝落叶或土壤中越冬，翌年 4～5 月间孵化，6～7 月间发育为成虫。少数种类以若虫或成虫越冬。

三、经济意义

直翅目昆虫绝大多数种类为植食性，取食植物叶片、根部等部分。其中，许多种类是农业、林业和畜牧业的重要害虫。有些种类还能成群迁飞，加大了为害的严重性。例如，沙漠蝗迁飞扩散范围可达 65 个国家和地区，占地球陆地面积约 20%。在我国，东亚飞蝗从春秋时期起到新中国成立的 2600 多年中成灾 800 多次，范围涉及长江以北 8 个省区，常造成大范围内的庄稼颗粒无收。

另外，直翅目昆虫有些种类鸣声动听引人，是有名的鸣虫，如蝈蝈和蛐蛐等；有些种类生性好斗，如斗蟋 *Scapsipedus micado* Saussure；还有些种类形态奇异，或美丽诱人，如叶螽等。这些都是重要的玩赏昆虫，丰富了人们的生活。

四、分类及常见科简介

多数分类学者将直翅目分为螽亚目 Ensifera 和蝗亚目 Caelifera。全世界已知约 30 科 25 000 种，中国已记录约 2360 种。直翅目常见科简介如下。

（一）螽亚目

触角丝状，多于 30 节，通常长于或等于体长；雄虫以前翅相互摩擦发音；听器在前足胫节基部；跗节 3～4 节；产卵器较长，刀状、剑状或长矛状。多夜间活动。

1. 螽斯科 Tettigoniidae　英文为 katydids 或 long-horned grasshoppers。跗节式 4-4-4；雌虫产卵器刀状；尾须短（图 25-16A）。

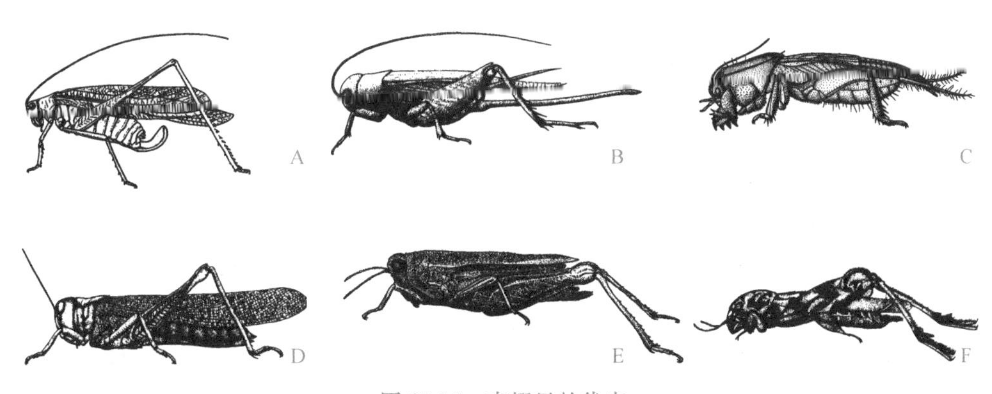

图 25-16　直翅目的代表

A. 树螽 *Scudderia furcata* Brunner von Wattenwyl；B. 南方油葫芦 *Gryllus testaceus* Walker；C. 蝼蛄；D. 东亚飞蝗（迁飞型）；E. 蚱 *Tettigidea*；F. 蚤蝼 *Tridactylus*

（A，E. 仿 Triplehorn & Johnson，2005；B，D，F. 仿周尧，1972；C. 仿 Eisenbeis & Wichard，1987）

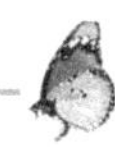

栖于草丛或树木上。一般植食性，亦有肉食性和杂食性。卵产于植物组织内，很少产于土中。多数种类雄虫能发音，俗称蝈蝈。代表种类：中华螽斯 *Tettigonia chinensis* Willemse。

2. 蟋蟀科 Gryllidae　英文为 crickets。后足腿节超出腹部末端；跗节式 3-3-3；雌虫产卵器针状、长矛状或长杆状；尾须长（图 25-16B）。

多栖息于低洼、河沟边及杂草中，一般穴居，也有的生活于地面砖石下。多为植食性。卵产于泥土中。多数种类雄虫为著名的鸣虫，通称蛐蛐。著名种类：斗蟋。我国山东省宁津县自 1991 年起，每年农历七月二十八日举办"中国宁津蟋蟀节"，以传播中国的斗蟋文化。

3. 蝼蛄科 Gryllotalpidae　英文为 mole crickets。触角短于体长；前足开掘足，胫节宽且有 4 齿，跗节基部有 2 齿；后足腿节不发达，非跳跃足；跗节式 3-3-3；前翅短；后翅长且纵褶，呈尾状伸出腹末；尾须长（图 25-16C）。

喜欢栖息在温暖潮湿和腐殖质多的壤土或砂壤土中，一般在地表下 150～200 mm 钻隧道，咬食植物根部。生活史长，一般 1～3 年完成 1 代。夜间或清晨活动特别活跃。成虫有趋光性。重要种类：华北蝼蛄 *Gryllotalpa unispina* Saussure。

（二）蝗亚目

触角丝状、剑状或棒状，少于 30 节，短于体长之半；雄虫以足摩擦前翅内侧或腹部背板发音；听器在第 1 腹节背面两侧；跗节不多于 3 节；产卵器短，凿状。常白天活动。

4. 蝗科 Acrididae　英文为 grasshoppers 或 locusts。前胸背板发达，马鞍形，盖住前胸和中胸背面；多数种类具 2 对发达的翅，少数具短翅或完全无翅；跗节式 3-3-3，爪间有中垫（图 25-15C，图 25-16D）。

栖于植物上或地表，产卵于土中。由于繁殖力强，个体数量众多，有时会群集生活，形成群居型，有的种类有迁飞的习性，可迁飞至 6000 km 以外。著名种类：飞蝗 *Locusta migratoria* L. 在全世界有 6 个亚种，其中我国有 3 个亚种，包括分布于新疆、内蒙古及青海的亚洲飞蝗 *L. migratoria migratoria* L.，分布于华北、华东及华南的东亚飞蝗 *L. migratoria manilensis*（Meyen）和分布于西藏的西藏飞蝗 *L. migratoria tibetensis* Chen。

5. 蚱科 Tetrigidae　旧称菱蝗科。英文俗称 pygmy grasshoppers 或 grouse locusts。前胸背板特别发达，向后延伸至腹末，末端尖，呈菱形，故名菱蝗；前翅退化成鳞片状，后翅正常或退化；少数种类无翅；跗节式 2-2-3，爪间无中垫；无发音器或听器（图 25-16E）。

喜生活在土表枯枝落叶中，路边的碎石和河边的石头上。常见种类：日本蚱 *Tetrix japonica*（Bolivar）。

6. 蚤蝼科 Tridactylidae　英文俗称 pygmy mole crickets。多数体长 4～10 mm。触角短，12 节；前足开掘足；后足跳跃足，胫节末端有 2 个能活动的长片；跗节式 2-2-1；前翅短，后翅伸出腹部末端；无发音器或听器；尾须较长（图 25-16F）。

多生活于近水的场所，善跳，并能游泳。植食性。代表种类：台湾蚤蝼 *Tridactylus formosanus* Shiraki。

第十四节　革翅目 Dermaptera

革翅目（derma＝革质或皮状，ptera＝翅）昆虫通称蠼螋、蝠螋，简称螋，英文为 earwigs。该目昆虫因前翅为革翅而得名。

体小型至中型，体长 4～30 mm；体壁坚硬。口器咀嚼式，前口式；触角丝状，10～50 节；有复眼；无单眼；前翅短覆翅或短鞘翅，缺翅脉，端部平截；后翅膜质，扇形，翅脉呈放射状，停息时叠放在前翅下；部分种类无翅；跗节 3 节，第 2 跗节最短；雌虫腹部 8 节，雄虫腹部 10 节；尾须 1 节，铗状，称尾铗；通常雌虫尾铗直，雄虫尾铗内弯（图 25-17）。

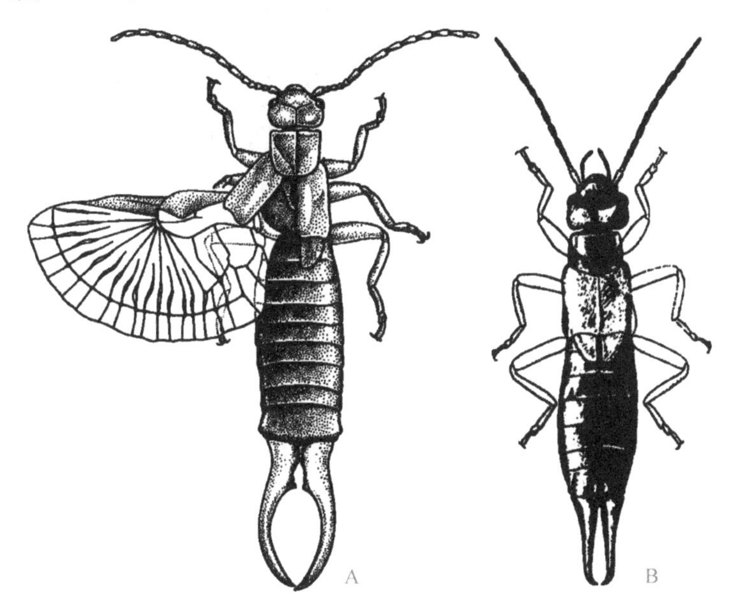

图 25-17　革翅目的代表

A. 欧洲蠼螋 *Forficula auricularia* L. 雄虫；B. 欧洲蠼螋雌虫

（A. 仿 Gullan & Cranston，2005；B. 仿 Fulton，1935）

渐变态。喜夜间活动，白昼多隐藏于土中、石头或堆物下、树皮或杂草间，少数为洞栖。受惊扰时，常举起腹部并张开尾铗，以示恫吓，如遇劲敌则装死不动。有卵生和胎生。通常在土中挖小洞产卵，每窝有卵 20～80 粒。雌虫有护卵育幼的习性。若虫5～6 龄。食性较杂，常以植物花粉、嫩叶及动物腐败物为食；部分种类为肉食性，捕食蚜虫、介壳虫和螨类；少数种类外寄生蝙蝠或啮齿类动物。以成虫越冬。

全世界已记录 10 科 2000 种，多分布于热带地区。中国已知 229 种。

第十五节　缺翅目 Zoraptera

缺翅目（zoros＝完全，aptera＝无翅）昆虫通称缺翅虫，英文为 zorapterans 或 angel insects。Silvestri（1913）建立该目时，该目昆虫均为无翅，故名。后来发现该目昆

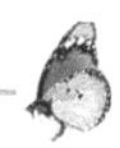

虫也有一些有翅种类。

体微型至小型，体长1.5～4 mm，柔软。口器咀嚼式，下口式；触角念珠状，9节；有翅型的复眼发达，单眼3个，体色暗；无翅型缺复眼或单眼，体色灰淡；翅膜质，狭长，易脱落，脉序简单；前翅比后翅大；腿节膨大，内侧有刺；跗节2节，基跗节特别短小；腹部长卵形，10节；尾须短小，不分节，末端有1根长鬃（图25-18）。

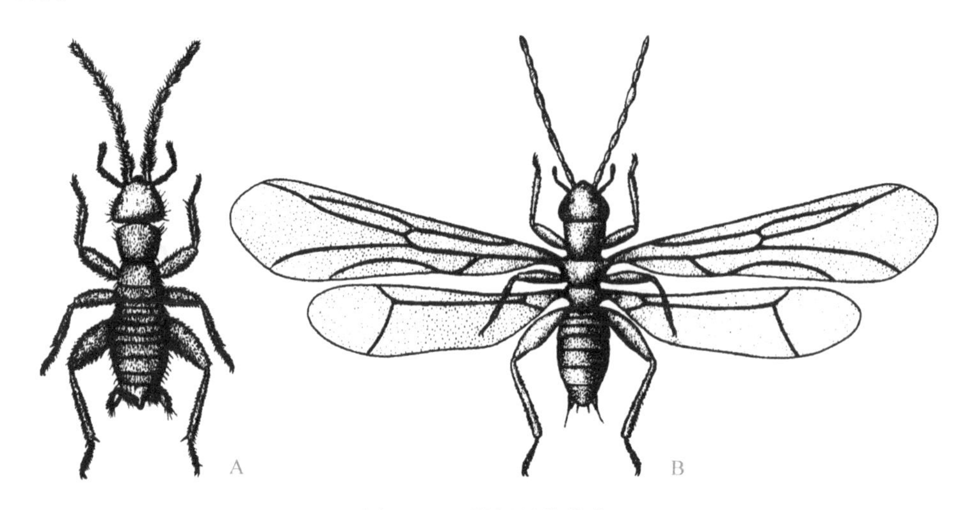

图25-18 缺翅目的代表
A. 中华缺翅虫；B. 墨脱缺翅虫
（仿黄复生，1974，1976）

渐变态。生活于常绿阔叶林地的倒木或折木的树皮下。一般15～120只个体群集生活，有翅型个体很少；雄虫中有翅型比雌虫更少。通常当群体中的个体数量增多时，会出现有翅型雌虫，并进行扩散。若虫4～5龄。主要为植食性，取食真菌菌丝和孢子，但有时也取食死的跳虫或螨等小动物。

全世界仅知1科32种，主要分布于热带，极其珍稀。我国由黄复生先生于1973年在西藏采得，1974年首次报道，称中华缺翅虫 *Zorotypus sinensis* Hwang（图25-18A）；1976年又报道了墨脱缺翅虫 *Zorotypus medoensis* Hwang（图25-18B）。中国至今仅知这两种，且仅分布于西藏东南部，均被列为我国Ⅱ级重点保护野生动物。

第十六节 啮虫目 Psocoptera

啮虫目（psocos＝磨碎，ptera＝翅）昆虫通称啮虫或书虱，简称蝣，英文为psocids、booklice、barklice或plantlice。该目学名源于这类昆虫的爱啃咬习性。

体微型至小型，体长1～10 mm；柔软。头大，可动；口器咀嚼式，下口式；后唇基（postclypeus）特别发达；触角丝状，11节以上；多数种类复眼发达，向两侧突出；少数种类复眼退化；有翅型个体有单眼3个，无翅型缺单眼；长翅、短翅或无翅；长翅型的翅膜质，翅脉简单；前翅大，超出腹部末端；停息时两对翅屋脊状叠放于体背；跗节2～3节；腹部10节；无尾须（图25-19）。

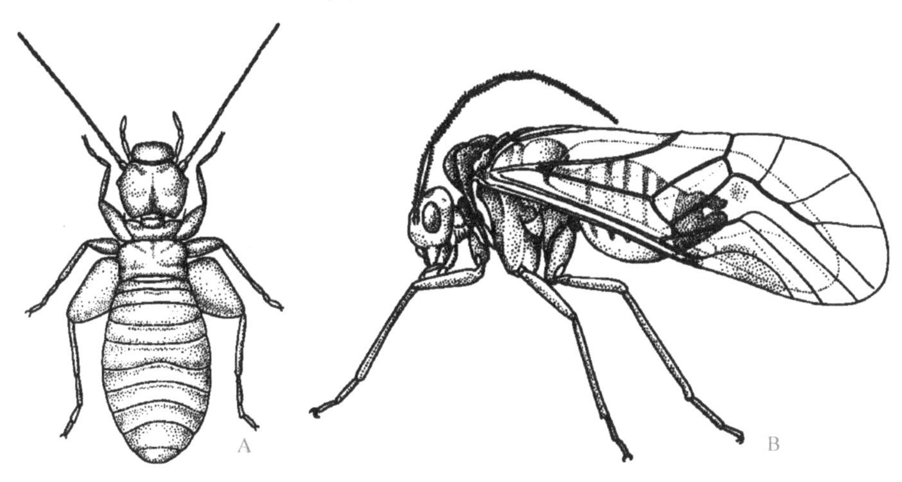

图 25-19　啮虫目的代表
A. 嗜虫书虱；B. 安蛄 *Amphigerontia contaminate*（Stephens）
（A. 仿 Smithers，1982；B. 仿 Badonnel，1951）

渐变态。生活于树干或枝条上，或草丛、篱笆、落叶层、土壤表层、洞穴内、储物间或家屋内，或蚁巢和鸟巢内。多数种类有群集性。有两性生殖和孤雌生殖，有卵生和胎生。卵单产或窝产，表面常覆盖有丝网或碎屑。若虫 5～6 龄。多数种类为植食性，取食真菌、苔藓和藻类；少数为肉食性，捕食介壳虫和蚜虫等；还有一些为腐食性。室外种类常有翅，1 年 1～3 代；室内种类一般无翅，1 年可出现多代。

全世界已记载 36 科 4658 种，以热带和亚热带最多。中国已知 1684 种。其中，嗜虫书虱 *Liposcelis entomophila*（Enderlein）（图 25-19A）和嗜卷书虱 *Liposcelis bostrychophila* Badonnel 是重要的贮藏害虫。

第十七节　虱目 Phthiraptera

虱目（phthir＝虱，aptera＝无翅）包括传统的食毛目 Mallophaga 和虱目 Anoplura。该目昆虫通称鸟虱和兽虱，简称虱，英文为 bird lice、chewing lice、biting lice、sucking lice 或 true lice。

体微型至小型，体长 0.5～10 mm；平扁。口器咀嚼式或刺吸式；触角 3～5 节；复眼小或退化；无单眼；胸部有不同程度的愈合；无翅；足为攀握足，跗节 1～2 节，爪 1～2 个；腹部 10 节；无尾须（图 25-20）。

渐变态。外寄生于鸟类或哺乳类；咀嚼式口器的种类基本上只寄生鸟类，刺吸式口器的种类只寄生哺乳类。寄主特异性高，终生在寄主上度过，取食寄主羽毛、毛发和皮肤分泌物，或吸食寄主的血液。产卵于寄主羽毛、毛发、皮肤或衣物上。若虫一般 3 龄。头虱世代历期约 1 个月。主要通过寄主直接接触或携播来扩散，离开寄主后会很快死去。

全世界已知 24 科 5000 余种，中国已知 1000 种。其中，不少种类是家畜或家禽的重要害虫，只有体虱 *Pediculus humanus humanus* L.、头虱 *Pediculus humanus capitis* De Geer 和阴虱 *Pthirus pubis* L. 侵害人类，传播斑疹伤寒、战壕热、回归热或虱病（pediculosis）。

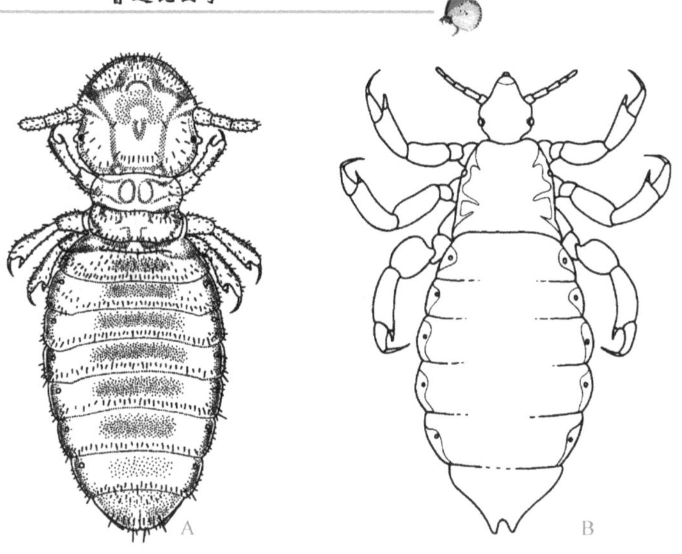

图 25-20 虱目的代表

A. 马虱 *Bovicola equi* (Denny)；B. 体虱

(A. 仿 Gullan & Cranston，2005；B. 仿 Ferris，1951)

第十八节 缨翅目 Thysanoptera

缨翅目（thysanos＝缨，ptera＝翅）昆虫通称蓟马，英文为 thrips。该目昆虫因两对翅为缨翅而得名。

一、形态特征

体微型至小型，体长 0.5～14 mm。口器锉吸式，下口式；触角丝状，6～10 节，第 3～4 节上常具叉状、锥状或带状感器；复眼为聚眼式；长翅型的单眼 3 个，短翅型和无翅型常缺单眼；前胸背板矩形或梯形，中胸与后胸愈合；两对翅为缨翅；静息时，锥尾亚目的翅平行放于体背两侧，而管尾亚目的翅则重叠在体背中间；跗节 1～2 节，端部无爪，但有一个能伸缩的端泡（terminal protrusilbe arolium），所以过去也称泡足目（Physopoda）；腹部 10 节，末端呈圆锥状或细管状；雌虫产卵器锯状或管状；无尾须（图 25-21）。

二、生物学

（一）栖境和食性

陆栖。多数种类为菌食性或植食性，少数捕食性或腐食性。菌食性种类约占已知种类的 50％，主要生活于树木的枯枝上、树皮下或林地的枯枝落叶层，取食真菌菌丝。植食性种类通常生活在植物的花、幼果、芽或嫩梢部位，或形成虫瘿，取食花粉、花蜜或植物汁液等。少数为肉食性，捕食蚜虫、粉虱、介壳虫、蓟马、螨等微小节肢动物。由于该目昆虫一些种类常见于蓟花上，故称蓟马。

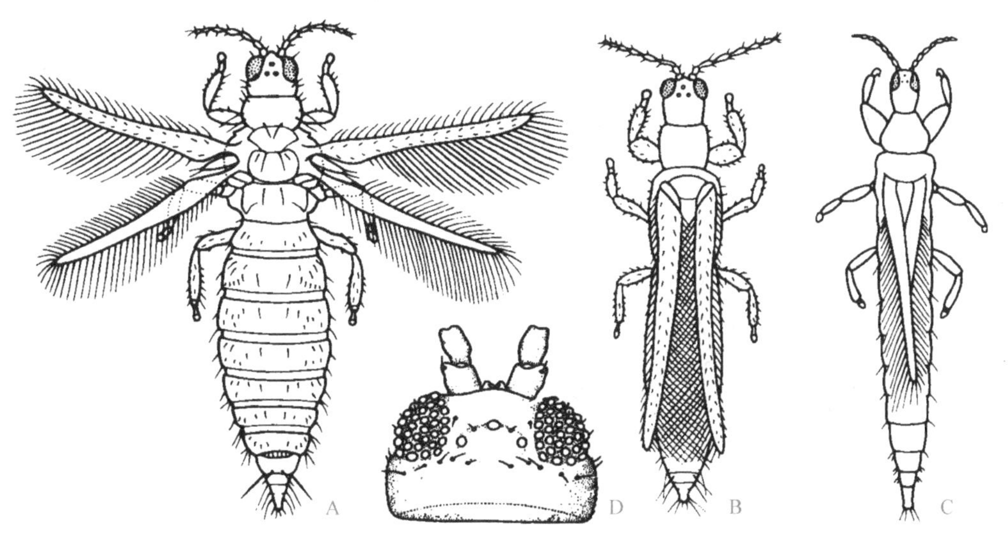

图 25-21 缨翅目的特征

A. 蓟马科；B. 锥尾亚目停息状；C. 管尾亚目停息状；D. 蓟马科头部背观

（A～C. 仿 Lewis，1973；D. 仿 Matsuda，1965）

（二）变态和生活史

过渐变态。锥尾亚目雌虫将卵产入植物组织内，卵肾形，单粒产；管尾亚目将卵产于植物表面、树皮下和缝隙内，卵为长卵形，单产或窝产。若虫 4～5 龄；第 1～2 龄若虫没有翅芽，到处爬动。在锥尾亚目中，若虫 4 龄；第 3 龄若虫出现翅芽，相对不太活动，不取食，称“前蛹”；第 4 龄不食不动，称为“蛹”。在管尾亚目中，若虫 5 龄；第 3～4 龄称“前蛹”，第 5 龄称“蛹”。多数种类 1 年发生 5～7 代，以“蛹”或成虫越冬，少数以卵越冬。有些种类有群集和亲代照护的习性。

（三）繁殖方式

主要为两性生殖，但不少种类能同时进行孤雌生殖，如烟蓟马 *Thrips tabaci*（Lindeman）。两性生殖多数为卵生，少数为卵胎生。孤雌生殖包括产雌孤雌生殖和产雄孤雌生殖。蓟马在干旱季节繁殖特别快，易成灾害。

三、经济意义

植食性种类以锉吸式口器刮破植物表皮，口针插入组织内吸取汁液，被害处常留下黄色斑点或条纹，使被害部位皱缩、枯萎、凋落。一些种类还传播番茄斑萎病毒病，如西花蓟马 *Frankliniella occidentalis*（Pergande）、烟蓟马 *Thrips tabaci*（Lindeman）、粗毛蓟马 *Thrips setosus* Moulton 等。所以，许多蓟马是农作物、林果、蔬菜和园林观赏植物上的重要害虫。但是，人们也可以利用蓟马的植食性来控制杂草，如斐济用食叶蓟马 *Liothrips urichi* Karny 控制杂草 *Clidemia hirta*（Simmonds）获得了成功。

菌食性和腐食性蓟马对于林区生态系统的物质循环和能量循环起着重要作用。少数蓟马捕食微小昆虫及螨类的卵和幼虫，可应用于害虫和害螨的生物防治。例如，捕虱管

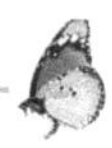

蓟马 *Aleurodothrips fasciapennis*（Franklin）是柑橘红圆蚧 *Aonidiella aurantii*（Maskell）的重要天敌，还捕食柑橘上的粉虱和红蜘蛛等。由于多数蓟马种类喜欢在植物的花间活动，它们也是一类非常重要的传粉昆虫。

四、分类及常见科简介

缨翅目分为管尾亚目 Tubulifera 和锥尾亚目 Terebrantia。目前全世界已记载 9 科 6000 多种，中国已知 500 多种。

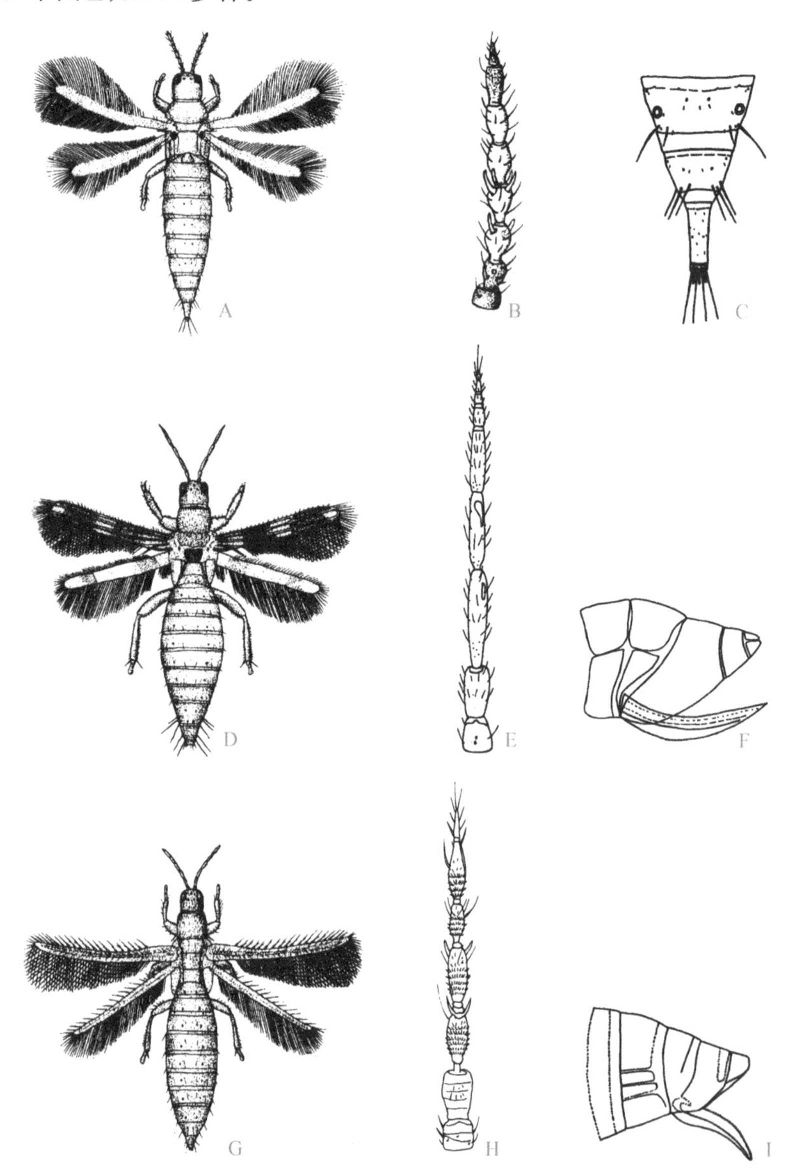

图 25-22 缨翅目的代表

A～C. 麦简管蓟马 *Haplothrips tritici*（Kurdjumov）；D～F. 横纹蓟马；G～I. 烟蓟马

A，D，G. 成虫；B，E，H. 触角；C，F，I. 腹末示产卵器

（A，D，G. 仿彩万志，2001；B，E，H. 仿 Stannard，1968；C，F，I. 仿 Palmer *et al.*，1989）

（一）管尾亚目

前翅光滑无毛，无翅脉或仅有1条简短的中脉；雌虫腹部末端管状，腹面不纵裂，无特化产卵器。

1. 管蓟马科 Phlaeothripidae　是缨翅目中最大的科。触角8节，少数7节，第3～4节上有锥状感器；前翅无翅脉（图25-22A～C）。

主要分布于林区，多数是菌食性或捕食性，少数植食性，生活于树皮下或枯枝落叶层。常见种类：榕管蓟马 *Gynaikothrips uzeli* Zimm. 危害榕树，稻简管蓟马 *Haplothrips aculeatus*（F.）危害水稻。

（二）锥尾亚目

前翅有微毛，有1～2条纵脉，有时还有横脉；雌虫腹部末端锥状，腹面纵裂，产卵器锯状。

2. 纹蓟马科 Aeolothripidae　英文为 broad-winged thrips 或 banded thrips。触角9节，第3～4节上有带状感器；前翅较宽，常有纵脉、横脉和暗色斑纹，末端钝圆；从侧面看，雌虫产卵器向上弯曲（图25-22D～F）。常见种类：横纹蓟马 *Aeolothrips fasciatus*（L.）广泛分布于我国各地，主要捕食其他蓟马、蚜虫和螨。

3. 蓟马科 Thripidae　英文为 common thrips。触角6～9节，第3～4节上有叉状感器；前翅较窄，常有1～2条纵脉，但无横脉或暗色斑纹，末端尖；从侧面看，雌虫产卵器末端向下弯曲（图25-21A，D；图25-22G～I）。多数种类为植食性，是农林作物、园林观赏植物上的重要害虫，如西花蓟马、棕榈蓟马 *Thrips palmi* Karney 和烟蓟马等。

第十九节　半翅目 Hemiptera

半翅目（hemi＝半，ptera＝翅）名称源于异翅亚目的前翅为半鞘翅，包括传统的半翅目和同翅目 Homoptera。该目昆虫俗称椿象、蝉、叶蝉、沫蝉、蜡蝉、蚜虫、木虱、介壳虫、粉虱等，简称蝽、蝉、蚜、蚧等，英文为 true bugs、cicadas、leafhoppers、spittle bugs、planthoppers、aphids、jumping plant lice、scale insects、whiteflies 等。它是不全变态类昆虫中种类数量最多的目。

一、形态特征

体微型至巨型，体长1～110 mm，翅展2～150 mm。

（1）头部　口器刺吸式，后口式；上颚和下颚特化成4根口针；下唇特化成喙；喙3～4节，少数5节、2节或1节，从前足基节间伸出，或从头部前下方或后下方伸出；触角丝状或刚毛状；复眼发达或退化；单眼2～3个，部分种类缺单眼（图25-23）。

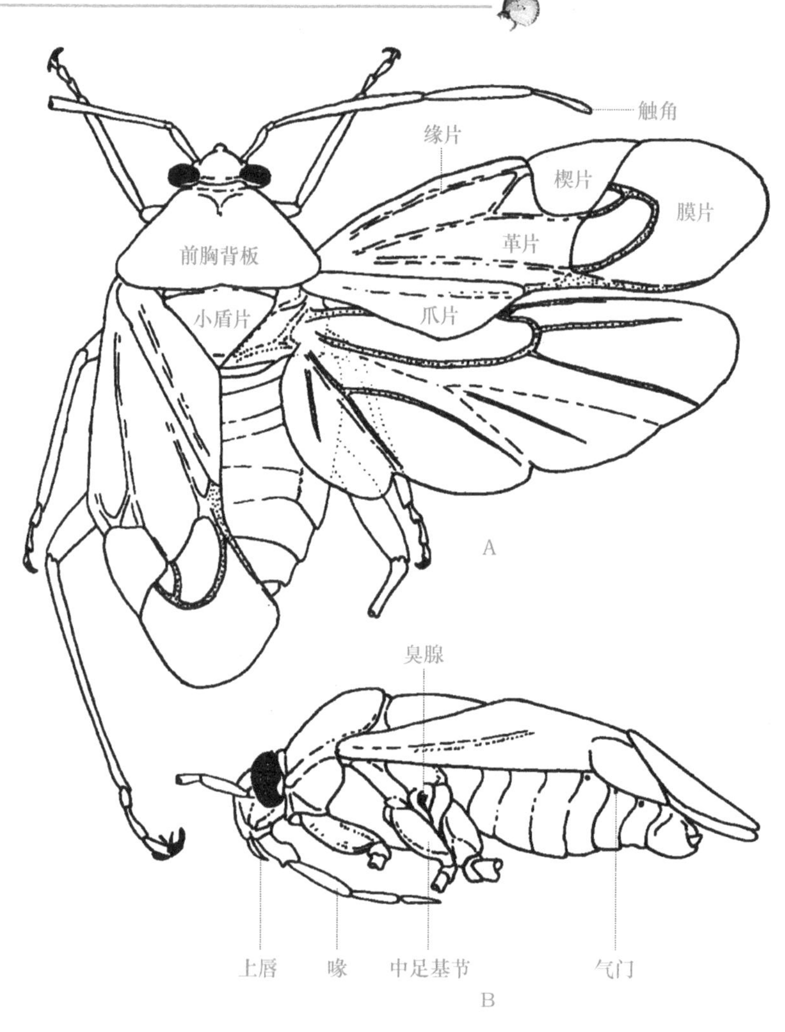

图 25-23 半翅目（盲蝽 *Lygus oblineatus* Say）的特征
A. 背观；B. 侧观
（仿 Triplehorn & Johnson，2005）

（2）胸部 前胸背板发达；中胸明显，背面可见小盾片；后胸小；有翅两对，前翅半鞘翅、覆翅或膜翅，后翅膜翅；两对翅停息时平叠于体背，或呈屋脊状叠放于体背；部分种类只有 1 对前翅或无翅；半鞘翅加厚的基半部常被爪片缝（claval suture）分为革片（corium）和爪片（clavus），有的革片还分缘片（embolium）和楔片（cuneus）；膜质的端半部是膜片（membrane），膜片上常有翅脉和翅室（图 25-23）；胸足发达，有行走足、开掘足、捕捉足、跳跃足或游泳足，但雌性介壳虫因固定生活而胸足退化；跗节多数 2～3 节，少数 1 节或缺。

（3）腹部 10 节，雌性介壳虫腹节常有不同程度的愈合，如盾蚧腹部第 4～8 节或 5～8 节高度愈合成臀板（pygidium）（图 25-25C）；异翅亚目的腹部背板与腹板汇合处形成突出的腹缘称侧接缘（connexivum）；部分种类腹部还有发音器、听器、腹管或管状孔（vasiform orifice）（图 25-24B，C）等结构；雌虫一般有发达的产卵器，但介壳虫和蚜虫等无瓣状产卵器；胸部或腹部常有臭腺（fetid gland）或蜡腺；异翅亚目成虫臭腺开口于后足基节前，但臭虫的臭腺开口于腹部第1～3节背板上；若虫的臭腺都位于腹部第3～7节背板上；无尾须（图25-23）。

二、生物学

（一）栖境和食性

有陆栖，水面栖或水中栖。多为植食性，口器刺入植物韧皮部取食，但蝉和沫蝉即刺入木质部取食；部分肉食性，吸血或捕食其他昆虫。陆栖种类大多生活在植物枝叶或花果上，部分生活于虫瘿内、树皮下、土壤表面或土壤中，吸食植物汁液或捕食其他小型昆虫；少数外寄生于鸟类或哺乳类，吸食这些动物的血液。一些种类在为害的同时也传播动植物病害。多为多食性，少数是寡食性或单食性。

（二）活动习性

多数种类白天活动，少数夜间活动。部分种类低龄若虫群集生活。成虫有较强的趋光性和护卵习性。稻褐飞虱 *Nilaparvata lugens* Stål、白背飞虱 *Sogatella furcifera* (Horváth) 能长距离迁飞。蝽类昆虫受惊扰时从臭腺喷出液体，有浓烈的臭味，用以防御。

（三）变态和生活史

渐变态，经历卵、若虫和成虫3个阶段。但是，雄性介壳虫和粉虱的末龄若虫不吃不动，极似全变态的“蛹期”，属过渐变态。蝽、蝉、叶蝉和飞虱等有发达产卵瓣，将卵产于植物组织内或土中；蚜虫、介壳虫、木虱和粉虱等无特化产卵瓣，将卵产于寄主表面。卵单粒或窝产。产于植物表面的卵为桶形、短圆柱形或短卵形，常多粒整齐排列；产于植物组织内的卵为长卵形或肾形，单粒或多粒成行排列。若虫一般4～5龄，少数3龄或6～9龄。粉虱和蚧类的1龄若虫体卵圆形，体长300～700 μm，触角和足发达，到处爬动，进行扩散，称爬虫（crawler）。当它脱皮变为2龄若虫进行固定生活时，触角和足退化。1年发生1代或多代，以成虫或卵越冬，少数几年甚至十多年才发生1代。例如，桃蚜 *Myzus persicae* (Sulzer) 1年发生30多代，十七年蝉 *Magicicada septendecim* (Fisher) 需17年才能完成1代。一些蚜虫和介壳虫在生活史中要进行转主寄生。

（四）繁殖方式

多数为两性卵生，但蚜虫、粉虱和介壳虫等能进行孤雌卵胎生或孤雌卵生，可出现全年孤雌生殖或世代交替。

（五）雌雄二型和多型现象

雌雄二型在一些种类中很明显。例如，介壳虫的雄虫有翅，口器退化；雌虫无翅，

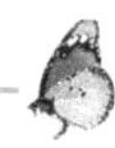

口器发达。蝉的雄虫有发音器，雌虫没有等。有些种类有多型现象，且多见于雌性。例如，飞虱有长翅型和短翅型；蚜虫至少有两型，即有翅孤雌型和无翅孤雌型，一般有干母、有翅孤雌蚜、无翅孤雌蚜、雌性蚜和雄蚜。

（六）共栖现象

半翅目中的胸喙亚目和蜡蝉亚目昆虫，用刺吸式口器刺入寄主的韧皮部取食，其液体食物中的水和糖多，但蛋白质和氨基酸少，为了浓缩蛋白质和氨基酸，大量的水和糖通过肛门排出体外，为蚂蚁所喜食。蚂蚁追随其后，舔食蜜露，并保护它们不受天敌的侵扰。有的蚂蚁在晚秋或冬季将这些昆虫或其卵搬回巢内过冬，到春季再把它们搬回到寄主植物的嫩芽上。因此，在这类昆虫为害的植物上，经常看到有大量蚂蚁在活动。

三、经济意义

半翅目昆虫多数种类是植食性，以口器刺入植物组织内吸食汁液，使受害部位营养不良、褪色、变黄、器官萎蔫或畸形，落花落果，甚至整株枯萎或死亡。除直接为害外，还传播植物病毒病，传播病害造成的损失比直接为害造成的损失更大。其中，以蚜虫、飞虱、叶蝉、粉虱和木虱等昆虫传病最普遍。据统计，有89.4%的植物病毒病是通过半翅目昆虫传播的，其中蚜虫传播的植物病毒病占65%，居首位。另外，有些昆虫分泌蜜露引发霉菌滋生，影响光合作用，也造成间接为害。所以，半翅目有许多重要的农林害虫。另外，一些种类寄生于鸟或哺乳动物的体外，直接危害人畜并传播疾病，是重要的医学或动物害虫。例如，吸血锥猎蝽 *Triatoma sanguisuga*（LeConte）等锥猎蝽亚科 Triatominae 昆虫通过吸血传播美洲锥虫病，估计每年有1600万人受其困扰，有50 000人因此送命。

但是，半翅目中有些种类是对人类非常有益的资源昆虫。例如，紫胶虫 *Laccifer lacca*（Kerr）雌虫分泌紫胶，白蜡虫 *Ericerus pela*（Chavannes）雄性分泌虫白蜡，胭脂虫 *Dactylopius coccus* Costa 的虫体可以提取胭脂红酸，五倍子蚜 *Schlechtendalia chinensis*（Bell）寄生漆树属植物 *Rhus* spp. 叶子形成虫瘿五倍子等。有些是肉食性种类，捕食害虫和害螨，可作为益虫加以保护利用。例如，利用微小花蝽 *Orius minutus*（L.）和南方小花蝽 *Orius similis* Zheng 防治棉花和蔬菜害虫。有些种类能鸣叫，有的种类体色鲜艳，有的种类形状怪异，是重要的观赏娱乐昆虫。

四、分类及常见科简介

目前，多数分类学家主张将半翅目分为胸喙亚目 Sternorrhyncha、蜡蝉亚目 Fulgoromorpha、蝉亚目 Cicadomorpha、鞘喙亚目 Coleorrhyncha 和异翅亚目 Heteroptera 共5个亚目。全世界已记载半翅目约151科92 000多种，中国已记载9000多种。半翅目常见科简介如下。

（一）胸喙亚目

体微型至小型。喙从前足基节间伸出；触角丝状；单眼2～3个；有翅或无翅；有翅型的前翅覆翅或膜翅，基部无肩片；前翅有不多于 3 条纵脉从基部伸出；停息时两对翅呈屋脊状叠放于体背；跗节 1～2 节；雌虫产卵器有 3 对产卵瓣或无特化的产卵器。消化道有滤室。植食性。

1. 木虱科 Psyliidae　英文通称 psyllids 或 jumping plantlice。体长 1～8 mm。喙 3 节。触角 10 节，末节端部有 2 刺；单眼 3 个；前翅 R 脉、M 脉和 Cu_1 脉基部愈合，近翅中部分成 3 支，近翅端部每支再各 2 分支；跗节 2 节（图 25-24A）。

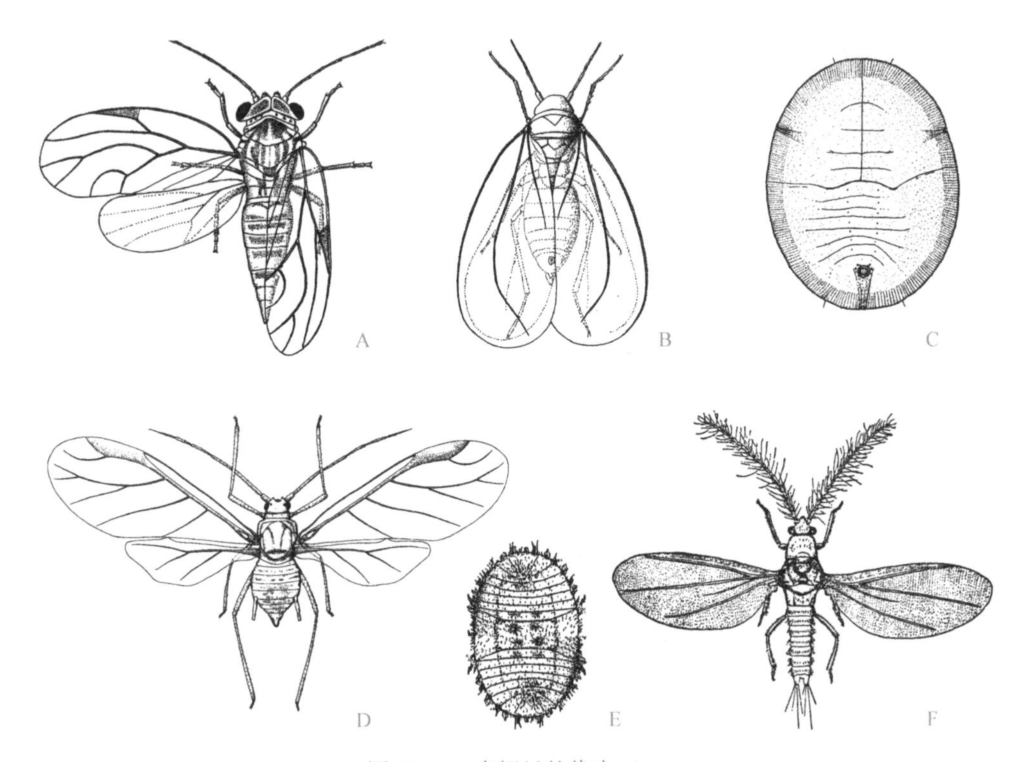

图 25-24　半翅目的代表（一）

A. 梨木虱 *Psylla pyrisuga*（Forster）；B，C. 柑橘粉虱 *Dialeurodes citri*（Ashmead）成虫和 4 龄若虫；D. 棉蚜 *Aphis gossypii*（Glover）；E，F. 吹绵蚧雌虫和雄虫

（仿周尧，1977）

多数种类为害木本植物，有些能传播植物病毒病。两性生殖。产卵于叶片、芽鳞或嫩梢上。若虫 5 龄，群集，善跳，受惊扰时常向后跳。重要种类：柑橘木虱 *Diaphorina citri* Kuwayama 为害柑橘，并传播柑橘黄龙病。

2. 粉虱科 Aleyrodidae　英通称 whiteflies。体长 1～3 mm。体和翅上被有白色蜡粉。触角 7 节；单眼 2 个；有翅两对，大小相似；前翅纵脉 1～3 条，后翅纵脉 1 条；跗节 2 节；成虫和第 4 龄若虫［特称“蛹壳”（puparium）］的腹部第 9 背板有 1 个管状孔（图 25-24B，C）。

主要在被子植物的叶背产卵和为害。多粒卵排成弧形或环形。若虫 4 龄。一些种类是非常重要的害虫。重要种类：烟粉虱 *Bemisia tabaci*（Gennadius）寄主植物达 74 科 500 多种，并能传播 70 多种植物病毒病。温室粉虱 *Trialeurodes vaporariorum*（West-

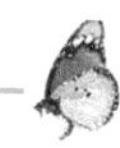

wood）在我国北方严重危害温室、大棚和露地蔬菜。螺旋粉虱 *Aleurodicus disperses* Russell 近年入侵我国，寄主植物达 64 科。

3. 蚜科 Aphididae　英文为 aphids 或 plantlice。体长 1～8 mm。触角 6 节，少数 4～5 节，最后 2 节上有圆形感觉孔；单眼 2 个；前翅有 Rs 脉、M 脉、Cu_1 脉和 Cu_2 脉 4 条斜脉，M 脉分叉 1～2 次；停息时两对翅屋脊状叠放于体背；跗节 2 节；腹部第 5 节或第 6 节背侧有 1 对腹管（图 25-24D）。

胎生，营同寄主或异寄主生活。若虫 4 龄。大多生活在植物的芽或花序上，故名蚜虫。一些种类是非常重要的害虫。重要种类：桃蚜分布于全世界 132 个国家，其寄主多达 50 科 400 余种，并能传播 115 种植物病毒病，包括马铃薯 Y 病毒、马铃薯卷叶病毒等。

4. 球蚜科 Adelgidae　英文为 pine and spruce aphids。体长 1～8 mm。常有蜡丝覆于体上。有翅型触角 5 节，有宽带状感觉孔 3～4 个；但无翅蚜及若蚜触角 3 节，雌性蚜触角 4 节；有翅型前翅具 M 脉、Cu_1 脉和 Cu_2 脉 3 条斜脉，Cu_1 脉和 Cu_2 脉基部分离，后翅仅 1 条斜脉；停息时两对翅屋脊状叠放于体背；跗节 2 节；无腹管；尾片（cauda）半月形。

卵生。若虫 4 龄。只危害针叶植物。一般营异寄主生活，生命周期有干母、瘿蚜、伪干母、侨蚜、性母、性蚜。重要种类：红松球蚜 *Pineus cembrae pinikoreanus* Zhang *et* Fang。

5. 根瘤蚜科 Phylloxeridae　英文为 phylloxerans。体长 1～8 mm。体上无蜡丝，但少数种类体上有蜡粉。触角 3 节，无翅蚜及若蚜只有 1 个感觉孔，有翅蚜有 2 个感觉孔；有翅型的前翅具 M 脉、Cu_1 脉和 Cu_2 脉 3 条斜脉，Cu_1 脉和 Cu_2 脉基部共柄，后翅无斜脉；停息时两对翅平放于体背；跗节 2 节；无腹管；尾片半月形。

卵生。若虫 4 龄。不危害松、杉。一般营同寄主生活。寄主为栎属等阔叶植物。重要种类：葡萄根瘤蚜 *Viteus vitifoliae*（Fitch）危害葡萄的叶和根部，是重要的检疫害虫。

6. 瘿绵蚜科 Pemphigidae　英文为 woolly and gall-making aphids。体长 1～8 mm。触角 5～6 节，感觉孔横带状；前翅 4 条斜脉，M 脉不分叉；腹管退化或消失。

若虫 4 龄。多数种类营异寄主生活，第 1 寄主多为阔叶树，第 2 寄主多为草本植物。重要种类：五倍子蚜是著名的资源昆虫，苹果绵蚜 *Eriosoma lanigerum*（Hausm）是重要的检疫害虫。

7. 绵蚧科 Monophlebidae　英文为 giant coccids 或 cottony cushion scales，是蚧总科 Coccoidea 中体型最大的科。雌虫背有白色卵囊；体肥大，分节明显；触角 11 节；无翅。雄虫触角 10 节；前翅膜翅，后翅棒翅；跗节 1 节；腹末有 1 对突起（图 25-24E，F）。

主要危害林木和果树的枝干和根部。著名种类：吹绵蚧 *Icerya purchasi* Maskell 曾给美国加州的柑橘生产带来毁灭性的破坏。1888 年，美国农业部从澳大利亚输引澳洲瓢虫 *Rodolia cardinalis*（Mulsant）129 只，引进后第二年就控制了该虫的为害。

8. 粉蚧科 Pseudococcidae　英文为 mealybugs。雌虫被粉状蜡质分泌物。虫体长卵形，分节明显；触角 5～9 节；无翅；胸足发达，跗节 1 节；肛门周围有骨化的肛环

(anal ring) 和肛环刺毛 (setae) 4～8 根，通常 6 根；自由生活 (图 25-25A)。雄虫常有翅，腹末有 1 对白色长蜡丝。

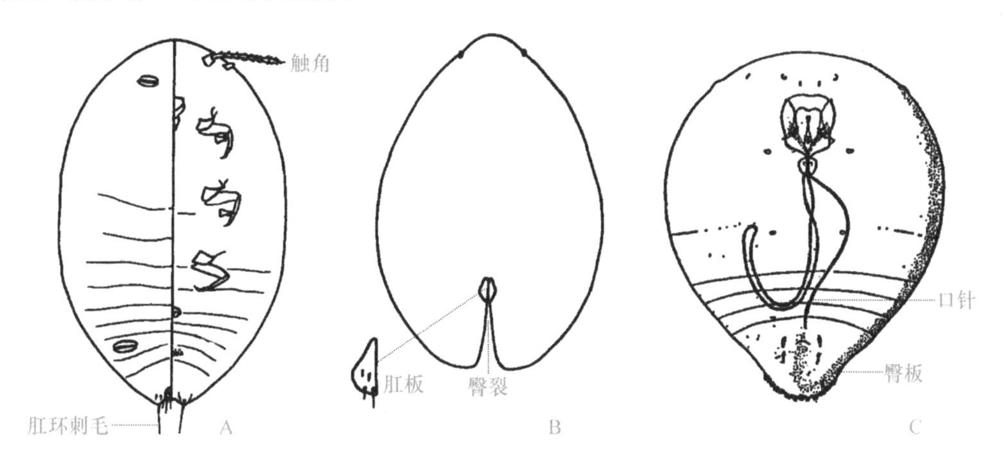

图 25-25　半翅目的代表（二）

A. 粉蚧雌虫；B. 蚧雌虫；C. 椰圆盾蚧 *Aspidiotus destructor* Signoret 雌虫

(A，B. 仿 Kosztarab，2005；C. 仿周尧，1954)

卵生或胎生，主要危害林木或果树。重要种类：湿地松粉蚧 *Oracella acuta* (Lobdell) 是我国从美国引进湿地松种子时带入，于 1990 年在广东台山红岭湿地松种子园中发现，现在广东危害严重。

9. 蚧科 Coccidae　又称蜡蚧科。英文为 soft scales 或 wax scales。雌虫，被蜡质；虫体长卵形，分节不明显；触角退化或无；无翅；一般有足，跗节 1 节；少数无足；腹末有臀裂 (anal cleft)；肛门上有 2 块三角形的肛板 (anal plate) (图 25-25B)。雄虫口针短又钝；触角 10 节；有翅，少数无翅；足发达，跗节 1 节；腹末有 2 条长蜡丝。

有不少种类是重要的林果害虫。重要种类：褐软蚧 *Coccus hesperidum* L. 为害柑橘等多种林果。白蜡虫是中国特有的资源昆虫，其雄性若虫分泌的白蜡誉为“中国蜡”。

10. 盾蚧科 Diaspididae　英文为 armored scales。它是蚧总科 Coccoidea 中数量最多的科。雌虫被盾状介壳，盾状介壳是由第 1 龄和第 2 龄若虫的 2 层蜕和 1 层丝质分泌物叠成；介壳与虫体明显分开；虫体碟状，部分体节愈合；触角 1 节或无触角；无复眼或单眼；无翅也无足；腹部第 4～8 节或第 5～8 节愈合成臀板 (图 25-25C)。雄虫幼期的盾状介壳由第 1 龄若虫的蜕和一层分泌物组成；雄虫有翅；触角 10 节；足发达，跗节 1 节；腹末无蜡丝。

两性生殖或孤雌生殖，产卵于介壳下。主要生活于木本植物上，许多种类是果树和林木的重要害虫。重要种类：松突圆蚧 *Hemiberlesia pitysophila* Takagi 于 1982 年 5 月在广东珠海市马尾松林中发现，至 1989 年已扩散到广东省 21 个县和市，造成 466 900 公顷松林严重被害，其中有 80 000 公顷连片枯死。

11. 胶蚧科 Kerridae　英文为 lac scale 或 gall-like coccids。雌虫体被很厚的介壳；虫体略呈卵形，隆起；头小；胸部发达，占虫体的绝大部分；无翅；腹末有肛环和肛环刺毛。雄虫有翅，少数无翅；触角 10 节；腹末有 2 条长蜡丝。

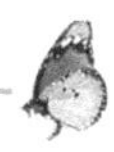

著名种类：紫胶虫是世界著名的资源昆虫，已有3200年历史，其雌虫分泌的紫胶是重要的工业原料。我国紫胶产量位于印度和泰国之后，排名世界第3。

（二）蜡蝉亚目

体小型至大型。喙从头部后下方伸出；触角刚毛状，生于复眼下方，梗节膨大成球形或卵形，上面有许多感觉器；单眼2个，位于触角与复眼之间；前翅覆翅或膜翅，基部肩片发达；翅脉发达，前翅至少有4条纵脉从翅基伸出，其中2条臀脉相接成"Y"形；停息时2对翅屋脊状叠放于体背；跗节3节；雌虫产卵器有3对产卵瓣。消化道无滤室。植食性。

12. 蜡蝉科 Fulgoridae　英文为 lantern flies 或 fulgorid planthoppers。中型至大型，有些热带种类翅展达150 mm，是半翅目中体色最艳丽的类群。有些种类头部形状怪异，额与颊膨突；单眼2个；前翅肩片明显；后翅常有鲜艳色彩，臀区有网状脉（图25-26A）。

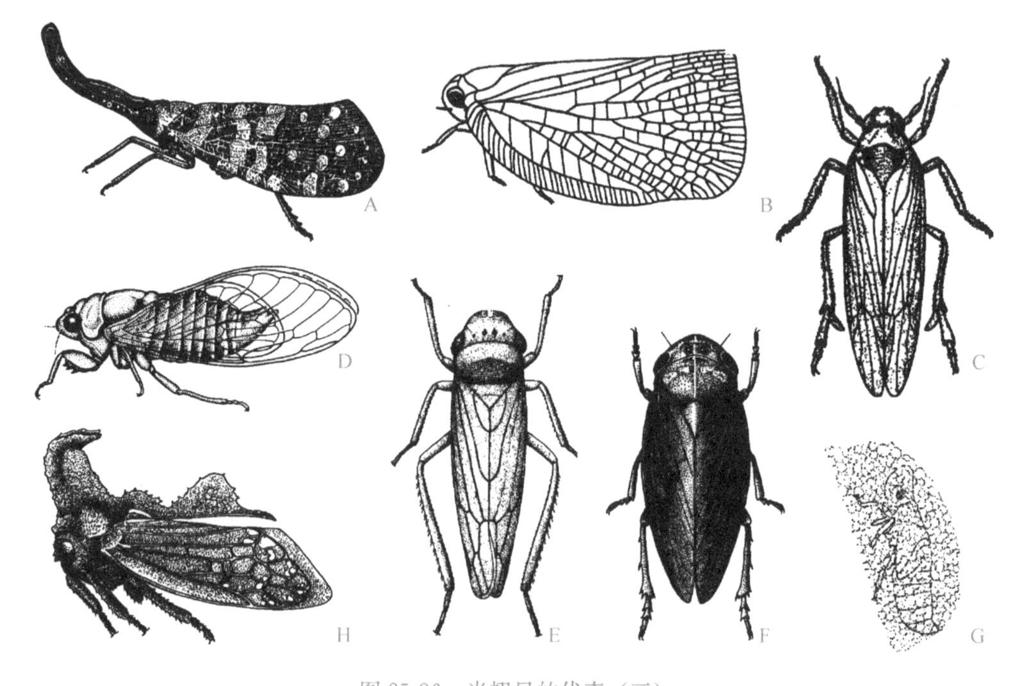

图25-26　半翅目的代表（三）

A. 龙眼蜡蝉；B. 碧蛾蜡蝉；C. 灰飞虱；D. 蝉 *Cicadetta Montana*（Scopoli）；E. 大青叶蝉；F，G. 尖胸沫蝉成虫与若虫；H. 犀角蝉 *Jingkara hyalipunctata* Chou

（A～C，E～H. 仿周尧，1964，1980，1985；D. 仿 Martin，1991）

常见种类：龙眼蜡蝉 *Pyrops candelaria*（L.）俗称龙眼鸡，是我国南方龙眼和荔枝的害虫。

13. 蛾蜡蝉科 Flatidae　英文为 flatid planthoppers。形似蛾。体长4～32 mm。头比前胸窄；单眼2个；前翅宽大，翅脉网状，前缘区多横脉，臀区脉纹上有颗粒；后翅宽大，但横脉少，翅脉不呈网状（图25-26B）。

成虫和若虫均喜群集，主要在藤本和木本植物上为害。若虫常被有长蜡丝。常见种类：碧蛾蜡蝉 *Geisha distinctissima*（Walker）为害柑橘等果树。

14. 飞虱科 Delphacidae 又称稻虱科。英文为 delphacid planthoppers。体长 2～10 mm。单眼 2 个；翅膜质透明，不少种类有短翅型和无翅型；前翅基部有肩片；后足胫节端部有 1 枚大距（图 25-26C）。

主要为害禾本科植物，并传播多种植物病毒病。一些种类有远距离迁飞的习性。重要种类：褐飞虱、白背飞虱和灰飞虱 *Laodelphax striatellus*（Fallén）是水稻重要害虫。

（三）蝉亚目

体小型至大型。喙从头部后下方伸出；触角刚毛状，生于复眼之间；单眼 2～3 个；前翅覆翅或膜翅，基部无肩片；翅脉发达，前翅至少有 4 条纵脉从翅基部伸出，臀区没有“Y”形脉；停息时两对翅屋脊状叠放于体背；跗节 3 节；雌虫产卵器有 3 对产卵瓣。消化道有滤室。植食性。

15. 蝉科 Cicadidae 俗称知了。英文为 cicadas。中型至大型，体长 15～110 mm。单眼 3 个；两对翅是膜翅，翅脉发达；前足开掘足，腿节常具齿或刺；雄虫第 1 腹板有发达的发音器（图 25-26D）。

成虫生活于植物地上部分，产卵于嫩枝内。若虫地下生活，吸食植物根部汁液。若虫老熟后钻出地面，爬上枝叶上羽化，脱下的皮称“蝉蜕”或“枯蝉”。若虫被真菌寄生后形成“蝉花”。蝉蜕和蝉花可入药。常见种类：蚱蝉 *Cryptotympana atrata*（Fabr.）。

16. 叶蝉科 Cicadellidae 俗称浮尘子。英文为 leafhoppers。体小型。单眼 2 个；前翅覆翅，后翅膜翅；后足胫节有 2 条以上的棱脊，棱脊上有成列的小刺（图 25-26E）。该科是半翅目中最大的科，分 40 个亚科。

主要取食植物的叶子，不少种类能传播植物病毒病，如黑尾叶蝉 *Nephotettix cincticeps*（Uhler）传播水稻矮缩病。常见种类：大青叶蝉 *Cicadella viridis*（L.）。

17. 沫蝉科 Cercopidae 英文为 froghoppers 或 spittle bugs。体小型至中型。单眼 2 个；后足胫节有 1～2 个侧刺，末端有 1～2 圈端刺（图 25-26F）；因若虫常埋藏于泡沫中而得名，俗称吹泡虫（图 25-26G）。泡沫是由若虫第 7～8 腹节表皮腺分泌的黏液从肛门排出时混合空气而形成。

多数种类危害草本植物，少数危害木本植物。常见种类：尖胸沫蝉 *Aphrophora intermedia* Uhler 和稻赤斑黑沫蝉 *Callitettix versicolor*（Fabr.）。

18. 角蝉科 Membracidae 英文为 treehoppers。体小型至中型，体长 5～18 mm。单眼 2 个；前胸背板特别发达，向前、向后、向上或向两侧延伸成角状突出，形状奇特，故名角蝉；两对翅为膜翅（图 25-26H）。该科一些种类有很高的观赏价值。

主要生活于灌木或乔木上。喜群集，特别是若虫。一般 1 年 1～2 代，以卵在树枝内越冬。珍稀种类：周氏角蝉 *Choucentrus sinensis* Yuan。

（四）鞘喙亚目

体微型至小型，体长 2～4 mm。喙从头部前下方伸出，基部包于前胸侧板形成的

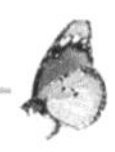

鞘内；触角丝状，3节，一般生于复眼下方；前翅质地均匀，有网状纹，类似网蝽的前翅，不能飞行；后翅退化或无；停息时前翅平叠于体背；雌虫产卵器有3对产卵瓣。消化道无滤室。生活于潮湿环境，植食性，取食苔藓。目前仅知鞘喙蝽科 Peloridiidae 1个科13属25种，分布于南北半球，如南美、新西兰和澳大利亚等。我国尚未发现。

（五）异翅亚目

体小型至大型。喙从头部前下方伸出；触角丝状，一般生于复眼下方；单眼2个或无；前翅半鞘翅，少数质地均匀；停息时两对翅平叠于体背。跗节1～3节；雌虫产卵器有2对产卵瓣，缺背瓣。消化道无滤室。植食性或肉食性。

19. 黾蝽科 Gerridae　又称水黾科。英文为 water striders、spond skaters 或 wherrymen。体细长，腹面有银白色绒毛；体长 1.5～35 mm。触角4节；喙4节；单眼常退化；前足基节远离中足基节；前足端跗节分裂，爪着生在其末端之前；后足腿节伸过腹部末端；跗节式2-2-2（图25-27A）。

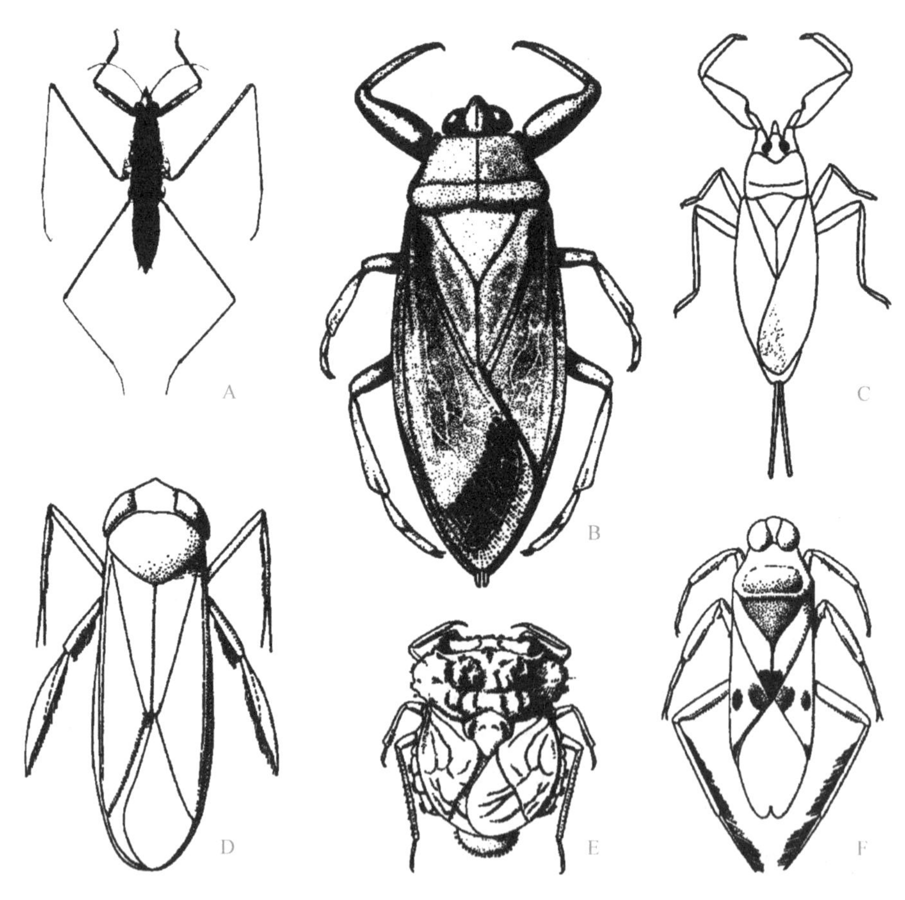

图25-27　半翅目的代表（四）

A. 黾蝽 *Gerris*；B. 短尾负蝽 *Lethocerus griseus*（Say）；C. 蝎蝽 *Nepa apiculata* Uhler；D. 狄氏夕划蝽；E. 印度蟾蝽；F. 中华大仰蝽

（A. 仿 Slater，1982；B，C. 仿 Triplehorn & Johnson，2005；D～F. 仿郑乐怡，1999）

水面群集生活，可生活于急流或静水表面，产卵于水面的飘浮物上。肉食性，捕食落水昆虫或其他小动物。代表种类：海南巨黾蝽 *Gigantometra gigas*（China）是世界最大型的一种黾蝽科昆虫。

20. 负蝽科 Belostomatidae　又称负子蝽科或田鳖科，是异翅亚目中个体最大的科，体长 9～112 mm。英文为 giant water bugs。体长卵形，扁平。触角短，4 节；喙 5 节；复眼突出；缺单眼；前足捕捉足，前跗节有爪；跗节式 2-2-2 或 3-2-2；腹部末端有短的呼吸管，有些种类可缩入体内（图 25-27B）。

水生，喜静水，多生活在浅水域底层或水草间。肉食性，常捕食蝌蚪、田螺、鱼苗和鱼卵等小型水生动物，对水产养殖业会有一定影响。趋光性强。在 *Sphaerodema*、*Belostoma* 和 *Abedus* 属中，雌虫将卵产于雄虫体背，并由其背负至卵孵化，故名负子蝽。代表种类：桂花蝉 *Lethocerus indicus*（Lepeletier *et* Serville）在广东和广西等地作为食用。

21. 蝎蝽科 Nepidae　又称红娘华科。英文为 waterscorpions。体长 15～50 mm。体形多变化，有细长如螳螂者称为水螳螂或螳蝽，有体阔呈长卵状者称水蝎或蝎蝽。触角短，3 节；喙 3 节；前足捕捉足，跗节式 1-1-1；腹部末端有长的呼吸管（图 25-27C）。

水生，喜静水，在水底爬行。肉食性，捕食小昆虫或鱼卵。常见种类：中华螳蝎蝽 *Ranatra chinensis* Mayr。

22. 划蝽科 Corixidae　英文为 water boatmen。体狭长，两侧平行流线型。体长 2.5～15 mm。触角 3～4 节；喙 1 节；头部后缘覆盖前胸前缘；前翅质地均匀，革质；前足短，跗节匙状，无爪；中足细长，向两侧伸出；后足游泳足；跗节式 1-1-2 或 1-2-2（图 25-27D）。

生活于静水或缓流的水体中，主要取食藻类，也有些种类捕食蚊子幼虫或其他小型水生动物。趋光性强。代表种类：狄氏夕划蝽 *Hesperocorixa distanti*（Kirkaldy）。

23. 蟾蝽科 Gelastocoridae　英文为 toad bugs。体卵圆形，外形似蟾蜍。体色与背景相似。体长 6～15 mm。触角 4 节；喙 3 节；复眼发达，向两侧突出；单眼 2 个；前足短，用于捕捉；中足和后足长，用于步行；跗节式 1-2-3（图 25-27E）。

常在水边潮湿的沙地生活，产卵于沙土中。肉食性，捕食其他小昆虫等。常见种类：印度蟾蝽 *Nerthra indica*（Atkinson）。

24. 仰蝽科 Notonectidae　又称仰泳蝽科，俗称松藻虫。英文为 backswimmers。体长 5～15 mm。体背隆起似船底，游泳时背面向下，腹面朝上。触角 4 节；喙 3～4 节；前足和中足短，用以握持物体；后足长桨状，用以划水游泳，休息时伸向前方；后足跗节无爪；跗节式 2-2-2（图 25-27F）。

水生，产卵于水中植物组织内。肉食性，常捕食小昆虫、鱼卵和鱼苗等。代表种类：中华大仰蝽 *Notonecta chinensis* Fallou。

25. 猎蝽科 Reduviidae　又称食虫蝽科。英文为 assassin bugs、ambush bugs、thread-legged bugs 或 kissing bugs。头部较细长，后端呈颈状；触角 4 节；喙 3 节，粗短而弯曲，后端放在前胸腹板沟内；常有单眼 2 个；小盾片小三角形；前翅膜片常有 2 个翅室，室端伸出 2 条纵脉（图 25-28A）；跗节常为 3 节；腹部侧接缘发达，明显宽于翅。

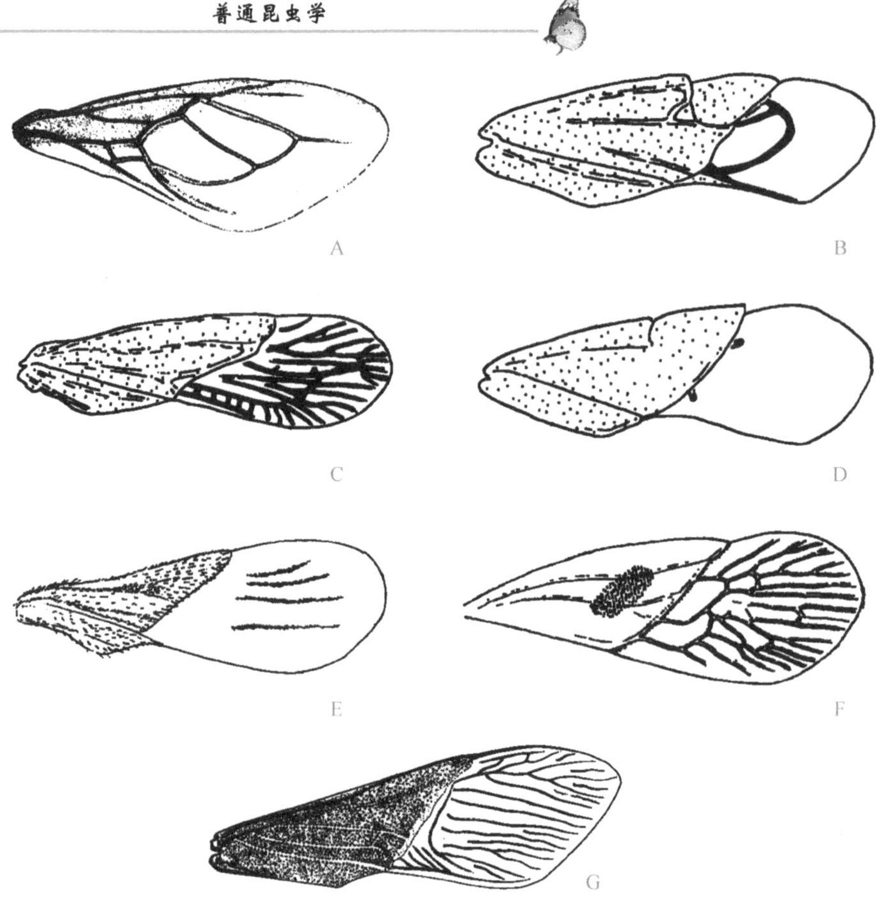

图 25-28 半翅目的代表（五）

A. 猎蝽；B. 盲蝽；C. 姬蝽；D. 花蝽；E. 长蝽；F. 红蝽；G. 缘蝽

（仿各作者）

肉食性，捕食或吸血。多数是有益的种类，捕食害虫及害螨，如黑光猎蝽 *Ectrychotes andreae* Thumberg；少数种类吸食哺乳动物或鸟类的血液，传播锥虫病。著名种类：长红猎蝽 *Rhodnius prolixus* Stål 是昆虫生理学研究变态的材料。

26. 盲蝽科 Miridae 该科是异翅亚目中的最大科。英文为 plant bugs 或 capsid bugs。体长 4～10 mm。触角 4 节；喙 4 节，第 1 节与头部等长或较长；复眼突出；无单眼；小盾片小三角形；前翅在中部呈钝角弯曲；革片分为缘片和楔片；膜片有翅室 2 个，无纵脉（图 25-28B）；跗节常为 3 节，少数 2 节。

植食性或肉食性。植食性种类危害植物花蕾、嫩叶或幼果，并传播病毒病。肉食性种类捕食小昆虫或昆虫卵。还有一些兼有植食性和肉食性。常见种类：黑肩绿盲蝽 *Cyrtorrhinus lividipennis* Reuter 在稻田里捕食稻飞虱或叶蝉的卵。

27. 姬蝽科 Nabidae 英文为 damsel bugs。体长 3～12 mm。体通常浅褐色至深褐色。头细长，前伸；触角 4 节；喙 4 节；单眼 2 个；小盾片小三角形；前翅膜片上有多个翅室（图 25-28C）；足上多刺，跗节式 3-3-3。

喜欢在植物的基部或土壤表面活动。肉食性，捕食蚜虫、叶蝉、飞虱、蓟马等小昆虫。常见种类：暗色姬蝽 *Nabis stenoferus* Hsiao。

28. 花蝽科 Anthocoridae 英文为 flower bugs 或 minute pirate bugs。体长 1.5～6 mm。触角4 节；喙 4 节；单眼 2 个；小盾片小三角形；前翅革片分缘片和楔片，膜片常具不明显的纵脉 2～4 条（图 25-28D）；跗节式 3-3-3。

多见于花、果上，主要捕食小昆虫和昆虫卵，以成虫在枯枝落叶下及其他隐蔽场所越冬。常见种类：南方小花蝽。

29. 长蝽科 Lygaeidae 英文为 seed bugs 或 chinch bugs。体长卵形，体长 2～12 mm。触角 4 节；喙常 4 节；单眼 2 个；小盾片小三角形；前翅革区无楔片，膜片上有 4～5 条纵脉，有时还的 1 个翅室（图 25-28E）；跗节式 3-3-3；腹部气门位于背面。

栖息于土表层或植物上。多为植食性，不少种类危害种子；部分种类捕食昆虫和螨类的卵及低龄幼虫；少数种类吸食高等动物的血液。重要种类：甘蔗异背长蝽 *Cavalerius saccarivorus* Okajima 危害甘蔗。

30. 红蝽科 Pyrrhocoridae 英文为 cotton stainers 或 red bugs。体长 10～20 mm。体多为红色而带有黑斑。触角 4 节；喙 4 节；无单眼；小盾片小三角形；前翅膜片有 2～3 个翅室，每翅室有 3～4 条纵脉伸出（图 25-28F）；跗节式 3-3-3。

栖息于植物表面或地面。植食性。常见种类：棉二点红蝽 *Dysdercus cingulatus* (Fabr.）危害棉花。

31. 缘蝽科 Coreidae 英文为 leaf-footed bugs。体长 6～40 mm。触角、前胸背板和足常有扩展成叶状的突起，特别是后足胫节；头小，短于前胸背板；触角 4 节；喙 4 节；单眼 2 个；小盾片小三角形；前翅革区有革片和爪片，膜片有 8 条以上的纵脉从 1 条基横脉上伸出（图 25-28G）；雄性后足腿节常膨大并有锐刺；跗节式 3-3-3。

基本上是植食性，栖于植物上，吸食植物幼嫩组织或果实汁液。少数肉食性。臭腺特别发达，恶臭。常见种类：稻棘缘蝽 *Cletus punctiger* Dallas 危害水稻和小麦。

32. 网蝽科 Tingidae 过去曾称军配虫科或白纱娘科。英文为 lace bugs。体长 1.5～10 mm。头部背面、前胸背板及前翅上有网状纹。触角 4 节；喙 4 节；无单眼；小盾片小三角形；跗节式 2-2-2（图 25-29A）。

植食性，主要危害草本，多在叶背面或幼嫩枝条群集为害。常见种类：亮冠网蝽 *Stephanitis typica* (Distant）危害香蕉，梨冠网蝽 *Stephanitis nashi* Esaki *et* Takeya 危害梨。

33. 臭虫科 Cimicidae 英文 bed bugs。体扁卵圆形，体长 4～6 mm。体红褐色。触角 4 节；喙 4 节；无单眼；常无翅，少数有退化成鳞状的前翅；跗节式 3-3-3（图 25-29B）。

外寄生，吸食鸟类或哺乳动物的血液。夜出性。单雌产卵 100～250 粒。成虫寿命有几个月，离开寄主能存活较长时间。常见种类：温带臭虫 *Cimex lectularius* L.。

34. 土蝽科 Cydnidae 英文为 burrower bugs 或 negro bugs。体长卵形。体长1.5～25 mm。体黑色或红褐色。触角 5 节，少数 4 节；单眼 2 个；小盾片大三角形或舌形；足胫节多刺，跗节式 3-3-3。

生活于地表，危害植物的根部或茎基部。多数种类有趋光性。常见种类：根土蝽 *Stibaropus jormosanus* Takado *et* Yamagihara 在北方危害玉米、小麦和高粱等作物的根部。

35. 蝽科 Pentatomidae 英文为 stink bugs。体长 8～30 mm。体绿色或褐色。触角 5

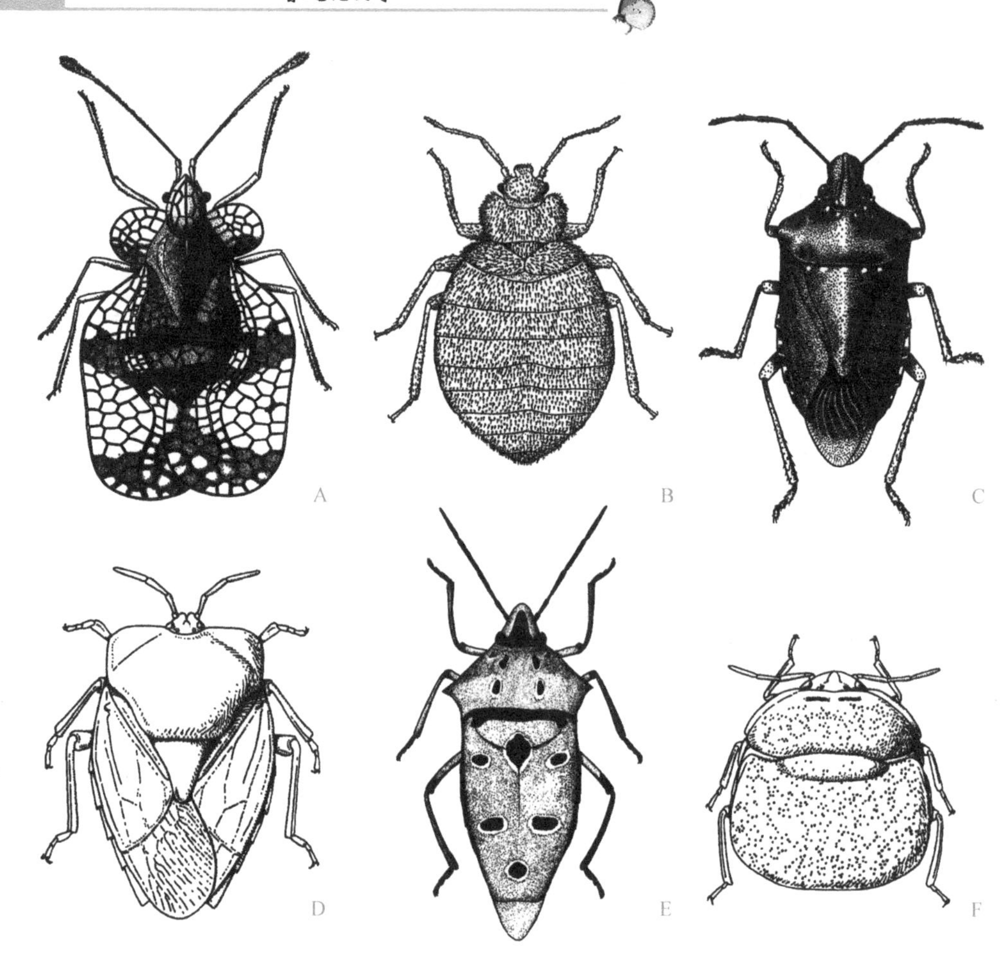

图 25-29 半翅目的代表（六）

A. 梨冠网蝽；B. 温带臭虫；C. 茶翅蝽 *Halyomorpha picus*（Fabr.）；D. 荔蝽；E. 盾蝽 *Cantao ocellatus*（Thunberg）；F. 筛豆龟蝽

（A~C，E. 仿周尧，1948，1954，1980；D，F. 仿郑乐怡，1999）

节，稀有 4 节；喙 4 节；单眼 2 个；小盾片大三角形或小舌形；前翅革片伸达翅的臀缘；膜片有多条纵脉，少分支；跗节式 3-3-3；腹部第 2 气门被后胸侧板遮盖（图 25-29C）。

栖于植物上，多为植食性，少数肉食性。若虫喜群集。成虫有护卵习性。臭腺特别发达。重要种类：稻绿蝽 *Nezara viridula*（L.）为害水稻；九香虫 *Aspongopus chinensis* Dallas 是我国有名的药用昆虫，有益脾补肾之功效。

36. 荔蝽科 Tessaratomidae 体长 15～26 mm。触角 4 节，少数 5 节；喙 4 节；单眼 2 个；前胸背板宽大，后缘有时向后扩展；小盾片大三角形；前翅革片伸达翅的臀缘；膜片有多条纵脉，少分支；跗节式 2-2-2 或跗节式 3-3-3；腹部第 2 气门外露（图 25-29D）。

栖于植物上，植食性，喜欢吸食幼果和嫩梢的汁液。若虫喜群集。臭腺特别发达。重要种类：荔蝽 *Tessaratoma papillosa* Drury 是荔枝和龙眼的重要害虫。

37. 盾蝽科 Scutelleridae 英文为 shield-backed bugs。体长 5～20 mm。触角 5 节或 4 节；喙 4 节；单眼 2 个；小盾片盾形，盖住翅和整个腹部，故名盾蝽；前翅与体等长，革片不伸达翅的臀缘，膜片不折叠；跗节式 3-3-3（图 25-29E）。

植食性，嗜食花果。多栖于木本植物上。雌虫有照护其卵和初孵若虫的习性。常见种类：丽盾蝽 *Chrysocoris grandis*（Thunberg）。

38. 龟蝽科 Plataspidae　体近圆形，故也称圆蝽科。触角 5 节；喙 4 节；单眼 2 个；小盾片半球形，覆盖翅和整个腹部，外形龟状，故名龟蝽；前翅长于体长，膜片折叠于小盾片之下；跗节式 2-2-2（图 25-29F）。

植食性。常群栖于植物枝干上，尤其在豆科植物上常见。常见种类：筛豆龟蝽 *Megacopta cribraria*（Fabr.）。

第二十节　脉翅目 Neuroptera

脉翅目（neuron＝腱，ptera＝翅）昆虫通称草蛉、螳蛉、蝶角蛉、蚁蛉或粉蛉，英文为 lacewings、mantispids、owlflies、antlions 或 dustywings。该目学名源于这类昆虫的两对翅上有许多纵脉和横脉，形成网状的脉相，起着像腱一样的加固作用。

一、形态特征

体微型至大型，体长 2～70 mm，翅展 3～160 mm。体柔软。头活动灵便；口器咀嚼式，下口式；触角 15～62 节，丝状或念珠状，部分棒状、锯齿状或栉状；复眼发达；多数种类无单眼，少数有 3 个单眼；前翅和后翅膜质，形状和大小相似，但脉序常有差别，一些种类有翅痣；翅脉网状，在翅缘的纵脉常 2 分叉；前翅无臀褶，部分种类后翅很小或退化；停息时两对翅折叠于体背呈屋脊状，明显超出腹末；足为行走足，仅螳蛉前足为捕捉足；跗节 5 节，爪 1 对；腹部柔软，10 节；无尾须（图 25-30A，B，D，F）。

幼虫步甲型；头部每侧各有单眼 5～7 个；口器捕吸式，前口式；触角丝状或刚毛状；胸足发达，活泼；腹部 10 节，气门 8 对，无气管鳃（图 25-30C，E）。

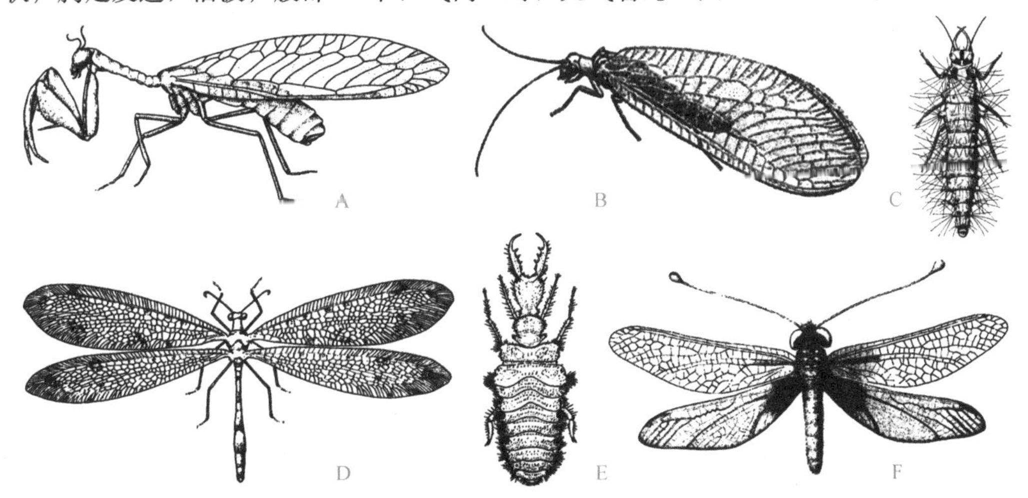

图 25-30　脉翅目的代表

A. 螳蛉 *Mantispa cincticornis* Banks；B，C. 草蛉 *Chrysopa* 成虫与幼虫；D. 树蚁蛉 *Dendroleon obsoletum*（Say）；E. 蚁蛉 *Myrmeleon immaculatus* De Geer 幼虫；F. 黄花蝶角蛉 *Ascalaphus sibinicus*

（A，B，D，E. 仿 Triplehorn & Johnson，2005；C，F. 仿周尧，1986）

二、生物学

（一）栖境与食性

成虫陆栖。绝大多数种类的幼虫也是陆栖，仅水蛉科 Sisyridae 的幼虫为水栖和溪蛉科 Osmylidae 的幼虫半水栖。成虫和幼虫均为肉食性，捕食蚜虫、介壳虫、木虱、粉虱、叶蝉和叶螨以及鳞翅目和鞘翅目的低龄幼虫和多种昆虫的卵。

（二）活动习性

幼虫体上常粘附有食物碎屑、蜕或杂物，喜欢伏击其他小昆虫，有相互残杀的习性。螳蛉、草蛉和蚁蛉的成虫有很强的趋光性，在灯下容易采到。

（三）变态类型与生活史

绝大多数种类是全变态，但螳蛉幼虫寄生于蜘蛛卵囊里或胡蜂的蜂巢内，为复变态。卵为椭圆形或卵形，单粒或成窝产。幼虫 3～4 龄。高龄幼虫的马氏管能分泌丝液，贮藏于丝囊内，通过尾吐丝器（anal spinneret）来抽丝结茧。老熟幼虫于丝茧内化蛹。蛹是离蛹。一般 1 年发生 2 代，但蚁蛉需 2～3 年才能完成 1 代。多数以前蛹于丝茧内越冬。

三、经济意义

脉翅目昆虫捕食害虫和害螨，是多种农林害虫的重要天敌。国内外已经成功繁殖草蛉科中的草蛉属 *Chrysopa* Leach 和通草蛉属 *Chrysoperla* Steinmann 的多种昆虫，其中一些种类在害虫生物防治中已取得了成功。例如，我国释放日本草蛉 *Chrysoperla nipponensis*（Okamoto）、*Chrysoperla carnea*（Stephens）、大草蛉 *Chrysopa pallens*（Rambur）和丽草蛉 *Chrysopa formosa* Brauer 等来防治果树、棉花、烟草、大豆、小麦和蔬菜害虫，取得了一定的成功。

四、分类及常见科简介

全世界已知 17 科 5500 种，中国已记录约 700 种。脉翅目常见科简介如下。

1. 螳蛉科 Mantispidae　英文为 mantidflies。翅展 10～100 mm。形似螳螂。前胸特别延长；前足捕捉足，从前胸的前侧缘伸出；前翅和后翅的前缘横脉和 Rs 脉常 2 分叉（图 25-30A）。

单雌产卵量 200～2000 粒。幼虫寄生于蜘蛛卵囊里或胡蜂的蜂巢内。常见种类：四瘤蜂螳蛉 *Climaciella quadrituberculata*（Westwood）。

2. 草蛉科 Chrysopidae　英文为 green lacewings 或 aphid lions。翅展 20～140 mm。体多为草绿色，复眼古铜色或金色。触角丝状，约与体等长；前胸梯形或矩形；中胸和后胸粗大；翅的前缘横脉简单，不分叉（图 25-30B）。

生活于草地、树木或灌木上。成虫捕食其他小昆虫，或取食花粉和花蜜。幼虫主要捕食蚜虫，故称蚜狮（图 25-30C）。卵通常产于长的丝柄顶端，粘附于植物枝叶上。通常结丝茧化蛹于叶背面。以成虫越冬。珍稀种类：横断华草蛉 *Sinochrysa hengduana* Yang 是我国特有珍稀种类。常见种类：大草蛉、日本草蛉和丽草蛉。

3. 蚁蛉科 Myrmeleontidae　英文为 antlions 或 doodlebugs。翅展 20～130 mm。触角棍棒状，短于体长之半；前胸不延长；前翅和后翅的前缘横脉和 Rs 脉常 2 分叉；翅痣下方的翅室狭长，长宽比大于 4；腹部细长（图 25-30D）。

卵单产。幼虫在地面或埋伏在沙土中伏击猎物，或设漏斗状陷阱捕获猎物，主要捕食蚂蚁或其他地面活动的昆虫，故称蚁狮（图 25-30E）。许多种类的幼虫可迅速向前或向后爬行，故又俗称“倒退虫”。常见种类：蚁蛉 *Myrmeleon formicarius* L.，其幼虫称沙牛，可入药。

4. 蝶角蛉科 Ascalaphidae　英文为 owlflies。翅展 30～140 mm。触角棍棒状，如蝴蝶之触角，故名蝶角蛉。触角长于体长之半；翅痣下方的翅室短，长宽比小于 3（图 25-30F）。

卵窝产于小树枝上，每窝 20～75 粒，孵化后常爬到地面生活。低龄幼虫喜群集。成虫和幼虫均为肉食性，捕食其他小昆虫。成虫日出性或夜出性，飞行迅速，但大部分时间都倒悬于树枝上休息。常见种类：黄脊蝶角蛉 *Hybris subjacens*（Walker）在我国南方常见。

第二十一节　广翅目 Megaloptera

广翅目（megalo＝大的，ptera＝翅）昆虫通称齿蛉、鱼蛉或泥蛉，英文为 alderflies、fishflies、dobsonflies 或 hellgrammites。该目学名源于这类昆虫的前翅和后翅宽大。

体小型至大型，体长 8～90 mm，翅展 20～150 mm。体多为褐色至黑色。头大，宽扁；口器咀嚼式，前口式，雄虫的上颚常特别延长；触角多节，丝状、念珠状、锯齿状或双栉状；复眼发达；单眼 3 个或无；前胸长方形，明显比头部窄，比中胸或后胸长；翅膜质，翅脉网状，在翅缘的纵脉不分叉；前翅宽大，后翅臀区发达；停息时两对翅折叠于体背呈屋脊状，明显超出腹末；足为行走足，跗节 5 节，爪 1 对；腹部柔软，10 节，无尾须（图 25-31A）。

幼虫蛃型；头部高度骨化，每侧有单眼 6 个；口器咀嚼式，前口式，上颚发达；触角 4～5 节；前胸方形，比中后胸大；中胸与后胸形状和大小相似；胸足 5 节，爪 1 对；腹部两侧各有 7～8 对分节的气管鳃；腹末有成对的臀足或 1 条中尾突（图 25-31B）。

全变态。成虫陆生，基本上不取食，白天多栖于水边的岩石、树木或杂草上；夜间活动，有很强的趋光性。卵成窝产于水体附近或水体上的物体上，每窝有卵几十粒至几百粒。卵孵化后落入水中。幼虫水生，喜欢水温较低、含氧较高的流水，有 10～12 龄；肉食性，捕食水生昆虫。化蛹于岸边石头或木头下潮湿的土中。蛹是离蛹，无丝茧包裹，能取食。1 年 1 代或多年 1 代。

全世界广翅目已记录有齿蛉科 Corydalidae 和泥蛉科 Sialidae 共 2 科 330 余种，中国已知 106 多种。

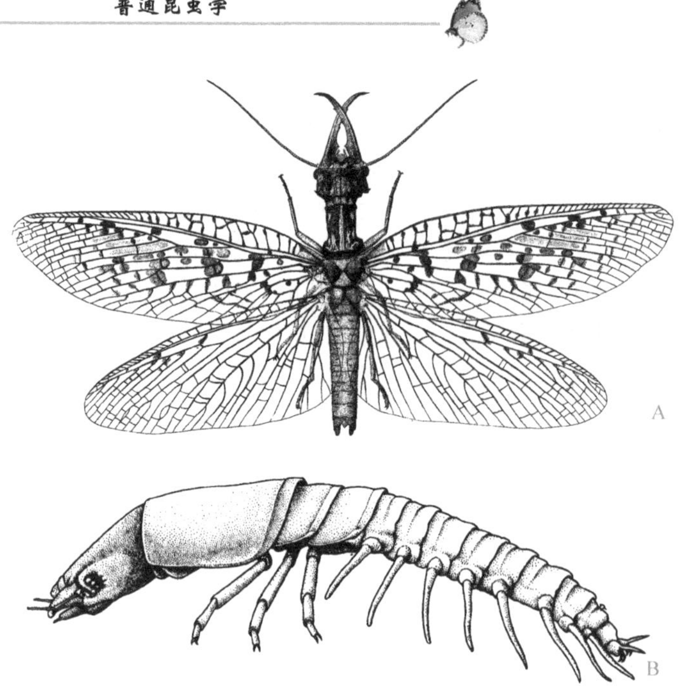

图 25-31 广翅目的代表

A. 东方巨齿蛉 *Acanthacorydalis orientalis*（Mclachlan）；B. 鱼蛉 *Archichauliodes* 幼虫

（A. 仿周尧，1958；B. 仿 Gullan & Cranston，2005）

第二十二节 蛇蛉目 Raphidioptera

蛇蛉目（raphio＝针，ptera＝翅）昆虫通称蛇蛉，英文为 snakeflies 或 camelneck flies。该目学名源于这类昆虫的雌虫产卵器为针状。

体小型至中型，体长 5～38 mm。体多为褐色至黑色。头长又扁，后部收缩呈颈状，活动自如；口器咀嚼式，前口式；触角丝状，30～70 节；复眼发达；单眼 3 个或无；前胸显著延长，明显长于中胸或后胸，活动自如；翅膜质，有翅痣；翅脉网状，在翅缘的纵脉有时 2 分叉；前翅无臀褶，明显长于后翅；停息时两对翅折叠于体背呈屋脊状，明显超出腹末；足为行走足，跗节 5 节；腹部柔软，10 节；雌虫有细长如针的产卵器；无尾须（图 25-32A）。

幼虫步甲型，细长、扁平；头部高度骨化，每侧有单眼 5～7 个；口器咀嚼式，前口式；触角 3～4 节；前胸气门 1 对；腹部 10 节，气门 7 对，无气管鳃（图 25-32B）。

全变态。卵窝产于树皮缝隙内。幼虫 10～15 龄。蛹是离蛹。成虫和幼虫树栖，一般在针叶树的树皮下生活。日出性。肉食性，捕食软体节肢动物。以末二龄幼虫或蛹越冬。一般 2～3 年才完成 1 代。当成虫受到威胁时，常将头部和前胸举起，极似蛇，故名蛇蛉。

全世界蛇蛉目已记载有蛇蛉科 Raphidiidae 和盲蛇蛉科 Inocelliidae 共 2 科 206 种，多分布于亚热带和温带。中国已知 9 种。

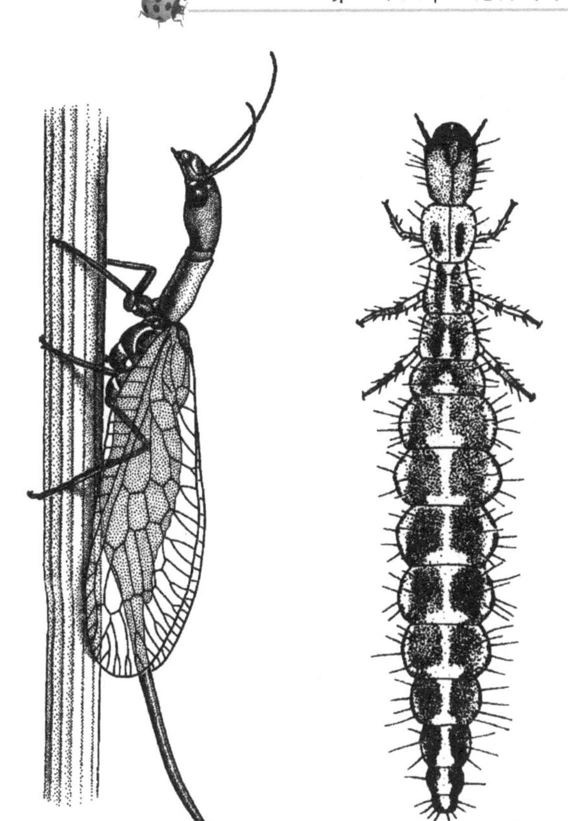

图 25-32 蛇蛉目的代表

A. 蛇蛉 *Agulla* 雌虫；B. 盲蛇蛉 *Indianoinocellia mayana* 幼虫

（A. 仿 Gullan & Cranston，2005；B. 仿 Aspöck & Aspöck，1996）

第二十三节 鞘翅目 Coleoptera

鞘翅目（coleos＝鞘，ptera＝翅）名称源于这类昆虫的前翅是鞘翅。该目昆虫通称甲虫，英文为 beetles 或 weevils。它是昆虫纲中已知种类最多的目，占昆虫纲已知种类的 35%。

一、形态特征

（一）成虫

体微型至巨型，体长 0.2～200 mm，体壁坚硬，体形多样。

（1）头部 口器咀嚼式，上颚发达，下口式或前口式；触角 8～11 节，通常 11 节，有丝状、膝状、念珠状、棍棒状、锤状、锯齿状、栉齿状、双栉状和鳃叶状等；复眼常发达，但穴居或地下生活种类的复眼常退化或消失；绝大多数种类缺单眼，少数有 2 个背单眼或 1 个中单眼；有些类群的头部延伸成喙（snout），口器着生于喙的前端，触角着生于喙的中部两侧（图 25-33）。

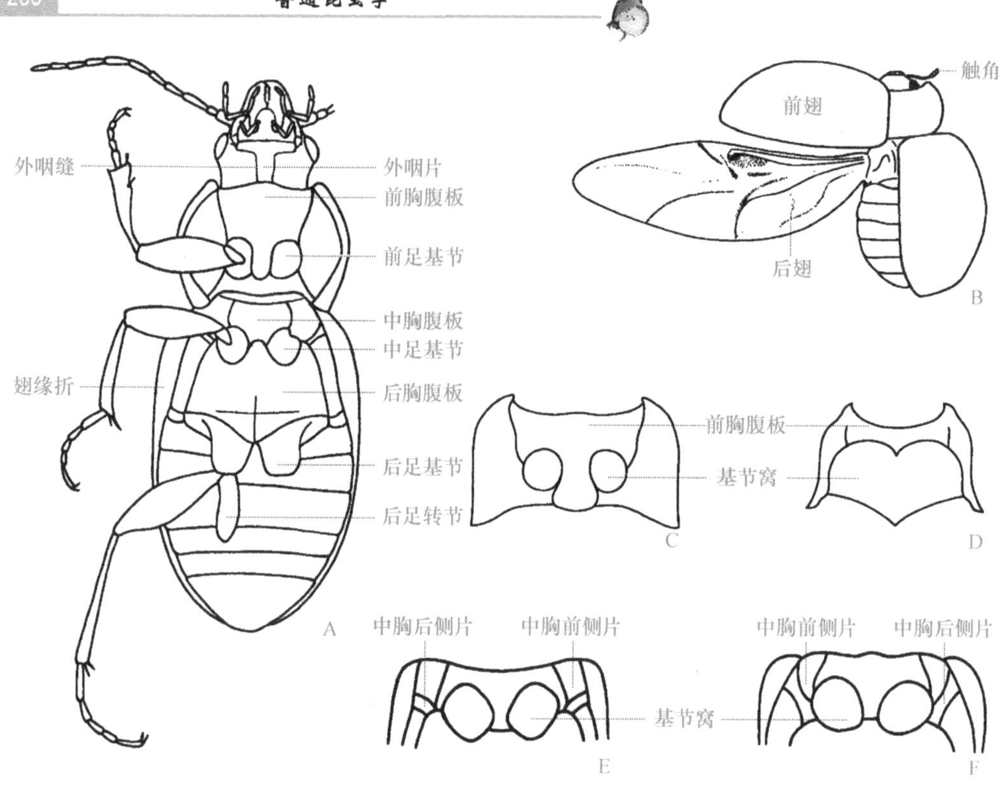

图 25-33 鞘翅目的特征

A. 步甲 *Omaseus* 腹观；B. 瓢虫 *Adalia* 背观；C. 前胸腹面，示基节窝闭式；D. 前胸腹面，示基节窝开式；E. 中胸腹面，示基节窝闭式；F. 中胸腹面，示基节窝开式

（仿 Triplehorn & Johnson，2005）

（2）胸部 前胸背板发达，后缘直、凸出或呈波形；前胸腹板在前足基节间向后延伸，当包围住前足基节窝时，称前足基节窝闭式（图 25-33C），相反即为前足基节窝开式（图 25-33D）；中胸背板仅露出小盾片，三角形、梯形、方形、圆形或心形；中胸腹板发达，当中足基节窝被中胸腹板包围而不与侧板相接时，称中足基节窝闭式（图 25-33E），当它与侧板相接时称为中足基节窝开式（图 25-33F）；有翅两对，前翅鞘翅，后翅膜翅，若鞘翅在侧面突然向下弯折，弯折部分就称翅缘折（epipleuron）；停息时，两鞘翅在体背中央相遇成一条直线，称鞘翅缝，后翅折叠于前翅下；部分种类只有1 对前翅或无翅；胸足发达，有行走足、开掘足、抱握足、捕捉足、跳跃足或游泳足；跗节2～5 节，跗节式有 5 节类、伪 4 节类、异跗类、4 节类、伪 3 节类、3 节类和 2 节类。

5 节类（pentamerous）的跗节式是 5-5-5（图 25-34A）；伪 4 节类（pseudotetramerous）或隐 5 节类的跗节实为 5 节，但第 3 节相对较大且呈双叶状，第 4 节短小，从背面不易看到（图 25-34B）；异跗类（heteromerous）的跗节式 5-5-4；4 节类（tetramerous）的跗节式 4-4-4（图 25-34C）；伪 3 节类（pseudotrimerous）或隐 4 节的跗节实为 4 节，但第 2 节相对较大且呈双叶状，第 3 节短小，从背面不易看到（图 25-34D）；3 节类（trimerous）的跗节式 3-3-3（图 25-34E）；2 节类的跗节式 2-2-2。

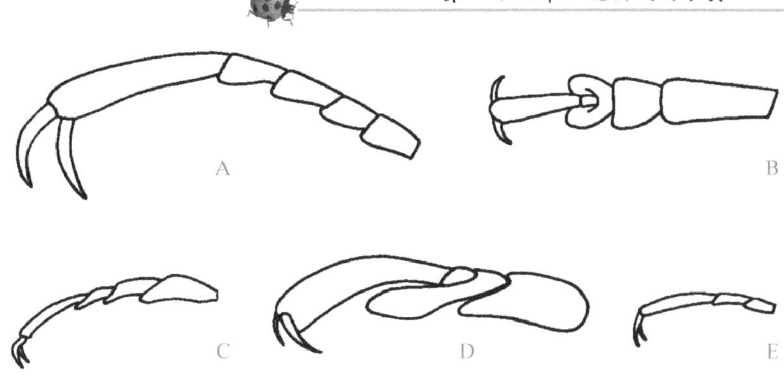

图 25-34　鞘翅目跗节类型

A. 5 节类；B. 伪 4 节类；C. 4 节类；D. 伪 3 节类；E. 3 节类

（仿 Triplehorn & Johnson，2005）

(3) 腹部　雌虫 9 节，雄虫 10 节。由于腹板常愈合或退化，可见腹节只有 5～8 节。第 1 腹板的形状是分亚目的重要特征。在肉食亚目 Adephaga 中，后足基节向后延伸，将第 1 腹板完全分割开成 2 块（图 25-35A）；在多食亚目 Polyphaga 中，后足基节未能将第 1 腹板完全分开，第 1 腹板的后端相连（图 25-35B）；腹部最后 1 节背板称臀板（pygidium），它露出鞘翅外或被鞘翅覆盖；雌虫腹部末端几节渐细形成可伸缩的产卵器；无尾须。

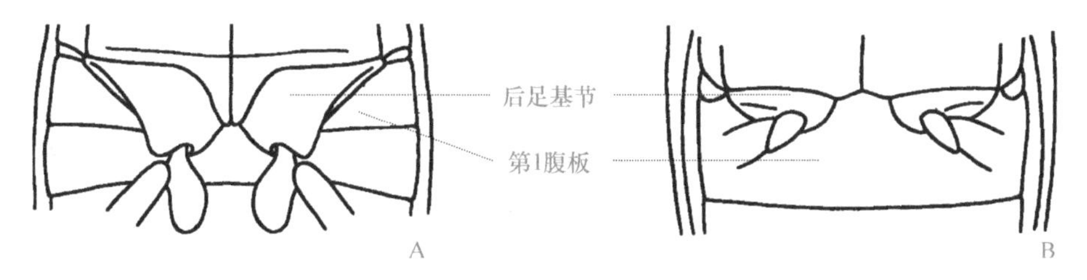

图 25-35　鞘翅目腹基部腹面，示第 1 腹板被分割情况

A. 肉食亚目后足基节将第 1 腹板分割成 2 块；B. 多食亚目后足基节未能将第 1 腹板完全分开

（仿 Triplehorn & Johnson，2005）

（二）幼虫

口器咀嚼式；多数有胸足，无腹足，属于步甲型、蛃型、蛴螬型、叩甲型或扁型幼虫；少数幼虫无胸足也无腹足，体柔软肥胖，下口式，称象虫型。

二、生物学

（一）栖境和食性

鞘翅目的栖境最多样，食性分化最显著。栖境有水栖、半水栖和陆栖。食性有植食性、肉食性和腐食性，肉食性包括捕食性和寄生性，腐食性包括尸食性和粪食性。

大多数甲虫是植食性，取食植物的根、茎、叶、花和果实，或者以真菌为食。部分为肉食性，以捕猎其他昆虫或小型动物为生，或寄生于其他昆虫、蜘蛛或其他小动物活

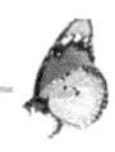

体内。部分为腐食性，以动植物制品、尸体、排泄物或储藏物为食。多数鞘翅目为多食性，部分寡食性，少数单食性。

（二）趋光性和假死性

多数鞘翅目昆虫的成虫有强的趋光性，大部分种类有假死性，可以利用这些习性来捕捉和防治它们。

（三）变态类型和生活史

全变态，但芫青科、寄甲科 Passandridae 和大花蚤科 Ripiphoridae 等种类，其幼虫经历步甲型、蛴螬型和拟蛹 3 个阶段，为复变态。

鞘翅目昆虫的生活史一般较长，通常 1 年 1 代，部分 1 年多代或多年 1 代，甚至一些种类需 25～30 年才完成 1 代。一般为卵生，但部分种类是胎生、卵胎生或幼体生殖。卵多为圆球形或椭圆形。幼虫通常 3～5 龄，多数为寡足型，少数无足型。蛹多数是离蛹，少数被蛹。一般以成虫、蛹或幼虫越冬，少数以卵越冬。

（四）雌雄二型

在萤科、犀金龟科、锹甲科、粪金龟科、臂金龟科和天牛科等昆虫中相当普遍。

三、经济意义

鞘翅目昆虫多数种类是植食性，且食性广，许多种类是农林牧业和储藏物的重要害虫或检疫害虫。它们危害植物的各个部位，且幼虫和成虫均能为害，给生产带来了严重的损失。还有一些种类能传播植物病害，如松褐天牛 *Monochamus alternatus* Hope 是松材线虫病病原——松材线虫 *Bursaphelenchus xylophilus*（Steiner *et* Buhrer）的主要传播媒介。

但是，一些植食性甲虫可用于杂草的生物防治。例如，美国从澳大利亚引进四重叶甲 *Chrysolina quadrigemina*（Suffrian）来控制严重危害西部牧草场的有毒杂草——黑点叶金丝桃 *Hypericum perforatum* L.，取得了巨大的成功。在澳大利亚和东南亚国家，利用槐叶萍象甲 *Cyrtobagous salviniae* Calder & Sands 防治槐叶萍 *Salvinia molesta* Mitchell 也取得了显著成功，现金投入与产出比达 1∶53，劳动力投入与产出比 1∶1678，该项目 1985 年获得联合国科教文组织科学奖。在我国，先后从加拿大和俄罗斯引入豚草条纹叶甲 *Zygogramma stuturalis*（Fabr.）来防治恶性豚草 *Ambrosia* spp. 取得了很好效果；从美国引进空心莲子草叶甲 *Agasicles hygrophila* Selman *et* Vogt 防治空心莲子草 *Alternanthera philoxeroides*（Martius）也取得了成功。

鞘翅目中部分种类为肉食性，是重要的天敌类群。例如，我国引进澳洲瓢虫 *Rodolia cardinalis* Mulsant 和孟氏隐唇瓢虫 *Cryptolaemus montrouzieri* Mulsant 来防治介壳虫，是我国引进天敌防治害虫的两个非常成功例子。利用瓢虫防治蚜虫、粉虱、介壳虫、叶螨，利用花绒寄甲 *Dastarcus helophoroides*（Fairmaire）防治松褐天牛和光肩星天牛等，也取得了良好的效果。

鞘翅目中部分种类是腐食性，以动植物尸体、腐败物和粪便为食，这在保护地球生态平衡、维持环境的清洁方面起了极大作用。

此外，鞘翅目是最原始的传粉昆虫，重要传粉类群包括吉丁虫科、花萤科、拟花萤科 Melyridae、叩甲科、金龟甲科、鳃金龟科、丽金龟科、花金龟科、郭公虫科 Cleridae、红萤科 Lycidae、叶甲科、隐翅虫科、芫青科、皮蠹科、天牛科、花蚤科 Mordellidae 和露尾甲科 Nitidulidae 等。在昆虫中，甲虫传粉作用位于膜翅目和双翅目之后，居于鳞翅目之前，排第 3 位。

四、分类及常见科简介

鞘翅目分为 4 个亚目：原鞘亚目 Archostemata、肉食亚目 Adephaga、多食亚目 Polyphaga 和菌食亚目 Myxophaga。其中，肉食亚目和多食亚目与人类关系密切。全世界已记载鞘翅目约 160 科 350 000 种，中国已知约 1 万种。鞘翅目常见科简介如下。

（一）原鞘亚目

体微型至中型。成虫前胸有背侧缝（notopleural suture）或无背侧缝；后翅具小纵室；后足基节不与后胸腹板愈合，可动，不把第 1 腹板完全分开；跗节式 5-5-5。幼虫蛃型、蛴螬型、叩甲型或象虫型；上颚具臼齿区；足 6 节；部分种类第 9 腹节背板有尾突（urogomphus）。成虫和幼虫均为植食性。陆栖。

该亚目包括眼甲科 Ommatidae、克扁甲科 Crowsoniellidae、长扁甲科 Cupedidae 和复变甲科 Micromalthidae 共 4 个小科。

（二）肉食亚目

体微型至大型。成虫前胸具背侧缝；后翅具小纵室；后足基节与后胸腹板愈合，不可动，并把第 1 腹板完全分开；跗节式 5-5-5。幼虫蛃型或步甲型；上颚无臼齿区；足 5 节；多数种类第 9 腹节背板有尾突。成虫和幼虫基本上为肉食性，仅少数种类为植食性。陆栖或水栖。

1. 豉甲科 Gyrinidae　英文为 whirligig beetles。体卵圆形，黑色，体长 3.5～17 mm。触角粗短，11 节，第 2 节明显膨大呈耳状；每只复眼分为上下两部分；前足细长，远离中足和后足；中足和后足扁短，用于游泳（图 25-36A）。幼虫前口式，头和前胸较小；胸足细长；第 9 腹节上有 2 对气管鳃，腹末有尾钩。

水栖，喜静水。腐食性或肉食性，成虫捕食落水昆虫，幼虫捕食其他水生昆虫，有同类相残的现象。成虫夜出性，夜间群集水面游泳，呈迴旋运动。常见种类：大豉甲 *Dineulus orientalis* Moodeer。

2. 龙虱科 Dytiscidae　英文为 predaceous diving beetles。体卵形，背腹两面呈弧形拱出。体长 1.2～45 mm。触角丝状，11 节；后足最长，为游泳足，远离前足和中足；雄虫前足为抱握足，交配时抱拥雌虫；游泳时，两后足同时进行；停息时腹末向上而头部朝下（图 25-36B）。幼虫口器捕吸式，前口式，上颚无齿；胸足具 2 爪；第 9 腹节上无气管鳃，腹末有尾突。

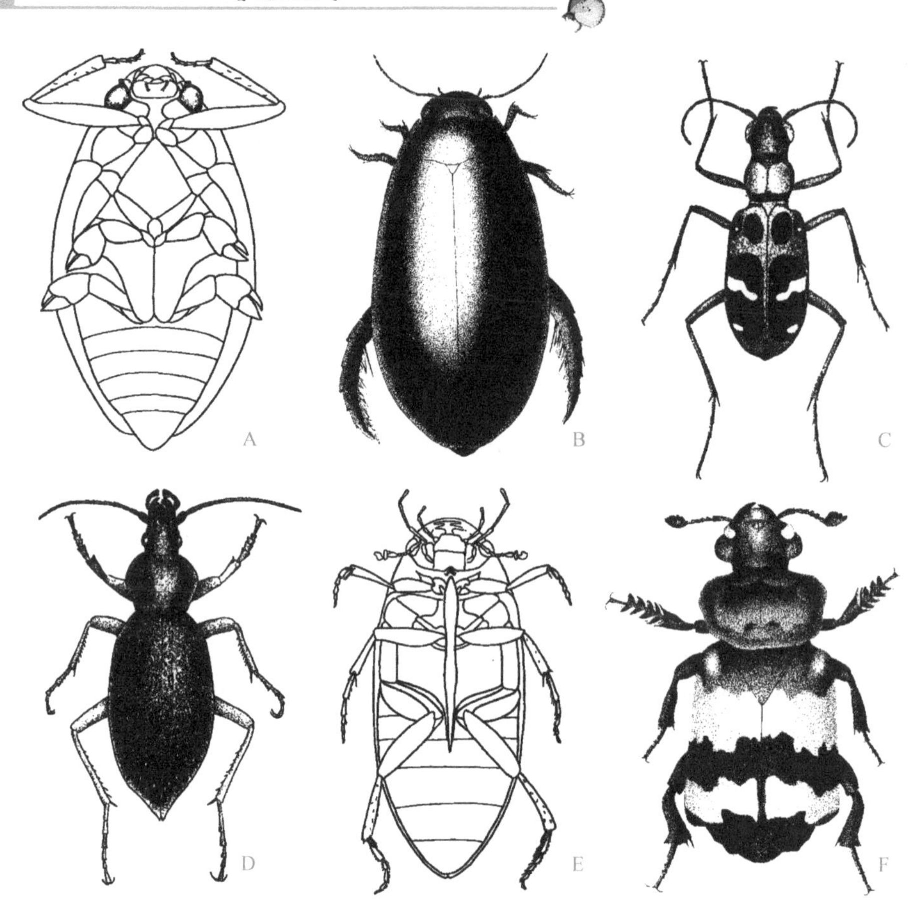

图 25-36 鞘翅目的代表（一）

A. 豉甲 *Dineutus americanus*（Say）腹观；B. 黄边大龙虱；C. 中华虎甲；D. 步甲 *Carabus sp.*；
E. 水龟甲 *Hydrophilus triangularis*（Say）腹观；F. 四斑埋葬甲
（A，E. 仿 Triplehorn & Johnson，2005；B～D，F. 仿周尧，1954）

水栖，喜静水。肉食性，捕食水中的鱼卵、鱼苗、蝌蚪和昆虫。有趋光性。常见种类：黄边大龙虱 *Cybister japonicus* Sharp 在广东和广西等地作为食用和药用昆虫。

3. 虎甲科 Cicindelidae 英文为 tiger beetles。体常具金属光泽和鲜艳色斑。体长 10～20 mm。下口式；触角 11 节，触角间距小于上唇宽度；头常宽于前胸；后翅发达，善于飞翔（图 25-36C）。幼虫第 5 腹节背面有突起的逆钩；腹末无尾突。

陆栖。成虫白天活动，经常在路上觅食，当人走近时，常向前短距离飞翔后停下，故称拦路虎。幼虫在砂地或泥土中挖洞穴，匿居其中，头塞在洞穴入口处，张开上颚，狩猎路过的小虫。常见种类：中华虎甲 *Cicindela chinensis* De Geer。

4. 步甲科 Carabidae 英文为 groud beetles。体色通常暗淡，少数鲜艳。体长 5～60 mm。前口式；触角 11 节，触角间距大于上唇宽度；头常较前胸窄；多数种类成虫后翅退化，左右鞘翅愈合，不能飞行；少数后翅发达，有较强的飞翔能力；后足转节叶状膨大（图 25-33A，图 25-36D）。幼虫前口式，上颚有齿；第 5 腹节无逆钩，第 9 腹节有伪足状突起。

多数种类生活于石头、断木、树皮、枯枝落叶下或废墟中，少数种类穴居。成虫喜欢在晚上活动，有趋光性。肉食性，捕食昆虫、蜗牛或千足虫。该科昆虫通常在地面游走，行动敏捷，受惊扰时也很少飞行，故称步甲。因此，可以设陷阱加味诱来采集这类昆虫。步甲属 *Carabus* 昆虫与环境质量关系密切，在不少国家已被列为重点保护对象。在我国，拉步甲 *Carabus lafossei* Feisthamel 和硕步甲 *Carabus davidi* Deyrolle *et* Fairmaire 是国家Ⅱ级重点保护野生动物。

（三）多食亚目

体微型至巨型。成虫前胸无背侧缝；后翅无小纵室；后足基节不与后胸腹板愈合，可动，不把第 1 腹板完全分开；跗节有 5 节类、伪 4 节类、异跗类、4 节类、伪 3 节类和 3 节类。幼虫有蛃型、步甲型、蛴螬型、象甲型、叩甲型、扁型或象虫型；上颚具臼齿区；足 4 节；多数第 9 腹节背板有尾突。成虫和幼虫食性杂，有植食性、肉食性和腐食性。陆栖或水栖。

5. 水龟甲科 Hydrophilidae　又称牙甲科或长须水甲科。英文为 water scavenger beetles。体背面弧形拱起，腹面平扁。体长 1～40 mm。触角短，棍棒状；下颚须丝状，常长于触角；少数种类复眼分为上下两部分；中胸腹板有一个刺突；后足为游泳足，游泳时，两后足交替进行；跗节式 5-5-5（图 25-36E）。幼虫外形与龙虱幼虫相似，但胸足只有 1 爪；触角 3～4 节；侧单眼 5～6 对。

绝大多数种类水栖，少数陆栖。有趋光性。成虫多腐食性，幼虫多肉食性。常见种类：长须水龟甲 *Hydrophilus acuminatus* Motschulsky。

6. 埋葬甲科 Silphidae　英文为 carrion beetles 或 burying beetles。体扁卵圆或较长，色彩常鲜艳。体长 3～45 mm。触角 10 节，棍棒状或锤状；鞘翅短，端部平截；翅缘折完整；中足基节远离；跗节式 5-5-5；腹部常露出腹末 1～3 节背板（图 25-36F）。幼虫下口式；触角短，1～5 节；上唇明显骨化；腹部背板有侧缘。

腐食性，取食腐败尸体；个别种类为植食性或肉食性。常见种类：四斑埋葬甲 *Nicrophorus quadripunctatus* Kraatz。

7. 隐翅虫科 Staphylinidae　是鞘翅目第 3 大科。英文为 rove beetles。体通常细长，两侧平行，黑色或褐色。体长 0.5～50 mm。触角 10～11 节；头部有外咽片；鞘翅常极短，末端平截；后翅发达，折叠于鞘翅之下；跗节式 5-5-5、跗节式 5-5-4、跗节式 3-3-3 或跗节式 2-2-2；腹部至少露出腹末 5 节背板（图 25-37A）。

陆栖。生活于砖石或枯枝落叶下，以腐败物为食，或取食花粉，或捕食其他昆虫和螨类。有些种类生活于蚂蚁、白蚁或鸟巢内，共栖。有些种类有毒，能引起皮肤病。行动活跃，行走时常将腹部末端翘起。常见种类：青翅蚁形隐翅虫 *Paederus fuscipes* Curtis 捕食水稻害虫。

8. 锹甲科 Lucanidae　英文为 stag beetles。雌雄二型明显，雄虫上颚特别发达，呈角状向前伸出，而雌虫上颚较短小。体黑色或褐色，较扁平。体长 10～60 mm。头大，前口式；触角 11 节，膝状；前胸背板宽方形；鞘翅覆盖整个腹部；跗节式 5-5-5（图 25-37B）。幼虫蛴螬型；下口式；触角约与头等长；肛门呈“I”或“Y”字形。

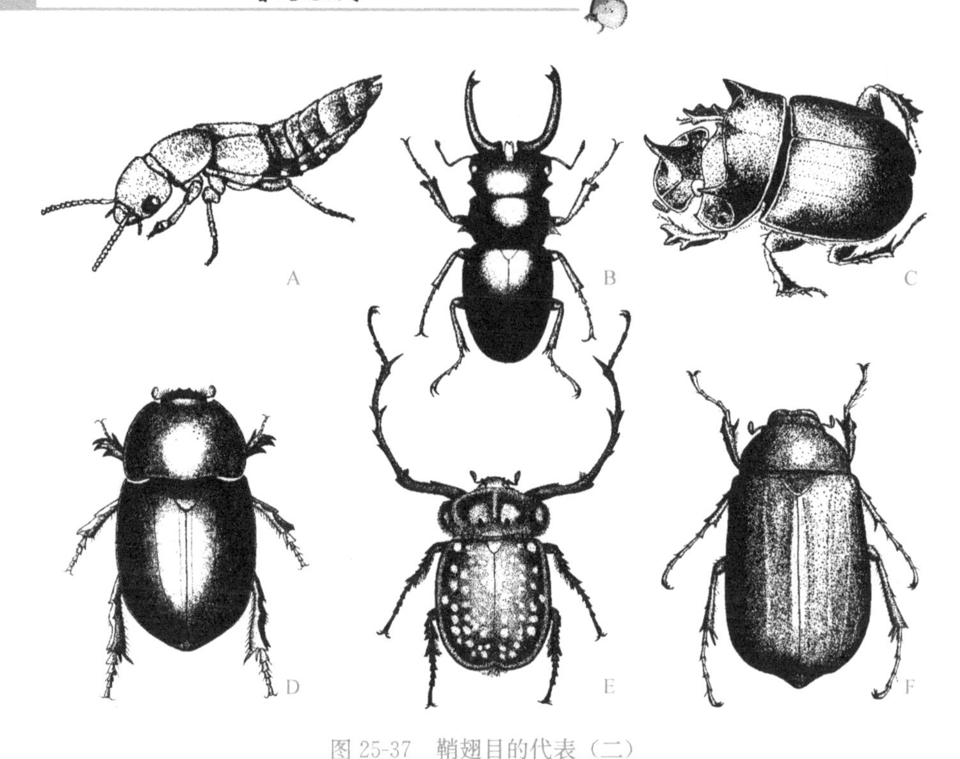

图 25-37 鞘翅目的代表（二）

A. 隐翅虫 *Staphylinus caesareus* Cederhjelm；B. 大锹甲 *Odontolabis siva* Hope *et* Westwood；C. 神农洁蜣螂；D. 粪金龟 Geotrupes；E. 彩臂金龟；F. 棕色鳃金龟

（A. 仿 Stanek，1969；B～F. 仿周尧，1980）

一般生活于朽木或腐殖质中。在林地的地表或树头易发现。成虫喜夜出，趋光性强。常见种类：福运锹甲 *Lucanus fortunei* Saunders。

9. 金龟甲科 Scarabaeidae　英文为 dung beetles 或 tumblebugs。体卵圆形或椭圆形，背凸。体长 5～30 mm。触角 8～9 节，末端 3 节鳃片状；头部铲形或多齿，前口式；上颚被唇基盖住，从背面不可见；前胸背板一般无突起，后缘与前翅紧密相接；中胸小盾片不外露；鞘翅常有 7～8 条刻点沟线；中足基节相互远离；后足胫节仅 1 枚端距，后足至腹末间距大于与中足间距；跗节式 5-5-5；腹部气门全部被鞘翅覆盖；腹部臀板常外露（图 25-37C）。幼虫蛴螬型；下口式；触角约与头等长；肛门呈“一”或“V”字形。

成虫和幼虫有植食性和腐食性。成虫地上生活，趋光性强。幼虫地下生活，俗称蛴螬（grub）。植食性种类的成虫可以传粉。著名种类：神农洁蜣螂 *Catharsius molossus*（L.）。澳大利亚政府曾两次派昆虫学家到我国引进该虫，帮助他们清除牧场上的牛粪，以解决牛粪对牧草的淹没和对环境的污染，取得了巨大的成功。

10. 粪金龟科 Geotrupidae　英文为 earth-boring dung beetles。体卵圆形，粗壮，黑色或褐色，有些种类有金属光泽。体长 5～45 mm。触角 11 节，末端 3 节鳃片状；头部铲形或多齿，前口式；上颚大而突出，从背面可见；前胸背板上有各式突起，后缘与前翅紧密相接；中胸小盾片外露；鞘翅上常有纵沟线；前足开掘足，中足基节相互靠近；后足胫节有2枚端距，后足至腹末间距小于与中足的间距；跗节式5-5-5；腹部气门全部被鞘翅覆盖；腹部臀板不外露（图25-37D）。幼虫蛴螬型；下口式；触角约与头等长；肛门呈“一”或“V”字形。

成虫与幼虫均为腐食性，取食哺乳动物的粪便。成虫常夜间活动，趋光性强。成虫常在粪便底下垂直打洞，到一定深度后再打支洞；然后将粪滚成球，推藏于洞内土室里，再在粪球上产1粒卵，孵化出的幼虫即栖于其中，直到羽化，故粪金龟俗称屎巴牛或推粪虫。往洞内灌水，成虫很快就会爬出地面，可以利用这种方法捕捉它。常见种类：粪金龟 *Geotrupe laevistriatus* Motschulsky 和戴锤角粪金龟 *Bolbotrypes davidis* Fairmaire。

11. 臂金龟科 Euchiridae　英文为 long arm chafer beetles。体长椭圆形，背面极隆起，具金绿色、墨绿色、金蓝色艳丽光泽，或黄褐色、栗褐色单一色泽。体长40～80 mm。头部较小，上颚为唇基所遮盖，从背面不可见；触角10节，末端3节鳃片状；前胸背板向两侧强度扩展，侧缘具密齿；中胸小盾片可见；前足强度延长，中足基节相互靠近，后足胫节有2枚端距，跗节式5-5-5；腹部气门部分位于侧膜、部分位于腹板侧端，前后气门呈折线排列，腹部最后3对气门露出鞘翅边缘（图25-37E）。幼虫蛴螬型；下口式；触角约与头等长；肛门呈“一”或“V”字形。

这个类群个体大，色彩鲜艳，数量稀少，属于珍稀种类。濒危种类：彩臂金龟 *Cheirotonus gestroib* Pouillaud 和阳彩臂金龟 *Cheirotonus jansoni* Jordan 属国家Ⅱ级重点保护野生动物。

12. 鳃金龟科 Melolonthidae　英文为 june beetles 或 chafers。体卵圆形或椭圆形，多为棕色、褐色到黑色。体长2～50 mm。上颚位于唇基之下，从背面不可见；触角8～10节，端部3～8节鳃片状；中胸小盾片可见；中足基节相互靠近；后足胫节有2枚端距，后足端跗节1对爪大小相等，均2分叉；跗节式5-5-5；腹部气门多位于腹板侧端，前后气门几乎呈一直线，腹部最后1对气门露出鞘翅边缘（图25-37F）。幼虫蛴螬型；下口式；触角约与头等长；肛门呈“一”或“V”字形。

植食性。成虫取食植物的叶、花、果，趋光性强。幼虫取食植物的根部，对牧草或草坪危害相当严重。通常2～3年完成1代。重要种类：华北大黑鳃金龟 *Holotrichia oblita* (Feldermann)、暗黑鳃金龟 *Holotrichia parallela* Motschulsky 和棕色鳃金龟 *Holotrichia titanus* Reitter 是重要的地下害虫。

13. 丽金龟科 Rutelidae　英文为 rutelid beetles 或 shining leaf chafers。体卵圆形或椭圆形，色彩艳丽，具金属光泽。体长10～40 mm。触角10节，末端3节鳃片状；中胸小盾片可见；中足基节相互靠近，后足胫节有2枚端距，后足端跗节1对爪长短不一；跗节式5-5-5；腹部3对气门位于侧膜上，3对气门位于腹板侧端，前后气门呈折线排列（图25-38A）。幼虫蛴螬型；下口式；触角约与头等长；肛门呈“一”或“V”字形。

主要为植食性，少数腐食性。成虫危害植物的叶、花或果，趋光性强。幼虫取食植物根部。重要种类：铜绿丽金龟 *Anomala corpulenta* Motschulsky、日本弧丽金龟 *Popillia japonica* Newman 和中华弧丽金龟 *Popillia quadriguttata* Fabr.。其中，日

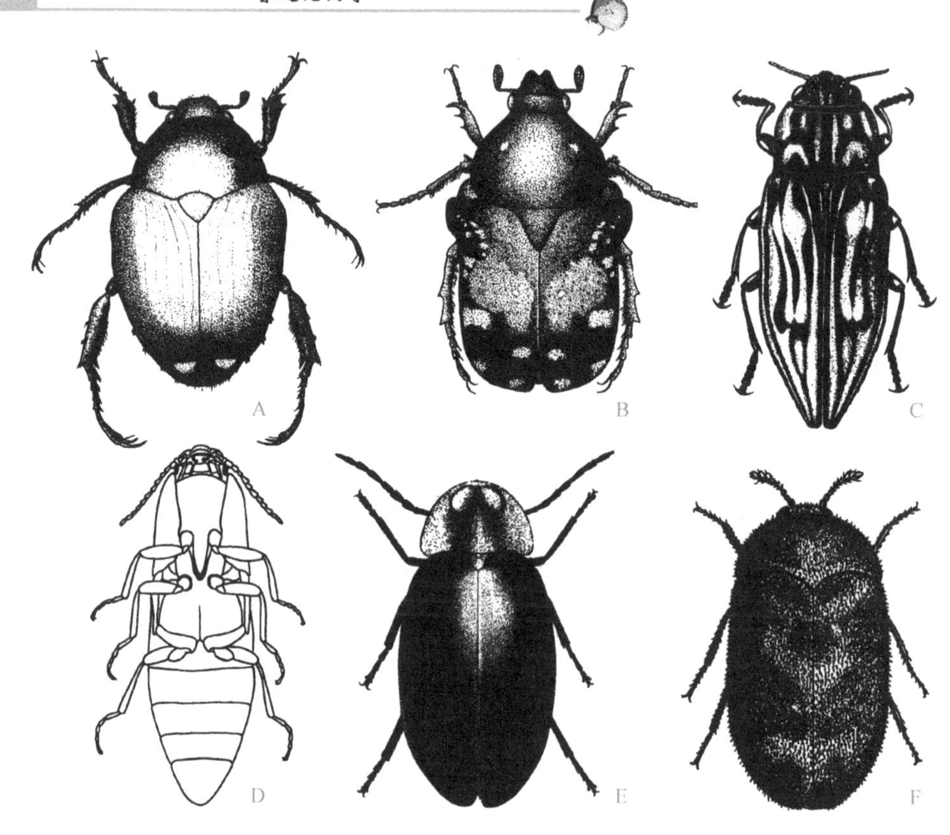

图 25-38　鞘翅目的代表（三）

A. 日本弧丽金龟；B. 小青花金龟；C. 脊吉丁 *Chalcophora fortis* LeConte；
D. 叩甲 *Agriotes*；E. 窗萤 *Pyrocoelia*；F. 谷斑皮蠹
（A，B，E，F. 仿周尧，1954，1980；C. 仿 Knull，2005；D. 仿 Triplehorn & Johnson，2005）

本弧丽金龟于 1916 年由日本传入美国，使美国果树和牧草生产遭受巨大损失。后来，发现日本金龟子乳状芽孢杆菌 *Bacillus popilliae* Dutky，并于 1939～1953 年间在美国 13 个州撒了 109 吨芽孢粉剂防治面积达 10 万余英亩，终于取得了长期控制的效果。这是应用微生物防治害虫的一个经典例子。

14. 花金龟科 Cetoniidae　英文为 flower beetles。体色艳丽，有花斑。体长 12～100 mm。触角 10 节，末端 3 节鳃片状；上颚为唇基所遮盖，从背面不可见；中胸后侧片从背面可见，位于前胸背板后侧角与鞘翅基外角之间；鞘翅外缘在肩后稍凹；中胸腹板有圆形突出物向前伸出；中胸小盾片可见；足粗短，中足基节相互靠近，后足胫节有 2 枚端距，后足端跗节 1 对爪等长，跗节式 5-5-5；腹部气门部分位于侧膜、部分位于腹板侧端，前后气门呈折线排列（图 25-38B）。幼虫蛴螬型；下口式；触角约与头等长；肛门呈“一”或“V”字形。

成虫常危害花，取食花粉，故名花金龟。幼虫土栖，取食有机质，有时危害植物根部。常见种类：小青花金龟 *Oxycetonia jucunda*（Faldermann）。

15. 犀金龟科 Dynastidae　又称独角仙科或犀甲科。英文为 rhinoceros beetles 或 elephant beetles。体粗短，背表面近圆形且明显拱起。雌雄二型。体长 30～65 mm。上颚发达，从头部背面可见；触角 10 节，端部 3 节鳃片状；头和前胸背板有角状突起，在雄虫中尤其显著；中胸小盾片可见（图 3-1C）；中足基节靠近，后足胫节有 2 枚端距，后足端跗节 1 对爪等长；跗节式 5-5-5；腹部气门部分位于侧膜、部分位于腹板侧端，前后气门呈折线排列。幼虫蛴螬型；下口式；触角约与头等长；肛门呈"一"或"V"字形。

成虫植食性。幼虫多腐食性，部分植食性，危害植物的地下部分。濒危种类：叉犀金龟 *Allomyrina davidis*（Deyrolle *et* Fairmaive）为国家Ⅱ级重点保护野生动物。著名种类：二疣犀甲 *Oryctes rhinoceros* L. 曾给南太平洋国家的椰子和棕榈生产带来严重损失。在 20 世纪 80 年代，利用无含涵体杆状病毒防治该虫取得了巨大成功。这是病毒治虫的一个著名例子。

16. 吉丁甲科 Buprestidae 英文为 buprestid beetles 或 metallic wood-boring beetles。体长 1.5～100 mm。成虫常有铜色、绿色、蓝色或黑色等美丽的金属光泽。触角 11 节，多为锯齿状；前胸背板宽大于长，与鞘翅相接处在同一弧线上；后胸腹板上具横缝；跗节式 5-5-5；可见腹板 5 节（图 25-38C）。幼虫无足型，前胸扁平，背板呈盾状，宽于头部和腹部。

成虫喜阳光，常栖息于树的枝干向阳面。幼虫蛀茎干、枝条或根部。常见种类：柑橘吉丁甲 *Agrilus auriventris* Saunders，又称柑橘爆皮虫，是南方柑橘园中常见害虫。

17. 叩甲科 Elateridae 英文为 click beetles。体狭长，平扁，褐色或黑色。体长 5～40 mm。触角 11～12 节，锯齿状、栉齿状或丝状；前胸背板与鞘翅相接处凹下，后侧角突出成锐刺；前胸腹板有一楔形突插入中胸腹板沟内，作为弹跳工具；跗节式 5-5-5（图 25-38D）。幼虫叩甲型，表皮黄褐色且坚硬，又称金针虫。

成虫地上生活，被捉时能不断叩头，企图逃脱，故称叩头虫。幼虫地下生活，是重要地下害虫。常见种类：蔗梳爪叩甲 *Melanotus regalis* Candze 是我国南方省区甘蔗害虫。

18. 萤科 Lampyridae 英文为 fireflies 或 lightningbugs。体长 4～20 mm。体壁与鞘翅较柔软。雌雄二型。雌虫常无翅呈幼虫型，发光器在腹部倒数第 1 腹板上。雄虫有翅，前翅为软鞘翅；发光器在腹部倒数第 1～2 腹板上。前口式；触角 9～11 节，丝状或栉状；前胸背板发达并盖住头部；跗节式 5-5-5（图 25-38E）。幼虫头小，位于发达的前胸背板下；前口式；单眼 1 对；触角 3 节；腹部 9 节，各节中央具中纵沟。

喜欢生活在水边或潮湿的环境。夜间活动。肉食性，捕食小昆虫、蜗牛、蛞蝓或蚯蚓等，获得猎物后，用上颚将唾液注入猎物体内，进行体外消化，然后再吸入体内。卵、幼虫、蛹和成虫体内都含有荧光素（luciferin），都能发光，以雌成虫发光能力最强。常见种类：中华黄萤 *Luciola chinensis* L.。

19. 花萤科 Cantharidae 英文为 leatherwinged beetles 或 soldier beetles。体长 1～20 mm。体蓝色、黑色或黄色，体壁与鞘翅较柔软。触角 11 节；有的种类有单眼 2 个；前胸背板不盖住头部，头部从背面可见；跗节式 5-5-5；腹部无发光器。幼虫头约与前

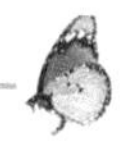

胸等宽；上颚细尖，具槽；触角3节；腹部10节，无尾突。

成虫、幼虫均肉食性，个别种类亦危害植物。成虫常出现于花草上，故名。幼虫出现于土壤、苔藓或树皮下。常见种类：黑斑黄背花萤 *Themus imperialis*（Gorham）和中国圆胸花萤 *Prothemus chinensis* Wittmer。

20. 皮蠹科 Dermestidae 英文为 dermestids 或 skin beetles。体卵圆形或长椭圆形，红色或黑褐色，被鳞片及细绒毛，鞘翅上常有斑纹。体长1～12 mm。头下弯，复眼突出，多具中单眼；触角10～11节，棍棒状；前胸背板背侧部具凹槽可纳入触角；多数种类有翅，少数无翅；前足基节窝开式；跗节式5-5-5；腹部可见5节（图25-38F）。幼虫体多毛，毛羽状；头部具3～6对侧单眼，下口式；上唇明显骨化；上颚具臼齿；触角短，3节；第9腹板端部具1对小突起。

腐食性，主要危害储藏物和多种动植物制品，包括皮毛、毛织品、丝织品、地毯、标本、粮食等，以幼虫危害最为严重。有些种类是重要的检疫害虫。重要种类：谷斑皮蠹 *Trogoderma granarium* Everts、黑斑皮蠹 *Trogoderma glabrum*（Herbst）、花斑皮蠹 *Trogoderma variabile* Ballion、肾斑皮蠹 *Trogoderma inclusum* LeConte 和条斑皮蠹 *Trogoderma teukton* Beal 是重要检疫害虫。

21. 窃蠹科 Anobiidae 英文为 death watch。体椭圆形，覆盖半竖立毛。体红色或黑褐色。体长1～9 mm。头部被前胸背板覆盖，从背面不可见；上颚三角形，具齿；触角9～11节，丝状或棍棒状，少数锯齿状或栉齿状，末端3节常明显延长或膨大；前胸背板帽形；鞘翅盖住腹部；前足基节球状，跗节式5-5-5；腹部可见5节。幼虫蛴螬型。

植食性或腐食性，生活于干木头或树枝堆内、树皮下，或植物干制品中。一些是重要的仓储害虫。常见种类：烟草甲 *Lasioderma serricorne*（Fabr.）和药材甲 *Stegobium paniceum*（L.）。

22. 谷盗科 Trogossitidae 英文为 gnawing beetles。体卵圆形或长椭圆形，褐色或黑色；体长2.5～20 mm。前口式；触角10～11节，棍棒状；前胸背板侧缘发达，基缘与侧缘相连；前胸背板与鞘翅基部远离；鞘翅表面多粗糙或具纵沟纹；前足基节横形，跗节式5-5-5；腹部可见5～6节（图25-39A）。幼虫头大；胸部较腹部小；腹部第9背板横分为二，具尾突。

许多种类为肉食性，部分为植食性，少数兼有肉食性和植食性。多栖于树皮下或仓储物内。常见种类：大谷盗 *Tenebroides mauritanicus*（L.）是常见的仓储害虫，但它也捕食其他仓储害虫。

23. 锯谷盗科 Silvanidae 英文为 silvanid beetles。体长形或椭圆形。体长1.5～5 mm。触角11节，棍棒状；前胸背板多长形，基部窄于鞘翅，侧缘有锯齿状突起；鞘翅长，覆盖腹部；前中足基节球形，后足基节横形；前足基节窝闭式；跗节式5-5-5，少数种类的雄虫跗节式为5-5-4；腹部可见5节（图25-39B）。幼虫蛃型。

栖于树皮下、蛀木虫道内，或仓库、竹器等物品中，有些是重要的仓储害虫。常见种类：锯谷盗 *Oryzaephilus surinamensis*（L.）。

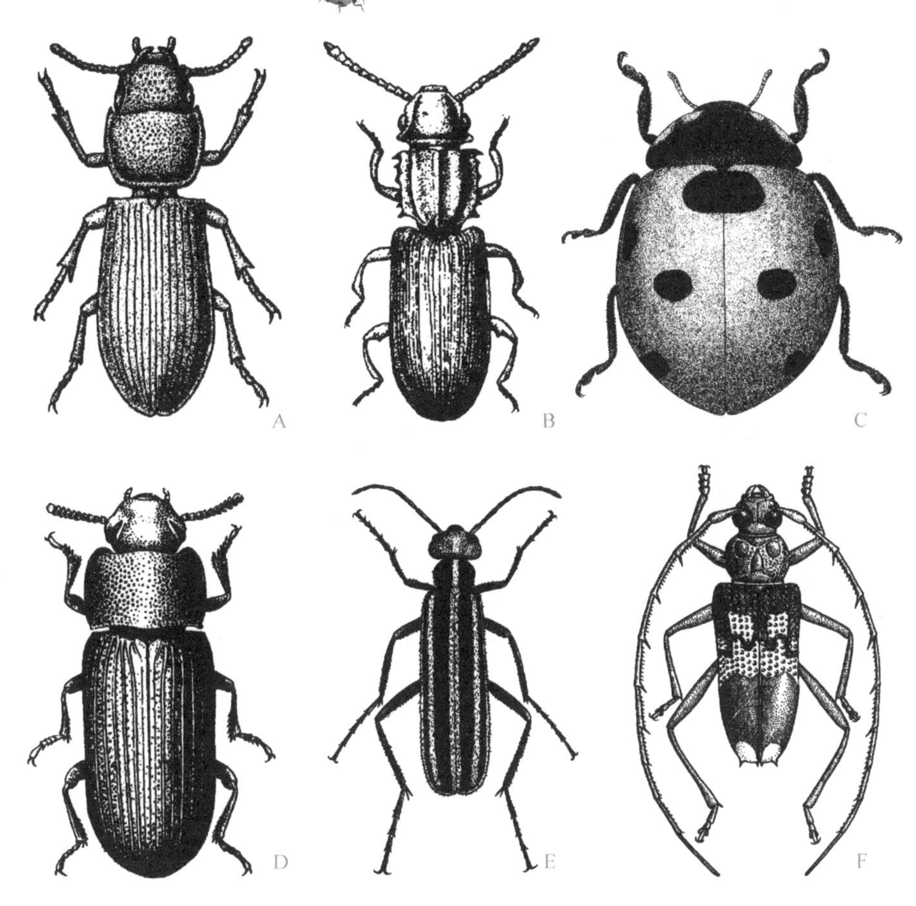

图 25-39　鞘翅目的代表（四）

A. 大谷盗；B. 锯谷盗；C. 七星瓢虫；D. 杂拟谷盗；E. 豆芫青；
F. 桉天牛 *Phoracantha semipunctata*（Fabr.）
（A～E. 仿周尧，1954，1980；F. 仿 Triplehorn & Johnson，2005）

24. 瓢虫科 Coccinellidae　俗称花大姐或看麦娘。英文为 ladybird beetles。体半球形，常有鲜艳色彩。体长 0.8～17 mm。头小，紧嵌入前胸背板；下颚须斧状；触角锤状，从背面不易看到；鞘翅有翅缘折，跗节隐 4 节；第 1 腹板上有后基线（图 25-39C）。

该科约 80％种类为肉食性，捕食蚜虫、粉虱、介壳虫和螨类等，在害虫生物防治中起着重要作用。约 20％种类为植食性，危害多种植物，少数取食真菌。肉食性瓢虫成虫鞘翅表面光滑无毛（但小毛瓢亚科被毛），触角着生于复眼前，上颚具基齿；幼虫下口式，行动活泼，体前端宽、后方狭，体上有软肉刺及瘤粒。植食性瓢虫成虫鞘翅上被细毛、无光泽，触角着生于复眼之间，上颚不具基齿；幼虫下口式，爬动缓慢，体背多具硬枝刺。有些种类有群集性。常见种类：七星瓢虫 *Coccinella septempuctata* L.、异色瓢虫 *Harmonia axyridis*（Pallas）和龟纹瓢虫 *Propylaea japonica*（Thunberg）等是益虫。

25. 拟步甲科 Tenebrionidae　英文为 darkling beetles。因外形颇似步甲而得名。体黑色或褐色。体长 2～35 mm。头小，部分嵌入前胸背板前缘内；前唇基明显；触角通

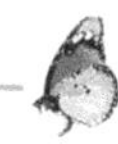

常11节，丝状或念珠状；前足基节窝闭式；鞘翅有发达假翅缘折；有些种类两鞘翅愈合，后翅退化；跗节式5-5-4（图25-39D）。幼虫似金针虫，但腹末无成对骨质突起和伪足，只有一个尾突；上颚具臼齿。

植食性。生活于腐朽木头内、种子、谷类及其他制品中。多夜间活动。常见种类：黄粉甲 *Tenebrio molitor* L. 已大量繁殖来养殖蝎子、蜈蚣、蛤蚧、牛蛙、金钱龟、鱼类和鸟类等。重要种类：赤拟谷盗 *Tribolium castaneum*（Herbst）和杂拟谷盗 *Tribolium confusum* Jacquelin du Val 等是重要仓储害虫。

26. 芫青科 Meloidae　俗称葛上亭长、斑蝥或地胆。英文为 blister beetles、oil beetles 或 meloids。体长3～30 mm。触角丝状，11节；头与前胸等宽或比前胸宽；前翅软鞘翅，两鞘翅在末端分离，不合拢；前足基节窝开式；跗节式5-5-4；爪2分裂（图25-39E）。

复变态。幼虫肉食性，寄生或捕食蝗虫卵或蜂巢内蜂卵和幼虫。成虫植食性，取食豆科或瓜类植物的嫩叶和花等，受惊时常从腿节端部分泌含有斑蝥素的液体，对皮肤有强烈的刺激作用，引起水泡。采集时要倍加小心。斑蝥素毒性很强，但对肿瘤（尤其是肝癌）有一定的抑制作用。药用种类：大斑芫青 *Mylabris phalerata*（Pallas）又称南方大斑蝥，可治疗痈疽、溃疡或癣疮等。常见种类：豆芫青 *Epicauta gorhami* Marseul 和中华豆芫青 *Epicauta chinensis* Laport。

27. 天牛科 Cerambycidae　英文为 long-horned beetles。体长2～175 mm。触角丝状，11节，能向后伸，常长于体长；触角第1节长度是第2节的3倍以上；复眼内缘凹陷呈肾形或分裂为2块，包围触角基部；跗节隐5节；鞘翅长，臀板不外露（图25-39F）。幼虫乳白色；体长圆柱形；头部多缩入前胸内，前口式；胸足2～4节或退化；腹部第6或第7腹节背面一般有肉质突起，有助于幼虫在坑道内爬行。

植食性。多夜间活动。成虫产卵于树皮缝隙，或以其上颚咬破植物表皮，产卵在组织内。幼虫蛀食树根、树干或树枝的木质部，隧道有孔通向外面，排出粪粒。在房屋内，听到木头或家具内有“吱，吱”声，即为幼虫咬吃木质部时所发出的声响。当成虫被捕抓时，会发出嘎吱嘎吱的声音。重要种类：松褐天牛 *Monochamus alternatus* Hope 和光肩星天牛 *Anoplophora glabripennis*（Motschulsky）。

28. 叶甲科 Chrysomelidae　又称金花虫科，是鞘翅目第2大科。英文为 leaf beetles。体常有鲜艳色彩和金属光泽，体长1～20 mm。触角一般不伸达体长之半，触角第1节长度很少达到第2节长度的3倍；复眼卵圆形；跗节隐5节（图25-40A）。幼虫蛃型、步甲型或蛴螬型；体表上常有瘤突或毛丛；下口式；触角和足短，约与上唇等长；第10腹节末端具1对刺突。

植食性。成虫食叶和花，故称叶甲。幼虫有潜叶的，如铁甲虫；有食叶的，如大猿叶甲；有取食根部的，如黄曲条跳甲。多数以成虫越冬。有许多重要害虫。重要种类：马铃薯甲虫 *Leptinotarsa decemlineata*（Say）严重危害马铃薯，且传播病害；椰心叶甲 *Brontispa longissima*（Gestro）危害棕榈科植物。常见种类：黄曲条跳甲 *Phyllotreta atriolatam*（Fabr.）和黄守瓜 *Aulacophora femoralis*（Motschulsky）是蔬菜害虫。

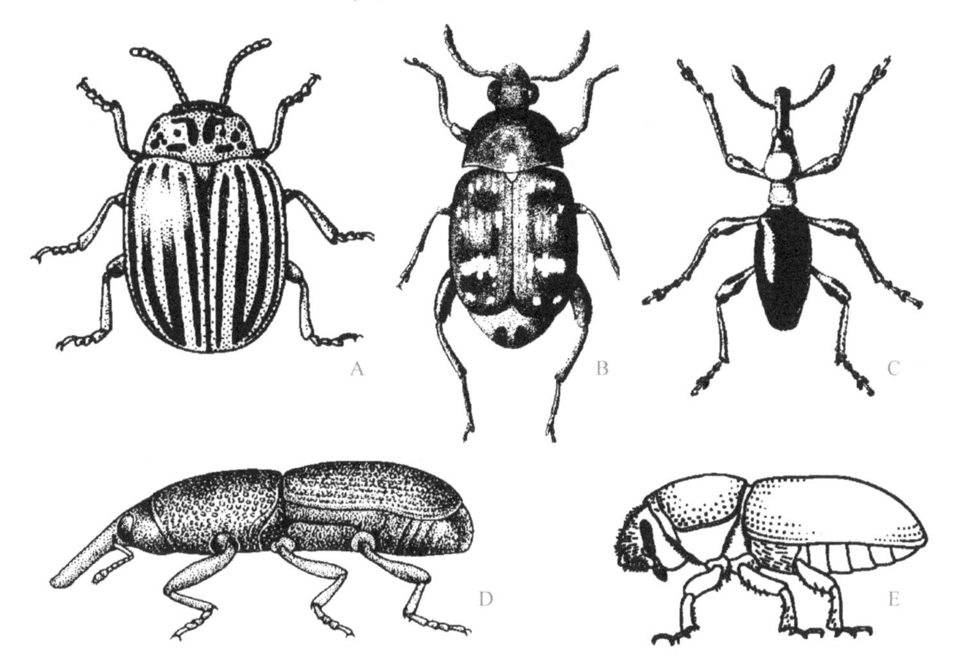

图 25-40　鞘翅目的代表（五）

A. 马铃薯甲虫；B. 豌豆象；C. 甘薯小象甲；D. 谷象；E. 小蠹 *Scolytus unispinosus* LeConte
（A，D. 仿 Stanek，1969；B. 仿周尧，1954；C. 仿 Triplehorn & Johnson，2005；E. 仿 Deyrup，1981）

29. 豆象科 Bruchidae　英文为 bean weevils 或 seed beetles。体卵圆形，前端稍窄。体长 2～6 mm。头向前伸形成短喙；复眼下缘具深的"V"字形凹陷；鞘翅短，臀板外露；后足腿节常膨大，腹面有齿；跗节隐 5 节（图 25-40B）。幼虫象虫型；触角 2 节。

复变态。危害豆科植物种子。主要在嫩荚上产卵，幼虫孵化后咬进豆粒，当豆子成熟入库时，幼虫还未老熟，继续在豆粒内为害，直至成虫羽化才从豆粒里爬出。不少种类是检疫对象。重要种类：绿豆象 *Callosobruchus chinensis*（L.）、灰豆象 *Callosobruchus phaseoli*（Chevrolata）、菜豆象 *Acanthoscelides obtectus*（Say）、野葛豆象 *Callosobruchus ademptus*（Sharp）、四纹豆象 *Callosobruchus maculatus*（Fabr.）、巴西豆象 *Zabrotes subfasciatus*（Boheman）、豌豆象 *Bruchus pisorum* L.、蚕豆象 *Bruchus rufimanus* Boheman 等都是重要检疫对象。

30. 三锥象甲科 Brentidae　英文为 straight-snouted weevils。体长 5～42 mm。头部前伸为直喙状，雌虫的喙比雄虫更细长；触角不呈膝状弯曲；头部无外咽片，有外咽缝一条；跗节隐 5 节（图 25-40C）。幼虫象虫型。

成虫常危害植物茎叶或嫩芽，幼虫钻蛀危害植物的茎干或种子。常见种类：甘薯小象甲 *Cylas formicarius elegantulus*（Summers）。

31. 象甲科 Curculionidae　该科是鞘翅目第 1 大科。英文为 weevils 或 snout beetles。体长 0.5～40 mm。头部下伸成喙状，喙向下弯曲，或长或短；触角膝状，位于喙的中部；头部无外咽片，有外咽缝一条；跗节隐 5 节（图 25-40D）。幼虫象虫型。

成虫和幼虫均为植食性，取食死树或活树，能危害植物的根、茎、枝、果等。有假

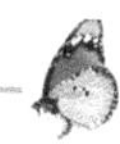

死性。一些种类是重要的检疫害虫或仓储害虫。重要种类：稻水象甲 *Lissorhoptrus oryzophilus* Kuschel、红棕象甲 *Rhynchophorus ferrugineus*（Oliv.）、棕榈象甲 *Rhynchophorus palmarum*（L.）和剑麻象甲 *Scyphophorus acupunctatus* Gyllenhal 是检疫害虫。常见种类：米象 *Sitophilus oryzae*（L.）、谷象 *Sitophilus granaries*（L.）、玉米象 *Sitophilus zeamais* Motschulsky 是重要的仓储害虫。

32. 小蠹科 Scolytidae　英文为 bark beetles 或 timber beetles。体褐色或黑色，被毛鳞，体长 3～8 mm。触角短膝状，端部 3～4 节成锤状；头部无外咽片，有外咽缝一条；头部后半被前胸背板覆盖；胫节扁，具齿列；前翅端部多具翅坡，周缘多具齿突(图 25-40E)。幼虫象虫型。

植食性，主要蛀食死树的韧皮部或木质部，形成非常美丽的隧道图案，是一类非常重要的森林害虫。小蠹虫雌雄关系很特殊，常一雌一雄制或一雄多雌制共同生活，其行为备受昆虫行为学家的关注。重要种类：桃小蠹 *Scolytus seulensis* Muray、落叶松小蠹 *Scolytus morawitzi* Semenov 和云杉小蠹 *Scolytus sinopiceus* Tsai。

（四）菌食亚目

体微型。成虫前胸具背侧缝；后翅具小纵室；后足基节不与后胸腹板愈合，可动，不把第 1 腹板完全分开；跗节式 1-1-1、跗节式 3-3-3 或跗节式 4-4-4。幼虫近蛃型，腹部两侧有气管鳃；上颚具臼齿区；足 5 节；第 9 腹节背板有或无尾突。成虫和幼虫均为植食性，取食藻类。岸边半水栖。

该亚目包括单跗甲科 Lepiceridae、淘甲科 Torridincolidae、水缨甲科 Hydroscaphidae 和小球甲科 Microsporidae 共 4 个小科。

第二十四节　捻翅目 Strepsiptera

捻翅目（strepsi＝捻、扭折，ptera＝翅）昆虫通称捻翅虫，简称蝙，英文为 twisted-wing insects 或 stylopids。该目学名源于这类昆虫雄虫的前翅像用纸搓成的捻子。

体微型至中型，雄虫体长 1～7 mm，雌虫体长 2～30 mm。雌雄二型。雄虫头大；口器咀嚼式，退化；复眼突出，小眼分离；无单眼；触角 4～7 节，第 3 节有旁支向侧面伸出，第 4～6 节有时也有旁支；前胸和中胸短，后胸特别延长；前翅为棒翅，无翅脉；后翅宽大，扇状，有几条纵脉；足的转节与腿节合并，有跗节 2～5 节，仅 5 节者有爪；腹部 10 节；无尾须。雌虫幼虫型（原蝙科 Mengenillidae 除外，它有足、复眼和触角等，自由生活），通常无复眼或单眼，无触角，无翅，无足，终生不离寄主；头胸(cephalothorax) 露出寄主体外，坚硬、扁平，有口、1 对气门和育幼腔（brood canal）的开口；腹部分节不明显，形成囊状的育幼腔；腔内有几个生殖孔（图 25-41）。

初孵幼虫蛃型，称三爪蚴，有眼、3 对胸足和 1 对尾突，但无触角和上颚，爬行迅速，到处寻找寄主。当它进入寄主体内后，脱皮变成无足型幼虫。

复变态。血腔胎生。幼虫 5 龄。蛹本身是无颚裸蛹，但被末龄幼虫的蜕包裹，属围蛹。雄虫自由生活，雌虫寄生生活（原蝙科 Mengenillidae 除外）。陆栖。肉食性，内

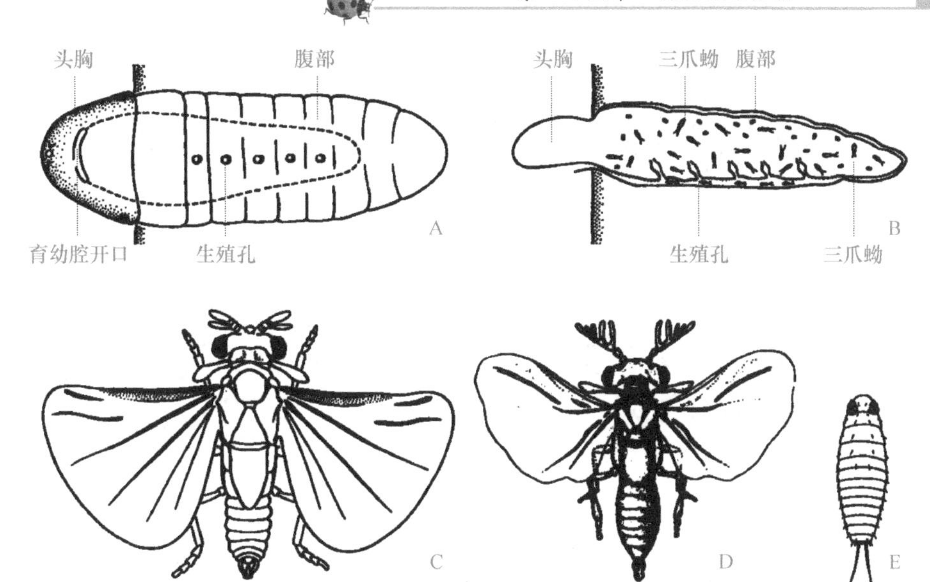

图 25-41 捻翅目的代表

A. 雌虫腹观（头伸出寄主体外）；B. 雌虫纵切面，示腹内三爪蚴（头伸出寄主体外）；C，D. 雄虫；E. 三爪蚴（A，B. 仿 Askew，1971；C. 仿 CSIRO，1991；D. 仿 Bohart，1943；E. 仿 Gullan & Cranston，2005）

寄生。寄主均为昆虫，包括蜚蠊目、螳螂目、直翅目、半翅目和膜翅目，主要是蜂、蚁、叶蝉和飞虱等膜翅目和半翅目昆虫。被寄生的寄主虽然不会马上死去，但一般不能生殖。

全世界捻翅目分为原蝙亚目 Mengenillidia 和蜂蝙亚目 Stylopidia 共 8 科 550 种，中国已知 25 种。

第二十五节 双翅目 Diptera

双翅目（di＝双，ptera＝翅）昆虫俗称蚊、蠓、蚋、虻和蝇等，英文为 mosquitoes、midges、horse flies、house flies、two-winged flies 或 true flies 等。该目名称源于这类昆虫只有 1 对飞行翅。

一、形态特征

（一）成虫

体微型至大型，体长 0.5～50 mm，翅展 1～100 mm。

（1）头部 口器刺吸式、舐吸式或切吸式，下口式；部分种类的口器退化；无下唇须；触角形状多样；长角亚目的触角一般 6～18 节，线状、羽状或环毛状；短角亚目的触角 3 节，第 3 节的末端常有一端刺或分几个亚节；环裂亚目的触角 3 节，具芒状，触角芒光裸，或基半长毛、端半光裸，或全部长毛；环裂亚目有缝组 Schizophora 的触角基部上方有一个倒“U”字形的缝，从触角基部上方向侧下方延伸到复眼下缘，称额囊缝（ptilinal suture）；在额囊缝的顶部与触角基部之间有一个新月形骨片，称新月片（frontal lunule）；复眼发达，部分种类雄虫为接眼；单眼 3 个，少数种类缺单眼（图 25-42）。

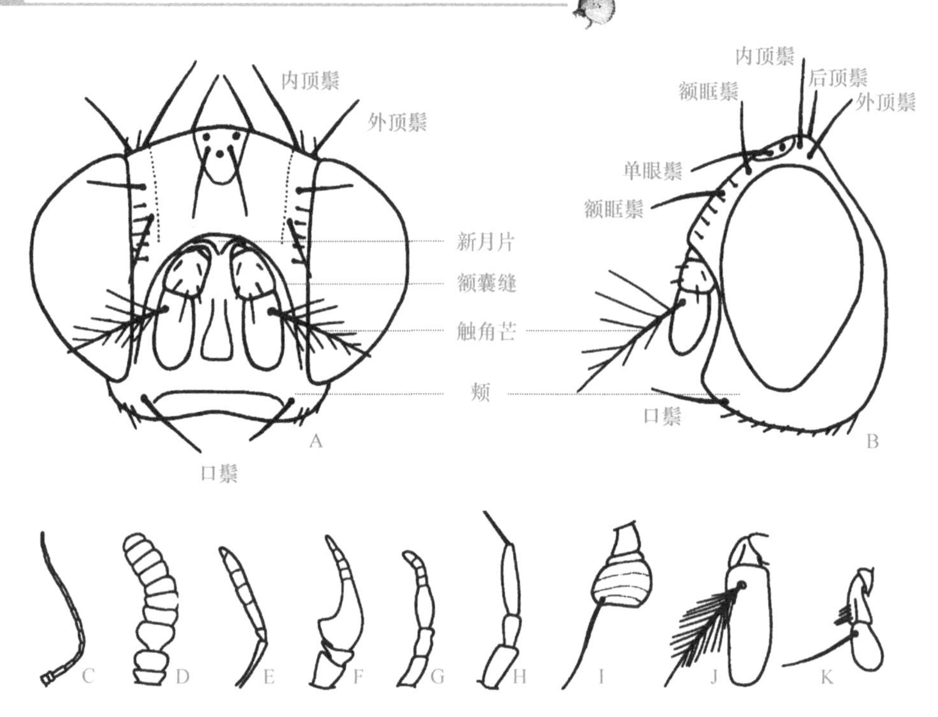

图 25-42 双翅目的头部特征

A. 头部正观；B. 头部侧观；C. 菌蚊 *Mycomyia* 的触角；D. 毛蚁 *Bibio* 触角；E. 水虻 *Stratiomys* 触角；F. 虻 *Tabanus* 触角；G. 斑虻 *Chrysops* 触角；H. 食虫虻 *Asilus* 触角；I. 水虻 *Ptecticus* 触角；J. 丽蝇 *Calliphora* 触角；K. 寄蝇 *Epalpus* 触角

（仿 Triplehorn & Johnson，2005）

（2）胸部 前胸和后胸小，中胸发达；前胸背板后侧部为肩胛（humeral calli）；中胸背板分前盾片、后盾片（postscutum）和小盾片；前盾片的外侧是背侧片（notopleura）；中胸侧板常分中侧片（mesopleura）、腹侧片（sternopleura）、翅侧片（pteropleura）和下侧片（hypopleura）；有瓣类 Calyptratae 头部和胸部的鬃毛常有固定位置和排列，并给予特定的名称，称鬃序（chaetotaxy）；前翅是膜翅，后翅为棒翅；有瓣类前翅内缘近基部有一个翅瓣（alua），在翅的最基部、翅瓣的内侧有 1～2 个腋瓣（calypters），靠近翅瓣的称下腋瓣，另一个称上腋瓣；部分蝇类的前缘脉有 1～2 个骨化弱或不骨化的点，使该脉看似被折断，这样的点称缘脉折（costal breaks，cbr），它可能出现在靠近 Sc 脉或 R_1 脉的末端或 h 脉附近（图 25-43）；跗节 5 节；前跗节包括 1 对爪和爪垫，有的还有 1 个爪间突，爪间突刚毛状或垫状。

（3）腹部 腹部分节明显，可见 4～5 节，侧膜发达；雌虫第 6～8 腹节常缩入体内，能伸展，形成产卵管，无特化的产卵瓣；无尾须。

（二）幼虫

无足型，分显头无足型、半头无足型和无头无足型；口器咀嚼式；幼虫气门主要有两端气门式、后气门式或无气门式，很少前气门式；两端气门式的幼虫以胸部 1 对气门和腹末 1～2 对气门进行呼吸；后气门式的仅腹部最后 1 对气门有呼吸功能；无气门式

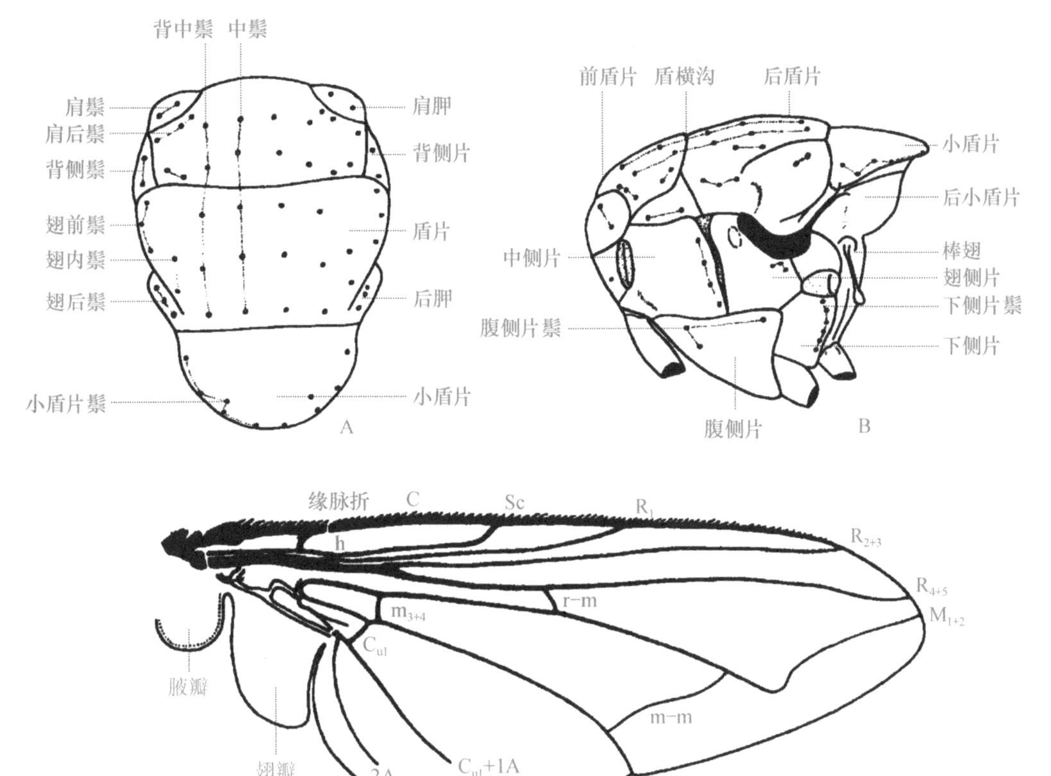

图 25-43 双翅目的胸部特征

A. 胸部背观；B. 胸部侧观；C. 蝇类前翅的脉序

（A，B. 仿 Triplehorn & Johnson，2005；C. 仿范滋德，1992）

的无气门，以体表或气管鳃进行气体交换；前气门式的仅胸部气门有呼吸功能。

二、生物学

（一）食性和活动习性

双翅目昆虫的幼虫与成虫的食性和生活环境很不一致。成虫陆栖，常白天活动，但蚊类多在黄昏、夜间和黎明时分活动。多数成虫吸食植物的汁液、花蜜和动物的血液，少数取食腐烂的有机物或动物排泄物。多数蚊类在交配前有群舞现象，即在黄昏或黎明前后，大量雄蚊在离地面 2～3 m 的空旷地方、草丛、树林、建筑物附近，群集飞舞。此时，雌蚊陆续飞入雄蚊群，寻找伴侣，将其携出蚊群，进行交配，交配是在飞行中进行。雌蚊交配后需补充营养，吸血种类的雌蚊需多次吸食人或动物的血液后才能完成卵巢发育。蚊虫的吸血习性因蚊种而异，有的嗜食人血，有的嗜食动物血，有的兼吸食人与动物血。幼虫喜欢潮湿的环境，有陆栖和水栖。幼虫有植食性、腐食性和肉食性，腐食性包括粪食性和尸食性，肉食性包括捕食性和寄生性。植食性的种类取食植物的根、茎、叶、花、果实和种子或引起虫瘿；腐食性的种类取食腐烂的动植物残体或粪便，降解有机质；肉食性的种类捕食或寄生其他昆虫或无脊椎动物或吸食人和脊椎动物的血液。

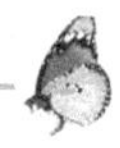

（二）变态类型和生活史

完全变态，但小头虻科 Acroceridae、网翅虻科 Nemestrinidae 和蜂虻科部分种类是复变态。卵通常长卵形。幼虫无足，蚊类幼虫 4 龄，虻类 5～8 龄，蝇类 3 龄。常化蛹于水底或土壤中。蛹多数是无颚被蛹或围蛹，少数离蛹。成虫羽化时从蛹背面呈“T”字形纵裂或由蛹前端呈环形裂开。成虫寿命从几小时到几个月。通常一年多代，少数几年才完成 1 代。

（三）生殖方式和繁殖力

绝大多数是两性繁殖，一般卵生，部分胎生；少数孤雌生殖。双翅目昆虫发育快，繁殖力强，甚至很惊人。例如，在夏季，家蝇 *Musca domestica* L. 约 10 天即可完成 1 代，单雌产卵量几十至数百粒。一些寄蝇单雌产卵量 1000～6000 粒。

三、经济意义

在植食性双翅目昆虫中，许多是非常重要的农业害虫或检疫对象。例如，黑森瘿蚊 *Mayetiola destructor*（Say）、高粱瘿蚊 *Contarinia sorghicola*（Coquillett）、地中海实蝇 *Ceratitis capitata*（Wiedemann）等多种实蝇是重要检疫对象，麦红吸浆虫 *Sitodiplosis mosellana*（Gehin）、麦黄吸浆虫 *Contarinia tritici*（Kirby）和稻瘿蚊 *Orseolia oryzae*（Wood-Mason）等是重要农业害虫。

在吸血性双翅目昆虫中，部分种类除直接骚扰人畜和吸血外，也传播多种疾病，包括疟疾、丝虫病、睡眠病、乙型脑炎、登革热、黄热病、兔热病等，是重要的医学和畜牧业害虫。例如，埃及伊蚊 *Aedes aegypti*（L.）、淡色库蚊 *Culex pipiens pallens* Coqillett、中华按蚊 *Anopheles sinensis* Wiedemann、采采蝇 *Glossina* spp.、牛虻 *Tabanus amaenus* Walker、西方角蝇 *Haematobia irritans*（L.）、厩螫蝇 *Stomoxys calcitrans*（L.）等能传播人畜疾病。

在寄生性双翅目昆虫中，部分种类寄生于人畜体内外，造成蝇蛆症（myiasis）、睡眠病，必须加以防治。例如，蝇科、丽蝇科和麻蝇科一些种类能致蝇蛆病。部分种类寄生于害虫体内，可作为益虫加以保护利用。例如，盗虻科、食蚜蝇科、寄蝇科和头蝇科等，在农林害虫的自然控制中起着重要作用。

在腐食性双翅目昆虫中，所有种类都在物质和能量循环中发挥着重要作用。一些蝇类在尸体的法医鉴定中有非常重要价值，已被应用于刑事案件调查和侦破，是法医昆虫学研究的最重要内容。

双翅目中有 30 多个科是重要传粉昆虫，尤其是蜂虻科、食蚜蝇科和多种有瓣蝇类。

另外，双翅目昆虫由于生命周期短，繁殖力强，在科学研究和饲料开发中有非常重要价值。例如，果蝇用作遗传学、生物进化、神经生物学和分子生物学的研究材料等。

四、分类及常见科简介

双翅目分 3 个亚目：长角亚目 Nematocera、短角亚目 Brachycera 和环裂亚目 Cyclorrhapha。全世界已记录120科12.5万种，中国已知约10 000种。双翅目常见科简介如下。

（一）长角亚目

成虫体细小；触角丝状、羽状或环毛状，6～40节，长于头部与胸部之和；口器刺吸式；下颚须3～5节；足细长。幼虫显头无足型；上颚发达，左右水平活动。多数蛹是被蛹，少数离蛹，蛹上有突出体外的呼吸器官或运动器官。该亚目昆虫通称蚊、蠓和蚋。

1. 大蚊科 Tipulidae　英文为crane flies。体细长，少毛，外形似蚊，是双翅目中已知种类最多的科。体长3～35 mm，翅展5～70 mm。触角丝状，有时锯齿状或栉状；无单眼；中胸盾沟常呈“V”字形；翅狭长，翅上常有斑纹，有9～12条纵脉伸达翅缘，A脉2～3条（图25-44A）；足细长，易断。幼虫体细长，11节，表皮粗糙；腹末通常有4～6个指状突。

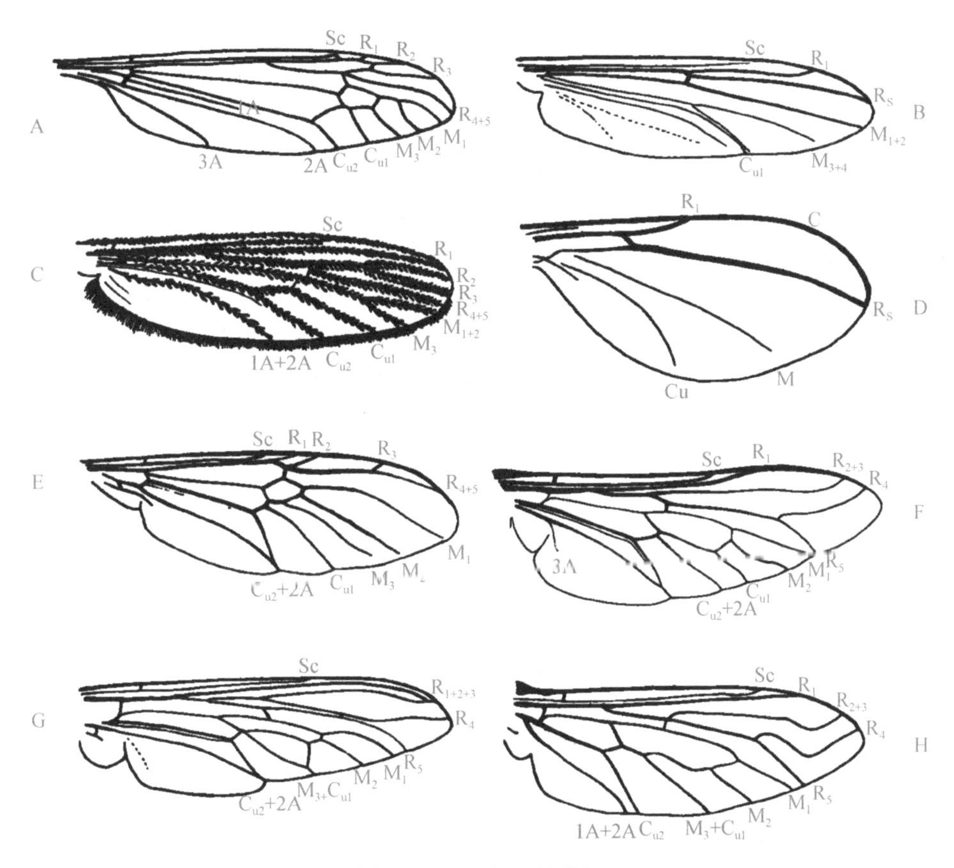

图25-44　双翅目的前翅

A. 大蚊 *Tipula*；B. 摇蚊；C. 蚊 *Psorophora*；D. 瘿蚊；E. 水虻；F. 虻；G. 盗虻 *Promachus*；H. 蜂虻

（仿 Triplehorn & Johnson，2005）

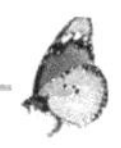

成虫喜欢荫湿环境，不取食或仅食花蜜，寿命通常只有几天。幼虫陆栖、水栖或半水栖，通常取食土壤或水中的腐殖质、作物的根、菌及朽木等，少数肉食性。常见种类：稻根蛆 *Tipula praepotens* Wiedemann 危害水稻。

2. 摇蚊科 Chironomidae　英文为 midges。体长 1～10 mm。口器退化；雌蚊触角丝状，有短毛，雄蚊触角环毛状；无单眼；中胸后盾片有一纵沟；翅狭长，无鳞片，C 脉止于翅顶角附近，M 脉 2 分支（图 25-44B）；前足最长，休息时常向上举起，并不停摇摆。幼虫体细长；部分种类血液中含有血红蛋白而呈红色，故称红丝虫（bloodworm）；前胸与第 9 腹节各有 1 对伪足；肛门周围通常有 2 对气管鳃。

成虫羽化后常有婚飞的习性，多数不取食，常在傍晚结群在水体附近飞舞，趋光性很强。多数幼虫水栖，生活于由唾腺分泌物粘附砂粒或植物碎屑等构成的巢筒内；少数陆栖，生活于有机质丰富的荫湿环境中。水栖种类的幼虫常扭动身体来游泳。常见种类：羽摇蚊 *Chironomus plumosus*（L.）和稻摇蚊 *Chironomus oryzae* Matsumura。

3. 蚊科 Culicidae　英文为 mosquitoes。体长 3～6 mm。成虫体和翅脉上被有鳞片。触角环毛状，但雄虫触角的毛长又密，雌虫触角的毛短又疏；无单眼；翅狭长，顶角圆，有缘毛，Rs 脉 3 分支，M 脉 2 分支（图 25-44C）。幼虫俗称孑孓；胸部 3 节愈合，膨大；第 8 腹节有圆筒形的呼吸管，第 9 腹节有 4 个向后突出的肛鳃及一丛扇状毛刷。

成虫陆栖，多夜间和黄昏活动。雄蚊吸食植物汁液或花蜜，雌蚊吸食温血动物血液和花蜜。有些种类能传播人类重要疾病，如库蚊传播流行性乙型脑炎和盘尾丝虫病，伊蚊传播流行性乙型脑炎、盘尾丝虫病、黄热病和登革热，按蚊传播疟疾等。幼虫水栖，取食藻类、有机质，少数捕食其他蚊子幼虫。蛹水栖，胸部通过 2 个圆筒形呼吸管与水体表面进行气体交换，当受惊扰时，能迅速翻滚下沉，故俗称“跟斗虫”。该科有许多非常重要的卫生害虫。重要种类：中华按蚊、埃及伊蚊和淡色库蚊。

4. 瘿蚊科 Cecidomyiidae　英文为 gall midges 或 gall gnats。体长通常 1～5 mm。触角细长，念珠状或结状，雄虫触角节上具环状毛；无单眼；翅较短宽，纵脉 3～5 条，Sc 脉退化，C 脉伸达翅的顶角，无横脉（图 25-44D）；足细长，被毛和鳞片，胫节无端距。幼虫周气门式，红色、橙色、粉色或黄色，纺锤形或后端稍粗，第 3 龄幼虫前胸腹板上有一个“Y”形或“T”形胸骨片（spatula）。

成虫喜早晚活动，不取食或仅吸食花蜜等液体食物。部分种类幼体生殖。幼虫有植食性、肉食性和腐食性，植食性幼虫危害常形成虫瘿，故名瘿蚊。重要种类：稻瘿蚊、柑橘花蕾蛆 *Contarinia citri* Barnes、麦红吸浆虫和麦黄吸浆虫是重要害虫，而食蚜瘿蚊 *Aphidoletes aphidomyza*（Rondani）是益虫。

（二）短角亚目

成虫体粗壮；触角 3 节，短于胸部，第 3 节延长，或分亚节，或具 1 端刺；口器切吸式；下颚须 1～2 节。幼虫半头无足型；上颚上下垂直活动；离蛹，但水虻科是围蛹。成虫羽化时，蛹壳呈“T”形裂开。该亚目昆虫通称虻类。

5. 水虻科 Stratiomyidae　英文为 soldier flies。体稍扁，常无鬃毛。体长 2～25 mm。头部较宽；触角鞭节分 5～8 亚节，有时末端有 1 端刺（图 25-42E，I）；雄虫复眼多为接眼，雌虫为离眼；中胸小盾片有时有1～4对刺突；前翅C脉止于R_{4+5}脉，不伸达翅的顶角；M_2脉存在；臀室近翅缘关闭（图25-44E）；足一般无距；爪间突垫状。幼虫体背腹较扁平，陆生幼虫身体末端钝圆，水生幼虫末端尖细；肛门前缘无齿突。

成虫有访花习性，喜欢在水边或潮湿地区的植物上活动。多数幼虫腐食性，少数幼虫植食性或肉食性。常见种类：金黄指突水虻 *Ptecticus aurifer*（Walker）、周斑水虻 *Stratiomys choui*（Lindner）。

6. 虻科 Tabanidae　英文为horse flies或deer flies。体长5～26 mm。头半球形；触角第3节牛角状，端部分亚节（图25-42F）；复眼大，常有金绿色光泽；雄虫复眼为接眼，雌虫为离眼；前翅C脉伸达翅的顶角，R_4脉与R_5脉端部分别伸达翅顶角的前方与后方；前翅中央有长六边形的中室（图25-44F）；爪间突垫状。幼虫纺锤形，各节有轮环状隆起，腹末有1条呼吸管。

成虫喜水边，飞翔能力强，个别种类每小时能飞150 km。雌虻吸食人和动物血液，能传播多种疾病，如兔热病、马的锥虫病和家畜炭疽病等。雄虻不吸血，只吸食植物汁液。幼虫栖于水中或土壤内，肉食性。1～3年1代。常见种类：华虻 *Tabanus mandarinus* Schiner和牛虻。

7. 盗虻科 Asilidae　又称食虫虻科。英文为robber flies或grass flies。体长8～40 mm。体多毛鬃，无金属光泽。头顶复眼间凹陷，复眼明显突出；触角鞭节延长，端部1～3个亚节形成端刺（图25-42H）；雌雄虫的复眼均为离眼；前翅R_5脉多伸达翅的外缘（图25-44G）；足细长，爪间突刚毛状或缺。幼虫体圆柱形，分节明显；胸部每节各有1对侧腹鬃；前气门式。

成虫和幼虫均肉食性。成虫喜阳光，捕食能力强，常静止在地面上或植物上，伺机攻击各种昆虫。幼虫生活在土壤、朽木、垃圾或腐殖质中，捕食软体动物或小昆虫，或寄生直翅目、鞘翅目、双翅目和膜翅目的幼虫。常见种类：中华食虫虻 *Cophinopoda chinensis*（Fabr.）。

8. 蜂虻科 Bombyliidae　英文为bee flies。体长1～30 mm。体粗壮，常多毛，形似蜜蜂、熊蜂或姬蜂。头部半球形或近球形；喙特别长；触角鞭节分1～4亚节，有端刺或无（图25-44H）；雄虫复眼多为接眼，雌虫为离眼；翅上有斑纹，腋瓣发达；足细长，爪间突刚毛状或无。老龄幼虫体白色，较肥胖，呈C形。

成虫喜光，飞翔能力强，有访花习性。幼虫肉食性，捕食或寄生直翅目蝗虫的卵块以及鳞翅目、膜翅目、鞘翅目、双翅目和脉翅目的幼虫或蛹。常见种类：大蜂虻 *Bombylius major* L. 和戴云姬蜂虻 *Systropus daiyunshanus* Yang *et* Du。

（三）环裂亚目

成虫体粗壮；触角3节，短于胸部，第3节具触角芒；口器为舐吸式；下颚须1～2节。幼虫无头无足型；上颚上下垂直活动。蛹为围蛹。成虫羽化时，由蛹顶端呈环形裂开。该亚目通称蝇类。

根据额囊缝的有无，该亚目分为有缝组 Schizophora 和无缝组 Aschiza。前者再分为有瓣类和无瓣类。有瓣类 Calyptratae 的前翅有下腋瓣；触角第2节背面外侧有一个

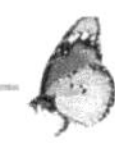

纵贯全长的纵缝；中胸盾横沟常明显且完整。无瓣类 Acalyptratae 的前翅无下腋瓣；触角第 2 节背面外侧无纵缝，或虽有但不伸达第 2 节基部；中胸盾横沟不完整或无（图 25-45）。

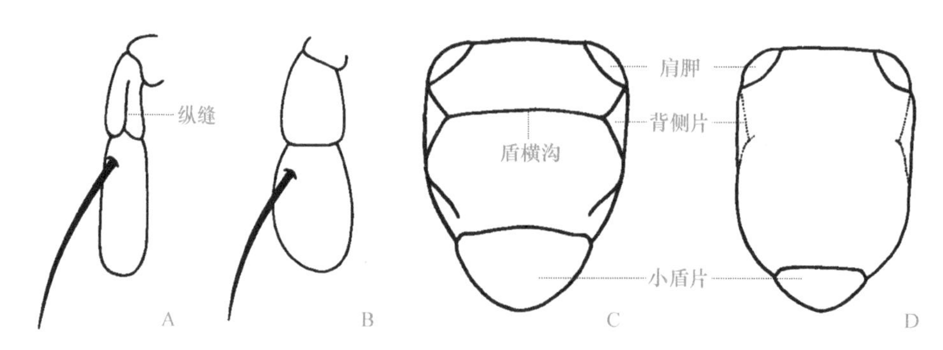

图 25-45 环裂亚目的特征

A. 有瓣类触角，示纵缝；B. 无瓣类触角；C. 有瓣类胸部背观，示盾横沟；D. 无瓣类胸部背观

（仿 Triplehorn & Johnson，2005）

9. 头蝇科 Pipunculidae 英文为 big-headed flies。体长 1～5 mm。体黑色，头红色。头大，呈球形或半球形；无额囊缝；复眼为接眼，几乎占据整个头部；前翅 R 脉与 M 脉间无游离的伪脉（spurious vein，spv），臀室在近翅缘处关闭；第 2 基室与中室几乎等长（图 25-46A）。幼虫小，分节不明显。

成虫常活动于花草间，飞翔力强。幼虫寄生于叶蝉、飞虱和沫蝉等半翅目若虫体内。常见种类：黑尾叶蝉头蝇 *Tomosvaryella oryzaetora*（Koizumi）。

10. 食蚜蝇科 Syrphidae 英文为 syrphid flies、hover flies 或 flower flies。形似蜜蜂或胡蜂，腹部常有黄、黑相间的斑纹。体长 8～36 mm。头部无额囊缝；R 脉与 M 脉间有 1 条两端游离的伪脉；如 R_{4+5}室为闭室，端横脉通常与翅缘平行（图 25-46B）。幼虫体平滑、或具皱褶突起、刺或毛；肉食性种类的体前端尖，后端平截；粪食性种类的腹末有鼠尾状的呼吸管。

成虫通常在阳光下取食花蜜和花粉或植物汁液，飞翔时能在空中静止不移又忽然突进。腐食性和粪食性幼虫生活在朽木、粪便和腐败动植物体中；肉食性种类捕食蚜虫、介壳虫、粉虱、叶蝉和蓟马等。常见种类：纤腰巴食蚜蝇 *Baccha maculata* Walker 和黑带食蚜蝇 *Episyrphus balteata*（De Geer）。

11. 秆蝇科 Chloropidae 英文为 chloropid flies 或 frit flies。体黑色、黄色或红色，有黑斑。体长 1.5～5 mm。头部有额囊缝；触角芒光裸或有细毛；单眼 3 个；中胸盾横沟不明显；前翅无下腋瓣；C 脉在 Sc 端处有 1 个缘脉折；Sc 脉端部退化或缺；Cu 脉中部略弯折；无小臀室（图 25-46C）。幼虫体短；前气门位于两侧，小而长。

幼虫多为植食性，常蛀食禾本科植物茎干；少数种类肉食性，捕食半翅目昆虫。常见种类：稻秆蝇 *Chlorops oryzae* Matsumura 和麦秆蝇 *Meromyza saltatrix*（L.）。

12. 实蝇科 Tephritidae 英文为 fruit flies。体色鲜艳；翅上常有褐色或黄色雾状斑纹。体长 1～35 mm。头部有额囊缝；触角芒光滑或有细毛；前翅无下腋瓣；C 脉有 2 个缘脉折；Sc 脉端部呈直角折向前缘；R 脉 3 分支；M 脉 2 分支；臀室末端成 1 个锐

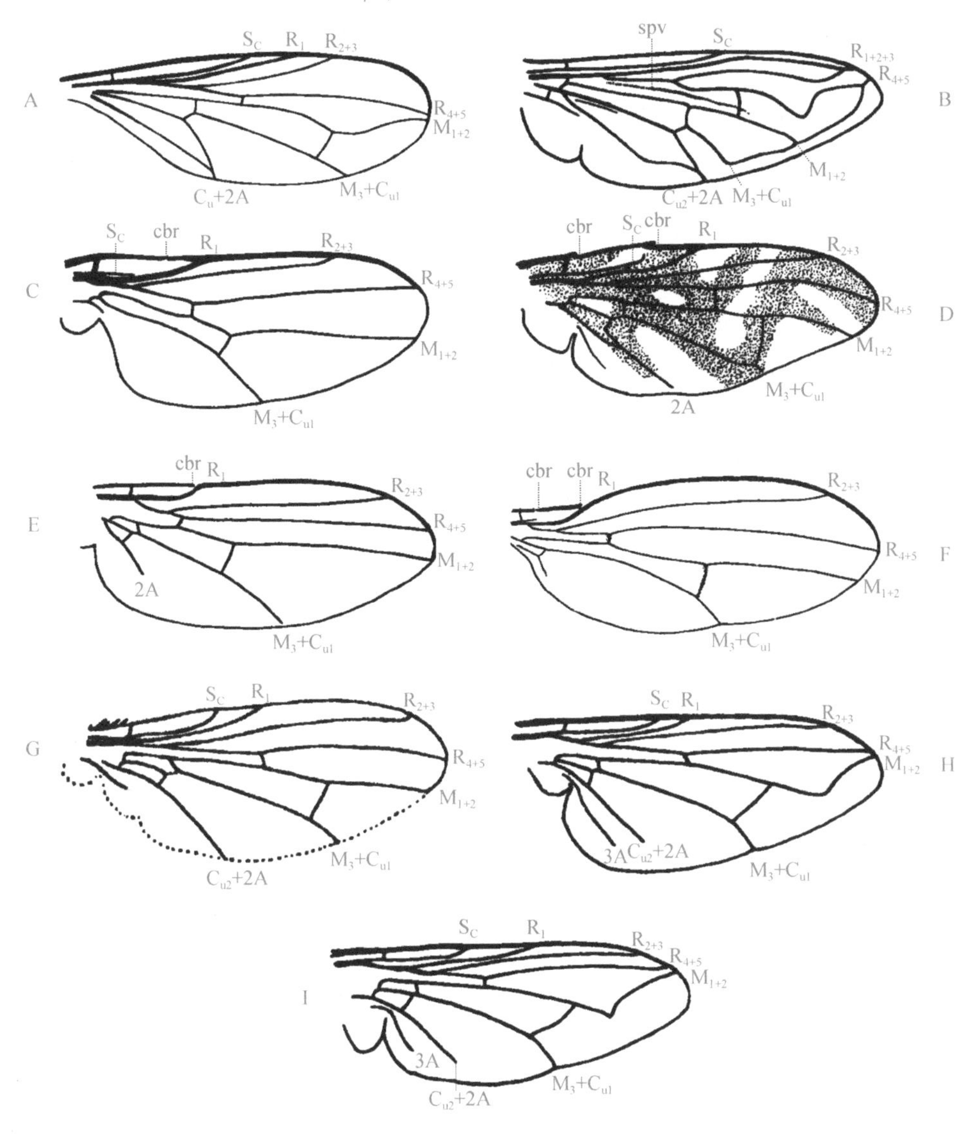

图 25-46　双翅目的前翅

A. 头蝇；B. 食蚜蝇 *Eristalis*；C. 秆蝇 *Epichlorops*；D. 实蝇；E. 潜蝇 *Agromyza*；F. 果蝇 *Drosophila*；G. 花蝇 *Anthomyia*；H. 蝇 *Musca*；I. 寄蝇

（仿 Triplehorn & Johnson，2005）

角（图 25-46D）；雌虫产卵管细长突出。幼虫长圆筒形，两端气门式。

成虫多见于花、果或叶间；静止或爬行时，常将翅展开，求偶期常不停地扇动前翅。成虫产卵于果实内或花芽中。幼虫植食性，多生活在果实中。该科有多种检疫对象。重要种类：地中海实蝇、橘大实蝇 *Bactrocera*（*Tetradacus*）*minax*（Enderlein）、杧果实蝇 *Bactrocera*（*Bactrocera*）*occipitalis*（Bezzi）、橘小实蝇 *Bactrocera dorsalis*（Hendel）和蜜柑大实蝇 *Bactrocera*（*Tetradacus*）*tsuneonis*（Miyake）等是重要检疫对象。

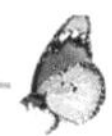

13. 潜蝇科 Agromyzidae 英文为 leafminer flies。体黑色或黄色。体长 1～6.5 mm。头部有额囊缝；触角芒光裸或具毛；前翅无下腋瓣；C 脉在 Sc 脉末端或接近于 R_1 脉处有 1 个缘脉折；Sc 脉末端变弱，或在伸达 C 脉之前与 R_1 脉合并；有小臀室（图 25-46E）；雌虫第 7 腹节长且骨化，不能伸缩。幼虫体侧有很多微小色点；前气门 1 对，着生在前胸近背中线处，互相接近。

成虫趋光性强。幼虫常潜叶危害木本植物和草本植物，取食叶肉而残留上下表皮，形成形状怪异的蛀道，俗称鬼画符；部分种类蛀茎或取食种子。在蛀道或土壤中化蛹。寄主专一性较强。重要种类：美洲斑潜蝇 *Liriomyza sativae* Blanchard 和南美斑潜蝇 *Liriomyza huidobrensis*（Blanchard）是危害蔬菜和花卉的害虫。常见种类：豌豆潜叶蝇 *Phytomyza atricornis* Meigen 和豆秆黑潜蝇 *Melanagromyza phaseoli*（Coquillett）。

14. 果蝇科 Drosophilidae 也称猩猩蝇。英文为 pomace flies、vinegar flies 或 small fruit flies。体浅黄色，复眼常红色。体长 2～4.5 mm。头部有额囊缝；触角第 3 节椭圆或圆形，触角芒羽状；中胸背板有 2～10 列刚毛；前翅无下腋瓣，C 脉有 2 个缘脉折，Sc 脉退化，有小而完整的臀室（图 25-46F）。幼虫每节有一圈小钩刺。

多数种类腐食性，成虫和幼虫喜在有发酵味的果实或植物上生活；部分植食性，以真菌为食；少数肉食性，捕食粉虱或介壳虫。生命周期短，繁殖快，易于人工饲养。著名种类：黑腹果蝇 *Drosophila melanogaster* Meigen 是非常重要的实验昆虫。1910 年，T. H. Morgen 和他的同事用这种果蝇为材料，发现了连锁遗传规律，创立了细胞遗传学；1927 年，H. J. Muller 用这种果蝇成功诱发了可遗传变异；2000 年，全球 195 位科学家共同完成这种昆虫全基因组序列的测定，这是世界上第 1 个生物基因组的全序列测定。

15. 甲蝇科 Celyphidae 英文为 beetle flies 或 beetle-backed flies。外形似甲虫，常有金属光泽。体长通常 4～8 mm。头部有额囊缝；触角芒基部粗或扁平，呈叶状；小盾片发达，一般长于中胸，并隆突成半球形或卵形，常遮盖整个腹部；前翅无下腋瓣；前翅静止时折叠在小盾片下，C 脉完整；腹部骨化强，且极弯曲。

成虫常出现于山涧旁茂密植被上。幼虫腐食性，取食腐败植物。常见种类：奇突甲蝇 *Celyphus mirabilis* Yang *et* Liu、铜绿狭须甲蝇 *Spaniocelyphus cupreus* Yang *et* Liu。

16. 突眼蝇科 Diopsidae 英文为 stalk-eyed flies。体黑褐色或红褐色。体长 4～10 mm。头部有额囊缝；头部两侧延伸成长柄，复眼位于柄端，触角着生在柄的前缘；中胸背板有 2～3 对刺突；前翅翅面常具褐斑，无下腋瓣；C 脉无缘脉折；前足腿节膨大；腹部端部膨大，似球状或棒状。

成虫常见于山涧两旁的草本植物上，幼虫腐食性或植食性。常见种类：凹曲突眼蝇 *Cyrtodiopsis concava* Yang *et* Chen 和中国突眼蝇 *Diopsis chinica* Yang *et* Chen。

17. 花蝇科 Anthomyiidae 英文为 anthomyiid flies。体一般灰黑色。体长 3～10 mm。头部有额囊缝；触角芒光裸或有羽毛；中胸背板被盾间横沟分为前后 2 块；小盾片的端侧面有细毛；背侧片上无背侧鬃；腹侧片具 1～4 根鬃；前翅有下腋瓣；M_{1+2} 脉端部不向前弯曲，直伸外缘；Cu_2＋2A 脉伸达翅的后缘；可见腹节 4～5 节（图 25-46G）。幼虫腹部各节有 6～7 个突起，且多呈羽状；后气门裂缝口呈放射形。

成虫多见于花草间，故名花蝇。幼虫通称地蛆或根蛆，危害植物的根、茎、叶和发芽种子，少数取食腐烂的动植物和粪便。常见种类：灰地种蝇 *Delia platura* (Meigen)。

18. 蝇科 Muscidae　英文为 muscid flies，或 stable flies，或 house flies。体灰黑色，胸部背板具黑色的纵条纹。体长 2～12 mm。头部有额囊缝；喙肉质，唇瓣发达；触角芒羽毛状；小盾片的端侧面无细毛；背侧片上无背侧鬃；前翅有下腋瓣，M_{1+2}脉端部向前弯曲，Cu_2＋2A 脉不伸达翅缘（图 25-46H）。幼虫腹面有伪足状突起；前气门有 12～14 个指状突；后气门 1 对，半圆形，每气门有 3 个裂口呈放射状排列。

成虫和幼虫多取食人畜粪便、食物及腐烂的有机物，成虫边吃边吐边排粪，其“吐滴”和粪便可携带病原体而污染食物。成虫能传播 50 多种人类疾病的病原体，包括肺结核、伤寒、疟疾、百日咳、霍乱、肺炎等病原体。该科昆虫有许多是非常重要的卫生害虫。重要种类：家蝇和厩螫蝇。

19. 寄蝇科 Tachinidae　英文为 tachinid flies。体多鬃毛。体长 2～20 mm。头部有额囊缝；触角芒光裸或具微毛；中胸后小盾片发达，呈椭圆形凸出，从侧面看明显；中胸下侧片及翅侧片具鬃；前翅有下腋瓣；M_{1+2}脉呈直角状向前弯折（图 25-46I）；腹部有许多粗大的鬃，各节腹板被背板两侧缘盖住。幼虫分节明显，前气门小，后气门大。

成虫活泼，白天活动，产卵于寄主体内外或寄主取食的植物上。幼虫肉食性，寄生于鳞翅目、鞘翅目、直翅目、半翅目、膜翅目和革翅目等昆虫的幼虫、蛹或成虫体内，寄主专一性强，是一类重要的天敌，一些种类已应用于害虫生物防治。常见种类：蚕饰腹寄蝇 *Blepharipa zibina* (Walker) 寄生家蚕，是蚕业的大害虫；松毛虫狭颊寄蝇 *Carcelia matsukarehae* Shima 和日本追寄蝇 *Exorista japonica* Townsend 却是寄生害虫的天敌。

20. 丽蝇科 Calliphoridae　英文为 blow flies。体多呈蓝色、绿色、黄色或铜色等色，并具金属光泽。体长 5～16 mm。头部有额囊缝；触角芒羽毛状；背侧片上有背侧鬃 2 根（图 25-47A）；前翅有下腋瓣；M_{1+2}脉呈直角状向前弯折。幼虫体 12 节，第 8～10 节有乳状突；前气门有指状突约 10 个；后气门椭圆形，有 3 个纵裂的气门口。

图 25-47　丽蝇科和麻蝇科中胸盾片前部，示背侧鬃
A. 丽蝇 *Calliphora*；B. 麻蝇 *Sarcophaga*
（仿 Triplehorn & Johnson，2005）

成虫常污染食物，传播疟疾、伤寒等疾病。幼虫主要生活于腐肉、动物尸体和粪便中；少数肉食性，寄生蜗牛、蚯蚓或蛙类。著名种类：螺旋蝇 *Cochliomyia hominivorax* (Coquerel) 曾是美国南部牛的重要害虫，后经辐射不育方法完全消灭了该虫。这是害虫不育防治的一个著名例子。常见种类：红头丽蝇 *Calliphora vicina* Robineau-Desvoidy、丝光绿蝇 *Lucilia sericata* (Meigen) 和亮绿蝇 *Lucilia illustri* (Meigen)。

21. 麻蝇科 Sarcophagidae　又称肉蝇。英文为 flesh flies。体一般灰色，多毛，无

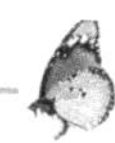

金属光泽，胸部背板常具黑色的纵条纹。体长 3.5～20 mm。头部有额囊缝；触角芒光裸或仅基半部羽毛状；背侧片上有背侧鬃 4 根（图 25-47B）；前翅有下腋瓣；M_{1+2}脉呈直角状向前弯折。幼虫体 12 节，体上有许多肉质突起；后气门椭圆形，陷入很深，上有 3 个气门孔口。

多数卵胎生。多数种类的幼虫取食腐烂的动植物尸体或粪便，或从伤口侵入体内，引起人畜蝇蛆病，少数种类寄生蜗牛或蚯蚓。常见种类：麻蝇 *Sarcophaga naemorrhoidalis* Fallen 和宽角折麻蝇 *Blaesoxipha laticornis*（Meigen）。

第二十六节　长翅目 Mecoptera

长翅目（mecos＝长，ptera＝翅）昆虫通称蝎蛉，英文为 scorpionflies 或 hangingflies。该目学名因这类昆虫的翅狭长而得名。

体小型至中型，体长 3～30 mm。头部延长成喙；口器咀嚼式，位于喙的下方，下口式；触角丝状，16～50 节；多数种类复眼发达，少数退化；有翅型有单眼 3 个，无翅型无单眼；前胸小，中胸和后胸发达；两对翅膜质，狭长，大小、形状和脉序相似，常有翅痣和斑纹，翅脉接近假想原始脉序；停息时两对翅屋脊状叠放于体背；部分种类翅为短翅或无翅；足细长，适于捕捉，跗节 5 节；腹部 11 节，但第 1 节与后胸愈合；蝎蛉科 Panorpidae 雄虫第 9 腹板向后延伸成叉状突起，其外生殖器膨大呈球状，末端几节向背面翘起如蝎子的尾；尾须短，雄虫 1 节，雌虫 2 节（图 25-48A，B）。

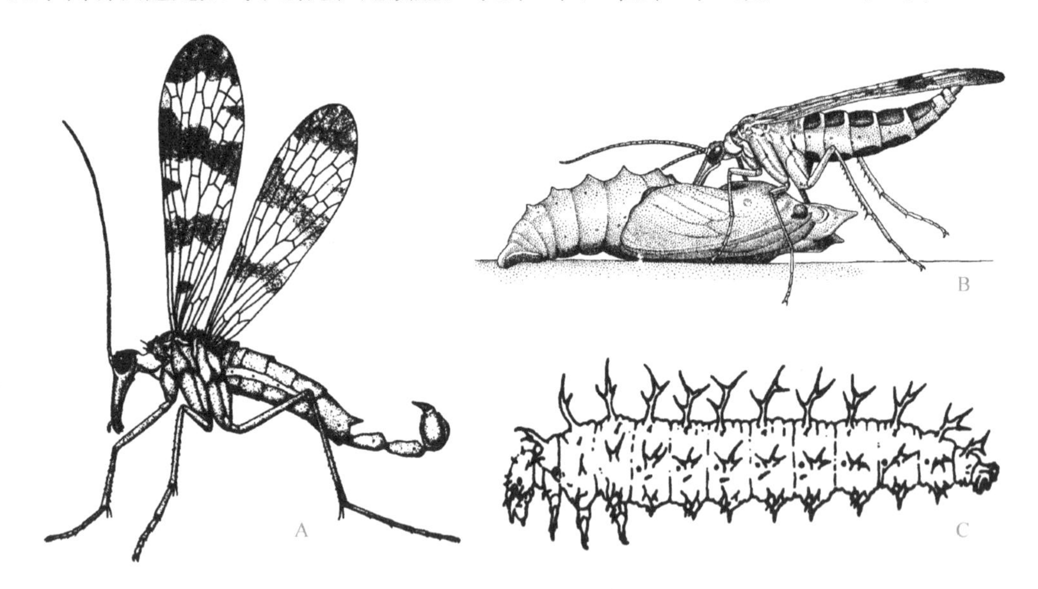

图 25-48　长翅目的代表

A. 染翅蝎蛉 *Panorpa helena* Byers 雄虫；B. 蝎蛉雌虫捕食蝴蝶的蛹；C. 蚊蝎蛉 *Bittacus* 幼虫

（A，C. 仿 Peterson，1951；B. 仿 Ward & Ward，2005）

幼虫多数是蠋型；头部骨化，每侧各有由 3～30 个小眼构成的复眼；口器咀嚼式，下口式；胸足短，胫节与跗节愈合，具单爪；腹部有腹足 9 对，位于第 1～8 腹节和第 10 腹节上（图 25-48C）。拟蝎蛉科 Panorpodidae 和雪蝎蛉科 Boreidae 幼虫是蛴螬型；

口器咀嚼式，下口式；胸足短，无腹足。小蝎蛉科 Nannochoristidae 幼虫的口器咀嚼式，前口式；胸足短，无腹足。

全变态。卵单产或窝产于地表或土中。幼虫 4 龄，通常以幼虫越冬，在土壤中化蛹。蛹是具颚离蛹。通常 1 年发生 2 代。绝大多数种类陆栖，成虫和幼虫生活于荫湿森林或峡谷等植被茂密地区的土壤表面；只有小蝎蛉科的幼虫水生。多数肉食性，少数腐食性或植食性，主要捕食蝇类、蚊子、蚜虫和鳞翅目幼虫，或取食苔藓类植物。

全世界已记载 9 科 550 种，中国已知约 200 种。

第二十七节　蚤目 Siphonaptera

蚤目（siphon＝管，aptera＝无翅）昆虫通称跳蚤，简称蚤，英文为 fleas。该目学名因这类昆虫具刺吸式口器和无翅而得名。

体微型至小型，体长 0.5～8 mm。体褐色或黑色；侧扁，体上有许多指向后端的鬃、刺或毛。头部颊上有栉（ctenidia）；口器刺吸式，上颚完全退化，上唇和下颚特化成 3 根口针；触角 11 节，短棒状；复眼无或由 1 个小眼组成；缺单眼；胸部 3 节明显，前胸后缘有栉；无翅；足基节宽扁，转节短小，腿节发达，适于跳跃；跗节 5 节，有爪 1 对；腹部 10 节；尾须短，1 节（图 25-49）。

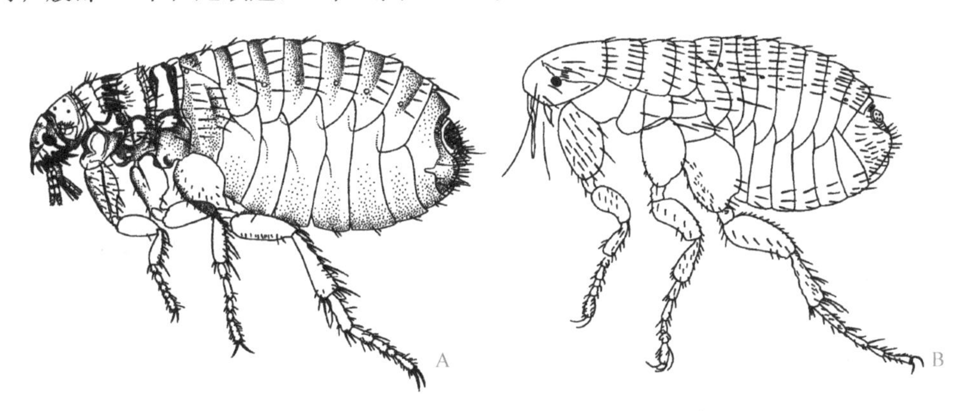

图 25-49　蚤目的代表

A. 猫蚤；B. 人蚤

（A. 仿 Gullan & Cranston，2005；B. 仿周尧，1980）

幼虫显头无足型；体细长，黄白色；咀嚼式口器；胸部 3 节；腹部 10 节，腹末有肛柱和肛梳。

全变态。产卵于寄主体上、窝或巢内。幼虫 3 龄，生活于尘土中，以寄主的皮屑、有机物渣滓或成虫的排泄物为食。蛹为无颚离裸，包被于松散的丝茧内，茧上常粘有砂粒或杂物碎屑。成虫外寄生于哺乳类或鸟类，其中哺乳类寄主占 95%。它们通常可吸食多种动物血液，能传播鼠疫、地方性斑疹伤寒和皮肤病等。成虫善跳，一些种类可跳出 200 mm 远或 300 mm 高。成虫寿命从几周到 3 年。1 年 1 代或 1 年多代。

全世界已记录 16 科 2600 种，中国已知 650 种或亚种。常见种类：猫蚤 *Ctenocephalides felis felis*（Bouch）（图 25-49A）、狗蚤 *Ctenocephalides canis*（Curtis）和人蚤

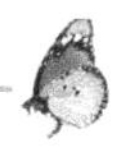

Pulex irritans L.（图 25-49B）。重要种类：印鼠客蚤 *Xenopsylla cheopis*（Rothschild）、巴西客蚤 *Xenopsylla brasiliensis*（Baker）和亚洲客蚤 *Xenopsylla astia* Rothschild 是鼠疫的重要媒介昆虫。

第二十八节　毛翅目 Trichoptera

毛翅目（trichos＝毛，ptera＝翅）昆虫的成虫通称石蛾，幼虫通称石蚕，英文为 caddisflies、caddisworms。该目昆虫因体和翅上密被细毛而得名。

体小型至中型，体长 3～39 mm，翅展 5～70 mm。体常为褐色至深褐色，外形似蛾。口器退化咀嚼式，下口式，下颚须 3～5 节，下唇须 3 节；触角丝状，多节，与前翅等长或长于前翅，常向前伸；复眼发达；单眼 2～3 个或缺；前胸比中胸或后胸短小，胸部背板上常具毛瘤；翅狭长，膜质，被细毛（偶被鳞片），前翅较后翅略长，脉序接近假想原始脉序；停息时两对翅折叠于体背呈屋脊状，明显超出腹末；足细长，胫节常有端前距或刺，跗节 5 节，爪 1 对；腹部 10 节，无特化的产卵器，常无尾须（图 25-50A）。

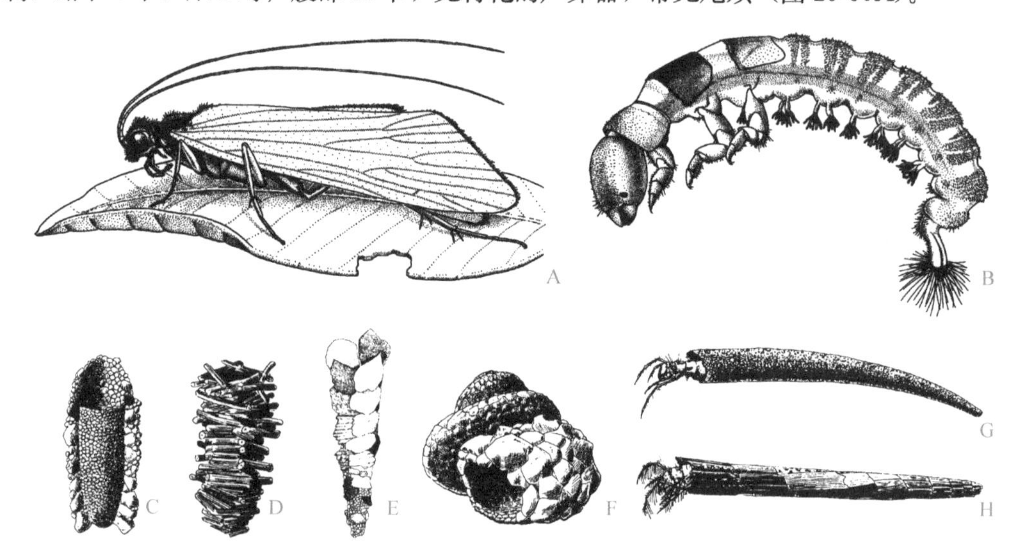

图 25-50　毛翅目的代表

A. 短脉纹石蛾 *Cheumatopsyche* 成虫；B. 短脉纹石蛾幼虫；C～H. 幼虫巢室

（A，B. 仿 Gullan & Cranston，2005；C～H. 仿 Ross，1959）

幼虫蛃型；头部骨化，每侧单眼多个，聚生；口器咀嚼式，前口式或下口式，上颚发达，下唇中央有丝腺开口；触角钉状；前胸背板骨化程度较中后胸高，中胸与后胸形状和大小相似；胸足 5 节，爪 1 对；腹部膜质，10 节，常多数甚至全部腹节都有气管鳃，气管鳃可位于腹部的背面、侧面或腹面；腹末有 1 对臀足，其末端具臀钩（图 25-50B）。

全变态。成虫陆栖，不取食或仅吸食花蜜或露水，多见于幼虫栖息的水域附近，白天隐蔽在草丛或湿度较大的灌木丛中，黄昏或夜间活动，趋光性强。卵成窝或成排产于水中石块或其他物体、或悬于水面的枝条上，每窝有卵几十至几百粒。幼虫水栖，5～7 龄，常筑巢（图 25-50C～H）或结网生活于清凉洁净的水中石块上，有肉食性、植食性和腐食性。化蛹前，幼虫吐丝结茧，筑巢者先封巢后做茧。蛹是具颚离蛹，包裹于茧内，附于石块上；发育成熟后，借上颚破茧，并爬到水面的石头或枝条上羽化。通常1年1代，部分1年2代或2～3年1代。

全世界已记录45科11 000种，中国已知约1000种。

第二十九节　鳞翅目 Lepidoptera

鳞翅目（lepidos＝鳞片、美丽，ptera＝翅）昆虫俗称蛾或蝶，英文为moths或butterflies，是昆虫纲中的第2大目。该目名称源于这类昆虫的体和翅上密被鳞片。

一、形态特征

（一）成虫

体微型至巨型，体长1.5～80 mm，翅展3～320 mm。

（1）头部　常有毛隆（chaetosema）；口器虹吸式，但小翅蛾科Micropterigidae、颚蛾科Agathiphagidae和异蛾科Heterobathmiidae昆虫的口器是咀嚼式，下口式；蝶类的触角棍棒状，蛾类触角丝状、锯齿状或双栉状等；复眼常发达；蝶类无单眼，蛾类常有单眼2个；下唇须发达（图25-51）。

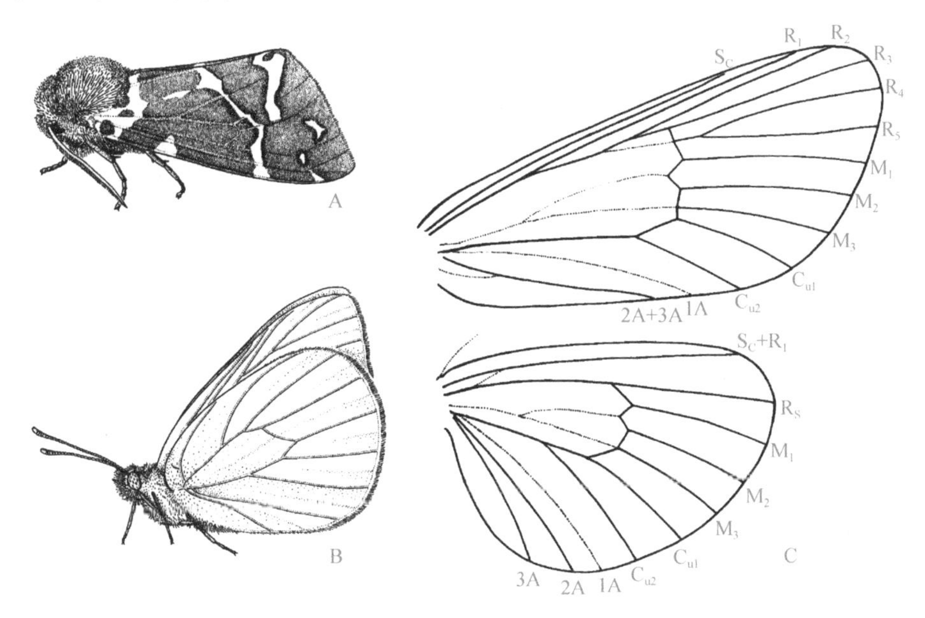

图25-51　鳞翅目成虫的特征

A. 豹灯蛾 *Arctia caja* L.；B. 菜粉蝶；C. 异脉脉序

（A，B. 仿Gullan & Cranston，2005；C. 仿Triplehorn & Johnson，2005）

（2）胸部　3节愈合，中胸最发达；翅膜质，翅面上常有由鳞片组成的各色斑纹，并给予特定的名称，如亚基线（subbasal fascia）、内横线（antemedian fascia）、中横线（median fascia）、外横线（postmedian fascia）、亚缘线（subterminal fascia）、外缘线（terminal fascia）、基斑（basal patch）、基纹（basal streak）、楔形斑（claviform stigma）、环形斑（orbicular stigma）、肾形斑（reniform stigma）和亚肾斑（subreniform

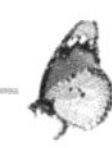

stigma）等，有些蝴蝶的翅面上有香鳞或腺鳞；前翅和后翅基部中央有中室，有些前翅R脉在中室顶角处形成副室（accessory cell），有的后翅 $Sc+R_1$ 脉在中室基部前缘形成小基室；鳞翅目的脉序相对简单，横脉很少，一般采用康-尼氏命名法或康氏命名法；鳞翅目的脉相分两类，即同脉脉序（homoneuronus venation）和异脉脉序（heteroneuronus venation）（图 25-51C），前者的前翅、后翅R脉各5条，后者的前翅R脉5条，后翅R脉只有2条，且 R_1 脉常与Sc脉合并；蓑蛾科、部分尺蛾科和毒蛾科的雌虫无翅；前足胫节内侧有胫突（tibial epiphyses），与胫节形成净角器；跗节5节。

（3）腹部　10节，节间膜发达；外生殖器位于腹部第8～10节，并常与附腺相连；有的腹末有毛刷（brush）或毛簇（tuft）；雌虫外生殖器有单孔式（monotrysian）、外孔式（exoporian）和双孔式（ditrysian）3种基本类型；无尾须。

（二）幼虫

多数是蠋型，俗称毛虫（caterpillar）；头部骨化程度较高，两侧常各有6个侧单眼，触角短，3节；额三角形，两侧有1对旁额片（adfrontal sclerites）；上唇前缘中部常内凹称缺切（图 25-52A）；前胸气门1对，前胸背板常有一个骨化区，称前胸盾

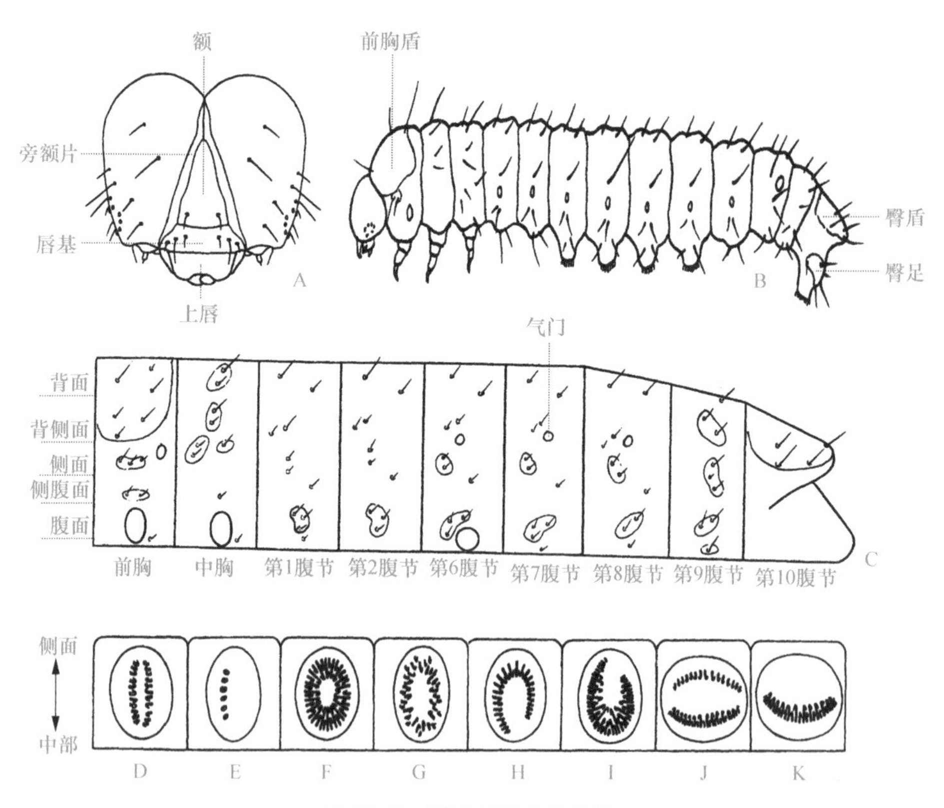

图 25-52　鳞翅目幼虫的特征

A. 头前观；B. 整体侧观；C. 毛序；D～K. 趾钩（D. 二横带，E. 单横带，F. 双序环状，G. 多行环状，H. 内侧缺环，I. 外侧缺环，J. 二纵带，K. 双序中带）

（A～C. 仿 Resh & Cardé，2003；D～K. 仿 Peterson，1948）

(prothoracic shield)；胸足 5 节，单爪；腹部 10 节，第 1～8 节各有 1 对气门（图 25-52B），臀节上常有一个骨化区，称臀盾（anal shield）；腹足 2～5 对，有趾钩，趾钩排列成一行时称单列（uniserial），两行时称双列（biserial），多行时称多列（multiserial），趾钩高度相等时称单序（uniordinal），高度不等时，即相应称双序（biordinal）、三序（triordinal）和多序（multiordinal），趾钩排列形状有环状（circle）、缺环（penellipse）、二纵带（bimesoseries）、中带（mesoseries）和二横带（transverse bands）（图 25-52D～K）等。少数幼虫是无足型或蛃型。

幼虫体上有刚毛、毛片、毛突（chalaza）、毛瘤（verruca）、竖毛簇（verricule）和毛刷等。刚毛分为 3 种类型：原生刚毛，即第 1 龄幼虫体上具有的刚毛；亚原生刚毛，为第 2 龄幼虫时出现的刚毛；次生刚毛，为第 2 龄以后出现的刚毛。其中，原生刚毛和亚原生刚毛分布排列很有规律，给予特定名称，称毛序（chaetotaxy 或 setal map）（图 25-52C）。毒蛾、枯叶蛾和刺蛾等幼虫体毛与毒腺相连，充满毒液，极易折断。

二、生物学

（一）食性和活动习性

成虫喜欢吮吸花蜜、露水、水、汗水、腐败水果、动物排泄物等，通常不再为害，但一些蛾类需补充营养，可能危害一些果实。

鳞翅目主要在幼虫期为害。绝大多数幼虫是植食性，主要食叶，部分蛀根、茎、花、果和种子，还有的取食仓储物。少数种类为肉食性，捕食或寄生其他昆虫。例如，食蚜小灰蝶 *Taraka hamada*（Druce）捕食甘蔗绵蚜、紫胶猎夜蛾 *Eublemma amabilis* Moore 捕食紫胶虫等。

蝶类成虫一般白天活动，喜飞往色泽鲜艳而香味浅淡的花朵。蛾类成虫多在夜间活动，喜趋向颜色浅淡而香味浓郁的花朵，趋光性强，在黑光灯下能诱集到大量的蛾类，因而常被用作测报和采集的手段。鳞翅目成虫活动主要是为了交配和寻找产卵场所。羽化不久的雌蛾通过分泌性信息素吸引雄蛾前来交配，而雄蝶借助美丽的外表和优美的翔舞来吸引雌蝶，适当分泌一些香味或性信息素来加强吸引效果。多数鳞翅目昆虫交配当天就可以产卵。

许多鳞翅目初孵幼虫有吞食卵壳和群集习性。一些鳞翅目成虫有群集和迁飞习性。例如，粘虫 *Pseudaletia separata*（Walker）、小地老虎 *Agrotis ipsilon*（Hufnagel）、稻纵卷叶螟 *Cnaphalocrocis medinalis*（Guenée）和甜菜夜蛾 *Spodoptera exigua*（Hübner）等。最著名的是普斑蝶秋天从加拿大南端起飞至墨西哥新火山地的森林，春天又返回加拿大，往返约 5800 km。一些夜蛾幼虫也会群集迁移，有行军虫之称。

（二）变态类型和生活史

完全变态。卵呈卵圆形、圆柱形、馒头形或扁平形，表面常有饰纹，单产或窝产，粘附于植物上或产于地表，表面常覆盖有雌蛾的毛或鳞片。单雌产卵量 30～3000 粒，但多数是 200～600 粒。幼虫一般 5～6 龄。幼虫老熟时，蝶类不结茧化蛹，蛾类则结茧

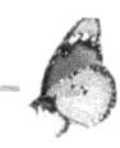

或作土室化蛹。绝大多数蛹是被蛹，仅小翅蛾科等少数种类为离蛹。成虫寿命通常只有几天。一般 1 年发生 1～6 代，部分种类可达 30 多代，但也有些种类需 2～4 年才能完成 1 代。常以幼虫或蛹越冬，部分以卵或成虫越冬。

（三）雌雄二型与多型现象

雌雄二型非常普遍，有时特别引人注目。例如，雌蛾无翅，触角丝状；雄蛾有翅，触角羽状。在蝴蝶中，雌雄二型和多型现象都很常见，尤以凤蝶科、蛱蝶科和灰蝶科最明显。蝴蝶的多型现象有多种成因，但以季节多型最常见。季节多型可以在幼虫、蛹和成虫期出现。

三、经济意义

鳞翅目幼虫是最重要的食叶害虫。例如，危害水稻的三化螟 *Scirpophaga incertulas* (Walker) 和稻纵卷叶螟，危害旱粮的粘虫和亚洲玉米螟 *Ostrinia furnacalis* Guenée，危害棉花的棉红铃虫 *Pectinophora gossypiella* (Saunders) 和棉铃虫 *Helicoverpa armigera* (Hübner)，危害果树的桃小食心虫 *Carposina nipponensis* (Walsingham)、柑橘潜叶蛾 *Phyllocnistis citrella* Stainton 和荔枝蒂蛀虫 *Conopomorpha sinensis* Bradley，危害蔬菜的小菜蛾 *Plutella xylostella* (L.) 和甜菜夜蛾；危害储粮或衣物的麦蛾 *Sitotroga cerealella* (Olivier)、米蛾 *Corcyra cephalonica* (Stainton) 和衣蛾 *Tineola bisselliella* (Hummel)，危害森林的舞毒蛾 *Lymantria dispar* (L.) 和松毛虫 *Dendrolimus* spp. 等。但是，家蚕 *Bombyx mori* (L.)、柞蚕 *Antheraea pernyi* (Guérin-Méneville)、天蚕 *Antheraea yamamai* (Guérin-Méneville) 和蓖麻蚕 *Philosamia cynthiaricini* Boisduval 等植食性昆虫是非常重要的绢丝昆虫。我国是世界蚕业的发源地，养蚕起始于公元前 1700 年，现生丝出口和丝绸出口量都居世界首位。另外，一些植食性鳞翅目昆虫可用于杂草防控，如澳大利亚引进阿根廷螟蛾 *Cactoblastis cactorum* (Berg) 防治仙人掌 *Opuntia* sp. 取得了很大成功。但是，阿根廷螟蛾现已入侵美国，对北美的濒危仙人掌构成威胁。

鳞翅目成虫是重要的传粉昆虫。蛾类主要为浅色或倒悬的花传粉，蝶类主要给红色或黄色等色彩鲜艳的花传粉。鳞翅目的成虫，尤其是蝶类有很高的观赏价值。我国蝶类资源极其丰富，尤以台湾和云南为甚。在 20 世纪 60 年代，台湾约有 2 万～3 万人以出售蝴蝶标本或工艺品为生。在越南，珍稀蝴蝶标本售价每头 1000～2000 美元。一些鳞翅目幼虫或产物是重要的药用昆虫，如冬虫夏草、僵蚕和虫茶等。

四、分类及常见科简介

鳞翅目一般分为轭翅亚目 Zeugloptera、无喙亚目 Aglossata、异蛾亚目 Heterobathmiina 和有喙亚目 Glossata 共 4 个亚目。其中，前面 3 个亚目各只有 1 个科，分别是小翅蛾科、颚蛾科和异蛾科。有喙亚目再分 6 个次目：毛顶次目 Dacnonypha、新顶次目 Neopseustina、冠顶次目 Lophocoronina、外孔次目 Exoporia、异脉次目 Heteroneura 和双孔次目 Ditrysia。本书仅介绍外孔次目和双孔次目的常见科，其中，双孔次目种类占鳞翅目已知种类的98%。目前，全世界鳞翅目已知125科16万种，中国已知约9000种。

（一）外孔次目

前翅与后翅脉相相似；雌性外生殖器外孔式，无副腺；喙短小；翅轭连锁。

1. 蝙蝠蛾科 Hepialidae 英文为 swifts 或 ghost moths。翅上常有银灰色斑纹，翅展20～230 mm。触角短，雌虫为丝状或念珠状，雄虫为栉齿状；缺单眼；喙退化；前后翅中室内M脉主干2分支，后翅R脉4～5条，R_2脉与R_3脉分别伸达翅顶角的前后缘（图25-53A）；胫节无距。幼虫体圆柱形，有皱褶，毛长在毛瘤上，胸足和腹足发达，趾钩多序环状或缺环。

成虫常在傍晚低飞，在飞翔中产卵，散落地面，单雌产卵量约3000粒，有的甚至达29 000粒。幼虫主要危害多年生草本植物的根和茎。药用种类：虫草蝙蝠蛾 *Hepialus armoricans* Oberthur 幼虫被冬虫夏草菌 *Cordyceps sinensis*（Berk.）Sacc. 寄生后形成的虫菌结合体——冬虫夏草。冬虫夏草是名贵中药材，原产于云南、四川、青海、甘肃和西藏，一般在海拔高度4000 m的草甸地带。

（二）双孔次目

前翅与后翅脉相不同；雌性外生殖器双孔式，有副腺；喙发达；翅缰或翅抱连锁。

2. 蓑蛾科 Psychidae 也称袋蛾科。英文为 bagworm moths。翅展8～56 mm。雌虫体肥胖，常无翅，幼虫型，少数有翅；无翅个体的触角、口器和足极度退化。雄虫有翅，翅中室内有分叉的M脉主干，前翅3条A脉在端部合并（图25-53B）；触角栉齿状，少数丝状。幼虫体肥胖，前胸气门在水平方向上卵形，胸足发达，腹足趾钩单序环状。

雌虫生活在幼虫所缀的巢袋内，在袋内交尾产卵，故称袋蛾。幼虫在袋中孵化，吐丝随风分散，然后吐丝叠枝叶结巢袋，负袋行走，主要危害木本植物。常见种类：大蓑蛾 *Clania variegata* Snellen。

3. 细蛾科 Gracillariidae 英文为 leafminer moths。体细长，翅展4～20 mm，翅上常有黄色、橙色、紫色金属光泽。触角丝状，约与前翅等长；下唇须常前伸或上举；翅极窄，端部尖锐，有长缘毛；前翅常有白斑和指向外的“V”形斑纹，中室直长，占翅长度2/3～3/4，5条R脉直接从中室伸出；后翅无中室（图25-53C）；停息时，以前足将身体前端支起。低龄幼虫体扁平，胸足和腹足退化或无；进入3龄后，体圆柱形，胸足发达，腹足4对，位于第3～5腹节和第10腹节上。

低龄幼虫常潜入叶、花、果和树皮内为害，3龄后爬出蛀道，卷叶为害。重要种类：荔枝蒂蛀虫和荔枝细蛾 *Conopomorpha litchiella* Bradley 是荔枝和龙眼的重要害虫，前者蛀果和梢，后者蛀梢和嫩叶。

4. 潜蛾科 Lyonetiidae 英文为 lyonet moths。体细长，翅展4～6 mm。触角细长，第1节很宽，下面凹入，盖住部分复眼，称眼罩（eye cap）；前翅披针形，中室细长，顶角有几条脉合并；后翅带状，有长缘毛，Rs脉伸达顶角前（图25-53D）；前后翅后外缘有长缘毛。幼虫体扁平，无单眼，足退化。

幼虫潜叶为害，在隧道外化蛹。重要种类：柑橘潜叶蛾。

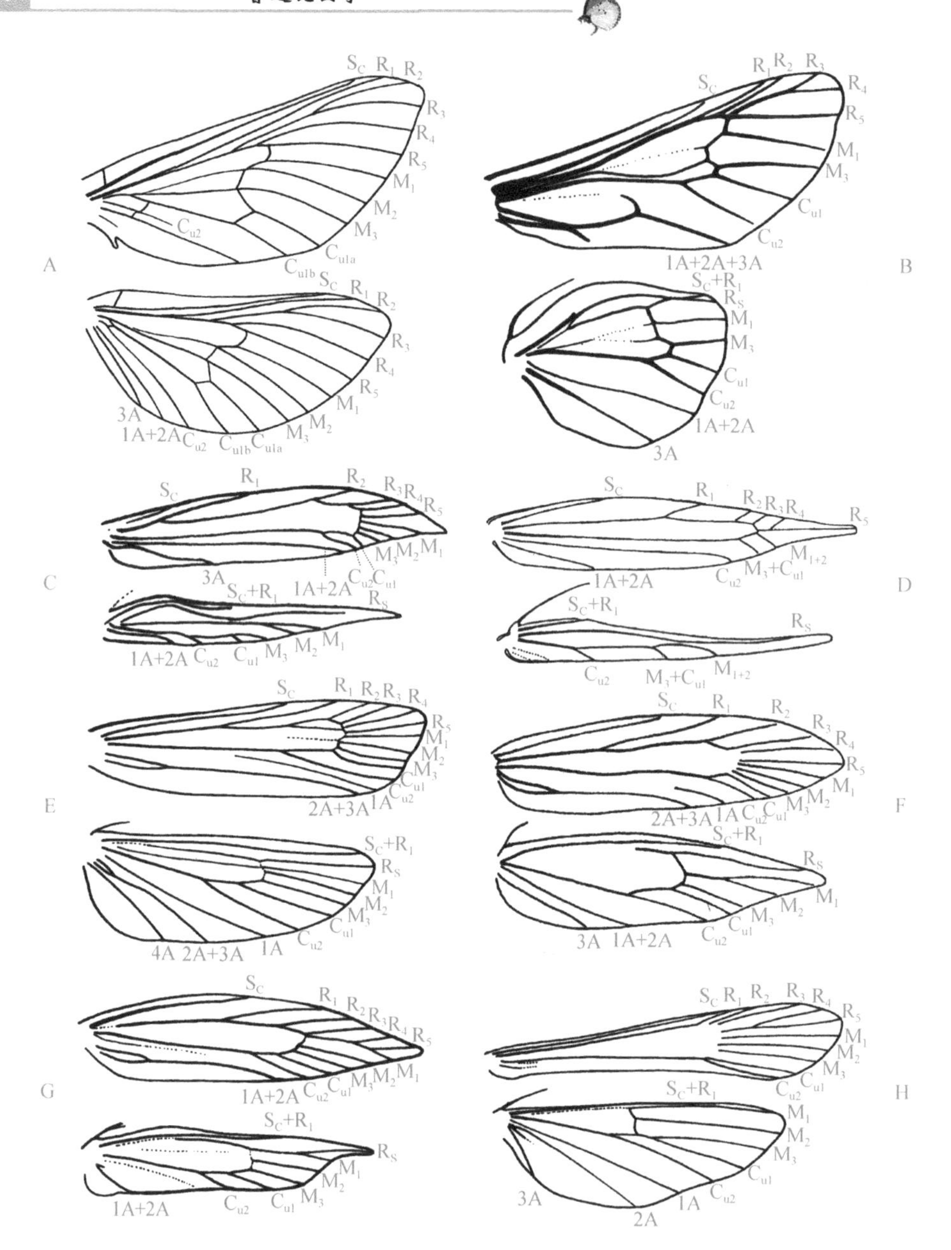

图 25-53 鳞翅目代表的脉序（一）

A. 蝙蝠蛾 *Sthenopis*；B. 蓑蛾 *Thyridopteryx*；C. 细蛾 *Gracillaria*；D. 柑橘潜叶蛾；E. 巢蛾 *Atteva*；F. 菜蛾；G. 麦蛾；H. 透翅蛾 *Synanthedon*

（A～C，E，G，H. 仿 Triplehorn & Johnson，2005；D，F. 仿周尧，1977）

5. 巢蛾科 Yponomeutidae 英文为 ermine moths。体细长，翅展 7～33 mm。触角丝状；前翅 5 条 R 脉从中室伸出，R_5 脉伸达翅的外缘，有 1 个副室，2A 脉和 3A 脉大部分合并；后翅 Rs 脉与 M_1 脉分离，A 脉 3～4 条（图 25-53E）；前后翅的后外缘有长缘毛。幼虫细长，前胸气门前片有 3 根毛，腹足趾钩缺环。

幼虫常吐丝结巢为害。重要种类：苹果巢蛾 *Yponomeuta padellus* L.。

6. 菜蛾科 Plutellidae　英文为 diamondback moths。翅展 12～28 mm。触角柄节有栉毛，静息时向前伸；前翅细长，后缘有长缘毛，休息时突起似鸡尾状；后翅 M_1 脉与 M_2 脉常共柄，Rs 脉与 M_1 脉分离（图 25-53F）。幼虫体细长，常绿色，足发达，行动敏捷。

幼虫食叶，并在叶上结薄茧化蛹。重要种类：小菜蛾。

7. 麦蛾科 Gelechiidae　英文为 twirler moths。体细长，翅展 8～32 mm。触角丝状；前翅大披针形，R_4 脉与 R_5 脉共柄，R_5 脉伸达顶角前缘，1A 脉和 2A 脉大部分合并；后翅外缘常向内凹入，顶角尖，后缘有长缘毛，Rs 脉与 M_1 脉基部共柄或靠近（图 25-53G）。幼虫腹足 5 对，趾钩双序缺环或二横带，臀板（anal plate）下常具臀栉（anal comb）。

幼虫卷叶、潜叶或蛀茎、蛀干、蛀果为害。重要种类：棉红铃虫、马铃薯块茎蛾 *Phthorimaea operculella*（Zeller）和麦蛾。

8. 透翅蛾科 Sesiidae　英文为 clearwing moths。翅展 12～60 mm，腹部常有黄黑相间的斑纹，外形似蜂。翅上鳞片主要集中在翅脉和翅缘，其他部分膜质透明；前翅细长，R 脉 5 条，R_1～R_3 脉从中室伸出，R_4 脉与 R_5 脉基部共柄，无 A 脉；后翅 Sc 脉与 R_1 脉合并，无 Rs 脉，A 脉 3 条（图 25-53H）；足上常有长毛簇。幼虫体细长光滑，前胸气门在垂直方向上圆形或卵形，前胸气门前毛片上有 3 根毛，趾钩常单序二横带。

成虫常白天活动，有访花习性。幼虫蛀茎、干或根。常见种类：杨干透翅蛾 *Sphecia siningensis* Hsu。

9. 木蠹蛾科 Cossidae　英文为 carpenter moths。翅上常有黑色斑点，翅展 12～150 mm。喙退化；雄虫触角双栉状，雌虫触角丝状或锯齿状；前翅中室有 M 脉主干，A 脉 3 条；后翅中室有 M 脉主干，Rs 脉与 M_1 脉基部共柄，A 脉 3 条（图 25-54A）。幼虫前胸气门前毛片上有 3 根毛，趾钩单序、双序或三序环形、缺环或二横带。

成虫产卵于地表或树皮缝隙内，产卵量较大。幼虫蛀食木本植物的茎干。常见种类：芳香木蠹蛾 *Cossus cossus* L.。

10. 卷蛾科 Tortricidae　英文为 leafroller moths。翅展 7～60 mm。触角丝状；前翅肩区发达，前缘弯曲，呈长方形，前翅平放在背上时呈吊钟状；前翅 R 脉 5 条，均从中室伸出，不合并，M_2 脉靠近 M_3 脉；后翅 Sc＋R_1 脉与 Rs 脉不接近，M_2 脉靠近 M_3 脉，Cu_2 脉从中室中部伸出（图 25-54B）。幼虫体细长光滑，前胸气门前毛片上有 3 根毛，臀板下常有臀栉，趾钩单序、双序或三序环状。

幼虫卷叶，蛀茎、花、果和种子。重要种类：苹果蠹蛾 *Cydia pomonella*（L.）、苹果小食心虫 *Grapholitha inopinata* Heinrich 和梨小食心虫 *Grapholitha molesta*（Busck）是检疫害虫。

11. 刺蛾科 Limacodidae　英文为 slug caterpillar moths 或 saddleback caterpillar moths。体粗壮多毛，翅展 15～86 mm。雄虫触角双栉状，约是体长一半；喙退化或消失；翅短而宽，中室内 M 脉主干常分叉；前翅 A 脉 3 条，2A 脉与 3A 脉基部相接；后翅 Sc＋R_1 脉从中室中部伸出，A 脉 3 条相互分开（图 25-54C）。幼虫常绿色或黄色，体上多枝刺（scoli），蛞蝓型，足退化，但第 1～7 腹节的腹面常有吸器。老熟幼虫化蛹前分泌草酸钙与丝形成鸟蛋形的硬茧，附着于树干或埋入浅土中。

幼虫食叶，危害多种林木。常见种类：黄刺蛾 *Cnidocampa flavescens*（Walker）。

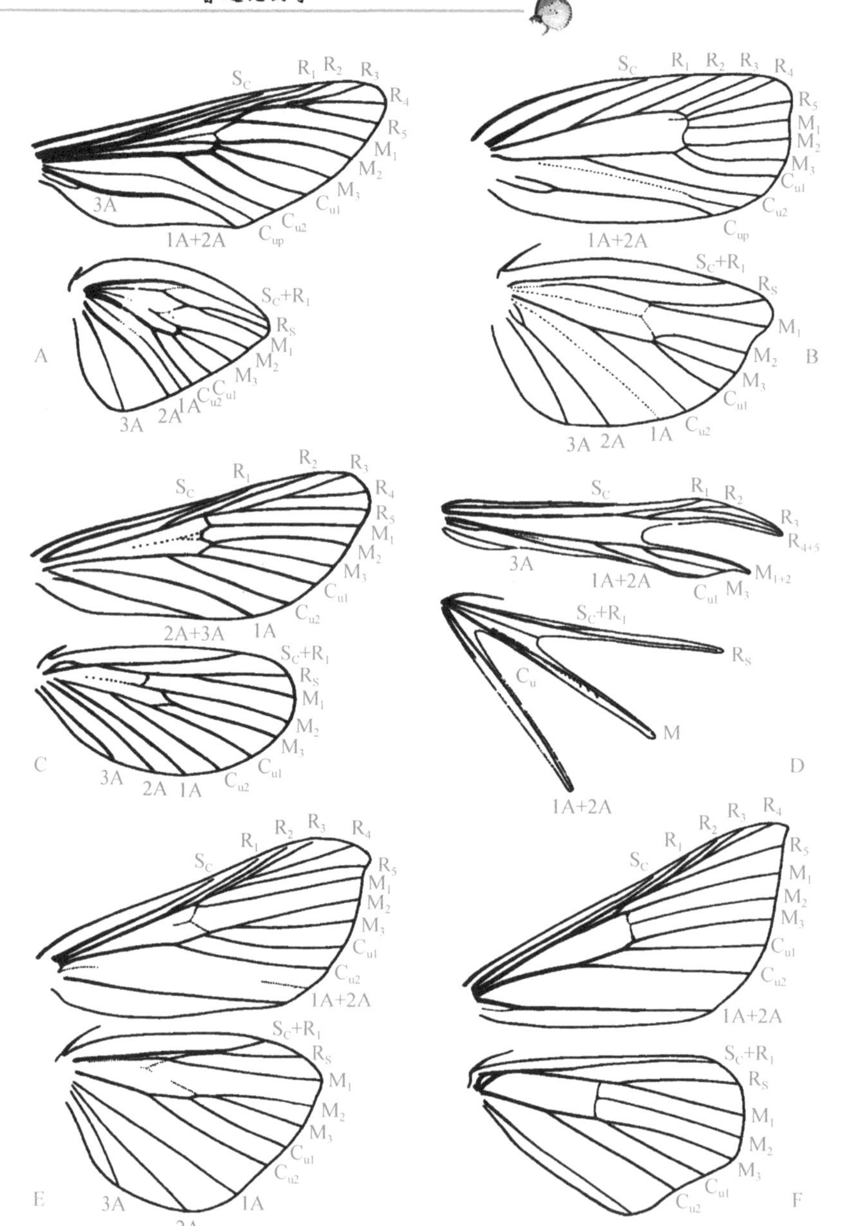

图 25-54 鳞翅目代表的脉序（二）

A. 木蠹蛾 *Prionoxystus*；B. 卷蛾；C. 刺蛾 *Euclea*；D. 羽蛾；E. 螟蛾 *Pyralis*；F. 尺蛾 *Haematopsis*

（A～C，E，F. 仿 Triplehorn & Johnson，2005；D. 仿周尧，1980）

12. 羽蛾科 Pterophoridae 英文为 plume moths。体细长，翅展 10～40 mm。前翅裂成 2～3 叶，后翅裂成 3 叶（图 25-54D）；停息时前后翅纵卷并垂直于身体；足极细长，后足胫节长是腿节的 2 倍以上，第 1 对距位于中后方；腹部第 2～3 节明显延长。幼虫细长，前胸侧毛 3 根，腹足细长，趾钩单序中列。

通常卷叶为害，部分蛀食茎干。常见种类：甘薯白羽蛾 *Pterophorus monodactylus* L.。

13. 螟蛾科 Pyralidae 英文为 snout moths。体细长，翅展 10～160 mm。下唇须呈喙状向头部前端伸出；触角丝状；前翅三角形，R 脉 5 条，R_3 脉与 R_4 脉常共柄；后翅 Sc＋R_1 脉有一段在中室外与 Rs 脉愈合或接近，M_2 脉靠近 M_3 脉，A 脉 3 条（图 25-54E）；腹基有听器。幼虫体细长少毛，前胸气门前毛片上有 2 根毛，趾钩单序、双序或三序，排列成环状、缺环或二横带。

幼虫卷叶、蛀茎、干、果或种子。重要种类：印度谷斑螟 *Plodia interpunctella*（Hübner）和地中海粉螟 *Anagasta kuhniella*（Zeller）是重要贮粮害虫。1909 年在德国苏云金省（Thuringen）的面粉厂中发现有一批染病死亡的地中海粉螟，经分离鉴定病原是苏云金杆菌。Berliner（1911）报道了这一重大发现，成为细菌治虫的重要里程碑。

14. 尺蛾科 Geometridae 英文为 geometrid moths 或 geometer moths。翅展 12～120 mm。无单眼；翅宽薄，鳞片细密；前翅 R 脉 5 条，R_2 脉、R_3 脉、R_4 脉和 R_5 脉常共柄，常有 1 个副室；后翅 Sc＋R_1 脉在基部弯曲，常形成 1 个基室（图 25-54F）；停息时两对翅平展；部分雌虫无翅或短翅；腹基有听器。幼虫体细长无毛，腹部只有 1 对腹足和 1 对臀足，行走时似尺量物，故称尺蠖、步曲或造桥虫（有些夜蛾科的幼虫也称造桥虫）。

幼虫有拟态习性，多为木本植物害虫。重要种类：茶小尺蠖 *Ectropis obliqua* Prout。

15. 枯叶蛾科 Lasiocampidae 英文为 tent caterpillar moths 或 lappet moths。体粗壮多毛，翅展 20～180 mm。触角双栉状；单眼和喙退化；复眼小眼面周围有细毛；前翅 R 脉 5 条，R_5 脉与 M_1 脉共柄，M_2 脉靠近 M_3 脉；后翅无翅缰，肩角扩大，h 脉 2 条，M_2 脉靠近 M_3 脉（图 25-55A）。幼虫体具毒毛（urticating hairs），上唇浅缺切，前胸足的上方有 1～2 对突起，其上毛簇特别长，趾钩双序中列。

幼虫食叶，是林木和果树的重要害虫。重要种类：黄褐天幕毛虫 *Malacosoma neustria testacea* Motschulsky 和松毛虫 *Dendrolimus* spp.。松毛虫在我国有 28 种或亚种，严重危害松树。同时其毛与毒腺相连，人接触后可引发松毛虫病。

16. 天蚕蛾科 Saturniidae 也称大蚕蛾科。英文 emperor moths 或 giant silkworm moths。体粗壮，翅展 30～300 mm。触角短，双栉状，部分雌虫为丝状，喙退化；翅中室常有透明斑，前翅 R 脉 3～4 条，M_2 脉靠近 M_1 脉；后翅无翅缰，肩角发达，但无 h 脉，M_2 脉靠近 M_1 脉（图 25-55B）；一些种类后翅有尾状突。幼虫体粗壮，有枝刺或带刺瘤突，上唇有倒“V”形缺切，趾钩双序中列式，有的第 8 腹节背面有 1 个尾突（caudal process）。

多数幼虫食性广。部分成虫白天或黄昏活动。著名种类：天蚕的丝素有“丝中皇后”之称，极其美丽高贵。

17. 蚕蛾科 Bombycidae 英文为 silkworm moths。体粗壮，翅展 24～70 mm。触角双栉状；喙退化；前翅外缘近顶角处常有弯月形凹陷，5 条 R 脉常基部共柄，至少 R_3 脉、R_4 脉与 R_5 脉基部共柄；后翅翅缰很小，Sc＋R_1 脉与 Rs 脉在中室中部相接（图 25-55C）；两翅停息时常向体侧伸展。幼虫各腹节至多分 3 个小环节（annulets），左右腹足相互离开，第 8 腹节背面有 1 个尾突。

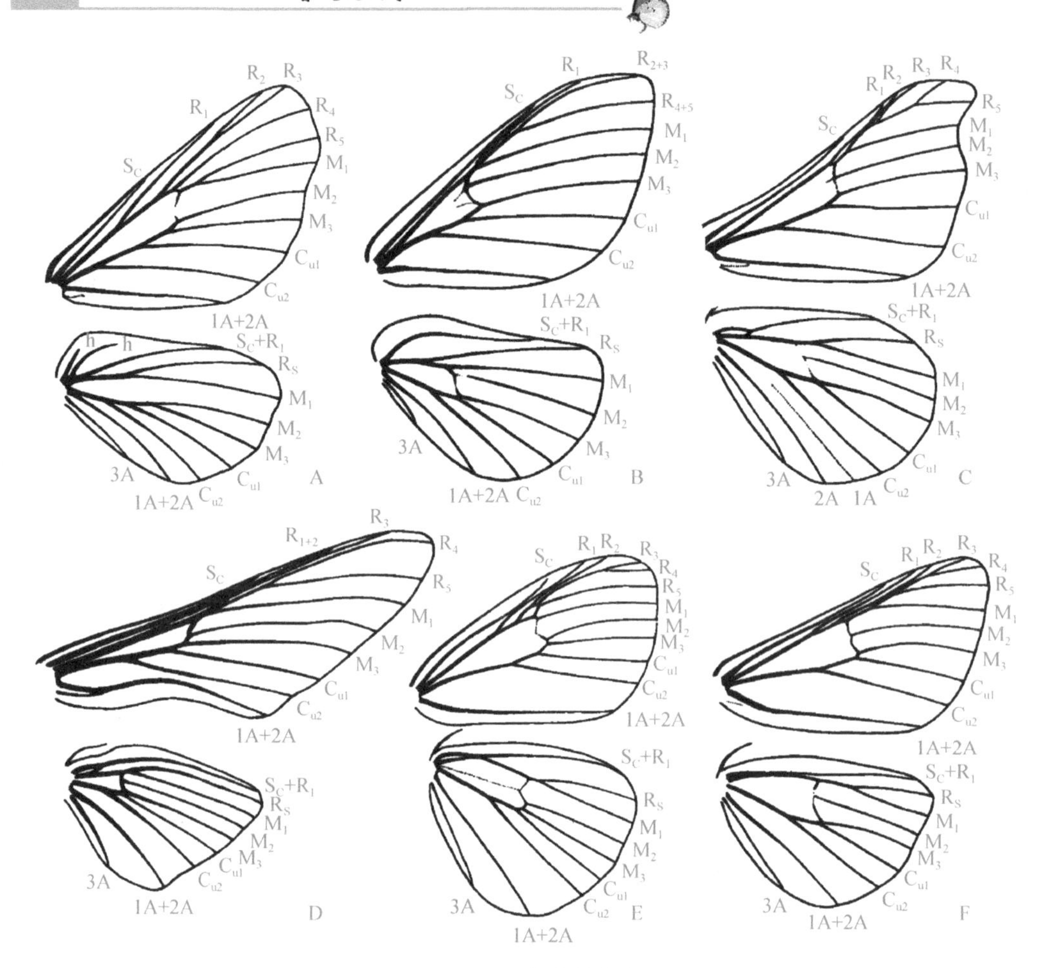

图 25-55 鳞翅目代表的脉序（三）

A. 枯叶蛾 *Malacosoma*；B. 天蚕蛾 *Anisota*；C. 蚕蛾 *Bombyx*；

D. 天蛾 *Hemaris*；E. 毒蛾 *Orgyia*；F. 舟蛾 *Datana*

（仿 Triplehorn & Johnson，2005）

幼虫主要取食紫葳科、山矾科、桑科或茶科植物的叶子。著名种类：家蚕 *Bombyx mori*（L.）是绢丝昆虫，原产我国。据报道，家蚕的单茧由 1 条约 914 m 长的丝构成。中国真丝年产量已占世界总产量的 80%。

18. 天蛾科 Sphingidae 英文 sphinx moths 或 hawk moths。体纺锤形，翅展 40～220 mm。喙特别发达，不短于体长；触角末端弯成细钩；前翅狭长，后缘内凹，R_1 脉与 R_2 脉共长柄或完全合并，R_4 脉与 R_5 脉共柄，M_1 脉与 R_5 脉共柄；后翅小，$Sc+R_1$ 脉与中室中部有横脉相连（图 25-55D）；腹部第 1 节有听器。幼虫体粗壮，各腹节分 6～9 个小环节，左右腹足靠近，第 8 腹节背面有 1 个尾突。

成虫飞行迅速，且能在空中悬停。不少种类日出，有访花习性，是重要的传粉昆虫。幼虫休息时常将身体前端举起，头部缩起向下。通常在土中或地表化蛹，蛹无茧包裹。常见种类：甘薯天蛾 *Herse convolvuli*（L.）和烟草天蛾 *Manduca sexta* L.。

19. 毒蛾科 Lymantriidae 英文为 tussock moths 或 gypsy moths。体粗壮多毛，翅展

18～100 mm。触角双栉状；喙与下唇须退化；无单眼；前翅 R 脉 5 条，R_3 脉与 R_4 脉常基部共柄，M_2 脉靠近 M_3 脉，有的种类有副室；后翅肩角不扩大，有翅缰，$Sc+R_1$ 脉与 Rs 脉在中室 2/5 处相接或靠近，形成 1 个基室，M_2 脉靠近 M_3 脉或 M_2 脉消失（图 25-55E）；足多毛，休息时前足伸向前方；雌虫腹末有成簇毛鳞；部分雌虫短翅或无翅。幼虫多毛，胸部背面有竖毛簇，腹部第 6～7 节背中央有翻缩腺开口，趾钩单序中带。

幼虫多食性，是林木和果树的重要害虫。重要种类：舞毒蛾。

20. 舟蛾科 Notodontidae 英文为 prominent moths 或 oakworm moths。体多毛，翅展 38～128 mm。雌虫触角常丝状，雄虫触角双栉状；喙发达；前翅常有细横纹，R 脉 5 条，R_3 脉与 R_4 脉常基部共柄，一般有副室，M_2 脉介于 M_1 脉与 M_3 脉之间，Cu 脉似 3 叉型，A 脉 1 条；后翅 $Sc+R_1$ 脉与 Rs 脉在基部愈合几达中室长的 2/3，M_2 脉靠近 M_1 脉，A 脉 2 条（图 25-55F）；胫节端距常有齿。幼虫体色常鲜艳，背面常有峰突或枝突，臀足消失或特化成 1～2 条细长的枝足（stenopods），趾钩单序，当受惊扰时常头尾举起。

幼虫主要危害木本植物。常见种类：杨扇舟蛾 *Clostera anachorta*（Fabr.）。

21. 灯蛾科 Arctiidae 英文为 footman moths。翅展 12～120 mm，腹背常有红色、橙色或黑色斑纹（图 25-51A）。喙退化；前翅 M_2 脉靠近 M_3 脉，A 脉 1 条；后翅 $Sc+R_1$ 脉与 Rs 脉在基部愈合几达中室之半，M_2 脉靠近 M_3 脉，A 脉 2 条（图 25-56A）。幼虫体较软，密生长度一致的白色、红褐色或黑色长毛，毛常分支呈羽状，前胸气门上方有2～3 个毛瘤，胸足端部有末端片状膨大的毛。

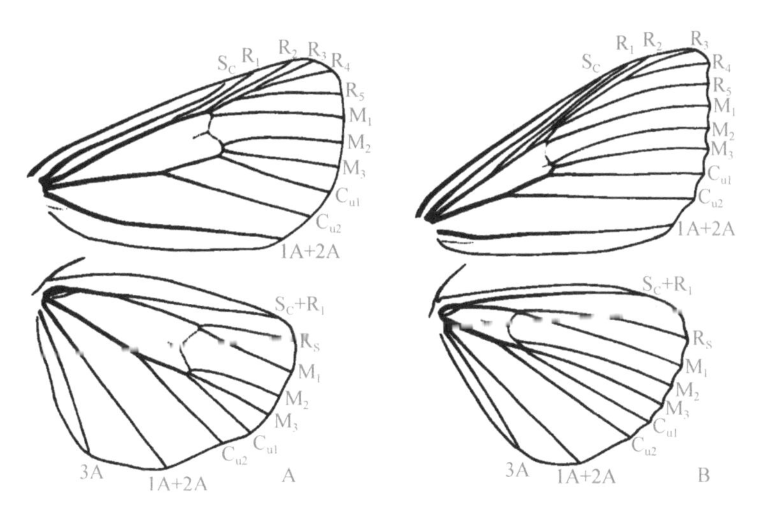

图 25-56 鳞翅目代表的脉序（四）

A. 灯蛾 *Apantesis*；B. 夜蛾

（仿 Triplehorn & Johnson，2005）

幼虫有植食性和腐食性，植食性种类的食性广。成虫趋光性强。重要种类：美国白蛾 *Hyphantria cunea*（Drury）可危害 317 种以上的阔叶果树和行道树。

22. 夜蛾科 Noctuidae 该科是鳞翅目最大的科。英文为 owlet moths 或 cutworm

moths。体多色暗，翅展10～320 mm。触角常丝状；复眼大；有单眼；喙发达；前翅R脉5条，R_3脉与R_4脉常基部共柄，有的种类有副室，M_2脉靠近M_3脉；后翅肩角不扩大，有翅缰，$Sc+R_1$脉与Rs脉在中室约1/4处相接或靠近，形成1个小基室，M_2脉靠近M_3脉或M_2脉消失（图25-56B）。幼虫体多具纵条纹，无毛或有毛，毛不分枝，前胸气门在垂直方向上圆形或卵形，中胸、后胸足毛片上仅有1毛，趾钩单序或双序环状或缺环，足式有30040001、300030001或3000020001。

成虫在夜间活动，幼虫也多在夜间活动和取食，故称夜蛾。成虫趋光性和趋化性强。幼虫主要危害禾本科和十字花科等植物，食性广；但成虫是重要的传粉昆虫。重要种类：棉铃虫、斜纹夜蛾 *Spodoptera litura*（Fabr.）和甜菜夜蛾。

23. 弄蝶科 Hesperiidae　英文为skippers。体色常灰暗，翅展20～90 mm。头部常较胸部宽，触角基部远离，末端呈钩状；前翅5条R脉从中室伸出（图25-57A）。幼虫体纺锤形，头大，前胸小，体中部粗、末端细，趾钩环状，臀板下有臀栉。

成虫多在早晚光线较弱时活动，飞行迅速而带跳跃。幼虫主要危害禾本科植物，常缀叶结苞为害。以幼虫越冬。常见种类：香蕉弄蝶 *Erionota torus* Evans。

24. 凤蝶科 Papilionidae　英文为swallowtails。体大且美丽，翅展35～260 mm。前翅R脉4～5条，A脉2条，第2条很短，中室与A脉基部有1条横脉相连；后翅Sc脉与R脉在基部形成1个小基室，在M_3脉处有尾状突或外缘波状，A脉1条（图25-57B）；前足胫突发达。幼虫体光滑无毛，前胸背部前缘有臭丫腺，后胸明显隆起。缢蛹，头部具2叉突。

许多种类成虫有雌雄二型和多型现象。幼虫主要危害芸香科、樟科和马兜铃科等植物。以蛹越冬。濒危种类：金斑喙凤蝶 *Teinopalpus aureus* Mell是我国Ⅰ级重点保护野生动物，三尾褐凤蝶 *Sinonitis thaidina dongchuanensis*（Blanchard）、双尾褐凤蝶 *Bhutanitis mansfieldi*（Riley）和中华虎凤蝶 *Luehdorfia chinensis* Leech是Ⅱ级重点保护野生动物。

25. 粉蝶科 Pieridae　英文为sulphurs或orange tips。体多为白色、黄色或橙色，翅顶角常有黑色或红色斑，翅展25～100 mm。前翅R脉3～5条，A脉1条；后翅A脉2条（图25-57C）；前足正常，内外爪等长。幼虫常为绿色或黄色，体上有短毛和黑色小粒点，各节分4～6个小环节，趾钩中带双序或三序。缢蛹，与凤蝶的蛹相似，但头端只有1个突起。

幼虫主要危害十字花科、豆科和蔷薇科等植物。以蛹越冬。常见种类：菜粉蝶 *Pieris rapae*（L.）（图25-51B）。

26. 蛱蝶科 Nymphalidae　英文为admirals或brushfooted butterflies。体上有美丽色斑，翅展25～150 mm。触角上有鳞片，腹面有3条纵脊，末端棒状膨大非常明显；前翅R脉4～5条，A脉1条（图25-57D）；前足退化，常无爪或仅具单爪。幼虫体上有许多无毒的枝刺，或具头角或尾突1对，上唇缺切倒V字形，趾钩单序、双序或三序中列式。悬蛹。

幼虫主要危害大风子科、西番莲科、荨麻科、堇菜科等双子叶植物。成虫飞行迅速，停息时两翅常不停地拍动。以成虫越冬。著名种类：枯叶蛱蝶 *Kallina inachus* Doubleday。

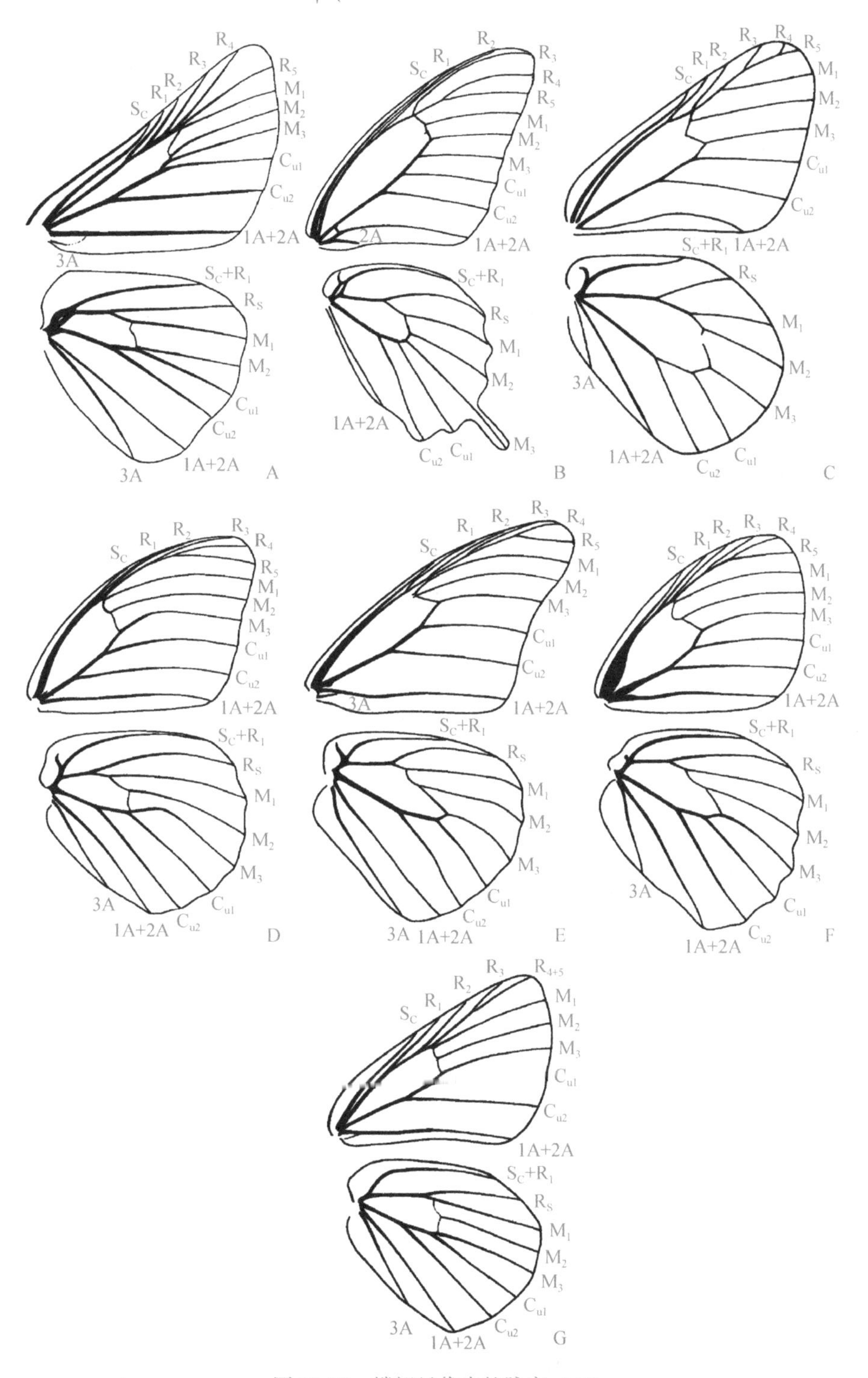

图 25-57 鳞翅目代表的脉序（五）

A. 弄蝶 *Pseudocopaeodes*；B. 凤蝶 *Papilio*；C. 粉蝶 *Euchloe*；D. 蛱蝶 *Speyeria*；
E. 斑蝶 *Danaus*；F. 眼蝶 *Cercyonis*；G. 灰蝶 *Lycaena*
（仿 Triplehorn & Johnson，2005）

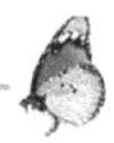

27. 斑蝶科 Danaidae　英文为 milkweed butterflies。翅展 25～150 mm。触角上无鳞片，腹面有 3 条纵脊，末端棒状膨大不明显；前翅 R 脉 5 条，R_3 脉、R_4 脉和 R_5 脉基部共柄，A 脉 2 条，第 2 条很短（图 25-57E）；后翅肩区发达，常有发香鳞区；前足退化，无爪。幼虫体无毛，体节有许多横皱纹，中胸或第 8 腹节背面常有肉状丝突 1～2 对。悬蛹。

幼虫喜群栖，主要危害夹竹桃科、萝藦科和桑科等双子叶植物。成虫飞行缓慢。常见种类：金斑蝶 *Danaus chrysippus*（L.）。著名种类：普斑蝶 *Danaus plexippus*（L.）。

28. 眼蝶科 Satyridae　英文为 satyrs。体色暗，翅上常有眼状斑，翅展 25～150 mm。触角腹面有 3 条纵脊；前翅 R 脉 5 条，前面几条纵脉的基部常膨大，特别是 Sc 脉（图 25-57F）；前足退化，无爪或仅具单爪。幼虫纺锤形，头部分两叶或长角，前胸颈状，腹末有 1 对尾突，趾钩中带式，单序、双序或三序。悬蛹。

幼虫主要危害禾本科、莎草科、棕榈科、凤梨科和芭蕉科等单子叶植物。常见种类：稻眼蝶 *Mycalesis gotama* Moore。

29. 灰蝶科 Lycaenidae　英文为 hairstreaks、blues 或 coppers。体细长，翅展 15～70 mm。触角上有白环；复眼在近触角侧凹入，周缘有白色鳞片；前翅 R 脉 3～4 条，M_1 脉从中室顶角伸出；后翅常无 h 脉，后缘常有 1～3 个尾状突（图 25-57G）；雌虫前足正常，雄虫前足无爪。幼虫蛞蝓型，无腹足，第 7 腹节背面常有 1 翻缩腺。悬蛹。

多数种类是植食性，常危害豆科等植物。有些幼虫能分泌蜜露，与蚂蚁形成共栖关系。常见种类：琉璃灰蝶 *Celastrina argiolus*（L.）和亮灰蝶 *Lampides boeticus*（L.）。

第三十节　膜翅目 Hymenoptera

膜翅目（hymen＝膜，ptera＝翅）昆虫俗称叶蜂、树蜂、蜜蜂、蚂蚁和寄生蜂，英文为 sawflies、wood wasps、bees、ants、wasps 或 parasitoids。该目名称源于这类昆虫的两对翅是膜翅。

一、形态特征

（一）成虫

体微型至大型，体长 0.1～65 mm，翅展 0.2～120 mm。

（1）头部　口器咀嚼式或嚼吸式，下口式或前口式；触角的形状和节数变化较大，有丝状、念珠状、棍棒状、膝状和栉齿状等；在小蜂总科中，鞭小节还分为环状节、索节和棒节；复眼发达；单眼 3 个。

（2）胸部　包括前胸、中胸和后胸；在细腰亚目中，还包括并胸腹节，所以细腰亚目的胸部又称中躯（mesosoma 或 alitrunk）（图 25-58）；前胸常短小，两个后侧角向后延伸，称前胸背板突（pronotal process）；中胸发达，常分为中胸盾片和小盾片；中胸盾片有的具 2 条盾纵沟（notauli）；部分种类在盾纵沟两侧还有 2 条盾侧沟（parapsidal lines）；后胸背板一般不发达；在细腰亚目中，后胸背板紧接并胸腹节；膜翅两对，前翅大于后翅；前翅肩角前有翅基片，前翅前缘常有翅痣，后翅前缘有翅钩列；翅脉变化大，有的复杂，有的简单，甚至完全消失，翅脉命名主要采用 Gauld 和 Bolton（1988）

提出的命名系统（图 25-59）；在姬蜂总科 Ichneumonoidea、瘿蜂总科 Cynipoidea、小蜂

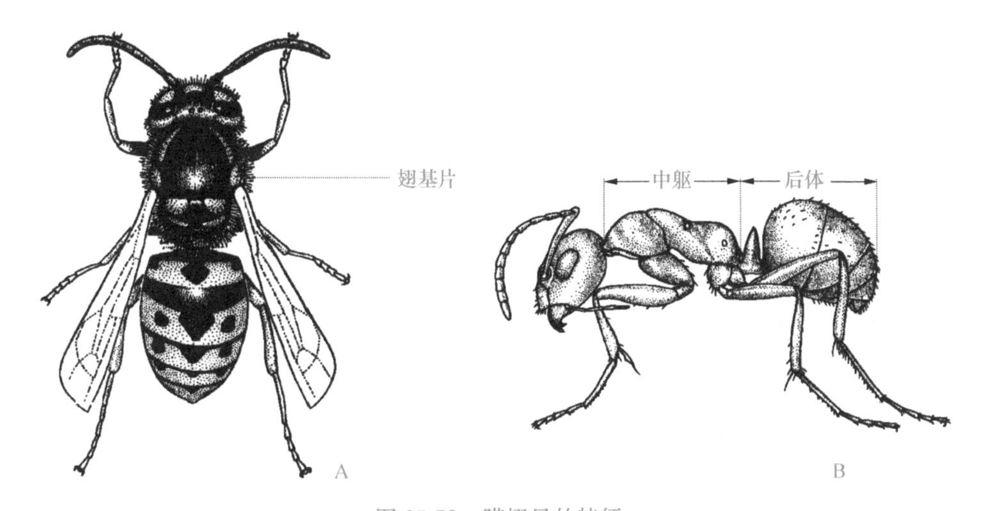

图 25-58 膜翅目的特征

A. 德国黄胡蜂 *Vespula germanica*（Fabr.）；B. 蚂蚁 *Formica subsericea* Say

（仿 Gullan & Cranston，2005）

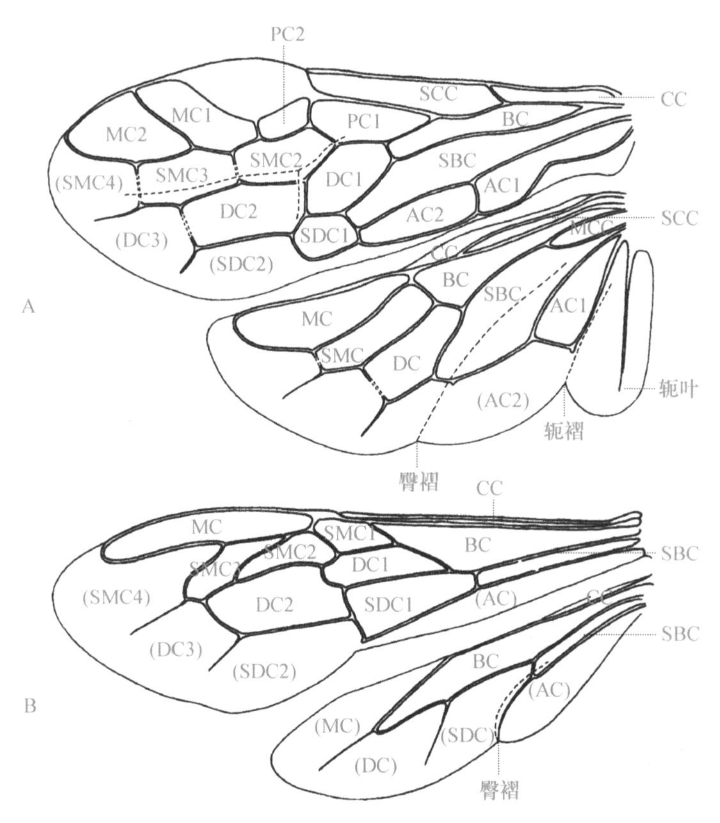

图 25-59 膜翅目的前翅与后翅

A. 广腰亚目（长节蜂科）；B. 细腰亚目（蜜蜂科）

（仿 Gauld & Bolton，1988）

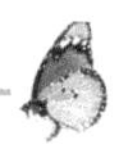

总科 Chalcidoidea、青蜂总科 Chrysidoidea 和胡蜂总科 Vespoidea 中，部分种类为短翅、微翅或无翅；足转节 1～2 节；胫节末端无距或具 1～2 枚距；跗节 5 节，少数 2～4 节；广腰亚目前足胫节的 1 枚端距常特化成净角器（antennal cleaner）；细腰亚目前足基跗节基部有具刷的凹陷与胫节端距形成净角器。

（3）腹部　一般 10 节，青蜂仅 2～5 节；在细腰亚目中，腹部由原始第 2 节及以后腹节组成，特称柄腹部（gaster）或后体（metasoma）；柄腹部的第 1 节（有时还包括第 2 节）缢缩呈细腰状，称为腹柄（petiole）；产卵器发达，锯状、鞘管状或针状；在细腰亚目寄生部昆虫中，产卵器从腹部末端前伸出，不用时也不缩入体内；在细腰亚目针尾部昆虫中，产卵器从腹部末端伸出，不用时缩入体内；大多数寄生蜂的产卵瓣同时具有产卵和刺螫功能，但针尾部昆虫的产卵瓣完全失去产卵能力而特化为刺螫功能，与毒腺相连（图 25-60），用于麻痹寄主、猎物或防卫；无尾须。

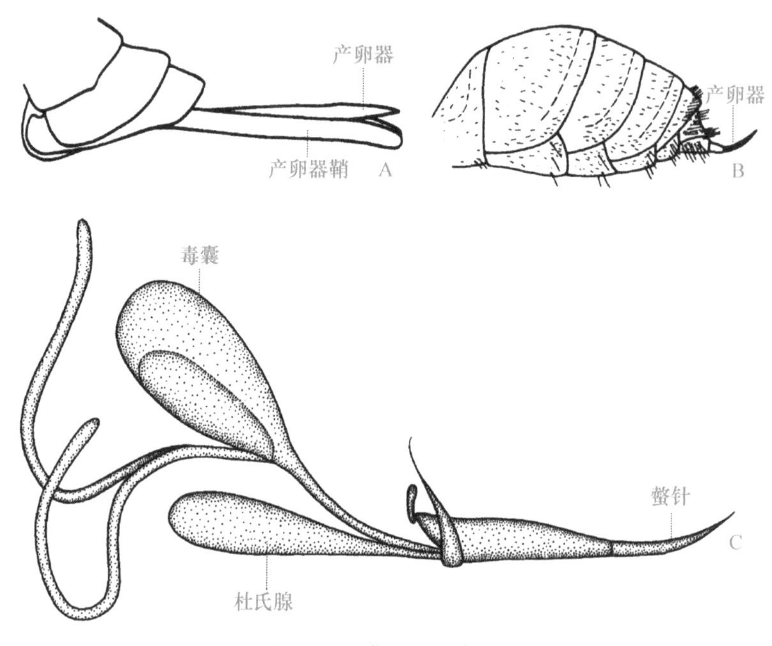

图 25-60　膜翅目的产卵器

A. 寄生部（姬蜂科）；B. 针尾部（泥蜂科）；C. 针尾部的产卵器及毒腺

（A，B. 仿 Triplehorn & Johnson，2005；C. 仿 Hermann & Blum，1981）

（二）幼虫

主要可分为原足型、蠋型和无足型。

二、生物学

（一）食性和活动习性

膜翅目成虫自由生活，几乎所有种类都取食花蜜、花粉或露水，部分种类还取食昆虫分泌的蜜露、寄主、寄主伤口渗出液、植物种子或真菌等。幼虫的食性主要分为两类。广腰亚目的幼虫多数为植食性，取食植物的叶、茎和干，或取食花粉；细腰亚目的幼虫绝大多数是肉食性，捕食或寄生其他昆虫或蜘蛛。

多数成虫喜阳光，白天在花丛上活动，是最重要的花媒昆虫；少数种类喜欢荫湿的生境，如叶蜂和细蜂中的部分种类；还有一些种类在夜间活动，有趋光性。

膜翅目中有许多种类为雄性先熟（protandrous），即雄蜂先于雌蜂羽化，早先羽化的雄蜂以不同的方式寻找雌蜂，或者在羽化孔守候，或者在巢区巡逻，或者在雌蜂喜去的地方搜寻，或者在飞行中寻找。一些雄蜂具有保卫领域的习性，如许多聚寄生的寄生蜂雄蜂相互拼杀，以争夺含有未羽化雌蜂的寄主残体，或先羽化出的雄蜂毁掉其他尚未羽化的雄蛹，与随后羽化出的雌蜂交配。

（二）寄主寻找和生殖方法

刚羽化的寄生蜂可能远离它们的寄主，因此它们必须找到寄主，才能繁殖后代，整个过程一般分为4个阶段：寄主生境定位（host habitat location），寄生蜂常以寄主取食的植物或食物产生的挥发性物质作为信息来寻找寄主生境；寄主定位（host location），寄生蜂找到寄主生境后，借助嗅觉、视觉或触觉等找到寄主；寄主识别（host discrimination），寄生蜂找到寄主后，还要对寄主进行选择，从而避免过寄生（superparasitism）；寄主接受（host acceptance），寄生蜂可将寄主的生理调节到利于其发育的状态。例如，雌蜂在产卵时给寄主体内注入毒液，导致寄主永久性麻痹，阻止寄主的胚胎发育和幼虫变态等。在姬蜂和茧蜂的产卵过程中，注入寄主体内的不仅有卵，还有附腺分泌物、多DNA病毒（PDVs）和病毒状颗粒（VLPs），这些物质可以帮助寄生蜂抵御寄主的免疫反应。

当寄生蜂找到合适寄主后，就开始产卵。所有的膜翅目均为卵生，生殖方法有两性生殖和孤雌生殖，其中两性生殖又分为单胚生殖和多胚生殖，孤雌生殖又分为产雄孤雌生殖、产雌孤雌生殖和产雌雄孤雌生殖。

（三）寄生习性

寄生蜂的寄生习性复杂多样。根据寄主范围、寄主虫态、寄生部位、寄主体上寄生蜂的种类、寄生蜂寄生关系的次序和寄主体上育出寄生蜂个体数等分为不同的类型。

根据寄主范围的大小分为：单主寄生（monophagous parasitism），寄生蜂限定在一种寄主上寄生的现象；寡主寄生（oligophagous parasitism），寄生蜂只能在少数近缘种类上寄生的现象；多主寄生（polyphagous parasitism），寄生蜂可在多种寄主上寄生的现象。

根据寄主的虫态分为：单期寄生，寄生蜂只寄生在寄主的某一虫态并能完成发育，包括卵寄生（egg parasitism）、幼虫寄生（larval parasitism）、蛹寄生（pupal parasitism）和成虫寄生（adult parasitism）；跨期寄生，寄生蜂要经过寄主的2～3个虫态才能完成发育，包括卵—幼虫寄生、卵—幼虫—蛹寄生和幼虫—蛹寄生。

根据在寄主上取食的部位分为：内寄生（endoparasitism），寄生蜂的幼虫生活于寄主体内，内寄生约占寄生蜂种类的80%；外寄生（ectoparasitism），寄生蜂的幼虫生活于寄主体外（图25-61）。

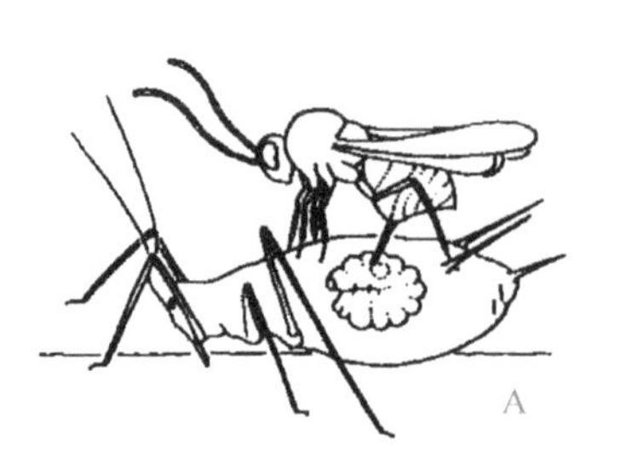

图 25-61 两种蚜虫重寄生蜂的寄生习性

A. 环腹瘿蜂 *Alloxysta victrix*（Westwood）产卵于活蚜虫体内的原寄生蜂幼虫体内；

B. 阿金小蜂 *Asaphes lucens*（Provancher）产卵于僵蚜体内的原寄生蜂幼虫体外

（仿 Sullivan，1988）

根据寄主体上寄生蜂的种类分为：独寄生（eremoparasitism），寄主体上只有一种寄生蜂；共寄生（synparasitism 或 multiparasitism），寄主体上有两种或两种以上寄生蜂同时寄生。

根据寄生蜂寄生关系的次序分为：原寄生（protoparasitism），直接寄生寄主昆虫；重寄生（epiparasitism 或 hyperparasitism），寄生昆虫又被另一种寄生蜂寄生的现象（图 25-61），有二重寄生、三重寄生、四重寄生，甚至五重寄生；盗食寄生（cleptoparasitism），寄生蜂产卵于寄主巢内，幼虫孵化后首先杀死寄主的幼虫，之后在寄主的宿主上营寄生生活或利用寄主储粮完成发育的现象。

根据寄主体上育出同种寄生蜂的数量分为：单寄生（solitary parasitism 或 monoparasitism），1 头寄主上只育出 1 头寄生蜂；聚寄生（gregarious parasitism），1 头寄主上可育出 2 头或 2 头以上的同种寄生蜂。

（四）变态类型和生活史

全变态，但巨胸小蜂科 Perilampidae 和姬蜂科的少数种类是复变态。卵多为卵圆形或纺锤形。广腰亚目幼虫多为蠋型，体绿色或灰黄色、不透明，头部高度骨化，触角 1～5 节，侧单眼 1 对或无，胸部和腹部分节明显，胸足常发达，腹足无或 6～10 对；细腰亚目幼虫为原足型或无足型，体常白色、半透明，头部骨化程度弱或中等，触角退化，无侧单眼，头部之后的体段分节不明显，无胸足或腹足。幼虫一般 3～5 龄，少数只有 1 龄。细腰亚目幼虫的中肠与后肠在化蛹时才接通，所以幼虫一生只在化蛹前排便 1 次。蛹为裸蛹，在叶蜂总科 Tenthredinoidea、姬蜂总科和针尾部昆虫中，蛹有茧或巢室包裹。化蛹场所包括土中、植物组织内、植物表面上、寄主体内或体外。成虫常取食蜜露或花粉，少数捕食其他昆虫或吸食寄主的血液。

多数膜翅目 1 年 1 代，少数 1 年 2 代或多代，个别种类需 2～8 年才完成 1 代。多数种类以老熟幼虫越冬，部分内寄生蜂以低龄幼虫在寄主体内越冬，还有少数种类以成虫在树皮下或草丛中越冬。

（五）雌雄二型

膜翅目的雌雄二型现象普遍又明显，可以表现在体躯大小、色斑、翅的有无或长短、触角节数和形状等方面。少数雄蜂在形态上具有明显的雄性二型现象（male dimorphism），并且在行为和习性上也有很大差异。

（六）营巢群栖与多型现象

多数膜翅目昆虫营独栖生活，但蚁科、胡蜂科和蜜蜂科的种类为真社会性昆虫，营巢群栖，有明确的社会分工。胡蜂一个巢群有100～5000头个体，意大利蜜蜂的一个巢群有20 000～80 000头个体。社会性昆虫由于社会分工而出现多型现象。例如，一些蚁巢内有蚁后、职蚁、兵蚁和雄蚁4个品级，由于分工的不同可以出现29种型的个体。在独栖性膜翅目昆虫中，多型现象也较常见。

三、经济意义

（一）有害的膜翅目昆虫

广腰亚目的幼虫多为植食性，一些种类是重要的林业害虫。例如，落叶松叶蜂 *Pristiphora erichsonii*（Hartig）是我国松树的主要害虫，欧洲云杉吉松叶蜂 *Gilpinia hercyniae*（Hartig）是欧洲针叶树的重要害虫。细腰亚目的一些种类也是重要害虫。例如，入侵红火蚁 *Solenopsis invicta* Buren 和阿根廷火蚁 *Solenopsis saevissima richteri* Forel 为害多种作物和咬螫人，是重要的农业和医学害虫。刺桐姬小蜂 *Quadrastichus erythrinae* Kim 和桉树枝瘿姬小蜂 *Leptocybe invasa* Fisher *et* LaSalle 是近年入侵我国的林业害虫。许多膜翅目，特别是胡蜂和蜜蜂能螫人，轻则引起局部肿疼，重则致命，如杀人蜂 *Apis mellifera adansonii* Latreille 在美洲让人谈蜂色变。

（二）有益的膜翅目昆虫

虽然少数膜翅目昆虫对人类有害，但绝大多数膜翅目昆虫是益虫而非害虫。膜翅目昆虫给作物传粉，为我们提供产品，帮助我们消灭害虫等。从人类的观点出发，膜翅目是昆虫纲中对人类最有益的昆虫类群。

（1）传粉昆虫 膜翅目昆虫是最重要的传粉昆虫。据报道，蜜蜂传粉产生的产值是蜂产品的130～140倍。为推动蜜蜂为作物传粉，许多国家都有大量蜂群以出租方式有计划地投入作物传粉促高产优质生产中。除蜜蜂 *Apis* 外，切叶蜂 *Megachile*、壁蜂 *Osmia*、彩带蜂 *Nomia*、熊蜂 *Bombus* 和地蜂 *Andrena* 等种类已在欧美等国家进行商品化生产并应用于作物传粉中，我国近年来也开展了有关研究，同时从国外引进并进行试验推广。

（2）资源昆虫 膜翅目昆虫能给人类提供大量产品。大家最熟悉的是蜂蜜、蜂王浆（royal jelly）、蜂蜡（bee wax）、蜂胶（propolis）和蜂毒（apitoxin）。世界市场的蜂蜜年贸易量在100万吨以上，其中我国蜂蜜及蜂王浆产量均居世界首位。

（3）天敌昆虫 膜翅目昆虫中多数种类是肉食性，捕食或寄生其他昆虫，是最大的害虫天敌类群。在自然状态下，膜翅目昆虫可以将许多害虫控制在经济损害水平以下。同时，我们也可以繁殖和利用这些天敌来控制害虫，保护农作物。1883年，美国从英

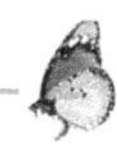

格兰引进粉蝶盘绒茧蜂 *Cotesia glomerata* （L.）防治欧洲粉蝶 *Pieris brassicae* （L.），这是世界上首次成功引进寄生蜂的例子。在引进寄生蜂防治害虫中，成功最多的是小蜂总科种类，其次是姬蜂总科。

四、分类及常见科简介

膜翅目传统上分为广腰亚目 Symphyta 和细腰亚目 Apocrita。目前，全世界已知 75 科 12 万种，中国已知约 8600 种。膜翅目常见科简介如下。

（一）广腰亚目

腹基不缢缩；原始第 1 腹节不与后胸合并；前翅至少有 1 个封闭的臀室；后翅至少有 3 个闭室；足转节 2 节；产卵器锯状。幼虫多是蠋型。除尾蜂科 Orussidae 为寄生性外，其他均为植食性。

1. 三节叶蜂科 Argidae 英文为 argid sawflies。体长 5～15 mm。体黑色或暗褐色。头部横宽；触角 3 节，鞭节只有 1 节，棒状、“U”或“Y”字形（图 25-62A）；中胸侧腹板沟明显，无胸腹侧片（prepectus）；小盾片发达；后胸背板后侧有 1 对淡膜区（cenchri）；前足胫节具 2 枚端距，各足胫节无端前距，或中后足胫节各具 1 枚端前距；后翅有 5～6 个闭室；腹部不扁平，无侧缘脊；产卵器短。幼虫触角 1 节，胸足有爪垫，腹足 6～8 对，常具侧缘瘤突。

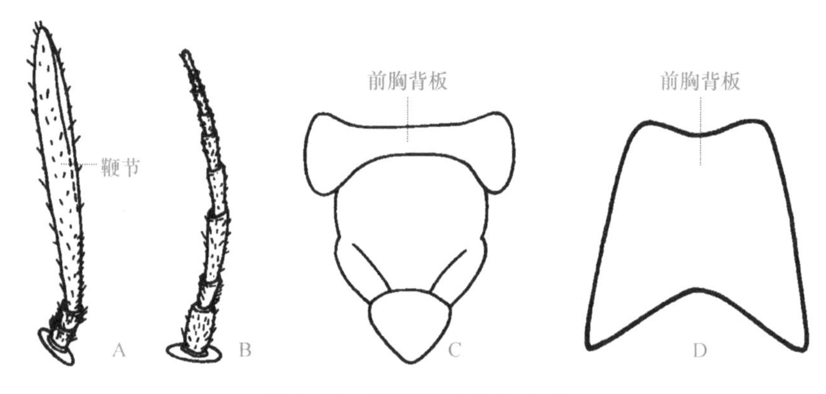

图 25-62 膜翅目的代表（一）

A. 三节叶蜂触角；B. 叶蜂 *Leucopelmonus* 触角；C. 树蜂 *Urocerus* 的前胸与中胸；D. 茎蜂 *Hartigia* 前胸背板

（A，B. 仿 Triplehorn & Johnson，2005；C，D. 仿 Ross，1937）

幼虫主要危害木本植物叶片，少数危害草本植物。常见种类：杜鹃三节叶蜂 *Arge similes* Vollenhoven 和玫瑰三节叶蜂 *Arge pagana* （Panzer）。

2. 叶蜂科 Tenthredinidae 英文为 sawflies。体粗壮，体长 2.5～20 mm。部分种类体色鲜艳。头部横宽；触角丝状，常 9 节，少数 7 节或多达 30 节（图 25-62B）；前胸背板后缘向前凹入；后胸背板后侧有 1 对淡膜区；后翅常有 5～7 个闭室；前足胫节具 2 枚端距，内距常分叉；各足胫节无端前距。幼虫触角 4～5 节，侧单眼 1 对，胸足 3 对，腹足 6～9 对，无趾钩。

成虫常见于植物的叶或花上，产卵于小枝条或叶内。多数种类幼虫取食植物叶片，少数蛀果、蛀茎或形成虫瘿。1年1代，以蛹越冬。常见种类：落叶松叶蜂和小麦叶蜂 *Dolerus tritici* Chu。

3. 树蜂科 Siricidae　英文为 horn-tails。体长 12～50 mm。头部方或半球形；触角丝状，12～30 节，偶有 5～6 节；前胸背板近哑铃形，宽大于长（图 25-62C）；后胸背板后侧有 1 对淡膜区；前翅前缘室狭窄，翅痣狭长；后翅常具 5 个闭室；前足胫节具 1 枚端距，后足胫节具 1～2 枚端距，无端前距；腹部圆筒形，无缘脊，末节背板具刺突；产卵器伸出腹末很长。幼虫体黄白色，触角 1 节，胸足短，无腹足。

植食性，幼虫蛀食乔木的茎干。2～8 年 1 代。常见种类：蓝黑树蜂 *Sirex juvencus juvencus*（L.）和大树蜂 *Urocerus gigas*（L.）。

4. 茎蜂科 Cephidae　英文为 stem sawflies。体长 4～20 mm。体细长，侧扁，常黑色。头部近球形；触角丝状或棒状，16～35 节；前胸背板长宽相等或长稍大于宽，后缘近平直或浅凹缺（图 25-62D）；后胸背板后侧无淡膜区；前翅前缘室狭窄或缺，后翅至少具 5 个闭室；前足胫节具 1 枚端距，端距内缘无齿突；中后足各具 2 枚端距，有时具端前距；腹部筒形或显著侧扁，第 1～2 节明显缢缩；产卵器较短。幼虫触角 4～5 节，胸足退化，无腹足，腹部具肛上突。

植食性，幼虫蛀食柳树、浆果植物和草本植物的茎干。常见种类：梨茎蜂 *Janus piri* Okamoto *et* Muramatsu 和麦茎蜂 *Cephus pygmaeus*（L.）。

（二）细腰亚目

腹基缢缩呈细腰状；原始第 1 腹节并入后胸；前翅无臀室；后翅至多有 2 个闭室；足转节 1～2 节；产卵器为针状或鞘管状。幼虫为原足型或无足型。除瘿蜂总科 Cynipoidea 和蜜蜂总科部分种类为植食性外，其他均为肉食性。该亚目常分为寄生部和针尾部。寄生部 Parasitica 雌虫腹部末端几节腹板纵裂；产卵器鞘管状，有产卵和刺螯功能，从腹末之前伸出；足转节多数 2 节。针尾部 Aculeata 雌虫腹部末端几节腹板不纵裂；产卵器针状，无产卵功能，特化为注射毒液的螯针，从腹末伸出；足转节 1 节。

5. 旗腹蜂科 Evaniidae　英文为 ensign wasps。体长 5～25 mm。体常黑色。触角丝状，13 节；前翅翅脉发达，有缘室；后翅除 C 脉、M＋Cu 脉外，其他翅脉退化或消失，具轭叶（jugal lobe，也称臀叶 anal lobe）（图 25-63A）；足转节 2 节；腹柄圆柱形而稍弯；腹部高度侧扁，小椭圆形或三角形，高高举起如小旗；腹部末端腹板纵裂，产卵管短。

寄生蜚蠊的卵鞘，单寄生。常见种类：广旗腹蜂 *Evania appendigaster*（L.）。

6. 瘿蜂科 Cynipidae　英文为 gall wasps 或 cynipids。体长 1～6 mm。触角丝状，雌虫 13～14 节，雄虫 14～15 节；头部有粗刻点；前胸背板突伸达翅基片；中胸小盾片无后刺；有长翅型、短翅型和无翅型；长翅型的翅脉退化，无翅痣，MC 三角形（图 25-63B）；足转节 1 节；中后足胫节各具 2 枚端距，爪具基齿；雌性腹部侧扁，第 2 节或第 2＋3 节背板最大。

植食性，寄主以蔷薇科植物为主。产卵于寄主的分生组织，幼虫在其中取食形成虫

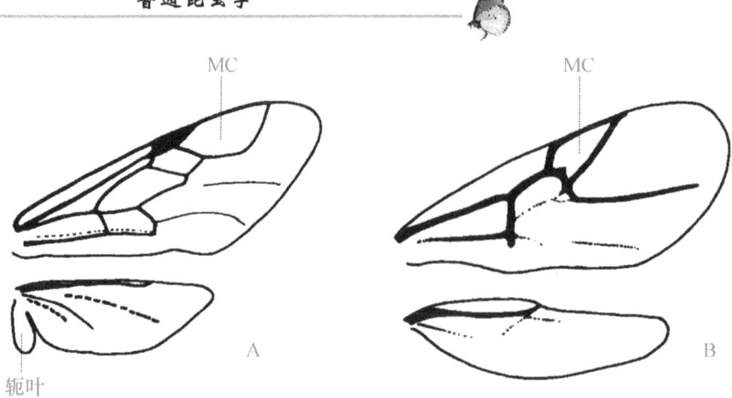

图 25-63 膜翅目的代表（二）
A. 旗腹蜂的翅；B. 瘿蜂的翅
（仿 Triplehorn & Johnson，2005）

瘿，并在其中化蛹。一些种类有世代交替现象。常见种类：栗瘿蜂 *Dryocosmus kuriphilus* Yasumatsu 危害板栗。

7. 小蜂科 Chalcididae 英文为 chalcidids。体长 2～9 mm，多为黑色或黄褐色，无金属光泽。头胸部背面常具粗刻点；触角 11～13 节，膝状；前胸背板突不伸达翅基片；胸腹侧片小；翅脉退化，无翅痣，翅不纵褶；后足腿节膨大，腹缘有刺或齿突，胫节向内弧状弯曲，具 2 枚端距（图 25-64A）；跗节 5 节；腹部常卵圆形或椭圆形，末端几节腹板纵裂；腹柄短或长；产卵器不外露。

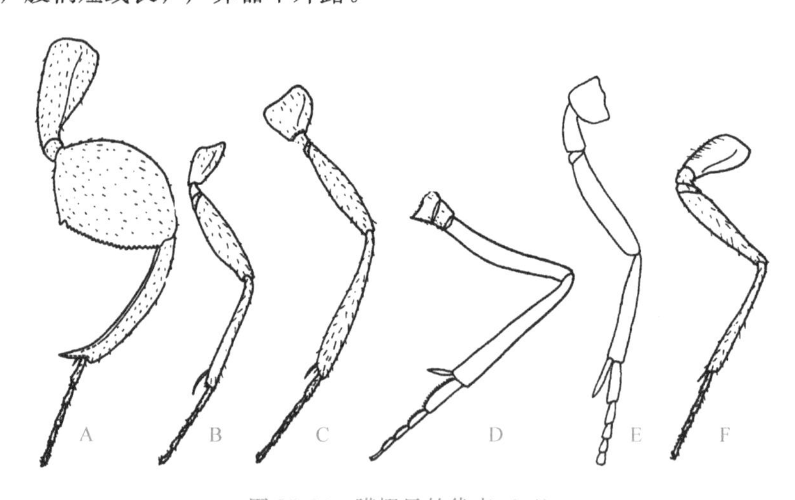

图 25-64 膜翅目的代表（三）
A. 小蜂后足；B. 金小蜂前足；C. 金小蜂后足；D. 旋小蜂中足；E. 跳小蜂中足；F. 姬小蜂前足
（仿各作者）

肉食性，寄生鳞翅目、双翅目、鞘翅目、膜翅目和脉翅目等昆虫的幼虫或蛹，是一类重要的天敌昆虫；少数为重寄生，寄生寄蝇、姬蜂和茧蜂。常见种类：广大腿小蜂 *Brachymeria lasus*（Walker）和麻蝇大腿小蜂 *Brachymeria minuta*（L.）。

8. 金小蜂科 Pteromalidae 英文为 pteromalids。体长 1～8 mm，常具绿色或蓝色金属光泽。头胸部背面密布细刻点；触角 8～13 节，索节 5 节或 5 节以上；前胸背板突不伸达翅基片；有胸腹侧片；并胸腹节中部一般有明显的刻纹；前翅后缘脉和痣脉发达；后足胫节具1枚端距；跗节5节（图25-64B，C）；腹部末端几节腹板纵裂；产卵器不外露或略露出。

肉食性，单寄生或聚寄生，寄主范围广，包括昆虫纲中的多数目和蜘蛛的卵、幼虫和蛹，少数为重寄生。常见种类：蝶蛹金小蜂 *Pteromalus puparum*（L.）寄生玉带凤蝶和菜粉蝶的蛹，黑青小蜂 *Dibrachys cavus*（Walker）寄生红铃虫的幼虫。

9. 旋小蜂科 Eupelmidae　英文为 eupelmids。体长1～7.5 mm。体黄色或褐色，常具金属光泽。雌性触角11～13节，雄性9节；前胸背板突不伸达翅基片；中胸盾片较平或中部下凹，有盾纵沟；中胸侧板明显膨起；有胸腹侧片；有长翅型、短翅型或无翅型；长翅型前翅缘脉长，痣脉、后缘脉较长；中足胫节具1枚长端距（图25-64D），雌蜂的甚粗大，约与基跗节等长；跗节5节；腹部近于无柄，末端几节腹板纵裂；产卵器不外露至伸出很长。

成虫善跳，死亡后头部和腹部向背面弯曲呈"U"字形。寄主范围较广。常见种类：日本平腹小蜂 *Anastatus japonicus* Ashmead。我国利用日本平腹小蜂控制荔蝽取得了很大成功。

10. 跳小蜂科 Encyrtidae　英文为 encyrtids。体长0.2～6 mm。体粗短，黄色、褐色或黑色，常具金属光泽。头部横宽，复眼大，单眼3个；雌性触角5～13节，雄性5～10节，柄节有时呈叶状膨大；中胸盾片无盾纵沟或不完整；小盾片大，三角片横形；中胸侧板明显膨起；有胸腹侧片；翅常发达，前翅缘脉短，痣脉与后缘脉约等长；前足和中足基节靠近；中足发达，胫节端距强大（图25-64E），适于跳跃；跗节5节；腹部无柄，末端几节腹板纵裂，臀板突具长毛。

成虫善跳。肉食性，寄主主要是半翅目胸喙亚目昆虫的卵或若虫，部分寄生脉翅目、鞘翅目、双翅目和膜翅目昆虫。这是一类重要的天敌昆虫，在半翅目害虫的控制中发挥着重要作用。部分种类有多胚生殖或重寄生现象。常见种类：红蜡蚧扁角跳小蜂 *Anicetus beneficus* Ishii *et* Yasumatsu 和美丽花翅跳小蜂 *Microterys sepeciosus* Ishii。

11. 蚜小蜂科 Aphelinidae　英文为 aphelinids 或 scale parasites。体长0.2～1.5 mm。黄色至暗褐色，少数黑色。触角5～8节；前胸背板突不伸达翅基片；中胸盾纵沟深而直；中胸侧板常斜向划分，略鼓起，大而呈盾形；有胸腹侧片；前翅缘脉长，亚缘脉及痣脉短，后缘脉不发达；中足胫节端距发达；跗节5节，少数4节；腹部无柄，末端几节腹板纵裂，产卵器不外露或稍露出。

通常寄生介壳虫、蚜虫和粉虱，少数种类寄生直翅目、半翅目和鳞翅目的卵。部分种类有自复寄生（adelphoparasitism 或 autoparasitism）现象。重要种类：日光蜂 *Aphelinus mali*（Haldeman）、花角蚜小蜂 *Coccobius azumai* Tachikawa 和丽蚜小蜂 *Encarsia formosa* Gahan。我国曾从国外引进上述3种寄生蜂来控制害虫，并取得成功。

12. 姬小蜂科 Eulophidae　英文为 eulophid wasps 或 plumed wasps。体长0.4～6.0 mm。体黄色至褐色，或具暗色斑，有或无金属光泽，体壁较软。触角7～10节，索节至多4节；雄蜂触角线状、栉齿状或双栉状；前胸背板突不伸达翅基片；中胸盾纵沟常显著；有胸腹侧片；前翅缘脉长，后缘脉和痣脉常较短；跗节4节（图25-64F）；

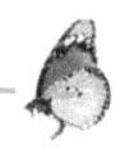

腹部具柄，末端几节腹板纵裂。

寄主范围广，包括半翅目、双翅目、缨翅目、鞘翅目、鳞翅目、膜翅目、蜘蛛和螨类的卵或幼虫。常见种类：异角短胸姬小蜂 *Hemiptarsenus variconis*（Girault）和稻苞虫兔唇姬小蜂 *Dimmockia secunda*（Crawford）。重要种类：椰甲截脉姬小蜂 *Asecodes hispinarum* Bouček 和椰心叶甲啮小蜂 *Tetrastichus brontispae*（Ferriere）从国外引进用于控制我国海南省椰心叶甲取得成功。

13. 赤眼蜂科 Trichogrammatidae　英文为 trichogrammatids。体长 0.2～1.2 mm，黄色至暗褐色，无金属光泽，体壁较软。触角 5～9 节，雄虫触角上常具长毛轮，雌虫触角上的毛较短；前胸背板突不伸达翅基片；前后翅有长缘毛，前翅无痣后脉，翅面上微毛常排列成行（图 25-65A）；跗节 3 节；腹部无柄，末端几节腹板纵裂。

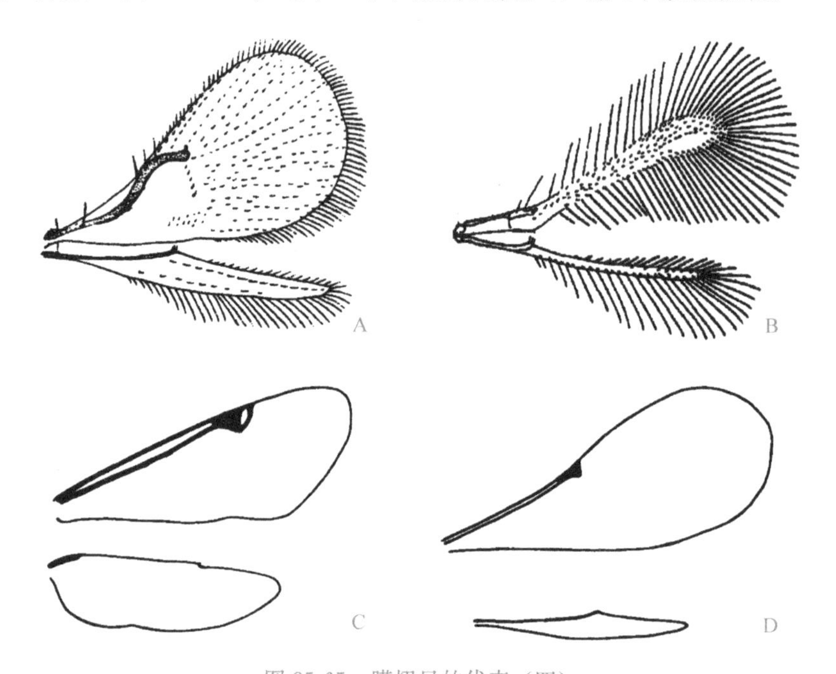

图 25-65　膜翅目的代表（四）

A. 赤眼蜂 *Trichogramma* 的翅；B. 缨小蜂 *Anagrus* 的翅；C. 细蜂的翅；D. 锤角细蜂的翅

（仿各作者）

卵寄生，寄生于鳞翅目、膜翅目、半翅目、鞘翅目、缨翅目、双翅目、脉翅目、广翅目、革翅目和直翅目昆虫的卵，以鳞翅目为主。有许多种类已非常成功地进行人工大量繁殖并应用于害虫生物防治，这是目前研究最深入、应用最广泛的一类天敌昆虫。重要种类：松毛虫赤眼蜂 *Trichogramma dendrolimi* Matsumura 和稻螟赤眼蜂 *Trichogramma japonicum* Ashmead。

14. 缨小蜂科 Mymaridae　英文为 fairy flies。体长 0.3～2 mm，无金属光泽，体壁较软。触角 8～13 节，偶为 6 节；头部额区复眼内侧有 2 条近平行的纵沟；在触角窝上方的两复眼间有 1 条横沟；触角着生位置高，触角窝间距大于至复眼之距离；中单眼下方具 1 横沟；中胸小盾片一般横分为前后两部分；前翅基部细，翅缘有长缨毛；后翅柄状（图 25-65B）；跗节 4～5 节；腹部从明显具柄至宽阔与胸部连接；产卵器隐藏至伸出腹末很长。

卵寄生，寄主包括蜻蜓目、直翅目、缨翅目、半翅目、鞘翅目、鳞翅目和双翅目等昆虫的卵。常见种类：负泥虫缨小蜂 *Anaphes nipponicus* Kuwayama。

15. 缘腹细蜂科 Scelionidae 又称黑卵蜂科。英文为 scelionids。体长 0.5～6.0 mm，多为黑色，具金属光泽。触角膝状，柄节最长，长是宽的 2.5 倍以上，末端几节呈棒状；雄蜂触角 10 节或 12 节，雌蜂 10 节～12 节，少数 7 节；前胸背板突伸达翅基片；前翅有前缘脉、亚缘脉、后缘脉和痣脉，无翅痣；后翅无轭叶，无闭室；胫节距式 1-1-1；腹部长卵形或卵圆形，两侧有锐利边缘，无柄或近于无柄，第 2 节和第 3 节背板最长；腹部末端几节腹板不纵裂。

肉食性，寄生螳螂目、直翅目、半翅目、纺足目、脉翅目、鳞翅目、鞘翅目、双翅目和膜翅目蚁科的卵以及蜘蛛的卵，是一类重要的天敌昆虫。一些种类已应用于害虫生物防治，取得了显著效果。常见种类：松毛虫黑卵蜂 *Telenomus dendrolimi*（Matsumura）和长腹黑卵蜂 *Telenomus rowani* Gahan。

16. 细蜂科 Proctotrupidae 英文为 proctotrupids。体长 1.5～10 mm，多黑色。触角丝状，13 节，柄节长最多是宽的 2.2 倍；前胸背板突伸达翅基片；前翅前缘脉、亚前缘脉和径脉均发达，翅痣明显，亚缘室细窄；后翅无轭叶，无闭室（图 25-65C）；胫节距式 1-2-2；腹部末端几节腹板不纵裂；腹柄亚圆柱形，具明显刻纹；柄后腹有 1 个大的愈合背板和腹板；产卵鞘坚硬，产卵器可伸出产卵器鞘的端部之外。

多生活于潮湿环境，寄生鞘翅目和双翅目幼虫，单寄生或聚寄生。常见种类：短翅细蜂 *Proctotrupes brachypterus*（Schrank）和膨腹细蜂 *Proctotrupes gravidator* L.。

17. 锤角细蜂科 Diapriidae 英文为 diapriids。体长 1～6 mm。体黑色或褐色。头部近球形；触角平伸，常着生于颜面中央隆起的额架上（frontal shelf）（寄螯锤角细蜂亚科 Ismarinae 无额架）；雄蜂触角 12～14 节，雌蜂 9～15 节，柄节长至少是宽的 2.5 倍；前胸背板突伸达翅基片；小盾片常隆起，基部有凹沟；并胸腹节短，后缘内凹；前翅缘缨发达，缘脉点状或无，至多有 3 个闭室；后翅至多有 1 个闭室（图 25-65D）；部分种类无翅；胫节距式 1-2-2，后足基跗节最长；腹部卵圆形，近于有柄，第 2 节最大，末端几节腹板不纵裂，产卵器不伸出体外。

多生活于潮湿林地，寄生双翅目、膜翅目或鞘翅目的幼虫或蛹，但寄螯锤角细蜂亚科寄生螯蜂，单寄生或聚寄生。常见种类：锤角细蜂 *Spilomicrus atriclavus* Ashmead 和亮毛锤角细蜂 *Trichopria aequata*（Thomson）。

18. 姬蜂科 Ichneumonidae 英文为 ichneumonids。体长 2～45 mm。触角丝状，不少于 16 节；前胸背板突伸达翅基片；前翅无前缘室，常有第 2 回脉（recurrent vein）和 1 个小翅室（图 25-66A）；后足转节 2 节；腹部细长，圆形或侧扁，第 2 节与第 3 节不愈合，柔软可动；腹部末端几节腹板纵裂，产卵器自腹末前伸出，有产卵器鞘。

绝大多数是单寄生，主要是原寄生，产卵于寄主体内外，幼虫内寄生或外寄生，主要寄生鳞翅目、膜翅目、鞘翅目、双翅目、脉翅目、广翅目的幼虫或蛹，潜水姬蜂亚科 Agriotypidinae 寄生毛翅目预蛹或蛹，还有一些寄生蜘蛛或其卵囊，是一类重要的天

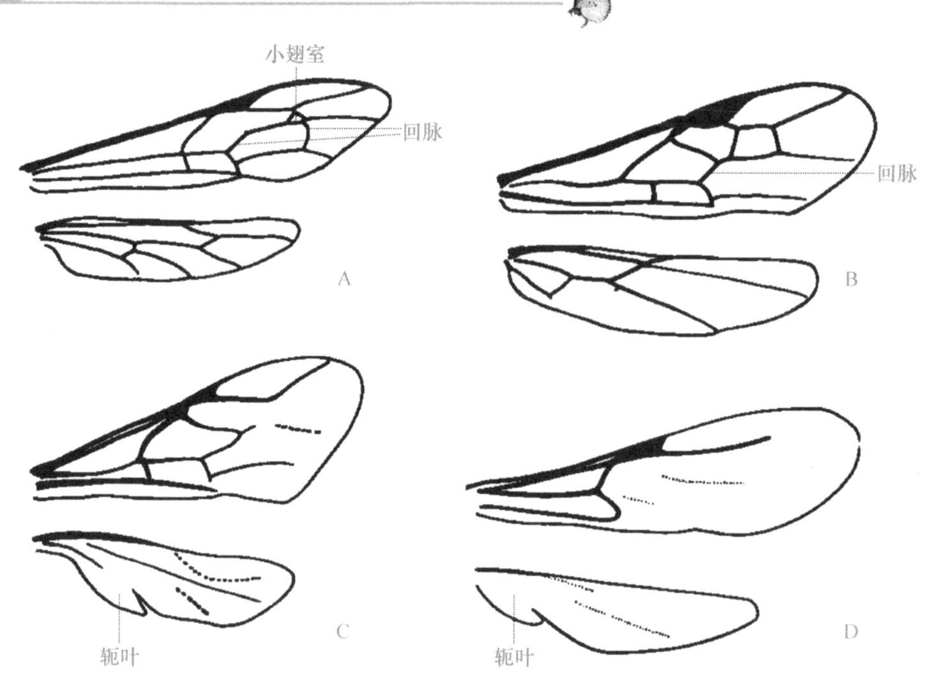

图 25-66　膜翅目的代表（五）

A. 姬蜂 *Megarhyssa* 的翅；B. 茧蜂的翅；C. 青蜂的翅；D. 肿腿蜂的翅

（仿 Triplehorn & Johnson，2005）

敌；少数为重寄生，寄生寄蝇、茧蜂和其他姬蜂。一些种类有趋光性。常见种类：螟蛉悬茧姬蜂 *Charops bicolor*（Szépligeti）和松毛虫黑胸姬蜂 *Hyposoter takagii*（Matsumura）。

在国外，引进姬蜂防治害虫有不少成功例子。例如，美国在 1911～1913 年从意大利引进象甲姬蜂 *Bathyplectes curculionis*（Thomson）防治紫苜蓿象甲 *Hypera postica*（Gyllenhal）取得了成功，加拿大于 1910～1911 年从英国引进落叶松叶蜂姬蜂 *Mesoleius tenthredinis* Morley 防治落叶松叶蜂 *Pristiphora erichsonii*（Hartig）也取得了成功。

19. 茧蜂科 Braconidae　英文为 braconids。体长 2～25 mm。触角丝状，不少于 16 节；前胸背板突伸达翅基片；前翅无前缘室，只有 1 条回脉，无小翅室（图 25-66B）；后足转节 2 节；腹部长卵圆形或平扁，第 2 节与第 3 节愈合，坚硬不可活动；腹部末端几节腹板纵裂，产卵器从腹末前伸出，有产卵器鞘。

多数种类为原寄生，少数重寄生，有单寄生和聚寄生，有单期寄生和跨期寄生。寄主包括鳞翅目、半翅目、鞘翅目、啮虫目、广翅目和双翅目的卵、幼虫、蛹或成虫。卵产于寄主体内或体外，幼虫内寄生或外寄生，老熟幼虫在寄主体内外或附近结茧化蛹，是一类重要的天敌昆虫。珍稀种类：马尾茧蜂 *Euurobracon yokohamae*（Dalla Torre）。常见种类：螟蛉盘绒茧蜂 *Cotesia ruficrus*（Haliday）和粉蝶盘绒茧蜂。

20. 青蜂科 Chrysididae　英文为 cuckoo wasps 或 ruby-tailed wasps。体壁高度骨化，常有粗刻点，具青色、蓝色、紫色或红色的金属光泽。体长 2～20 mm。触角丝状，12～13节；头与胸等宽；前胸背板突接近翅基片；并胸腹节侧缘常有锐利的隆脊或刺；前翅翅脉稍退化；后翅小，有轭叶，无闭室（图25-66C）；爪2分裂；腹部可见腹板2～5节，腹板内凹，能向胸部腹面弯贴。

全部寄生性，寄主包括竹节虫的卵、膜翅目的幼虫和鳞翅目的预蛹等，有盗食寄生现象。常见种类：上海青蜂 *Praestochrysis shanghaiensis*（Smith）寄生黄刺蛾茧内预蛹。

21. 肿腿蜂科 Bethylidae　英文为bethylids。体黑色或褐色，无金属光泽。体长1～10 mm。头长而扁，前口式；触角丝状，12～13节；部分种类唇基上有1个中纵脊；有长翅型、短翅型或无翅型。长翅种类的前胸背板突伸达翅基片，前翅翅脉减少，后翅无闭室，有轭叶（图25-66D）；足的腿节膨大，尤其是前足腿节，故名肿腿蜂；腹部具柄，可见腹板6～8节。

寄主通常是生活在隐蔽场所的鳞翅目或鞘翅目幼虫，多为聚寄生。重要种类：哈氏肿腿蜂 *Sclerodermus harmandi*（Buysson）近20年在我国用于控制天牛取得了较好效果。

22. 螯蜂科 Dryinidae　英文为dryinids。体长1～12 mm。头部宽，下口式；触角丝状，10节；雌虫常无翅，似蚂蚁；雄虫有翅；前胸背板突伸达或几乎伸达翅基片；雌蜂前足第5跗节与1只爪特化成螯（chela），用以捕捉猎物或抱握寄主，故名螯蜂；后翅有轭叶；腹部具柄，可见腹板6～8节，不能向胸部腹面弯贴。

雌蜂用螯捕捉寄主，产卵于寄主胸部或腹部的节间。幼虫寄生于半翅目蜡蝉亚目或蝉亚目昆虫的若虫和成虫。常见种类：稻虱红单节螯蜂 *Haplogonatopus apicalis* Perkins、黑腹单节螯蜂 *Haplogonatopus oratorius*（Westwood）和黄腿双距螯蜂 *Gonatopus flavifemur*（Esaki *et* Hashimoto）常出现于水稻田中。

23. 土蜂科 Scoliidae　英文为scoliid wasps或grub wasps。体黑色，粗壮，多毛，腹部常具白色、黄色或红色的斑纹。体长9～59 mm。触角丝状，雌蜂12节，雄蜂13节；前胸背板突伸达翅基片；中后胸腹板平坦，其片状突盖住中后足基节的基部，中胸与后胸腹板间有1条横沟；翅上有多条纵皱纹，翅脉常不伸达翅外缘；前翅DC1（第1盘室）比SMC1（第1亚缘室）短（图25-67A）；足粗短，前足基节相互靠近，中后足基节相互远离；中足胫节具1～2枚端距，后足胫节具2枚端距，后足腿节不伸达腹末；腹部长，各节后缘有长毛，第1节与第2节间常缢缩；雄蜂腹末节的腹板端部具3根刺。

成蜂常贴近地面低飞或访花。幼虫寄生于蛴螬体外，单寄生。常见种类：白毛长腹土蜂 *Campsomeris annulata* Fabr.。美国曾从中国和日本引进该蜂来控制日本弧丽金龟。

24. 钩土蜂科 Tiphiidae　英文为tiphiid wasps。体长7～25 mm。体常黑色，腹部具白色或黄色横纹。雌蜂触角12节，弯卷；雄蜂触角13节，不弯卷；前胸背板突伸达翅基片；中后胸腹板不形成一块平板，中足基节间有一个倒“V”形沟；雌蜂有翅或无翅，雄蜂有翅，前翅有2～3个SMC（图25-67B）；足粗短，多毛刺；前后足基节较靠近，中足基节稍远离；中足胫节具1～2枚端距，后足胫节具2枚长端距，后足腿节不伸达腹末；腹部长，各节后缘有长毛，雌蜂第1节与第2节间常缢缩，雄蜂腹末节的腹板端部具1根刺。

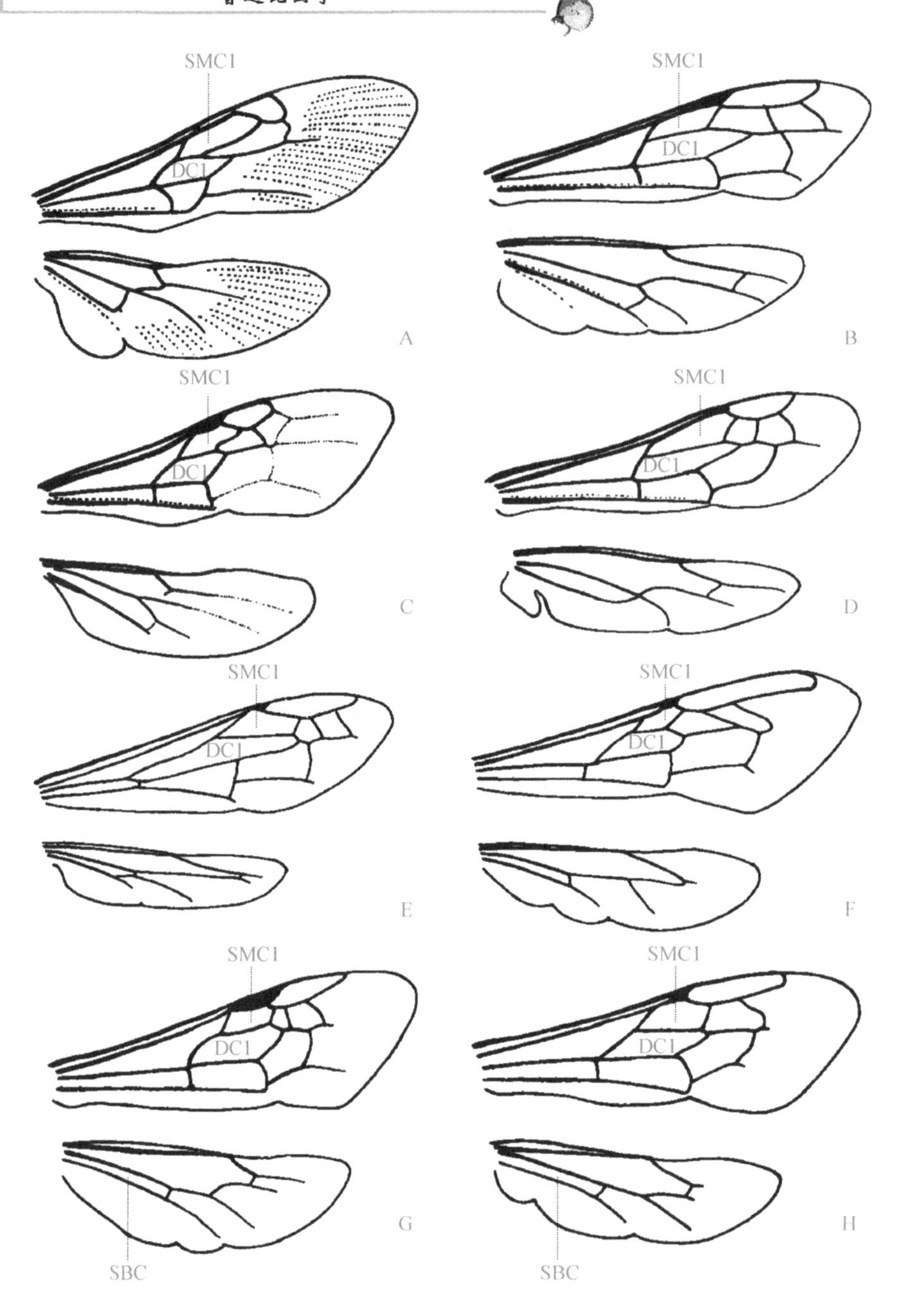

图 25-67 膜翅目的代表（六）

A. 土蜂 *Scolia* 的翅；B. 钩土蜂 *Myzinum* 的翅；C. 蚁蜂 *Myrmosinae* 的翅；D. 蛛蜂的翅；E. 胡蜂 *Polistes* 的翅；F. 蜜蜂 *Apis* 的翅；G. 隧蜂 *Sphecodes* 的翅；H. 切叶蜂 *Coelioxys* 的翅

（仿 Triplehorn & Johnson，2005）

成虫取食花蜜，幼虫寄生于金龟子、虎甲、蝼蛄等土栖昆虫的幼虫体外。常见种类：丽跋钩土蜂 *Tiphia popilliavora* Rohwer 和春钩土蜂 *Tiphia vernalis* Rohwer。美国曾从中国、朝鲜和日本引进丽跋钩土蜂来控制日本弧丽金龟。

25. 蚁蜂科 Mutillidae 英文为 velvet ants。体长 3～30 mm。体色鲜艳，常被白

色、黄色、橙色或红色密毛。触角丝状，雌蜂 12 节，雄蜂 13 节；雄蜂个体常较雌蜂大，前胸背板突伸达翅基片；雌蜂的胸部常高度愈合，无翅，形似蚁；雄蜂有翅，前翅有 2～3 个 SMC，翅脉不伸达外缘，有翅痣；后翅有闭室（图 25-67C）；足粗壮，雌蜂为开掘足；中后足基节靠近或接触，胫节均具 2 枚端距；腹部第 2 背板两侧常各有 1 条纵毡线（felt lines）；雄蜂腹末具 1 根或多根刺。

肉食性，主要寄生膜翅目的幼虫和蛹，部分寄生鞘翅目或双翅目。常见种类：围带驼盾蚁蜂 *Trogaspidia circumcincta*（Andre）和欧蚁蜂 *Mutilla europea* L.。

26. 蚁科 Formicidae　英文为 ants。体长 1～40 mm。体光滑或有毛。前口式；触角常为膝状，部分雄蚁为丝状，柄节明显长于其他各节；雄蚁触角 10～13 节，工蚁和后蚁 10～12 节；复眼常退化；前胸背板发达，侧观近方形，前胸背板突伸达或几乎伸达翅基片；有翅或无翅；有翅型的后翅无轭叶；跗节 5 节；腹部第 1 节或第 1～2 节特化成结节状或驼峰状（图 25-58B）。

社会性昆虫，多型现象明显。一个巢室内至少有蚁后、雄蚁和工蚁。蚁后个体大，寿命长；雄蚁个体小，交配后不久即死亡。有婚飞习性，交配后蚁后脱去翅。有肉食性、植食性或腐食性。常见种类：小家蚁 *Monomorium pharaonis*（L.）和皱红蚁 *Myrmica ruginodis* Nylander。著名种类：入侵红火蚁和黄猄蚁 *Oecophylla smaragdina*（Fabr.）。

27. 蛛蜂科 Pompilidae　英文为 spider wasps。体长 2.5～50 mm。体黑色或橙色。触角丝状，雌蜂 12 节，常弯卷，雄蜂 13 节，不弯卷；前胸背板突伸达翅基片；中胸侧板被 1 条横缝分上下两部分；翅半透明，带有颜色或虹彩，翅脉不伸达翅外缘；前翅 DC1 比 SMC1 长，后翅有轭叶（图 25-67D）；足细长，多刺毛，基节相互靠近或接触；中后足胫节各有 2 枚端距，后足腿节常伸过腹末。

成虫常在花上或地面低飞或爬行，狩猎蜘蛛或昆虫，带回巢内饲育幼虫，故名蛛蜂。常见种类：背弯沟蛛蜂 *Cyphononyx dorsalis*（Lepeletier）和红尾捷蛛蜂 *Tachypomplius analis*（Fabr.）。

28. 胡蜂科 Vespidae　俗称马蜂或黄蜂。英文为 paper wasps、hornets 或 yellow jackets。体长 10～30 mm。体黑色或黄褐色，有黄色或白色斑纹。触角丝状或膝状，雌蜂 12 节，雄蜂 13 节；复眼内缘中部凹入；上颚短，闭合时不交叉；前胸背板突伸达翅基片；前翅 DC1 比 SMC1 长，后翅常无轭叶，停息时两对翅纵褶（图 25-67E）；中足胫节具 2 枚端距；爪不分叉；腹部第 1 节与第 2 节间有明显缢缩（图 25-58A）。

社会性昆虫，在高大的树上、石壁上或地下筑吊钟状的巢。在一个巢群内有雌蜂、雄蜂和工蜂，雌蜂与工蜂外形相似，但雌蜂个体较大。当其巢受惊扰时，会群蜂出动，追螫侵扰者。肉食性，捕食其他昆虫。常见种类：长脚胡蜂 *Polistes olivaceus* De Geer 和大黄蜂 *Polistes mandarinus* Saussure 的巢俗称“露蜂房”，中医入药用。

29. 蜾蠃科 Eumenidae　英文为 mason wasps 或 potter wasps。体长 10～30 mm。体黑色，有黄色或白色斑纹。触角丝状或膝状，雌蜂 12 节，雄蜂 13 节；复眼内缘中部凹入；上颚长，刀状，闭合时相互交叉；前胸背板突伸达翅基片；前翅 DC1 比 SMC1 长，后翅有轭叶；中足胫节有 1～2 枚端距；爪 2 分叉；腹部第 1 节多长柄状或粗短，第 1 节

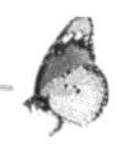

与第 2 节间有明显缢缩。

独栖生活。肉食性，常捕食鳞翅目幼虫。常见种类：黄喙蜾蠃 *Rhynchium quinquecinctum*（Fabr.）和镶黄蜾蠃 *Eumenes decoratus* Smith。

30. 泥蜂科 Sphecidae　英文为 mud-daubers、thread-waisted wasps 或 digger wasps。体长 2～40 mm。体无毛或少毛，毛不分枝；口器咀嚼式；触角丝状，雌蜂 12 节，雄蜂 13 节；复眼大，其内缘略平行；前胸背板后缘直，背板突不伸达翅基片；前翅具 1～3 个 SMC，后翅常具轭叶；足细长，前足适于开掘，中足胫节有 1～2 枚端距，后足行走足。

独栖生活。成虫常在地下筑巢，或以泥土在墙角、屋檐、岩石或土壁上筑土室。肉食性，捕食或寄生直翅目、蜚蠊目、半翅目、鞘翅目、鳞翅目和膜翅目昆虫以及蜘蛛等。常见种类：黑足泥蜂 *Sphex subtruncatus* Dahlbom 和黑毛泥蜂 *Sphex haemorrhoidalis* Fabr.。

31. 蜜蜂科 Apidae　英文为 honey bees、bumble bees 或 carpenter bees。体长 2～39 mm，无绿色金属光泽。头胸部的毛分支或羽状；口器嚼吸式，上唇宽大于长；角下沟与触角窝的内侧相接；触角膝状，雌蜂 12 节，雄蜂 13 节；前胸背板突不伸达翅基片；前翅 3 个 SMC，偶有 2 个 SMC，如果只有 2 个 SMC，即 SMC2 比 SMC1 短；后翅轭叶短于 SBC（图 25-67F）；前足基跗节具净角器，后足携粉足，胫节无端距。

多数种类是社会性生活，有严密的分工；部分独栖生活。成虫和幼虫均植食性，取食花粉和花蜜，是著名的传粉昆虫。重要种类：中华蜜蜂 *Apis cerana* Fabr. 和意大利蜜蜂 *Apis mellifera* L. 是著名的产蜜昆虫和传粉昆虫。其中，我国的意大利蜜蜂是 1896 年从国外引进的。

32. 隧蜂科 Halictidae　英文为 mining bees 或 sweat bees。体长 5～16 mm。体黑色，具黄色或红斑纹，常有绿色或蓝色的金属光泽。头胸部的毛分支或羽状；口器嚼吸式；角下沟与触角窝的内侧相接；前胸背板突不伸达翅基片；后胸侧板有前斜沟（anterior oblique sulcus）；前翅缘室顶端尖，有 2～3 个 SMC，M 脉第 1 段呈弧状弓起；后翅轭叶与 SBC 等长或长于 SBC（图 25-67G）；雌虫腹部腹面有花粉篮。

独栖性或群居性。成虫和幼虫均植食性，取食花粉和花蜜。成虫主要在地下筑巢，多个巢室常集中一块。雄蜂夜间常群集一起。常见种类：铜色隧蜂 *Halictus aerarius* Smith 和黑花蜂 *Halictus scaphonotus* Strand。

33. 切叶蜂科 Megachilidae　英文为 leaf-cutting bees。体长 5～24 mm。体粗壮，多毛且色深，无绿色金属光泽。头胸部的毛分支或羽状；口器嚼吸式，上唇长大于宽；角下沟与触角窝的外侧相接；前胸背板突不伸达翅基片；前翅 2 个 SMC，长度相等；后翅轭叶短于 SBC（图 25-67H）；足长而多毛，无花粉刷；腹部无柄，雌虫腹部腹面有花粉篮，雄性腹部端节有凹刻，有时呈齿状。

独栖性。成虫喜访花，是重要的传粉昆虫。成虫利用切下来的叶片建巢，巢室内堆放花粉和花蜜，供幼虫食用。常见种类：蔷薇切叶蜂 *Megachile humilis* Smith、淡翅切叶蜂 *Megachile remota* Smith 和北方切叶蜂 *Megachile manchuriana* Yasumatsu。

第五篇　昆虫生态学

昆虫生态学是研究昆虫与环境的相互关系，从个体、种群、群落、生态系统等不同层次探讨昆虫数量动态、群落演替规律等的学科。昆虫生态学是农业害虫综合治理，包括植物检疫、化学防治、生物防治、农业防治、物理防治和害虫预测预报的理论基础，也是有益昆虫保护和利用的理论基础，在生产实践上具有重要意义。

本篇主要是简要介绍个体生态学、种群生态学、群落生态学和生态系统生态学的一些基本概念和基础知识，为日后农业昆虫学、植物化学保护、害虫生物防治和有害生物综合控制等课程打下基础。

第二十六章

昆虫与环境的关系

第一节　环境与生态因子

一、环境

环境（environment）是指在一定空间范围内，对某一昆虫或种群产生直接或间接影响的所有要素的总和。

环境为昆虫提供生存和繁衍的条件。昆虫在其一生中也不断地对其环境作出反应，调节自身的生理机能和行为模式，最终达到与环境的和谐。昆虫与环境因子的关系既是一个整体的相互关系，又有其个性，既存在相互依赖、相互制约，又有各自的独立性。

二、生态因子及其作用特点

（一）生态因子

生态因子（ecological factors）是指环境中对昆虫生长、发育、繁殖、行为和分布等有影响的环境要素。生态因子可分为生物因子和非生物因子两类。

（1）生物因子（biotic factor）包括同种昆虫的其他个体和异种生物。同种个体间形成种内关系，异种个体间形成种间关系。

（2）非生物因子（abiotic factor）是环境中的非生命组分，包括各种无机物和气候因子。由于土壤是母岩风化后的物质与生物因子共同作用而形成的，所以有的学者将土壤从非生物因子中独立出来。

（二）生态因子作用的特点

影响昆虫的主要生态因子有气候、生物、土壤 3 大类。这些生态因子作用的共同特征有以下 6 个方面。

（1）综合性。环境中各个生态因子都不是孤立存在，而是彼此联系和相互制约，共同对昆虫产生影响。任何因子的改变，必将引起其他因子的变化。它们可以是相互刺激而增强，或是相互抑制而减弱。因此，生态因子对昆虫的作用不是单一的，而是综合的。

（2）不等性。在诸多的生态因子中，不同因子对同一昆虫或种群的作用存在着差异，其中起决定性作用的因子称为主导因子。主导因子通常是起直接作用的生态因子。例如，寄主的健康与营养状况就是寄生蜂生长发育的主导因子。

（3）不可替代性。无论生态因子的作用大小，每个因子都有其特点，具有不可替代性。如果长期缺少某个因子，特别是缺少主导因子时，便会影响昆虫的生长发育，甚至

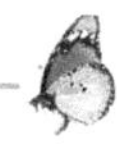

危及种群的生存与发展。

(4) 补偿性。虽然每种生态因子在总体上具有不可替代性，但在局部是可以补偿的。在多个生态因子的综合作用过程中，如果某个因子数量不足，可以通过增加其他因子来补偿，从而获得相似的生态效应。

(5) 限制性。任何一种生态因子量的不足或过多都会对昆虫的生长发育产生不利的影响，甚至危及生命。例如，温度过高或偏低都不利于昆虫的生长发育，甚至导致昆虫死亡。

(6) 阶段性。昆虫在不同发育阶段，对生态因子的要求不同；同一生态因子对同种昆虫的不同发育阶段的作用效果也不一样。例如，半变态昆虫的稚虫和成虫生活在完全不同的生境中；光周期对滞育昆虫的作用具有明显的阶段性等。

第二节 气候因子对昆虫的影响

与昆虫密切相关的气候因子包括温度、湿度、降水、光和风等。它们可以直接影响昆虫的生长、发育、繁殖和分布。

一、温度

昆虫是变温动物，其生命活动明显受环境温度影响。在适宜的温度范围内，昆虫能进行正常的生命活动；而超出这个范围就会引起生理异常，甚至会导致死亡。另外，温度也可以通过对湿度、土壤等非生物因子以及植物或其他动物活动发生影响，从而间接影响着昆虫的生命活动。

(一) 昆虫的温区

不同昆虫对温度的适应范围不同；同种昆虫在不同环境条件下，或在不同发育阶段或生理状态，对温度的适应范围也不一样。为了便于说明温度对昆虫生命活动的影响，将昆虫对温度的适应范围划分为下面 5 个温区。

(1) 致死高温区 (high lethal temperature range)，一般在 45℃以上，其上限温度称为最高致死温度。在该温区内，昆虫体内酶系被破坏，部分蛋白质凝固，昆虫经短期兴奋后死亡。高温引起昆虫机体的损害是不可逆的。

(2) 亚致死高温区 (high sublethal temperature range)，一般为 40～45℃。在该温区内，昆虫体内代谢失调，出现热昏迷状态。如果继续维持在这样的温度下，也会引起死亡。

(3) 适温区 (favorable temperature range)，又称有效温区，一般为 8～40℃。在该温区内，昆虫的生命活动正常进行。根据昆虫生长发育与温度的关系，常把该温区分为 3 个亚温区。

高适温区 (high favorable temperature range)，一般为 30～40℃，其上限称最高有效温度。在该温区内，随着温度的升高，昆虫发育加快，但寿命缩短。

最适温区 (most favorable temperature range)，一般为 20～30℃。在该温区内，昆虫的能量消耗最少，死亡率最低，生殖力最大，但寿命不一定最长。

低适温区（low favorable temperature range），一般为 8～20℃，其下限称最低有效温度，是昆虫启动生长发育的最低温度，所以又叫发育起点温度（development threshold temperature）或生物学零点（biological zero）。在该温区内，随着温度的下降，昆虫发育变慢，生殖力下降。

（4）亚致死低温区（low sublethal temperature range），一般为－10～8℃。在该温区内，昆虫体内代谢缓慢或生理功能失调，出现冷昏迷状态。如果继续维持在这样的温度下，亦会引起死亡。若经短暂的冷昏迷后恢复正常温度，昆虫一般都能恢复正常生活。

（5）致死低温区（low lethal temperature range），一般为－40～－10℃，其下限温度称为最低致死温度。在该温区内，昆虫因体液冻结，导致原生质脱水和机械损伤、胞膜破损、组织坏死而死亡。

（二）适温区内温度对昆虫生长发育的影响及有效积温法则

发育历期或发育速率是昆虫生长、发育速度的常用指标。发育历期是指昆虫完成一定发育阶段（1 个世代、1 个虫期或 1 个龄期）所经历的时间，通常以“日”或“小时”为单位；发育速率是指昆虫在单位时间内能完成一定发育阶段的比率，亦即完成某一发育阶段所需发育时间的倒数。在适温区内，昆虫生长、发育速度与温度的关系常用有效积温法则（law of effective temperature）来描述。

在生长发育过程中，昆虫需要从外界摄取热量，其完成某一发育阶段所需的总热量为一个常数，称为热常数（thermal constant）或称有效积温。因为昆虫的发育起点温度通常是在 0℃以上，在发育起点以上的温度才是有效温度，所以昆虫在生长发育过程中所摄取的总热量是有效温度的累加值，即发育的总积温为日平均温度减去发育起点温度后的累加值。这一规律称为有效积温法则，用公式表示如下：

$$K = D(T - C)$$

式中，K 为有效积温，C 为发育起点温度（℃），T 为该期平均温度，$(T-C)$ 为发育有效平均温度，D 为发育历期。有效积温的单位为“日・度”或“小时・度”。

因为发育速率 $V=1/D$，所以发育速率与有效积温的关系可用公式表示为：

$$V = \frac{T - C}{K}$$

温度除了影响昆虫的生长发育速率外，还影响昆虫的发育进程。例如，黄粉甲 *Tenebrio molitor* L. 幼虫在 25℃下发育只有 11～15 龄，但在 30℃下发育就有 15～23 龄；豆粉蝶 *Colias eurytheme* Boisduval 幼虫在 18℃下发育羽化出成虫基本上属于黄色型，但在 27～32℃下发育出的成虫属于橙色型。

（三）极端温度对昆虫的影响及昆虫的自我保护

高温可引起昆虫体内水分过量蒸发、蛋白质变性、细胞膜和酶的结构和特性改变，使昆虫代谢功能失调，生长受阻，发育异常，生殖力下降，死亡率升高。多数昆虫在 40℃以上的高温时都将会被热死。但是，一些双翅目、鞘翅目、蜻蜓目和膜翅目昆虫有较强的耐热性（thermotolerance）。例如，布氏水蝇 *Ephydra bruesi* Cresson 幼虫在

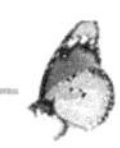

43℃温泉中能安然无恙；箭蚁 *Cataglyphis bombycina*（Roger）在高达46℃的沙漠地区能正常生活。为了生存，昆虫能通过迁飞、穴居、滞育等行为来躲过或度过高温干燥季节，或者借助生理反应进行自我保护。当一些耐热昆虫遭遇热激时，合成热休克蛋白（heat shock proteins），参与耐热反应过程。

低温引起细胞液的冰冻和结晶，细胞质脱水，细胞结构受损，导致昆虫发育异常或死亡。昆虫对低温的耐受极限因种类而异。一些昆虫对低温的耐受能力很强，少数昆虫甚至能忍受一定程度的冰冻和结晶。例如，蜜蜂在－5℃以下不能存活，但玉米螟的越冬幼虫却能忍受－22℃的寒冷，南极的昆虫甚至可以耐受－80～－40℃的极端低温。昆虫的低温保护作用与其耐寒性（chill tolerance）和耐冻性（freeze tolerance）机制有关。水在0℃时结冰，但昆虫的体液含有较高浓度的甘油、山梨醇、海藻糖、脂肪，甚至也会诱导产生一些抗冻结蛋白，使体液冻结温度降至0℃以下，这就是俄国物理学家巴赫梅捷耶夫（1898）发现的"过冷却现象"。随后，他提出了"过冷却理论"（supercooling theory）来解释这种现象，可用曲线图（图26-1）来概括。当环境温度降低时，昆虫的体温也随着下降；当体温降至0℃（N_1）时，体液仍不结冰，开始进入过冷却过程；当体温继续下降至T_1时，组织细胞开始释出潜能，体温以跳跃式上升，T_1称为"过冷却点"（supercooling point）；当体温上升至接近（绝不达到）0℃（N_2）时，体液开始结冰，昆虫进入冷昏迷状态，N_2称为体液冰点；体液结冰后体温又下降至与环境温度相同为止；当体温下降至T_2（与T_1为同一温度）时，体液完全冻结，昆虫开始死亡，T_2称为冻结点或死亡点。

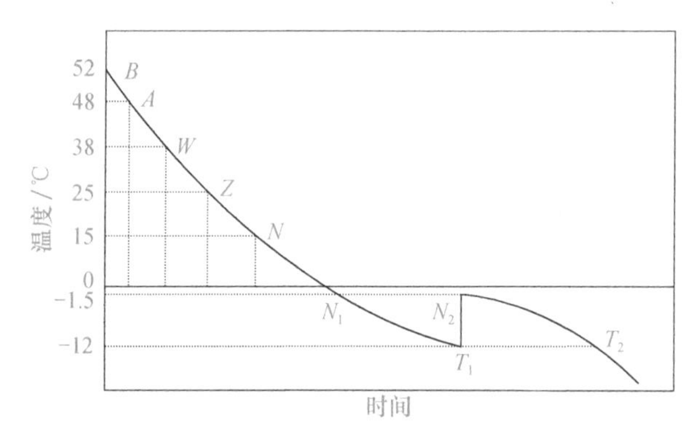

图26-1　昆虫体温随环境温度变化图解

B. 热致死；*B*—*A*. 高温昏迷；*A*—*W*. 暂时高温昏迷；*W*—*Z*. 高适温区；*Z*. 最适温；*Z*—*N*. 低适温区；*N*—N_1. 低温昏迷；N_1. 开始进入过冷却点；T_1. 过冷却点；N_2. 体液冰点；T_2. 冻结点

（仿 Бахматбев，1898）

在温带和寒带地区，冬季温度通常低于冰点，昆虫以越冬的方式来避免冷损伤（cold injury）。越冬昆虫体内含有高浓度的脂肪和糖原，游离水减少，具有较低的过冷却点。例如，加拿大茧蜂 *Bracon cephi*（Gahan）能忍受－20℃严寒，其体内甘油含量占体重的25%。此外，在寒冬来临之前，在极地或温带生活的昆虫体内能产生热滞蛋白（thermal hysteresis protein）或冰核形成蛋白（ice nucleating protein），降低体液的冰点或减轻结晶对细胞的伤害，是昆虫应对极端低温的有效策略。

二、湿度和降水

昆虫体内的所有生理生化过程，都是以水为介质进行的。环境湿度的高低，影响着虫体水分的蒸发、含水量、体温、血压和代谢率。

（一）湿度对昆虫存活、生长、发育和繁殖的影响

湿度对昆虫的存活和繁殖影响较为显著，特别是在卵孵化、幼虫脱皮与化蛹、成虫羽化与交配时。如果空气湿度过低，往往导致发育畸形或大量死亡。例如，在25℃下，当相对湿度为50%、70%和90%时，大地老虎 *Agrotis tokionis* Butler 卵的存活率分别是56.54%、100%和97.5%。松小眼夜蛾 *Panolis flammea*（Denis *et* Schiffermüller）在空气相对湿度达到100%时，80%的雌虫不交配，而当相对湿度降到90%时，交配率达到最高，产卵量也最大。湿度对昆虫发育速度的影响不如温度那样明显。例如，在土壤相对含水量30%～70%时，小地老虎 *Agrotis ipsilon*（Hufnagel）幼虫的发育历期基本不变。

（二）降水对昆虫的影响

降水能显著提高空气湿度和土壤含水量，从而对昆虫产生影响。降雨影响着昆虫的活动，如暴雨能使昆虫停止飞翔，早春降水能解除越冬幼虫的滞育等。降雪形成地面覆盖，对土中越冬的昆虫起着保护作用。另外，降雨可以直接杀死蚜虫、粉虱、蓟马等小型昆虫，明显降低这类昆虫的种群数量。

三、温度、湿度的综合作用

温度和湿度对昆虫的作用不是孤立的，而是相互影响并共同作用于昆虫。生物气候学上，温度、湿度对昆虫的综合作用效应常用温湿度系数或气候图来表示。

（一）温湿度系数

温湿度系数（Q）是降水量（M）与平均温度（T）总和的比值，即降水量与积温比。其基本公式为：

$$Q=\frac{M}{\sum T}$$

如果已知某种昆虫的发育起点温度（C）和在发育起点以下期间的降水量（P），那么有效温湿度系数（Q_e）的计算公式为：

$$Q_e=\frac{M-P}{\sum(T-C)}$$

温湿度系数可作为一个指标，用以比较不同地区或同一地区不同季节的气候特点，但必须限制在一定的温度和湿度范围内。因为不同的温湿度组合可以得到相同的温湿度系数，但各自的作用效应差异很大。

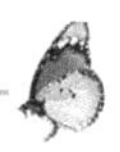

（二）昆虫气候图

它是根据1年中各月的温度、湿度组合制成。在坐标上以纵轴表示各月的平均温度，横轴表示各月的降水量或相对湿度，然后用线条依次连接12个月份的平均温度与降水量或相对湿度的交合点即制成气候图。气候图可以表示不同地区的气候特征。如果两个地区的气候图基本重合，可以认为这两个地区的气候条件基本相似；如果同一地区不同年份的气候图基本重合，可以认为这些年份的气候条件大致相同。昆虫气候图对于昆虫的地理分布和发生量的预测有一定的意义。

四、光

光是生态系统中能量的主要来源，也是昆虫生长发育不可缺少的条件。另外，光与昆虫的习性与行为有密切的联系。

（一）辐射热对昆虫的影响

在寒带地区的冰雪表面常见到一些甲虫在活动，这些昆虫是在利用太阳的辐射热来提高体温。在高寒山区或寒带地区的昆虫体色深暗，有利于吸收太阳的辐射热；在热带地区的昆虫体色鲜艳且有强烈的金属光泽，有利于反射太阳的辐射热而避免体温过高。

（二）光的波长对昆虫的影响

太阳光到达地球表面的波长为290～2000 nm，昆虫复眼能感觉的光谱范围为250～725 nm，但不同昆虫的视觉光区有差异。例如，蜜蜂的视觉光区为297～650 nm，不能感觉红色光，但一些甲虫能感觉红外线。趋光昆虫对光的波长有一定的选择性。例如，棉铃虫 *Helicoverpa armigera*（Hübner）和烟青虫 *Helicoverpa assulta*（Guenée）分别对330 nm和365 nm的紫外光趋性最强，而蚜虫却对550～600 nm的黄色光反应最强烈。

（三）光的强度对昆虫的影响

光的强度主要影响昆虫昼夜活动节律，包括觅食、飞翔、交尾和产卵等行为与习性。

（四）光周期对昆虫的影响

昆虫的滞育和世代交替均与光周期的变化密切相关。许多蚜虫在短日照时产生两性个体。例如，豌豆蚜 *Acyrthosiphum pisum*（Harris）在每天8 h短日照、温度20℃时即产生有性世代；在每天16 h长日照、温度25～26℃或29～30℃时即产生孤雌生殖世代。

五、风

风对昆虫的扩散和迁飞等活动的作用相当显著，影响着昆虫的地理分布。经常刮大风的区域，只有最善于飞行或根本不会飞行的昆虫才能生存下来。例如，在多风的海岛、草原和荒漠地带，大风越是频繁，有翅的昆虫就越少。

许多昆虫能借风力扩散到远方。例如，一些蚊类、蝇类可被风带到25～1680 km以外；蚜虫可借风力迁移1220～1440 km的距离；而一些无翅昆虫，附着于枯枝落叶碎片上随气流上升到高空后而被风吹到远方等。

第三节　生物因子对昆虫的影响

生物因子与昆虫有着密切的联系，对昆虫的生长、发育、生存、繁殖和种群数量动态起着重要的作用。生物因子主要分为食物和天敌两方面。

一、食物

没有食物，昆虫就不能存活。在长期演化过程中，昆虫的食性出现分化。各类昆虫不但食性不同，而且食物的种类和质量对其生长、发育、存活、生殖和种群数量动态都会产生显著的影响。例如，东亚飞蝗蝻取食禾本科和莎草科植物时，发育期短，死亡率低，能完成其生活史；取食油菜时，发育期长，死亡率高，只有少数完成其生活史；取食棉花或豌豆时，则不能完成发育。同时，一些植食性昆虫取食植物的不同发育期、同期的不同器官，对其发育和繁殖也有较大的影响。例如，红肾圆盾蚧 *Aonidiella aurantii*（Maskell）在橙树的叶上发育最慢，在果上发育最快，在小枝上发育速率介于两者之间。另外，大多数昆虫羽化后需要补充营养，才能性成熟。

食物对昆虫分布的影响也是十分明显的，尤其是对单食性昆虫，由于它对食物的依赖性强，食物的分布决定了昆虫的分布。

二、天敌

在自然界中，每种昆虫都有大量的捕食者和寄生者，统称为天敌（natural enemies）。天敌在害虫的控制中发挥着重要作用。昆虫天敌大致分为昆虫病原物、天敌昆虫、食虫动物和食虫植物 4 大类。

（一）昆虫病原物

它是指能使昆虫致病的生物，包括病毒、细菌、真菌、原生动物和线虫等。

（1）病毒（viruses）。昆虫病毒是专性细胞内寄生物，常见的有杆状病毒科 Baculoviridae、呼肠孤病毒科 Reoviridae、痘病毒科 Poxviridae、虹彩病毒科 Iridovirdae、包囊病毒科 Ascoviridac 和弹状病毒科 Rhabdoviridae。其中，杆状病毒科的核型多角体病毒（NPV）和颗粒体病毒（GV）以及呼肠孤病毒科的质型多角体病毒（CPV）已广泛应用于害虫生物防治。

（2）细菌（bacteria）。昆虫病原细菌是无细胞核和线粒体的单细胞微生物，易于进行人工培养。常见的有芽孢杆菌科 Bacillaceae、肠杆菌科 Enterobacteriaceae 和假单胞杆菌科 Pseudomonadaceae。其中，对芽孢杆菌科的苏芸金杆菌 *Bacillus thuringiensis*、球形芽孢杆菌 *Bacillus sphaericus* 和乳状芽孢杆菌 *Paenibacillus popilliae* 已有相当深入的研究和广泛应用。

（3）真菌（fungi）。昆虫病原真菌是具有细胞壁的多细胞微生物，营有性或无性生殖，许多种类易于人工培养。常见的有半知菌亚门丝孢纲中的白僵菌 *Beauveria*、绿僵菌 *Metarhizium*、拟青霉 *Paecilomyces* 和轮枝菌 *Verticillium* 以及接合菌亚门接合菌纲

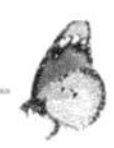

中的虫霉 *Entomophthora* 和虫疫霉 *Erynia*。

(4) 原生动物(protozoa)。原生动物是真核单细胞原生生物，许多种类是专性细胞内寄生物，不能离体培养。常见的有微孢子虫目微孢子虫科 Nosematidae 中的蝗虫微孢子虫 *Antonospora locustae*(Canning)、家蚕微孢子虫 *Nosema bombycis* Nägeli 和蜜蜂微孢子虫 *Nosema apis*(Zander)等。

(5) 线虫。昆虫线虫是寄生昆虫的多细胞线形动物。常见的有索线虫科 Mermithidae、斯氏线虫科 Steinernematidae 和异小杆线虫科 Heterorhabditidae。前者只能活体培养，后两者分别与嗜色杆菌 *Xenorhabdus* 和发光杆菌 *Photorhabdus* 共生，能在人工培养基上商品化生产。

(二) 天敌昆虫

它是指以其他昆虫为食物，营捕食或寄生生活的昆虫。

(1) 捕食性昆虫，其幼体和成虫均自由生活，猎物被抓时当即被杀死，而且一生要捕食多头猎物。主要包括蜻蜓目、螳螂目、螳蛉目、长翅目、蛇蛉目、脉翅目和广翅目中的多数种类，直翅目、啮虫目、缨翅目、半翅目、鞘翅目、双翅目、膜翅目和鳞翅目中的部分种类以及蜉蝣目、襀翅目和毛翅目的少数种类。

(2) 寄生性昆虫，其幼体营寄生生活，寄主被抓时只被麻痹，而且通常在一头寄主上就能完成发育。寄生性昆虫占已知昆虫种类的 1/10，主要包括捻翅目、脉翅目、鞘翅目、双翅目、膜翅目、鳞翅目中的寄生性种类。其中，寄生性膜翅目，通称寄生蜂，占寄生性昆虫种类的 3/4，已被广泛应用于害虫生物防治中。

(三) 食虫动物

昆虫的捕食者还有蛛形纲、两栖纲、爬行纲、硬骨鱼纲、鸟纲和哺乳纲等。

(1) 蛛形纲。蛛形纲中的蜘蛛目和蜱螨目是捕食昆虫的两个重要天敌类群。例如，全世界已知蜘蛛有 106 科 3700 种，约有 80%出现于森林、草原、农田和果园之中，通过“网捕”或狩猎来捕捉害虫。蜘蛛不仅种类多，而且数量大。例如，在晚稻田后期蜘蛛密度达 300 头/m^2 以上，占稻田害虫捕食性天敌总量的 60%～92%。

(2) 两栖纲。部分两栖动物的成体靠捕食昆虫为生，主要包括箭毒蛙科 Dendrobatidae、狭口蛙科 Microhylidae、锄足蟾科 Pelobatidae 和异舌蟾科 Rhinophrynidae 等。例如，青蛙常出现于河塘边的青草间，捕食害虫占其食物总量的 90%以上。

(3) 爬行纲。有些爬行动物的幼体常以昆虫为食，主要包括鬣蜥科 Agamidae、壁虎科 Gekkonidae、蜥蜴科 Lacertidae、石龙子科 Scincidae、鞭尾蜥科 Teiidae、异盾盲蛇科 Anomalepididae、细盲蛇科 Leptotyphlopidae 和盲蛇科 Typhlopidae 等。例如，壁虎 *Gekko japonicus* Dumeril *et* Bibron 在夏秋的夜晚常出现于有灯光照射的墙壁、檐下或电杆上，捕食蚊、蝇和飞蛾等昆虫。

(4) 硬骨鱼纲。在淡水中，生活着 13 个目的昆虫，其个体数量和生物量分别占水生生物个体数量和生物量的 99%，是鱼类的重要食物资源。国内外有利用鱼类来防治害虫的成功例子。例如，用柳条鱼 *Gambusia affinis*(Baird *et* Girard)或叉尾斗鱼 *Macropodus*

opercuiaris (L.) 来防治蚊子的幼虫；我们南方利用稻田养鱼来控制水稻害虫等。

(5) 鸟纲。全世界有近半数的鸟类以昆虫为主要食物，常见的有鹡鸰科 Motacillidae、鹃鵙科 Campephagidae、鹎科 Pycnonotidae、燕科 Hirundinidae、太平鸟科 Bombycillidae、伯劳科 Laniidae、黄鹂科 Oriolidae、河乌科 Cinclidae、林莺科 Parulidae、山雀科 Paridae、旋木雀科 Certhiidae 和鹟科 Muscicapidae 等鸟类。据报道，捕食松毛虫的鸟类达 124 种，所以保护鸟类对控制害虫有很多好处。

(6) 哺乳纲。该纲有蝙蝠科 Vespertilionidae、猬科 Erinaceidae、鼹科 Talpidae、针鼹科 Tachyglossidae、食蚁兽科 Myrmecophagidae、袋科 Myrmecobiidae、鲮鲤科 Manidae 等近 20 个科的哺乳动物捕食昆虫。除蝙蝠主要捕食鳞翅目和鞘翅目昆虫外，大多数种类是以白蚁或蚂蚁为主食。

(四) 食虫植物

全世界已知有 550 种食虫植物。常见的有茅膏菜 *Drosera*、猪笼草 *Nepenthes*、瓶子草 *Sarracenia*、钩叶瓶子草 *Darlingtonia*、捕蝇草 *Dionaea* 和腺毛草 *Byblis* 等植物，它们借助特殊的捕虫器官来诱捕昆虫并将其消化吸收。

第四节 土壤因子对昆虫的影响

土壤是一个特殊的环境。蝼蛄等昆虫一生都在土壤中度过，蝉和金龟子等昆虫以特定虫态生活于土壤中，许多昆虫则在土壤中越冬。据估计，有 98%以上的昆虫与土壤环境有着直接或间接的联系。因此，土壤的温度、湿度和理化性质以及土壤生物对昆虫产生较大的影响。

一、土壤温度

土壤温度除了影响土壤昆虫的生长、发育、繁殖和存活外，还影响着地下昆虫在土壤层的分布。地下昆虫在极端温度下会随着土壤适温层的变化而改变栖息与活动的深度。一般在秋季温度下降时，向下移动；春季土温上升时，迁移回表土层；夏季表土的温度过高，再潜下较深的土层中。

二、土壤湿度

土壤湿度包括土壤颗粒间隙的空气湿度和土壤含水量。地下昆虫的正常生长发育需要一定的土壤湿度，尤其是对于处于静止状态的卵期、蛹期或滞育虫态，过高或偏低的湿度都不利于昆虫的生存。

例如，鳃金龟 *Rhizotrogus* 的卵在土壤含水量为 5%时，全部干瘪枯死，在 10%时部分干瘪死亡，在 15%～30%时全部正常孵化，超过 40%时则又易罹病死亡。麦红吸浆虫 *Sitodiplosis mosellana* (Géhin) 幼虫在春天土壤湿度偏低时，继续滞育，若土壤长期干旱，则可滞育几年。

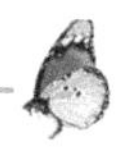

三、土壤理化性质

土壤的成分、团粒结构、透气性和酸碱度等理化性质不仅影响植物的生长，而且也决定着地下和地面某些昆虫的发生与分布。

例如，对于体型微小的葡萄根瘤蚜 *Viteus vitifoliae*（Fitch），在具有团粒结构的黏壤土中活动自如，危害就严重；而在没有团粒结构的砂土中，则基本不能生存。但是，对于体型大、身体柔软的蛴螬，疏松的砂土和砂壤土中就有利于它们生存和发展。在我国，土壤含盐量在0.3%～0.5%的地区是东亚飞蝗 *Locusta migratoria manilensis*（Meyen）的常年发生区，含盐量在0.7%～1.2%的地区是其扩散区，而含盐量为1.2%～1.5%的地区则无分布。

四、土壤生物

栖息在土壤中的生物种类和数量是相当惊人的。例如，有人在澳大利亚的一片山毛榉森林土壤中，采到了110种甲虫、229种螨类和46种软体动物；而在阔叶林土壤中，每平方米有10万头弹尾虫。

土壤生物中有许多是昆虫的天敌，也有许多是昆虫的食物，同时土壤生物能通过改变土壤的理化性质来影响昆虫的发生和分布。

总之，所有与土壤发生联系的昆虫，对土壤的温度、湿度和理化性质都有一定的要求。人类可以通过耕作来改善土壤状况，创造有利于作物生长而不利于害虫的土壤环境。

第五节 昆虫的地理分布

昆虫的地理分布（geographical distribution）是指昆虫在长期演化过程中形成适应特定地理条件的分布格局。在古地质年代，大陆因漂移分离后，陆地的板块被海洋阻隔，加上气候的影响，昆虫向各自的方向演化，从而形成了适应特定条件的昆虫区划。

一、世界陆地昆虫地理区划

一般将世界陆地昆虫分为古北界、东洋界、非洲界、澳洲界、新北界和新热带界6个地理区划。

（1）古北界（Palaearctic realm），包括欧洲、喜马拉雅山脉以北的亚洲、阿拉伯北部和撒哈拉沙漠以北的非洲。

古北界是面积最大且自然环境非常多样的动物区划，在史前时期曾经是很多动物类群的演化中心。但是，由于在冰川时期受到较大的影响，目前自然条件比较恶劣，昆虫种类相对贫乏。

（2）东洋界（Oriental realm），包括印度河以东、喜马拉雅山及长江以南的亚洲。东洋界的面积最小，但气候温暖湿润，物种十分丰富。

（3）非洲界（Afrotropical realm），也称埃塞俄比亚界（Ethiopian realm），包括非

洲撒哈拉沙漠以南、阿拉伯南部和马达加斯加地区，是面积最大的热带动物区划。

(4) 澳洲界（Australian realm），包括澳大利亚、新西兰、巴布亚新几内亚的一部分、东马来半岛及玻利尼西亚。澳洲界与其他大陆板块分离早，隔离时间长，独立性最强。澳洲界与东洋界的昆虫区系有较大相似性，有时被合称为印澳界。

(5) 新北界（Nearctic realm），包括格陵兰和北美洲至墨西哥高原，即墨西哥高原以北的美洲地区，是物种最少的动物地理区划。由于新北界与古北界的特征接近，有时将两界合称为全北界（Holarctic realm）。

(6) 新热带界（Neotropical realm），包括南美洲、中美洲、西印度群岛至墨西哥高原，即墨西哥高原以南的美洲地区，大体相当于拉丁美洲。新热带界拥有世界上面积最大的热带雨林，还有热带草原和高耸横亘的山脉，气候温暖湿润，是物种最丰富的动物区划。

二、中国昆虫地理区系

我国幅员辽阔，横跨古北界和东洋界。两大地理区划在我国境内没有明显隔离或屏障，昆虫种类互相渗透，形成我国丰富的昆虫区系。

我国的陆地昆虫分为东北区、华北区、蒙新区、青藏区、西南区、华中区和华南区7个地理区系。其中，东北区、华北区、蒙新区和青藏区属于古北界，西南区、华中区和华南区属于东洋界。

(1) 东北区，包括大兴安岭、小兴安岭、张广才岭、老爷岭、长白山地、松嫩平原、辽河平原和三江平原。

(2) 华北区，包括黄土高原、冀热山地和黄淮平原。

(3) 蒙新区，包括内蒙古、鄂尔多斯高原、新疆的塔里木盆地和准噶尔盆地、青海的柴达木盆地和天山-阿尔泰山地等。

(4) 青藏区，本区包括青海（柴达木盆地除外）、西藏（喜马拉雅山脉南坡除外）和四川西北部。

(5) 西南区，包括四川西南部、西藏的林芝和山南地区以及云南北部和中部。

(6) 华中区，包括四川盆地、贵州高原以及以东的长江流域。

(7) 华南区，包括云南、广西和广东南部、福建东南沿海、台湾、海南岛和南海诸岛。

三、影响昆虫地理分布的环境条件

昆虫的地理分布是由种的遗传特性和环境因素共同决定的。影响昆虫地理分布的环境因素包括地形地貌、气候条件和人类活动。

(1) 地形地貌。由于大陆漂移和地壳活动，形成地理隔离或自然屏障，阻断了昆虫的迁移。因此，在地理上相互隔离的地区，常形成不同的区系；即使是气候条件极其相似，自然屏障限制了迁移，在长期进化过程中也会形成不同的物种。

(2) 气候条件。恶劣气候条件对昆虫分布的影响是深刻的。更新世的冰川作用，迫使昆虫向南迁移，但冰河期由于海平面下降了近100 m，一些板块之间出现大陆桥，对

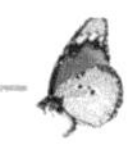

昆虫分布影响很大。进入 21 世纪，随着全球变暖加剧，不少昆虫的分布区明显向北扩延。

（3）人类活动。随着人类社会活动的日益频繁，昆虫的被动扩散可能性增大。例如，跳蚤通过海盗和商船从北美传播到欧洲，而一些土壤甲虫通过压船土从欧洲带到北美；人类栽培作物，拓宽了害虫的分布区等。与此同时，人类也可以通过检疫措施或有效的防控技术来控制害虫的蔓延。

第二十七章

昆虫种群生态学

在自然界中，同种昆虫是以种群的形式存在和适应环境的。种群（population）是指在同一地域生活、相互影响的同种昆虫个体组成的群体。昆虫种群生态学（population ecology）是研究种群的结构、动态及其与环境之间关系的学科。昆虫种群生态学对生态学科的理论和方法的发展和应用都有着十分重要的作用。

第一节　种群的特征与结构

一、种群特征

种群由个体组成，具有个体相类比的生物学特性。但是，由于种群是由个体通过种内关系构成的一个有机体，它还具有个体所不具备的空间特征、数量特征和遗传特征。所有的种群都占有一定的分布区域，这就是种群的空间特征。种群在一定分布区域内具有一定的个体数量和种群密度，且随时间变动，这就是种群的数量特征。种群具有自己的基因库，且处于变动之中，属于种群的遗传特征。

二、种群的结构

种群的结构是指种群内处于不同发育期的个体组成和分布格局，常用性比和年龄结构来表示。

（1）性比（sex ratio）是指种群内雌雄个体数量的比例。在多数昆虫的种群内，性比常接近于1∶1。当环境因子出现异常变化时，种群正常的性比可能发生变化，从而引起种群数量的消长。

（2）年龄结构（age distribution）是指种群内各个年龄或年龄组在整个种群中所占的比例。年龄结构对种群的数量动态具有很大影响。

第二节　种群的空间分布型

种群的空间分布型（spatial distribution pattern），也称空间格局（spatial pattern），是指某一种群的个体在其生境（habitat）内的分布形式。空间分布型是种群的重要属性。不同的种群，甚至同一种群在不同环境条件下，其空间分布型可能会有变化。昆虫种群的空间分布型主要有随机分布、聚集分布和均匀分布3类。

一、随机分布

随机分布（random distribution）指种群内各个体相互独立，互不干扰，随意占据

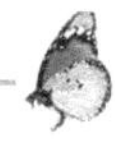

一定位点的空间分布型，可用泊松分布（Poisson distribution）理论公式表示。

二、聚集分布

聚集分布（aggregated distribution）指种群内个体间互不独立，因环境的不均匀或昆虫的习性与行为等原因，呈现出明显的聚集现象。聚集分布可分为嵌纹分布和核心分布。

(1) 嵌纹分布（mosaic distribution）。昆虫种群内个体疏密镶嵌，很不均匀的分布类型。这是昆虫种群中最常见的分布型，可用负二项分布（negative binomial distribution）理论公式表示。

(2) 核心分布（contagious distribution）。昆虫种群形成多个核心，个体由核心向四周扩散的空间分布型，可用奈曼分布（Neyman distribution）理论公式表示。

三、均匀分布

均匀分布（uniform distribution）指种群内各个体间距大致相等的空间分布型。这是一种非常少见的分布型，常用正二项分布（positive binomial distribution）理论公式表示。

第三节　昆虫种群的数量动态

种群数量动态是指种群数量在一定空间和时间范围内的变化过程和机制。种群数量的表征，不仅包括个体的绝对数量，而且还包括了反映种群特征的种群出生率、死亡率、年龄组配、性比、滞育体和生殖力等。

一、数量分布动态

昆虫种群在一定空间上的数量分布是由种的特性及生境内生物和非生物因子共同决定的，是种群在一定环境条件下种内、种间竞争的结果，反映了昆虫种群在特定生境内的生存和发展能力。许多昆虫在其分布区内的不同地区间的种群密度差异很大。在某一地区，某种昆虫种群常年保持在高密度，猖獗频率高，则该地区称为该昆虫的发生地或适合区；在另一些地区，该种昆虫种群常年维持在低密度；介于两者之间的为种群密度波动区，有的年份发生多，有的年份发生少。这种现象就是昆虫种群在不同生境的数量分布动态。

二、密度的季节消长类型

昆虫种群密度随季节的变化而消长，这种波动在一定空间范围内常有相对的稳定性，从而形成昆虫种群的季节消长类型。常见的昆虫的季节消长类型有单峰型、双峰型和多峰型 3 类。

(1) 单峰型指 1 年内昆虫种群数量仅出现 1 次高峰。可分为前峰型和中峰型两类。前者是仅在生长季节前期出现种群数量高峰，后者是仅在生长季节中期出现高峰。

(2) 双峰型指昆虫种群数量在生长季节前、后期各出现 1 次高峰。

(3) 多峰型指昆虫种群数量逐季递增，出现多次峰期。

一化性昆虫的种群密度在1年内只有1个增殖期，属于单峰型；多化性昆虫的季节消长类型则因分布的地区、年份以及耕作制度等不同而有所变化。

第四节 昆虫生命表

昆虫生命表（life table）是指将某一特定昆虫种群在各发育阶段的死亡数量和死亡原因等数据列成表，以便分析该昆虫的种群趋势指数和关键因子，是研究昆虫种群数量动态的重要方法。昆虫生态学中生命表常见下面3种类型。

(1) 以年龄组配的生命表，也称时间特征生命表（time-specific life table），是在年龄组配稳定的前提下，以特定时间（如天、周、月等）为间隔，系统调查并记录在时刻 x 开始时存活的数量和 x 期间的死亡数量。以年龄组配的生命表可以获得种群在特定时间内的死亡率和出生率，用以估算种群的内禀增长力（innate capacity for increase，r）、周限增长率（finite rate of increase，λ）和净增殖率（net reproductive rate，R_0），预测种群的数量动态。该类型生命表适用于世代重叠的昆虫，或者室内实验种群的研究。但是，它不能用以分析种群死亡的主要原因或关键因子，也不适用于世代分隔清楚或种群数量波动幅度较大的种群。

(2) 以虫期组配的生命表，也称年龄特征生命表（age-specific life table），是以种群的生理年龄阶段（如虫期或虫态）作为划分时间的标准，系统观察并记录不同年龄阶段的虫口数量变动情况、死亡原因以及成虫的繁殖力。以虫期组配的生命表可以分析影响昆虫种群数量变动的关键因子，估算种群趋势指数和组建预测模型。该类型生命表适用于世代不重叠的昆虫种类，特别适用于自然种群的研究。

(3) 以作用因子组配的生命表，在以虫期组配生命表的基础上，分别列出各虫期（态）的作用因子，并按各类因子作用的先后顺序排列；通过各种调查试验方法，分别获得与作用因子相对应的存活率数据；通过统计，取得各重要作用因子对存活率和繁殖率作用的数据，使得各类重要因子成为相对独立的组分，而该虫期的存活率等于其各作用因子相对应的存活率的乘积，从而进行综合和分解。

第五节 昆虫种群的生态对策

生态对策（ecological strategy）是种群在进化过程中，经自然选择获得的对不同生境的适应方式，是昆虫朝着有利于其繁衍方向发展的过程，是种群的遗传学特性。

根据昆虫种群内禀增长力（r）和环境容量（environmental capacity，K）值的大小，大致可将昆虫种群分为 K-对策和 r-对策两种类型。

(1) K-对策。K-对策昆虫（K-strategist）沿着 K-选择的方向演化，其 K 值大，而 r 值相对较小，种群密度常接近 K 的饱和值，种群数量较稳定。这类昆虫通常个体大，世代历期长，寿命长，一年发生代数少，生殖力小，死亡率低，食性较专一，活动能力较弱。当种群数量一旦下降至平衡水平以下时，在短期内不易恢复。例如，金龟子和天牛类昆虫属于这种类型。

(2) r-对策。r-对策昆虫（r-strategist）沿着 r-选择的方向演化，其 r 值大，而 K

值相对较小，种群密度常远低于 K 的饱和值，种群数量变动大。这类昆虫通常个体小，世代历期短，寿命短，一年发生代数多，生殖力强，死亡率高，食性较广，活动能力较强。当种群数量下降后，在短期内能迅速恢复。例如，蚜虫和棉铃虫属于这种类型。

事实上，所谓 K-对策与 r-对策之间并没有一个截然分明的界限，其间有着一些过渡类型。在害虫综合防治措施的实施上要充分考虑害虫的生态对策。

第六节 昆虫种群系统

昆虫种群系统（population system）就是以一个特定的昆虫种群为研究主体、以作用于该种群的全部环境因子为空间边界所组成的系统。

每一个种群在生境内的存在都不是孤立的，需要与周围其他种群和各种环境因子发生联系。在不同生境内，由于气候因子、土壤条件和物种组成可能不一样，各个种群间的关系不同，其数量和变化也不完全相同。在同一生境内，由于气候因子、土壤条件和种群间关系的变化，也会引起种群数量的变动。种群数量变动是生境内各种因子相互联系、相互依存、相互制约的结果。昆虫种群系统就是应用现代系统科学的理论与方法来研究种群动态，揭示种群数量变动的机理与规律，实现对害虫种群数量的有效控制。

第二十八章

昆虫群落生态学

昆虫群落（insect community）是指在同一地域生活的彼此关联、相互影响的各种昆虫种群的有机集合体。昆虫群落生态学（insect community ecology）是研究昆虫群落与环境相互关系及其规律的学科，是生态学的一个重要分支。昆虫群落生态学的研究任务包括群落的特征、结构、演替、形成机理和分布规律。

第一节　群落的特征与结构

一、昆虫群落的特征

每一个昆虫群落都有一定的种类组成和分布区。群落内各生物之间通过食物网进行物质循环和能量流动，构成彼此依赖、相互作用的复杂网络关系，但群落各个成分在决定群落的结构和生态功能上的作用各不相同。昆虫群落与环境不可分，特别是与植物群落的关系甚为密切，形成群落环境。群落具有特定的时间和空间格局，且随时间发生演替；由于群落结构随时间和环境的变化而改变，表现出结构的松散性和边界的模糊性。

二、昆虫群落的营养结构

昆虫群落的营养结构（trophic structure）也称食物网格局（food-web pattern），它是群落内各生物之间最重要的联系，是群落赖以生存的基础，也是了解生态系统中能量流动的核心。

在昆虫群落内，植物、植食性昆虫、昆虫天敌等不同营养级（trophic level）的生物，后者依次以前者为食物。这种物种间通过取食与被取食关系单向联结起来的链索结构，就是食物链（food chain）。例如，在稻田群落中，稻飞虱取食水稻，瓢虫捕食稻飞虱，细蜂寄生瓢虫等，就构成了“水稻一稻飞虱一瓢虫一细蜂”的食物链。但是，在群落中，这种链索关系往往不是单向的，而是多向复杂的网状结构。一种植物可以被多种植食性昆虫取食，一种昆虫也常可以取食多种植物。于是群落内的多条食物链各环节间彼此纵横交错、相互联结，从而将群落内各种生物直接或间接地联系起来，形成复杂的网状结构，即食物网（food web）。如果将群落中的植物作为底层，植食性昆虫与昆虫天敌依次向上排列，其生物量或能量呈锥形，称为生物量锥体（biomass pyramid）或能量锥体（energy pyramid），两者统称为生态锥体（ecological pyramid）。生态锥体表达了食物网的不同营养级上的生物量或能量，反映了群落的营养结构。

在食物网中，昆虫种类多、组成复杂，食物网的组成和结构也就具有多样性和复杂性，这对增强群落稳定性和持续性具有重要意义。同时，食物网中的一系列复杂的取食

与被取食关系，不仅维持着群落的相对平衡，而且还推动着群落的演化和发展。

第二节 群落的演替

群落演替（community succession）又称生态演替（ecological succession），是指生态系统中生物群落沿一定方向有规律变化和发展的过程。在特定地区内，群落由一种类型向另一种类型转变的整个替代顺序称为演替系列（sere）。演替过程可分为若干不同阶段，称为系列更替（sere change）。演替初期称为先锋期（pioneer stage），演替中期称为发展期（developmental stage），发展到最后的稳定群落称为系列顶极（serclimax）或顶极群落（climax community）。群落演替可以分为如下几种类型：

（1）根据演替出现的起始点，可以将群落分为原生演替（primary succession）和次生演替（secondary succession）。原生演替开始于从未被生物占据过的区域，又称初级演替。例如，在岩石、沙丘或冰川上开始的演替属于这类，其演替速度缓慢，所需时间漫长。次生演替是指在原有生物群落或曾经被生物占据过的地方发生的演替。例如，火烧演替、弃耕演替、放牧演替等属于这类，其演替速度较快，所需时间相对较短。

（2）根据引起演替的原因，可以将群落分为内因性演替（endogenetic succession）和外因性演替（exogenetic succession）。前者是由于群落内部种间的竞争、或因生命活动改变环境条件而引起的演替。后者指非生物因素变动引起的演替，如河流的冲积、沙丘的移动等。

（3）根据群落代谢的特征，可以将群落分为自养性演替（autotrophic succession）和异养性演替（heterotrophic succession）。前者指群落中主要生物以增加光合作用产物的方式进行的演替。例如，由裸岩→地衣→苔藓→草本植物→灌木→森林的演替过程。后者则相反，如受污染的水体，在那里细菌和真菌的分解作用特别强，使得群落中有机物的量因腐败分解而逐渐减少。

第三节 群落的多样性、稳定性和相似性

一、群落的多样性

群落多样性（community diversity）是群落中物种数和各物种个体数所构成群落结构特征的一种表示方法。一个群落中如有多个物种，而且各物种的个体数量较均匀，则该群落的多样性高；相反，如果一个群落中物种少，而且各物种的个体数量不均匀，则该群落的多样性低。但有时会出现一个物种数少而均匀度高的群落，其多样性可能与另一物种数多而均匀度低的群落的多样性相似。群落多样性是比较群落稳定性的一种指标，在评价害虫综合治理的生态效益中有着重要意义。

二、群落的稳定性

群落稳定性（community stability）是指群落抑制种群波动和从扰动中恢复平稳状态的能力。群落稳定性包括抵抗力和恢复力两方面。抵抗力（resistance）表示群落抵抗扰动、维持群落现状的能力。恢复力（resilience）表示群落在遭受扰动以后恢复原状

的能力。这是两个相互排斥的能力，具有高抵抗力稳定性的群落，其恢复力稳定性较低；相反，具有高恢复力稳定性的群落，其抵抗力稳定性较低。例如，森林与草原相比，前者更能忍受温度的剧烈变动和抵抗干旱及病虫害，而后者在受到低温、干旱或病虫等灾害扰动时，其结构和功能就容易遭受破坏。但是，草原受扰动后恢复平稳的稳定性又较森林为高。

三、群落的相似性

群落相似性（community similarity）是指不同群落结构特征的相似程度，常用群落相似性系数（coefficient of similarity）表示。

（1）共有种相似。根据不同群落中共有种的多少，比较其相似程度。例如，A、B、C 三个群落的种类数基本一致，但群落 A 与 B 的共有种数多，群落 B 与 C 的共有种数少，则可以认为群落 A 与 B 的相似性大，群落 B 与 C 的相似性小。

（2）种组成相似。在物种构成相近似的群落中，宜用物种总数和共有种数的综合性指标来表示种组成相似程度。常用杰卡特（Jaccad）群落相似性系数、索雷申（Sorensen）群落相似性系数或蒙福德（Mountford）群落相似性系数来表示。其中，杰卡特群落相似性系数和索雷申群落相似性系数的最大值均为 1，蒙福德群落相似性系数的最大值为∞。当两个群落所含有的种完全相同时，其相似性系数为最大值；当两个群落所含有的种完全不同时，其相似性系数为 0。

第四节　生态位与竞争排斥原理

一、生态位

生态位（ecological niche）是指昆虫在群落或生态系统中的功能和地位，特别是它与其他生物之间的营养关系。

根据昆虫对空间或资源占据或利用的程度，可将生态位分为基础生态位（fundamental niche）和实际生态位（realized niche）。前者指昆虫能占据空间或利用资源的最大程度；后者指由于竞争者的存在，该昆虫实际占据的空间或利用的资源。根据影响生态位的环境因素个数，可将生态位分为一维生态位、二维生态位、三维生态位和多维生态位。例如，温度生态位是一维生态位，温度—湿度生态位是二维生态位，温度—湿度—食物生态位是三维生态位，温度—湿度—食物—时间生态位是多维生态位。

对于一维生态位，常用生态位宽度（niche breadth）和生态位重叠（niche overlap）两项定量指标来比较群落中各物种占据空间的大小或利用资源的多少。例如，某昆虫对温度的适应幅度广，则该昆虫的生态位宽度指数大，反之则小；某昆虫与另一种昆虫适应于同一温度范围，则这两种昆虫的生态位重叠指数大，反之则小。

二、竞争排斥原理

竞争（competition）是指不同种昆虫个体因争夺空间、食物等环境资源而发生的生存斗争。竞争通常是发生在群落内相同营养级的两个或多个亲缘关系密切或其他方面相

似的种群间，其结果是一个种被另一个种完全排挤掉，或是不同种被迫占据不同的空间位置和利用不同的食物资源，或者习性或行为特征方面出现分化，即两个物种发生生态分离（ecological separation），这种现象称为竞争排斥原理（competitive exclusion principle）。竞争排斥原理最早由俄国生物学家高斯 Gause（1934）用实验来证明，所以又称为高斯假说（Gause's hypothesis）。但是，在下列 3 种情况下就不会出现竞争排斥现象：①环境不稳定，物种之间不能达到平衡；②资源充足，物种之间不存在对资源的竞争；③环境变动，在某些物种被排挤掉之前已改变竞争方向。

第二十九章

生态系统与农业生态系统

生态系统（ecosystem）是指在某一特定景观的空间范围内，存在的所有生物因子与非生物因子间通过物质循环、能量流动和信息传递而形成的彼此关联、相互作用、相互依存的统一整体。

生态系统主要探讨生物群落与其环境之间以及生物群落内生物种群之间的物质交换、能量转化和信息传递规律，旨在运用这些规律促进生态系统向着有利于人类生存和可持续发展的方向发展。

第一节　生态系统的结构

生态系统的结构是指系统内各组分及其互相联系和作用的方式，是系统存在与发展的基础，也是系统稳定的保障。

从空间结构考虑，陆地生态系统可分为光合作层（即生产者）和分解层（主要是分解者）。任何一个自然生态系统都有分层现象，不但表现在系统的主要生产者绿色植物因其对阳光的喜好性差异而呈现错落有致、参差不齐，而且其中的消费者、分解者也因不同种群的生物学、生态学特性的差异而选择不同的生态位作为自己的栖息场所。同时，任何一个生态系统都具有边界不确定性的特点，这主要是由于系统内各要素在空间位置上具有可变性所引起的，其组织结构呈现松散性，而且生态系统范围越广，其结构越松散。另外，生态系统是一个开放系统，能量和物质不断从外界的环境中输入，系统自身又不断向外输出。这就是生态系统的空间结构。

从营养功能考虑，可分为非生物环境（abiotic environment）、生产者（productor）、消费者（consumer）和分解者（decomposer）。非生物环境包括土壤、水和气候条件等，是植物生长和动物活动的空间。生产者是指利用太阳能进行光合作用将二氧化碳和水合成碳水化合物的绿色植物和光合细菌等。消费者是指直接或间接依赖生产者制造的有机物质而生活的生物。分解者是指细菌和真菌等小型异养生物。它们共同组成生态系统中维持其生命活动必不可少的成分，从而维持着生态系统结构和功能的稳定性。这就是生态系统的营养结构。

生态系统的结构、特征与功能都会随时间的变化而改变，这种时间上的动态现象主要表现在生态系统的进化、群落的演替与周期性的变化 3 个方面。例如，一个陆地生态系统的植物群落具有明显的季节性，伴随而生的植食性动物和昆虫也呈现季节性的动态变化，这种变化不但反映了植物、动物等适应环境条件的变化，同时反映了环境质量高低的变化。这就是生态系统的时间结构。

第二节 生态系统的功能

在生态系统中，物质循环、能量流动和信息传递是其三大功能。生态系统中生命系统与环境系统、生命系统之间在互作的过程中，始终伴随着能量的流动与转化，而且能量流动是单向的，在流动过程中呈现不断递减的趋势。生态系统中循环着的物质是贮存化学能的载体，是维持生命活动的物质基础。讨论各种营养物质在生态系统中的移动规律是研究生态系统功能的重要方面。生态系统中的信息是指能引起生物在生理、生化、行为等方面产生变化或反应的信号，如阳光、温度、降水以及其他生物的行为等生态因子。生态系统正是在诸多信息的作用下，各要素才得以各居其位、各司其职，从而保持生态系统的稳定与平衡。所以，信息是系统组织程度的标志，是系统控制的基础。

第三节 生态系统的类型

在生物圈内有着许多类型的生态系统。根据环境的性质，可分为陆地、淡水、海洋等生态系统。陆地生态系统又可分为森林、草原、农田等生态系统；淡水生态系统可分为湖泊、河流、水库、池塘等生态系统；海洋生态系统又可分为河口、海岸、浅海、大洋等生态系统。根据人类活动对生态系统的干预程度，可分为自然、半自然和人工生态系统。自然生态系统基本不受人类活动的干扰，是一种“自给自足”的生态系统；半自然生态系统的典型是农业生态系统，是自然生态系统经人类驯化的产物；城市生态系统是典型的人工生态系统。

第四节 农业生态系统

农业生态系统（agroecosystem）是在人类农业生产活动干预下所形成的、以农业生物群落为中心的生态系统，是人类利用生物转化太阳能，获取一系列社会必需的生活与生产资料的半自然生态系统。

在农业生态系统的能量流动与物质循环过程中，人是处于主导位置的。只有符合人类需求的动植物才能得以培育和发展，反之则被抑制或消灭。因此，农业生态系统受人为干扰程度大，物种单一，营养级少，食物链短，反馈机制弱，自我调节能力差，稳定性低。但是，在农业生态系统中，各个因素的相互作用及其作用机理仍然具有规律性，探讨和利用这些规律，改造自然面貌，加速其向对人类有利的方向发展的进程，提高系统的生产力，就是进行农业生态系统可持续管理的目的。

主要参考文献

包建中，古德祥. 1998. 中国生物防治. 太原：山西科学技术出版社

北京农业大学. 1981. 昆虫学通论（上册、下册）. 北京：农业出版社

北京农业大学. 1993. 昆虫学通论（上册、下册）. 第2版. 北京：农业出版社

彩万志，庞雄飞，花保祯等. 2001. 普通昆虫学. 北京：中国农业大学出版社

彩万志. 1998. 中国昆虫节日文化. 北京：中国农业出版社

蔡邦华. 1956. 昆虫分类学（上册）. 北京：财政经济出版社

蔡邦华. 1973. 昆虫分类学（中册）. 北京：科学出版社

蔡邦华. 1985. 昆虫分类学（下册）. 北京：科学出版社

陈昌洁. 1990. 松毛虫综合管理. 北京：中国林业出版社

陈曲侯，李琮池. 1989. 昆虫病理学纲要. 武汉：华中师范大学出版社

陈世骧文选编辑组. 2005. 陈世骧文选. 北京：科学出版社

陈晓鸣，冯颖. 1999. 中国食用昆虫. 北京：中国科学技术出版社

陈学新，何俊华，彩万志等. 2002. 昆虫界的“四不象”——一新建“螳䗛目”昆虫简介. 昆虫知识，39（6）：468-470

陈学新. 1997. 昆虫生物地理学. 北京：中国林业出版社

陈仲梅，齐桂臣. 1999. 拉汉英农业害虫名称. 北京：科学出版社

程家安，唐振华. 2001. 昆虫分子科学. 北京：科学出版社

范滋德. 1992. 中国国常见蝇类检索表. 第2版. 北京：科学出版社

管致和，吴维均，陆近仁. 1955. 普通昆虫学. 上海：永祥印书馆

郭郛，陈永林，卢宝廉. 1991. 中国飞蝗生物学. 济南：山东科学技术出版社

何俊华，庞雄飞. 1986. 水稻害虫天敌图说. 上海：上海科学技术出版社

何俊华，许再福. 2002. 中国动物志昆虫纲第29卷膜翅目螯蜂科. 北京：科学出版社

何俊华. 1981. 寄生蜂怎样寻找寄主. 昆虫知识，17（2）：83-85

何俊华等. 2004. 浙江蜂类志. 北京：科学出版社

胡萃，叶恭银. 2001. 百年来直接与昆虫学有关的诺贝尔奖得主. 昆虫知识，38（5）：388-392

胡萃. 2000. 法医昆虫学. 重庆：重庆出版社

黄大卫. 1995. 昆虫系统学研究现状及发展趋势. 中国科学基金，9：1-6

黄其林，尤子平，钟觉民. 1961. 普通昆虫学. 南京：江苏人民出版社

蒋书楠. 1992. 城市昆虫学. 重庆：重庆出版社

昆虫学名词审定委员会. 2000. 昆虫学名词. 北京：科学出版社

雷朝亮，荣秀兰. 2003. 普通昆虫学. 北京：中国农业出版社

梁爱萍. 2005. 关于停止使用“同翅目 Homoptera”目名的建议. 昆虫知识，42（3）：332-337

刘惠霞，李新岗，吴文君. 1998. 昆虫生物化学. 西安：陕西科学技术出版社

刘明，任东，谭京晶. 2005. 昆虫口器及其进化简史. 昆虫知识，42（5）：587-592，封底

刘同先，康乐. 2005. 昆虫学研究进展与展望. 北京：科学出版社

牟吉元，徐洪富，荣秀兰. 1996. 普通昆虫学. 北京：中国农业出版社

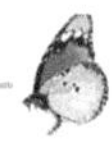

南开大学，中山大学，北京大学等. 1980. 昆虫学（上册、下册）. 北京：高等教育出版社
庞雄飞，梁广文. 1995. 害虫种群系统的控制. 广州：广东科技出版社
庞雄飞，尤民生. 1996. 昆虫群落生态学. 北京：中国农业出版社
蒲蛰龙. 1984. 害虫生物防治的原理与方法. 第2版. 北京：科学出版社
蒲蛰龙. 1994. 昆虫病理学. 广州：广东科技出版社
钦俊德. 1987. 昆虫与植物的关系——论昆虫与植物的相互作用及其演化. 北京：科学出版社
王林瑶，张立峰. 1994. 有趣的昆虫世界. 北京：金盾出版社
王荫长. 1994. 昆虫生理生化学. 北京：中国农业出版社
王音，周序国. 1996. 观赏昆虫大全. 北京：中国农业出版社
韦贝尔 H. 1982. 昆虫学纲要. 忻介六，刘钟钰译. 北京：高等教育出版社
文礼章. 1998. 食用昆虫学的原理与应用. 长沙：湖南科学技术出版社
吴厚永等. 2007. 中国动物志昆虫纲蚤目（上卷、下卷）. 第2版. 北京：科学出版社
吴维均，管致和，陆近仁. 1950. 以家蚕讨论鳞翅目幼虫头部的形态. 昆虫学报，1（2）：152-163
忻介六，杨庆爽，胡成业. 1985. 昆虫形态分类学. 上海：复旦大学出版社
徐汝梅，成新跃. 2005. 昆虫种群生态学——基础与前沿. 北京：科学出版社
徐卫华. 2008. 昆虫滞育研究进展. 昆虫知识，45（4）：512-517
杨冠煌. 1998. 中国昆虫资源利用和产业化. 北京：中国农业出版社
杨星科，杨集昆，李文柱. 2005. 中国动物志昆虫纲第39卷脉翅目草蛉科. 北京：科学出版社
杨星科. 1990. 昆虫翅的起源及其假说. 昆虫知识，27（4）：245-248
尹文英，宋大祥，杨星科等. 2008. 六足动物（昆虫）系统发生的研究. 北京：科学出版社
虞佩玉，陆近仁. 1957. 东亚飞蝗 *Locusta migratoria manilensis*（Meyen）的骨骼肌肉系统，Ⅰ. 头部. 昆虫学报，7（1）：337-345
虞佩玉，陆近仁. 1964. 东亚飞蝗 *Locusta migratoria manilensis*（Meyen）的骨骼肌肉系统，Ⅱ. 胸部（续）. 昆虫学报，13（5）：715-736
虞佩玉，陆近仁. 1964. 东亚飞蝗 *Locusta migratoria manilensis*（Meyen）的骨骼肌肉系统，Ⅱ. 胸部. 昆虫学报，13（4）：510-535
虞佩玉，王书永，杨星科. 1996. 中国经济昆虫志第54册鞘翅目叶甲总科（二）. 北京：科学出版社
袁锋，袁向群. 2006. 六足总纲系统发育研究进展. 昆虫分类学报，28（1）：1-12
袁锋. 1996. 昆虫分类学. 北京：中国农业出版社
张小斌，陈学新，程家安. 2005. 为何海洋中的昆虫种类如此稀少？昆虫知识，42（4）：471-475
章士美. 1998. 中国农林昆虫地理区划. 北京：中国农业出版社
赵修复. 1987. 寄生蜂分类纲要. 北京：科学出版社
赵修复. 1999. 害虫生物防治. 第3版. 北京：中国农业出版社
赵志模，周新远. 1984. 生态学引论——害虫综合防治的理论及应用. 重庆：科学技术文献出版社重庆分社
郑乐怡，归鸿. 1999. 昆虫分类（上册、下册）. 南京：南京师范大学出版社
郑乐怡. 1987. 动物分类原理与方法. 北京：高等教育出版社
中国科学院动物研究所，浙江农业大学等. 1978. 天敌昆虫图册. 北京：科学出版社
中国农业百科全书昆虫卷编辑委员会. 1990. 中国农业百科全书·昆虫卷. 北京：农业出版社
中国农业百科全书生物卷编辑委员会. 1991. 中国农业百科全书·生物卷. 北京：农业出版社
中国药用动物志协作组. 1983. 中国药用动物志. 天津：天津科学技术出版社
中华人民共和国北京动植物检疫局. 1999. 中国植物检疫性害虫图册. 北京：中国农业出版社

周尧，王思明，夏如兵著. 2004. 二十世纪中国的昆虫学. 西安：世界图书出版公司

周尧. 1998. 中国蝴蝶分类与鉴定. 郑州：河南科学技术出版社

周尧. 2002. 周尧昆虫图集. 郑州：河南科学技术出版社

朱恩林. 1999. 中国东亚飞蝗发生与治理. 北京：中国农业出版社

朱弘复. 1987. 动物分类学理论基础. 上海：上海科学技术出版社

邹钟琳. 1980. 昆虫生态学. 上海：上海科学技术出版社

Adams M D，Celniker S E，Holt R A *et al*. 2000. The genome sequence of *Drosophila melanogaster*. Science，287：2185-2195

Albrecht F O. 1953. The Anatomy of the Migratory Locust. London：Athlone Press

Askew R R. 1971. Parasitic Insects. London：Heinemann

Atkins M D. 1978. Insects in Perspective. New York：Macmillan Publishing Co.，Inc.

Berridge J W L，Treherne J E，Wigglesworth V B. 1982. Advances in Insect Physiology. Massachusetts：Academic Press，Inc.

Beutel R G，Pohl H. 2006. Endopterygote systematics-where do we stand and what is the goal (Hexapoda，Arthropoda)? Systematic Entomology，31：202-219

Blaney W M. 1976. How Insects Live. Oxford：Elsevier-Phaidon

Blomquist G J，Vogt R G. 2003. Insect Pheromone Biochemistry and Molecular Biology：the Biosyn-Thesis and Detection of Pheromones and Plant Volatiles. Amsterdam：Elsevier Academic Press

Bourtzis K，Miller T A. 2006. Insect Symbiosis. vol. 2. London：Taylor and Francis Group

Bourtzis K，Miller T A. 2009. Insect Symbiosis. vol. 3. London：Taylor and Francis Group

Brower L P，Brower J V Z，Cranston F P. 1965. Courtship behavior of the queen butterfly，*Danaus gilippus berenice* (Cramer). Zoologica，50：1-39

Bullock T H，Horridge G A. 1965. Structure and Function of the Nervous System of Invertebrates. San Francisco：Freeman

Busvine R J. 1980. Insects and Hygiene：the Biology and Control of Insect Pests of Medical and Domestic Importance. 3rd. London：Chapman & Hall

Capinera J L. 2004. Encyclopedia of Entomology. Dordrecht：Kluwer Academic Publishers

Chapman R F，de Boer G. 1995. Regulatory Mechanisms of Insect Feeding. New York：Chapman & Hall

Chapman R F. 1998. The Insects：Structure and Function. 4th. Cambridge：Cambridge University Press

Chown S L，Nicolson S W. 2004. Insect Physiological Ecology：Mechanisms and Patterns. London：Oxford University Press

Chu H F. 1949. How to Know the Immature Insects. Dubuque，IA：William C. Brown

Common I B F. 1990. Moths of Australia. Carlton：Melbourne University Press

Corcoran A J，Barber J R，Conner W E. 2009. Tiger moth jams bat sonar. Science，325 (5938)：325-327

Counce S J，Waddington C H. 1972. Developmental Systems：Insects，vol. 1. New York：Academic Press

CSIRO. 1991. The Insects of Australia. 2nd. Carlton：Melbourne University Press

David B V，Ananthakrishnan T N. 2004. General and Applied Entomology. 2nd. New Delhi：Tata McGraw-Hill Publishing Company Limited

Dean J，Aneshansley D J，Edgerton H E *et al*. 1990. Defensive spray of the bombardier beetle：a biological pulse jet. Science，248：1219-1221

Dethier V G. 1963. The Physiology of Insect Senses. New York：John Wiley & Sons

Dixon A F G. 1985. Aphid Ecology. Glasgow：Blackie & Son

Downer R G H. 1981. Energy Metabolism in Insects. New York：Plenum Press

Edwards D S. 1994. Belalong：a Tropical Rainforest. London：The Royal Geographical Society，and Singapore：Sun Tree Publishing

Edwards J E. 1948. Larvae of Insects. Ann Arbor，MI

Eisenbeis G W，Wichard W. 1987. Atlas on the Biology of Soil Arthropods. 2nd. Berlin：Springer-Verlag

Elzinga R J. 1997. Fundamentals of Entomology. 4th. New Jersey：Pearson Prentice Hall，Upper Saddle River

Elzinga R J. 2004. Fundamentals of Entomology. 6th. New Jersey：Pearson Prentice Hall

Engelmmann F. 1970. The Physiology of Insect Reproduction. New York：Pergamon Press

Evans D L，Schmidt J O. 1990. Insect Defenses：Adaptive Mechanisms and Strategies of Prey and Predators. Albany：State University of New York Press

Evans H E. 1984. Insect Biology：A textbook of entomology. New York：Addison-Wesley Publishing Company，Inc.

Farb P. 1977. The Insects. 2nd. New Jersey：Time-Life Books，Inc.

Gauld I，Bolton B. 1988. The Hymenoptera. London：Oxford University Press

Gillott C. 2005. Entomology. 3rd. Dordrecht：Springer Publishing Company

Godfray H C J. 1994. Parasitoids：Behavioral and Evolutionary Ecology. Princeton，New Jersey：Princeton University Press

Goodenough J，McGuire B，Wallace R A. 1993. Perspectives on Animal Behavior. New Jersey：John Wiley & Sons，Inc.

Gorham J R. 1991. Insect and Mite Pests in Food：An Illustrated Key. Washington：U. S. Government Printing Office

Gray E G. 1960. The fine structure of the insect ear. Philosophical Transactions of the Royal Society of London B，243：75-94

Gullan P J，Cranston P S. 2005. The Insects：An Outline of Entomology. 3rd. London：Blackwell Publishing

Gwynne D T. 1981. Sexual difference theory：Mormon crickets show role reversal in mate choice. Science，213：779-780

Hadley N F. 1986. The arthropod cuticle. Scientific American，255 (1)：98-106

Hajek A E. 2004. Natural Enemies：An Introduction to Biological Control. Cambridge：Cambridge University Press

Handler A M，James，A A. 2000. Insect Transgenesis：Methods and Applications. Boca Raton：CRC Press

Heinrich B. 1981. Insect Thermoregulation. New Jersey：John Wiley & Sons，Inc.

Hermann H H. 1981. Social Insects. vol. Ⅱ. New York：Academic Press

Hoy M A. 2003. Insect Molecular Genetics：an Introduction to Pprinciples and Applications. 2nd. Amsterdam：Elsevier Academic Press

Huber F，Moore T E，Loher W. 1989. Cricket Behavior and Neurobiology. New York：Comstock Publishing Associates (Cornell University Press)

Hölldobler B，Wilson E O. 1990. The Ants. Berlin：Springer-Verlag

Imms A D. 1957. A General Textbook of Entomology. London：Muthuen Co.

Johannsen O A，Butt F H. 1941. Embryology of Insect and Myriapods. New York：McGraw-Hill

Johnson W T，Lyon H H. 1991. Insects that Feed on Trees and Shrubs. 2nd. New York：Comstock Publishing Associates of Cornell University Press

Kerkut G A，Gilbert L I. 1985. Comprehensive Insect Physiology，Biochemistry and Pharmacology. vols. 1-13. New York：Pergamon Press

King R C，Akai H. 1982. Insect Ultrastructure. vol. 1. New York：Pienum Press

Klass K D，Zompro O，Kristensen N P *et al*. 2002. Mantophasmatodea：a new insect order with extant members in the Afrotropics. Science，296：1456-1459

Klowden M J. 2008. 昆虫生理系统（Physiological Systems in Insects). 北京：科学出版社

Kukalová J. 1970. Revisional study of the order Palaeodictyoptera in the Upper Carboniferous shales of Commentry，France. Part Ⅲ. Psyche，77：1-44

Land M F，Nilsson D E. 2002. Animal Eyes. London：Oxford University Press

Leather S R，Hardie R J. 1995. Insect Reproduction. Boca Raton：CRC Press Inc.

Lewis T. 1973. Thrips：Their Biology，Ecology and Economic Importance. London：Academic Press

Lloyd J E. 1966. Studies on the Flash Communication System in *Photinus* Fireflies. University of Michigan Museum of Zoology. Miscellaneous Publications. No. 130

Matsuda R. 1965. Morphology and Evolution of the Insect Head. Memoirs of the American Entomological Institute，vol. 4

McAlpine J F. 1987. Manual of Nearctic Diptera. vol. 2. Monograph no. 28. Ottawa：Research Branch，Agriculture Canada

Merritt R W，Cummins K W. 1978. An Introduction to the Aquatic Insects of North America. Dubuque，IA：Kendall/Hunt

Mitchell B K，Itagaki H，Rivet M. 1999. Peripheral and central structures involved in insect gestation. Microscopy Research and Technique，47：401-415

Nation J L. 2008. Insect Physiology and Biochemistry. 2nd. Washington：CRC Press

Novák V J A. 1975. Insect Hormones. London：Chapman & Hall

Parker S. 1982. Synopsis and Classification of Living Organisms. New York：McGraw-Hill

Peters T M. 1993. Insects and Human Society. Massachusetts：University of Massachusetts

Pfadt R E. 1985. Fundamentals of Applied Entomology. 4th. New York：Macmillan Publishing Co.，Inc.

Pimentel D. 2002. Encyclopedia of Pest Management. New York：Marcel Dekker，Inc.

Preston-Mafham K. 1990. Grasshoppers and Mantids of the World. London：Blandford

Price P W. 1997. Insect Ecology. 3rd. New Jersey：John Wiley & Sons，Inc.

Rees D. 2004. Insects of Stored Products. London：Manson Publishing Ltd

Rempel J G. 1975. The evolution of the insect head：The endless dispute. Quaestiones Entomologicae，11：7-25

Resh V H，Cardé R T. 2003. Encyclopedia of Insects. Massachusetts：Academic Press

Richards G. 1981. Insect hormones in development. Biological Reviews of the Cambridge Philosophical

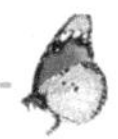

Society, 56: 501-549

Richards O W, Davies R G. 1977. Imms' General Textbook of Entomology. vol. 1: Structure, Physiology and Development. 10th. London: Chapman & Hall

Ritland D B, Brower L P. 1991. The viceroy butterfly is not a batesian mimic. Nature, 350: 497-498.

Robertson H M. 2005. Insect Genomes. American Entomologist, 51 (3): 166-171

Rockstein M. 1974. The Physiology of Insecta. 2nd. New York: Academic Press

Romoser W S, Stoffolano J G Jr. 1998. The Science of Entomology. 4th. New York: McGraw-Hill

Ross H H, Ross C A, Ross J R P. 1982. A Textbook of Entomology. New York: John Wiley & Sons, Inc.

Roy D N, Brown A W A. 2003. Entomology. New Delhi: Biotech Books

Salt G. 1968. The resistance of insect parasitoids to the defence reactions of their hosts. Biological Reviews, 43: 200-232

Samways M J. 1994. Insect Conservation Biology. London: Chapman & Hall

Saxena A B. 1995. Recent Advances in Entomology. vols. 1-10. New Delhi: Anmol Publications Pvt Ltd.

Schaefer C W, Panizzi A R. 2000. Heteroptera of Economic Importance. Boca Raton: CRC Press LLC

Schmitz A, Wasserthal L T. 1999. Comparative morphology of the spiracles of the Papilionidae, Sphingidae, and Saturniidae (Insecta: Lepidoptera). International Journal of Insect Morphology and Embryology, 28: 13-26

Schoonhoven L M, Jermy T, van Loon J J A. 1998. Insect-Plant Biology: From Physiology to Evolution. London: Chapman & Hall

Schoonhoven L M, van Loon J J A, Dicke M. 2005. Insect-Plant Biology. 2nd. London: Oxford University Press

Schowalter T D. 2006. Insect Ecology: An Ecosystem Approach. 2nd. Amsterdam: Elsevier Academic Press

Smith R F, Mittler T E, Smith C N. 1973. History of Entomology. Palo Alto: Annual Reviews Inc.

Snodgrass R E. 1935. Principles of Insect Morphology. New York: McGraw-Hill

Snodgrass R E. 1956. Anatomy of the Honey Bee. New York: Comstock, Ithaca

Snodgrass R E. 1957. A revised Interpretation of the External Reproductive Organs of Male Insects. Smithsonian Miscellanecous Collections, 135: 6

Snodgrass R E. 1967. Insects: Their Ways and Means of Living. New York: Dover Publications

Speight M R, Hunter M D, Watt A D. 1999. Ecology of Insects-Concepts and Applications. London: Blackwell Publishing

Stanek V J. 1969. The Pictorial Encyclopedia of Insects. London: Hamlyn

Stanek V J. 1977. The Illustrated Encyclopedia of Butterflies and Moths. London: Octopus Books

Stavenga D G, Hardie R C. 1989. Facets of Vision. Berlin: Springer-Verlag

Stehr F W. 1991. Immature Insects, vol. 2. Dubuque, IA: Kendall Hunt

Triplehorn C A, Johnson N F. 2005. Borror and Delong's Introduction to the Study of Insects. 7th. Belmont: Thomson Brooks/Cole

van Driesche R, Hoddle M, Center T. 2008. Control of Pests and Weeds by Natural Enemies: An Introduction to Biological Control. London: Blackwell Publishing

von Frisch K. 1967. The Dance Language and Orientation of Bees. Cambridge, MA: The Belknap Press of Harvard University Press

Walter G H. 2003. Insect Pest Management and Ecological Research. Cambridge: Cambridge University Press

Weisser W W, Siemann E. 2004. Insects and Ecosystem Function. Berlin: Springer

Wheeler W C. 1990. Insect diversity and cladistic constraints. Annals of the Entomological Society of America, 83: 91-97

Whitfield J. 2002. Social insects: the police state. Nature, 416: 782-784

Wickler W. 1968. Mimicry in Plants and Animals. New York: McGraw-Hill

Wigglesworth V B. 1964. The Life of Insects. London: Weidenfeld & Nicolson

Wigglesworth V B. 1965. The Principles of Insect Physiology. London: Methuen

Wigglesworth V B. 1972. The Principles of Insect Physiology. 7th. London: Chapman & Hall

Wigglesworth V B. 1975. Insects and the Life of Man. London: Chapman & Hall

Wilson M. 1978. The functional organization of locust ocelli. Journal of Comparative Physiology, 124: 297-316

Winston M L. 1987. The Biology of the Honey Bee. Harvard: Harvard University Press

Wootton A. 2002. Insects of the World. New York: Facts on File, Inc.

Xia Q, Zhou Z, Lu C *et al*. 2004. A draft sequence for the genome of the domesticated silkworm (*Bombyx mori*). Science, 306: 1937-1940.

Youdeowei A. 1977. A Laboratory Manual of Entomology. Ibadan: Oxford University Press